21 世纪液压气动元件经典图书系列

液压螺纹插装阀

机械工程学会流体传动与控制分会　组编

张海平　编著

阎耀保　主审

机 械 工 业 出 版 社

本书系统、全面、深入地介绍了各种液压螺纹插装阀的功能与类型、应用、特性、测试与实例、产品结构及其工作原理，以及液压集成块的设计与制作。

随书所附的光盘，收集了约400幅各种螺纹插装阀的彩色剖面图，以帮助读者了解螺纹插装阀的结构，还收集了部分常见孔型以及作者在期刊上已发表的部分文章。所附的液压估算表格可以根据输入的参数，计算出小孔节流压降、管道压降、滑阀泄漏、滑阀开口流量、滑阀稳态液动力、滑阀阀芯移动摩擦力、锥阀通流、集成块最小壁厚、弹簧力等。

本书可供液压系统设计师，制造、装配、维修人员，特别是刚走出校门、要从事液压技术的毕业生阅读，也可供相关专业的教师参考，同时可作为液压技术培训教材。

图书在版编目（CIP）数据

液压螺纹插装阀/张海平编著. —北京：机械工业出版社，2011.9（2024.11重印）

（21世纪液压气动元件经典图书系列）

ISBN 978-7-111-35617-2

Ⅰ.①液… Ⅱ.①张… Ⅲ.①螺纹-液压控制阀：插装式阀 Ⅳ.①TH134

中国版本图书馆CIP数据核字（2011）第165552号

机械工业出版社（北京市百万庄大街22号 邮政编码100037）
策划编辑：张秀恩 责任编辑：张秀恩
版式设计：霍永明 责任校对：张 媛
封面设计：陈 沛 责任印制：单爱军
北京虎彩文化传播有限公司印刷
2024年11月第1版第6次印刷
169mm×239mm · 31.25印张 · 2插页 · 608千字
标准书号：ISBN 978-7-111-35617-2
ISBN 978-7-89433-186-1（光盘）
定价：149.00元（含1CD）

电话服务 网络服务
客服电话：010-88361066 机 工 官 网：www.cmpbook.com
010-88379833 机 工 官 博：weibo.com/cmp1952
010-68326294 金 书 网：www.golden-book.com
封底无防伪标均为盗版 机工教育服务网：www.cmpedu.com

前　言

本书是一位在中国和德国多年从事液压技术开发的工程师专门为年轻一代的中国同行总结的著作，也是一位大学液压课教师为刚走出大学校门，即将从事液压技术工作，面对一大堆实际问题的毕业生而写的。本书介绍了一些世界知名公司近年来液压阀的研发内容，可供大学教师在改编修订教材时参考。

螺纹插装阀作为一种特殊安装连接形式的液压阀，自20世纪70年代以来获得了长足的发展。相对其他各类安装连接形式，如管式、板式，螺纹插装方式是变型最丰富的，品种不胜枚举，已有几万种之多，几乎能实现所有液压阀的功能，已成为液压阀的主流安装连接形式之一，在欧美已被广泛应用。随着中国现代化的进程，特别是行走液压机械应用的日益广泛，螺纹插装阀在中国的应用也突飞猛进。

笔者自1990年以来，先后使用过Waterman、Integrated Hydraulics、Sterling Hydraulics、Hydraforce、Sun Hydraulics、Bucher-Frutigen、Comatrol、Tarp和Bosch Rexroth等多个国际知名公司的多类螺纹插装阀，还曾对Vickers、Delta Power和IMAV等公司的螺纹插装阀作过比较测试，设计的三十多种集成块已生产了几万件并经过了实践的考验。希望借此书向读者介绍自己的经验、体会和研究心得。帮助液压系统设计师，制造、装配与维修人员了解螺纹插装阀，从众多供应商几千页的产品样本中正确选择、正确应用螺纹插装阀，架设一座通向产品样本的桥，是编写本书的首要目的。

了解多种阀，就有较多的手段去组建较经济、功能较好的液压系统。本书取材于多个螺纹插装阀生产公司的英文、德文产品的样本、技术资料，参考了这些公司的一些培训教材、内部研究报告和其他未公开发行的资料，结合笔者自己的研究经验和多年的实际工作体会，系统全面地介绍各种螺纹插装阀的功能、特性、测试方法，然后分门别类，通过剖面图介绍其结构和工作原理，结合特性曲线介绍其性能和应用场合，并列出了一些市场可购产品的型号，以协助液压系统设计师选用。

由于液压产品的应用极其广泛，一个液压阀的性能，对某些应用是不可接受的缺点，但对另一些应用则很可能是求之不得的优点。孰优孰劣，要根据具体应用来分析判断。本书将通过多种回路来阐明这一点。希望通过示例使读者掌握这样的分析判断能力。

我们都想创新。但是，创新从何而来？俗话说，“熟读唐诗三百首，不会做诗也会吟。”著名的液压专家路甬祥教授指出，“在我们学科大量是集成化的创新应用，根据应用的需要和需求，把已有的技术，最适合的技术集成起来，组成一个新的技术，这也是创新，而且是非常有作为的创新。”博采已有的技术，融会贯通之后，新主意就容易出来了。

螺纹插装阀技术既不是新技术，也不是什么了不起的技术，但是是一个能解决问题的技术，一个不难掌握的技术，一个有生命力的技术，一个商机。

本书给出了许多细节，因为实际工作的成功避不开大量细节。有许多初看很理想的计划方案，最终败于一些细节。这就是为什么德国工程师常说“魔鬼总是躲在细节里”。有实际工作经历的中国液压工程技术人员一定也会有同感。

为使读者有更深入的感性认识，本书摘录了一些产品的剖面图、特性曲线和性能数据作为实例。但是，笔者不打算也不可能用本书取代产品目录。因为，如果罗列产品的所有数据，就太冗赘了；再者，螺纹插装阀技术还在不断发展，产品目录也在年年更新；第三，生产商对产品样本上的数据承担责任，若交货与之不符，可以退货，本书则不可能承担这一责任。摘录的特性曲线和性能数据只是部分，要看完整的，请查阅原版产品样本。还需要声明的是，举例引用产品的数量多少与生产商的规模及产品质量无关。之所以选择这些产品做例子，无非是因为曾经用过，或比较熟悉，或正好手头上相关资料较多的缘故。本作者无意在此书中为任何一个生产厂商做广告。

本书中，给出了一些液压技术词汇的英文，希望对读者阅读原版产品样本有所帮助。目前大多数国产液压元件与世界先进水平还有差距。因此，无论是选用，还是仿制、研发赶超，都要用到国外的产品说明书。而许多外国产品样本的中文译本，一是没有使用常用的专业术语；二是一些译者非液压专业技术人员，他们不能理解原文的上下文关系，因此译文读起来很费解；三是，这些中文版本大多更新不及时，常有印刷错误，也不像英文原版那样承担相应的责任。

本书也是为刚走出校门，要从事液压系统设计，面对一大堆实际问题的大学毕业生和研究生而写的。目前，由于种种原因，部分大学液压传动教科书内容陈旧，偏重理论公式，脱离实际，苦读多年的大学生面对实际液压问题，往往一头雾水，不知从何下手。

中国将成为现代制造强国，需要一大批能真正解决实际问题的工程技术研究开发人员。本书的宗旨是，“解决一个实际问题，胜过写十篇脱离实际的论文”。反对理论脱离实际。主张理论要以测试为基础。

本书面向实际应用，回避了繁复的理论计算公式，所给出的少量公式只是为了帮助定性分析或粗略的估算。作者并不反对计算，相反，主张在规划设计阶段应该尽可能地去估算。本书所附的光盘中附有表格软件，供液压估算用。

但是，从自己在中国和德国多年从事液压系统数字仿真研究及长期在工厂做液压系统开发工作的经验，深深体会到，由于液压系统的非线性和实际工况的复杂性，精确计算至今对绝大多数应用是不实际的，甚至是不可能的。如果连稳态的一些基本状况都不能定性地分析清楚，又谈什么瞬态特性的定量计算呢？

笔者主张，液压技术人员少玩弄公式，多研究（液压元件的性能）曲线。因为曲线可测可验证，公式只能作为辅助解释分析曲线的工具。

认识了解液压阀最好也是最终的方法，就是：

——根据阀的结构了解其工作原理；

——根据曲线认识其性能；

——根据应用选择适当的产品；

——根据测试最终确定是否适用。

本书所阐述的各类螺纹插装阀的性能要求及测试方法，对其他各种液压阀也是适用的。

笔者参考了世界液压强国德国的多本大学液压教材，对一些文献，包括国际标准和国家标准及原版产品样本，提出了商榷意见，对液压教科书中的一些概念进行了探讨，如对稳态液动力的分析、对溢流阀瞬态特性的测试等。这些都可供大学教师在改编修订教材时参考。

本书假定读者已学过基础的液压教科书，对液压技术已有初步的了解。

本书除第1章绪论外，各章基本自成体系，因此可跳读，供查用。各章的概述应该读，后面的类型举例可以根据需要选读。

本书所附光盘中有各章的幻灯片演示文件，其中大多数系彩图（彩图的原图为各大公司提供，未作任何修改，有的不符合国家制图规范，有的有错误，读者只能作为参考），比书中的黑白图要易懂得多，建议读者在阅读本书时，同时利用计算机观看相应的演示文件。

本书由同济大学阊耀保教授主审，他对本书初稿作了细致的审阅，提出了很多宝贵的意见。同济大学讲师李晶博士、阊耀保教授研究室2010届本科毕业生协助进行部分引文的翻译工作。在此一并感谢。

本书中很多内容是笔者自己的研究所得，所以尽管多次检查反复修改，但错误难免。笔者衷心欢迎读者提出意见和建议，从而在出修订本时能得以改进和补充。笔者电子信箱：hpzhang856@ sina. cn，还为本书开了一个博客 http：//blog. sina. com. cn/lwczf，以收集读者反馈，并提供不断更新的勘误表。

笔者谨在此感谢黄人豪研究员，没有他的推动，我不会下决心写本书。借此机会，再次感谢我已故的硕士导师黄谊教授、我的博士导师陆元章教授和钟廷修教授所给予的指导，我也特别感谢我的博士后导师巴克（W. Backé）教授，是他提醒我，要注重实际，到实际中去，这整个地改变了我的专业学习的轨迹。

感谢德国洪堡基金会（AvH-Stiftung）曾给予的资助。

HYDRAFORCE、Sun Hydraulics、Parker Hannifin、EATON-Vickers 等公司为本书提供了最新的产品图片和数据。

为缩减篇幅，在本书中使用了下列简称，代替公司全名。

HF——HydraForce（海德福斯）INC 公司；SUN——Sun Hydraulics 公司；ET——Eaton-Vickers（伊顿）公司；PK——Parker Hannifin（派克）公司；ST——Sterling Hydraulics 公司；ih——Integrated Hydraulics 公司；BR——Bosch-Rexroth（博世力士乐）公司；IFAS——Institut für Fluidtechnische Antriebe und Steuerungen，RWTH 德国亚琛工业大学流体传动与控制技术研究所。

张海平

2011 年 3 月

目　录

第1章 绪　论

本书介绍液压螺纹插装阀。

液压螺纹插装阀是使用螺纹直接旋入安装的液压阀。

那么，什么是液压阀？

国家标准 GB/T 17446—1998（2004 确认）《流体传动系统及元件 术语》（等同于 ISO 5598：1985）中定义阀——“用来调节流体传动回路中流体方向、压力、流量的装置。”

作者认为，这个提法并未点出阀的本质，只说到了阀的用途，或者说是良好愿望。愿望，尽管良好，却不一定能实现。因为，能否真正调节回路中流体的方向、压力或流量，还取决于回路中其他部件的状态。比如说，泵根本没有运转，或另有一旁路通油箱，那么无论怎样改变溢流阀，也无法调节压力。

液压阀，其实，只是“可以改变液流通道开口度的装置”。这才是液压阀的本质。只有从这个本质出发，才能全面理解液压阀在实际液压系统中的种种效应和现象。本章 1.5 节将对液压阀的这一本质展开深一步的阐述。

阀是液压控制系统中最关键的元件。液压系统可以没有泵，但是不能没有液压阀。

液压技术发展至今，液压阀种类已极其繁多，令人眼花缭乱，为了帮助梳理出一些脉络，从而方便了解掌握，可以从不同的角度来作一些分类。例如

从功能角度看，可以分为换向阀、顺序阀、溢流阀、减压阀、流量阀（调速阀）等；

从结构角度看，可分为滑阀、球阀、锥阀、滑锥阀等；

从控制方式来看，可分为手动、机动、液动、气动、电磁开关驱动、电液动、电磁比例驱动等；

从工作方式来看，可分为开关阀和连续调节阀。

等等。

1.1 液压阀的安装连接方式

从安装连接成系统的方式的角度来看，液压阀大致可分为管式、板式、片式、叠加式和插装式等几类。

1.1.1 管式

管式阀（line mount valve）的进出油口都带有内螺纹，通过相连接的管接头与管道，和其他元件相连。有二端口、三端口或多端口，见图1-1、图1-2。

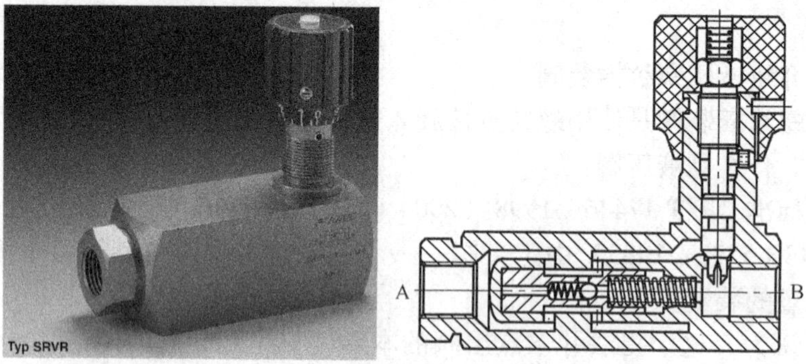

图1-1 管式阀示例（Hydac）

图1-2 管式阀示例（BR）

管式是历史最悠久的一种安装连接方式，20世纪初起就普遍使用，至今还继续有使用。

管式阀是各种安装连接方式中唯一的一种独立完整的阀：接上管接头和管道就能用，不需要其他任何配件。

随着液压系统日益复杂，这种安装方式的弱点就日益凸显：

1）元件分散布置，占地大。

2）可能泄漏的部位多。

3）装拆不便。

图1-3为一个安装在卡车上的液压系统，由多个管式阀通过管道连接组装而成。由于受安装部位面积限制，管道不得不三层安排。其组装与拆卸之不便，可想而知。

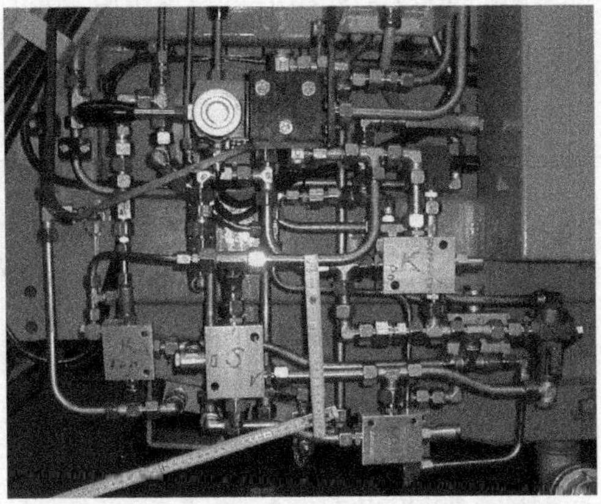

图1-3 由管式阀组成的液压系统实例（德 Zoeller-Kipper）

1.1.2 片式

片式阀（sectional valves, multiple section directional valve, multiple flow valve），国内普遍称为多路阀。

它是从管式的手动换向阀发展而来的：一个控制片含一个换向阀阀芯，控制一组执行器——液压缸或液压马达。几乎所有的控制功能都集中在这一片上（见图1-4）。

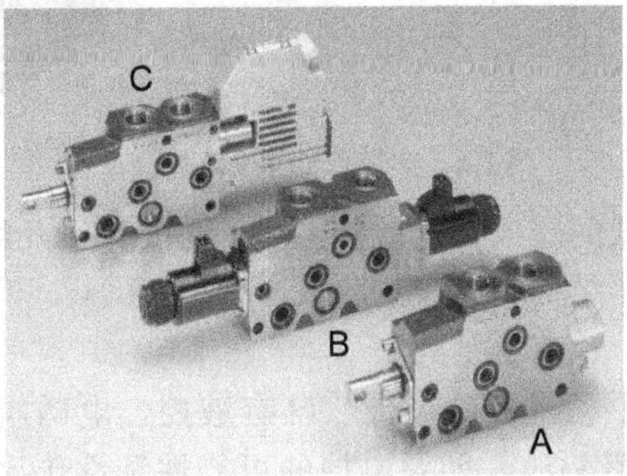

图1-4 一些不同控制方式的多路阀片（BR）

A—手动换向阀 B—电磁换向阀 C—带应急手动和控制器的电比例换向阀

把各片的进油口 P 和回油口 T 的位置做得相同，就可集合在一起，共用 P、T（见图 1-5）。

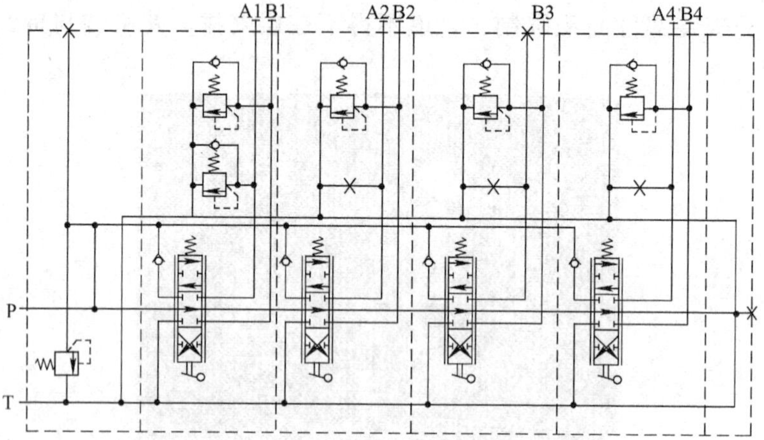

图 1-5 多路阀回路图（PK）

多路阀一般都有一通用控制块：油源块，也称主控块，或头块；一般还有一个尾块。然后通过螺栓紧固在一起（见图 1-6）。

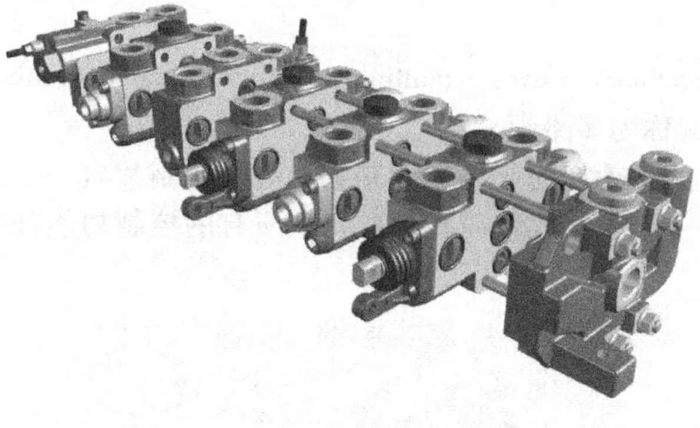

图 1-6 多路阀组装示例（PK）

这种安装连接方式的最大特点就是灵活，需要控制几组执行器就用几片。

因为共用油源块，结构就比较紧凑。

阀体大多用铸铁，也有钢制的。

多路阀从最早的手动发展到今天，已有液控、电磁阀控、比例阀控、总线控等多种控制形式（图 1-7）。如果电控的可靠性和性价比极大地提高了，附加的作为应急用的手动就没有必要了。

多路阀在行走机械的液压系统中广泛使用（见图 1-8）。考虑到操作习惯，这种组装方式还会存在相当长的时间。

多路阀的弱点：

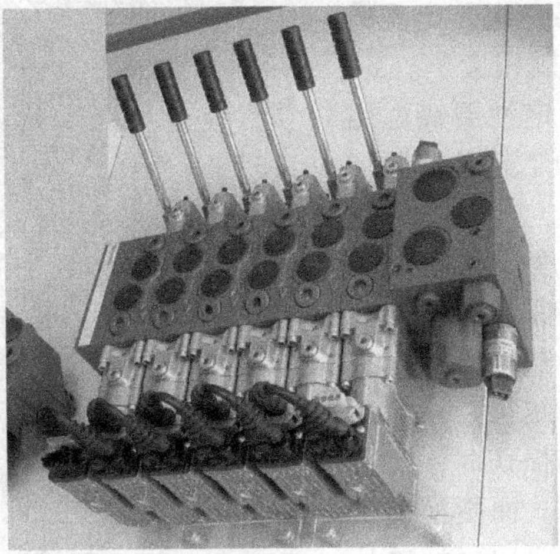

图 1-7　带应急手动的可通过区域总线控制的电磁驱动多路阀（BR）

图 1-8　多路阀用在行走机械中（BR）

1）片与片之间可能会泄漏。

2）因为管道固定在阀体上，因此，要更换某一片阀时，不仅必须松开紧固螺栓，还要拆卸管道。还是较麻烦。

这种安装连接方式开始受到集成块方式的排挤。有些生产商针对一些大批量的主机，采用一个专门设计的大集成块来代替多片的组合（见图 1-9）。这就大大减少了可能的泄漏部位，而且总的外形尺寸也可减少。这种技术需要突破以下几个薄弱环节：

1）作为集成块体的铸件的质量要高。因为只要某一阀孔出现铸造砂眼，整个集成块就报废了。

2）机加工的稳定性要高。因为只要某一个部位加工超差，同样必须废弃整个集成块。

3）集成块的硬度与耐磨性要好。现在集成块大多采用铸铁，而阀杆采用低合金钢。热处理后，阀杆一般都比阀块硬。结果，在使用中，由于污染而引起损伤时，常常是阀块先于阀杆损伤。而更换整个集成块的代价，显然要比更换单片阀贵得多。

图 1-9 集成式多路阀（KYB）

1.1.3 板式

板式阀（subplate valve）：连接管道的油口不是直接做在阀上，而是做在底板上（见图 1-10），阀通过螺栓被固定在底板上。因此，更换阀时不必拆卸管道，较之管式或片式要方便得多，可以大大缩短维修时间和费用。

板式连接的标准化进展比较顺利。如 ISO4401（GB/T2514）被广泛接受（见图 1-11）。

板式连接方式更重要的特点是为采用集成块连接奠定了基石：多个板式阀共用一个连接块——集成块（manifold），相互间的连接通道做在块内（见图 1-12）。总体积就较管式连接小得多。适于较复杂的液压系统。

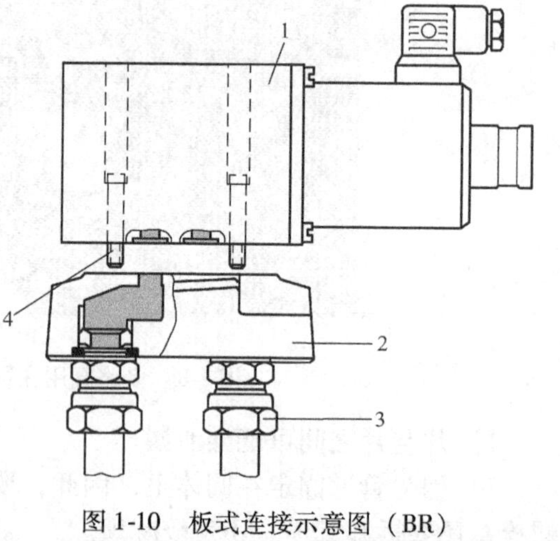

图 1-10 板式连接示意图（BR）

1—板式阀 2—底板 3—管道 4—固定螺栓

1. 集成块的优点

除了继承了板式阀的优点——阀通过螺栓固定在集成块上，因此更换时不必拆卸管道——之外，还由于集成块减少了连接管道和相应的管接头：

——潜在的外泄漏危险减少了；

——系统所占据的空间和重量降低了；

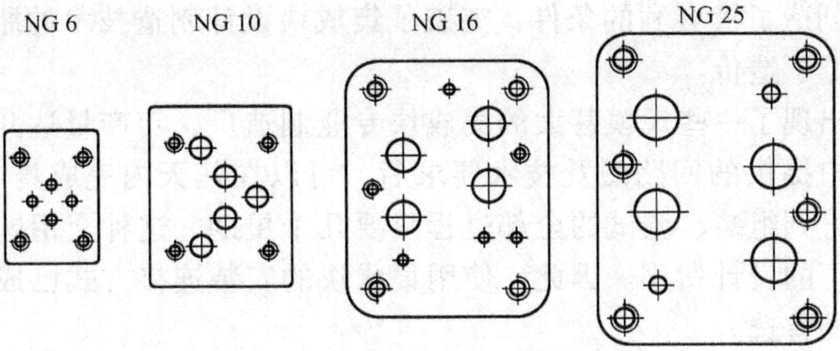

图 1-11 板式连接的标准连接孔

图 1-12 板式阀集成块内部连接通道示意图

——管路的压力损失减少了，发热也随之下降；
——系统的抗振性增加了，系统工作的可靠性也随之增加；
——系统的响应时间可以显著缩短；
——装配时间和费用减少了；
——集成块可以不在现场组装，故障率也可以大大下降；
——由于使用了集成块，控制阀相对集中在一起了，这也有利于维修。

近十年来，由于3D设计软件和数控加工中心的普遍应用，为复杂集成块的设计和加工创造了极有利的条件，突破了集成块设计制造技术的瓶颈，缩短了交货期，降低了造价。

现在已出现了一些规模甚大的集成块专业制造厂，年产量达几千吨。制造厂在接到用户提供的回路图及技术要求后，可以在几天内完成集成块的设计，从制造，一直到组装、调试的全部过程只要几个星期。这种交钥匙的方式大大减少了主机厂的设计费用。因此，使用集成块的安装连接方式已成为现代液压系统设计师的首选。

2. 纯板式阀集成块的弱点

板式阀集成块利用集成块的表面安装阀，集成块内有仅连接通道，这在复杂系统，有很多阀时，就会遇到两个问题：

1）集成块的表面积是随长度的平方增加的，而块体的质量却是随长度的立方增加。

2）集成块越大，内部的联通孔就越长，而钻深孔的代价也是随着孔深，不是线性而是抛物线增加的。

1.1.4 叠加式

叠加阀（Sandwich valve）是板式阀向高度的延伸、扩展和集成（见图 1-13、图 1-14）。

图 1-13 叠加阀（BR）

一般，一叠控制一组执行器。可以实现复杂的功能，又非常灵活，易于更换改变。

使用叠加阀，可以在一定程度上缓解纯板式阀集成块遇到的体积大、要加

图 1-14　使用叠加阀的集成块

工深孔的问题，但其潜在的泄漏危险却增加了。

1.1.5　插装式

插装式阀可以看做不穿外衣的阀，因为它们都不带外壳，必须安装在一个阀块或集成块内，才能工作。

由于不穿外衣，功能部分都进入集成块体内，因此，许多插装阀可以挤在一个集成块里，所以非常紧凑。系统越复杂，这个优点就越突出。相对其他安装连接方式，插装阀组成的系统是最紧凑的。

使用插装阀的集成块继承了板式阀集成块的所有优点。而且由于紧凑，集成块的体积和重量、压力的沿程损失都可进一步降低。

由于紧凑，集成块的体积小、重量轻和集成度高，就降低了系统的初始成本。而由于泄漏可能性小、压力损失小、发热少、可靠性高，整个系统的运营成本也可降低。

因此，管式阀、板式阀和叠加阀的应用受到了很大的排挤，特别是管式阀和叠加阀。

插装式（Cartridge）主要有滑入式（Slip-in）和旋入式（Screw-in）这两类。

1. 滑入式

滑入式即通常所称的盖板式插装阀（图 1-15），也被称为二通插装阀或逻辑阀。它一般都还需要附加先导控制阀才能工作。

图 1-16 为 25 ~ 160 通径的盖板式二通插装阀。

盖板式插装阀一定要采用集成块方式成组应用。图 1-17 为一用于 1600t 注塑机的使用盖板式插装阀的集成块体。

插装阀靠盖板压在集成块内（图 1-18）。

盖板式插装阀由于功能单一，结构相对简单，容易做得大。因此，在大流量（约大于 1000L/min）时无可匹敌。

图 1-19 为一个用于 120MN 自由锻压机的集成块体，使用 125 通径盖板式插装阀，外形尺寸 1540mm × 1400mm × 995mm。

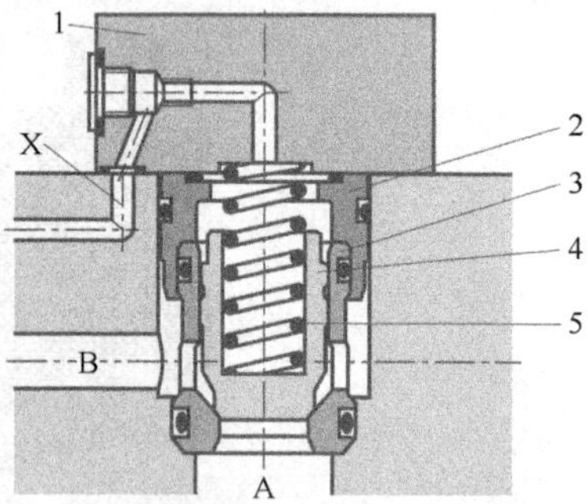

图 1-15 盖板式插装阀示意图（BR）
1—盖板 2、3—阀套 4—阀芯 5—弹簧 A、B—进出通道 X—控制通道

图 1-16 25 ~ 160 通径的二通插装阀（山东泰丰液压）

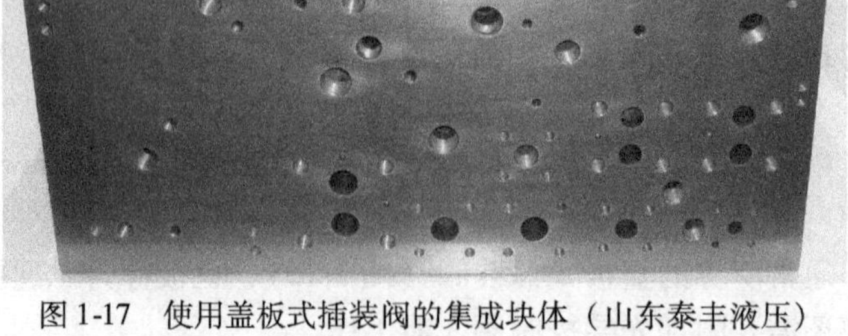

图 1-17 使用盖板式插装阀的集成块体（山东泰丰液压）

图1-18　一个用于2500t锻压机的插装阀集成块（汉诺威工展2007）

图1-19　一个使用125通径盖板式
插装阀的集成块（PTC ASIA 2009）

图1-20为一个通径250的二通插装阀。通过流量为100000L/min时的压差仅0.5MPa左右，用于海上钻井平台抗海浪时的升降。

图1-20 一个250通径的二通插装阀及盖板（德 Hydroment）

盖板式二通插装阀的标准化进展比较顺利。只花了三年，就在德国工业标准 DIN24342（1979）的基础上制定了 ISO7368（GB/T 2877—1981），对阀孔和与盖板连接的尺寸作了统一规定。这样，不同生产商的插件可以互换。

其实，盖板式插装阀还有三通式，但由于它的应用比二通式要少得多，因此不太为人所熟悉。

2. 旋入式

旋入式（screw-in cartridge，或 threaded cartridge valve）即本书的主题——螺纹插装阀。

螺纹插装阀的工作原理与其他形式的阀并无本质差别，只是结构不同，主要元件都是轴向排列（见图1-21）。

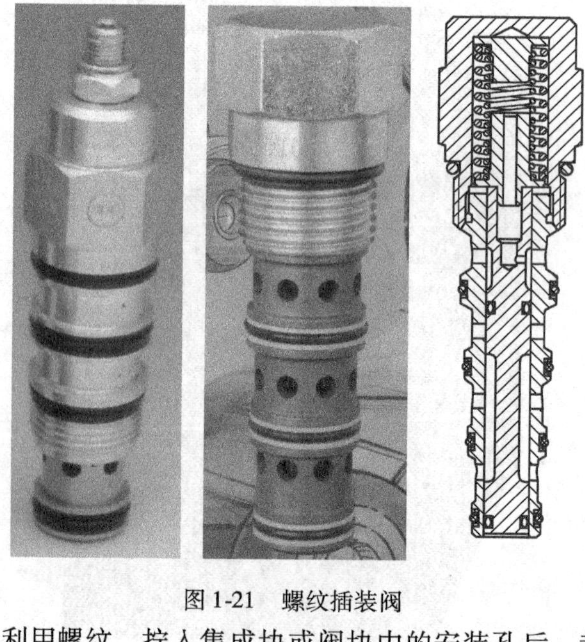

图1-21 螺纹插装阀

螺纹插装阀利用螺纹，拧入集成块或阀块中的安装孔后，都能独立地完成一个或多个液压功能，如溢流阀、电磁换向阀、流量控制阀、平衡阀等。

集成块或阀块，由于仅为螺纹插装阀的外部密封提供一个耐压外壳（见图1-22），并无其他运动部件。因此对精度的要求不是很高，使用成型钻铰刀具即可，给加工带来很大方便。

图1-22 一个尚未装螺纹插装阀的集成块（德 Zoeller-Kipper）

螺纹插装阀可以方便地更换，而无须拆卸管接头（见图1-23和图1-24）。

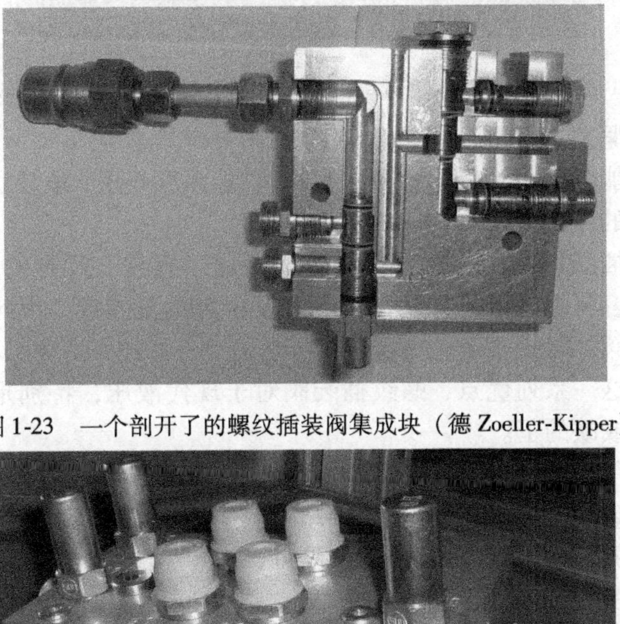

图1-23 一个剖开了的螺纹插装阀集成块（德 Zoeller-Kipper）

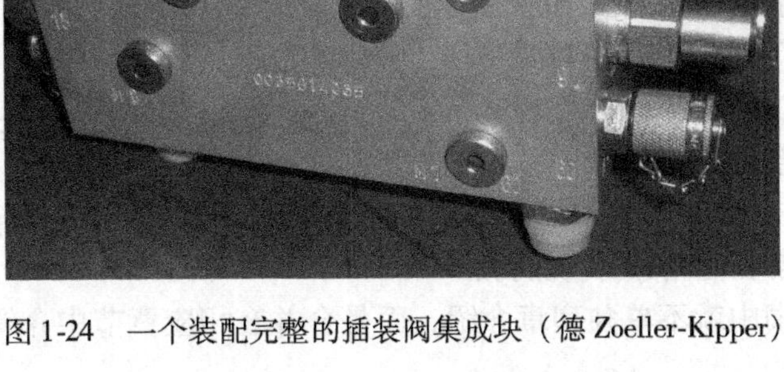

图1-24 一个装配完整的插装阀集成块（德 Zoeller-Kipper）

许多不同性能的阀具有相同的安装阀孔，这样就便于加工，便于更换，也减少了加工工具。

图1-25 系图1-3 中的管式元件被图1-24 的集成块所取代后的情况。

图1-25 采用螺纹插装阀集成块后的连接状况（德 Zoeller-Kipper）

由于结构紧凑，几乎所有的阀都集中在一个集成块里，所以，在必要时，如果在现场不能确定哪个阀出故障，可以方便地更换整个集成块，从而缩短现场修理而带来的停工时间。

由于螺纹插装阀的结构相对简单、部件加工容易、没有铸件、通用件多、互换性强、很容易组合成不同功能的阀、便于大批量生产，因此生产成本比相同功能的板式阀、管式阀低。

由于以上这一系列优点，螺纹插装阀对于现代液压，特别是行走设备的液压，已是不可或缺的了。

插装阀除了盖板式和螺旋式外，美 Pippenger 先生在《Hydraulic Cartridge Valve Technology》一书中还列出了 Insert-Type，又称 Parts in Body。本书作者根据其所举的实例，译作埋入式（见图1-26）。

埋入式阀完全进入阀块内部，没有曝露在阀块之外的部分。利用自身的螺纹或靠其他元件，如管接头、卡环挡圈等定位。目前仅见单向阀和二通流量调节阀采用埋入式，应用量也较少。

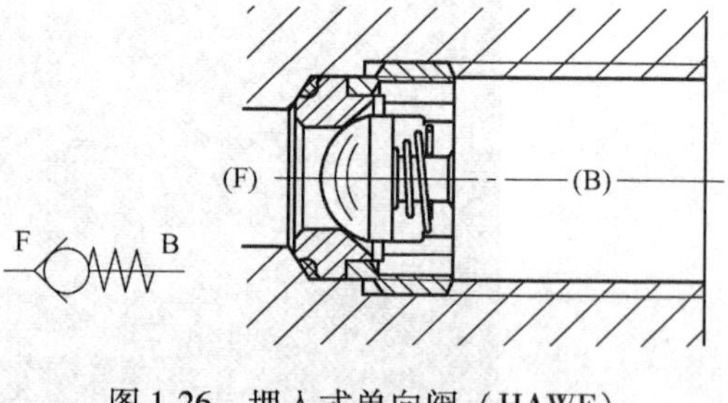

图1-26 埋入式单向阀（HAWE）

鉴于其种类相对来说少得多，其他功能特点与普通螺纹插装阀相似，因此在本书中就不单独列章介绍，而是合并在相应章节中介绍。

还有一种螺钉固定式（drop-in，见图1-27）。靠几个小螺钉固定。结构简单，成本低。但是，因为小螺钉比普通螺纹插装阀阀体上的大螺纹的抗拉力要小得多，因此，只能承受低压。装拆也较麻烦，占用面积大，不紧凑，所以用得不多。

作者希望在此再次强调：

1）任何分类都是不完善的。因为，在现实中总存在，或者会出现，介于两类之间的品种。而这类非马非驴的产品，往往由于吸取了两类产品的优点或摒弃了两类产品的弱点而特别有生命力。

2）分类只是为了梳理现状，以便于学习，只能作为学习的起点，决非学习的终点。决不能僵化死守分类而阻碍了创新。

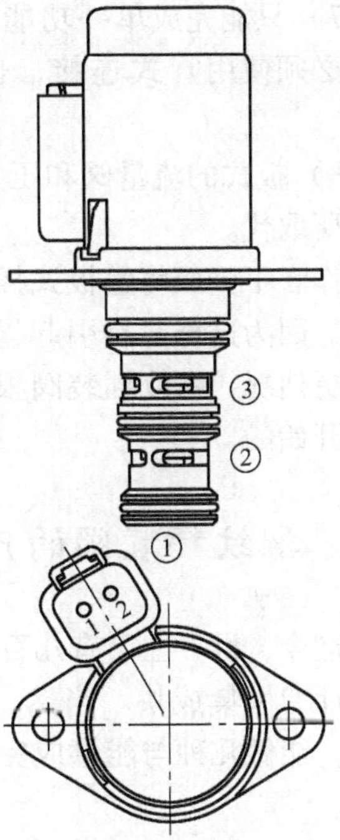

图1-27 螺钉固定式插装阀（HF）

1.1.6 各种连接方式的应用现状

当今大千世界错综复杂，液压系统面对的事情也是如此。没有哪一种安装连接方式可以放之四海皆准。

鉴于上述技术及经济的原因，今天，在欧美工业国家，液压阀的安装连接方式已大致形成以下格局。

1）应用插装阀的集成块方式已成为首选。其增长速度是其他液压元件的2~3倍（ET）。

2）大流量的系统，流量大致在300~800L/min以上，主回路采用盖板式插装阀。控制回路则由板式阀、叠加阀或螺纹插装阀构成。

3）大批量生产的组件，大致每批几千件以上，往往采用专用阀或专用阀块，其中也应用一些螺纹插装阀。

4）批产量很小的系统，每批才几件，不知今后还需要几批时，采用叠加阀也许更经济、灵活，设计生产周期短。当中的叠加块也大量应用螺纹插装阀。

5）批产量居中的系统，普遍使用专用集成块。其中，流量小的系统，往往全部使用螺纹插装阀。流量大一些的采用ISO接口的板式换向阀加螺纹插装阀。

6）在行走液压中，由于传统原因，换向阀还相当普遍地使用片式结构。有手动、液控和电控等。有些即使已采用电控，但还保留手柄，作为故障时的人为干预手段。其他控制则采用带螺纹插装阀的集成块。

7）只能完成单一功能的纯管式元件的应用已越来越少。即使由于种种原因，必须使用管式连接，也往往使用由螺纹插装阀组成的带管式接口的阀块。

8）板式的流量阀和压力阀的应用也越来越少，正在被做成叠加式的螺纹插装阀所取代。

作者不赞成将盖板式插装阀称为第四代，螺纹插装阀称为第五代液压阀的提法。因为这样容易引起误解。这两类阀，各有各的适用范围，谁也替代不了谁。更何况，螺纹插装阀根本就出现在盖板式插装阀之前，酝酿国际标准也是同时开始的。

1.2 螺纹插装阀的产销现状

迄今，世界上已有几百家公司可以提供螺纹插装阀及其相应阀块，并为顾客设计专用集成块。当然，能或已经制造过螺纹插装阀的生产厂还要多得多。但是，能做几种与能供应完整型谱完全不是一回事，就像走路与长征的差别一样大。

据SUN公司报告，目前全世界液压阀（不含航空航天领域）年销售量约为30亿美元，螺纹插装阀及阀块约占四分之一强。

能供应完整型谱螺纹插装阀的生产商，主要基地在美国的有Hydraforce（海德福斯）公司、Sun hydraulics公司、Eaton-Vickers（伊顿）公司、Parker Hannifin（派克）公司、Delta Power（升旭）公司、Fluid Control公司、Fluid Power Systems公司等，在英国的有Sterling hydraulics公司、Integrated hydraulics公司，在德国的有Bosch-Rexroth（博世力士乐）公司、HYDAC（贺特克）公司、IMAV公司、Tries公司、Fluid Team公司等，在瑞士的有Wandfluh（万佛乐）公司、Bucher-Frutigen公司，在意大利的有Comatrol公司、Oil-Control公司，在瑞典丹麦的有Sauer-Danfoss公司等。

其中许多公司的螺纹插装阀及阀块的年销售值都达到几千万乃至上亿美元。根据统计，2003年螺纹插装阀销售值排名在前几位的为Hydraforce公司、Sun hydraulics公司、Parker-Hannifin公司、Eaton-Vickers公司、Sterling hydraulics公司、Integrated hydraulics公司等。

由于螺纹插装阀的发展形势看好，各液压巨头在近几年纷纷收购螺纹插装阀生产商，例如Bucher Hydraulics集团并购了瑞士的Furtigen公司，PK集团先后并购了美国的Waterman Hydraulics公司、Fluid Power Systems公司和英国的ST公司，ET集团并购了ih公司，Bosch-Rexroth集团并购了意大利的Oil Control公司，Sauer-Danfoss集团并购了意大利的Comatrol公司，等等。

总之，螺纹插装阀不是小打小闹，而是许许多多大大小小公司成千上万的技术人员持续研究改良几十年的结果。已有宽广的产品型谱，相当的可靠性。但还在不断改进，不断扩展，每年推出新产品，追求完美。

现在除了伺服阀尚未见采用螺纹插装形式，螺纹插装阀能实现其他所有液压阀的功能，成为液压阀的主流形式。品种纷繁，已有上万之多。例如：

——Integrated Hydraulics 公司 2003 年的产品就有 260 种基本类型。

——SUN 公司 2001/02 年的产品约有 280 种基本类型；2009 年的产品基本类型增加到约 600 种。

——ST 公司 2003 年的产品约有 320 种基本类型。

——HF 公司 2003 年的产品约有 400 种基本类型。

这些公司为顾客提供特殊设计的产品品种还数倍于此。

这些生产商各有特色，没有哪一家生产商能够提供所有类型。

1.3　螺纹插装阀的应用与局限性

1.3.1　应用方式

螺纹插装阀的最大特点是应用灵活，有很多种应用方式。

1. 作为管式元件使用

螺纹插装阀可以单独装入与其配用的单阀块（见图 1-28a）或多阀块（见图 1-28b），成为管式元件。阀供货商一般都能同时提供这类阀块。

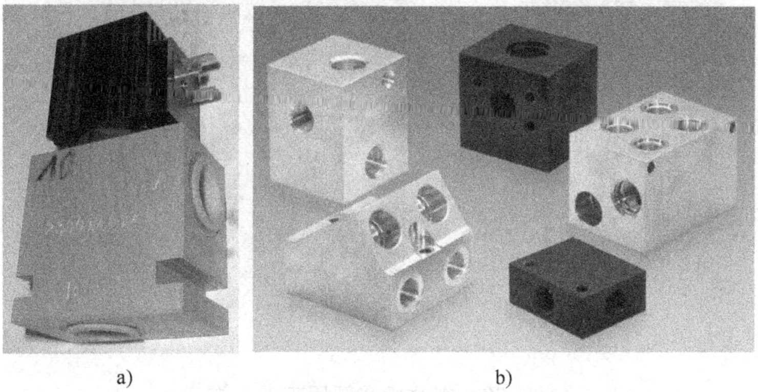

a)　　b)

图 1-28　螺纹插装阀作为管式元件使用

a）单阀块（ih）　b）多阀块（SUN）

2. 用于液压马达、液压泵体或液压缸

螺纹插装阀也可直接被装入液压马达、液压泵体（见图 1-29），或液压缸接口处，作为控制阀。

图 1-29　螺纹插装阀用在轴向柱塞泵中（BR）

A—螺纹插装阀

图 1-30a 所示为一螺纹插装阀装在带空心接头的阀块里。空心接头既起液压连接，又起机械紧固作用。这样，螺纹插装阀，通常是液控单向阀或电控单向阀或平衡阀，可被直接装在液压缸接口处（见图 1-30b），以避免连接管道破裂时，负载不受控制地下降。

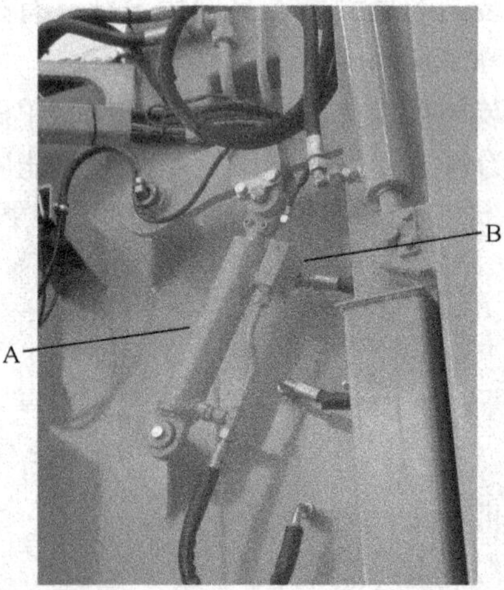

a)　　b)

图 1-30　螺纹插装阀用于液压缸

a）螺纹插装阀装在带空心接头的阀块　b）阀块直接装在液压缸出口

A—液压缸　B—带螺纹插装阀的阀块

3. 作为叠加阀使用

螺纹插装阀也可以装入带标准板式接口的阀块，作为叠加阀使用(见图 1-31)。

4. 用在多路阀中

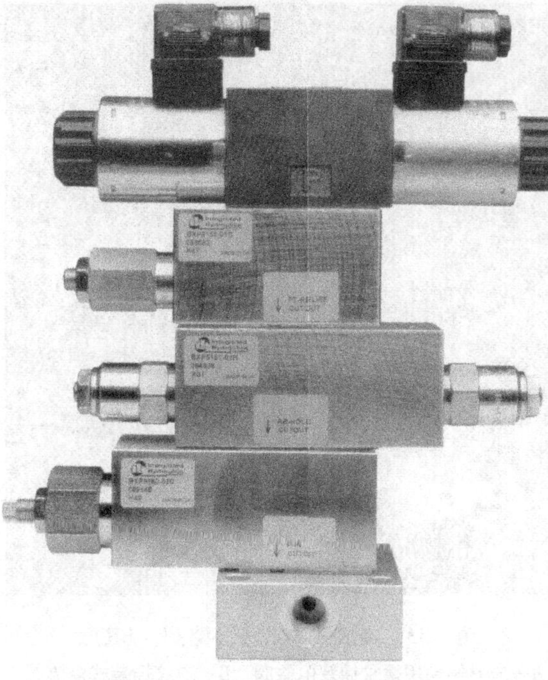

图1-31　螺纹插装阀作为叠加阀（ih）

图1-32为一电磁控制多路阀。换向阀阀芯由电磁线圈直接驱动。溢流阀为螺纹插装阀。

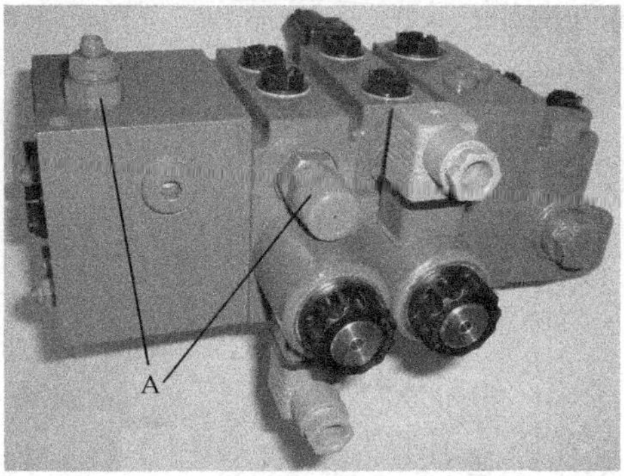

图1-32　电磁多路阀（BR）
A—螺纹插装溢流阀

图1-33为一两通道16通径集成式电液控多路阀。两个三位四通的液控换向阀通过4个螺纹插装式的电磁阀A先导驱动。B为螺纹插装式的溢流阀。

5. 作为盖板式插装阀的先导控制阀使用

它也可以装入盖板式插装阀的控制盖板，作为先导控制阀（见图1-34）。

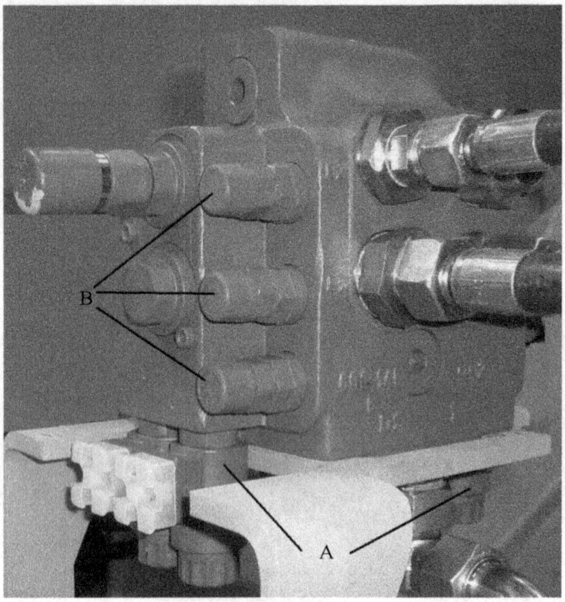

图 1-33 集成式电液控多路阀（BR）

A—先导驱动用螺纹插装电磁阀 B—螺纹插装式溢流阀

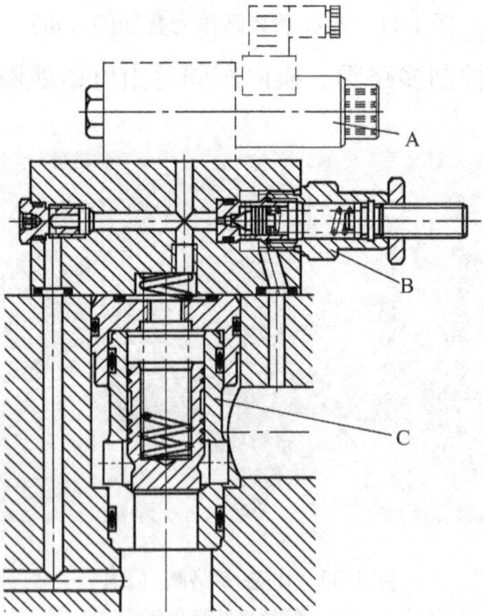

a)

图 1-34 螺纹插装阀作为盖板式插装阀的先导控制阀

a）结构图 b）装配照片 c）剖开照片

A—板式换向阀 B—螺纹插装式溢流阀 C—盖板式插装阀

b)

c)

图 1-34 （续）

6. 常用功能组合块

所有国际知名的螺纹插装阀制造公司在提供螺纹插装阀的同时，也都提供许多种类的螺纹插装阀的常用功能组合块。

图 1-35 为 SUN 公司在 2003 年可以提供的一些功能组合块。

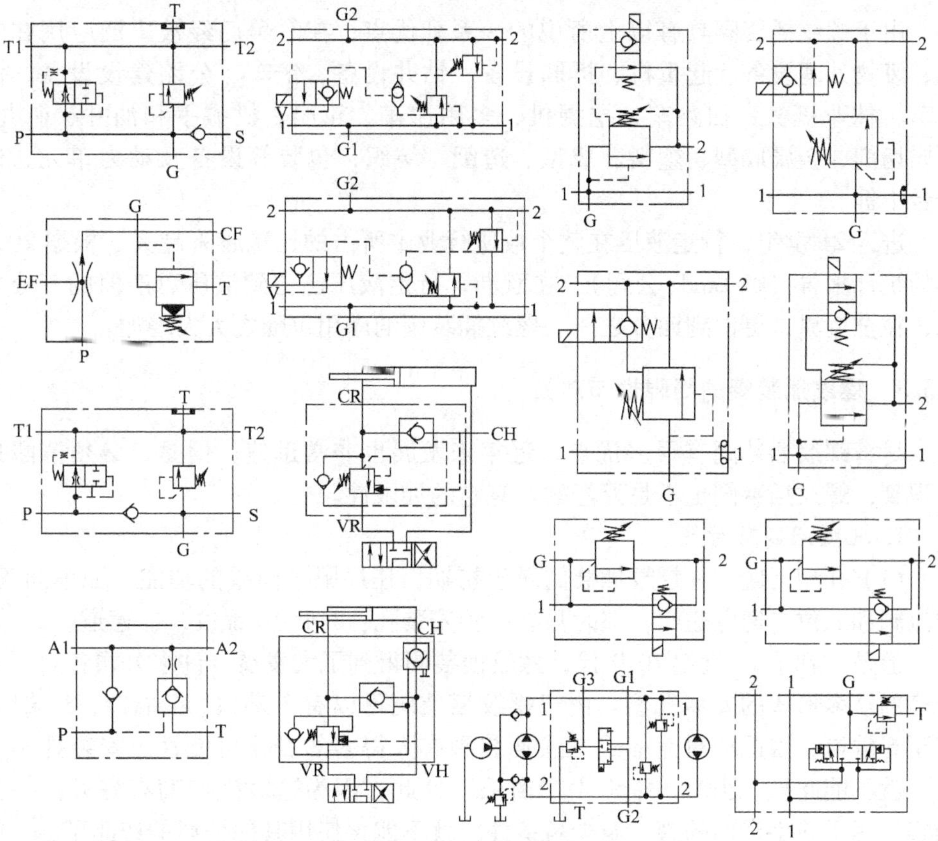

图 1-35 各种功能组合块（SUN）

因为这些功能组合块是大批量生产，经过实际使用考验的。因此，一般而言，比自己第一次设计的要可靠些，应该优先考虑。

7. 专用集成块

所有国际知名的螺纹插装阀制造公司也都可以根据顾客需要，设计制造专用的螺纹插装阀集成块（见图1-36）。有关集成块的设计与制造过程可见第16章。

以上这些应用方式互相交叉，没有截然的界面。

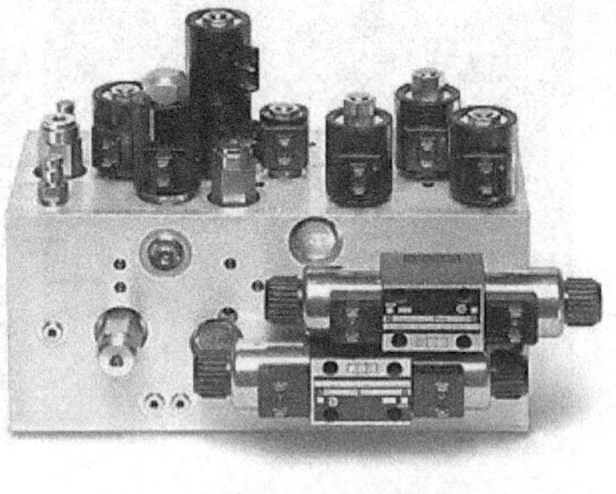

图1-36 主要使用螺纹插装阀的专用集成块（HF）

1.3.2 应用领域

由于螺纹插装阀具有以上所说的一系列优点，在欧美已经被广泛应用在农机、废物处理设备、起重机、拆卸设备、钻井设备、铲车、公路建设设备、消防车、林业机械、扫路车、挖掘机、多用途车、轮船、机械手和油井、矿井、金属切削、金属成型、塑料、成型、造纸、纺织、包装等设备及动力单元、试验台中等。

进入21世纪，行走液压在整个液压行业中所占的比重越来越大。根据2009年的统计报告（德Linde公司），在欧洲，行走液压已占到液压总产值的三分之二，在全世界，更占到四分之三。螺纹插装阀的应用也随之大大增加。

1.3.3 螺纹插装阀的局限性与对策

尽管螺纹插装阀有很多优点，近年来发展也非常迅速，但是，必须清醒地认识到，螺纹插装阀也不是万能的，有它的局限性。

1. 孔型问题及对策

（1）孔型问题　在螺纹插装阀诞生初期，还局限于简单的功能，如单向阀、溢流阀和二位二通电磁阀，那时只有一种安装孔：3/4″-16螺纹，二通道。

但是，到了20世纪70年代，螺纹插装阀得到了大发展，许多公司各自开发自己的众多形式的安装孔型。由于螺纹插装阀可以有3端口、4端口、5端口、甚至6端口，因此相对盖板式二通插装阀有大得多的变化可能性。安装孔不一样，就不能互换。当时，很多生产商乐于如此，因为这对生产商有好处：一旦顾客使用了该生产商的阀，至少是备件，就不能再使用其他公司的产品了。

从1992年起，在一些大用户，如工程机械公司与汽车制造公司的推动下，开始蕴酿制定孔型国际标准，希望统一安装孔型，改善互换性，但是，费时16年，直到1998年，使用米制螺纹的ISO 7789才获得通过。

但仅仅两年后，即2000年，12个美国螺纹插装阀生产商提出了一个使用UN（Unified Coarse thread）和UNF（Unified Fine thread）螺纹的国际标准草案CAD17209，得到了不少赞成票。欧洲许多专家则表示反对，一是认为安全问题未得到足够重视，二是反对一个产品两个标准。后来作为国际标准被否决了。又转为申请美国国家标准NFPA。自2008年又出现了一个以“ISO TR（技术报告）17209”为名的工作组，要拟定使用UNF螺纹的孔型国际标准。

另一方面ISO7789的市场化进展也非常缓慢，至今仍无一家公司推出完整的ISO系列阀。

在2007年10月，出现了ISO7789修订版。孔型数没变，尺寸的定义更详细了。但是，如果美国的工程机械生产商继续在世界市场上占相当份额，那么它们所习惯的使用英制螺纹的螺纹插装阀阀孔就不会让位给使用米制螺纹的ISO7789。

使用UNF螺纹的孔型系列以ICC（Industry Common Cavity，行业通用孔型）为名，获得了一些生产商的支持，如HF、ST、ih等。各生产商的ICC-08、10、16、20孔型总的来说相似，但有些局部还有差异，个别在互换时会导致漏油。一些生产商提出的所谓ICC-12孔型，则各不相同。

在美国有重要市场地位的SUN公司推出了自己的孔型系列。SUN孔型具有一系列明显的优点。由于SUN公司的产品在世界市场上占有相当地位，BR公司一度也曾代销SUN的螺纹插装阀，ih、ST、Comatrol等公司也设计制造使用SUN孔型的阀，以争夺市场。

一些跨国液压公司，如PK、ET、BR等，都没有自己统一的孔型系列。在兼并其它螺纹插装阀生产厂时，把其他孔型系列也都继续收进来了，并继续生产，以满足老顾客的需要。例如，PK公司在它2009年的产品样本上列出了共53种阀孔。

现在市场上至少有三个比较知名的孔型系列：ISO7789、SUN和ICC（详见附录A）。还有许多生产厂有自己的系列。

（2）对策　由于螺纹插装阀的兼容性差，不同孔型系列的阀不能互换。因此选型应该十分慎重。不仅要比价格，更要比性能、比持久性、比供货、比售后服务。

实在不得已，必须更换生产商时，可以考虑整个集成块更换，同时保持接口尺寸相同。这样，主机可以不做改动。

2. 流量问题及对策

（1）流量问题　由于螺纹强度和紧固扭矩的限制（500N·m），螺纹插装阀的直径只能做到48mm，对应于盖板式插装阀通径16～25。溢流阀工作流量可到800L/min左右。其他阀种流量仅达400L/min，甚至更少。三通、四通电磁换向阀由于受电磁线圈功率和液动力的限制，最大流量仅30～60L/min。

（2）对策　板式阀由于空间较宽裕，6通径电磁换向阀的流量可达约90L/min。所以，在集成块中，必要的部位可以考虑采用板式阀。有些场合，也可采用螺纹插装逻辑元件（见第12章）。流量需求再大的部位，就可考虑使用盖板式插装阀。总之，可以根据需要，混合使用。不必要拘泥于某一类型的阀。

3. 性能问题及对策

（1）性能问题　由于螺纹插装阀起步比传统管式、板式晚，而且受体积和布局限制，因此早期某些性能不如传统管式、板式，具体表现在：流量-压力损失、溢流阀的滞回、分流阀的分流精度、流量阀的动态响应性能、寿命（影响因素很多，如污染、热处理）等。螺纹插装阀早期的发展是由行走机械的需求推动起来的，它们因为受空间与重量的限制，必须用螺纹插装阀，对性能的要求就不那么苛求。随着螺纹插装阀技术的发展，现在一些产品的性能已达到与传统阀相近或相同的水平，也被用于固定液压设备。

（2）对策　选择螺纹插装阀时，某些性能要留有余地。例如电磁阀的工作流量，受温度、电压、压力等因素影响，因此，应选用比实际工作流量大一些的。

作者自己的经验教训：大多数情况下，不是阀的性能不行，而是使用不当。因此，在选用阀的时候，要仔细阅读产品使用说明书，注意弄懂每一个词——适用的液体、流动方向、紧固力矩等，从失败中学习，不在同一个地方跌两次跤。

如果自己没有经验，又缺乏相应的测试手段，那么，请一个螺纹插装阀生产商供应全套回路，不失为一个简单的转嫁责任的方法。

如果自己有了相当的经验，也有相应的测试手段，能够判断问题所在，那么，完全可以考虑自己设计回路，根据需要，选用不同生产厂的产品，组合在一起。说实在，至今为止，没有哪一家厂生产的所有的阀都是世界最优的。

4. 开发周期问题及对策

（1）开发周期问题　要用螺纹插装阀组成液压系统，一般都要设计制造集成块。花费的前期准备时间较长。因为，一旦集成块制作完成，基本上就不能再改动了。要改动，常需要整个集成块重新设计。所以，开发周期较使用管式、叠加式元件的要长。

（2）对策　螺纹插装阀较适用于批量产品。用于单件或小批量时，经济性不容易体现。

另外就是，前期多花功夫。在确定回路前，先用单阀块管道连接进行试验，可能的话进行多工况试验。确定这些阀适用以后，才设计集成块。集成块设计以后，先小批量试产，试验改进，再大批量投产。这样，可以减少返工，最终缩短了开发周期。

1.4 认识及选用液压阀的途径

现在有些企业标榜，我使用的是进口阀。须知，国外企业，也有先进落后之分，它们生产的液压阀也有优劣之别。再说，即使是国外一流企业的一流产品，用错了，还不如用对了的国内产品。所以选用液压阀千万不能用进口或国产作为依据。

认识及选用液压阀要面向实际应用。先定性，再定量，最后还要注意细节，否则是达不到完美的。具体来说，大体就是如下几步：

1）通过阀的结构来了解阀的功能。

2）通过阀的特性曲线来认识阀的特性。

3）根据应用的要求来选择恰当的产品。

4）最后，根据样机测试结果来确认所选择的阀的适用性。

1.4.1 通过结构了解功能

要想真正了解液压阀，就决不能被那些阀的名称，特别是中文名称所迷惑。须知：

——节流阀不一定能节制流量。

——减压阀也不一定能降低压力。

——调速阀不一定就用于调速。

——平衡阀也不是用来保持平衡的。

——压力补偿阀并不能补偿压力，而是消耗压力。

——“压力切断”其实就是限压。

——定差溢流阀、定差增压阀被笼统称为定差减压阀。

这些名称只是表象、或一个美好的愿望、甚至一个翻译错误而已。愿望不一定就能实现。翻译错误要靠独立思考来识别。

液压阀的图形符号大致反映了阀的工作原理，比名称要有用得多。但是必须看到：

——有些产品样本上提供的图形符号是简化了的，从中并不能看出阀的工作原理。

——有些画法不同于国际标准 ISO1219。

——也有些，根本就是画错了的。

另外，图形符号并不能反映阀的动作细节。从图形符号也不能看出阀可能的出错部位。

如本章一开始就提到的：液压阀，从本质上来说，只是一个可以改变液流通道开口度的机械装置。阀芯在外力——液压力、液动力、弹簧力、操作力(电磁力)、摩擦力等的作用下移动，停留在外力平衡的位置。所导致的液流通道开口的大小，就和系统中其他元件的状态一起，共同决定液流的方向、流量、系统的压力、从而执行器的运动和停止。

因此，要完全理解一个液压阀的功能，首先要把它当作一个机械零件：根据（产品样本提供的）剖面图仔细了解它的结构，了解各种力是怎么作用于阀芯的，理解它的动作原理。然后，才能把它当作是一个流体技术元件，了解它对压力和流量的控制功能，了解其功能的局限性。为此，作者在本书所附光盘的文件夹“各章彩图”中，提供了大量阀剖面的彩图。

1.4.2 通过曲线认识特性

与电子元件相比，液压元件的非线性要强得多，它们组合之后的相互作用更为复杂。因此，液压阀的特性光靠几个参数是很难全面描述的。要比较全面深入地认识液压阀的特性，就要看它的特性曲线。

产品样本上提供的曲线一般都是生产商根据实测曲线处理得来。因为生产商对其准确性要承担一定责任，所以是比较可信的。

但是，看曲线时要注意，几乎所有产品样本中的特性曲线都印得很小，一些对实际应用很重要的细节有时被略去了，合理“美化”了。例如溢流阀的滞回、流量阀的起始压差等。其实，真实的测试曲线，虽然不光滑不漂亮，但却是很有价值的。图 1-37 所示为一溢流阀的流量压力特性曲线。图 a 为实际测试得到的，图 b 为产品样本上所提供的，哪一个更有实用价值，不言而喻。

某些特性数据，生产厂由于不愿意或很难确定而没有在产品样本中给出，

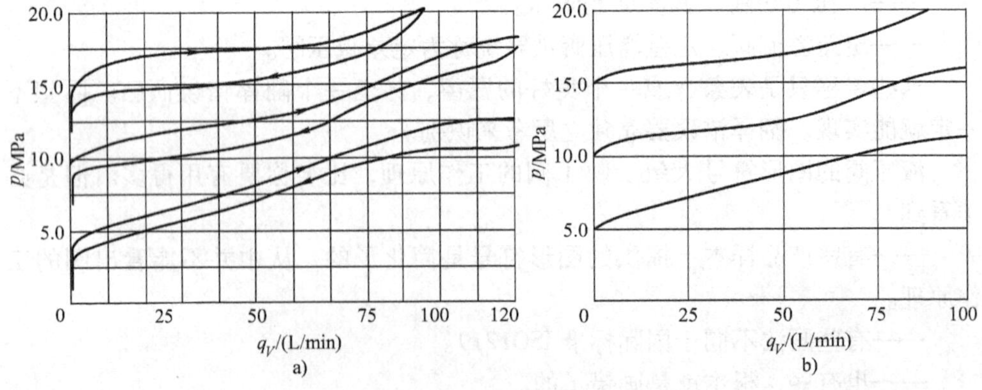

图 1-37 实测的特性曲线与产品样本上的特性曲线

a）实测的特性曲线 b）产品样本的特性曲线

但若它对应用是关键的，就应该在设计阶段向厂方索取，或自己通过测试获取。

1.4.3 根据应用选择液压阀

只有用对了的阀，没有到处皆优的阀！所以，一定要根据应用来选择液压阀。

螺纹插装阀用于行走液压，有许多不同于固定液压的要求：抗气温变化，耐腐蚀，抗振动，抗电压不稳定，等等。

1. 外部对阀的要求

在选用液压阀之前，先要把领导、顾客、市场、主机、应用环境、液压系统这些外部因素对阀的要求搞清楚。例如

（1）主机总体情况

1）顾客（群）是外部还是内部的？是显形的还是隐形的？顾客提出了什么要求？

2）是否有样机？国内外先进水平怎么样？是否已有专利或实用新型？

（2）对稳态特性的要求

1）负载力特性？大小？方向？变化幅度？有无负负载？

2）持续工作压力？最高工作压力？短时峰值压力？

3）工作流量？变化范围？

（3）对动态特性的要求

1）需要的动作频率？或完成时间？变化范围？或速度曲线？

2）定位精度？

3）速度平稳性的要求？

（4）阀将来的工作环境

1）室内，抑或露天？

2）温度、湿度变化范围？

3）是否会接触到雨水、海水，或其他腐蚀性液体？

4）杂物及灰尘状况如何？

5）是否有阻燃、防爆要求？

6）可能受到冲击、振动吗？多强？

7）电源电压的波动范围？

（5）对安全性的要求

1）有何潜在危险？机械性的？烫伤？辐射？噪声？发生机率多高？

2）如果一个部件出故障的话，有何危险？

3）操作者的素质、受培训程度如何？

4）如果无意、或有意地不遵守操作规程，是否会出事故？

5）出事故的后果如何？致伤？可痊愈？致残？致死？单人？或多人？

6）已有什么防护措施？是否可能通过标识降低危险？

7）相应的安全标准或规范是怎么规定的？

（6）对工作可靠性的要求

1）期望的工作年限？

2）工作周期？8 小时/天，抑或不间断？

3）故障停工的后果如何？

4）现场维修能力如何？重新恢复工作所需的时间？代价？对策？

（7）对外形有何限制？

（8）对重量是否有限制？

（9）对能耗的要求

1）能量来源，电动机或内燃机？是否可变速？其经济转速多高？

2）是否允许装冷却器、加热器？是否需要？

3）是否采用混合动力，回收刹车动力？

（10）对经济性方面的要求

1）目前制造成本多高？对新产品的要求？

2）订货量多大？生产批量多大？

3）同行（竞争对手）的价格？

（11）对系统及元件交货期的要求

1）什么时候必须完成设计？必须交货？

2）什么时候必须（可以）完成采购与制造？完成组装？完成系统联调？进行优化？进行空载试车？进行满载试车？进行超载试车？

（12）第一位的要求是什么？

交货期、成本、特性，什么是最重要的？什么是次重要的？几乎所有人都希望“马儿能跑但不吃草”，对此德国人也有一个专用名词——“既能下蛋又能产奶又出羊毛的肉用猪”。这并非是个别领导个人所好，而是所谓“天下白兔一般白”，外部环境的压力所致。作为设计师必须且应该尽力去满足这些要求，但也应该理智现实地搞清楚，在“熊掌与鱼不可兼得”时，先保证什么。

在开始设计选用产品之前，就应尽可能地搞清楚这些要求。根据这些要求选择恰当的产品，可以少走弯路，减少返工引起的时间和财力物力人力的损失。

2. *阀选用特性清单*

详细明确地了解了要求后，才可以开始具体确定对所需要阀的特性参数的要求，如：

1）许用压力。

2）需要设定的压力。

3）可以接受的复位压力。

4）最大工作流量。

5）可以接受的压力损失。

6）可以接受的内泄漏，选用座阀还是滑阀。

7）响应时间（切换时间）：选用直动式还是先导式。

8）复位时间。

9）压力介质，从而确定所需的密封材料。

10）安装位置，液流方向。

11）工作电压，并确定消耗电流。

然后，再根据这些具体要求和特性要求来选用或请供货商协助选用液压阀。

1.4.4　根据测试确认适用性

通过前面几步，对螺纹插装阀有了较全面的了解，对系统的要求也搞清楚了，理论上来说可以选出合适的阀了。但是，实际情况往往没有那么顺利。上帝也会犯错误，何况凡人。而轻率地把新选出的阀立即用于系列产品，就可能把错误，从而把损失，放大几百倍甚至几千倍！要避免这种情况的发生，唯一的方法就是试验：把选出的阀装在样机上，在各种应用环境下实测，效果究竟如何，从而最终确认它的适用性。

通过测试，不但可以比较液压阀的优劣，也可以进一步加深对其工作原理及特性的理解。

1.4.5　理论分析研究

这时，在前述定性分析和测试的基础上，如果有时间有精力有能力有资金，最理想的是进一步再做理论分析研究。因为，测试毕竟只能在若干个工作点做若干条特性曲线，而理论分析可以帮助全面认识以至进一步改进，在某些场合，也可以降低研发成本，缩短研发时间。

现在已经有很多计算机辅助的理论分析工具：有限元强度分析，有限元磁场分析，流场分析，特性仿真等，可以考虑采用。

理论计算一定要与实测对比，寻找差别的原因，逐步改进数学模型。

在仿真时，应遵循这个原则：先稳态再动态。先低阶再高阶。

要指出的是，实际工作不是像个别人写文章故弄玄虚唬弄别人忽悠自己。不会仿真，可能有2%的实际问题解决不了。不会测试，会有50%的问题解决不了。不会定性思考，则实际问题100%解决不了！

1.5 阀的结构与作用在阀芯上的力

如本章一开始就提到的，液压阀，从本质上来说，只是一个可以改变液流通道开口度的机械装置。有些阀，可以接受外部指令信号，如手动、机动、气控、液控或电控，有些阀则受内部物理量，如弹簧力、压力、压差或摩擦力的影响。阀芯在这些力的作用下移动，停留在力平衡的位置，所导致的液流通道开口的大小，就和系统中其他元件的状态一起，决定液流的方向、流量、系统的压力、执行器的运动和停止。

因此，要了解液压阀的特性，掌握阀的结构——阀芯与开口形式、驱动方式和作用在阀芯上的力是至关重要的。

这里所说的阀芯，指的是液压阀中那些在工作时可移动，且移动后会改变液流通道开口度的部件。

1.5.1 阀芯与开口形式

螺纹插装阀阀芯的形式可以大致分为滑阀和座阀两大类，见图 1-38。其中图 a 为滑阀，其余形式都可归为座阀。

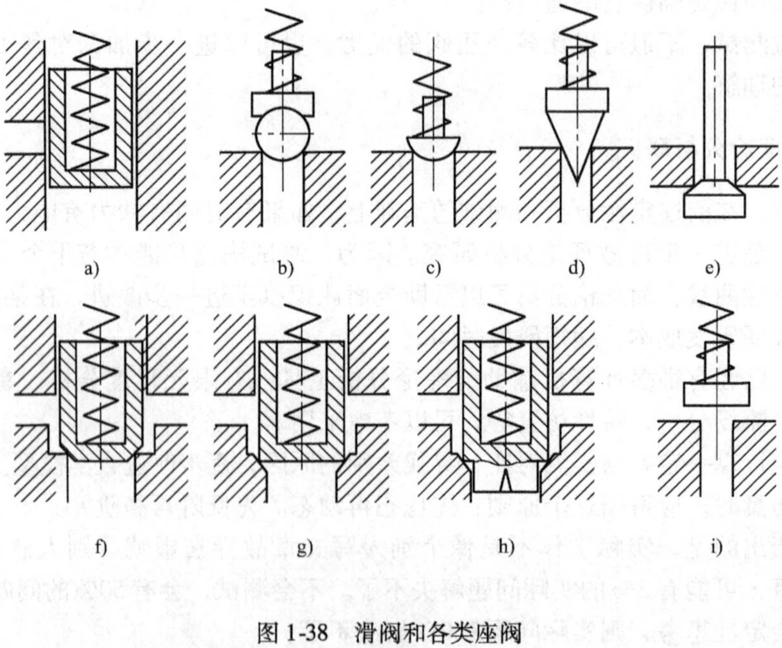

图 1-38 滑阀和各类座阀

a）滑阀 b）球阀 c）球面座阀 d）锥阀 e）反锥阀

f）滑锥阀 g）滑锥阀 h）带缓冲头的滑锥阀 i）平面座阀

滑阀靠圆柱面密封，总有间隙，因此泄漏不可避免。而且，这个间隙随着工作磨损，越来越大。这就从一个方面，限制了它的工作寿命。它的优点是，可以做成零位时带覆盖、带预开口、零对零、以及带各种形式的预开槽，从而实现各种希望的行程-开口面积曲线（图1-39）。

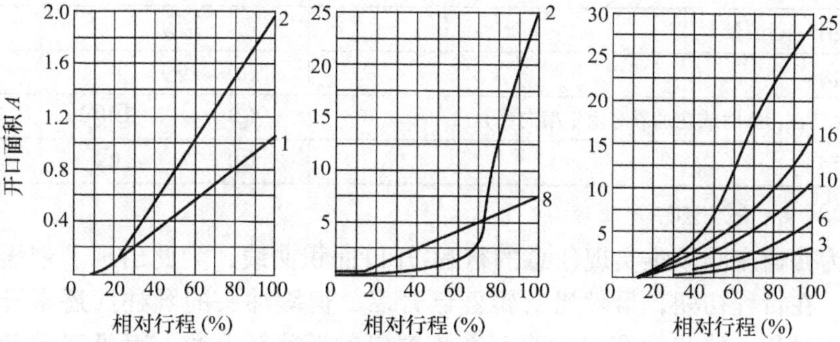

图1-39 滑阀可以实现各种行程-开口面积曲线（ATOS）

座阀都是线接触密封，理论上可以做到无泄漏，且具有磨损自补偿的特性，因此工作寿命较长。阀芯一有位移，通流口立即开启。响应快、反映灵敏是其另一优点。但座阀工作时容易振动，产生噪声。另外，座阀较难实现任意的行程-开口面积曲线。

座阀也有多种形式，如球阀、球面座阀、锥阀、滑锥阀和平面座阀等。

球阀的结构简单，成本低。但由于钢球可以在任意方向转动，与阀座之间的密封线经常变动，所以，密封性不易保证。由于开口度的限制，只能用在小流量系统中。

锥阀因为有导向部分，阀芯与阀座之间的密封线可以基本保持不变，因此密封比较可靠，应用很广泛。因为工艺要求比球阀高些，所以成本高些。

在锥阀装配完成时，生产厂通常采用锤击的方法，锤击力约合静压力200～300N，弥补加工中可能出现的少量形位偏差，把理论上的线接触变为实际上的很细小的面接触，从而使泄漏基本为零。

球面座阀在略有偏斜时，也能较好地密封，这点比锥阀强。

国内很多文献不区分锥阀和滑锥阀，都简单称作锥阀。其实，滑锥阀和锥阀的特性还是有相当不同的。锥阀的导向性差，因此只用在开口较小，从而流量较小的场合。滑锥阀的导向性好，可以有很大的开口，在高压大流量系统中是几乎唯一被使用的形式。但其导向圆柱面与密封锥面必须有相当高的同心度，否则无法保证密封。

表1-1对滑阀、锥阀和滑锥阀的特性作了一些比较。

表 1-1 滑阀、锥阀和滑锥阀的特性比较

<table>
<tr><th>特性</th><th>锥阀</th><th>滑锥阀</th><th>滑阀</th></tr>
<tr><td>关闭时密封性好</td><td colspan="2">☺</td><td>☹</td></tr>
<tr><td>静态卸荷→较小的驱动力</td><td colspan="2">☹</td><td>☺</td></tr>
<tr><td>磨损敏感性小</td><td colspan="2">☺</td><td>☹</td></tr>
<tr><td>压力损失小→通流量大</td><td colspan="2">☺</td><td>☹</td></tr>
<tr><td>振动倾向小</td><td colspan="2">☹</td><td>☺</td></tr>
<tr><td>不易卡住（在污染时或在加载时由于横向力）</td><td>☺</td><td>☺☹</td><td>☹</td></tr>
<tr><td>工作流量大</td><td>☹</td><td>☺</td><td>☺</td></tr>
</table>

注：☺：好；☹：不好。

因为普通座阀较难实现任意的行程-开口面积曲线，为此出现了带缓冲头的滑锥阀。在行程初期，虽然密封锥面已开启，但缓冲头的圆柱面还未开启，液流只能通过其上的节流窗口。改变节流窗口的形状和个数，就可实现需要的行程－开口面积曲线。与同尺寸的不带缓冲头的滑锥阀相比，工作稳定性要好一些，噪声小，但通流阻力大一些，完全开启需要的行程多一些。加工同心度要求更高。

平面座阀靠平面密封，用得不多，仅见于防管道破裂阀（第 6.7 节）。

1.5.2 阀芯的驱动方式

螺纹插装阀阀芯的驱动方式目前有以下几种方式。

1. *直动式*（图 1-40a）

端面来的液压力直接克服弹簧力，驱动阀芯向上，开启通道。弹簧腔通过阀体或主阀芯上的小孔与侧面通口相连，因此无背压。

常见的有：溢流阀、单向阀等。

特点：有效作用面积大、响应灵敏、切换时间短、复位特性好，需要较强的弹簧。阀芯也可以是滑阀。

2. *差动式*（图 1-40b）

侧面的液压力通过作用于阀芯的面积差——环形 A 直接克服弹簧力作用，驱动阀芯向上。弹簧腔通过主阀芯上的小孔与端面相连，因此无背压。

常见的有溢流阀等。阀芯通常是滑锥阀。

特点：有效作用面积环形 A 可以很小，从而可以使用较弱的弹簧，得到较大的流量；切换时间较短。

3. *先导差动式*（图 1-40c）

从差动式派生而来。

主阀芯侧面有一小孔，连通侧面通口与弹簧腔。

主阀芯端面的小孔可以通过先导阀芯关闭或开启。

如端面小孔被关闭（见图1-40c左图），则如直动式。由于弹簧腔与侧面通口相连，压力相同，所以，侧面通口压力对主阀芯的有效作用力是向下，倾向于关闭主通道。端面通口的压力对主阀芯的作用力向上，倾向于推开主阀芯，开启通道。

如端面小孔被开启（见图1-40c右图），则如差动式。由于主阀芯端面的小孔显著大于侧面的小孔，因此，弹簧腔的压力与端面通口相同。所以，侧面通口的压力对主阀芯的有效作用力是向上，倾向于推开主阀芯，开启主通道。端面通口的压力对主阀芯的作用力向下，倾向于关闭主通道。

常见的有电磁换向阀。

4. 先导式（图1-40d）

由主级和先导级组成。先导级开启后，先导液流通过主阀芯上的小节流孔，产生的压差驱动主阀芯。常见的有溢流阀等。主阀芯通常是滑阀，也有滑锥阀。

特点：由于主弹簧只需克服压差，不需要很强，所以主阀芯可以做得很大，以通过大流量。切换时间较长。

由于节流孔通常都很小，直径常在1mm以下，为避免被污染物堵塞，阀口上一般都应带150μm的滤网。

5. 外控先导式（图1-40e）

通过主阀芯的先导液流由其他一个或多个外控阀控制，例如：溢流阀、外控卸荷阀、电磁换向阀、电控比例阀等。阀芯通常是滑阀或滑锥阀。

特点：控制灵活。

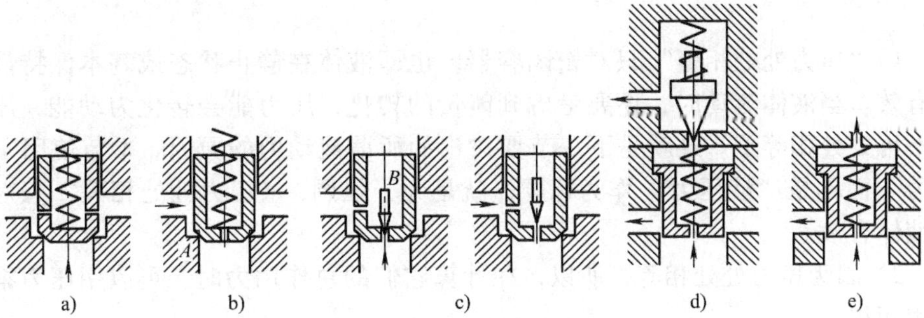

图1-40　阀芯的驱动方式

a）直动式　b）差动式　c）先导差动式　d）先导式　e）外控先导式

1.5.3　弹簧力

螺纹插装阀阀芯上不受弹簧力作用的（比如个别梭阀、手动阀），品种数量在液压阀中只占很小的比例。几乎所有螺纹插装阀中都使用圆柱形压簧。塔形压簧和碟簧也有使用，但用得很少，而且常常不是作用在阀芯上的。因此，本书只叙述圆柱形压簧。

如所周知，弹簧在被压缩时，就会有弹簧力。一般弹簧都大致满足虎克定律：弹簧力与压缩量成正比（见图1-41）。

在组装液压阀时，弹簧往往已经被一定程度地压缩了，这时的弹簧力就成为预紧力。弹簧力的估算见附录B。

在液压技术中，常常使用弹簧力与反向液压力有效作用面积的商，为叙述简便起见，本书中将此简称为弹簧压力。将弹簧预紧力与反向液压力有效作用面积的商，称为弹簧预紧压力（bias spring value）。

如果弹簧圈与圈之间的实际间隙（$s-d$）小于弹簧钢丝的直径 d，可以避免弹簧在万一折断后钢丝互相嵌入，以至弹簧力突然大幅度下降。

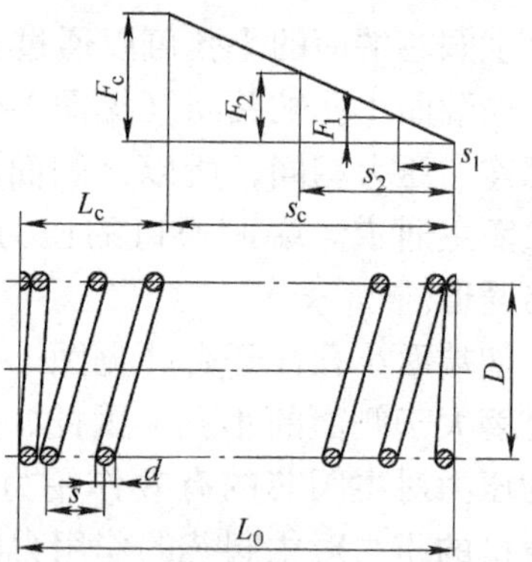

图1-41 压缩弹簧的行程-力示意图
s_1、s_2—压缩量 s_c—最大压缩量 F_1、F_2、F_c—在压缩量 s_1、s_2、s_c 时的弹簧力 d—弹簧钢丝直径 s—圈与圈之间的中心距 D—弹簧中径 L_0—原始长度 L_c—弹簧最短长度

1.5.4 静压力

现代液压技术中，压力介质的重量所引起的压力与所使用的压力相比，一般都小得可以忽略不计。因此，帕斯卡定律是适用的：加在密闭容器中流体任一部分的压力，必然按照原来的大小，由流体向各个方向传递。只是要注意的是：

1）“压力处处相等”只对密闭容器，也即液体在静止状态或基本保持静止时有效。当液体流动时，还要考虑到能量的转化：压力能会转化为动能，压力就不再处处相等了。这就是下一节要讨论的所谓液动力的原因。本节使用“静压力”而不是“液压力”作为标题，就是为了强调，“压力处处相等”只对静止液体有效。

2）因为压力处处相等，所以，在计算它们的总作用力时，可以用压力乘以作用面积。

3）液体压力始终垂直作用在接触的容器表面。而我们关心的是它们的合力，即压力与有效作用面积的乘积。

有效作用面积对理解阀的工作原理很重要。看似简单，但当阀的结构较复杂时，就不那么容易一眼看出来。

① 在图1-42中，静压力 p_1 的有效作用面积 A 是 $\pi d^2/4$，p_2 的有效作用面积也是 A。所以，要开启通道，就必须

$$p_1A > p_2A + F_T \quad (1\text{-}1)$$

式中　F_T——弹簧预紧力。式（1-1）也可写成

$$p_1 > p_2 + F_T/A$$

或，如果称 F_T/A 为弹簧预紧压力 p_T，则开启通道的条件为

$$p_1 > p_2 + p_T$$

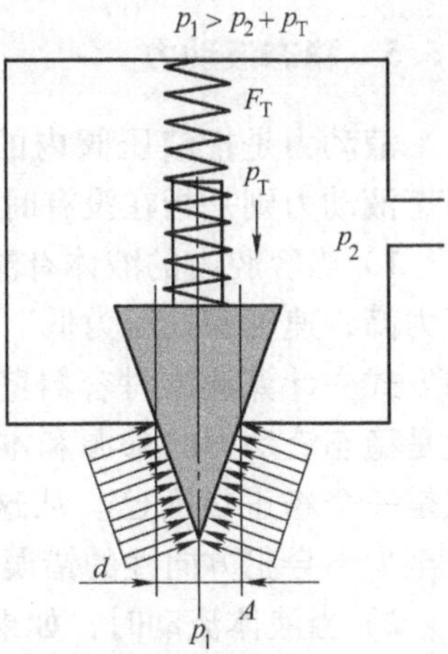

图1-42　静压力对锥阀芯的有效作用面积

② 在图1-43中，通口2的压力 p_2 对阀芯的有效作用面积 A_1 是环形 π（$d_1^2 - d_2^2$）/4，方向向左。通口1的压力 p_1，由于经过阀芯中的孔也作用到另一端面，相抵消的结果也同样是这个环形 A_1，只是方向向右。所以，要开启通道②→①，p_2 要克服的是 p_1 加上弹簧压力 p_T（$=F_T/A_1$）。而 p_1 不管多高，都不可能推开阀芯，开启通道。

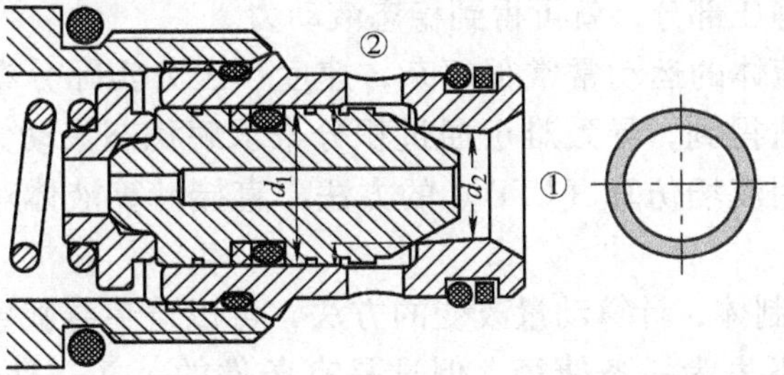

图1-43　静压力对一差动式锥阀阀芯的环形作用面积

③ 图1-44是一个先导差动式电磁阀的局部。通口1的压力对主阀芯的有效作用面积 A_1 为一环形，合力向左。

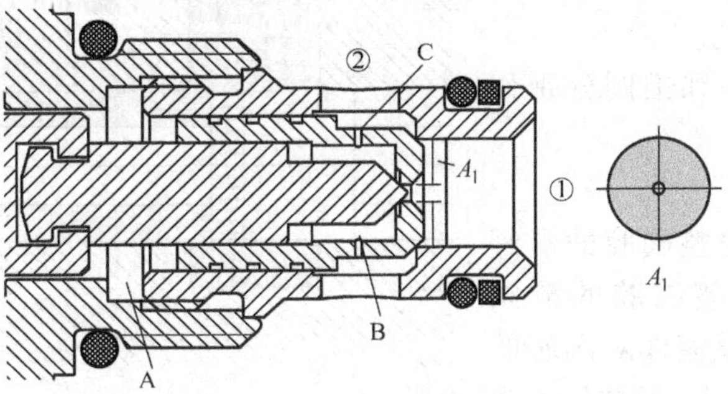

图1-44　一个先导差动式电磁阀

因为腔A通过先导阀芯上的槽与腔B相连，腔B通过主阀芯上的孔C与通口2相连，所以通口2的压力对主阀芯的有效作用面积也为同一环形 A_1，合力向右。

1.5.5 稳态液动力

液动力是指液压阀内的压力介质对阀芯，由于流动而引起的附加作用力。稳态液动力则是指在没有时变流动的情况下的液动力。要强调的是：

1）当容腔内的液体有流动时，就会出现如伯努利方程所描述的“速度低处压力高，速度高处压力低”的现象。如果还是按帕斯卡定律，“压力处处相等”的方式去计算液体对容器壁面的作用力，就必须加上一个修正量。这个修正量就是稳态液动力的来源和本质。稳态液动力不是一个可以独立存在的力，它仅仅是一个修正量而已。从这个本质出发，也许我们不能定量地计算出液动力，但至少不会犯方向性的错误。

2）当液体流动时，如果可以得到所研究的壁面附近液体速度的数学表达式，再能够根据描述压力（压能）和速度（动能）互相转换的伯努利方程，写出压力分布的数学表达式的话，则理论上有可能用积分的方法求出液体对固体壁面的作用力，扣除静压部分，就可得到稳态液动力。

但是，由于流体的运动常常很复杂，速度、压力实际分布状态的精确数学表达式一般都无法得到，导致难于通过积分来求解稳态液动力。现在，已经有了一些尝试，利用流场仿真（CFD）的方法，直接计算液体对固体壁面的作用力。

3）运用取控制体，计算动量改变的方法，可以避免寻找壁面压力分布数学式的困难，有时不失为一条捷径。但这是有条件的，并非处处可行的。其中，很重要的一条就是：在取控制体，利用动量法来研究某一方向上阀芯所受到的液动力时，该方向上作用于控制体壁面的其他影响力必须可计算，或能可信地忽略。忽视了这一点，就可能引出错误的结论。

下面对滑阀和锥阀分别作一些讨论。

1. 滑阀

(1) 具有完整阀腔的滑阀

对于具有完整阀腔的滑阀（见图 1-45），设液体对阀芯的环形作用面积为 A，液体压力为 p。

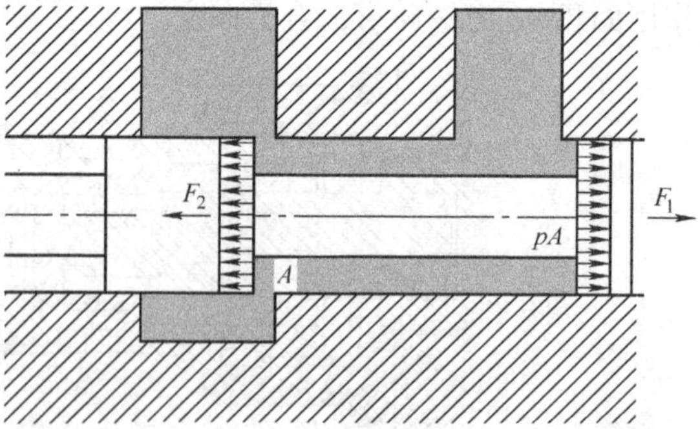

图 1-45 具有完整阀腔的滑阀（无流动）

1）在无流动时，液体对阀芯的作用力 $F_1 = F_2 = pA$。完全平衡，合力为零。

2）在液体流动时，液体对阀芯的作用力分布如图 1-46 所示。

在截面 1-1 处，液体基本保持静止（有少量涡流），因此压力基本保持处处相等，$F_1 = pA$。

在截面2-2处，由于流速不同，压力也不同。越是靠近开口处，流速越高，压力就越低。

因此，$F_2 < F_1$。合力的方向向右，倾向于使阀口关闭。

当然，图1-46中截面2－2的压力分布被画成了线性的，只是示意性的，为了作图简便，并非实际状况。如真是那么有规律，就很容易计算出来了，下同。感兴趣者请看所附光盘中，利用流场仿真（CFD）做出的彩图。

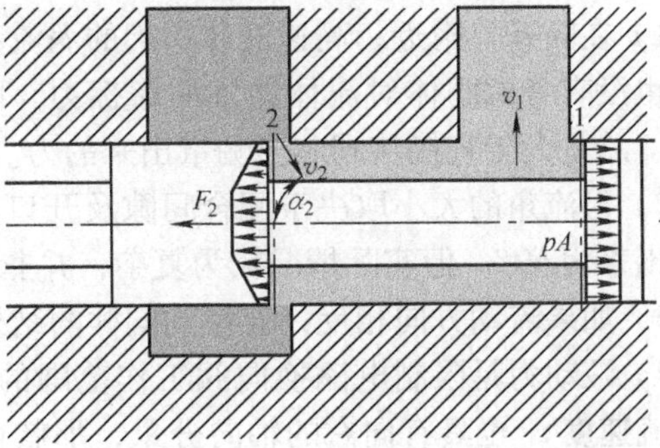

图1-46 具有完整阀腔的滑阀（有流动时）

3）控制体-动量法。取圆筒形控制体，如图1-47灰色部分所示。

液体进入控制体时，开口小，流速 v_2 很高，其轴向分量为 $v_2\cos\alpha_2$。所以，若设液体密度为 ρ，进入控制体的流量为 q_V，则在单位时间里液体进入控制体时所具有的动量的轴向分量为 $\rho q_V v_2 \cos\alpha_2$。

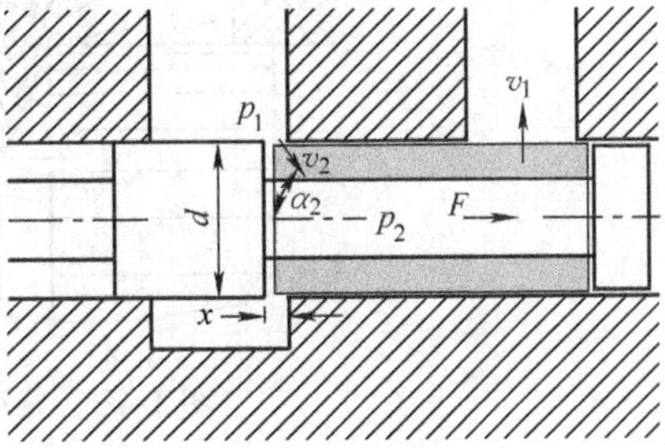

图1-47 具有完整阀腔的滑阀的控制体

液体流出控制体时，开口大，流速 v_1 很低，几乎无轴向分量。所以，其动量的轴向分量可以近似为零。

因为，如果忽略阀体对液体的摩擦力的话，那么，除阀芯外就没有其他界面对液体有轴向作用力，所以可以认为，动量的变化 $\rho q_V v_2 \cos\alpha_2$ 全部作用在阀芯上了。

在无流动时，液体对阀芯的合力为零。有流动时，有一个向右的作用力。所以，可以称此力为液动力

$$F_y = \rho q_V v_2 \cos\alpha_2 \tag{1-2}$$

流速为

$$v_2 = q_V/A = C\sqrt{(2\Delta p/\rho)}$$

式中 A——开口面积；

$\Delta p = p_1 - p_2$——开口两边的压差；

C——流量系数。

所以，液动力也可写作

$$F_y = kq_V\sqrt{\Delta p} \tag{1-3}$$

式中系数 $k = C\cos\alpha_2\sqrt{2\rho}$。

即，液动力与通过开口的流量及两端压差的平方根成正比。

要指出的是：

1）在阀开口附近，高速液体引起的涡流和气蚀也会把部分动能转化为热能，而且也没有考虑阀体对流体的轴向摩擦力，因此，用动量变化的方法计算出来的力，总是大于直接从阀芯上测量出来的力。

2）射流角的大小取决于配合间隙及开口的大小。据说，在完全理想情况下计算出来为69°。但实际情况较为复杂，并非一定是69°。

3）如果流动方向相反，会得到同样的结果：液动力向右，趋于使阀口关闭。

4）液动力是限制电磁换向阀工作范围的最主要因素。如果改变阀芯形状，使出流速度 v_1 也具有向右的轴向分量，那就可减小作用在阀芯上的液动力（见图1-48）。在这方面已有不少研究成果。

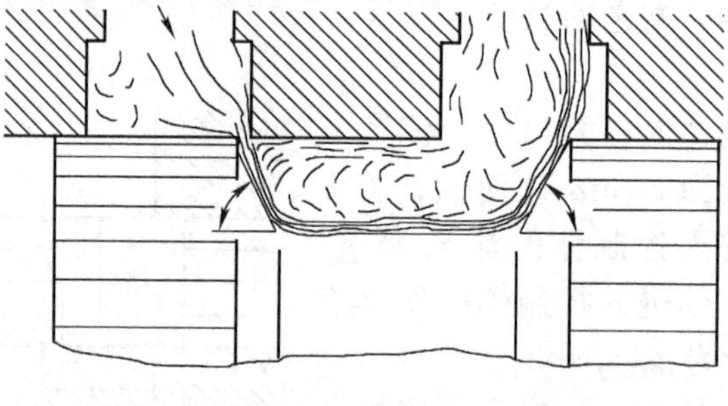

图 1-48　减小液动力的措施（IFAS）

（2）具有不完整阀腔的滑阀（图1-49）

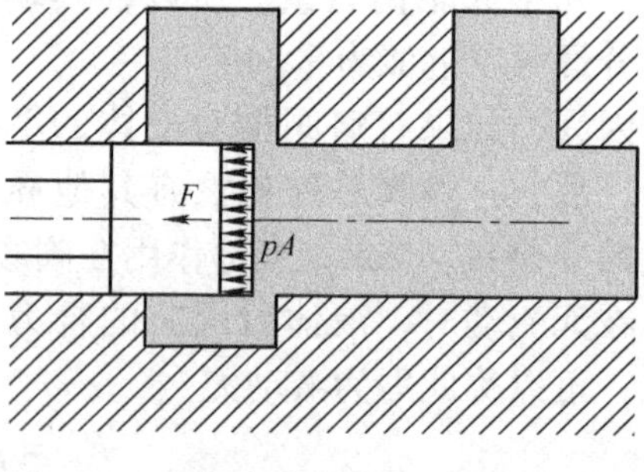

图 1-49　无流动时对阀芯的静压力分布

1）如果阀腔内的压力为 p，且没有流动，则液体对阀芯的作用力 F 为 pA，方向向左，趋于使阀口开启。这是静压力所致。因为并非流动所致，所以不是液动力。

2）如果有流动（见图1-50），则液体对阀芯的作用力 F 方向还是向左，但小于 pA，因为近阀口处的压力由于流动，低于静压力 p。如果还是按 pA 计算，就必须加上一个修正量 F_y，即

$$F = pA + F_y$$

这个 F_y 就是液动力，方向向右，也是趋于使阀口关闭。F_y 不能直接测出

来。F 可以测得，减去 pA，才是液动力 F_y。

如果通过求控制体动量变化的途径估算 F_y，其数值会与阀腔完整时相同。

（3）液动力在系统中的表现　以上是单独考察液动力在滑阀开口处的状况。在一个完整的液压系统中，阀开口两边的压差、通过的流量和开口大小之间有一定的依存关系。

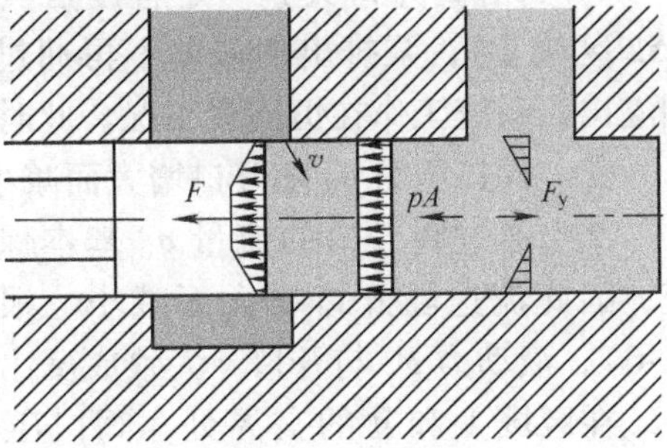

图1-50　有流动时阀腔内的压力分布

1）液动力与开口的关系。如果把液体进入控制体的开口近似地看为一通流面积为 πxd 的圆环（见图1-47），就有

$$q_V = v_2 \pi x d \tag{1-4}$$

所以

$$v_2 = q_V / \pi x d \tag{1-5}$$

从式（1-2）、式（1-5）就可推出液动力

$$F_y = \rho q_V^2 \cos\alpha_2 / \pi x d = k_1 q_V^2 / x \tag{1-6}$$

其中，k_1 为含 ρ、$\cos\alpha_2$、π、d 等常数的一个系数。此式表明，如果流量不变，液动力与开口大小 x 成反比。

假定通过该开口的流量接近薄刃口的情况

$$q_V = C \pi x d \sqrt{(2\Delta p / \rho)} \tag{1-7}$$

其中，C 为流量系数。

将式（1-7）代入式（1-6）就可得

$$F_y = k_2 x \Delta p \tag{1-8}$$

其中，k_2 为含 ρ、$\cos\alpha_2$、π、C、d 等常数的一个系数。此式表明，如果开口两边的压差不变，液动力与开口大小 x 成正比。

2）简化的液压系统。液压系统一般都可简化成图1-51，油源由一定量泵加一溢流阀组成。

3）当滑阀开口很小时（见图1-52区域Ⅰ），泵排出的部分液体通过溢流阀溢出，系统工作在恒压工况，阀口压力 p_P 近似为溢流阀的设定压力 p_s。此时：

① 通过阀口的流量 q_V 随开口 x 增加而增加。通过溢流阀的流量 q_{V1} 随开口 x 增加而减少。

② 因为压差 $\Delta p = p_P - p_2$ 基本保持不变，根据式（1-8），液动力 F_y 大致与开口 x 成正比。

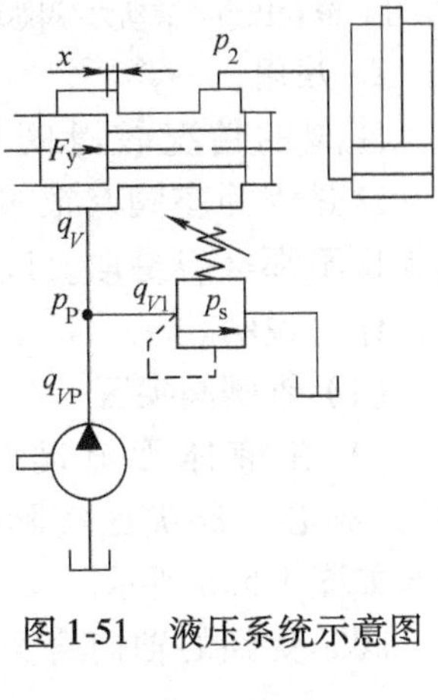

图1-51　液压系统示意图

4）当滑阀开口大到一定程度后（见图1-52区域Ⅱ），泵排出的液体不再通过溢流阀溢出，系统工作在恒流量工况。此时：

① 阀口压力 p_P 随开口增大而减小。

② 通过阀开口的流量 q_V 基本保持不变，因此流速随开口增大而减小。根据式（1-6），液动力 F_y 与开口 x 大致成反比。

在区域Ⅰ和Ⅱ的交界处，阀口压力 p_P 基本还在最高，通过阀的流量 q_V 也达到最大时，稳态液动力 F_y 达到最大值。

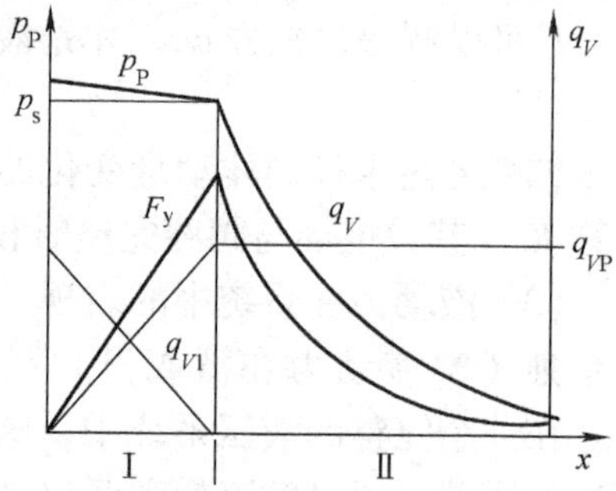

图1-52 压力流量及稳态液动力随开口的变化

液动力在液压系统中随阀开口变化如图1-46所示意的这种关系对其他形式的阀也是存在的（参见图1-59）。

表1-2列出了一些在给定压差和开口时的通过流量、液动力和液动压力的理论估算值（参见附录B），供读者有一感性认识。（油液密度 ρ 取 $860kg/m^3$，流量系数取0.6，射流角按69°计算）

表1-2 在给定压差和开口时的通过流量与液动力的理论估算值

阀芯直径	阀口压差	开口	通过流量	液动力	液动压力
d	Δp	x	q_V	F_y	p_y
mm	MPa	mm	L/min	N	MPa
18	16.6	0.25	100	61	0.24
18	4.2	0.5	100	30	0.12
18	16.6	0.5	200	121	0.48
12	9.3	0.5	100	46	0.4
12	2.3	0.5	50	11	0.1

注：液动压力＝液动力/阀芯端面面积。

2. 座阀

座阀的情况较滑阀情况复杂得多，这是因为座阀有很多种变型，控制体也不那么容易取。以下以锥阀为例，作一说明。

（1）锥阀阀尖区

1）在液体无流动时（见图1-53），阀芯在阀尖区实际受到的压力分布如图1-53b所示。

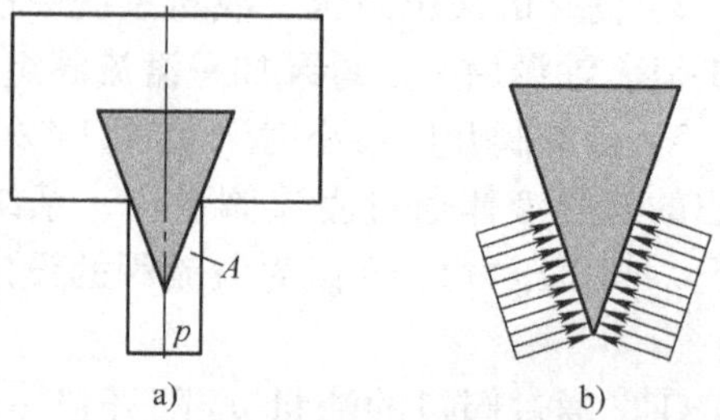

图1-53 锥阀（无流动时）阀尖区受到的静压力

a）阀尖区 b）压力分布

阀芯受到的轴向合力 $F=pA$。因

为没有流动，所以与液动力无关。

2）在液体流动时（见图1-54a），不管往哪个方向流动，阀芯实际受到的压力就不再处处相等。此时，越接近阀口处，流速越高，从而压力越低。图1-54b示意性地画出了锥阀在阀尖区所受到的压力分布。图1-54c示意性地画出了这些压力的轴向合力。

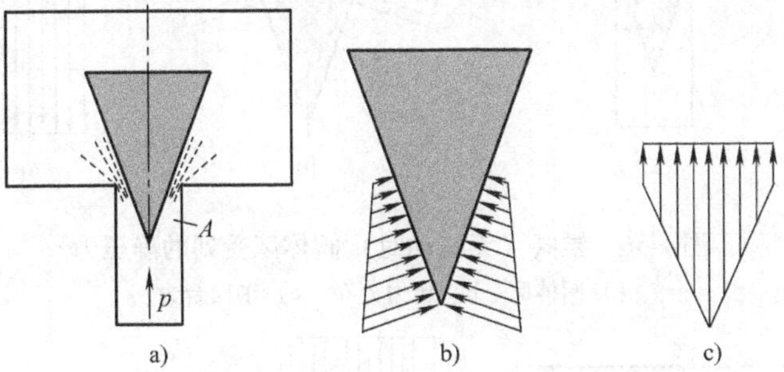

图1-54　锥阀（液体流动时）阀尖区受到的液压力

a）阀尖区　b）压力分布　c）轴向合力

如果阀芯实际受到的轴向合力 F 如果还是按静压力 pA（见图1-55b）计算，就必须加上一个修正量，也就是液动力 F_y（见图1-55c），方向向下，趋于使阀口关闭。

$$F = pA + F_y$$

（2）锥阀阀体区

1）液体无流动时（见图1-56），阀芯在阀体区实际受到的压力分布如图1-56b所示。

轴向合力（见图1-56c）$F = pA$。因为无流动，所以与液动力无关。

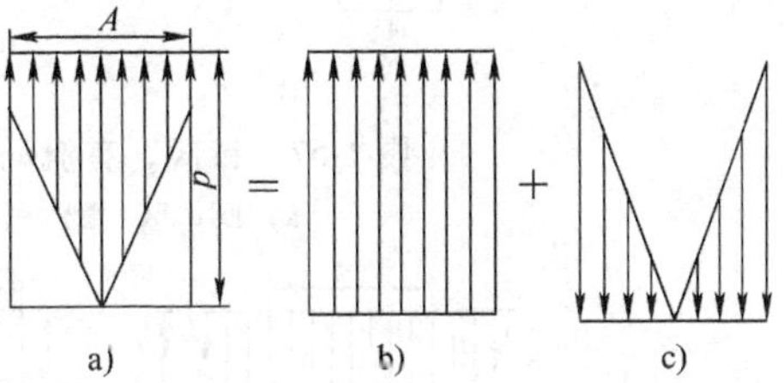

图1-55　阀芯受到的轴向力

a）轴向合力　b）静压力　c）液动力

在液体流动时（见图1-57a），不管往哪个方向流动，阀芯实际受到的压力就不再处处相等。此时，越接近阀口处，流速越高，从而压力越低。图1-57b示意性地画出了锥阀在阀体区所受到的压力。图1-57c示意性地画出了其轴向合力。

如果这个轴向合力 F 还是按静压力 pA（见图1-58b）计算，就必须加上一个修正量，也就是液动力 F_y（见图1-58c），方向向下，也是趋于使阀口关闭。

$$F = pA + F_y$$

锥形阀芯和锥形阀座在液压技术中应用得很多，特别是在盖板式二通插装阀中，其形式也多种多样。其液动力的确定要比滑阀复杂，其控制体的取法也随座阀的形式而变。

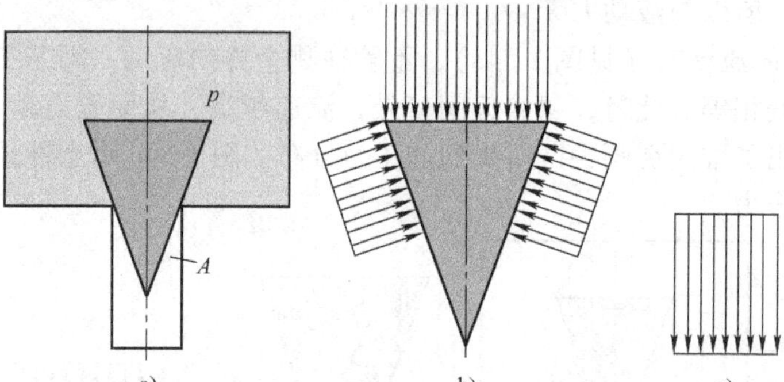

图 1-56　锥阀（无流动时）阀体区受到的静压力

a）阀体区　b）压力分布　c）轴向合力

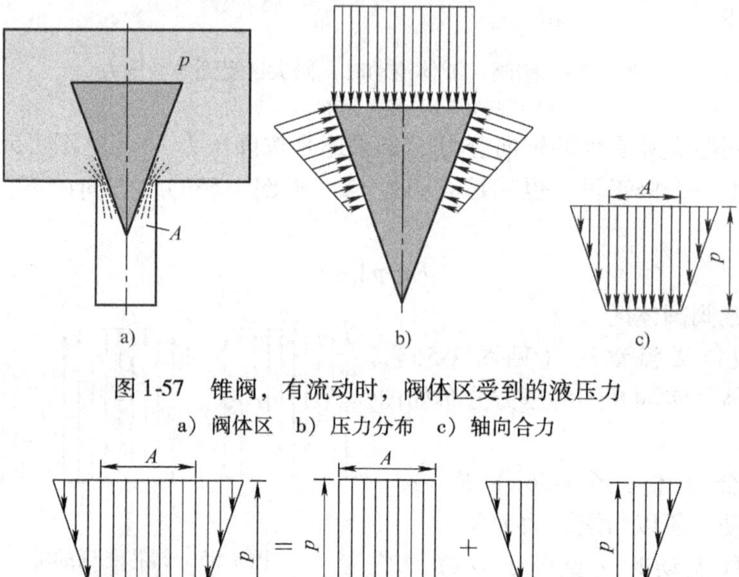

图 1-57　锥阀，有流动时，阀体区受到的液压力

a）阀体区　b）压力分布　c）轴向合力

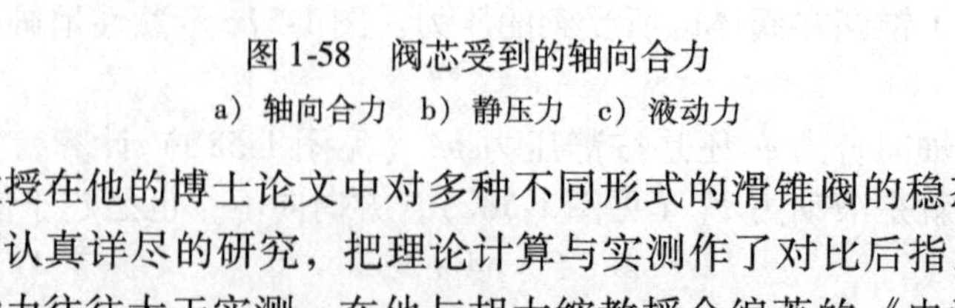

图 1-58　阀芯受到的轴向合力

a）轴向合力　b）静压力　c）液动力

路甬祥教授在他的博士论文中对多种不同形式的滑锥阀的稳态液动力随开口的变化做了认真详尽的研究，把理论计算与实测作了对比后指出，用动量变化算出的液动力往往大于实测。在他与胡大紘教授合编著的《电液比例控制技术》中对此作了介绍。这里摘录其中两张图供读者参考（见图 1-59）。

总的来说，液动力总是趋于使阀口关闭的方向。

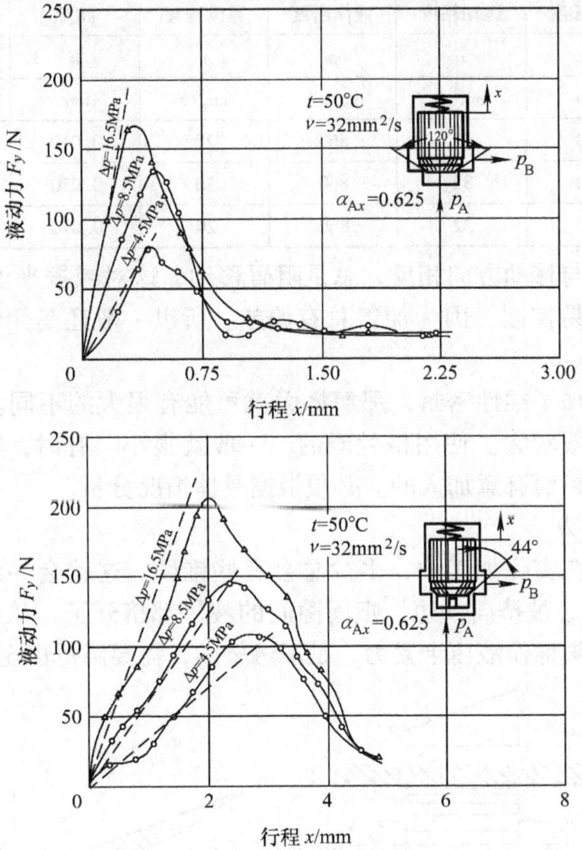

图 1-59 NG20 二通插装阀的液动力曲线
——实测 ------理论计算

如果流动是时变的话，液动力也会随之变化，即还有所谓瞬态液动力。这里就不展开讨论了。

1.5.6 摩擦力与液压卡紧力

1. 摩擦力

加工正常的滑阀阀芯和阀体之间总有间隙，正常工作时其间总有液体。因此，阀芯和阀体之间应该总是液体摩擦：摩擦力与液体粘度、移动速度成正比，与间隙量成反比，与移动方向相反。

表 1-3 列出了一些在给定粘度、移动速度下的液体摩擦力的理论估算值（参见附录 B），供读者有一感性认识。从中，可以看出，相比液压力来说，正常情况下的液体摩擦力确实很小，可以忽略不计。

表 1-3　在给定粘度、移动速度下的液体摩擦力的理论估算值

阀芯直径	阀芯长度	运动粘度	液体密度	移动速度	间隙	摩擦力
d	l	ν	ρ	v	h	$F_n=\pi dl\nu\rho v/h$
mm	mm	mm^2/s	kg/m^3	mm/s	mm	N
12	100	32	860	20	0.010	0.21
18	100	32	860	20	0.010	0.31
22	100	32	860	20	0.010	0.38

液体摩擦力与移动方向相反，总是阻碍移动，这对减振来说，是一个优点。只是配合间隙不易控制，因为加工总有偏差。所以一般还是用特意加工的小孔来产生阻尼作用。

有些阀芯上加了柔性密封，那摩擦力就可能有很大的不同。使用 O 形密封圈的，摩擦力一般较大。使用格兰圈的，一般就很小。有时，密封圈是为了减振而不是为了密封而有意加入的。必须根据具体情况分析。

2. *液压卡紧力*

圆柱形阀芯在实际加工中，多少总会有些锥度。这就会导致很大的横向力（见图 1-60），阀芯被挤向一边，把间隙间的液体都挤开了，从而产生不正常的干摩擦力。这常被称作液压卡紧力，是不希望的，需要降低以至消除。

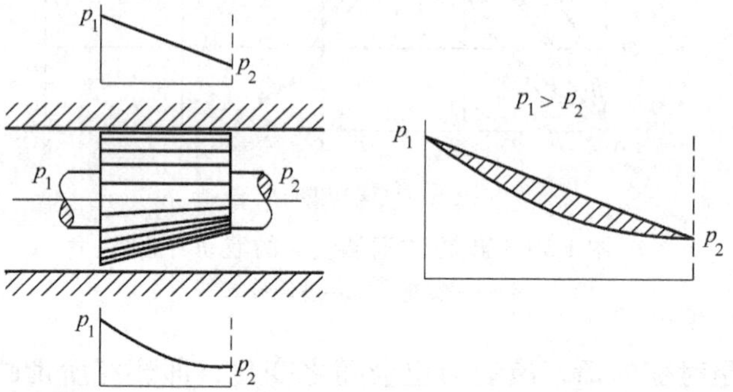

图 1-60　液压卡紧力的根源（IFAS）

通过在阀芯圆柱面上开槽，可以平衡液压力，从而大大降低横向力。图 1-61 为一通过有限元方法理论计算出来的横向力的分布。曲线下的面积即是把阀芯推向一边的总的横向力。曲线 a 是没有开平衡槽的，曲线 b 是开了一条平衡槽的，曲线 c 是开了两条平衡槽的。横向力明显减少。实际使用的阀芯，只要有可能，在 20mm 距离上，常常开 4～5 条平衡槽，效果就更好了。

1.5.7　电磁力

在电磁开关阀和电比例阀中，阀芯受到电磁力推动。螺纹插装阀是通过两

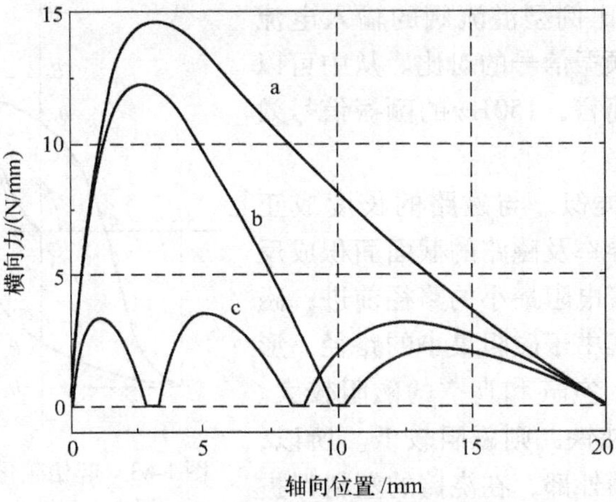

图1-61 压力平衡槽对横向力的影响（IFAS）

个部件实现电到力的转换：电磁线圈和衔铁套筒组件。

电磁线圈在通入电流时产生磁场。衔铁套筒组件在磁场中产生推力（或拉力），通过推杆（拉杆）作用于阀芯。

1. 电磁线圈

导线在通电时周围会形成环形磁场（见图1-62a）。如果将导线缠绕成线圈，则磁场会迭加在一起（见图1-62b）。

线圈产生的磁场强度 H，取决于通过导线的电流强度 I、线圈圈数 N 和线圈长度 l：

$$H = NI/l$$

放在磁场中的材料的磁感应强度 B，也被称为磁通量密度或磁通密度，取决于磁场强度和该材料的磁导率。

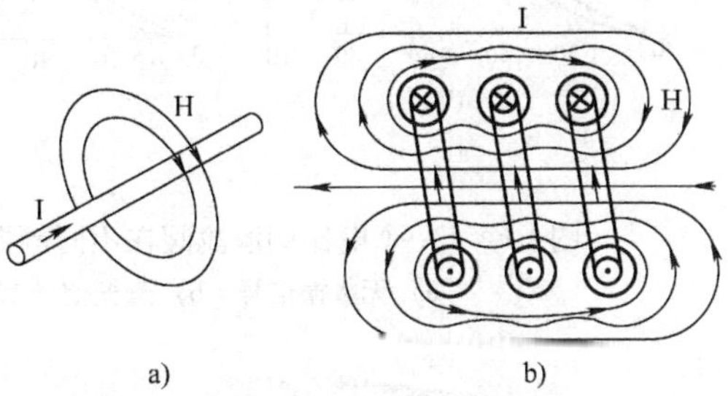

图1-62 电流产生磁场

a）直导线的电磁场 b）线圈的电磁场

非导磁材料，如空气、铜、铅、铋、铝、铬、锰、某些不锈钢等，其磁导率与真空磁导率相近。

铁磁材料，如纯铁、硅钢、坡莫合金（铁镍合金）、碳钢、钨钢、铝镍钴合金等，其磁导率大大高于真空磁导率。

铁磁材料中，磁场强度和磁感应强度之间的关系不仅不是线性的，而且也不是一一对应的，因为材料在被磁化和去磁时有磁滞现象（见图1-63）。这就导致了电磁力和通过线圈的电流之间有滞回。这个滞回，对电磁开关阀影响不大，但对电比例阀的特性有很大的影响。

通过适当频率的颤振信号可以在一定程度上减小滞回，详见第10章。图1-

64 所示为对一电比例型溢流阀的输入电流加以不同频率的颤振信号的对比。从中可以看出，对这个阀而言，150Hz 的颤振信号效果较好。

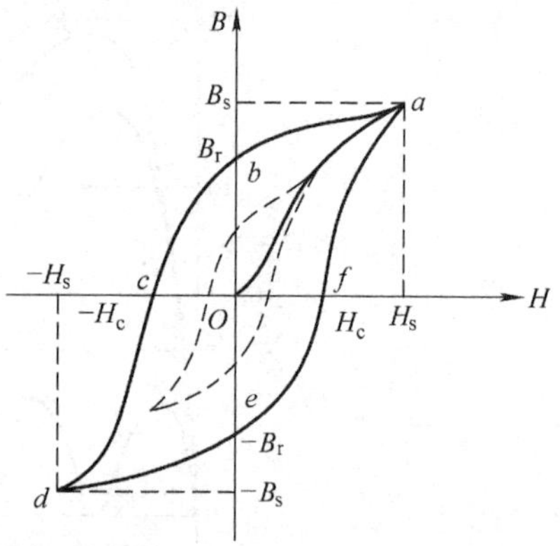

图 1-63　起始磁化曲线和磁滞回线

磁阻与电阻类似，与磁路的长度成正比，与物质的磁导率及磁路的截面面积成反比。电流总是沿着电阻最小的路径前进；磁通量也总是比较集中于磁阻最小的路径，形成一个闭合回路。空气和真空的磁阻较大。而铁磁材料，如纯铁，则磁阻较低。所以，在所有的电磁线圈外部，在浇铸的塑料保护层之内或之外，都用铁磁材料套来导磁（图 1-65）。在内部，则通过衔铁套筒组件中的材料来导磁。

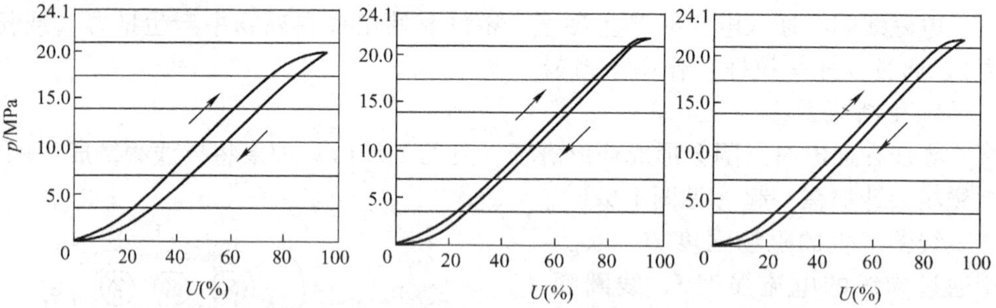

a)　　b)　　c)

图 1-64　一个电比例溢流阀在不同颤振信号时的电压压力特性（SUN）

a）无颤振信号　b）颤振信号 150Hz　c）颤振信号 300Hz

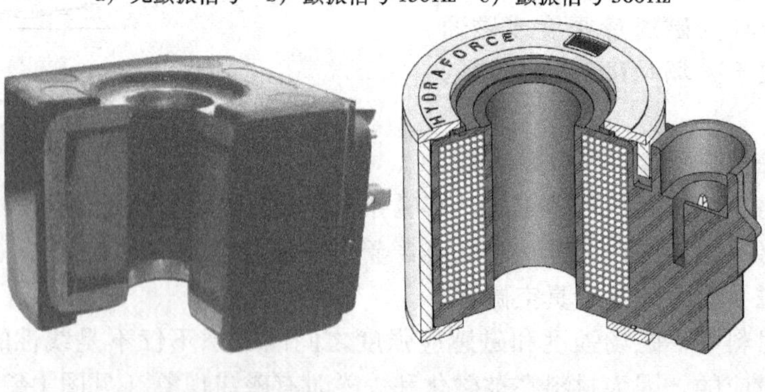

a)　　b)

图 1-65　线圈外的导磁套

a）在塑料保护层之内　b）在塑料保护层之外

2. 衔铁套筒组件

衔铁套筒组件主要由套筒、衔铁和推杆组成（见图1-66）。

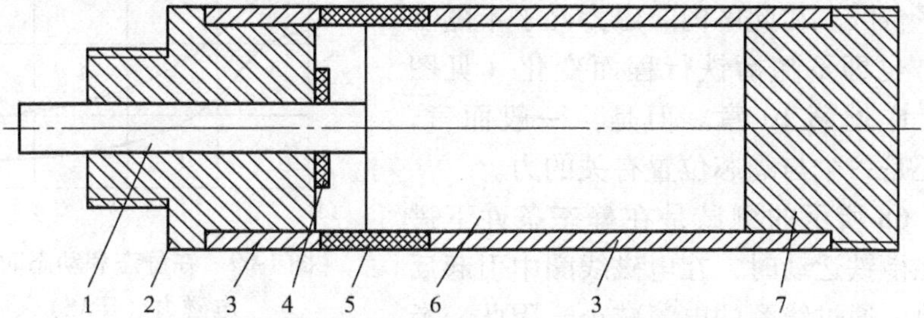

图1-66　衔铁套筒组件结构示意图

1—推杆　2—极靴　3—套筒　4—限位片　5—隔磁环　6—衔铁　7—极靴

其中，极靴、套筒、衔铁都是用铁磁材料制造的。隔磁环是用非导磁材料(如铜或某些不锈钢)制造的，从而强迫磁力线通过气隙 S，产生轴向磁吸引力(见图1-67)。

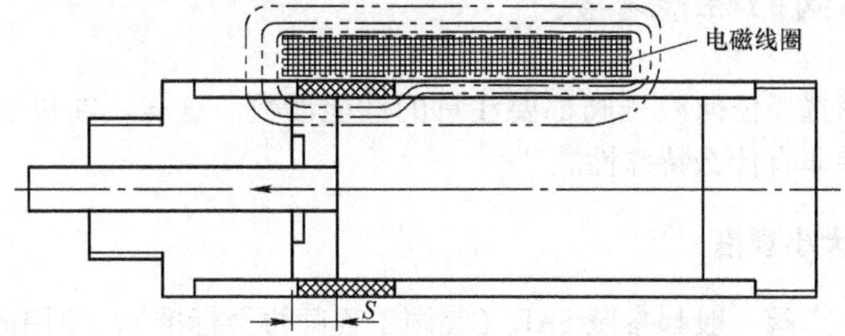

图1-67　开关型的磁力线示意图

衔铁套筒组件有两种类型：开关型和比例型。

开关型用于电磁换向阀。其隔磁环强迫磁力线全部轴向地通过工作气隙 S,在轴向产生最大吸力。随着衔铁向左移动,工作气隙 S 减小,局部磁阻成正比地减小,而磁力就呈反比,双曲线地增长(见图1-68a)。在接近闭合时,磁力达到最大。

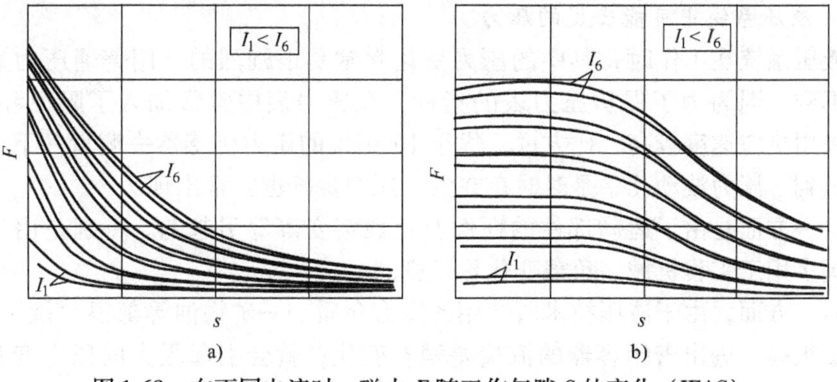

图1-68　在不同电流时，磁力 F 随工作气隙 S 的变化（IFAS）

a）开关型　b）比例型

s—衔铁行程　F—电磁力　I—电流强度

比例型用于电比例阀。由于其隔磁环形状与开关型的不同，因此磁力相对工作气隙有一段平台区。在此区内，磁力几乎不随工作气隙，也即不随衔铁行程而变化（见图1-68b），详见第10章。但是，一般而言，电磁力还是一个与阀芯位置有关的力。

图1-68所示的测试是在静态条件下进行的。在衔铁运动时，在电磁线圈中引起反向电动势，通过线圈的电流减小。因此，衔铁实际作用给阀芯的力还要小一些（见图1-69）。

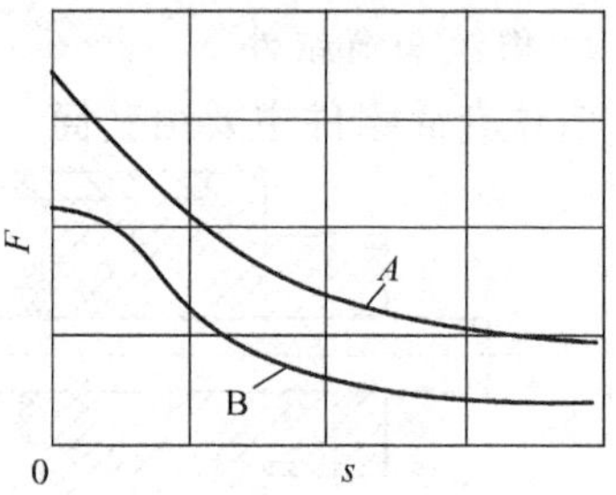

图1-69 在静态和动态时的电磁力（IFAS）
s—衔铁行程 F—电磁力
A—静态 B—动态

1.6 液压阀的性能参数

本节讨论选择任何液压阀都要注意的性能参数。这样，在以后各章中就不再重复了，除非有什么特殊性。

1.6.1 阀的大小规格

最初，生产阀一般都参照SAE（美国工程师协会标准），使用阀的通口直径的毫米数来表示，如：06，08，10等。但随着技术的发展，为了充分发掘阀的通流能力，通口直径被改变了。因此，这个参数已没有实际的对应尺寸，只有参考价值：08阀肯定大于06阀。

1.6.2 压力

1. 液压系统中可能出现的压力

液压系统在工作时，其中的压力变化常常是很剧烈的。用普通压力表一般观察不到，因为为了保护压力表的指针，在压力表中常常加入了阻尼和缓冲。但如果用响应速度较高，比方说，优于1000Hz的压力传感器去测量一下，就可以认识到，压力波动几乎是时时存在的，压力尖峰也常常出现。

这一方面是由于运动部件的惯性及负载突变等等引起的。特别是由于螺纹插装阀多用于工程机械，负载变化更是剧烈。

另一方面，由于液压技术所使用的压力介质——矿物油等都很“硬”，即弹性模量很高：进出密闭容器的流量差稍有变化，就会引起很大的压力变化。例如，常用的矿物油，弹性模量在700~2000MPa。这意味着，如果往一个已经充满液压油的密闭容器中再压入1%的液压油，压力就会上升7~20MPa。

此外，溢流阀的响应迟钝也会在系统中造成压力超调——压力峰值。

为此，ISO5598:2008《流体传动系统及元件 术语》建议了多个术语来描述液压系统中多变的压力（见图1-70）。

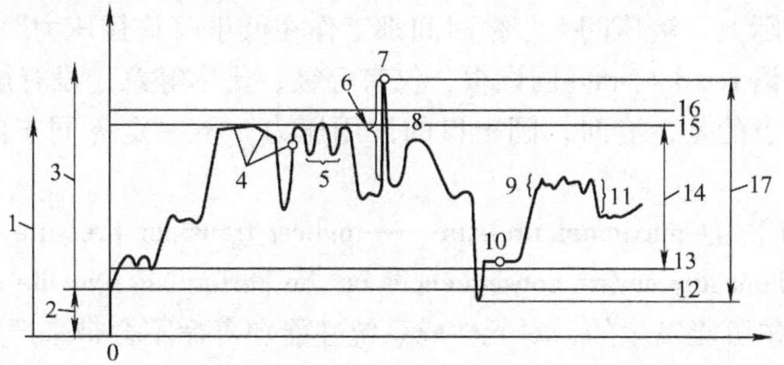

图1-70　液压系统中压力术语图解（ISO5598:2008）

X—时间　Y—压力

1—绝对压力　2—（表）负压力　3—（表）正压力　4—稳态压力　5—压力脉动　6—压力峰　7—压力峰值　8—压力冲击　9—压力波动　10—空转压力　11—压力下降　12—大气压力　13—最低稳态工作压力　14—稳态压力范围　15—最高稳态工作压力　16—最高压力　17—动态压力范围

2. 表述液压元件压力特性的术语

ISO5598:2008《流体传动系统及元件 术语》使用图1-71来示意部分与液压元件特性有关的压力术语。

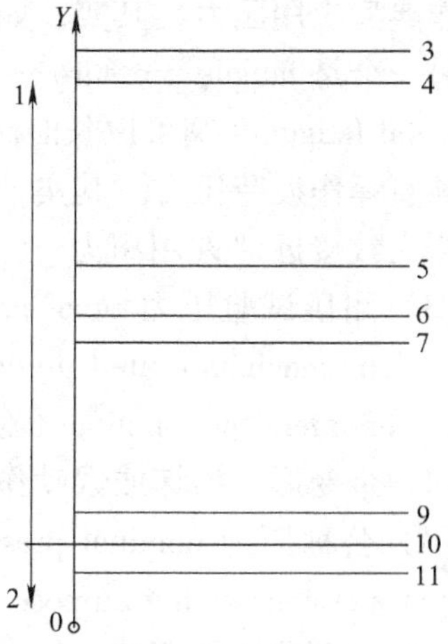

图1-71　与液压元件有关的压力术语示意图（ISO5598：2008）

Y—绝对压力　1—（表）正压力　2—（表）负压力　3—实际破裂压力　4—最低破裂压力　5—耐压试验压力　6—周期试验压力峰值　7—最高许用压力　9—周期试验压力谷值　10—大气压力　11—最低许用压力

此外，ISO5598:2008还定义了如下术语。

（1）许用压力 rated pressure——pressure, confirmed through testing, at which a component or piping is designed to operate for a number of repetitions sufficient to ensure adequate service life（元件或管道，通过测试验证了的，可以重复加载足以达到适当工作寿命的设计压力）。

根据英文及德文原意，本书中将 rated pressure 译为“许用压力”。

GB/T 17446—1998 曾将 rated pressure 译作“额定压力”。笔者不赞成对液压阀使用“额定压力”这一词。因为，“额定”

容易误解为规定，隐含了必须达到的意思。在电机工程中，如果实际供电电压达不到额定电压，常常导致一些电动机输出力不足，甚至烧毁。因此，额定电压是规定的，必须达到的。但对液压而言，几乎没有液压阀必须固定工作在某一个压力。实际上，液压阀大多数时间都工作在低于“许用压力”的状态下。

再说，英语 rated 与 rate 同词根，仅有等级、比率等意，没有规定之意。

特别要注意的是，有时，阀出口的许用压力，不一定等同于阀入口的许用压力。

（2）最高压力 maximum pressure——highest transient pressure that can occur temporarily without any severe consequences on the performance or life of a component or system（偶尔可能发生的，对元件或系统性能和寿命不会带来严重影响的瞬时最高压力）。

目前，很多生产商并不遵循 ISO5598：2008。常被用来表述其元件压力特性的有 operating pressure（HF）、maximum operating pressure（BR、ST）、maximum inlet pressure（PK）、pressure（ST）、max. pressure（ih）等。

ET 公司在它的产品样本中给出两个压力定义。

一是 typical application pressure——maximum recommended operating pressure for the valve in a given system（阀在系统中建议的最高工作压力），中文样本中被直译作典型应用压力，其实，如果译作最高压力更能反映本意。

另一个是 fatigue pressure——the pressure for the valve to be free for infinite life from metal fatigue（阀可以长时间工作也不会发生金属疲劳损坏的压力），中文样本中被直译作疲劳压力。其实，如果译作持久压力更能反映本意。从定义来看，此术语大致接近“许用压力”。

（3）耐压试验压力 proof pressure——test pressure，applied after assembly，in excess of the maximum rated pressure of the component or piping，that causes no damage or subsequent malfunction（对组装后的元件或管道施以的，超过许用压力而不引起残余变形、损坏或误动作的试验压力）。

（4）公称压力 nominal pressure——Pressure value assigned to a component，a piping or a system for the purpose of convenient designation and indicating its belonging to a series（赋予一个元件、一个管道或一个系统的压力值，以便于表明其属于某个系列）。

1.6.3 压差流量特性

是液压阀，就有至少一条通流通道。那么，只要通道两端有压差，就会通过流量。因此，所有的液压阀都有至少一条压差流量曲线。只是表现形式不同，被冠用的名称有时也不同。

一般而言，开关阀的开口在正常工作时固定不变，因此它的压差流量曲线近似于固定节流孔的压差流量曲线（图1-72曲线a）。

但是，连续调节阀的开口大小，在正常工作时，常随着进口、或出口的压力、或进出口之间的压差而改变，因此，它们的压差流量曲线就具有另一种形态。

压力调节阀的压差流量曲线，大多大致与流量轴平行，即，较少受流量影响，如图1-72曲线b。

流量调节阀的压差流量曲线，则大多大致与压力轴平行，即，较少受压力影响，如图1-72曲线c。

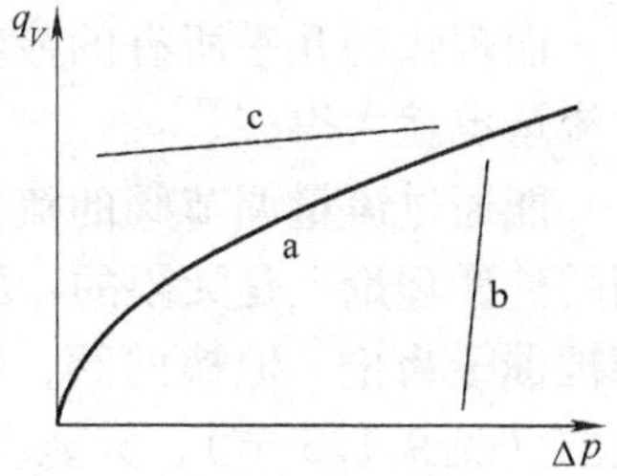

图1-72 各类阀的压差流量曲线对比示意图

因为，在一定压差下通过的流量，一般都会受到液体粘度的影响。所以，压差流量曲线都要标明，是用什么液体在什么温度下测得的。

另外，产品样本上常注明，该曲线中的压差是阀单独的压差。而事实上，单个螺纹插装阀是无法测量的。必须装在阀体里一起测，然后再除去单独阀块测出的压差。

1.6.4 流量

ISO5598：2008《流体传动系统及元件 术语》定义了如下与流量有关的术语。

1. *测定流量* rated flow——flow rate, confirmed through testing, at which a component or piping is designed to operated（一个元件或管道的通过测试验证了的设计工作流量）。

rated flow在GB/T 17446—1998中曾被译为“额定流量”。其实英语rated并没有“额定”的意思，并非“规定流量”。没有哪个液压阀必须工作在某一个规定的流量。根据ISO5598：2008的定义，也与“规定”无关。

2. *名义流量*（nominal flow）

很多生产厂商在产品样本中使用这一词。但是，并无统一的定义。

对换向阀，通常指，在一定压差下能通过阀的流量。这个定义，看起来简单而明确，其实不然。

1）各大公司所选择的压差不同，有的选0.5MPa，有的选0.7MPa（100psi）。在不同压差下通过的流量值，当然就没有可比性。

2）有些阀，如有些换向阀，有多条连通通道，可能会有多条不同的压差流量曲线。根据哪条来定呢？

对压力阀和流量阀，往往实际上指的是“测定流量”。

所以，样本上给出的名义流量只能作参考，其价值有限。还是要比较压差流量曲线。有的公司，如 HF，有时干脆不给出名义流量，而是说，去看曲线。

ISO 5598《流体传动系统及元件 术语》的 1985 版和 2008 版都未收入“nominal flow”，大概也是基于这些考量吧？

3. 工作流量

由于名义流量指的是在某个压差下，0.5MPa，或是 0.7MPa，能通过阀的流量。而现代的几乎所有的液压阀都能在比此大得多的压差下工作，当然能通过的流量也就大得多。

能通过流量调节阀的流量，基本上是人为调定的。而能通过节流阀或溢流阀的流量理论上是无限的：压差越大，通过流量越多。直到压力大于许用压力，阀被摧毁为止。但换向阀，特别是电磁换向阀，由于性能所限，有一定的工作范围（见 9.1.3 节），只能在一定流量下正常切换。

1.6.5 泄漏

外泄漏一般都想当然认为是不可接受的，所以产品样本上一般不提了。但个别产品，因为弹簧腔通大气，虽然有密封圈，但经过一段时间的工作，难免会出现少量外泄漏。对此，产品样本上都特别说明。

一般产品样本提到的泄漏，都是指内泄漏（internal Leckage）。

滑阀结构因为是靠间隙密封的，泄漏不可避免。

座阀是线接触密封，理论上可以做到无泄漏，有些公司的有些产品在出厂检验时也的确要求零泄漏。但为避免“零泄漏”这一绝对的词带来的责任，生产商一般用比如说最多 0.3mL/min 或 6 滴/min 来表示泄漏很少。（1mL 矿物油约 16～20 滴。）

内泄漏量与压差有关，也与油液的粘度有关。粘度越低，泄漏也就越大。很多公司都用 $32\text{mm}^2/\text{s}$ 的油在 40℃时测量，有的公司（如 SUN）也用 $24\text{mm}^2/\text{s}$ 的油。

另一方面，在使用过程中，振动可能会导致阀座被擦伤，油液中的污染物和水可能腐蚀阀座，从而产生泄漏。如果内泄漏是不可接受的，就要提高油液的清洁度，减少振动（如加装蓄能器，提高单向阀的弹簧刚度等），并且定期更换阀。

1.6.6 正常工作粘度范围

一般液压阀都有一个正常工作压力介质粘度范围，一般约为 $5\sim500\text{mm}^2/\text{s}$。因为，压力介质粘度过高，不易进入阀芯阀体的间隙中去，不能起润滑作用；

同时，通过阻尼孔的压差变大。而压力介质粘度过低，则润滑性能差，通过阻尼孔的压差过小，也不能正常工作。

1.6.7 密封材料

螺纹插装阀中用得最普遍的是这几种密封材料。

1. 丁腈橡胶（NBR-nitrile butadiene rubber）

工作温度：-30~100℃。

由丁二烯和丙烯腈经乳液聚合法制得的。具有优良的耐油性。其耐油性仅次于聚硫橡胶和氟橡胶，并且具有较好的耐磨性和气密性。耐热性较好，粘接力强。

缺点是不耐臭氧及芳香族、卤代烃、酮及酯类溶剂，耐低温性差、弹性稍低。

2. 氟橡胶（Viton Fluorocarbon）

工作温度：-20~150℃。

分子内含氟的橡胶，依氟含量即单体构造而有各种类型。目前广泛应用的是六氟化系的，最早由杜邦公司以“VITON”商品名上市。

耐高温性优于丁腈橡胶。

耐大部分油及溶剂（酮、酯类除外），耐热性、耐臭氧性均佳。

一般耐寒性不良。要求用在低温时，可选用耐低温型，能用到-40℃，但价格较高。

3. 聚氨酯橡胶（Polyurethane）

工作温度：-35~100℃。

据介绍，聚氨酯橡胶的抗磨损性能优于丁腈橡胶和氟橡胶。因此，应用渐多。

4. 聚四氟乙烯（GPTFE）

工作温度：-30~150℃。

这些材料都耐矿物油，所以使用矿物油时一般不必担心。只有使用非矿物油作压力介质的用户要关心密封材料能否与压力介质相容。

1.6.8 正常工作温度

液压阀的正常工作温度，在很大程度上不是因为压力介质的粘度，而是因为密封圈的因素。因为压力介质的粘度一定程度上可以根据使用温度选择。密封圈都是高分子聚合物。温度过高，会很快老化。温度过低，会失去弹性，因而丧失密封能力。

1.6.9 抗污染性

锥阀的抗污染性优于滑阀。因为，在每次开启时，停留在密封锥面处的污染物都会受到冲刷，而停留在滑阀阀芯与阀体圆柱面间隙间的污染物就很少有机会被带走。

但要注意，滑锥阀带有圆柱形导向，配合间隙很小，积聚在这里的污染物也可能导致阀芯被卡死。

1.7 好的液压阀是试出来的

性能优良的阀不是光靠理论计算就能得到的，更不是靠测绘仿造就能得到的，是靠不断测试改进出来的。

由于液压阀具有很强的非线性，频率响应等线性方法的有效性是非常局限的。用广义状态方程和数字仿真的方法可以较好地描述那些非线性。在此基础上开发出来的液压元件与系统的数字仿真，从总体上来说，对帮助读者了解认识液压系统的特性，特别是动特性极其有益，对科研也是极其有用的研究工具。但是，在绝大多数的实际应用场合，由于缺乏许多数据，特别是基础元件的参数，数字仿真从成本与时间角度都不现实。

现在，一些世界级大公司，在研发新产品中，也搞一些动特性数字仿真，对元件强度进行有限元分析，对流道进行流场分析（CFD），但都是以大量测试为基础的。

测试的可信度要大于理论计算。

测试，测试，测试！测试是液压元件系统开发的第一步，也是最后一步。测试是液压的灵魂，测试对液压技术的重要性怎么强调都不过分。

理论分析，计算，有条件的话数字仿真，改进设计，然后试制样品，测试，再改进，再测试，然后小批量生产，再测试，才投入系列生产。这之后，根据实际使用中碰到的问题，再不断改进。这就是目前国际水平液压阀的研发过程。

对液压阀的测试一般可分为型式试验和出厂试验。

型式试验包含对样品的特性测试、耐压测试、环境测试、寿命测试，是在研发阶段中和研发结束时对样品进行的测试。

出厂试验则是对系列产品的测试。

产品的优良性能通过广泛的型式试验来获得。产品的质量稳定则通过认真的出厂试验来保证。

1.7.1　特性测试

特性测试包含稳态特性测试与动态特性测试。

测试回路要尽可能简单，以减少干扰，便于分析测试结果。

1. 稳态特性测试

是液压阀，就都要通过压力介质。所以，测试通过阀的流量与相应产生的压差，即压差流量特性，是几乎所有液压阀都要进行的测试。此外，还有针对阀特点的特性测试，如换向阀的切换特性、工作范围等。

2. 动态特性测试

液压元件的动态特性测试的理论基础来自于电控制理论。在那里，频率响应特性和阶跃响应特性是两种最典型的通用性指标。但是，许多液压元件由于非线性太强，频率测试几乎没有意义，一般只做阶跃响应特性测试。

其实，作为用户，完全不必拘泥于此，完全可以根据自己的应用的实际情况，设计测试方案。例如，利用快速记录仪记录整个加载过程中压力的变化，比较不同速度不同负载情况下系统压力的情况，对于了解元件和系统的动特性是很有帮助的。

1.7.2　耐压测试

液压阀的许用压力通常通过耐压测试来验证。

为了应对工作中可能出现的压力尖峰，多个标准（ISO6403：1988、GB/T 8104—1987、GB/T 8105—1987、GB/T 8106—1987、GB/T 7935—2005、JB/T 8729.2—1998）提出，液压元件必须经受至少5分钟（静态）1.5倍许用压力的耐压测试。不但没有损坏和外泄漏，性能也不能有明显改变。这就意味着，在进行耐压测试之后，还必须再次进行性能测试，以确保该元件没有残余变形、损坏、误动作或性能改变。

SUN公司宣称，它所有的阀和阀块都进行了高于许用压力一倍的（静态）耐压测试，而最低破裂压力则为许用压力的4倍。

如所周知，金属材料在受到的应力不超过它的屈服强度时，还能保持它的弹性：在外力消失后，能够恢复它的原形。因此耐压测试不能超过材料的屈服强度，最低破裂压力测试不能超过材料的抗拉强度。

钢材或铝材的屈服强度一般都超过了抗拉强度的50%。因此，如果经受了4倍的破裂压力测试，应该能够承受2倍的耐压测试。所以，做了4倍的破裂压力测试后，就不必对试件再进行性能测试。

当然，在做整个阀的耐压测试时，阀上的密封圈同样受到了考验。而有些密封圈耐超压能力低，在高压下可能被挤入密封间隙而损坏（见图1-73）。因此国内也有标准提出，对密封圈只做 125% 的耐压测试。

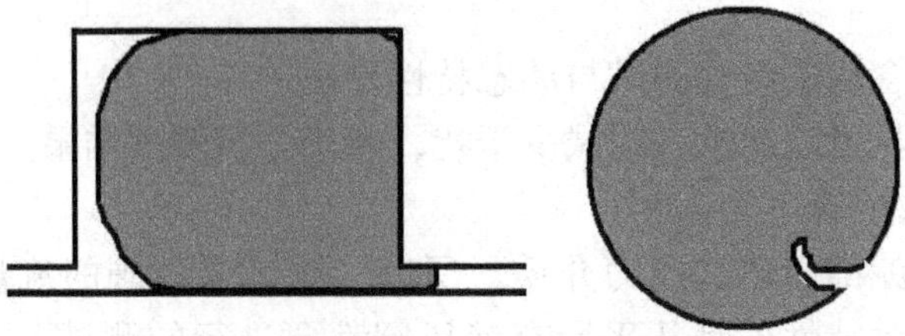

图 1-73 O 形圈被挤入密封间隙而损坏的示意图

耐压测试在型式试验中必试。

在出厂试验时，用不到每件都试。抽试频率可根据所使用的材料和工艺的稳定性及实际抽试结果确定和调整。鉴于螺纹插装阀一般都使用轧制钢材或铝材，材质较容易达到均匀稳定，所以，许多生产厂宁可在采购来的原材料入库时严格控制检验，从而省去了出厂试验时的耐压测试。

考虑到测试时需要 1.5 倍许用压力的高压，而且此测试不经常进行，所以可以考虑使用一个高压手动泵，或气动液泵，或径向柱塞泵单独进行耐压测试，以降低通用型式试验台的造价。手动泵的优点在于不需要高压溢流阀。

1.7.3 寿命测试

尽管对材料元件的寿命已有很多理论计算方法，但最终还是要通过实际测试来检验。

寿命测试，也称疲劳试验，或持久试验。其实，其第一目的，并非是测定该阀的寿命，而是找出，哪个部件是薄弱环节，最先损坏，从而改进其设计或制造材料与工艺。

因为实际工况千差万别，测试工况相对单一，所以工作寿命很难类比。

企业领导都希望，新产品试制成功后能尽快投入市场，取得收益。但万一其寿命很短，在短时间内，特别是在保质期内，大量损坏，那对生产企业，无论是经济上，还是名誉上，都将是一个灾难。所以，为了尽快得到测试结果，寿命测试一般都采取强化试验条件：

——高压；

——高压力波动，压力周期变化，近乎正弦波，或矩形波；

——高频率；

——甚至有意添加污染物。

例如 EATON 公司对它的电磁阀、流量阀、单向阀等进行了 1 百万次 132% 许用压力的测试，或 1 千万次 115% 许用压力的测试。

寿命测试是很花钱的。因为在测试时，不仅被测阀，而且整个测试系统

——泵、加载阀、管道等，都在受到考验。因此，进行测试前要仔细规划。试验回路要尽可能简单。

要对可能损坏的部件有所猜测。例如：

——配合运动副磨损；

——密封圈磨损失效；

——弹簧疲劳折断，等等。

这样，在寿命测试前，就可以进行针对性的完整的状态记录：

——配合运动副的实际加工尺寸与形位偏差、硬度、表面粗糙度；

——密封槽的实际加工尺寸、配合面的光洁度；

——弹簧的实际尺寸、刚度、压缩量，等等。

在测试过程中，每隔一段时间，再针对性地拆检测量。

被试件要具备系列生产产品的特性，这样，测试结果才能说明系列生产产品的质量。

就是世界级大企业，也不可能对它的所有阀进行寿命测试。有些是通过类比的方式：材料相同，加工工艺相同，尺寸配合相似，受力相似，则寿命应该也相似。因此，对一个测试做好周密的计划、详尽的记录，是很有益的。

1.7.4 环境测试

一般液压阀的适用工作温度为 $-20\sim+90$℃。航空航天用液压阀的温度适应范围要求更广，这主要是由密封圈的弹性决定的。不同材料的不同热膨胀系数也对使用温度有一定限制。要超出适用工作范围使用，就必须通过测试来验证。

同样要注意的是适用粘度范围。其粘度与工作温度密切相关。使用液压油时，一般适用的运动粘度范围为 $5\sim500\text{mm}^2/\text{s}$。

1.7.5 出厂试验

出厂试验的目的，主要是为了检验产品性能的一致性。是否会由于加工偏差而引起阀芯卡住，或泄漏过大，等等。

有一些部标准或行业标准，对出厂试验的项目做了推荐。这些标准的测试项目，特别是测试指标，常常是国内平均水平的值。所以，想制造高水平液压阀的生产商完全可以而且应该根据自己所使用的材料和工艺的稳定性确定试验项目，必试和抽试，并根据实际抽试结果调整抽试频率。因为，出厂试验的根本目的还是在于发现生产制造装配过程中可能留下的隐患。而这需要在尽可能短的时间内完成。各厂的生产设备工艺不同，出厂试验的项目有差异，也是合理的。

很多生产厂也利用出厂试验作为最后一次清洗。

1.8 关于本书内容

1.8.1 液压阀分类

国内习惯把液压阀分成压力阀、流量阀、方向阀三大类。方向阀，又分为单向阀和换向阀两类。而在欧美工业国家，无论是标准还是教材，基本都把液压阀分为压力阀、流量阀、换向阀、截止阀四大类。根本没有一个对应中文术语中这么一个含单向阀和换向阀的方向阀的单词。

其实，螺纹插装阀发展至今，品种极多，相互间已没有截然的界限了，例如：

——节流阀通常被归为流量阀，而单向节流阀的功能则介于流量阀与方向阀之间。

——顺序阀与溢流阀的功能结构差别不大，与液控换向阀也无截然的差别。

——比例节流阀与比例换向阀间也无明显界限。

有些阀同时具有几个功能。例如：

——单向阀被归入方向阀，但也可被用作为低压不可调的溢流阀。

——许多减压阀都同时含有溢流功能。

图 1-74 在一定程度上反映了这些阀在功能上的“剪不断，理还乱”的关系。

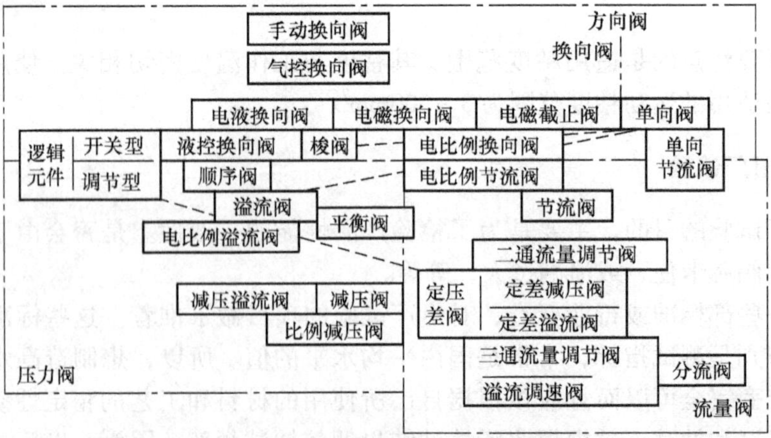

图 1-74 一些阀在功能上的相近关系

针对顾客的特殊需要，各个公司还研制了许多特殊阀，大致有以下几类：

1）标准阀的变型：基本构造都不变，只是个别附件的参数与标准产品有偏差。供给某个特殊顾客。其型号常常是在标准型号后再加一个变型序列号。其数量远超过产品样本上提供的数量。

2）集成型：现有几个阀的功能集中到一个阀体内。

3）全特殊功能：不能归为现有的任何一类。

还有一些老型号，不再出现在产品样本上，但应顾客要求，继续供应，以保证备件更换件的需要。

欧美各生产商都是根据自己的产品分布来分类的。所以，它们的产品样本分类各不相同。例如：

HF公司把电磁换向阀单列一章，而把液控气控换向阀和单向阀拼为一章。

SUN公司把二通流量阀与单向阀归为一章，三通流量阀单独列一章，梭阀、液控单向阀都归入特种阀。

ST公司把手动、气控及液控三通换向阀归在一起，而把液控二通、梭阀、单向阀及液控单向阀都分别列一章。

各公司的分类方法不同，更增添了新用户寻找适合产品的困难。

1.8.2 本书章节划分

本书章节的划分是着眼于帮助读者选用，因此功能是第一位的，内部结构和性能的差别是第二位的。

因此在本书中，单向阀、电磁换向阀、液控换向阀、气控换向阀、手动换向阀分别列章。

在工程机械中广泛使用的平衡阀，有些教科书因其结构似遥控顺序阀，把它归于压力阀，其实，其最重要的功能是控制下降速度。在本书中单独列一章。

压力补偿阀，不仅包含定差减压阀，也包含定差溢流阀和定差增压阀，国内教科书上通常笼统称为定差减压阀，算作减压阀，其实称为定压差阀比较妥当，主要被用于与外部节流元件一起控制流量，所以在本书中，放在流量控制阀一章中。

各种类型的电比例阀的应用将越来越广，正在逐步取代非电比例阀。它们的特性与同功能的非电比例阀有很多共通之处。因此，在本书中不单独列一章，而是分别归入溢流阀、减压阀、流量阀等各章，二通电比例节流阀归入节流阀，三通以上的电比例节流换向阀兼具节流与换向功能，因此单独列一章。

当然，本书的分类也并不一定是最科学的，建议用户从自己所需的功能和控制方式出发，充分利用目录，逐步深入，寻找合适的阀。

各生产厂对功能相同的阀所采用的图形符号也常不同，这些也给使用者带来不便。本书在每章的概述节中采用统一的形式表述不同类型的阀，以便读者比较其相同及不同点。在随后具体介绍各类阀的工作原理时，则沿用产品样本中的表述方法，以便利读者进一步查阅产品样本。

本书将各类阀通用的一些信息（如孔型标准、液压估算表格等）安排在附录里。

1.8.3 其他说明

以下所述的阀，若未特别指明形式，都是指螺纹插装阀。

本书中，也出现了少量数学推导，那是为对此感兴趣的读者写的。不感兴趣者，可以跳过这些段落，也不影响掌握本书的基本内容。

本书中使用了端口和通口两个概念。通口指的是液压阀中，通过工作流量的端口。因此，那些仅与弹簧腔或阀芯端面连通的端口，理论上来说，只是传递压力信号，并没有工作流量通过，就不是通口。

阀端口的编号，大多生产厂商都从阀的端面开始，即端面口为口①。ST公司原属例外，但自从被PK公司并购后，也从端面开始编号。本书中有些示例，取自ST公司的产品样本，因此，端口编号不是从端面开始编号。

压力单位问题：笔者查阅了欧美所有知名的螺纹插装阀制造公司的最新产品样本：压力单位全都使用bar，没有一家公司的产品样本中出现过MPa这个单位。但为了贯彻我国的法定计量单位，笔者把所引用的材料中的bar都改为MPa。但是希望读者还是能非常熟悉bar，1bar＝0.1MPa，这样，将来在阅读国外产品样本时才不会有困难。

第 2 章　溢　流　阀

2.1　概述

溢流阀（pressure relief valve，也称 relief valve）是几乎所有液压系统都有的，因此全面深刻地了解所使用的溢流阀的特性是十分重要的。

2.1.1　功能与应用

如图 2-1 所示，溢流阀由阀体 A、阀芯 B 和弹簧 C 等基本部件组成。溢流阀至少有一个进口（P）和一个出口（T）。

溢流阀的名字“溢流”，只是一个表象。本质上是限压：通过溢流限定工作压力。

负载决定压力，溢流阀只是限制压力，溢流阀本身并不能产生压力。

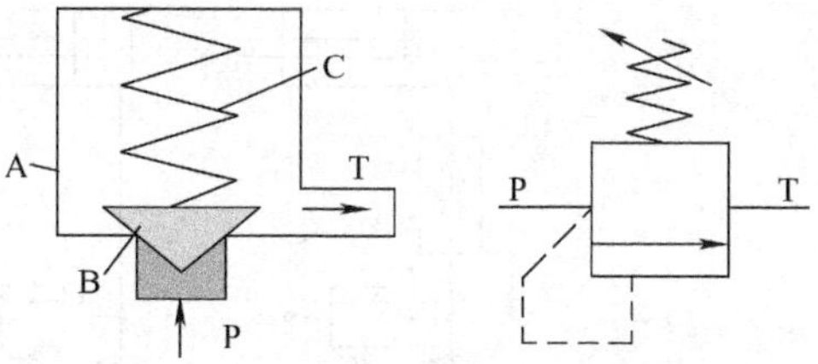

图 2-1　溢流阀的结构示意和图形符号

A—阀体　B—阀芯　C—弹簧　P—进口　T—出口

各种类型的溢流阀的基本共同点就是：

1）当进口的压力达到设定值后，阀都会开启溢流。

2）弹簧腔一般都与出口相连，背压等于出口压力。因此，除个别带外卸荷的类型外（2.6 节），出口压力都 1∶1 地直接增高开启压力。若希望开启压力完全不受出口压力影响，则应考虑选用顺序阀（第 3 章）。

溢流阀的基本功能如下：

（1）作安全阀用　用来限制系统最高压力，起到以下作用。

1）避免系统、元件及管道损坏。

2）避免原动机，如电动机、柴油机或汽油机，由于负载过大而停车（图 2-2、图 2-3 中 V1）。

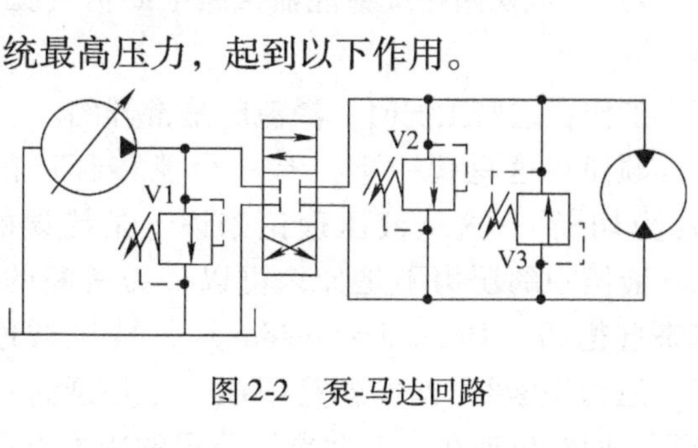

图 2-2　泵-马达回路

3）避免液压缸或液压马达产生过大的力/力矩，从而损坏相连接、或被推动的部件；避免带大惯量负载的液压缸或液压马达，在加速或刹车时由于过大的惯性力或力距，导致损坏（图 2-2、图 2-3 中 V2、V3）。

在这些工况中，溢流阀是常闭的。

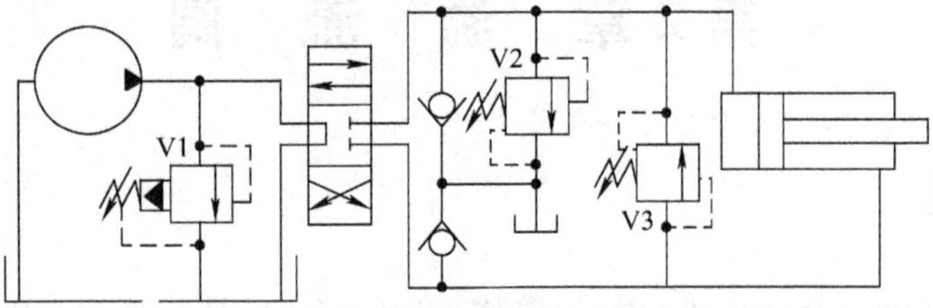

图 2-3　泵-缸回路

（2）作控制阀用　它把全系统或部分系统的压力保持在一个特定的水平或范围内，例如：

1）为进出口节流调速回路溢出多余的流量（见图 2-4a、b），此时可称为定压阀。

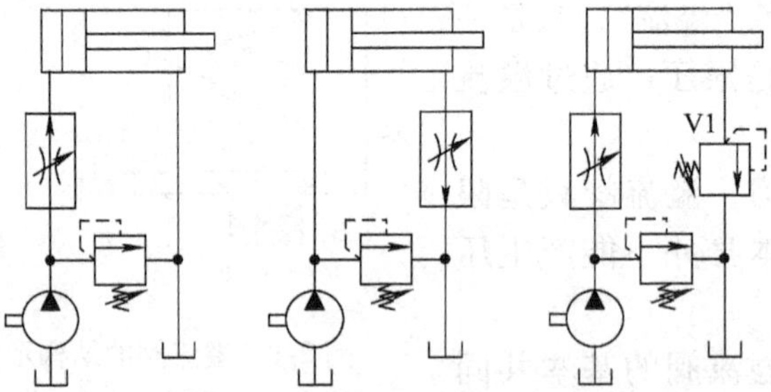

a)　　b)　　c)

图 2-4　各种节流回路

a）进口节流　b）出口节流　c）建立背压

2）在回油路上造成背压，以提高运动稳定性（见图 2-4c 中 V1），此时常被称为背压阀。

3）在双泵回路或蓄能器回路中卸荷（见图 2-5 中 V1），此时常被称为卸荷阀。

工作在这些工况时，溢流阀是常开的。

顺便在这里提一下，有一个流传很广的名词“压力切断”。这从液压理论来说，是错误的。因为，液压中的压力不是什么可以一刀两断的东西。其来自德语“Druckabschneidung”，被机械地译成了“压力切断”，其实就是限压，也是通过一个溢流阀。而它出现在一个世界级公司的中文产品样本上，就跟着沾了光，生了脚，到处流窜。

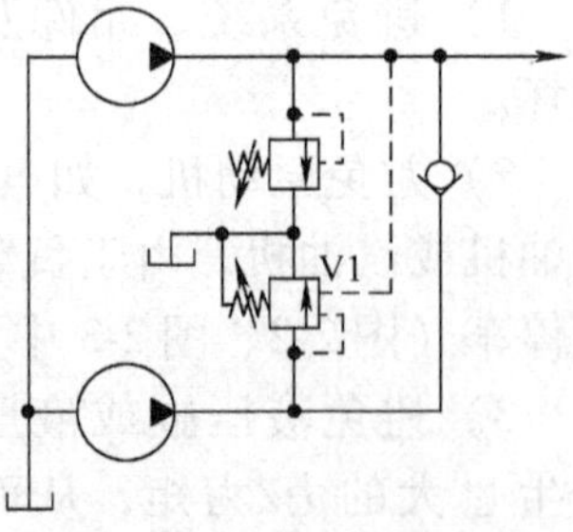

图 2-5　高低压双泵回路

2.1.2 类型

制成螺纹插装形式的溢流阀型式很多，可以从多个不同的角度来分类。

1. 根据阀芯结构分类

1）球阀型（见2.2.1节）。

2）锥阀型（见2.2.2节）。

3）滑阀型（见2.2.3节）。

球阀结构简单，造价低，但仅适用于小流量。

锥阀可通过较大流量，泄漏少、响应快、寿命长，应用最为广泛。

滑阀可通过的流量更大，但调压范围较小。

2. 根据动作型式分类（图2-6）

1）直动型（direct acting）。

2）先导型（pilot operated）（见2.2.6节）。

3）软溢流型（soft relief）（见2.2.7节）。

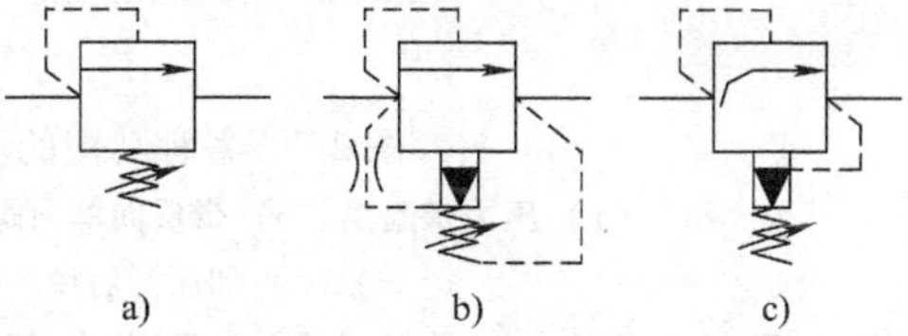

图2-6 直动型、先导型和软溢流阀的图形符号
a）直动型 b）先导型 c）软溢流阀

直动型响应快、超调小，适用作安全阀，以减少冲击，但调压偏差较大，即控制压力随流量波动较大。

先导型调压偏差小、控制压力精度高，用于要求压力控制较精确的场合，但响应稍慢。

软溢流型在进口的压力骤升，尚未达到设定值时就能提前开启溢流，可以避免压力超调。

在定量泵加开中位换向阀（见图2-3）、或（恒压）变量泵加闭中位换向阀回路（见图2-2）中的溢流阀一般要求低泄漏、快响应、抗污染、减振，可以考虑采用直动型。

在定量泵节流回路中（见图2-4），一般要求持续的流量供应和高精度的压力控制。少量内泄漏影响不大时，可以考虑采用先导型溢流阀。

3. 根据应用在回路中的位置分类

1）主溢流阀。处在换向阀前，泵的一侧（见图2-2、图2-3中V1）。

2）次级溢流阀。处在换向阀后，驱动器一侧（见图2-2、图2-3中V2、V3）。

4. 根据功能分类（图2-7）

1）普通型（2.2节）。

2）压力保险型（kick-down）（见2.3节）。开启后就不关闭，直到进口压

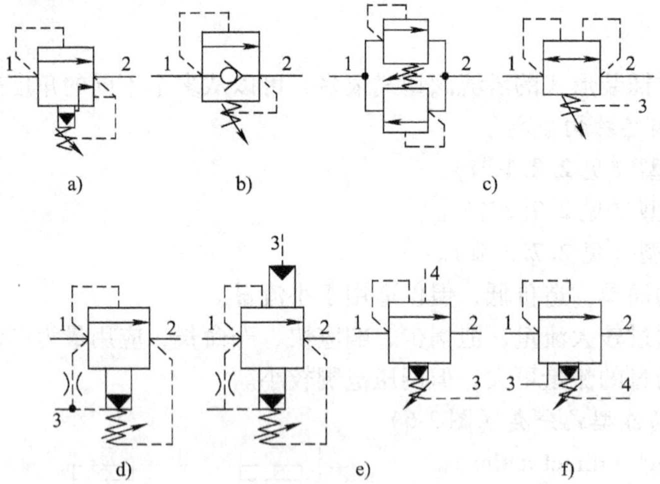

图 2-7 各种功能的溢流阀的图形符号

a) 压力保险型 b) 带反向单向阀 c) 双向型 d) 失压开启型

e) 加压开启型 f) 卸荷开启型

力降为零后才关闭。不适合用于要求负载保持的回路。

3) 带反向单向阀型(见 2.4 节)。因为一般溢流阀反向都不通。

4) 双向型(bi-directional)(见 2.5 节)。在液压马达驱动回路中,一般两侧都应设置溢流阀,或一个双向溢流阀,以防止在中位时由于外负载引起的某一侧压力过高。

5) 可外控型(external pilot operated)(见 2.6 节)。可通过外加的控制形式,例如液控、气控、电磁开关、或电比例地改变开启压力。

还有所谓热保护用溢流阀。其实就是一个小流量的普通直动型溢流阀,用作安全阀。当温度升高导致被封闭的液体发生热膨胀时开启溢流,以保护元件(主要是液压缸)避免高压损坏。

从连通方式来看,普通型都是两通口的。三通口和四通口的,皆为可外控型。

5. 根据控制方式分类(见图 2-8)

除了普通型通过螺杆设定开启压力外,还有以下 3 种控制方式:

1) 气控比例型(2.7 节)。

2) 电控开关型(2.8 节)。

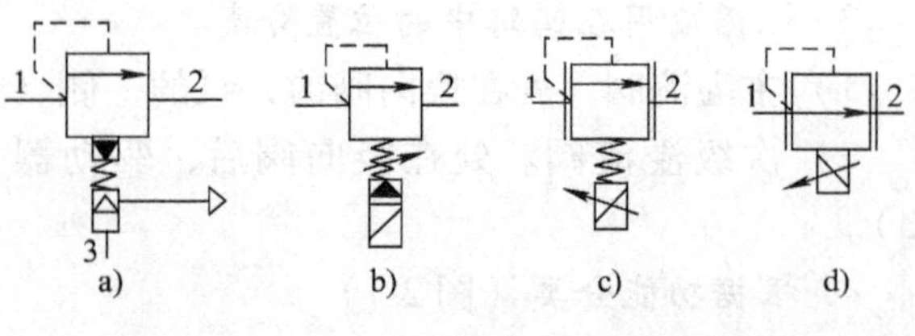

图 2-8 各种控制方式的溢流阀的图形符号

a) 气控比例型 b) 电控开关型 c)、d) 电控比例型

3）电控比例型（2.9节）。

此外，还有一些特种溢流阀。

2.1.3 稳态特性与测试

溢流阀的稳态特性主要通过压差流量特性来反映。

1. *调压偏差*

（1）开启压力与控制压力（见图2-9）

理想的溢流阀，进口压力低于设定值时，不开启；仅当进口压力高于设定的开启压力（cracking pressure）时才开启溢流，而且不管通过的流量多少，都保持其进口的压力，即控制压力恒定，如图2-9中虚线A所示。

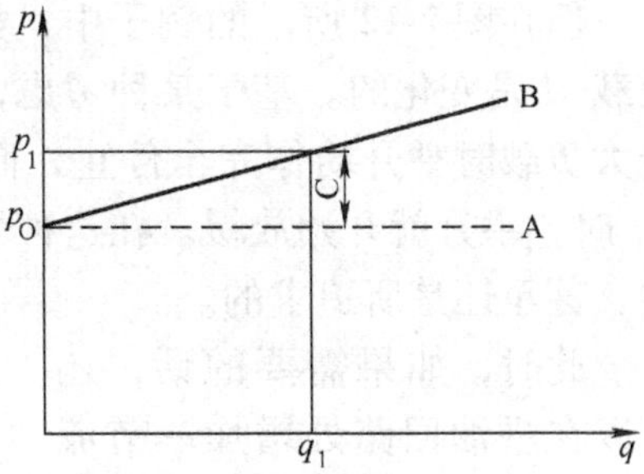

图2-9 调压偏差示意图

A—理想特性 B—实际特性 C—调压偏差

但实际情况往往并非如此。溢流阀的控制压力，大多都随着实际通过流量的增大而改变。在某个流量 q_1 时，控制压力 p_1 与开启压力 p_0 之差，被称作流量 q_1 下的**调压偏差**。也有人称之为**静态压力超调**。

从产品样本中所附的特性曲线可以看出该阀在不同开启压力和通过流量下的调压偏差。

压差流量比（pressure rise per flow）（见图2-10）被用来衡量调压偏差。

$$压差流量比=\frac{p_2-p_1}{q_2-q_1}$$

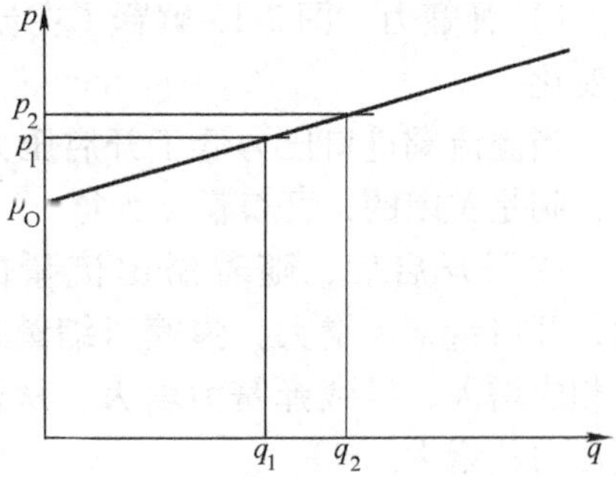

图2-10 压差流量比示意图

（2）设定压力 溢流阀通常都具有调压偏差，使用时需要注意：在一个阀的调压偏差不可忽略时，用户必须根据自己系统的实际工作流量和这时允许的最高压力，来设定溢流压力。

因为有的生产厂在流量为0.1L/min时设定溢流压力（如BR公司），有的生产厂在0.95L/min（如HP公司）时，也有在15L/min（如SUN公司）时，或者在50L/min时设定溢流压力。所以，购买已设定好压力的阀，则一定要向供货商了解，是在什么流量条件下设定的，再附加上相应的调压偏差。

（3）调压偏差的影响 因为液压泵排出的流量都有脉动 Δq，所以，溢流阀的调压偏差越小，控制压力的波动 Δp 就越小（见图 2-11）。

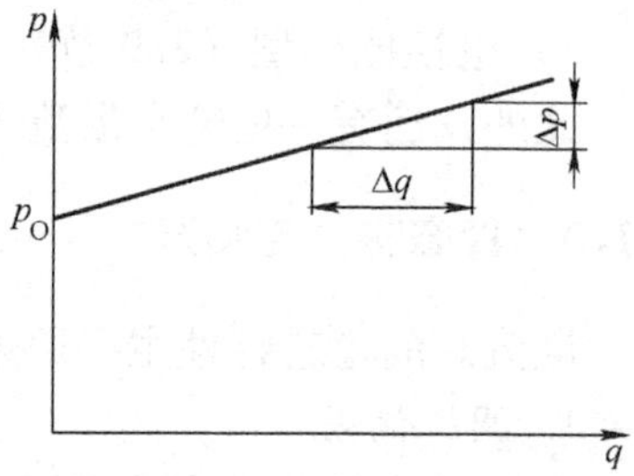

图 2-11　压差流量比示意图

调压偏差大，说明在系统压力远小于最高压力时，就能开启溢流。这意味着流量和能量的损失，甚至产生噪声，一般而言，是不希望的。

但在图 2-12 所示的例子中，如果要举升的负载 M 是变化的。基于某种考虑，不仅要求在最大负载时举升动作完全停止，而且希望在负载接近最大值的某个值，比如说 M_1 时，举升就开始放缓。在这种场合下，大的调压偏差就不仅是完全可以接受的，甚至还是所追求的。

此时，如果需要的话，还可以在进油回路处增加一节流口 B。这可以使举升速度在更小的负载 M_2 时，就开始放慢。收小节流口 B，可使这段曲线变得更平坦。

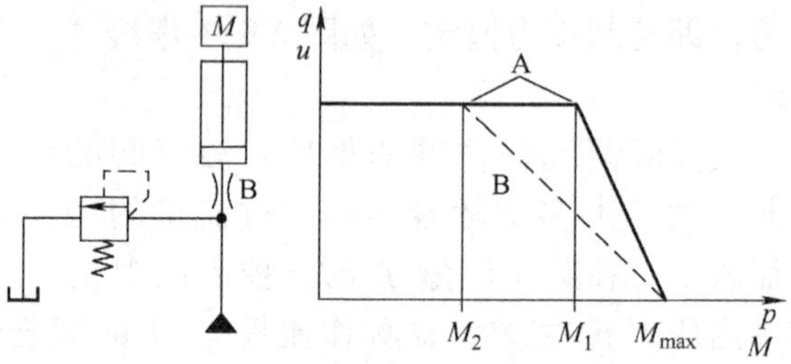

图 2-12　调压偏差对速度的影响
A—溢流阀开启　B—节流阀

（4）影响调压偏差的因素　影响调压偏差的因素主要是弹簧力和液动力。

1）弹簧力　图 2-13 解释了在流量增大时，阀芯开口量 x 和控制压力 p 发生的变化。

当溢流阀进口压力低于开启压力 p_O 时，阀是关闭的，开口量 x 为零。

在阀开启后，随着溢出流量的增大，开口量 x 也增大，弹簧压缩量也因此相应增大，导致弹簧力增大，从而控制压力的增大。

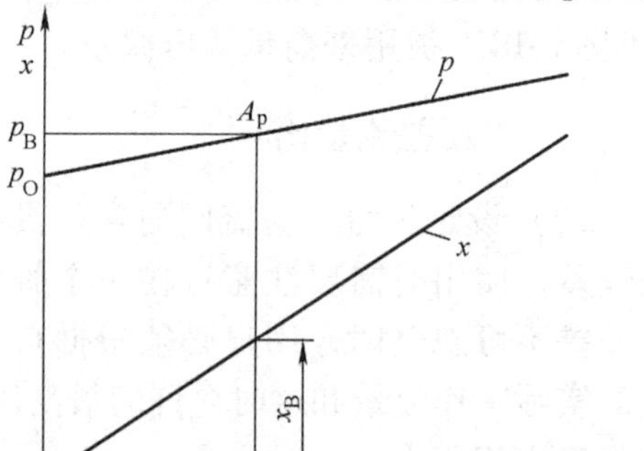

图 2-13　阀芯开口量及控制压力相对流量的变化（IFAS）
p—溢流阀控制压力　p_O—开启压力　x—溢流阀开口量　q_V—通过溢流阀的流量，A_p—工作点　q_{VB}—某个实际工作流量　x_B—在 q_{VB} 时溢流阀的开口量　p_B—在 q_B 时的控制压力

图 2-14 为一个溢流阀使用不同刚度的弹簧时的压差流量特性实测曲线。由此可见，弹簧刚度的影响明显。

弹簧力的影响随开启压力的增加而减少，这可以用以下粗略的分析来解释。

因为　　$q_V = CA\sqrt{p}$

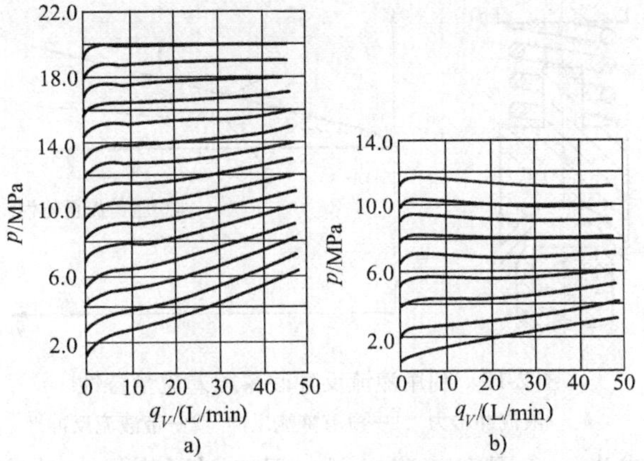

图2-14　不同弹簧对压差流量特性的影响（IFAS）

a）弹簧刚度656N/cm　b）弹簧刚度225N/cm

式中　q_V——通过溢流阀的流量；

C——流量系数；

A——阀开口流通面积；

p——进口压力。

而

$$A = x\pi D$$

式中　x——开口量；

D——阀芯直径。

所以

$$q_V = Cx\pi D\sqrt{p}$$

$$x = \frac{q}{C\pi D\sqrt{p}}$$

$$\frac{dx}{dq_V} = \frac{1}{C\pi D\sqrt{p}}$$

从这个等式可以看出，流量增加 dq_V 引起的开口增加量 dx，在压力 p 高时比较小。因此，弹簧力增加也比较小，从而压力增加小。因此，曲线比较平坦。

2）液动力。对于一般滑阀和座阀，液动力的方向总是趋于使阀开口关闭（1.5.5节），与弹簧力同向。因此，液动力也会使调压偏差变大。

有的溢流阀改变了结构，利用液流的反冲力来降低调压偏差（见图2-15），得到了较好的效果。

要注意的是，如果曲线呈下降形态，在某些应用情况下，会引起系统不稳定。

2. 全流量和名义流量

（1）全流量　溢流阀的开口随流量增大而增大，是有一定限制的。到了一定的开度后，由于种种原因，例如弹簧最大压缩量，被限制住了，不再增大。

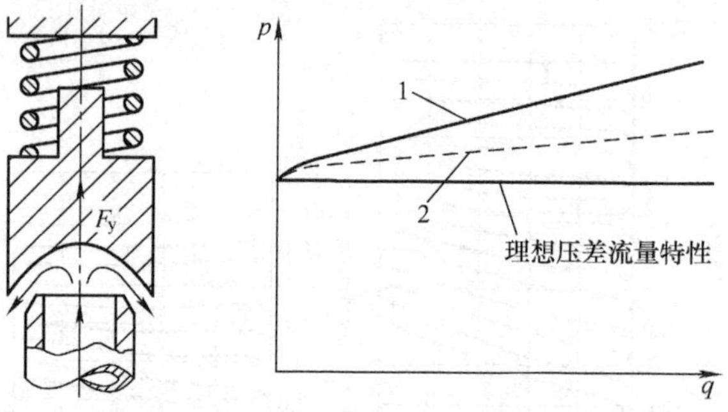

图 2-15 利用液流反冲改善压差流量特性

F_y—液流冲击力 1—没有液流反冲 2—带液流反冲

此时的阀开口就成为一个固定节流口了。阀口刚开到最大时的流量被称为**全流量**（见图 2-16）。

不同开启压力下的全流量是不同的。开启压力越高，全流量越大。

从全流量曲线可以看出在通过某一流量时的最低控制压力。

另外，有些阀在弹簧预紧力很低时工作不稳定，这也限定了这个阀的**最低工作压力**。

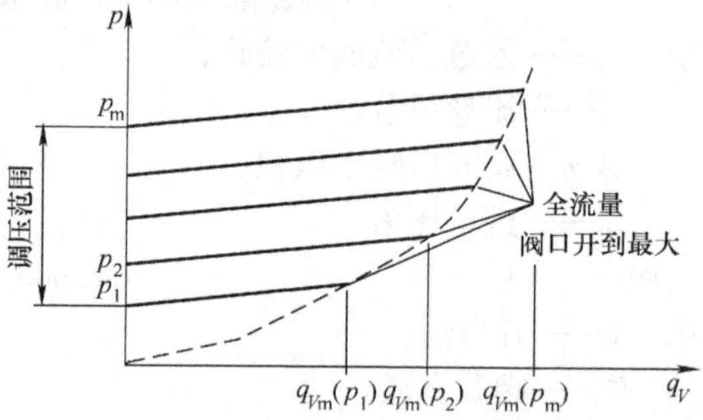

图 2-16 全流量示意图

$q_{Vm}(p)$—某开启压力下的全流量

（2）名义流量 有些产品样本中给出一个**名义流量**（nominal flow 或 rated flow），也被称作公称流量。其实，对溢流阀而言，名义流量仅供参考而已，实际意义并不大。因为对溢流阀而言，开启之后，压力越高，通过的流量就越大。

也不能简单地用全流量来代替名义流量。因为，全流量随开启压力增大而增大，变化范围可能有几十倍之广。

如何确定名义流量，各生产商不同。例如 SUN 公司给出的名义流量约比最小调节压力时的全流量大一倍，同时又给出比名义流量大一倍的压差流量曲线。有的生产厂商把在许用压力时通过的流量称作名义流量。HF 公司有时根本不给出名义流量，只给出压差流量曲线。

定义的方法不同，就很难比较。因此，用户应该根据自己的实际需要——工作流量及允许的调压偏差，来选用适当的溢流阀。

对于同一生产商的产品，选择名义流量远大于实际使用流量的阀，可以获得较小的调压偏差，但阀的体积较大，动态响应一般会差一些，泄漏也可能大一些。

3. 滞回（hysteresis）

溢流阀的阀芯与阀套之间不可避免有摩擦，有些产品利用密封圈的摩擦力来增强阻尼，这些都导致阀芯在工作中会有粘滞现象。这反映在阀的压差流量实测曲线上（见图2-17），流量上升曲线和流量下降曲线不重合，被称作滞回。

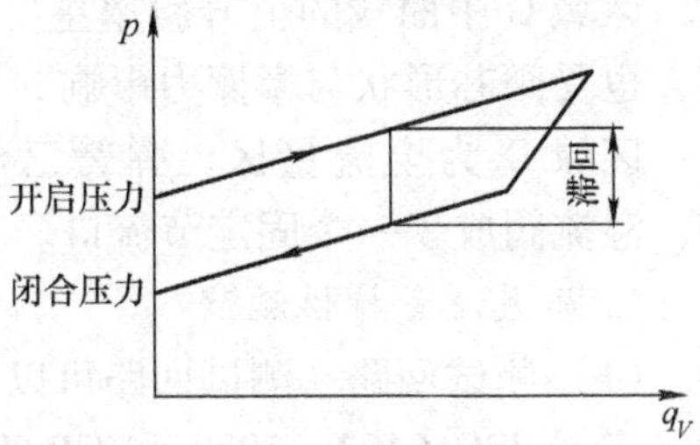

图2-17　溢流阀的滞回示意图

闭合压力（reseat pressure）总比开启压力小一些，大约为开启压力的75%～90%。这个差值与开启压力之比被用作为衡量滞回的指标。

该特性也被称作溢流阀的启闭特性。

图2-18为某个溢流阀的实测曲线。

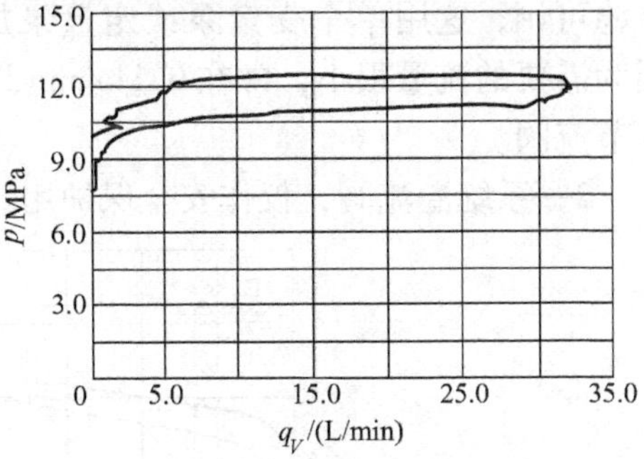

图2-18　某个溢流阀的实测曲线

在流量波动时，溢流阀开口由于滞回不能及时反应，就会导致较大的压力波动（见图2-19）。因此，在用作控制阀时，通常都希望溢流阀的调压偏差小、滞回也小，以获得稳定的控制压力。

但是，在用作安全阀时，有时，较大的滞回甚至是优点：平时不开，一旦开启后，则大量溢出，直至系统压力明显低于设定压力后再关闭。保险阀是一个极端的例子（见2.3节）。

其实，一般溢流阀的压差流量特性都有滞回，无须讳言。但几乎所有产品样本里的特性曲线都印得很小，溢流阀的滞回就被略去，很可惜地被“合理美化”了。

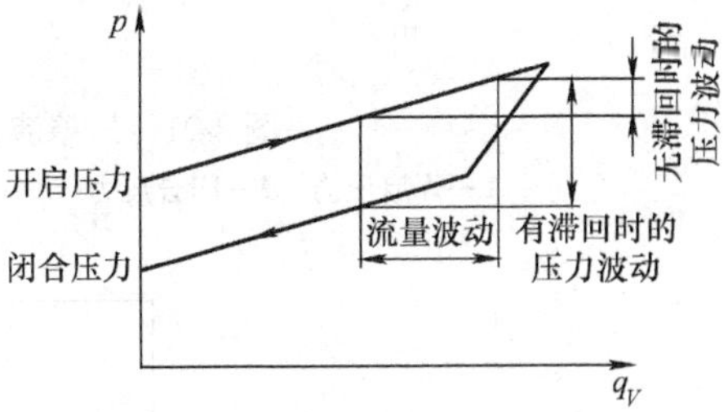

图2-19　溢流阀的滞回对系统压力波动的影响

过去有些资料使用图2-20的方式来表述溢流阀的启闭特性。这种表述方式不能直观地反映出溢流阀的滞回特性，因此不应该再继续使用这种曲线表述溢流阀的启闭特性。

图2-21完整地概括了溢流阀的压差流量特性。可分为4个区域。其中：

区域A中，1是开启压力，2是闭合压力。

区域B是初始开启特性，取决于锥阀阀芯工作面的结构角度、液动力等因素。

区域C中曲线的上升斜率主要由弹簧刚度决定，也受阀芯形状与摩擦力影响。

区域D为全流量区，弹簧已经不能再被压缩，溢流阀成了一个固定节流口。

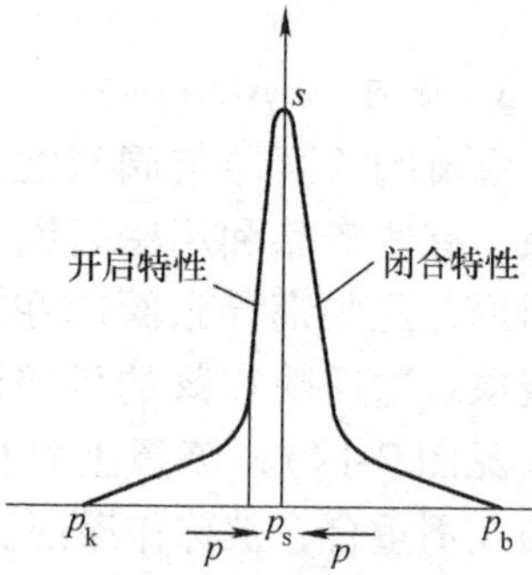

图2-20　不应该再使用的启闭特性表述方式

4. 压差流量特性测试

（1）测试回路　测试回路可以参照图2-22搭建（参见ISO 6403：1988和GB/T8105—1987）。图中：

1—液压源。要求其流量在整个测试范围内平稳可调，这用单个变量泵或定量泵加调速阀很难实现。特别是在初始阶段，因为需要的流量很小，常在0.1L/min以下。可考虑用多个调速阀并联，或用旁路节流阀。

2—系统溢流阀，仅作安全保护用。设定值必须高于测试范围，但不超过被

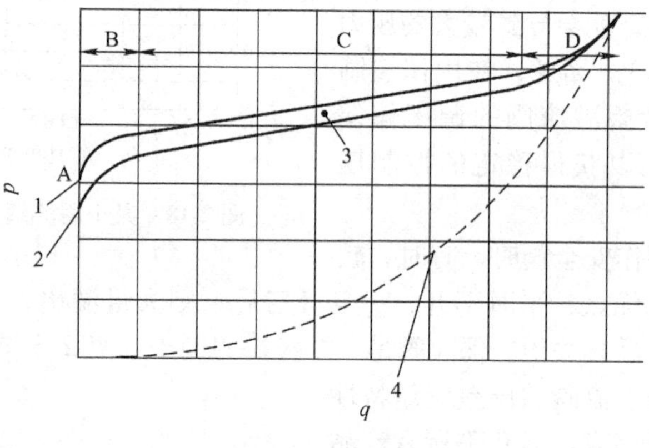

图2-21　压差流量特性分析（ET-ih）

1—开启压力　2—闭合压力　3—滞回　4—固定节流孔特性（全流量）

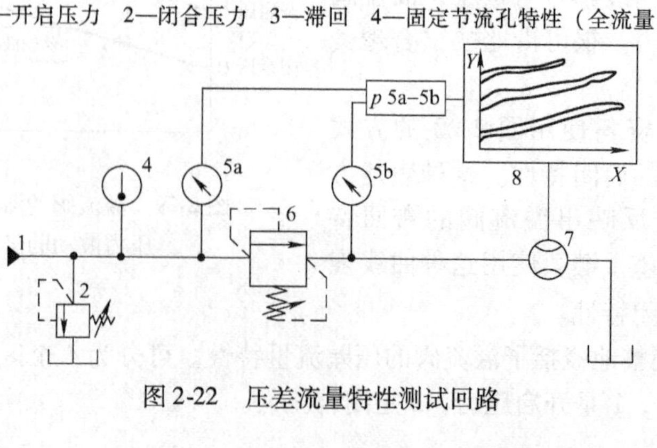

图2-22　压差流量特性测试回路

测阀的许用压力。

4—温度计。

5—压力传感器。5a 测进口压力用。5b 测出口压力用，如果出口管道很短很粗，压力损失小到可以忽略不计，则也可不用，仅用一低压压力表来监控。

6—被测阀。

7—流量传感器。此处可考虑使用齿轮流量传感器，因为其测量范围较涡轮流量传感器大得多。

8—X-Y 记录仪，或数字示波器，或计算机数据采集记录显示系统。

（2）测试过程

1）准备阶段。连接 X-Y 记录仪，流量 q_{V7} 作为 X 轴，压差 p_{5a}-p_{5b} 或压力 p_{5a} 作为 Y 轴。使油温达到预定值。

2）测试步骤。①开启液压源。②被测阀 6 调到给定压力调节范围的最小值。③开始记录。把液压源的输出流量从零缓慢增加到最大测试流量，再缓慢降低到零，停止记录。④被测阀 6 调到给定压力调节范围的最大值，重复步骤③。⑤在压力调节范围的最大值和最小值之间再设定几个值，重复步骤③。

整个测试过程中要保持油温相对固定。这样得到的测试曲线即为该阀在该工作条件下的特性。典型测试曲线可见参见图 2-14、图 2-18。

2.1.4 动态特性与测试

溢流阀的动态特性（Transient characteristics）可以从多个角度来考察：超调（overshoot）、响应时间、稳定时间等。

1. 超调

（1）超调的原因　使用普通溢流阀，在系统压力未达到阀的开启压力，也即系统压力未超过弹簧预紧压力时，溢流阀阀芯不动。直到系统压力超过弹簧的预紧压力，阀芯被顶开后，才开始溢流。但是，阀芯需要一定的时间才能运动到需要的位置，因此，在此期间，系统压力继续上升，造成瞬间的压力超调（见图 2-23、图 2-24）。

（2）超调的后果　溢流阀的设定值通常接近系统中其他部件，如泵、缸、管道和其他阀的许用压力。这样可以尽可能地利用各部件的能力，以达到最高的效率。如果超调很大就可能引起那些部件过早损坏。

材料学的研究表明，导致材料失效的是加载强度与负载变化幅度的综合作用（见图 2-25）。

图中横轴为平均加载强度，竖轴为负载变化幅度。A 点为纯动态载荷，B 点为纯静态载荷。现实中的工作状态介于两者之间。从该图中可以看出，如果负载变化幅度较低，材料就可以承受一个较大的载荷。所以，降低压力超调对系

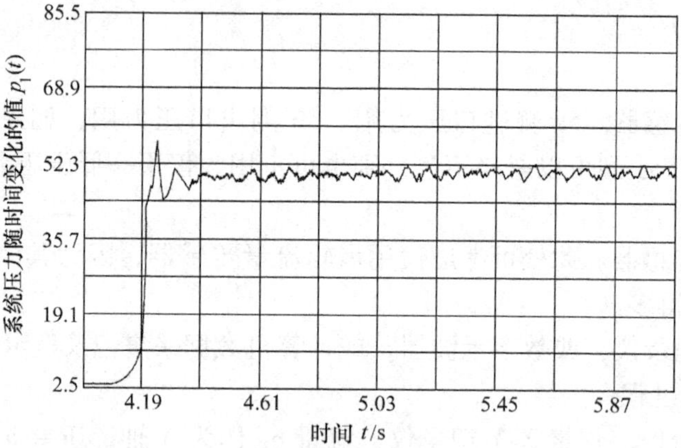

图 2-23 某个直动型溢流阀的瞬态响应曲线

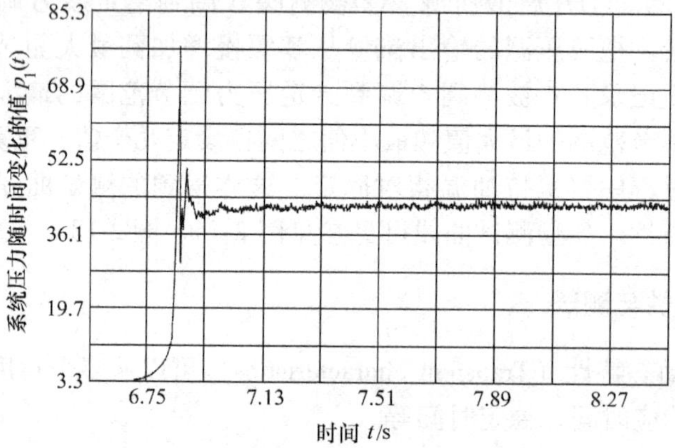

图 2-24 一个先导型溢流阀的瞬态响应曲线

统是十分重要的。

(3) 影响超调的因素 超调主要由两个因素决定：

1）溢流阀的响应时间。

2）系统压力的上升梯度。

超调大致为溢流阀的响应时间与系统压力的上升梯度之乘积。溢流阀的响应时间越长，系统压力的上升梯度越高，超调就越大。

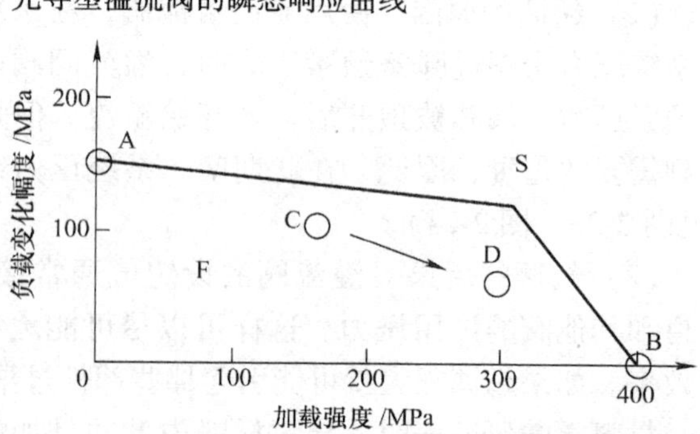

图 2-25 正弦加载破坏试验示意图

A—纯动态 B—纯静态 C—较动态

D—较静态 F—持续工作区 S—破坏区

而系统压力的上升梯度又取决于输入流量、液压油的弹性模量和系统容积。大致有这样的关系：

$$系统压力上升梯度 = q_V K_S / V$$

式中　q_V——输入流量（L/min）；

K_S——液压油的弹性模量（MPa）；

V——系统容积（L）。

假定一个系统的输入流量为100L/min，该系统中被溢流阀所保护部分的容积为2L，矿物油的弹性模量通常为700～2000MPa。若按1400MPa估算，则该系统的压力上升梯度为

$$100\text{L/min} \times 1400\text{MPa}/2\text{L} \approx 1\text{MPa/ms}$$

溢流阀的响应时间一般约为2～20ms。若按10ms计算的话，则该系统管路中的压力峰值就要高于开启压力约10MPa。这无论对泵、阀还是管路，都是一个不可忽视的冲击。

影响溢流阀的响应时间的因素很多：阀芯及弹簧的惯量、摩擦力、开口的水力周长、为保持开启稳定而加入的阻尼等。制造厂通常以降低内阻尼、减少滑阀的开口覆盖量来缩短响应时间，但稳定性也可能相应降低。

理论上来说，锥阀较滑阀快一些，直动式比先导式快一些（见图2-23，图2-24）。

增大容腔、使用软管或蓄能器，可以降低系统压力的上升梯度。

2. 开启后的稳定性

溢流阀在开启后一般都有相当的噪声。这是因为大量高压流体通过窄小的间隙，以高速冲出，伴随着涡流和气蚀造成的。噪声很难完全避免。只是，有的尖锐刺耳，有的低沉混沌，这与出口流道的形状有关。哪些可以接受，要视应用及环境而定。用作常开的控制阀时，当然希望噪声越低越好。但若用作安全阀，并且希望同时起报警器的作用，则尖锐刺耳也许就是一个优点了。

有的溢流阀，在开启后由于不稳定，噪声高达90dB以上，根本无法忍受。其可能的原因是，调压弹簧太软，或阻尼太小。这样，在压力升高，推开阀芯时，阀芯由于惯性过冲，开口过大，导致压力下跌过多而使阀芯又下降，关小开口，引起压力再度升高。周而复始，阀芯一直停不到一个稳定的位置。

油温较高时，由于粘度下降，阻尼作用会减弱，会对稳定性带来不利的影响。

有些尚未使用过的溢流阀，其弹簧腔内还含有空气，阻尼作用很差，也容易出现不稳定状态。如果预先让压力介质充满弹簧腔，在开启时产生阻尼，就能迅速进入稳定状态。

总体上来说，不稳定是不能接受的，应由供货商负责无偿更换。

阀生产厂在原型开发时，应在整个压力调节范围、流量范围、许用油温范围内，对不同工况的组合，作广泛的测试。

在某些应用场合，可以选用带较大阻尼的阀，以获得较好的稳定性，参见 2.2.5 节。

3. 瞬态响应特性测试

（1）测试回路　可以参照图 2-26 搭建（参见 ISO 6403：1988 和 GB/T 8105—1987）。图中：

1—液压源。最好不要用变量泵，以避免变量机构的动态响应特性影响测试结果。

2—系统溢流阀，仅作安全保护用。设定值必须显著高于测试范围。测试过程中不应溢流，否则会降低系统压力上升梯度。

3—旁路阀。其中 3a 是加载用，必须是快速响应阀，否则无法得到足够的系统压力上升梯度。3b 用于控制可外控型溢流阀（见 2.6.1 节和 2.6.3 节）的先导腔压力，这部分回路要随被测阀的类型不同而相应改动。

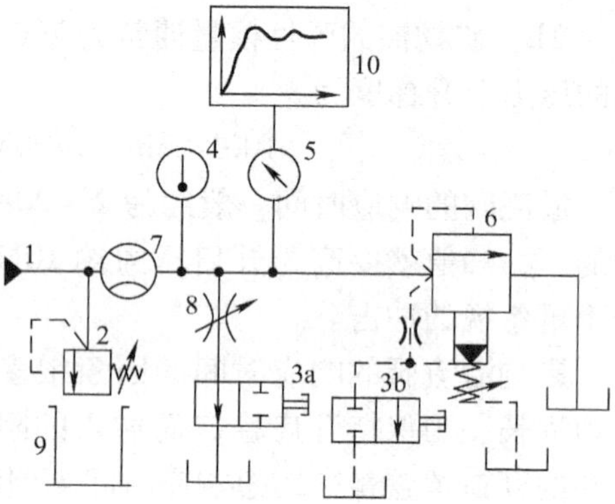

图 2-26　瞬态响应特性测试回路

4—温度计。

5—压力传感器。响应特性要优于 5000Hz。

6—被测阀。

7—流量计。若流量已知，则可拆除，或移至被测阀的回油管路，以减小管道容积。

8—节流阀。调定初始压力用。

9—零流量显示。用于监控测试时是否有液流旁路，可以是一个量杯或普通容器。

10—快速记录仪。若采用数字式，则采样时间要短于 0.2ms。

（2）测试过程

1）准备阶段。①把压力传感器输出 p_5 接入快速记录仪。②启动液压源。使油温达到预定值。③被测阀 6 调到某个开启压力。④旁路阀 3a 开路。利用节流阀 8 调定初始压力，应接近但不超过被测阀 6 的开启压力。

2）测试步骤。①测试开始时，从液压源 1 输入的流量经过旁路阀 3a 直接回油箱，被测阀进口压力 p_5 低于开启压力，被测阀 6 关闭。②快速关闭旁路阀 3a，p_5 迅速升高，开启被测阀 6。经过一段时间，p_5 趋于稳定。记录压力 p_5 的瞬态变化过程，就可了解被测阀的瞬态特性。③若被测阀的先导腔压力是可外控的，此时可以快速接通旁路阀 3b，使被测阀 6 卸荷。p_5 迅速降低。就可以测得该阀卸荷时的瞬态特性。

（3）测试条件分析　虽说ISO6403给出了测试方法与条件，但很多国际知名的生产厂都不执行此标准，因为其中有些条件不容易实现，有些定义是错的。

1）系统压力上升梯度。为了减少测试系统对测试结果的影响，系统的压力上升梯度必须远高于被测阀的响应梯度。为了在不同系统下测得的数据有可比性，ISO6403要求系统的压力上升梯度必须是被测阀的响应梯度的10倍。但从下例可以看出，这一点并不容易实现。

因为，在旁路阀3a的关闭时间近乎为零时，系统压力上升梯度＝输入流量×液压油的弹性模量/系统容积；所以，系统容积应该小于输入流量×液压油的弹性模量/要求的系统压力上升梯度。

图2-27为某一溢流阀的实测曲线。从中可以看出，在压力超过稳态压力，即溢流阀开启后的系统压力上升梯度约为8MPa/ms。按ISO6403要求，系统压力上升梯度就要超过80MPa/ms。

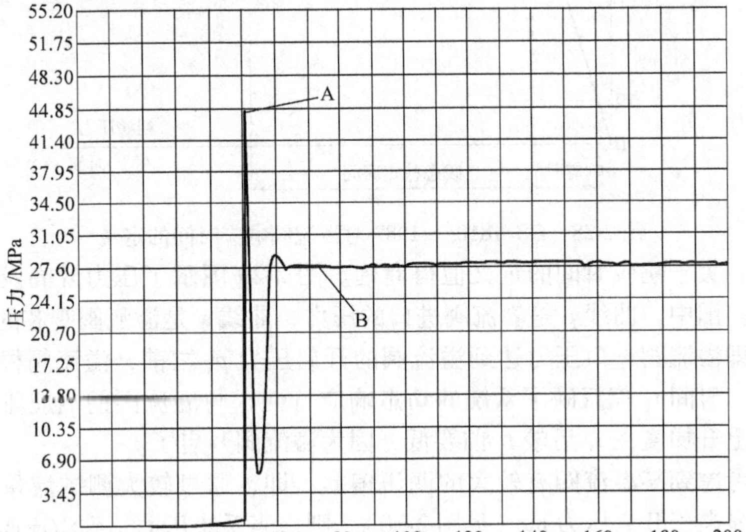

图2-27　某一溢流阀的实测曲线

A—超调　B—稳态压力

输入流量为100L/min，液压油的弹性模量为1400MPa时，系统容积必须小于100L/min×1400MPa/（80MPa/ms）≈0.03L＝30mL。

这一容积指从泵的压力出口，经出口管道，到被测阀6的进口，包含到安全阀2及旁路阀3a的分支管道的全部容积。如采用内径为15mm的管道的话，所有管道总长不超过15cm。这几乎是不可能实现的。

2）加载阀响应时间。ISO6403 还要求加载阀 3a 的动作响应时间不得超过被测阀的响应时间的 10%，最大不得超过 10ms。很少有阀能做到这一点。

所以只好是：被测阀 6、安全阀 2 及旁路阀 3a 尽可能地靠近泵出口，旁路阀 3a 的关闭时间也尽可能地短。然后在同一测试系统下比较不同的阀。

用户自己用快速响应的压力传感器，对自己的系统测试，是最反映实际情况的。

（4）被测阀响应时间分析　ISO 6403：1988（GB/T8105—1987）给出了各项指标的定义（见图 2-28）。

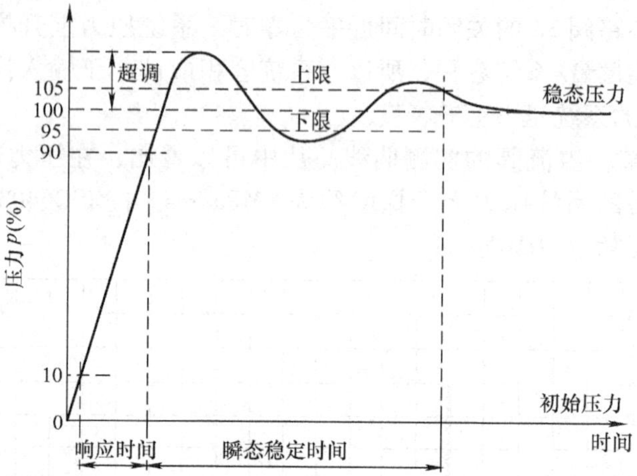

图 2-28　GB/T8105—1987 对溢流阀响应时间的定义

其中，关于响应时间的定义值得商榷。图 2-29 图示了压力升高及溢流阀开启的过程。图中，曲线 p 是溢流阀进口的压力，曲线 x 是溢流阀阀芯的位移。在系统压力即溢流阀进口压力达到溢流阀的开启压力 p_s 之前，溢流阀根本不会开启，因此，时间 t_1 仅反映了系统的动态响应特性，与溢流阀的响应特性根本无关。压力上升梯度在 t_1 后较 t_1 前要低，因为溢流阀开启了。

即使考虑到某溢流阀有较大的调压偏差，即，通过较大测试流量时的稳态压力要明显高于开启压力 p_K（见图 2-30）。则，当系统压力达到溢流阀的开启压力（A）之前，溢流阀是完全关闭的。而由于溢流阀芯的惰性，直到某个时间点 B 溢流通道才被完全开启。那也只有从 A 到 B 才真正是被测阀的响应时间。只是，这个时间点 B 可以纯理论地定义，却很难实际确定，除非安装了阀芯位移传感器。

一些公司在产品样本中给出了平均响应时间，但却没有或不愿告知，是根据什么标准，在怎样的条件下测得的。

也许，可以考虑用超调和系统压力上升梯度一起来衡量溢流阀的响应特性，因为超调比较容易确定，控制超调也是溢流阀的最终目的。如果测不到超调，

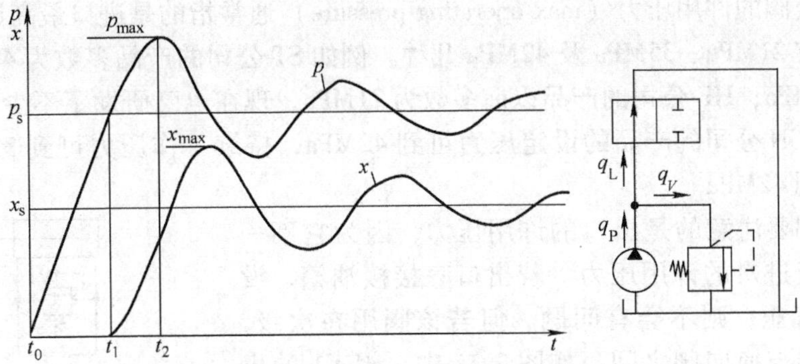

图 2-29 系统压力升高及溢流阀开启的过程（IFAS）

p—系统压力 x—溢流阀开口 p_s—开启压力 x_s—开口稳态值

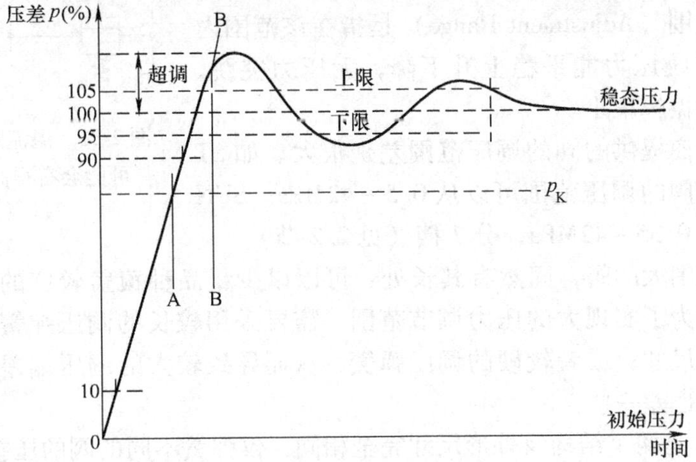

图 2-30 考虑调压偏差时的响应时间

p_K—开启压力

则说明系统压力上升梯度太低，必须设法提高。

对于溢流阀生产厂来说，它不知道它的阀将用于怎样的系统，因此，必须要给出一些普遍适用的指标，就会遇到上述问题。

但对于用户而言，他知道这个溢流阀将用于某一具体系统，那测试就简单得多。可以根据此系统可能有的容积-压力上升梯度来搭建测试系统，以实际系统使用的换向阀来加载，就可以得到在此系统中可能出现的超调，从而研究相应对策。

2.1.5 其他特性

在选用溢流阀时，除以上所说，还要注意以下特性指标。

1. 许用压力

溢流阀的许用压力（max operating pressure）通常指的是进口最高许用压力，常见的有21MPa、35MPa及42MPa几种。例如ST公司的产品多数为42MPa，少数为35MPa；HF公司的产品以前多数为21MPa，现在也已研发了不少35MPa的产品；SUN公司的产品的设定压力可到42MPa，持续工作压力可到35MPa，短时间可到42MPa。

特别要注意的是出口的许用压力，因为它不一定等同于进口的许用压力。若出口直接接油箱，没有很大背压，则不会有问题。但若该阀用在次级，即执行器与换向阀之间，如图2-31中，阀V1的出口，在活塞杆受到拉力时，可能会受到很高的压力。

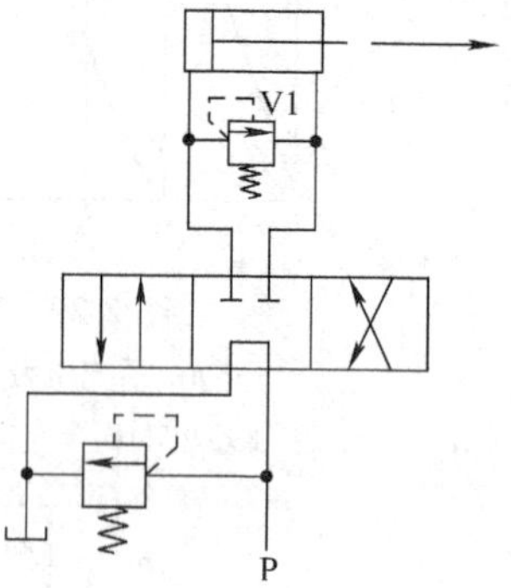

图2-31 溢流阀V1出口可能会有很高的压力

2. 调压范围

调压范围（Adjustment Range）是指在该范围内调节时，系统压力能平稳上升下降，无压力突跳，压力波动的振幅很小。

各生产商提供的阀的调压范围差别很大。如ST公司，有的阀的调压范围可以从0.5～42MPa。SUN公司的，从0.35～42MPa，分7档（见2.2节）。

调压范围大的阀，固然有其长处：可以以少量品种覆盖较广的需要；但也有其短处：为了实现大的压力调节范围，需要采用较长的调压弹簧，从而导致较大的外形尺寸；或者较硬的调压弹簧，从而导致较大的调压偏差，而且阀的调节敏感度也差一些。

图2-32是两个结构及外形尺寸完全相同，仅弹簧不同的阀的压差流量曲线。图a为使用较软的弹簧，调压范围0.5～21MPa，在开启压力10MPa，流量

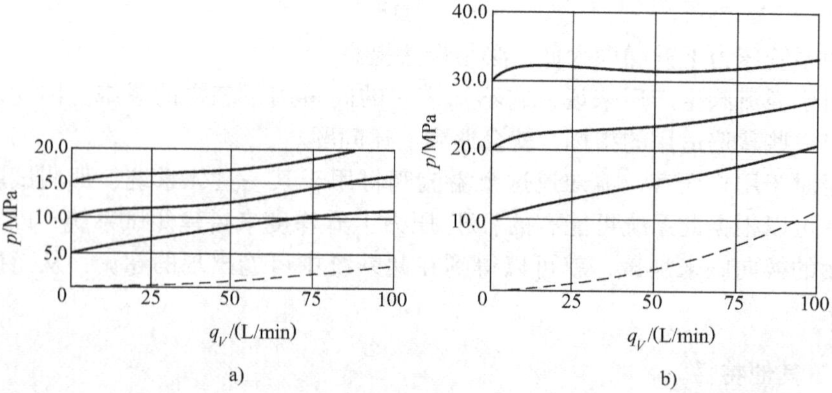

图2-32 不同弹簧的阀的压差流量曲线对比（图中虚线为阀开口最大时的压差）
a）软弹簧 b）硬弹簧

100L/min 时的调压偏差约为 6MPa。图 b 为使用了较硬的弹簧，调压范围 1 ~ 42MPa，在相同工况下的调压偏差达 12MPa。

阀生产厂给出的调压范围，通常是指名义流量下，在出口压力几乎为零时，可达到的调节范围。但若用户使用的流量或出口压力与之不同，这个调压范围就不完全适用了。

3. 内泄漏

溢流阀的内泄漏可以分为两种情况：

1）溢流通道已开启了，在进口压力下降，但还未低到给出的关闭压时，由于滞回，尚未关闭。这时的泄漏，即使不希望，但无法避免，还是属于“正常”的。特别是在低温时，液体粘度增高，导致阻尼增大，阀芯关闭困难，尤其是在弹簧较软、设定压力较低时。唯一的出路是去选用滞回较小、关闭压力较高的产品。

2）进口压力已经降低到关闭压力以下，溢流通道应该是完全关闭了。产品样本上给出的，比如说在 80% 开启压力时的内泄漏，指的就是这种情况。因为滑阀型阀芯泄漏不可避免，而大多数先导式溢流阀的主阀恰恰是滑阀，总有泄漏。

如果希望无泄漏，就应选择锥阀型。锥阀型理论上可以做到无泄漏。但若加工的圆度或同心度稍有欠缺，则也还有可能引起泄漏。

若该阀装在泵附近，用作保护泵，则少量泄漏，在多数情况下，还可以容忍。

若用在液压缸附近，作保护用（见图 2-33），而在停止供油时，又希望负载长时间停在一个位置，不能因外力而移动。在这种场合下，溢流阀的泄漏量就成为一个很重要的性能要求了。

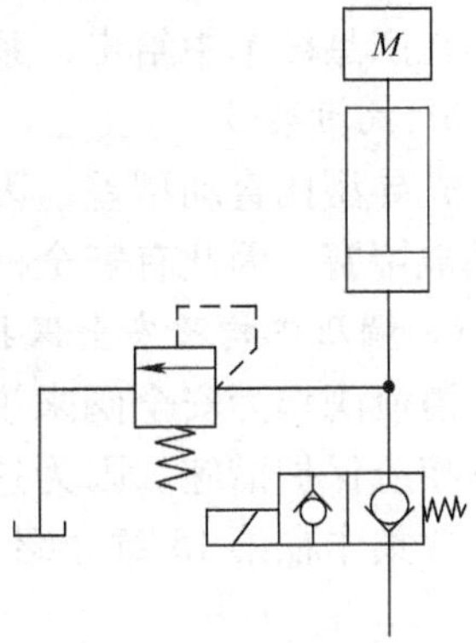

图 2-33　溢流阀的泄漏会导致负载下降

4. 工作寿命

在溢流阀出口处，高压的流体以高速冲出，全部压力能先转化为动能，最终再转化为热能（10MPa 压力降全部转化为动能后，液流速度可达到约 60m/s，转化为热能后使油温升高 5.7℃）。此间，一般都伴有严重的气蚀：液压油蒸气被压缩爆炸，产生与在柴油发动机活塞缸内类似的情况，即所谓“微柴油燃烧（mini-Diesel）”现象，局部温度会超过 1500℃。在 SUN 德国子公司的实验室里，笔者曾亲眼见到从一个溢流阀（在 8MPa，100L/min 流量时）的各流出孔喷出米粒大小的蓝色火焰（阀块为有机玻璃）。

图 2-34 为一铝制溢流阀阀块在持续工作 2000h 后被击穿。

图 2-34 溢流阀阀块被气蚀损坏

此外，溢流阀在一些工作中，频繁地开启关闭，阀芯快速地撞击阀座。因此，开口处附近的材料能否长期耐气蚀和关闭时的撞击，成为决定溢流阀工作寿命的重要因素。一般都作表面硬化处理。据说，有的阀通过改进出口处的流道形状，减少了气蚀的发生。

目前技术水平，有些产品已可以达到开启关闭 1 ~ 2 百万次，精制的甚至可以达到 1 千万次。

若用作很少开启的安全阀，工作寿命也许不是一个大问题。但若用作经常开启的控制阀，则不能掉以轻心。只是这一特性的测定耗时耗钱，供货商一般也不在产品样本中给出，系统设计师往往只能根据其他应用的经验来推测。

5. 抗污染性

先导型比直动型差，因为先导型的主阀芯上都有一个 1mm 以下的阻尼孔，容易被堵塞。因此有安全标准规定，在主系统中，至少要有一个直动型溢流阀。

6. 调压机构及安全保护措施

溢流阀作为安全阀来说，防止被乱调，是极其重要的。为此生产厂也提供多种相应保护措施。因为这些措施也可用于其他各类压力及流量阀的调节与保护，故集中在第 15 章介绍。

2.2 普通型溢流阀

这里所谓的普通型溢流阀具有以下共同点：

1）二通口。

2）压力下降就关闭。

3）反向不通。

按阀芯形式，可分为球阀型、锥阀型、滑阀型。

按工作原理分，可分为直动型、先导型和软溢流型。与先导型相比，直动型结构简单，抗污染能力强，反应更灵敏，但通流量一般小些，调压偏差相对大些。

也可使用单向阀作为普通低压、不可调的溢流阀。

本节介绍球阀型、锥阀型、滑阀型、差动型、带增强阻尼型、先导型和软溢流阀。

2.2.1 球阀型溢流阀

1. PK 公司的 A02A2P 型溢流阀（见图 2-35）

（1）特性

进口许用压力：42MPa。

调压范围：1 ~ 42MPa。

名义流量：6L/min。适用于小流量的系统，或用作先导阀，或用作热保护阀。

从特性曲线可以看出，调压偏差在流量 6L/min 时约为 8 ~ 10MPa。

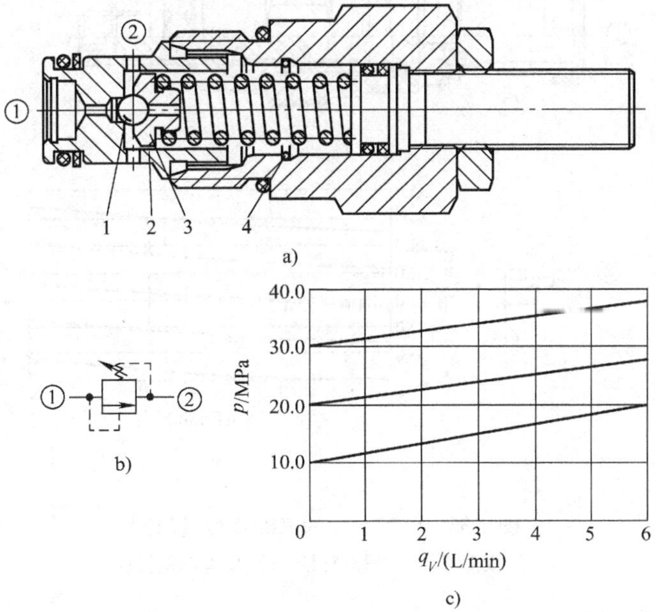

图 2-35 PK 公司的 A02A2P 型溢流阀

a）剖面图 b）图形符号 c）压差流量特性

（2）工作原理

1）当通口①的压力作用在钢球 1 上的力大于弹簧的预紧力时，球阀芯 1 就被顶开，压力油从通口②溢出。

2）弹簧腔通过阀体 2 与阀芯座 3 间的间隙，与通口②相通，因此通口②的压力即背压，会直接增高实际开启压力。

3）如果通口②的压力高于通口①，则球阀阀芯被压住，不通。

弹性卡圈 4 可以限制调节螺杆的位置，以防止过调、压死弹簧。

调节螺杆的内端直径大，因此，即使通口①压力超高，调压螺钉也不会向外飞出，多了一个安全保障。

ST 公司还提供调压范围为 0. 5 ~21MPa 的球阀型溢流阀。

2. SUN 公司的 RBAC 型溢流阀（见图 2-36）

进口许用压力：35MPa。

调压范围：0. 17 ~42MPa，6 档。

名义流量：1L/min。适用于小流量的系统，或用作先导阀，或用作热保护阀。

典型响应时间：2ms。

内泄漏在闭合压力时：0. 3mL/min。

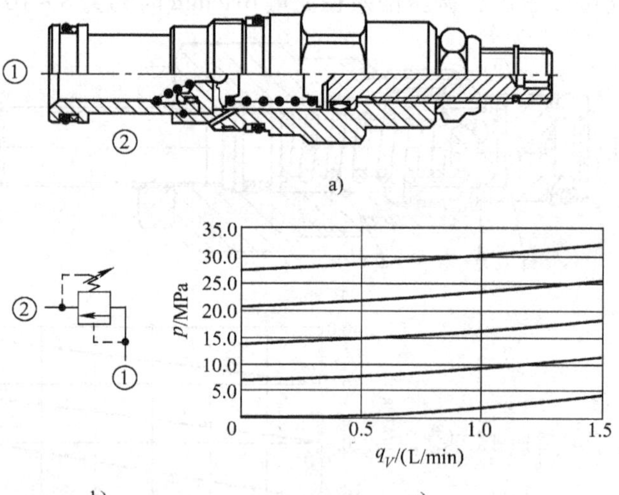

图 2-36 SUN 公司的 RBAC 型溢流阀

a）剖面图 b）图形符号 c）压差流量特性

2. 2. 2 锥阀型溢流阀

1. HF 公司的 RV08-20 型溢流阀（见图 2-37）

(1) 特性

进口许用压力：24. 8MPa。

调压范围：0. 35 ~24. 8MPa，4 档。

开启压力在流量为0. 95L/min 时调定。

闭合压力：80% 开启压力。

内泄漏在75% 设定压力时：最大0. 25mL/min。

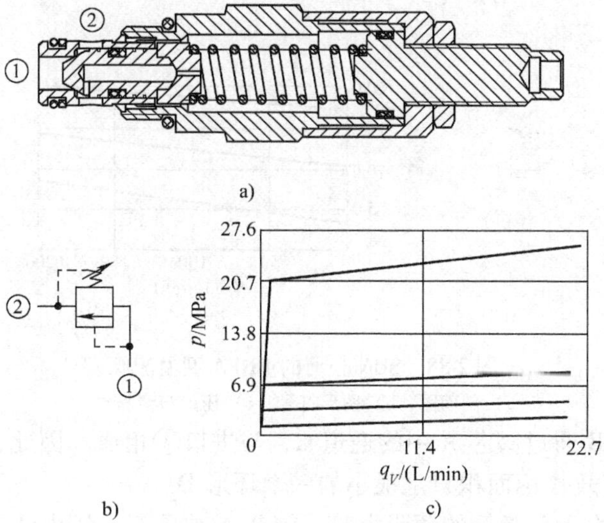

图2-37 HF 公司的 RV08-20 型溢流阀

a）图形符号 b）剖面图 c）压差流量特性

（2）工作原理

1）当通口①的压力油作用在锥阀芯端面的力大于弹簧的预紧力时，阀芯被顶开，压力油从通口②溢出。

2）弹簧腔通过阀芯中的通道，与通口②相通。

阀芯上的密封圈不起密封作用，仅起阻尼作用。

2. SUN 公司的 RDFA 型溢流阀（图2-38）

（1）特性

阀芯 A 形似滑阀，但实系锥面密封。

进口许用压力：42MPa。

调压范围：从0. 35 ~42MPa，7 档。

流量：200L/min。

闭合压力大于开启压力的90%，即滞回小于10%。

内泄漏在闭合压力时：最多0. 35mL/min。

平均响应时间：2ms。

（2）工作原理

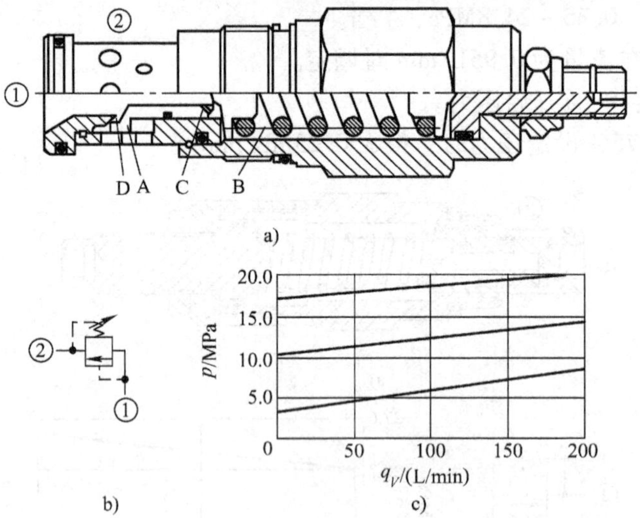

图 2-38 SUN 公司的 RDFA 型溢流阀

a）剖面图 b）图形符号 c）压差流量特性

1）弹簧腔 B 通过阀芯 A 中的通道 C，与进口①相通。因此，作用在阀芯 A 上的静压力的有效作用面积只是很小的一个环形 D。

2）当静压力大于弹簧的预紧力时，阀芯 A 被顶开，压力油从通口②溢出。因为通口②的压力也通过环形 D 作用于阀芯，因而同样影响开启压力。

一些功能类似的产品见表 2-1。

表 2-1 一些锥阀型直动溢流阀

生产商	型号	进口许用压力/MPa	调压范围 /MPa	名义流量/（L/min）
ST	A02B2F	42	0.2～10	30
	A02B2H		0.5～21	
	A02B2P		0.5～42	
	A04B2GY		0.5～15	100
	A04B2H		0.5～21	
	A04B2LY		15～31	
SUN	RDDA	35（42）①	0.35～1.4	95
	RDFA		0.7～2.5	200
	RDHA		1.4～5.5	380
	RDJA		2～10.5	760
			3.5～21	
			5.5～31.5	
			7～42	

（续）

生产商	型号	进口许用压力/MPa	调压范围 /MPa	名义流量/（L/min）
HF	RV58-20	34.5	2.8～31.7	
	RV08-20	25	0.35～3.45	（22）
			0.7～7.6	
			1.7～16	
			1.7～25	
	RV10-20	22.8	0.35～4.1	（38）
			1～8.3	
			1.7～16	
			1.7～22.8	

注：（　）名义流量未明确给出。

①　短时可达值。

2.2.3　滑阀型溢流阀

PK 公司的 A04C2 型溢流阀（见图 2-39）：

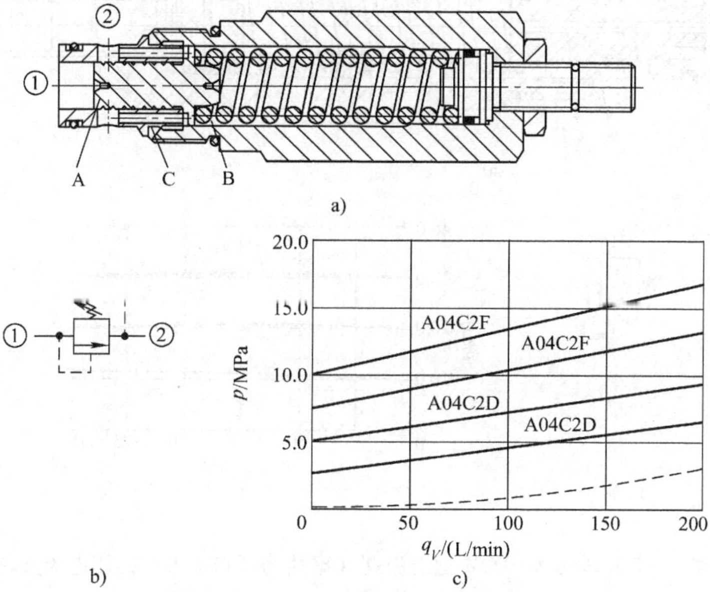

图 2-39　PK 公司的 A04C2 型溢流阀（虚线为阀开口最大时的压差流量特性）

a）剖面图　b）图形符号　c）压差流量特性

（1）特性

进出口许用压力：42MPa。可用在次级回路中。

调压范围：两种，D 型为 0.2～5MPa，F 型为 0.2～10MPa。因为通口①的压力作用在阀芯的整个端面上，产生的力很大，因此要使用较粗的弹簧，导致调压范围较小。

名义流量：200L/min。与同样尺寸的锥阀型相比，由于滑阀型的开口通流面积大，因此流量可高一倍以上。由于滑阀型的开口处的直径大，也即通流面积梯度大，因此调压偏差也相对小些。

（2）工作原理

1）压力油从通口①进入，作用在阀芯 A 的整个端面上。

2）当此作用力大于弹簧的预紧力时，阀芯 A 就被推开，压力油从通口②溢出。

弹簧腔 B 通过通道 C，与出口②相通。

2.2.4 差动型溢流阀

ST 公司的 A04D2M 型溢流阀（见图 2-40）：

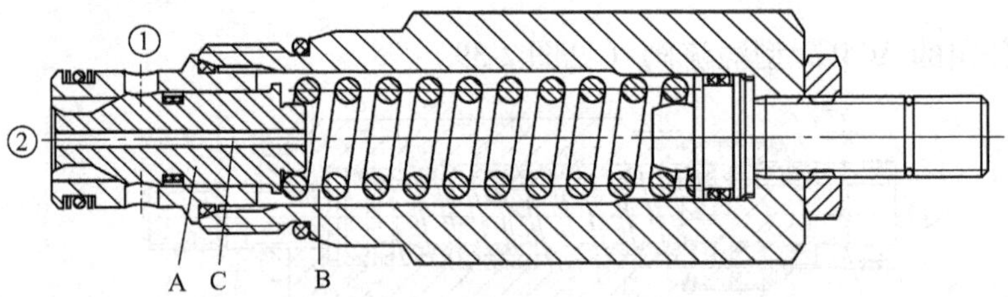

a)

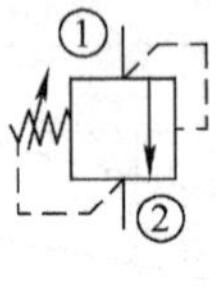

b)

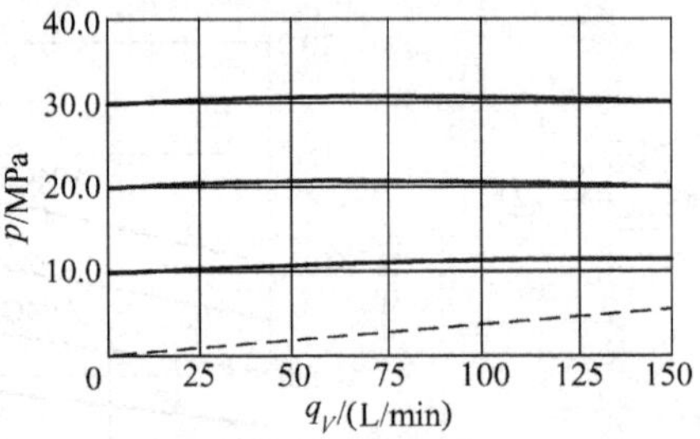

c)

图 2-40 ST 公司的 A04D2M 型溢流阀（虚线为开口最大时的压差流量特性）

a）剖面图 b）图形符号 c）压差流量特性

（1）特性

侧面进油型，滑锥阀。

进出口许用压力：42MPa。

调压范围：0.5～35MPa。

名义流量：150L/min。与同外形尺寸的锥阀相比，通流量高50% ~100%。

锥面密封，因而理论上无泄漏。

（2）工作原理

1）压力油从侧面通口①进入，通过一很小的环形面积作用在阀芯A上。

2）当此力大于弹簧的预紧力时，阀芯A就被顶开，压力油从通口②溢出。

（3）结构特点　弹簧腔B通过阀芯中的通道C，与出口②相通，因此阀芯两端受到的静压力接近平衡。

一些功能类似的产品见表2-2。

表2-2　一些差动型溢流阀

生产商	型号	进口许用压力/MPa	调压范围/MPa	名义流量/（L/min）
ST	A02D2F	42	0.2 ~10	60
	A02D2H		0.5 ~21	
	A02D2M		5 ~35	
	A04D2H		0.5 ~21	150
HF	RV08-22	22.1	0.3 ~22.1	30
	RV10-22	24.1	1 ~25.1	（114）
	RV50-22	34.5	3 ~34.5	（75）

注：（　）内数值为未明确给出名义流量。

2.2.5　增强阻尼型溢流阀

ST公司的A04R2型溢流阀见图2-41。

（1）特性

因为带了减振尾，增强了阻尼，因而稳定性较好。

进口许用压力：35MPa。

调压范围：H型为0.5 ~21MPa，M型为0.5 ~35MPa。

名义流量：60L/min。

（2）工作原理（见图2-41c）

1）当通口②的压力油作用在锥阀芯A端面的力大于弹簧的预紧力时，阀芯A就被顶开，开启密封锥面B。

2）压力油从侧面的通道C进入，通过密封锥面B溢出。

（3）结构特点

1）液动力对端面力的影响较小，有利于保持稳定。

2）阀芯上的环形槽D改变了液流方向，使液流的反冲力与弹簧力的作用方向相反，部分抵消，从而减小了阀的调压偏差。

3）阀芯下端的减振活塞与密封圈 E 及阀体形成的腔 F 中的液体要通过间隙密封 G 溢出或流入，这就起了阻尼作用。

4）阀芯阀座都作了表面硬化处理，因此寿命较长。

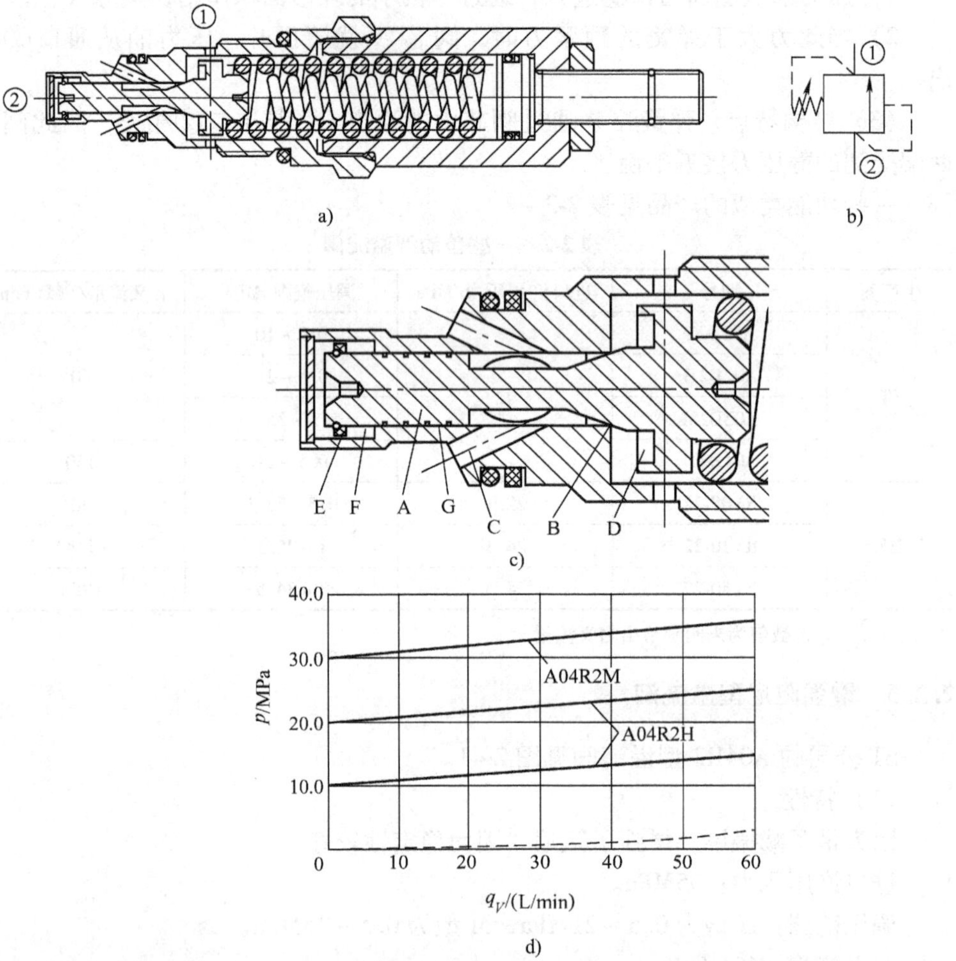

图 2-41 ST 公司的 A04R2 型溢流阀（虚线为阀开口最大时的压差流量特性）

a）剖面图 b）图形符号 c）局部放大图 d）压差流量特性

由于阀的结构复杂一些，制造成本也就相应高一些。

2.2.6 先导型溢流阀

先导型溢流阀是二级阀，由先导级和主级组成。先导级的弹簧控制开启压力。开启后的先导液流通过主阀芯上的阻尼孔造成的压差再开启主阀。

由于主弹簧只需平衡压差，一般仅 0.3～0.5MPa，并不承受全部压力，因此可以采用软得多的弹簧。

响应时间长一些，但调压偏差小。控制压力在流量变化时波动较小，即所谓控制精度高。

图2-42系ET-ih公司提供的先导型和差动型的瞬态响应测试曲线比较。从中可以看出：

1）差动型响应速度比先导型快，因此压力上升慢。但由于阀芯惯性，导致最初开口过大，以至控制压力降到开启压力之下。

2）先导型在先导阀芯开启后，压力不再上升。但压力尖峰持续一段时间，直到主阀开启后，压力才下降。由于主阀芯运动较慢，因此，压力下降时间也长一些。

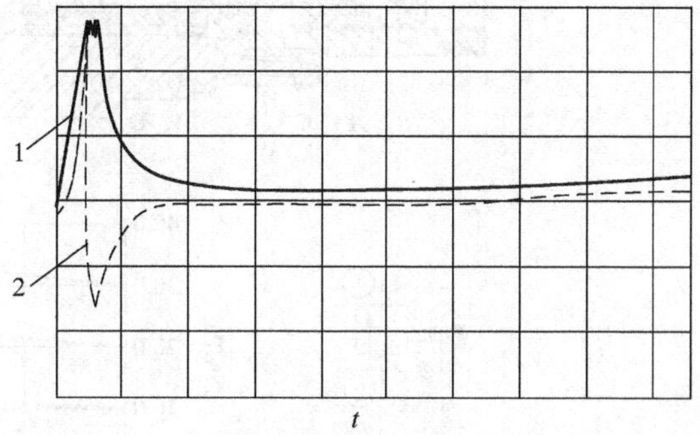

图2-42 先导型和差动型的瞬态响应比较（ET-ih）
1—先导型 2—差动型

1. ST公司的A04G2型溢流阀（见图2-43）

（1）特性

主阀为滑阀，先导阀为球阀。

进口许用压力：42MPa。

调压范围：两种，H型为1～21MPa，P型为1～42MPa。

名义流量：200L/min。通流量比相同外形尺寸的直动型高一倍。

（2）工作原理

1）压力油从通口②进入，通过主阀芯A上的阻尼小孔B进入主弹簧腔C，作用在先导阀芯E上。

2）当液压油的作用力大于先导弹簧D的预紧力时，先导阀芯E就被推开。先导液流经通道F从通口①流出。

3）当这一先导液流通过阻尼小孔B造成的压差大于主弹簧的预紧压力时，主阀芯A就被提升，压力油从通口①溢出。

2. SUN公司的RPEC型溢流阀（见图2-44）

进口许用压力：35MPa。

调压范围：从0.2～42MPa，8档。

名义流量：95L/min。

调压偏差在200L/min时：不超过5MPa。

内泄漏：10MPa时最多50mL/min。

滞回：±1%左右。比直动型（参见2.2.2节RDFA型）小得多。

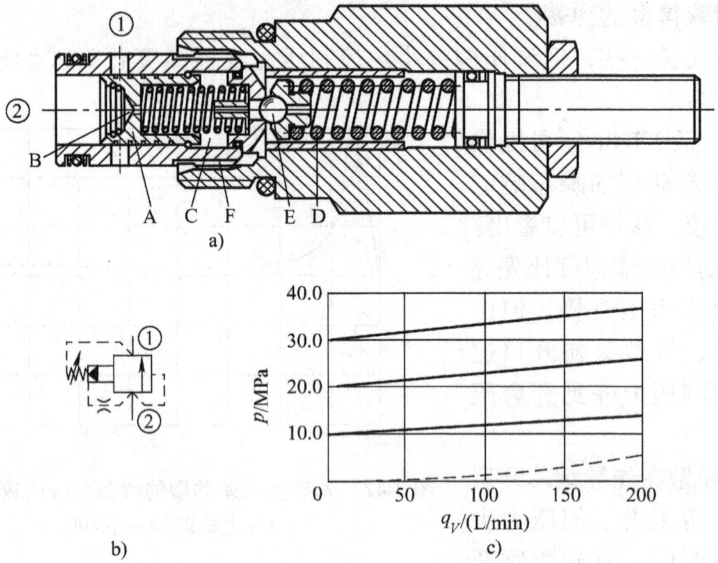

图 2-43　ST 公司的 A04G2 型溢流阀（开口最大时的压差流量特性）

a）剖面图　b）图形符号　c）压差流量特性

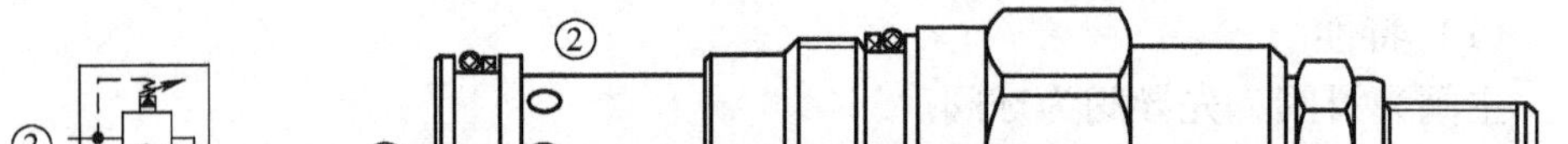

图 2-44　SUN 公司的 RPEC 型溢流阀

a）图形符号　b）剖面图　c）压差流量特性　d）低设定压力时的压差流量特性

平均响应时间：10ms。

它的变型 RP＊E，结构相同，通过减少阻尼，平均响应时间降到 2ms。可用于保护对超压敏感的元件。

其结构与工作原理与ST公司的A04G2型相似。

SUN的所有先导型阀进口都带有150μm的滤网，以避免阻尼孔堵塞。

一些功能类似的产品见表2-3。

表2-3 一些先导型溢流阀

生产商	型号	进口许用压力/MPa	调压范围/MPa	名义流量/(L/min)
ST	A06G2H	42.0	1~21	400
	A06G2P		1~42	
SUN	RPEC	35.0	0.2~2.5	95
	RPGC		0.2~5.5	200
	RPIC		0.35~10.5	380
	RPKC		0.4~2.5	760
	RPEE	35.0（短时42.0）①	0.4~5.5	95
	RPGE		0.7~21	200
	RPIE		1.0~31.5	380
	RPKE		1.0~42	760
HF	RV10-26	24.0	0.7~20.7（3档）	(113)
	RV12-26	20.7	0.7~24.1（3档）	(150)
	RV16-26	24.0	1~24.1（4档）	(303)
	RV50-26	34.5	2.1~34.5	(113)
	RV52-26			(190)

注：（ ）名义流量未明确给出。

① 短时可达值。

2.2.7 软溢流型溢流阀

软溢流阀可以在压力骤升但尚未达到设定的开启压力时，就提前开启，这样就可以大大降低压力超调（见图2-45）。普通阀（见图2-45a）有一个很明显的压力超调，特别是在流量较大时（40L/min），达到约170%。在相同的试验条件下，“软”阀则根本没有超调（见图2-45b），同时也大大降低了压力超过阈值后的上升梯度。

SUN公司的RPGT型溢流阀（见图2-46）：

（1）特性

许用压力：35MPa。

流量：200L/min。

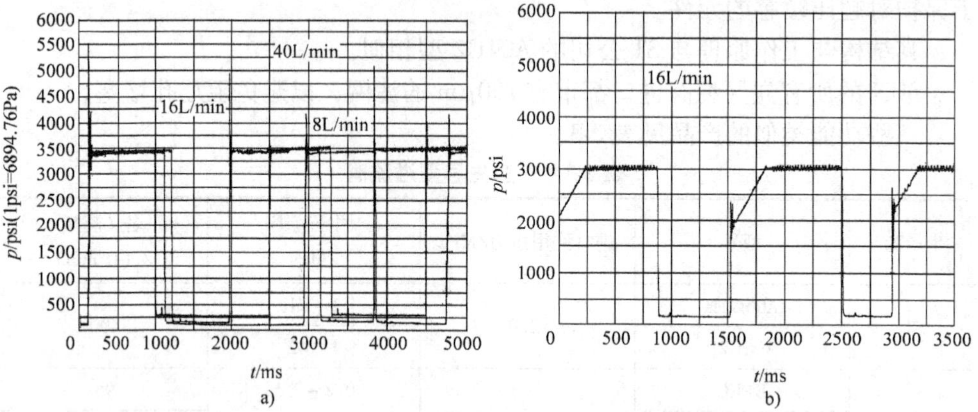

图 2-45 普通先导型溢流阀与“软溢流阀”的阶跃响应比较（SUN）
a）使用普通溢流阀 b）使用“软溢流阀”

先导液流：0.16～0.41L/min。

压力上升时间：300ms。

（2）工作原理（见图 2-47）

1）开启。如一般先导式溢流阀，该阀也是通过从通口②溢流来限制通口①处的压力。

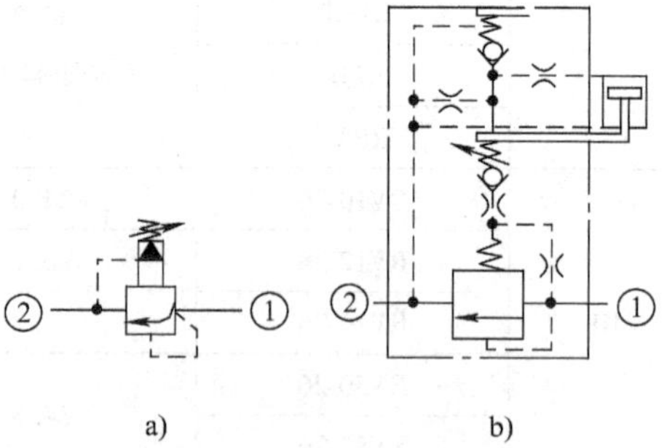

图 2-46 RPGT 的图形符号
a）简化图形符号 b）详细图形符号

在先导阀 N 未开启时，主弹簧腔 G 的压力与通口①处相同。当此压力超过先导阀 N 的开启压力后，液流从通口①经主阻尼孔 A 和减振阻尼孔 B 流入先导腔 L。这一先导液流在主阻尼孔 A 两面造成压差，推动主阀芯 F，作用于主弹簧 G。当此力超过主弹簧的预紧力后，就推开主阀芯 F，液流从通口②流出。这一过程与普通先导溢流阀相同。

该阀的不同在于，当液流进入先导腔 L 后，先导阀的开启压力会自动增加。之所以会如此，是因为一股液流会经过定量阻尼孔 D，从先导腔流入处于调节螺钉 I 与可滑动先导阀套 H 之间的先导弹簧压缩腔 O，推动先导阀套 H，从而压缩先导弹簧。

先导腔 L 本身还附有一个小的溢流阀 K，它把先导腔的压力限制在 3.5MPa 左右。这就保证了定量阻尼孔 D 两边的压差恒定，从而使先导阀套 H 的滑动速度恒定，使先导压力的上升梯度不受设定压力和流量的影响。

在先导压力增加时，共有三股液流。

第一股从先导腔 L 经过泄流阻尼孔 C，流到通口②。

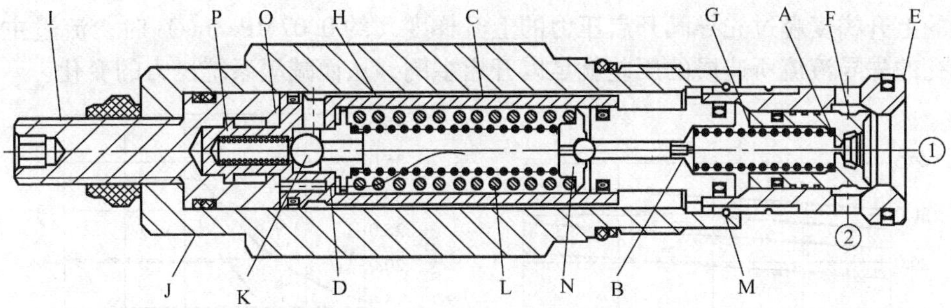

图2-47 RPGT的结构剖面图

A—主阻尼孔 B—减振阻尼孔 C—泄流阻尼孔 D—定量阻尼孔 E—主阀套
F—主阀芯 G—主弹簧腔 H—可滑动先导阀套 I—调节螺钉 J—阀体 K—先导腔溢流阀
L—带先导弹簧的先导腔 M—卡环 N—先导阀 O—先导弹簧压缩腔 P—先导阀套的尾端

第二股经先导腔溢流阀K流出。

第三股经过定量阻尼孔D，这股液流决定了先导阀开启压力的增加速度。

当可滑动先导阀套H的尾端P移动到被挡住时，开启压力达到上限。此上限，即设定压力，可以通过调节螺钉I改变。调节螺钉I的位置不但决定了阀的开启压力的上限，而且通过限制滑动阀套H开始移动的位置，也确定了开启压力的下限。此下限被称为阈值。

由于先导阀套可移动的距离是固定的，所以设定压力（图2-48中A点）与阈值（图2-48中B点）之差也是固定的。

2）复位（关闭）。先导液流中断后，先导阀的开启压力回复到阈值。在阀套复位时，腔O中的液体必须通过定量阻尼孔D回到先导腔，因此复位的速度取决于定量阻尼孔D的通径。

图2-49显示了该阀的压差流量特性，与普通溢流阀类似。

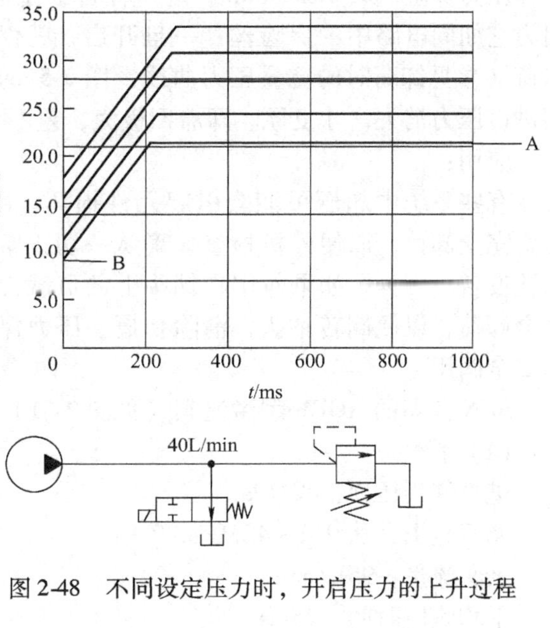

图2-48 不同设定压力时，开启压力的上升过程

3）系统压力介于阈值和设定压力之间时。当系统压力在阈值和设定压力之间保持恒定或变化缓慢时（见图2-50），先导液流约为150～400mL/min。它足以在先导腔建立压力，但不足以开启主阀。主阀处于将开未开状态。当系统压

力的上升梯度超过先导阀开启压力的上升梯度（约0.07MPa/ms）时，流过主阻尼孔的先导液流所造成的压差就足以开启主阀，从而减缓系统压力的变化。

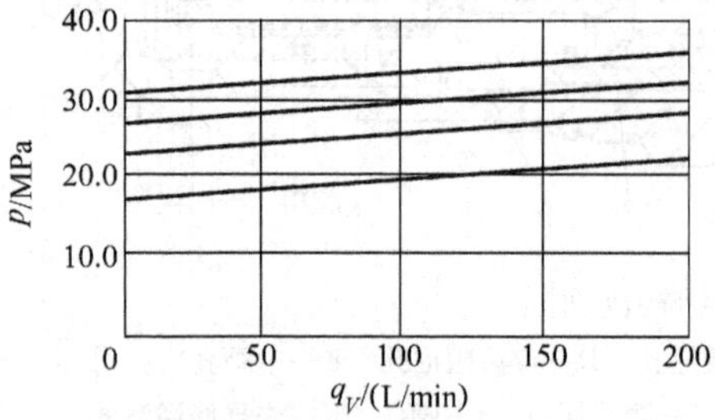

图2-49 RPGT型溢流阀的压差流量特性

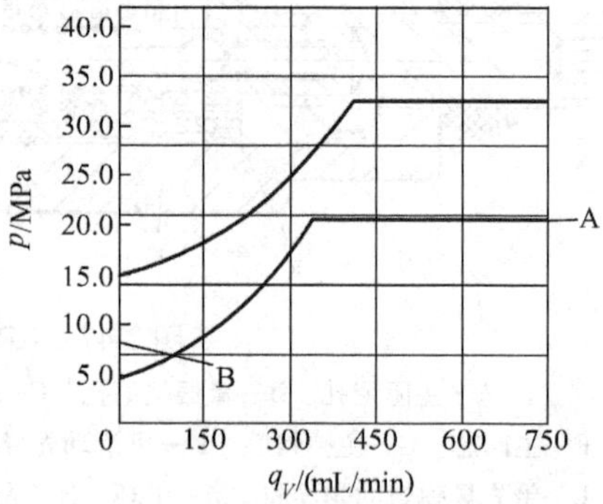

图2-50 先导液流-系统压力特性

A—设定压力21MPa B—设定压力21MPa时的阈值

2.3 压力保险型溢流阀

压力保险阀（kick-down）是一种自锁型溢流阀。之所以译为压力保险阀，因为它如同电路中的保险丝：一旦开启，就保持在开启状态，将系统几乎完全卸荷（参见卸荷时的流量压力曲线，图2-51c），而不是保持在开启压力上。直到进口压力消失，才复原。即滞回极大，差不多100%。

应用：

有些系统中超压可能会引起元件损坏。因此，一旦超压，就不可再加压，需要完全卸荷，以便停机检查。确认一切正常以后，才可重新起动加压。例如钻孔设备。因为，如果作用在钻头上的负载由于切屑堵塞超过规定值，就需要完全卸荷，以便倒转钻头，清除切屑。压力保险阀就可用在这样的系统中，作为安全阀用。

SUN公司的RQEB型溢流阀（见图2-51）：

（1）特性

进口许用压力：42MPa。

调压范围：从0.2~42MPa，7档。

名义流量：95L/min。

平均响应时间：25ms。

内泄漏在10MPa时：最多0.05L/min。

该阀结构与普通先导型阀相似，只是阀芯A上多了一条卸荷通道C。

（2）工作原理

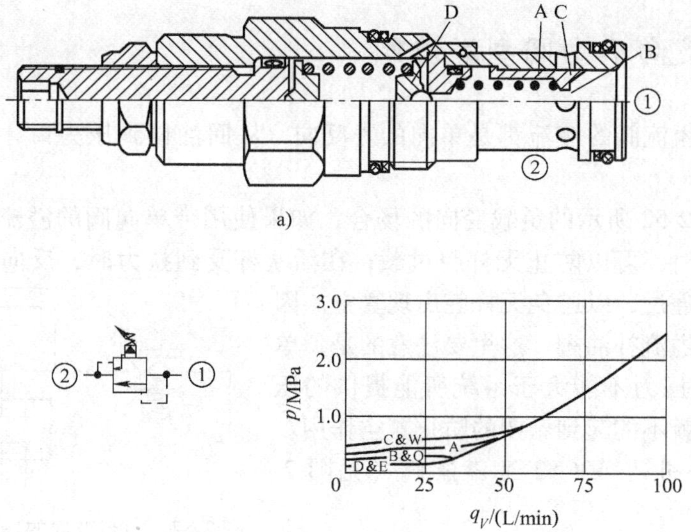

a)　b)　c)

图 2-51　SUN 公司的 RQEB 型溢流阀

a）剖面图　b）图形符号　c）卸荷时的压差流量特性

1）当通口①的压力超过设定压力时，先导阀 D 开启。

2）先导液流经过主阀芯 A 上的阻尼孔 B 所造成的压差顶开主阀芯，开启主通道。

3）之后，先导液流通过卸荷通道 C 直接流到出口②，导致先导阀前腔，也即主弹簧腔压力下降，先导阀关闭。同时，主阀开到最大，进口①的压力下降到仅有主弹簧压力（约 0.3MPa），系统卸荷。

4）直到泵关闭，或至少进出口压力差几乎相同，通过卸荷通道 C 的先导液流很小，主阀芯两端的压差不足以克服主弹簧压力时，主阀芯才在主弹簧的作用下返回原位。

一些功能类似的产品见表 2-4。

表 2-4　一些压力保险阀

生产商	型号	进口许用压力/MPa	调压范围/MPa	名义流量/（L/min）
SUN	RQGB	42	0.2～42（7 种）	190
	RQIB			380
	RQKB			760
ST	A04K2H	42	1～21	45
	A04K2P		1～42	

2.4 带反向单向阀型溢流阀

前述的溢流阀的液流都是单向的。反向，从回油口到压力口，无论压差多大都不通。

在如图 2-52 所示的负载变向的场合，如果使用带单向阀的溢流阀，在活塞杆受到推力时，可以防止无杆腔过载；在活塞杆受到拉力时，反向液流可以以很小的压差通过，以避免无杆腔出现真空。因此也被称为溢流补油阀。这里要注意的是，单向阀的开启压力不能大于系统所能提供的压差，否则，就不能起到希望的防止真空作用。

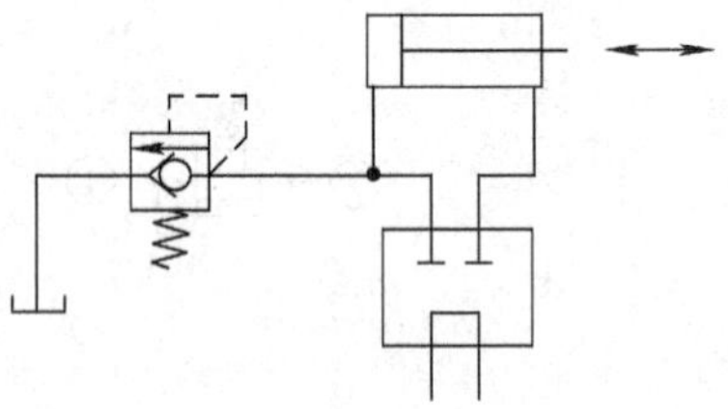

图 2-52 负载变向的场合防止真空

1. ST 公司的 A06N2 型溢流阀（见图 2-53）

（1）特性

许用压力：42MPa。

调压范围：H 型为 1～21MPa，P 型为 1～42MPa。

名义流量：240L/min。

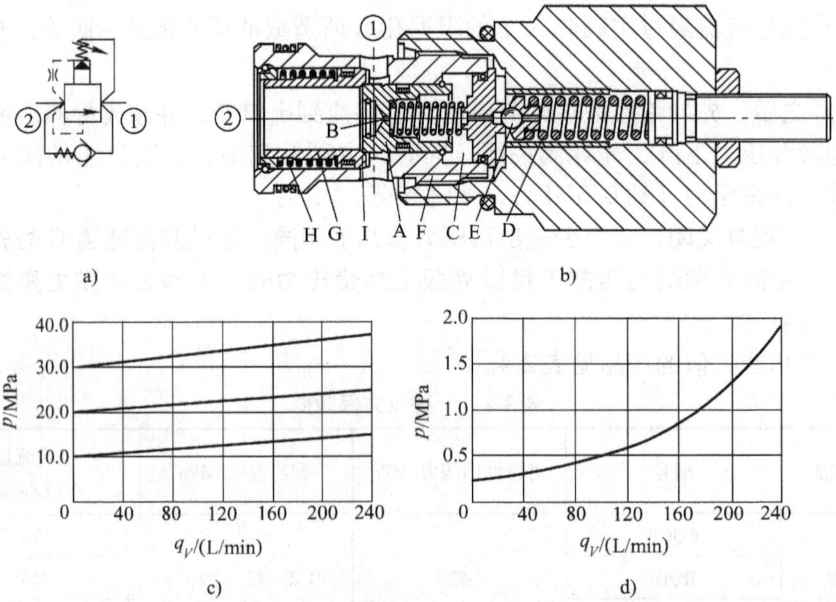

图 2-53 ST 公司的 A06N2 型溢流阀

a）图形符号 b）剖面图 c）溢流功能的压差流量特性

d）单向功能的压差流量特性

单向阀开启压力：约0.02MPa；名义流量（压差0.7MPa时）：140L/min。

其结构与普通先导型相近，只是主阀芯是锥阀，且多了一个单向阀芯G和相应的弹簧H。

由于主阀芯是锥阀，因此，在未开启时，从通口②到①，几乎无泄漏，可用于负载保持的场合。

（2）工作原理 若通口②的压力高于通口①：

1）压力油从通口②进入，经过主阀芯A上的阻尼小孔B进入主弹簧腔C，作用于先导阀芯E。

2）当此作用力大于先导弹簧D的预紧力时，先导阀芯E就被推开，压力油经通道F从通口①溢出。

3）当这一先导液流通过阻尼小孔B造成的压差大于主弹簧的预紧压力时，主阀芯A就被顶开，压力油经密封锥面I从通口①溢出。

若通口①的压力高于通口②：

则推动单向阀芯G向左，压缩单向阀弹簧H，开启从①至②的通道。

2. HF公司的RV10-24型溢流阀（见图2-54）

许用压力：24MPa。

流量：见图2-54c、d。流量低于11L/min时，请和生产厂联系。

开启压力：在0.95L/min时调定。

关闭压力：比开启压力低0.5MPa。

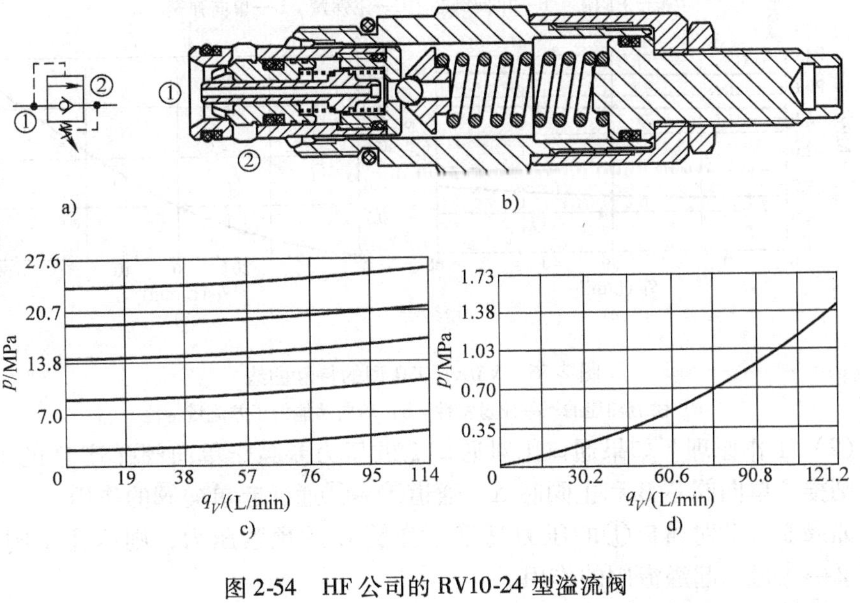

图2-54 HF公司的RV10-24型溢流阀

a）图形符号 b）剖面图 c）溢流功能的压差流量特性 d）单向功能的压差流量特性

内泄漏：在80%设定压力值时，最大0.8mL/min。

3. Tarp 公司的 VMA1.050 型溢流阀（图2-55）

（1）特性

许用压力：38MPa。

最大流量：60L/min。

此阀是直动型的，结构简单紧凑，体积甚小，甚至可以装在液压缸的进出口接头里。

开启压力一般在出厂前设定后固定，用户自己很难改变。

还要注意的是，它没有自己的阀外套，单向阀阀芯直接压在阀块上，所以要保证无泄漏，对阀孔加工的同心度有一定要求。

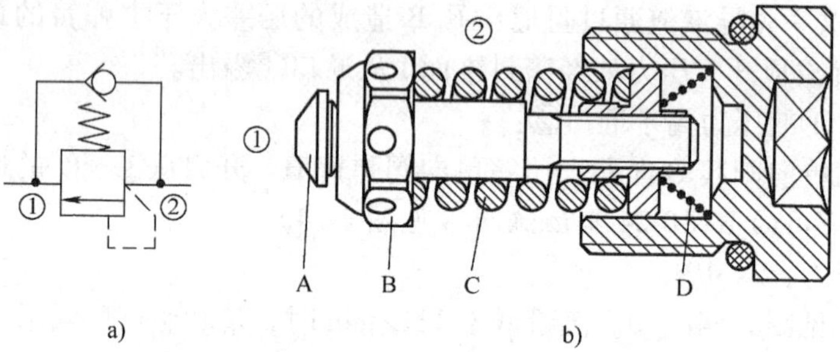

图2-55　Tarp 公司的 VMA1.050 型溢流阀

a）图形符号　b）剖面图

A—主阀芯　B—单向阀芯　C—主弹簧　D—单向弹簧

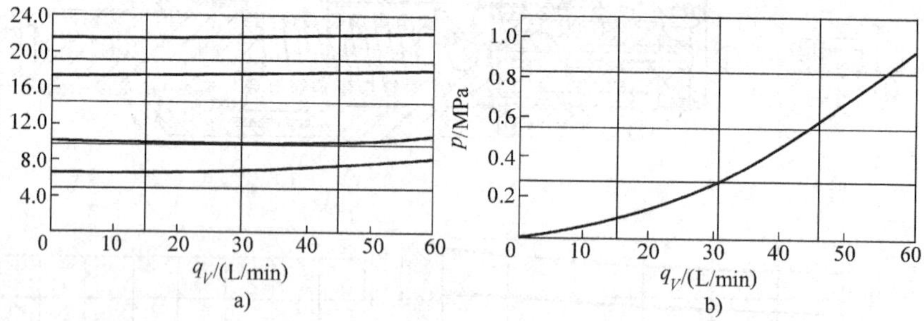

图2-56　VMA1.050 型的特性曲线

a）溢流功能的压差流量特性　b）单向功能的压差流量特性

（2）工作原理　如果通口①对通口②的压力差高于单向阀弹簧 D 的预紧压力，则推开单向阀芯 B 和主阀芯 A，通道①→②通，起单向阀的作用。

如果通口②对通口①的压力高于主弹簧 C 的预紧压力，则压住主阀芯 A，通道②→①通，起溢流阀的作用。

一些带反向单向阀的溢流阀见表2-5。

表2-5　一些带反向单向阀的溢流阀

生产商	型号	进口许用压力/MPa	调压范围/MPa	名义流量/（L/min）
ST	A0VN2H	42	1~21	120 反向55
	A0VN2P		1~42	
HF	RV10-24	24	0.7~24.1（2档）	（121）

2.5　双向溢流型溢流阀

双向溢流阀（bi-directional relief valve）可以双向溢流。不管哪一方向，只要压差超过设定值，就会开启溢流。可用于双向液压马达回路中同时保护两边，都不超压（见图2-57）。开启压力双向相同，不可分别调节。有两端口（见图2-57a）和三端口（见图2-57b）两种。

也可把两个单向的溢流阀装在同一阀块中（cross over），这样，可以设定不同的开启压力（见图2-58）。只是要注意，这时，不能使用普通的溢流阀，因为出口端也会受到高压。

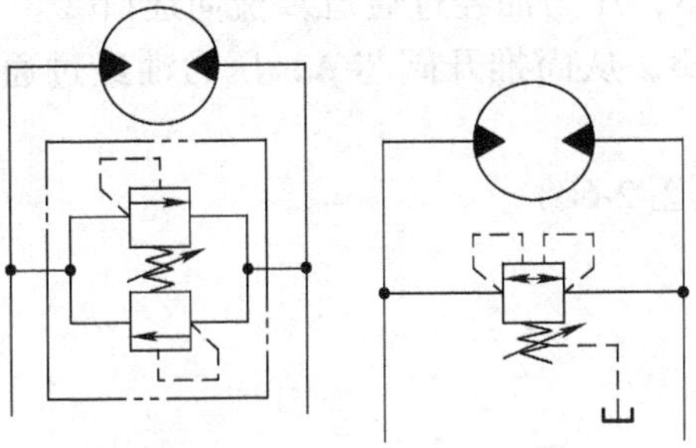

a)　　b)

图2-57　双向溢流阀在液压马达回路中的应用
a）两端口型　b）三端口型

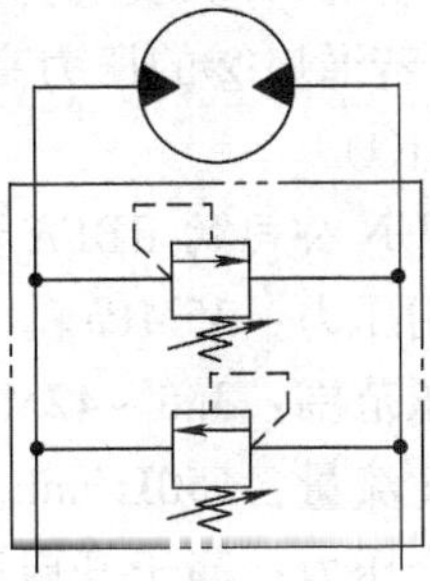

图2-58　在液压马达回路中使用两个溢流阀

2.5.1　二端口型溢流阀

1. ST公司的A04J2M型溢流阀（见图2-59）

（1）特性

许用压力：42MPa。

调压范围：1~35MPa。

名义流量：120L/min。

它有两个阀芯。

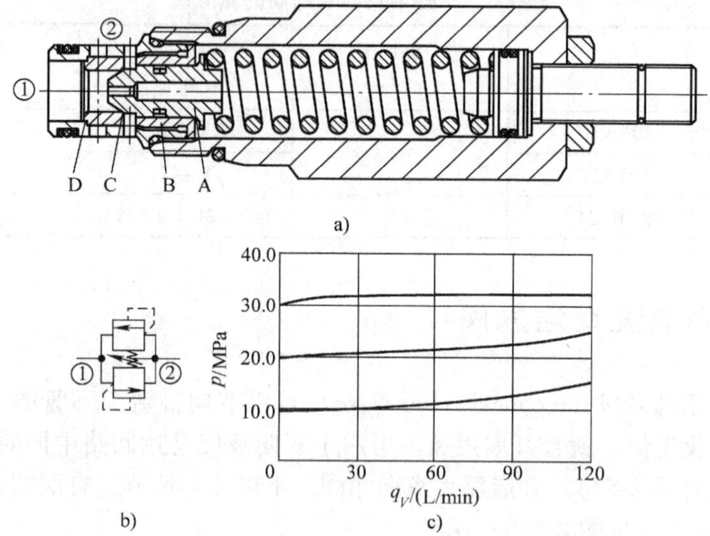

图 2-59 ST 公司的 A04J2M 型溢流阀

a）剖面图 b）图形符号 c）压差流量特性

（2）工作原理

1）若通口①的压力高，推开阀芯 A，压力油经过通道 C 流向通口②。

2）若通口②的压力高，推开阀芯 B，从而推开阀芯 A，压力油经过通道 D 流向通口①。

2. SUN 公司的 RBFA 型溢流阀（见图 2-60）

许用压力：35MPa。

调压范围：3.5～42MPa，3 档。

名义流量：150L/min。

闭合压力：高于开启压力的 90%。

平均响应时间：4ms。

内泄漏：最多 0.35mL/min。

一些功能类似的双向溢流型溢流阀见表 2-6。

表 2-6 一些功能类似的双向溢流型溢流阀

生产商	型号	进口许用压力 /MPa	调压范围 /MPa	名义流量 /（L/min）
ST	A6A125	35	1～5	160
	A6B125		2.5～20	
	A04J2H	42	0.5～21	120
HF	CR10-28	24	1.4～21（2 档）	60

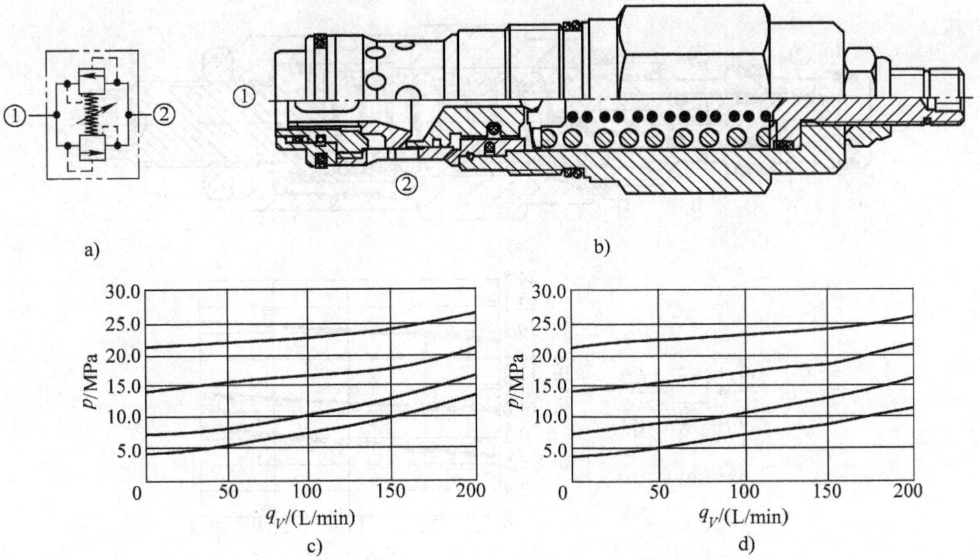

图2-60 SUN公司的RBFA型溢流阀

a）图形符号 b）剖面图 c）压差流量特性（通口①→②） d）压差流量特性（通口②→①）

2.5.2 三端口型溢流阀

HF公司的CR08-38型溢流阀（见图2-61）：

（1）特性

进口许用压力：20.5MPa。

调压范围：6.8~20.5MPa。

闭合压力：大于开启压力的80%。

双向的开启压力偏差：小于2.1MPa。

名义流量：30L/min。

锥面密封，内泄漏在75%的开启压力时：最多0.4mL/min。

内密封的寿命：在最大设定压力时动作不少于30万次。

（2）工作原理 无论通口①还是通口②的压力高，都推开阀芯A，压力油经过通道C流出。

弹簧腔D通过通道B与端口③相连，通常直接接油箱，这样，开启压力不受出口压力的影响，也可以通过端口③，外控增加背压，来提高开启所需的压力。

2.5.3 带梭阀型溢流阀

SUN公司的RBAD型溢流阀（见图2-62）：

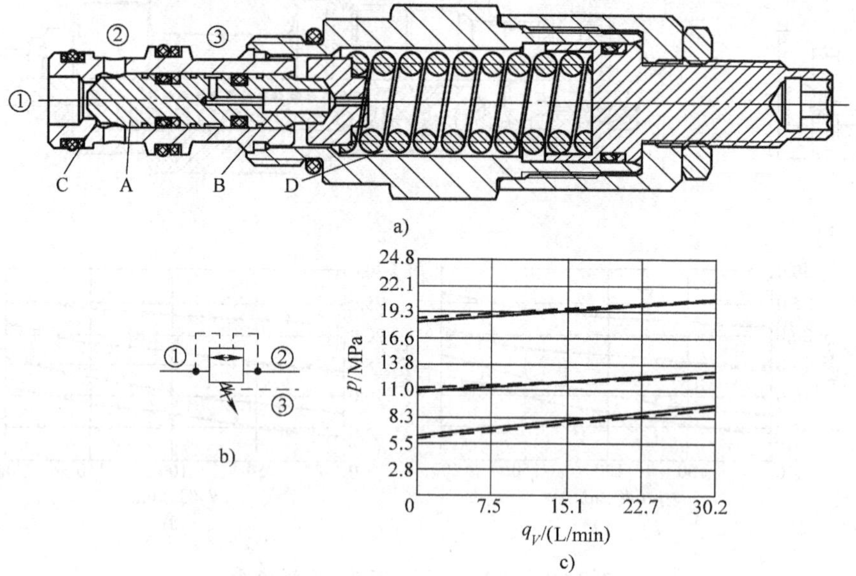

图 2-61　HF 公司的 CR08-38 型溢流阀

a）剖面图　b）图形符号　c）压差流量特性

——通口①→②　- - 通口②→①

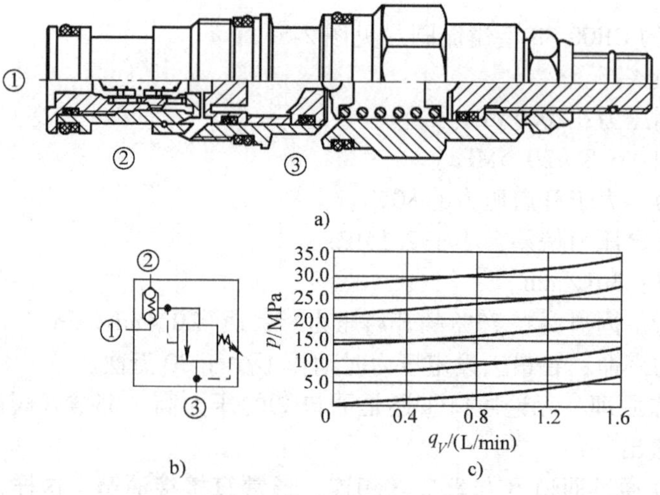

图 2-62　SUN 公司的 RBAD 型溢流阀

a）剖面图　b）图形符号　c）压差流量特性

许用压力：35MPa，短时间 42MPa。

调压范围：0.2～42MPa，6 档。

闭合压力：大于开启压力的 80%。

典型响应时间：2ms。

名义流量：1L/min。

锥面密封，内泄漏：小于0.35mL/min。

双向都可通过梭阀溢流。但由于通流量很小，只能作为先导阀。

2.6 可外控型溢流阀

至此所介绍的溢流阀，除2.5.2以外，都是二通型的，其开启不可外控。本节介绍可以外控开启的溢流阀：失压开启型、加压开启型、卸荷加压型。

可外控溢流阀都是先导型的，至少是三通口，也有四通口。

对于这些通过外控卸荷的溢流阀，通常还有一个性能指标——卸荷压力。这实际上就是开口最大时的压差流量特性曲线。因为希望卸荷，所以这个压力越小越好。

2.6.1 失压开启型溢流阀

SUN公司的RVCA型溢流阀（见图2-63）：

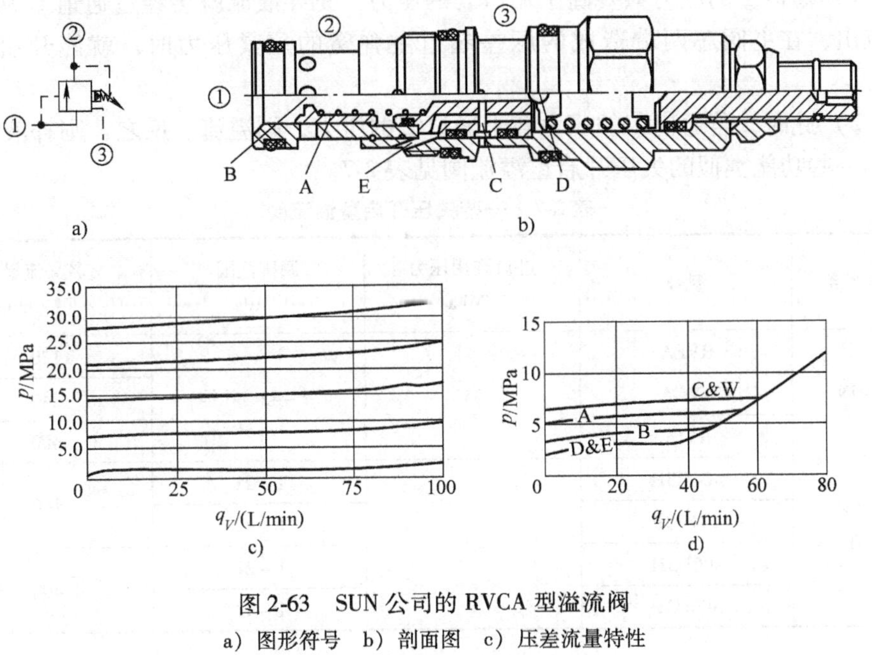

图2-63　SUN公司的RVCA型溢流阀

a）图形符号　b）剖面图　c）压差流量特性

d）低设定压力时的压差流量特性

（1）特性

可以通过通口③失压来达到开启溢流阀的目的。

进口许用压力：35MPa。

调压范围：从 0.2 ~42MPa，6 档。

名义流量：60L/min。

内泄漏：在 10MPa 时最大 0.05L/min。

先导溢流：0.15 ~0.2L/min。

典型响应时间：10ms。

该阀结构与普通先导型阀（参见 2.2.6）相近，只是多了与主弹簧腔相通的端口③。

（2）工作原理 若端口③关闭，则如普通先导型阀：

1）当通口①的压力超过设定压力加通口②的压力时，先导阀 D 开启，先导液流经通道 E 从通口②流出。

2）当先导液流通过阻尼小孔 B 造成的压差大于主弹簧的预紧压力时，主阀芯 A 就被推开，压力油从通口②溢出。

3）因为先导弹簧腔与通口②相连，所以，如果通口②的压力高于通口①，则先导阀不能开启。

若端口③开启卸荷，则

1）通口①的压力只要高于端口③的压力，先导液流就会经过通道 C 从端口③流出，在主阀芯两端造成的压差超过主弹簧的预紧压力时，就能开启主通道。

2）此时，若通口①的压力高于通口②的压力，则溢流。反之，则补液。

一些功能类似的失压开启型溢流阀见表 2-7。

表 2-7 一些失压开启型溢流阀

<table>
<tr><th>生产商</th><th>型号</th><th>进口许用压力
/MPa</th><th>调压范围
/MPa</th><th>名义流量
/（L/min）</th></tr>
<tr><td rowspan="3">SUN</td><td>RVEA</td><td rowspan="3">35</td><td rowspan="3">0.2 ~42（6 档）</td><td>120</td></tr>
<tr><td>RVGA</td><td>240</td></tr>
<tr><td>RVIA</td><td>480</td></tr>
<tr><td rowspan="4">ST</td><td>A04H3H</td><td rowspan="4">42</td><td>1 ~21</td><td rowspan="2">190</td></tr>
<tr><td>A04H3P</td><td>1 ~42</td></tr>
<tr><td>A06H3H</td><td>1 ~21</td><td rowspan="2">400</td></tr>
<tr><td>A06H3P</td><td>1 ~42</td></tr>
</table>

2.6.2 加压开启型溢流阀

加压开启型溢流阀除了像普通溢流阀，到设定压力时开启外，还可通过辅助的端口加压，来达到开启的目的。可用于蓄能器或高低压泵回路。

ST公司的M1A125型溢流阀（见图2-64）：

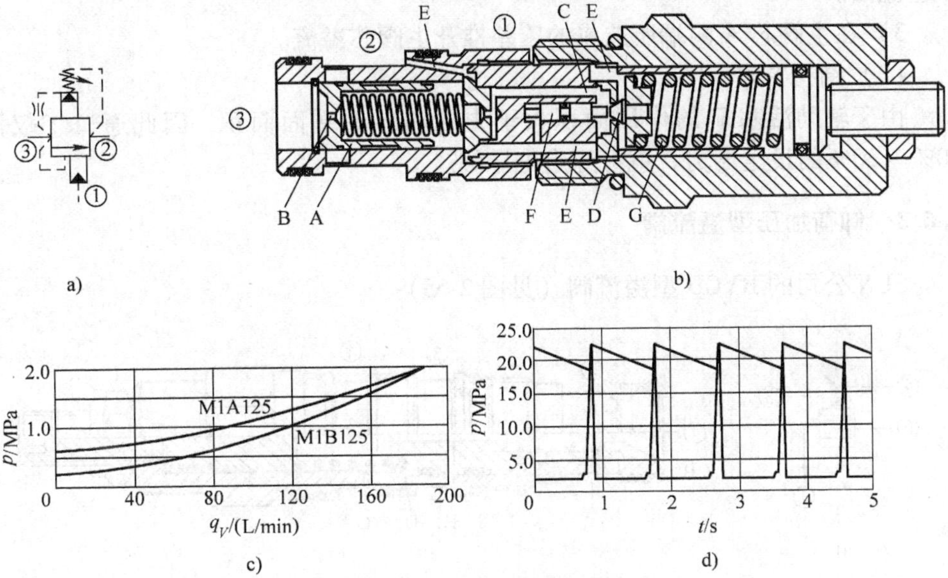

图2-64 ST公司的M1A125型溢流阀

a）图形符号 b）剖面图 c）通口③→②的压差流量特性

d）在蓄能器加载回路中的典型性能

（1）特性

许用压力：35MPa。

调压范围：15~35MPa。

名义流量：200L/min。

结构与普通先导型阀相近，只是多了一个辅助活塞F及相应的控制端口①，同时，先导弹簧腔经过通道E与通口②相连。

两种开启方式：

1）通口③达到设定压力。

2）利用端口①辅助开启。

（2）工作原理 若端口①不加压，则

1）通口③的压力经阻尼孔B、通道C，作用于先导阀芯D。当此压力超过设定压力（先导弹簧G的预紧压力）加通口②的压力时，推开先导阀芯D，溢流。

2）先导溢流经过主阀芯A上的阻尼孔B所造成的压差推开主阀芯。

若端口①加压，则：

1）推动辅助活塞 F，也可推开先导阀芯 D。

2）则无论通口③的压力多低，只要略高于通口②的压力，先导溢流就从通口②流出。

3）在主阀芯 A 两端所造成的压差推开主阀芯溢流。

（3）结构特点

由于辅助活塞 F 的作用面积大于先导阀芯的端面面积，因此通口①仅需 10% ~20% 的设定压力，就可开启先导阀。

2.6.3 卸荷加压型溢流阀

SUN 公司的 RVCD 型溢流阀（见图 2-65）：

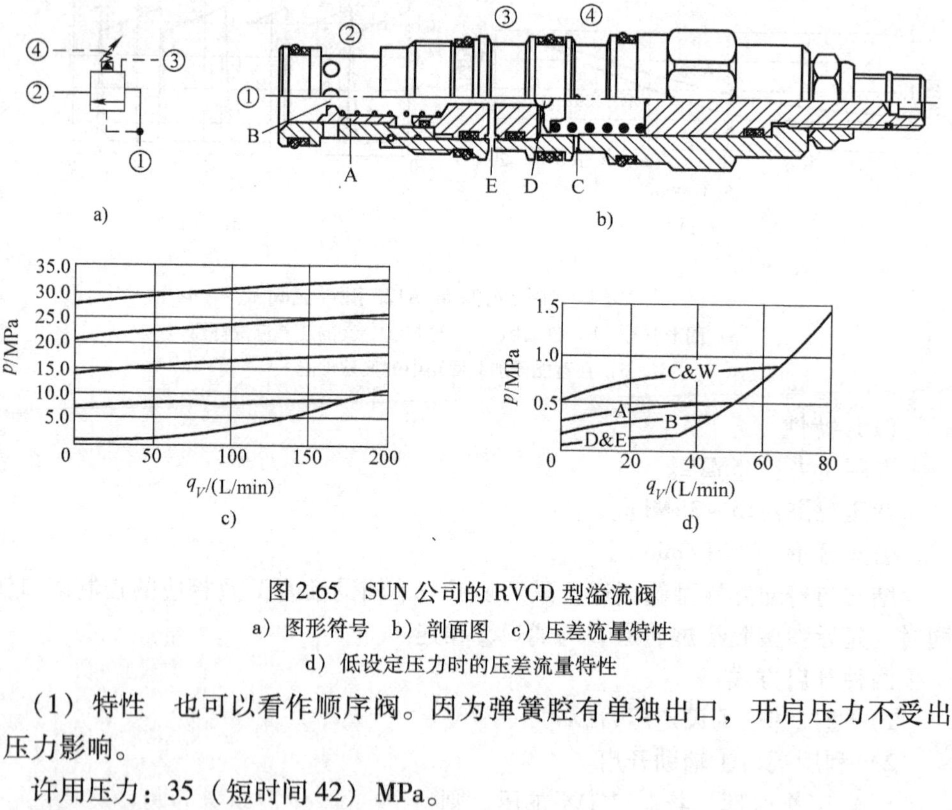

图 2-65 SUN 公司的 RVCD 型溢流阀

a）图形符号 b）剖面图 c）压差流量特性

d）低设定压力时的压差流量特性

（1）特性 也可以看作顺序阀。因为弹簧腔有单独出口，开启压力不受出口压力影响。

许用压力：35（短时间 42）MPa。

名义流量：60L/min。

调压范围：从 0.2 ~42MPa，6 档。

调压偏差：在开启压力 14MPa，通流量 200L/min 时，约 3MPa。

内泄漏：在 10MPa 时最大 0.05L/min。

先导溢流：0.15 ~0.2L/min。

典型响应时间：10ms。

该阀结构与普通先导型阀相近，只是多了与主弹簧腔相通的端口③，及与先导弹簧腔相通的端口④。

它有三种开启状况：

1）通口①的压力达到设定压力。

2）通过端口④对先导阀加背压，此时开启压力为设定压力加背压。

3）端口③失压卸荷。

（2）工作原理 若端口③关闭，则与普通先导型阀相似：

1）当通口①的压力超过设定压力时，先导阀D开启。

2）先导溢流经过主阀芯A上的阻尼孔B所造成的压差开启主阀。

3）此时，还可通过端口④经通道C加背压，提高先导阀的开启压力；或端口④通油箱，则开启压力不受出口压力影响，如一顺序阀。

若通口③开启，则无论通口④的压力多高，只要通口①的压力略高于通口③的压力，先导溢流经通道E从通口③流出，造成主阀芯A两端压差，就能推开主阀芯溢流。

一些功能类似的卸荷加压型溢流阀见表2-8。

表2-8 一些卸荷加压型溢流阀

生产商	型号	进口许用压力/MPa	调压范围/MPa	名义流量/（L/min）
SUN	RVED	35（42）	0.2～42（6档）	120
	RVGD			240
	RVCD			480

2.7 气控比例型溢流阀

SUN公司的RPKD型溢流阀（见图2-66）：

（1）特性

许用压力：14MPa。

名义流量：760L/min。若调压偏差允许，通流量也可到1600L/min。

调压范围：0～14MPa。

气控压力与开启压力基本成1:20的比例：气压从0～0.55MPa，相应开启压力0.35～10.5MPa。气压最高不可超过1MPa。

内泄漏：在10MPa时最多0.12L/min。

平均响应时间：10ms。

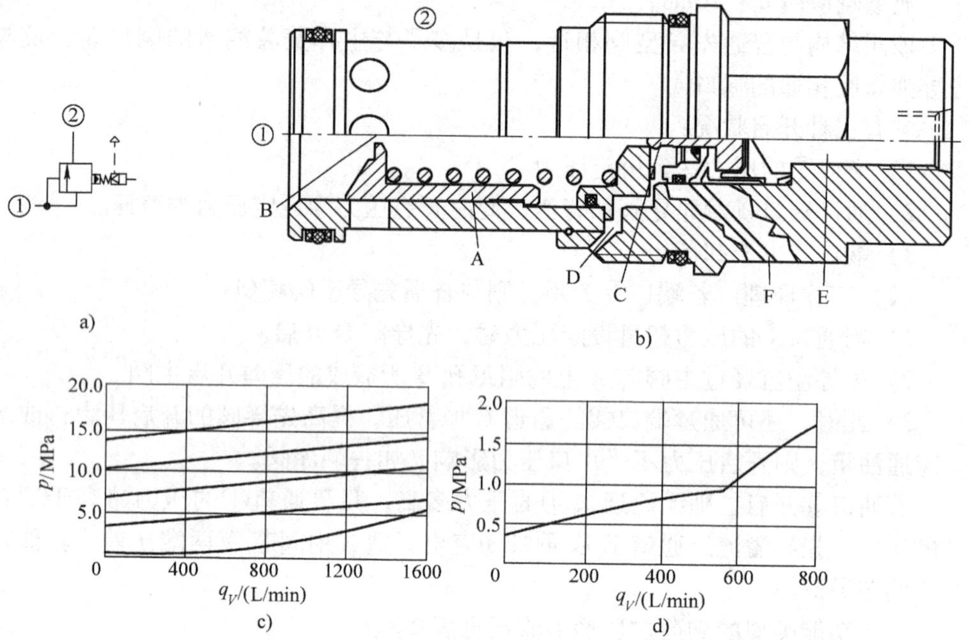

图 2-66 SUN 公司的 RPKD 型溢流阀

a）图形符号 b）剖面图 c）压差流量特性

d）低设定压力时的压差流量特性

该阀结构左部与普通先导型阀相似，右部用控制气压取代了先导弹簧。先导阀芯 C 受气压的面积约为受液压面积的 20 倍。D 是先导液流到通口②的通道。F 通大气。

（2）工作原理

1）若通口①的液压作用在先导阀阀芯 C 的力超过 E 口的气压所作用的力时，先导阀 C 开启。

2）先导溢流经过主阀芯 A 上的阻尼孔 B 所造成的压差开启主阀溢流。

一些功能类似的气控比例型溢流阀见表 2-9。

表 2-9 一些气控比例型溢流阀

生产商	型号	调压范围/MPa	名义流量/（L/min）
SUN	RBAB	0.35 ~ 14	2
	RPGD		200
	RPID		380

2.8　电控开关型溢流阀

ST 公司的 AS04G2 型溢流阀（见图 2-67）：

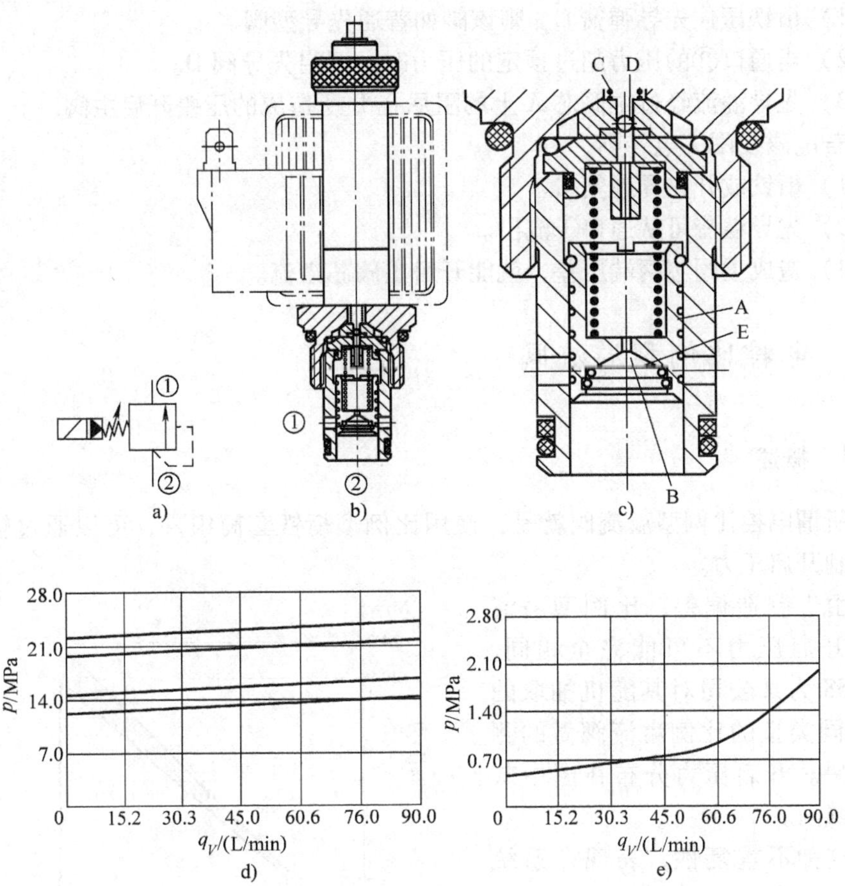

图 2-67　ST 公司的 AS04G2 型溢流阀

a）图形符号　b）剖面图　c）局部放大图　d）压差流量特性

e）低设定压力时的压差流量特性

（1）特性　得电时，如普通先导型溢流阀。断电时卸荷。

许用压力：进口为 22MPa，出口为 7MPa。

调压范围：0.7～22MPa，不可调。有 4 种不同的出厂设定值可选。

名义流量：90L/min。

为防止阻尼孔堵塞，带有 250μm 的滤网 E。

闭合压力：开启压力的90%。

电磁线圈功率：18W 或 28W。

其结构与普通先导型相近，只是先导弹簧不是由调压螺钉，而是由衔铁压紧。

（2）工作原理　若电磁线圈得电，则

1）衔铁压住先导弹簧 C，则该阀如普通先导型阀。

2）当通口②的压力超过预定的压力时，开启先导阀 D。

3）先导溢流经过主阀芯 A 上的阻尼孔 B 所造成的压差开启主阀。

若电磁线圈失电，则

1）衔铁放开先导弹簧 C。

2）先导溢流可从通口①流出。

3）造成主阀芯两端压差，就能开启主阀芯溢流。

2.9 电控比例型溢流阀

2.9.1 概述

所谓电控比例型溢流阀就是，使用比例型衔铁套筒组件，可以通过输入电流控制开启压力。

由于制造偏差，比例型溢流阀的开启压力不可能完全相同。图 2-68 为某公司对其随机抽取的 35 个同类型的比例溢流阀做的测试结果。开启压力分布在图中灰色区域内。

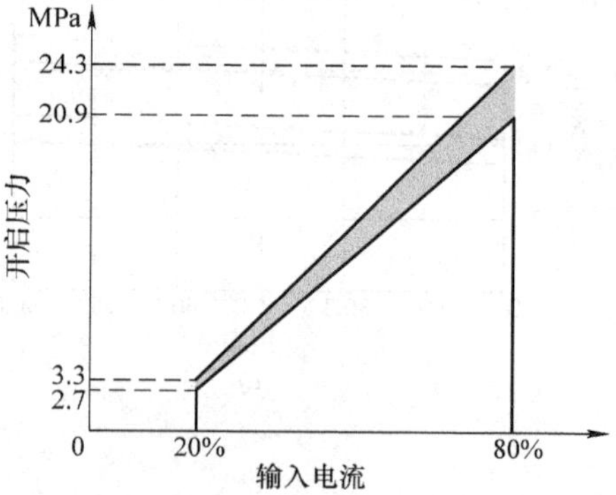

图 2-68　对 35 个比例溢流阀开启压力的测试结果

这种不重复性，表现在系统中就是，每次更换后，都必须重新设置控制器中的初始点和增益系数来校正。如果控制放大器与阀配套（见 10.3 节）一起供应，那就可以在出厂前校正，从而得到较好的产品重复性。

电控比例型溢流阀可分两类：加载型和卸载型。

所谓加载型，即开启压力随着输入电流增大而增高。

所谓卸载型，即开启压力随着输入电流增大而降低。

2.9.2 加载型溢流阀

1. SUN 公司的 RBAP 型溢流阀（见图 2-69）

结构型式：直动型。

流量：1L/min。

许用压力：35MPa。

电控压力：从0.35～35MPa，4 档。

复位压力：开启压力的85%。

复位后内泄漏：最大25mL/min。

带颤振信号时线性度：优于2%。

带颤振信号时重复度：优于2%。

颤振信号频率，推荐：140Hz。

此阀阀孔为 T-8A 型。在 SUN 公司产品中，被大量用做先导阀。可以直接拧入主级阀上部的 T-8A 阀孔中，形成不同功能的两级控制阀，如比例溢流阀、比例减压阀、减压溢流阀等等。

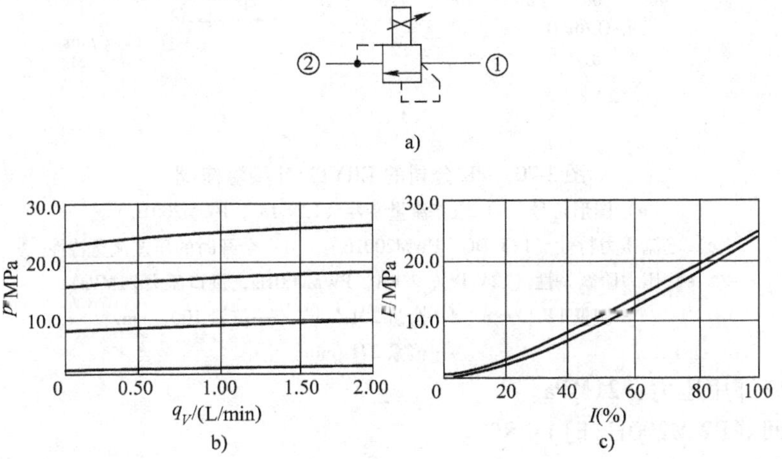

图 2-69 SUN 公司的 RBAP 型溢流阀

a）图形符号 b）恒定电流时的压差流量特性

c）流量 0.37L/min 时的电流压力特性

2. PK 公司的 ERV121N 型溢流阀（见图 2-70）

结构型式：先导型。

名义流量（压差 0.7MPa）：100L/min。

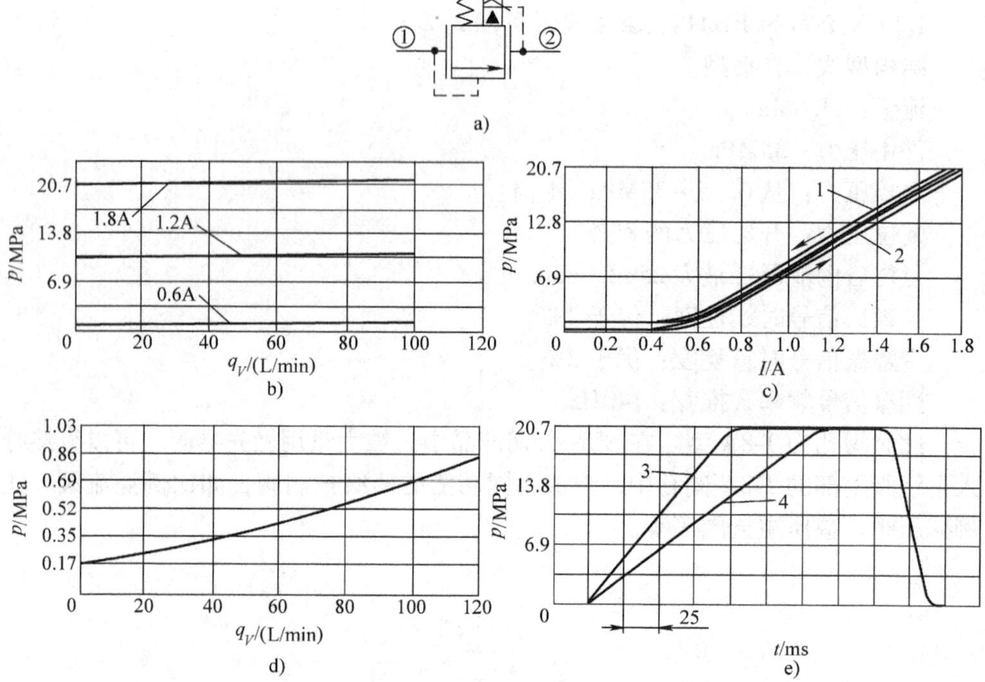

图 2-70 PK 公司的 ERV121N 型溢流阀

a）图形符号 b）压差流量特性（12V DC，PWM200Hz）

c）电流压力特性（12V DC，PWM200Hz） d）全开时的压差流量特性

e）压力阶跃特性（12V DC，2.4A，PWM200Hz，进口压力 21MPa）

1—流量 120L/min 2—流量 20L/min 3—流量 100L/min

4—流量 24L/min

入口许用压力：21MPa。

滞回（PWM200Hz 时）：8%。

死区：10%～25%输入信号。

颤振频率：100～400Hz，推荐 200Hz。

最大控制电流：12V DC-1.61A，24V DC-0.84A。

3. ET 公司的 ERV1-16 型溢流阀（见图 2-71）

结构型式：先导型。

典型应用压力，所有端口：0.35～21MPa。

持久工作压力：21MPa。

测定流量：7.6～132L/min。

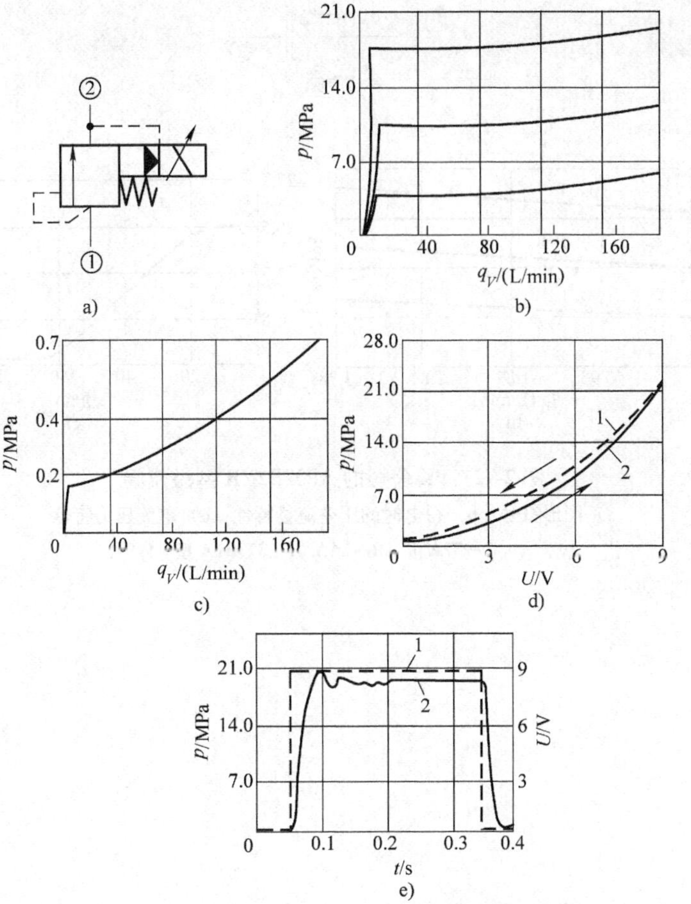

图2-71　ET公司的ERV1-16型溢流阀

a）图形符号　b）得电时的压差流量特性　c）失电时的压差流量特性

d）输入电压压力特性　e）压力阶跃响应

1—输入电压　2—压力

2.9.3　卸载型溢流阀

PK公司的AP02B2YR型溢流阀（见图2-72）：

结构型式：直动型。

测定流量：3.0～5.3L/min，3档。

出厂设定的最高开启压力：7～23.5MPa，3档。

滞回（200HzPWM）：小于10%。

衔铁套筒组件通过弹簧压紧阀芯。得电时，衔铁被提升，减少了压在阀芯上的力，从而减小了开启压力。

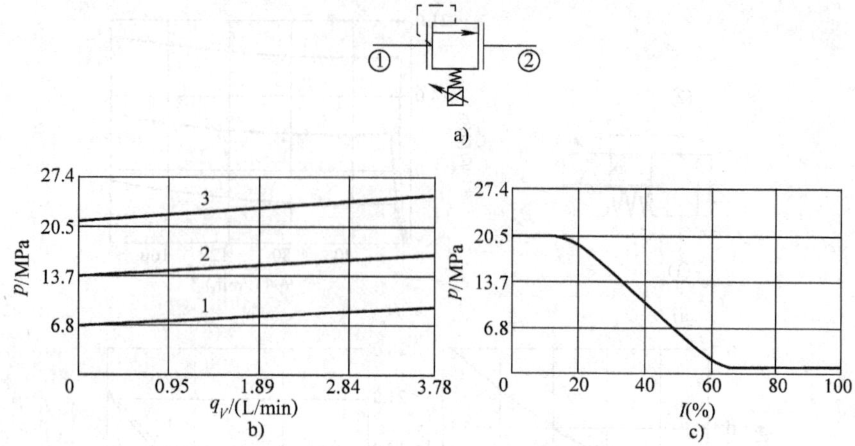

图 2-72 PK 公司的 AP02B2YR 型溢流阀

a）图形符号 b）得电时的压差流量特性 c）电流压力特性

1—07A 型 2—14A 型 3—21A 型

第 3 章　顺　序　阀

3.1　概述

顺序阀（sequence valve）最初是从溢流阀发展而来的。其弹簧腔有单独的端口，开启压力只受入口压力影响，不受出口压力影响，即成为顺序阀，用于控制顺序动作。随着螺纹插装阀技术的发展，为满足不同应用的需要，出现了很多变型。自从一些大公司把三通型也归入顺序阀后，现代的顺序阀已大大地突破了原来的定义。现在，通常把所有液控开启、关闭或换向，但不属于溢流阀或液动换向阀的阀都归为顺序阀。顺序阀与液动换向阀之间并无截然的分界，唯一的不同在于，顺序阀的控制压力一般都可调，且较高。

3.1.1　功能与应用

顺序阀的通流开口可以在压力作用下改变，可用于较多场合，例如：

1）控制两个或多个液压缸、马达或多级缸的动作顺序（见图 3-1）。

图 3-1a 中，在 B 通压力油、A 通回油时，顺序阀 V1 可以使去往缸 C1 的通道，只有在缸 C2 无杆腔的压力达到一定值之后才开启，从而使缸 C1 迟于缸 C2 伸出。

在 A 通压力油、B 通回油时，顺序阀 V2 可以使缸 C2 迟于缸 C1 缩回。

阀 V1、V2 的弹簧腔应该单独通回油。这样，它们的切换压力就不会受工作压力的影响。

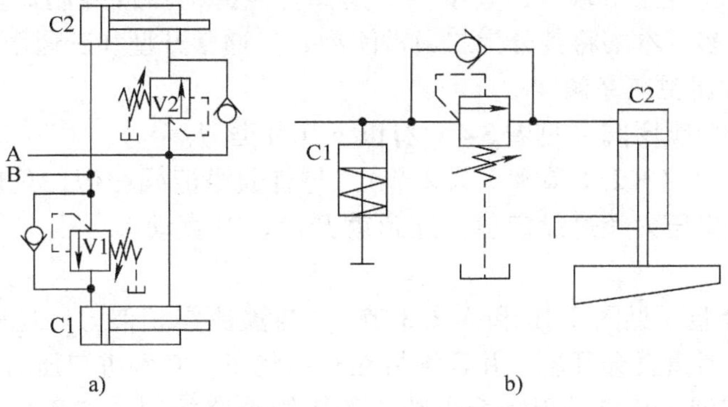

图 3-1　顺序阀应用的两个实例

图 3-1b 中的顺序阀可以保证只有在缸 C1 的无杆腔达到一定压力以后，去往

缸 C2 的通道才开启。

2）把部分系统的压力保持在一个特定的水平或范围内。例如，图 3-2 所示为一个绞车刹车系统。只有当刹车压力高于顺序阀的调定值时，通往绞车系统的通道才开启。

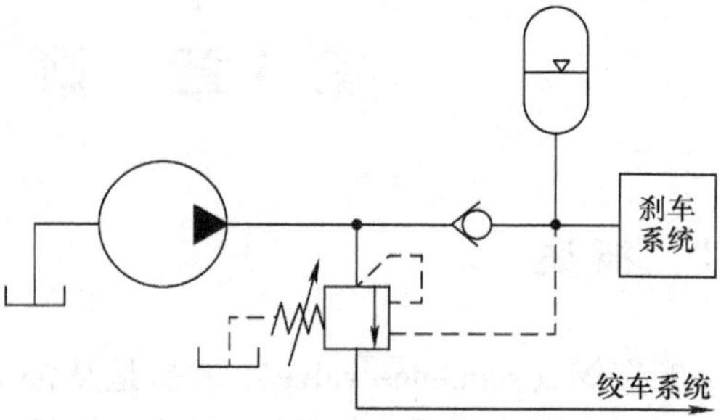

图 3-2 顺序阀用于绞车刹车系统

3）在回油路的压力不固定，如阀出口带冷却器，或至油箱的管道长且相对溢出流量偏小，但又希望精确控制系统压力时，代替溢流阀。普通溢流阀的弹簧腔都与出口相连，出口压力直接影响阀的开启压力，从而影响系统压力，而顺序阀的弹簧腔单独回油箱，就可以避免出口压力的影响（见图 3-3 阀 V1）。

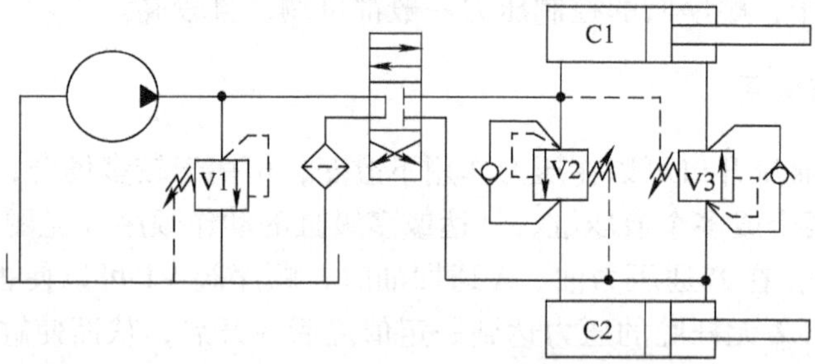

图 3-3 用顺序阀代替溢流阀（SUN）

3.1.2 类型

顺序阀至少有三个端口，其中一个是弹簧腔卸荷口或控制口。市场可购的顺序阀种类繁多，本书将其分为二通常闭型、二通常开型和三通型。

1. 二通常闭型顺序阀

二通常闭型顺序阀（见图 3-4）有以下几种类型：

（1）普通型（3.2.1 节和 3.2.2 节） 与普通溢流阀相似，只是弹簧腔与出口不连通，进口压力超过设定值，通道就开启，有直动型，也有先导型（见图 3-4a）。

（2）保险型（见图 3-4b 和 3.2.3 节） 与溢流阀相似，一旦进口压力超过设定压力，主通道就会开启，并且维持在开启状态，直到进口压力完全消失。

（3）外控型 开启过程完全由独立的控制油路控制。与 2.6.2 节的加压开启型溢流阀的不同在于：不管进口压力多高，阀都不会开启。有如下两种变型：

1）外控加压开启型（见图 3-4c），可以通过外控口③加压开启，弹簧腔与出口相通（见3.2.4节）。

2）外控加压卸荷型，弹簧腔有独立端口，与出口不相通（见3.2.5节）：可以通过端口④加压开启，也可以通过端口③加压阻碍开启（见图3-4d）。

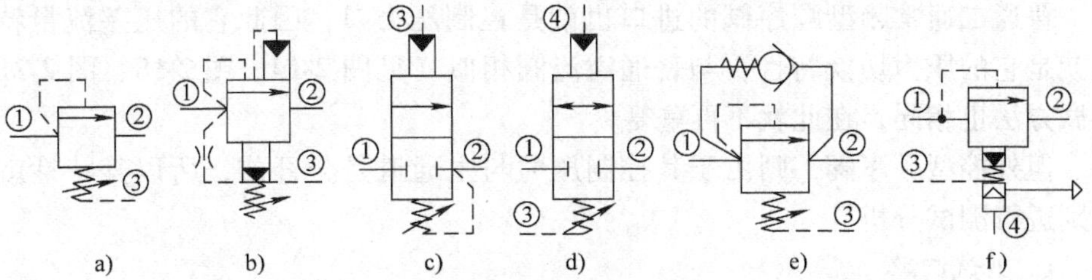

图3-4 二通常闭型顺序阀

a）普通型 b）保险型 c）外控加压开启型 d）外控加压卸荷型 e）带反向单向阀型 f）气控比例型

（4）带反向单向阀型（3.2.6节） 与溢流阀相似，见图3-4e。

（5）气控比例型（3.2.7节） 与溢流阀相似，见图3-4f。

2. 二通常开型顺序阀

二通常开型顺序阀（见图3-5）有以下几种类型。

（1）加压关闭型 此阀弹簧腔与出口相通（见3.3.1节），可以通过端口③加压关闭。

（2）加压卸荷关闭型 此阀弹簧腔与出口不相通（见3.3.2节），可以通过端口④加压关闭，也可以通过端口③加压阻碍关闭。

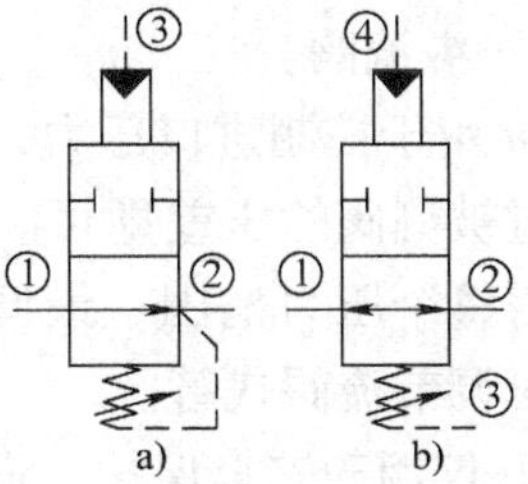

图3-5 二通常开型顺序阀

a）加压关闭型 b）加压卸荷关闭型

3. 三通型顺序阀

三通型顺序阀（见图3-6）有三种类型：普通型（见3.4.1节）、保险型（见3.4.2节）、加压换向型（见3.4.3节）。

以下叙述中使用切换压力，而非如溢流阀使用开启压力，就是考虑到，顺序阀不但有常闭型，还有常开型，以及三通型。

顺序阀阀芯也有锥阀和滑阀等不同形式。

3.1.3 稳态特性与测试

理想的顺序阀，在进口（控制）压力低于设定值时不切换，仅当进口（控制）压力高于设定值时

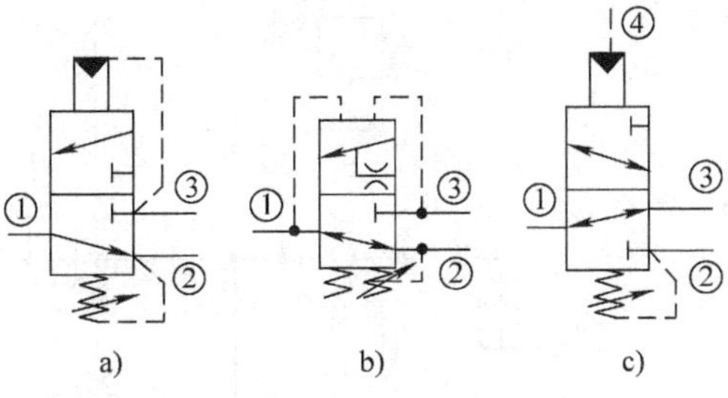

图3-6 三通型顺序阀

a）普通型 b）保险型 c）加压换向型

才切换，切换后阀口立刻开到最大，以减少通流损失。因此，顺序阀的稳态特性可以从两方面来考察：压力切换特性和全开后的压差流量特性。由于顺序阀的类型很多，因此其特性表现形式也不同。

普通二通常闭型顺序阀的进口也就是控制压力口，因此它的压差流量特性也就是它的压力切换特性，与普通溢流阀相似（见图 2-14、图 2-18、图 2-21）。测试方法也相同，在此就不再重复。

但外控型顺序阀，则由于其控制压力与主通道是分开的，所以其特性就需分别进行测试分析。

1. 测试回路

测试回路可以参考图 3-7 所示的回路搭建。图中：

1—液压源。

1a 为主液压源，可以采用定量泵，其流量应大于被测阀的名义流量。

1b 为控制压力液压源，可以采用一小定量泵，其流量只要 2 ~ 3 倍于被测阀控制端口的泄漏量即可。

2—溢流阀。

2a 用于控制进口压力，在测试压力切换特性时，设定压力适当高于测试流量通过被测阀的压差即可。在作全开后的压差流量特性测试时，其调压范围要能覆盖整个压力范围：最低要低于 0. 2MPa，最高 1. 5MPa 即可。若有困难，可用一可调节流阀代替。

2b 仅用于安全保护，设定值必须高于被测阀的切换压力，低于其许用压力。

3—压力表，监控校对压力传感器用。3c 为一小量程的压力表，用于监控出口阻力。

4—温度计。

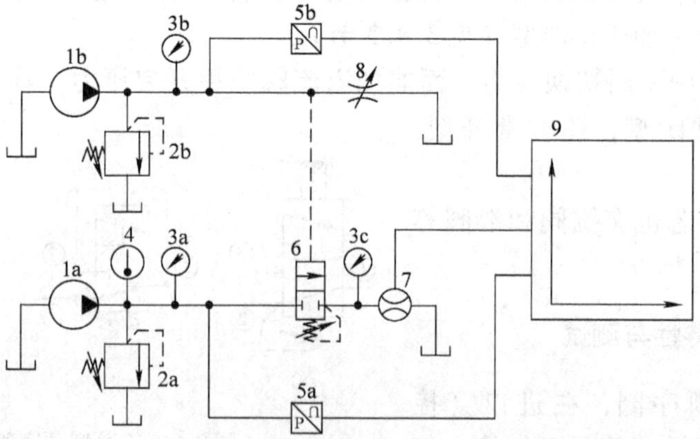

图 3-7　稳态特性测试回路

5—压力传感器。5a 用于测量进口压力；5b 用于测量控制压力。

此回路假定出口管道很短很粗，压力损失小到可以忽略不计。否则，还要在 3c 旁再安装一个压力传感器 5c，用压差 p_{5a}-p_{5c}代替 p_{5a}。

6—被测阀。

7—流量传感器。此处可考虑使用齿轮流量传感器，因为其测量范围较涡轮流量传感器大得多。

8—节流阀，用于调节控制压力。

9—X-Y 记录仪、数字示波器或计算机数据采集记录显示系统。

2. 压力切换特性测试

测试过程大致如下：

（1）准备阶段 连接 X-Y 记录仪 9：压力 p_{5b}为 X 轴，p_{5a}、流量 q_{V7} 作为 Y 轴。使油温达到预定值。被测阀 6 调到给出的切换压力调节范围的最低值。

（2）测试步骤 参见图 3-8。

1）节流阀 8 全开，开泵 1a 和 1b。这时由于被测阀 6 尚处关闭位置，泵 1a 排出的油全部通过溢流阀 2a 溢出，所以压力 p_{5a}等于溢流阀 2a 的开启压力 p_m，流量 q_{V7}为零（见图 3-8 区域Ⅰ）。

2）开始记录。缓慢关闭节流阀 8，压力 p_{5b}增加。

3）压力 p_{5b} 增加到一定值（p_k）后，开始开启被测阀 6，则压力 p_{5a}下降，流量 q_{V7}上升（见图 3-8 区域Ⅱ）。

4）继续缓慢关闭节流阀 8，被测阀 6 完全开启（p_O）：压力 p_{5a}不再下降，流量 q_{V7}不再上升（见图 3-8 区域Ⅲ）。停止记录。从记录曲线即可得到该被测阀在该设定值时的开始开启压力 p_k 和完全开启压力 p_O。

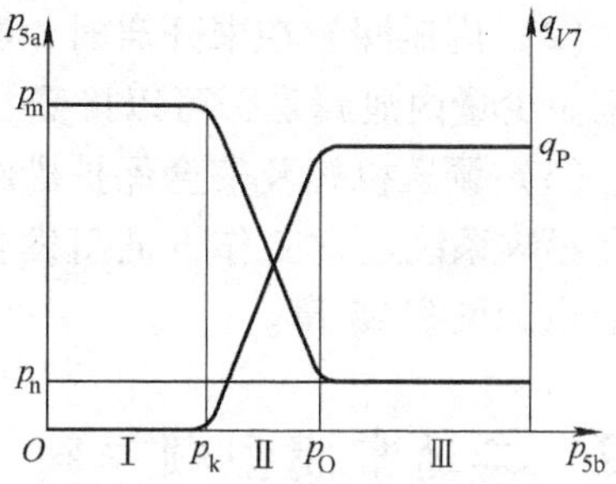

图 3-8 压力切换特性示意图

5）根据需要，把被测阀 6 调到给出的切换压力调节范围的最高值，或其他需要的设定值，重复步骤 1～4。

整个测量过程中要保持油温相对固定。

3. 全开后的压差流量特性测试

测试过程大致如下：

（1）准备阶段 连接 X-Y 记录仪⑨：压力 p_{5a}为 X 轴，流量 q_{V7} 作为 Y 轴。使油温达到预定值。

（2）测试步骤 参见示意图 3-9。

1）节流阀 8 和溢流阀 2a 全开，打开泵 1a 和 1b。这时，由于被测阀 6 尚处关闭位置，压力 p_{5a} 等于溢流阀 2a 的开启压力 p_n，流量 q_{V7} 为零。

2）缓慢关闭节流阀 8，压力 p_{5b} 增加，直到显著超过被测阀 6 的完全开启压力 p_0（见图 3-8）。这时会有一定流量 q_n 通过被测阀 6，被测阀两端的压差为 p_n。

3）开始记录。缓慢关闭溢流阀 2a。压力 p_{5a} 增加，流量 q_{V7} 随之增加。

4）压力 p_{5a} 达到 1 ~ 1.5MPa 时，停止记录。

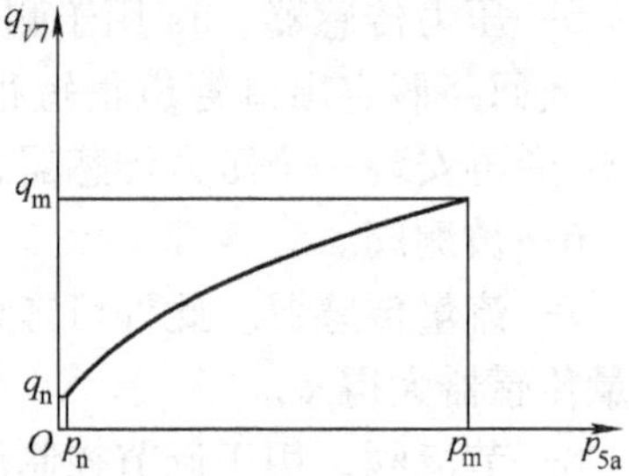

图 3-9 压差流量特性示意图

整个测量过程中要保持油温相对固定。

3.1.4 其他特性

顺序阀的动态特性和测试与溢流阀相近，这里不再赘述。以下特性对实际应用而言也是不可忽视的，在选用时要注意。

（1）许用压力 顺序阀设计为用于有背压的场合，因此出口入口的许用压力一般相同。

（2）内泄漏 在未开启时，锥阀型应该可以做到基本不泄漏，但滑阀型就很难。少量内泄漏是否可以接受，应预先检查一下。

（3）调压机构及安全保护措施 顺序阀虽然通常不是安全阀，但若被调乱，也会影响系统正常工作，甚至发生安全事故。为此，生产厂提供了多种相应保护措施，见第 15 章。

3.2 二通常闭型顺序阀

3.2.1 直动型顺序阀

直动型顺序阀的结构如普通溢流阀，只是弹簧腔与出口不连通。HF 公司的 PS10-34 型顺序阀见图 3-10。其特点与工作原理如下：

（1）特点

许用压力：20.7MPa。

切换压力：0.69 ~ 4.83MPa，2.07 ~ 11.7MPa，2 档。

流量：见图 3-10d。

内泄漏：在 85% 切换压力时最多 82mL/min。

（2）工作原理

1）压力油从通口①进入，作用在主阀芯 A 上。

2）当此作用力大于主弹簧B的预紧压力时，主阀芯A就被推开，压力油从通口②溢出。弹簧腔与端口③相通，与出口②不相通，因此出口②的压力不影响切换压力。

图3-10b所示图形是从产品样本中摘录的，图3-10c所示图形是ISO1219推荐的表示方法。

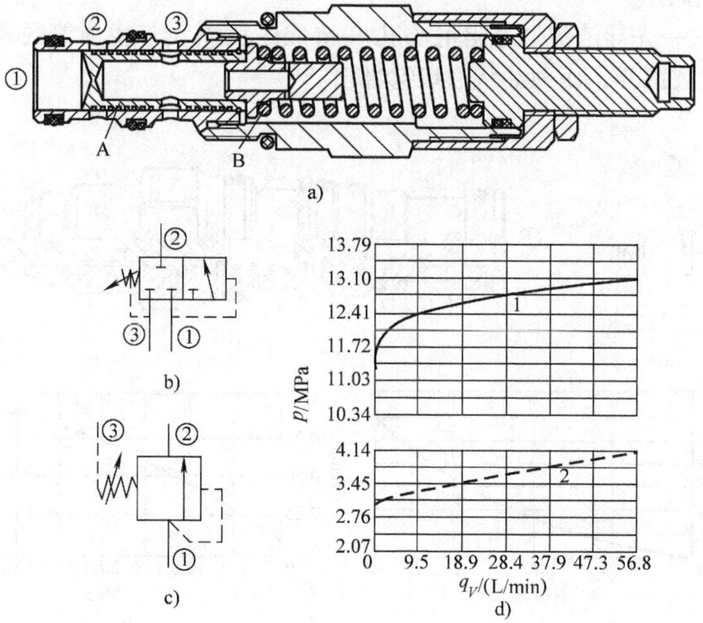

图3-10 HF公司的PS10-34型顺序阀

a）剖面图 b）图形符号1 c）图形符号2 d）切换压力2～11.7MPa的压差流量特性

A—主阀芯 B—主弹簧

1—最高设定压力 2—最低设定压力

3.2.2 先导型顺序阀

1. SUN公司的RSDC型顺序阀（见图3-11）

（1）特性

许用压力：42MPa。

端口③的压力直接影响切换压力，因此不应超过35MPa。

名义流量：60L/min。

切换压力：0.2～42MPa，6档。

由于主阀芯两端压力平衡，因此滞回很小（±1%）。

内泄漏：在10MPa时最多50mL/min。

平均响应时间：10ms。

（2）工作原理

1）压力油从通口①进入，通过主阀芯 A 上的阻尼小孔 B 进入主弹簧腔 C，作用在先导阀芯 E 上。

2）当此压力大于先导弹簧 E 的预紧压力时，先导阀芯 D 就被推开，先导液流从通口③溢出。

3）当这一先导液流通过阻尼小孔 B 造成的压差大于主弹簧的预紧压力时，主阀芯 A 就被推开，压力油从通口②溢出。

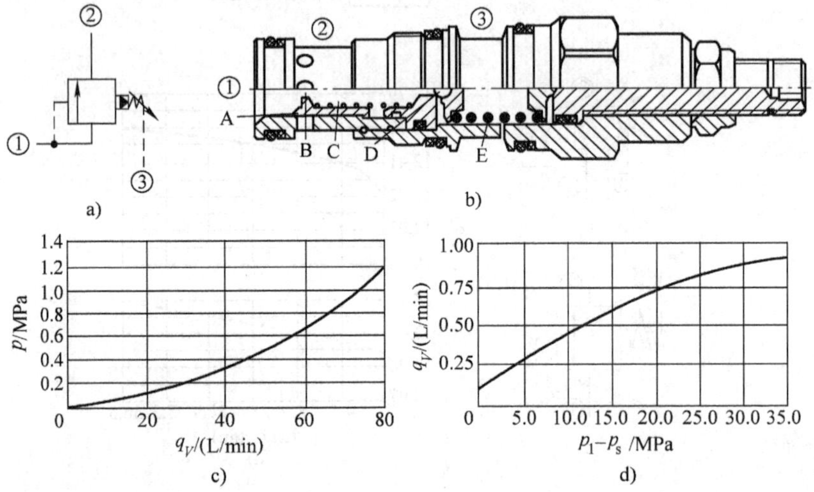

图 3-11 SUN 公司的 RSDC 型顺序阀

a）图形符号 b）剖面图 c）全开后的压差流量特性

d）开启后的压差-先导液流流量特性

A—主阀芯 B—阻尼小孔 C—主弹簧腔 D—先导阀芯 E—先导弹簧

p_1—进口①压力 p_s—设定压力

2. HF 公司的 PS10-36 型顺序阀（见图 3-12）

（1）特性

许用压力：24MPa。

切换压力：0.34～20.7MPa，3 档（在通口①→②流量 0.95L/min 时调定）。

流量：见图 3-12d。

内泄漏：在 85% 切换压力时最大 82mL/min。

先导节流孔直径：0.51mm。

图 3-12b 是从产品样本中摘录的，图 3-12c 是根据 ISO1219 推荐的表示方法。

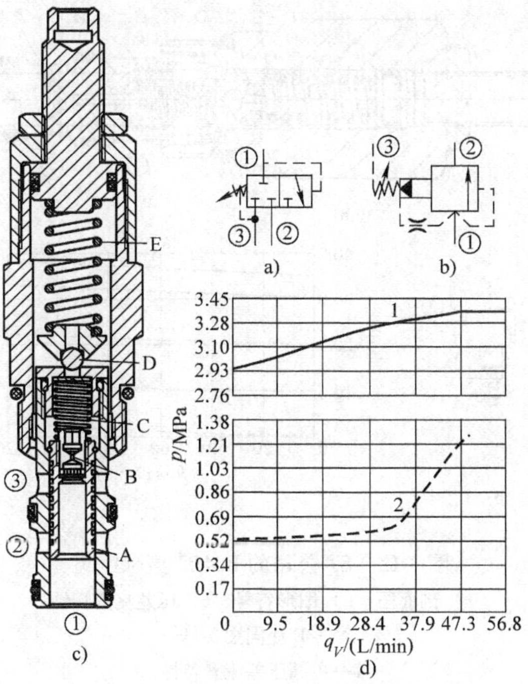

图3-12 HF公司的PS10-36型顺序阀

a）剖面图 b）图形符号1 c）图形符号2 d）弹簧预紧压力0.34MPa的压差流量特性

A~E注同图3-11

1—最高设定压力 2—最低设定压力

（2）工作原理

1）压力油从通口①进入，通过主阀芯A上的阻尼小孔B进入主弹簧腔C，作用在先导阀芯D上。

2）当此作用力大于先导弹簧E的预紧压力时，先导阀芯D就被推开，先导液流从端口③溢出。

3）当这一先导液流通过阻尼小孔B造成的压差大于主弹簧的预紧压力时，主阀芯A就被推开，压力油从通口②溢出。

3. ST公司的B04B3型顺序阀（见图3-13）

（1）特性

许用压力：42MPa。

切换压力：1~21MPa，1~42MPa，2档。

名义流量：125L/min。

带0.25mm滤网。

（2）工作原理（同本节2. HF公司的PS10-36型先导型顺序阀）。

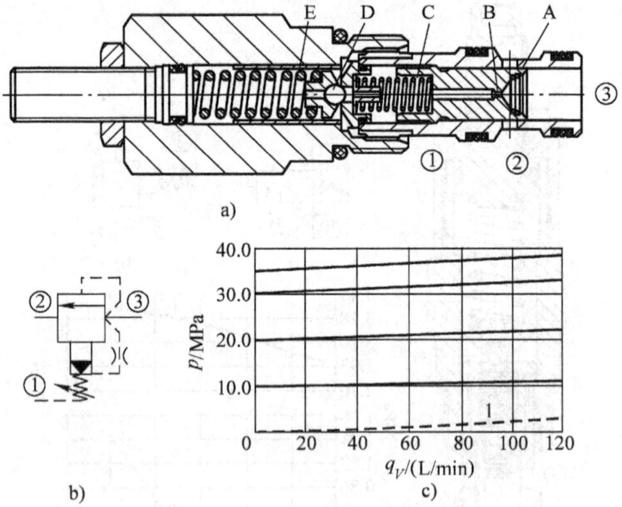

图 3-13　ST 公司的 B04B3 型顺序阀

a）剖面图　b）图形符号　c）压差流量特性

A ~ E 注同图 3-11

1—主阀压差流量特性

3.2.3　保险型顺序阀

1. SUN 公司的 SQDB 型顺序阀（见图 3-14）

（1）特性

许用压力：35MPa。

切换压力：0.17 ~ 42MPa，6 档。

端口③的压力直接影响切换压力，因此不应超过 35MPa。

名义流量：60L/min。

典型响应时间：25ms。

内泄漏：在 7MPa 时最多 30mL/min。

（2）工作原理

1）当通口①的压力超过设定压力时，先导阀 E 开启。

2）先导液流经过主阀芯 A 上的阻尼孔 B 所造成的压差顶开主阀芯 A。

3）之后，先导液流通过卸荷通道 C 直接流到出口②，导致先导阀前腔，即主弹簧腔 D 压力下降，先导阀关闭。同时，主阀开到最大，进口①的压力下降，系统卸荷。

4）直到泵关闭，或至少进出口压力差几乎相同，通过卸荷通道 C 的先导溢流很小，主阀芯两端的压差不足以克服主弹簧压力时，主阀芯才在主弹簧的作

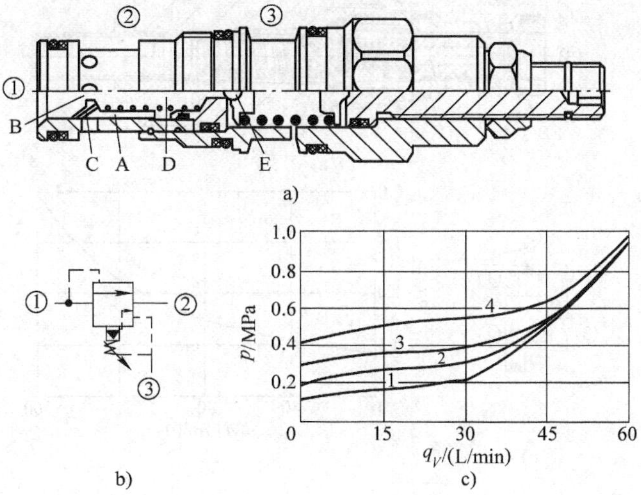

图3-14 SUN公司的SQDB型顺序阀

a）剖面图 b）图形符号 c）开启后的压差流量特性

A—主阀芯 B—阻尼孔 C—卸荷通道 D—主弹簧腔 E—先导阀

1—开启压力0.2MPa 2—开启压力0.35MPa 3—开启压力0.7MPa

4—开启压力1MPa

用下返回原位。

2. ST公司的B04C3型顺序阀（见图3-15）

（1）特性

许用压力：42MPa。

切换压力：1～21MPa，1～42MPa，2档。

名义流量（压差0.7MPa）：75L/min。

测定流量：160L/min。

带0.25mm滤网。

（2）工作原理

1）当通口③的压力超过设定压力时，先导阀D开启。

2）先导液流经过主阀芯A上的阻尼孔B所造成的压差顶起主阀芯A。

3）之后，先导液流通过卸荷通道C直接流到出口②，导致先导阀前腔，也即主弹簧腔D压力下降，先导阀关闭。同时，主阀开到最大，进口③的压力下降，系统卸荷。

4）直到泵关闭，或至少进出口压力差几乎相同，通过卸荷通道C的先导溢流很小，主阀芯两端的压差不足以克服主弹簧压力时，主阀芯才在主弹簧的作用下返回原位。

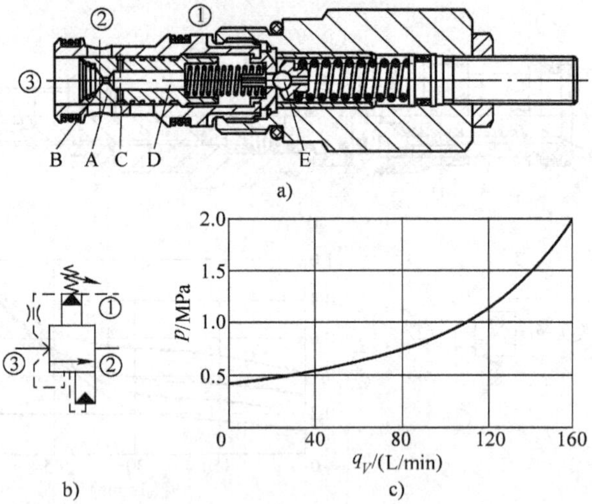

图 3-15 ST 公司的 B04C3 型顺序阀

a）剖面图 b）图形符号 c）压差流量特性

A ~ E 注同图 3-14

3.2.4 加压开启型顺序阀

加压开启型顺序阀的弹簧腔与出口相通，开启过程完全由独立的控制油路控制。其功能介于外控溢流阀与普通顺序阀之间。与 2.6.2 节的加压开启型溢流阀的不同在于：不管进口压力多高，阀也不会开启。

1. HF 公司的 PS08-32 型顺序阀（见图 3-16）

（1）特性

结构型式：直动型。

许用压力：24MPa。

切换压力：0.34 ~ 16.5MPa，4 档。

流量：见图 3-16c。

内泄漏：在 90% 切换压力时最多 82mL/min。

（2）工作原理

1）控制压力通过端口①作用在阀芯 A 的端面上。

2）当此压力大于弹簧 B 的预紧压力加出口②的压力时，阀芯 A 就被推开，开启通道③→②。弹簧腔与出口②相通，因此出口压力直接影响切换压力。

2. ST 公司的 B04F3 型顺序阀（见图 3-17）

（1）特性

结构型式：直动型。

许用压力：42MPa。

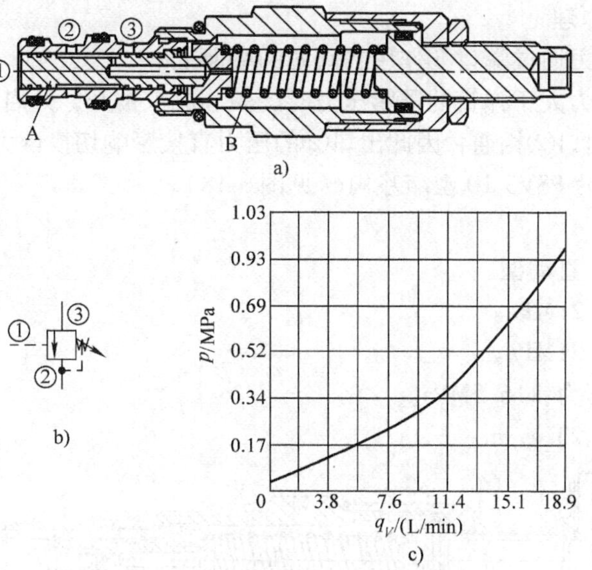

图 3-16 HF 公司的 PS08-32 型顺序阀

a）剖面图 b）图形符号 c）全开后的压差流量特性

A—主阀芯 B—弹簧

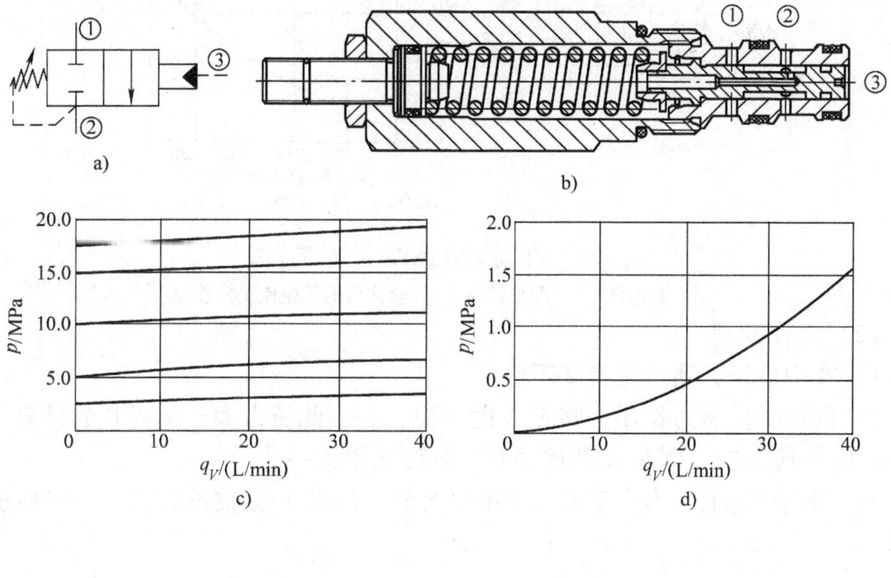

图 3-17 ST 公司的 B04F3 型顺序阀

a）图形符号 b）剖面图 c）压差流量特性 d）全开后的压差流量特性

切换压力：0.2～24MPa，3 档。

名义流量：34L/min。

（2）工作原理

1）控制压力通过端口③作用在阀芯的端面上。

2）当此压力大于弹簧的预紧压力时，阀芯就被推开，开启通道①→②。弹簧腔与出口②相通，因此出口②的压力直接影响切换压力。

3. ET公司的PSV3-10型顺序阀（见图3-18）

（1）特性

结构型式：直动型。

许用压力：21MPa。

持久压力：21MPa。

最高切换压力：16.5MPa。

名义流量：23L/min。

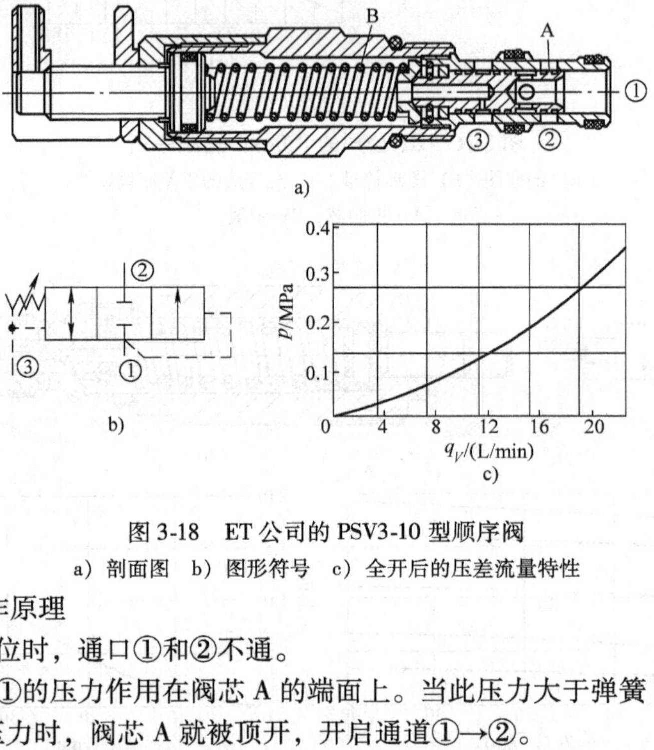

图3-18 ET公司的PSV3-10型顺序阀

a）剖面图 b）图形符号 c）全开后的压差流量特性

（2）工作原理

1）在中位时，通口①和②不通。

2）通口①的压力作用在阀芯A的端面上。当此压力大于弹簧B的预紧压力加端口③的压力时，阀芯A就被顶开，开启通道①→②。

3）当端口③的压力大于通口①的压力时，阀芯A就被推向①，开启通道①↔②。

3.2.5 加压卸荷型顺序阀

加压卸荷型顺序阀的弹簧腔独立，与出口不相通。

1. HF公司的PS10-40型顺序阀（见图3-19）

(1) 特性

结构型式：直动型。

许用压力：24MPa。

切换压力：0.28～15.2MPa，2档。

流量：见图3-19c。

内泄漏：在85%切换压力时最多82mL/min。

(2) 工作原理

1）控制压力通过端口①作用在阀芯的端面上。

2）当此压力大于弹簧的预紧压力加端口④的压力时，阀芯就被推开，开启通道②↔③。

弹簧腔有独立端口④，因此通口②、③的压力不影响切换压力。

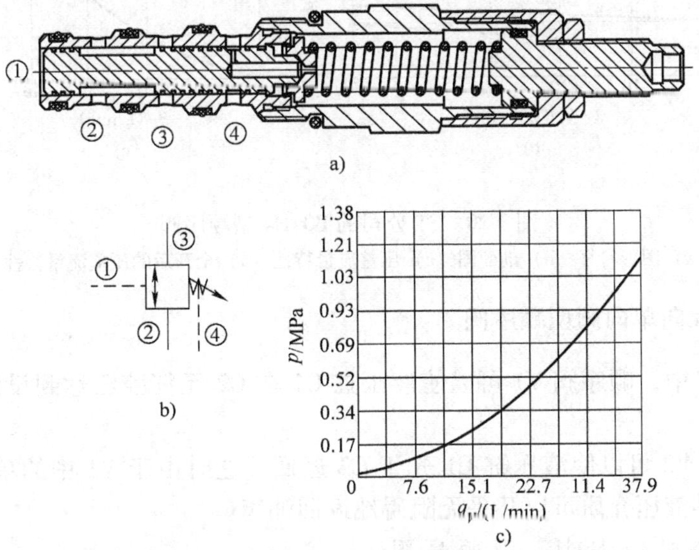

图3-19 HF公司的PS10-40型顺序阀

a）剖面图 b）图形符号 c）全开后的压差流量特性

2. ST公司的B04H4型顺序阀（见图3-20）

(1) 特性

结构型式：直动型。

许用压力：42MPa。

切换压力：2～24MPa，3档。

名义流量：47L/min。

(2) 工作原理

1）控制压力通过端口④作用在阀芯上。

2）当此作用力大于弹簧的预紧压力加端口①的压力时，阀芯就被推开，开启通道②↔③。

弹簧腔有独立端口①，因此通口②、③的压力不影响切换压力。

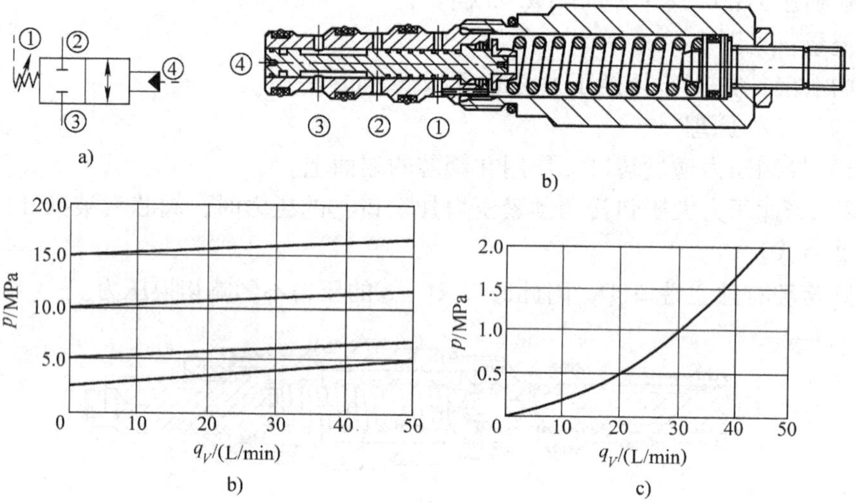

图 3-20　ST 公司的 B04H4 型顺序阀

a）图形符号　b）剖面图　c）压差流量特性　d）全开后的压差流量特性

3.2.6　带反向单向阀型顺序阀

图 3-21 中，顺序阀 V1 可以使液压缸 C1 在 C2 无杆腔已达到设定压力以后再伸出。

顺序阀 V2 可以使液压缸 C1 先于 C2 返回，这时由于 V1 中的单向阀开启，C1 无杆腔的液压介质可以几乎无阻碍地返回油箱。

1. ST 公司的 B04P3 型顺序阀（见图 3-22）

（1）特性

结构型式：直动型。

许用压力：42MPa。

切换压力：0.5 ~ 8MPa，0.5 ~ 16.6MPa，2 档。出厂时的切换压力在流量 15L/min 时设定。

名义流量（压差 0.7MPa）：40L/min。

测定流量：80L/min。

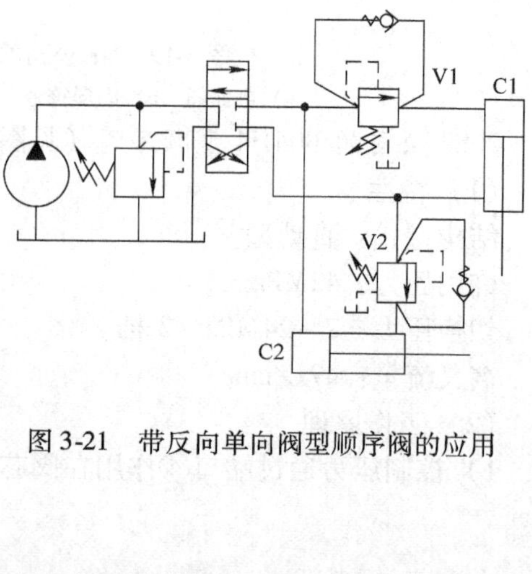

图 3-21　带反向单向阀型顺序阀的应用

（2）工作原理

1）压力油从通口③进入，作用在主阀芯 A 上。

2）当此压力大于主弹簧 B 的预紧压力加端口①的压力时，主阀芯 A 就被推开，开启通道③→②。

3）如果通口②压力高，超过单向弹簧 C 的预紧压力加通口③的压力时，先导阀芯 D 就被往左推开，开启通道②→③。

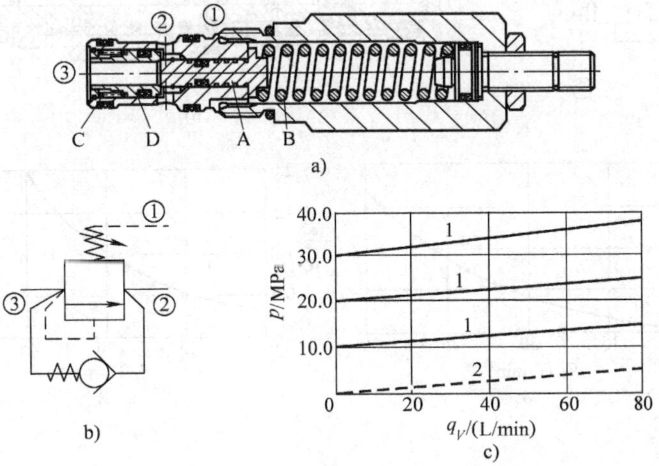

图 3-22 ST 公司的 B04P3 型顺序阀

a）剖面图 b）图形符号 c）压差流量特性

A—主阀芯 B—主弹簧 C—单向弹簧 D—先导阀芯

1—顺序功能，通口③→② 2—单向功能，通口②→③

2. SUN 公司的 SCCA 型顺序阀（见图 3-23）

（1）特性

结构型式：直动型。

许用压力：35MPa。

切换压力：0.7～31.5MPa，6 档。因为端口③的压力直接影响切换压力，因此切换压力不应超过 35MPa。

名义流量：60L/min。

典型响应时间：2ms。

内泄漏：在关闭时最多 0.7mL/min。

单向阀开启压力：0.28MPa。

（2）工作原理

1）压力油从通口①进入，作用在主阀芯 A 上。

2）当此作用力大于主弹簧B的预紧压力加端口③的压力时，主阀芯A就被推开，开启通道①→②。

3）如果通口②压力高，超过单向弹簧D的预紧压力加通口①的压力时，单向阀芯C就被推向①，开启通道②→①。

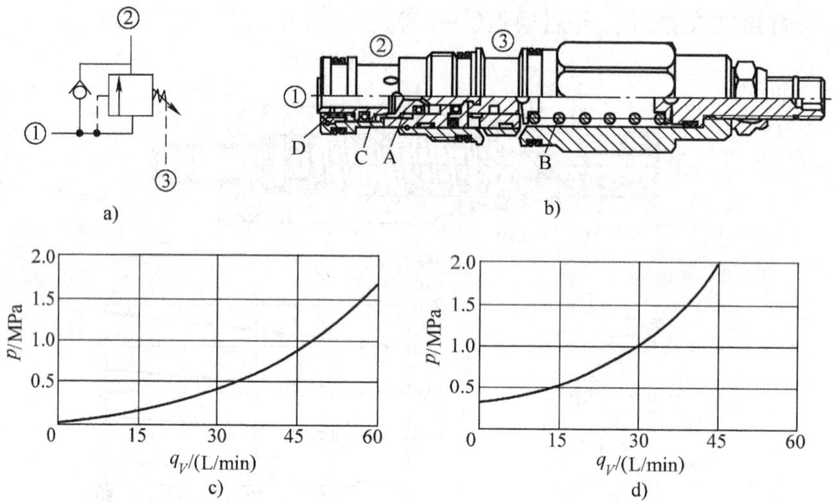

图3-23 SUN公司的SCCA型顺序阀

a）图形符号 b）剖面图 c）全开后的压差流量特性 d）单向功能的压差流量特性

A—主阀芯 B—主弹簧 C—单向弹簧 D—先导阀芯

3. ST公司的B04D3型顺序阀（图3-24）

（1）特性

结构型式：先导型。

许用压力：42MPa。

切换压力：1～21MPa，1～42MPa。出厂时的切换压力在流量15L/min时设定。

名义流量（压差0.7MPa）：70L/min。

测定流量：120L/min。

（2）工作原理

1）通口③的压力通过主阀芯A上的阻尼孔B作用于先导阀芯C，超过先导弹簧D的预紧压力加端口①的压力时，先导阀开启。

2）先导液流通过阻尼孔B所造成的压差超过主弹簧E的预紧压力时，推开主阀芯A，开启通道③→②。

3）如果通口②压力高，超过单向弹簧F的预紧压力加通口③的压力时，单向阀芯 G 就被推向③，开启通道②→③。

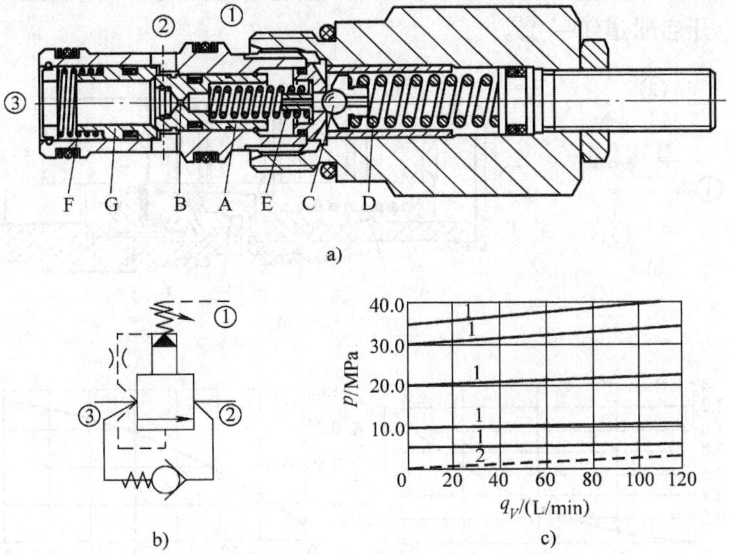

图 3-24 ST 公司的 B04D3 型顺序阀

a）剖面图 b）图形符号 c）压差流量特性

A—主阀芯 B—阻尼孔 C—先导阀芯 D—先导弹簧

E—主弹簧 F—单向弹簧 G—单向阀芯

1—顺序功能，通口③→② 2—单向功能，通口②→③

3.2.7 气控比例型顺序阀

SUN 公司的 RSFE 型顺序阀（见图 3-25）：

（1）特性

结构型式：先导型。

许用压力：35MPa。

压力比：气控压力∶切换压力 = 1∶20，气控压力 0 ~ 0.55MPa 对应切换压力 0.35 ~ 10.5MPa。端口③的压力决定最小切换压力，因此不应超过 7MPa。

名义流量：0 ~ 120L/min。

典型响应时间：10ms。

内泄漏：在 10MPa 时最多 70mL/min。

（2）工作原理

1）气控压力通过面积较大的活塞 K 作用于先导阀芯 C。因此，较小的气控压力可以对应较高的切换压力。

2）通口①的压力通过主阀芯 A 上的阻尼孔 B 也作用于先导阀芯 C，当超过气控压力造成的切换压力时，推开先导阀芯 C。

3）先导液流通过阻尼孔 B 所造成的压差超过主弹簧 E 的预紧压力时，推开主阀芯 A，开启通道①→②。

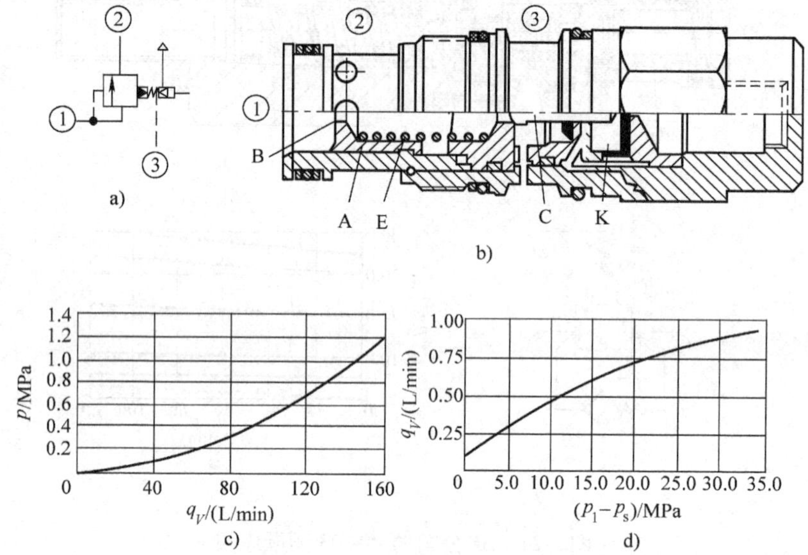

图 3-25 SUN 公司的 RSFE 型顺序阀

a）图形符号 b）剖面图 c）全开后的压差流量特性

d）开启后的压差-先导液流流量特性

A—主阀芯 B—阻尼孔 C—先导阀芯 E—主弹簧 K—活塞

p_1—通口①压力 p_s—设定压力

3.3 二通常开型顺序阀

3.3.1 加压关闭型顺序阀

1. HF 公司的 PS10-35 型顺序阀（见图 3-26）

（1）特性

结构型式：直动外控型。

加工开关型顺序阀的弹簧腔与出口相通。

许用压力：13.8MPa。

切换压力：0.69～13.8MPa，2 档。

流量：见图 3-26c。

内泄漏：在完全关闭时最多 82mL/min。

（2）工作原理

1）在静止位时，通口②与③通。

2）端口①的控制压力作用在阀芯上。当此压力大于弹簧的预紧压力加通口③的压力时，阀芯就被推开，关闭②→③通道。

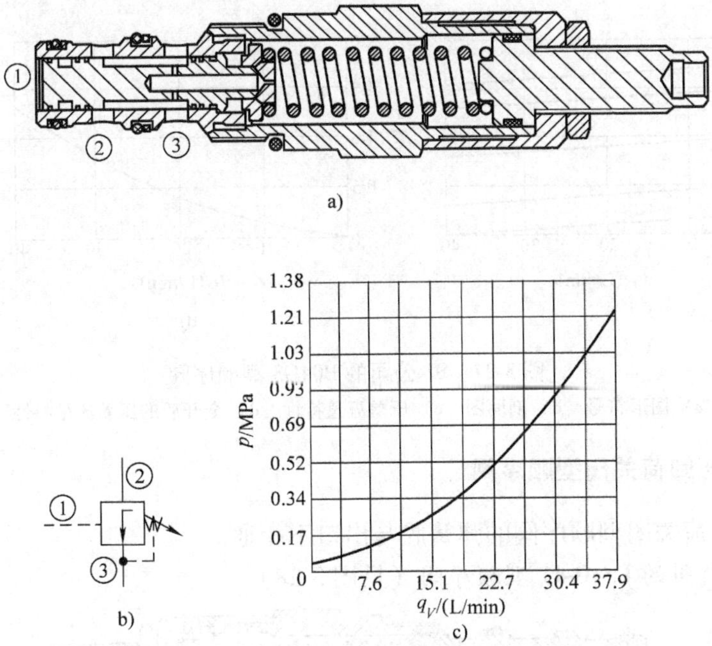

图3-26 HF公司的PS10-35型顺序阀

a）剖面图 b）图形符号 c）全开后的压差流量特性

2. ST公司的B04G3型顺序阀（见图3-27）

（1）特性

结构型式：直动型。

许用压力：42MPa。

切换压力：0.2～8MPa、0.2～16.6MPa、4～24MPa，3档。

名义流量：40L/min。

（2）工作原理

端口③的压力作用于阀芯，当该压力低于弹簧的预紧压力加通口①的压力时，通口②→①通；当端口③的压力超过弹簧的预紧压力加通口①的压力时，推开阀芯，关闭通道。

这类阀的结构与功能，与定差减压阀有些相似。阀芯在平衡位置时，通口①的压力比端口③的压力低一个固定值——弹簧压力，只是它的弹簧预紧压力调节范围比构成一般二通流量阀的定差减压阀要大得多。

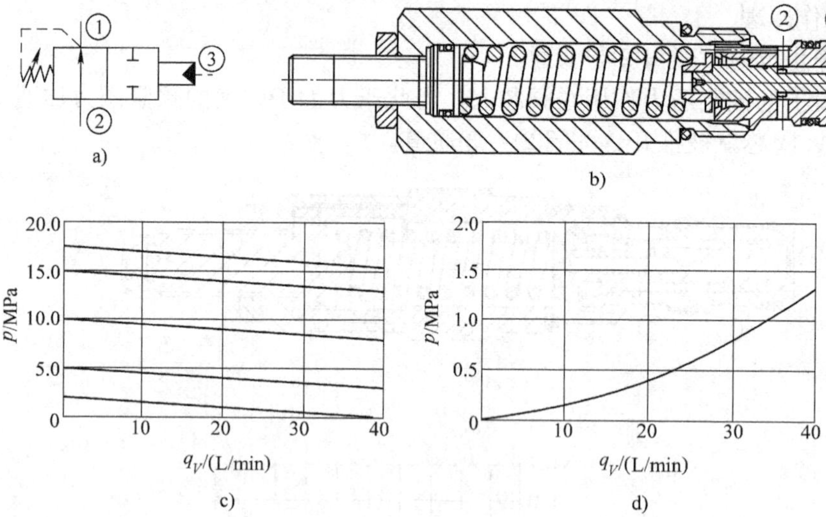

图 3-27 ST 公司的 B04G3 型顺序阀

a）图形符号 b）剖面图 c）压差流量特性 d）全开后的压差流量特性

3.3.2 加压卸荷关闭型顺序阀

加压卸荷关闭型顺序阀的弹簧腔与出口不相通。

1. HF 公司的 PS10-41 型顺序阀（见图 3-28）

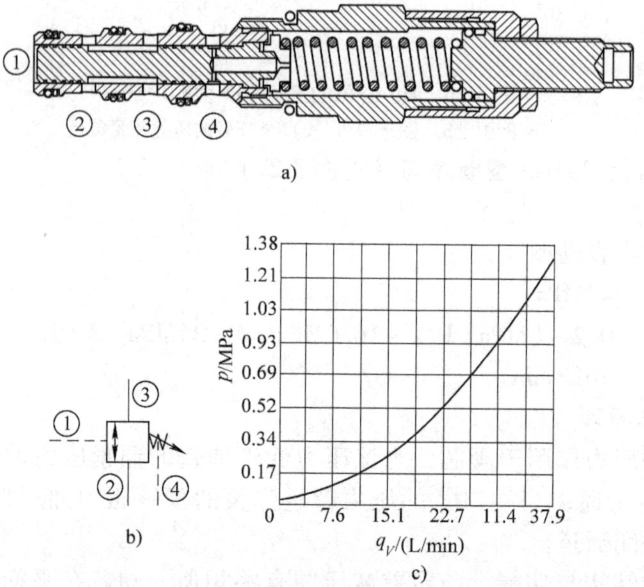

图 3-28 HF 公司的 PS10-41 型顺序阀

a）剖面图 b）图形符号 c）全开后的压差流量特性

（1）特性

结构型式：直动外控型。

许用压力：24MPa。

切换压力：0.28～15.2MPa，2档。

流量：见图3-28c。

内泄漏：在85%切换压力时最多82mL/min。

（2）工作原理

1）在静止位时，通口②与③通。

2）端口①的控制压力作用在阀芯上。当此压力大于弹簧的预紧压力加端口④的压力时，阀芯就被推开，关闭通道②↔③。

3）如果关闭端口④，则理论上无论端口①的控制压力多高，通道②↔③都不会被关闭。

2. ST公司的B04J4型顺序阀（见图3-29）

（1）特性

结构型式：直动型。

许用压力：42MPa。

切换压力：0.2～8MPa，0.2～16.6MPa，4～24MPa，3档。

名义流量：47L/min。

（2）工作原理

1）端口④的控制压力作用于阀芯。当此压力较低时，通口②和③通。

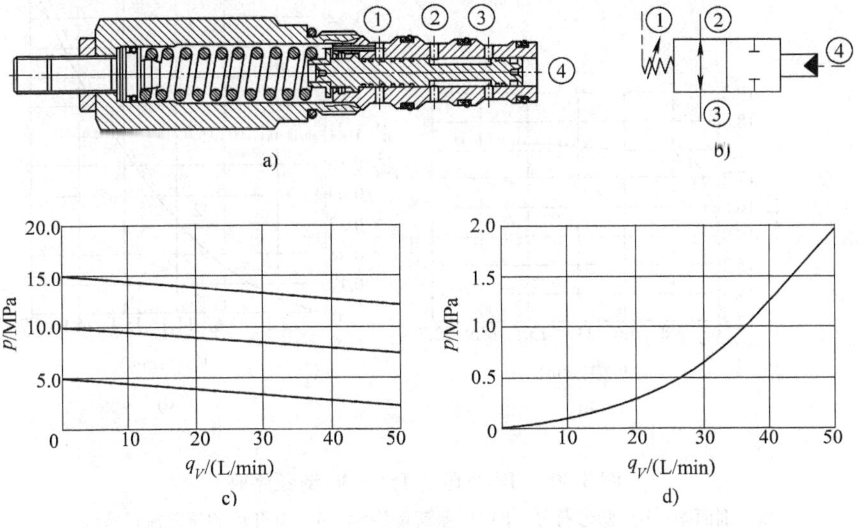

图3-29 ST公司的B04J4型顺序阀

a）剖面图 b）图形符号 c）压差流量特性 d）全开后的压差流量特性

2）如果端口④的压力超过弹簧的预紧压力加端口①的压力时，推开阀芯，关闭通道②↔③。

3.4 三通型顺序阀

3.4.1 普通型顺序阀

1. HF 公司的 PS08-30 型顺序阀（见图 3-30）

（1）特性

结构型式：直动型。

许用压力：24MPa。

切换压力：0.34 ~ 16.5MPa，4 档。

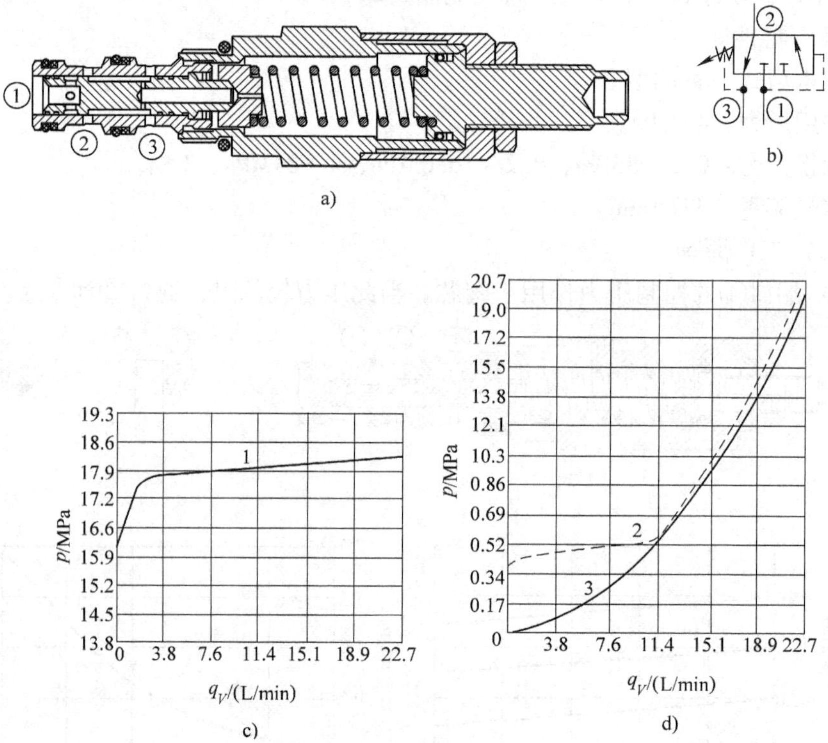

图 3-30 HF 公司的 PS08-30 型顺序阀

a）剖面图 b）图形符号 c）压差流量特性 d）全开后的压差流量特性

1—最高设定压力，通口①→② 2—最低设定压力，通口①→②

3—最高设定压力，通口②→③

流量：见图 3-30c、d。

内泄漏：在 90% 切换压力时最多 82mL/min。

（2） 工作原理

1） 在静止位时，通道②→③通。

2） 通口①的压力作用在阀芯上。当此压力大于弹簧的预紧压力加通口③的压力时，阀芯就被推开，关闭通道②→③，开启通道①→②。

2. PK 公司的 B04E3 型顺序阀（见图 3-31）

（1） 特性

结构型式：直动型。

许用压力：42MPa，包括出口。

切换压力：0.2～8MPa，0.2～16.6MPa，2 档。

名义流量：50L/min。

内泄漏：6MPa 时最大 25mL/min。

（2） 工作原理

1） 通口①的压力作用于阀芯。在此压力较低时，通口②→③通。

2） 如果通口①的压力超过弹簧的预紧压力加通口③的压力时，推开阀芯，关闭通道②→③，开启通道①→②。

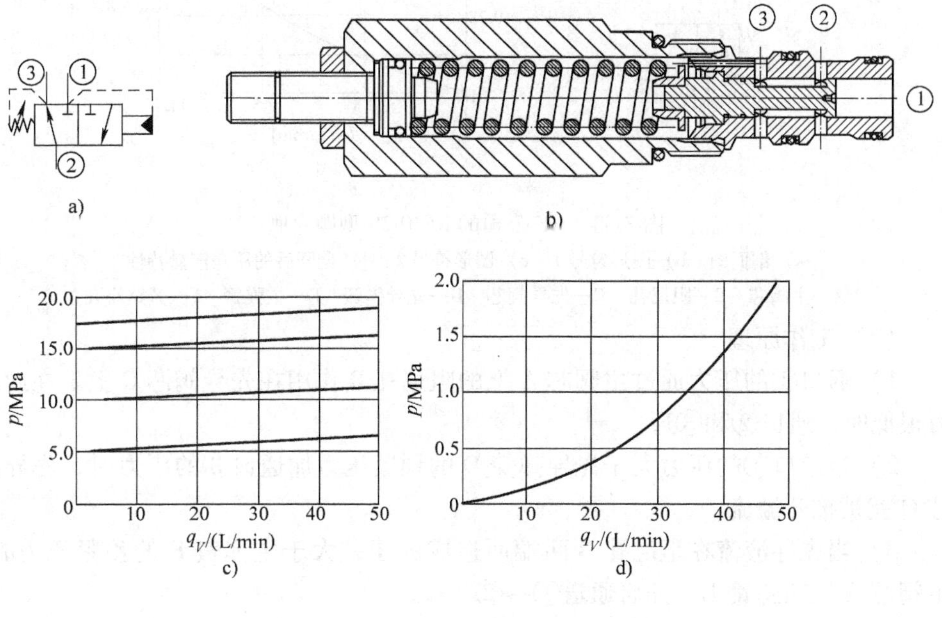

图 3-31 PK 公司的 B04E3 型顺序阀

a）图形符号 b）剖面图 c）压差流量特性 d）全开后的压差流量特性

3.4.2 保险型顺序阀

1. HF 公司的 KS10-30 型顺序阀（见图 3-32）

（1）特性

许用压力：20.7MPa。

切换压力（通过流量 0.95L/min 时）：1～10.3MPa，2.8～20.7MPa，2 档。

流量：见图 3-32d。

内泄漏：在 85% 切换压力时最多 82mL/min。

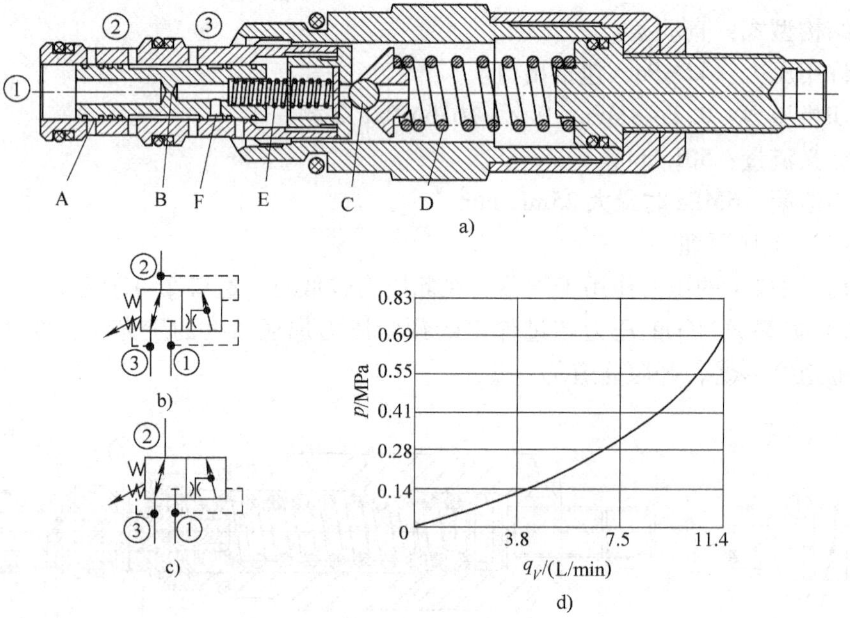

图 3-32　HF 公司的 KS10-30 型顺序阀

a）剖面图　b）图形符号 1　c）图形符号 2　d）全开后的压差流量特性

A—主阀芯　B—阻尼孔　C—先导阀芯　D—先导弹簧　E—主弹簧　F—旁路小孔

（2）工作原理

1）通口①的压力通过主阀芯 A 上的阻尼孔 B 作用在先导阀芯 C 上。在此压力很低时，通口②和③通。

2）当通口①的压力大于先导弹簧 D 的预紧压力加通口③的压力时，先导阀芯 C 就被推开溢流。

3）当先导液流在阻尼孔 B 两端所造成的压差大于主弹簧 E 的预紧压力时，主阀芯 A 压缩弹簧 E，开启通道①→②。

4）此时，先导液流通过主阀芯 A 上的旁路小孔 F 流向通口③，维持主阀芯两端的压差，从而保持主通道的开启及先导阀关闭的状态。

5）直到通口①压力消失，先导液流停止，主阀芯A才在主弹簧E的作用下返回原位。

图3-32中图形符号a）是产品样本提供的。但从剖面图来看，通口②的压力对阀芯轴向没有作用力。所以，似应如图形符号2所示。

2. HF公司的KS10-31型顺序阀（见图3-33）

（1）特性

许用压力：20.7MPa。

切换压力（通过流量0.95L/min时）：2.8～20.7MPa，2档。

流量：见图3-33c。

内泄漏：在85%切换压力时最多115mL/min。

（2）工作原理

1）通口①的压力通过主阀芯A上的阻尼孔B作用在先导阀芯C上。在此压力很低时，通口①和②通。

2）当此压力大于先导弹簧D的预紧压力加通口③的压力时，先导阀芯C就被推开溢流。

3）当先导液流在阻尼孔B两端所造成的压差大于主弹簧E的预紧压力时，主阀芯A压缩弹簧E，开启通道②→③。

4）先导液流通过主阀芯A上的旁路小孔F流向通口③，维持主阀芯两端的压差，从而保持主通道的开启状态。此时，先导阀关闭。

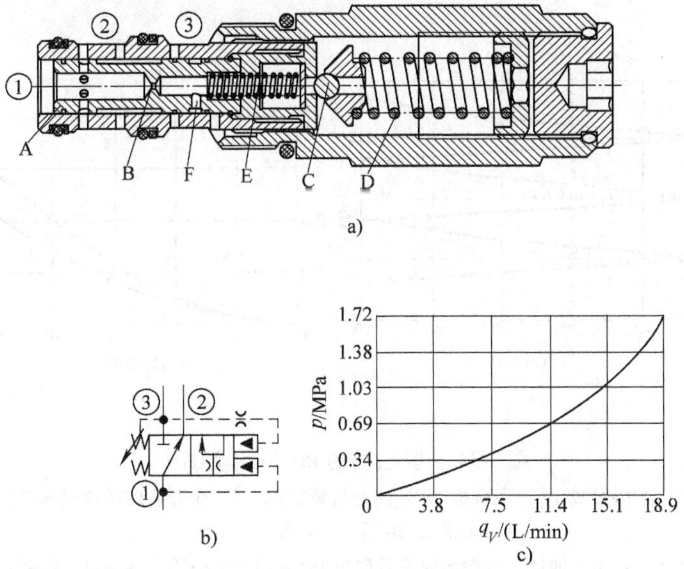

图3-33 HF公司的KS10-31型顺序阀

a）剖面图 b）图形符号 c）全开后的压差流量特性

5）直到通口①压力消失，先导液流消失，主阀芯 A 才在主弹簧 E 的作用下返回原位。

3.4.3 加压换向型顺序阀

1. PK 公司的 B04K4 型顺序阀（见图 3-34）

（1）特性

结构型式：直动型。

许用压力：42MPa，包括出口。

切换压力：0.2～8MPa，0.2～16.6MPa，2 档。

测定流量：42L/min。

内泄漏：10MPa 时最多 40mL/min。

（2）工作原理

1）端口①的控制压力作用于阀芯。在此压力较低时，通口②和③通。

2）如果端口①的压力超过弹簧的预紧压力加通口④的压力时，推开阀芯，关闭通道②↔③，开启通道③↔④。

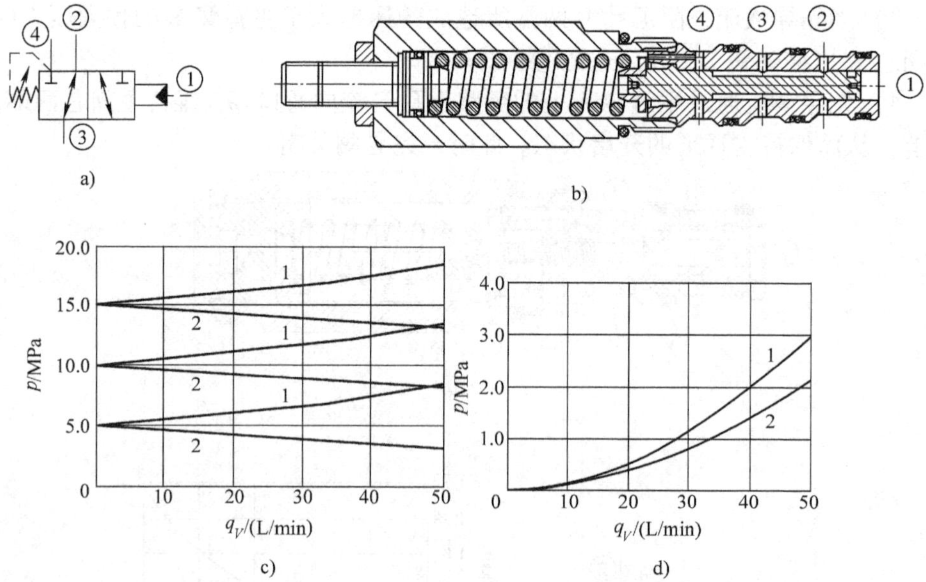

图 3-34　PK 公司的 B04K4 型顺序阀

a）图形符号　b）剖面图　c）压差流量特性　d）全开后的压差流量特性

1—通口③→④　2—通口③→②

（产品样本上如此。根据图形符号似应为 1—通口③↔④　2—通口③↔②）

2. HF 公司的 PS10-43 型顺序阀（见图 3-35）

（1）特性

结构型式：直动型。

许用压力：24MPa。

切换压力：0.28～2.8MPa，1.5～15.2MPa，2档。

流量：见图3-35c。

内泄漏：在85%切换压力时最多82mL/min。

（2）工作原理

1）在静止位时，通口②和③通。

2）端口①的压力作用在阀芯上。此压力如果大于弹簧的预紧压力加通口④的压力时，阀芯就被推开，关闭通道②↔③，开启通道③↔④。

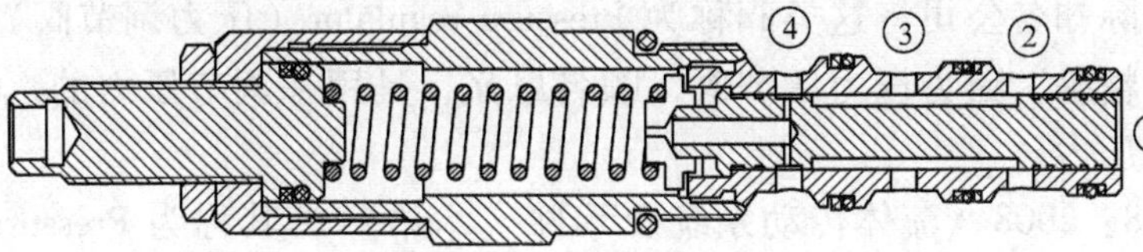

a)

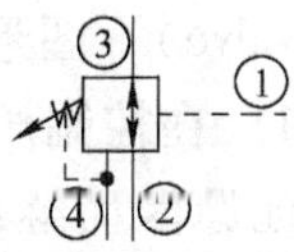

b)

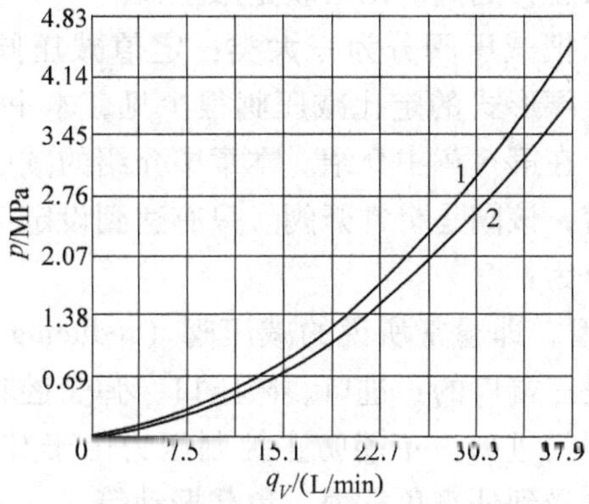

c)

图3-35 HF公司的PS10-43型顺序阀

a）剖面图 b）图形符号 c）压差流量特性

1—通口③→② 2—通口③→④

（产品样本上如此。根据图形符号似应为1—通口③↔② 2—通口③↔④）

第4章 减 压 阀

4.1 概述

4.1.1 功能和类型

有些国际知名公司将这类阀称为 Pressure regulator（压力调节阀），其实这个名称并不精确，因为压力调节阀，顾名思义，是用来调节压力的，包括进口压力和出口压力。

ISO5598：2008《流体传动系统及元件　术语》将其称为 Pressure-reducing valve（减压阀）。定义为：在进口压力和出口流量变化时，维持出口压力恒定的阀。并注明：应该保持进口压力高于设定的出口压力。所以准确地来说，它是一个限制出口压力的阀。出口就是限压口。

有些文献把减压阀分为三大类：定值减压阀、定差减压阀、定比减压阀。做成螺纹插装阀形式的定比减压阀很少见，本书从略。定差减压阀在本书中称为定压差阀，在第6章中介绍。本章中介绍的减压阀就是定值减压阀。

一般而言，该阀是个常开阀。只有达到设定值之后才关闭。

减压阀分为：

1）二通型，即通常所说的减压阀（reducing valve），图形符号如图4-1a所示。一般都是三端口的：进口、限压口，弹簧腔口。在控制压力超过设定值时，减压阀只能关闭进口。不能防止控制压力由于其他原因而继续上升，例如，阀泄漏、液压缸受到外来负载力、负载振动等。

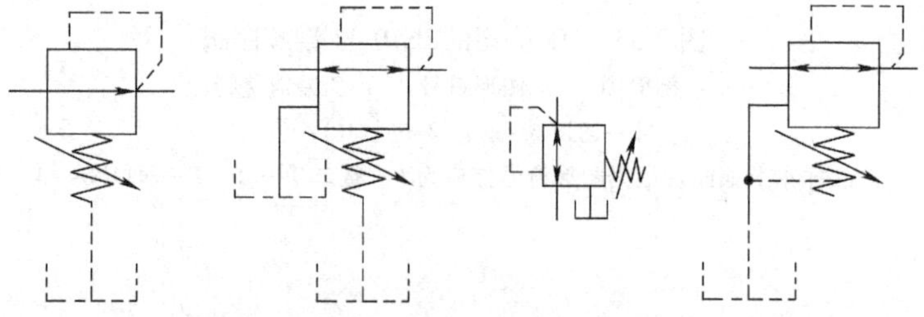

图4-1　减压阀的图形符号（根据GB/T786.1—2009建议）

a）减压阀　b）减压溢流阀　c）、d）减压溢流阀（弹簧腔与溢流口相通）

2）三通型，即常称的减压溢流阀（reducing/relieving valve），也称三通减压阀，图形符号如图4-1b所示。理论上来说，有四个端口：进口、限压口、溢流口、弹簧腔口。但一般减压溢流阀的弹簧腔口与溢流口都直接相通（见图4-1c、d），所以还是三端口。减压溢流阀可以通过其溢流功能防止限压口压力上升超过设定值。

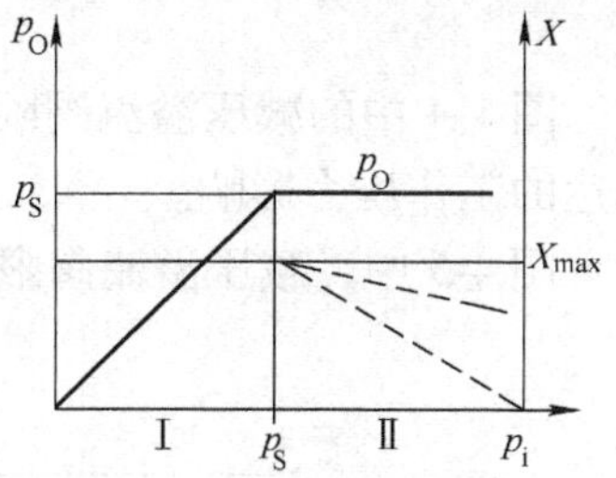

图4-2　减压阀的限压口压力受进口压力制约示意图
p_i—进口压力　p_O—限压口压力
p_S—设定压力　X—开口
X_{max}—最大开口

然而，如在绪言开始就指出的那样，液压阀只是一个“能改变通道开口的装置”。当限压口压力没达到设定压力时，减压阀所能做的，就是把通道尽量开大，仅此而已。因此，如图4-2所示，如果进口压力 p_i 低于减压阀的设定压力 p_S（区域Ⅰ），那限压口压力 p_O 也不可能高。直到进口压力 p_i 超过设定压力 p_S（区域Ⅱ），开口 X 才开始关小。实际开口大小情况还随着通过阀的流量而有所变化。

4.1.2　应用举例

如图4-3所示，在夹紧回路中常采用减压阀。

当夹紧液压缸的压力没有达到设定压力时，减压阀全开。

当夹紧液压缸的压力达到设定压力后，减压阀关闭，使夹紧压力不再上升，以避免由于过高的夹紧压力损坏工件。

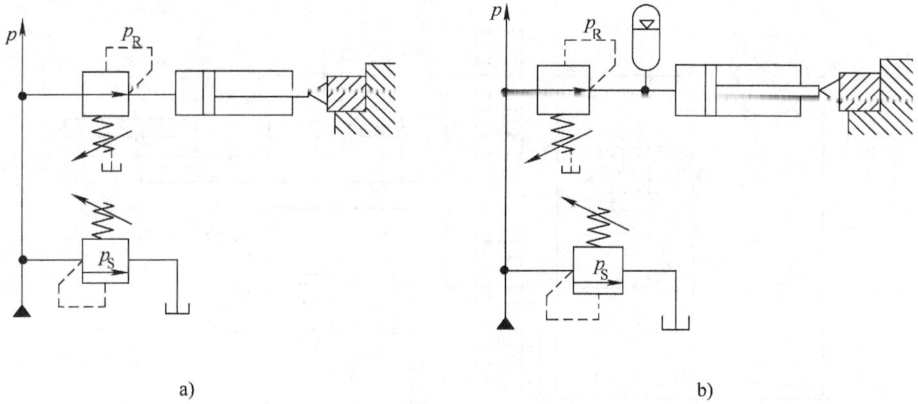

图4-3　减压阀用于夹紧回路示意图

但是，减压阀都是滑阀，存在泄漏。因此在该回路中，如果使用二通型的减压阀，夹紧缸中的压力还是可能由于减压阀的泄漏而超过设定值，缓慢上升。

同时，在回路失压时，因为泄漏，夹紧压力会逐渐下降。所以，如果要求持续保持夹紧，则要采取相应的辅助保压措施，例如蓄能器，如图 4-3b 所示，等。

图 4-4 中的减压溢流阀限制了松开液压马达刹车的最高压力，使之不受液压马达的工作压力影响。

图 4-5 中，减压溢流阀限制了后续部分回路的工作压力。

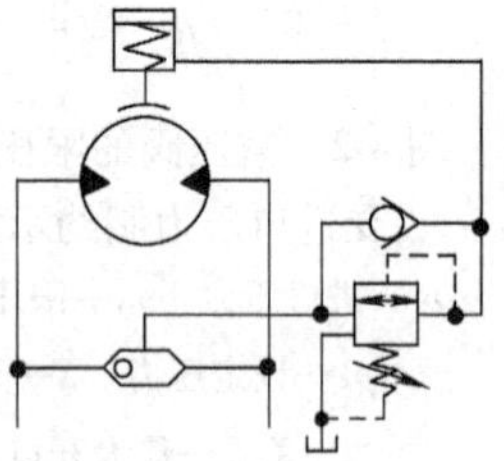

图 4-4 减压溢流阀用于刹车回路（ih）

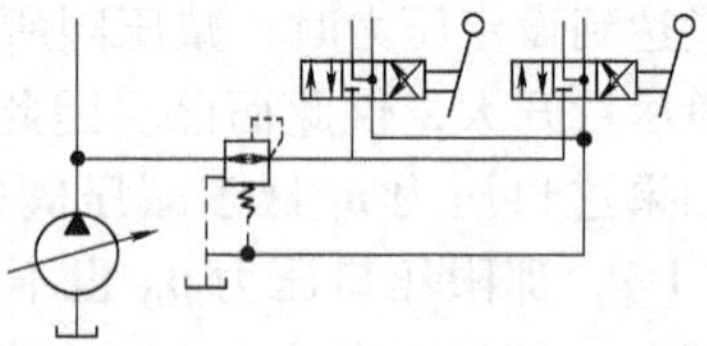

图 4-5 减压溢流阀用于多路驱动回路（ih）

图 4-6 中，减压阀 V1 限制液压马达的工作压力。减压阀 V3 作为二级控制阀，进一步限制液压马达某一方向的工作压力。

减压溢流阀 V2 则限制了液压缸无杆腔的工作压力。

虽然减压阀通常是个常开阀，但是反向一般都会关闭。如果不希望关闭，可以给弹簧腔加压，如 V2，或另接一个单向阀，如 V3。

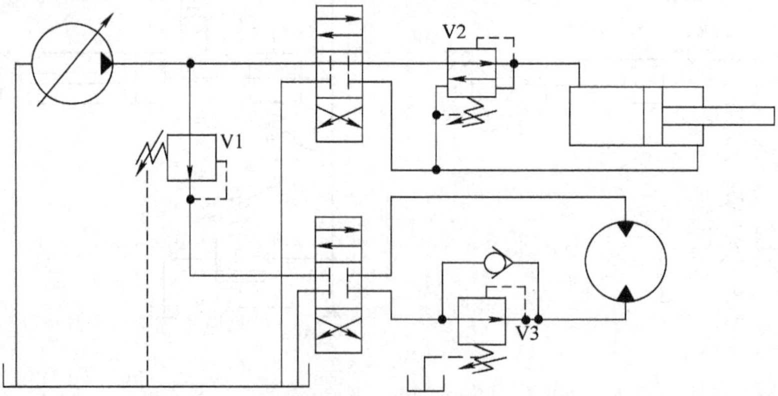

图 4-6 减压阀的应用示意图（SUN）

在图 4-3 和图 4-4 的应用中，通过减压阀的流量都比较小。而在图 4-5 和 4-6 的应用中，通过减压阀的流量就比较大，特别是图 4-6 中 V3，因为马达持续旋转，就需要持续的流量供应。

4.2　二通型减压阀

二通型减压阀（以下简称减压阀）一般有三个端口（见图4-7）。因为弹簧腔的压力会影响设定值，因此都有单独端口（端口3），通常应该直接接回油。

减压阀的种类不多。本节中，分为直动型、先导型、气控比例型和电比例型介绍。

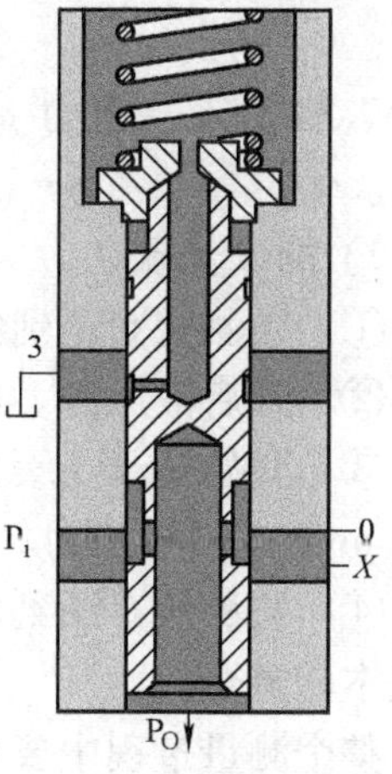

图4-7　减压阀结构示意图

P_i—压力油进口　P_O—限压口

3—弹簧腔端口　X—开口量

4.2.1　稳态特性与测试

减压阀的稳态特性主要从以下三方面考察：

1）压差流量特性。

2）控制压力-流量特性。

3）内泄漏。

1. 压差流量特性

压差流量特性反映了通道全开时，不同流量通过减压阀所引起的压降。因为这时的流量是必须的，通常希望压降尽可能地低。

因为是通道开口全开，固定不变，所以测试曲线通常是一抛物线，如一固定节流口（见图4-8）。

（1）减压阀测试回路　测试回路可以参照图4-9搭建。图中：

1—液压源。

2—安全阀。设定值必须略高于测试范围。

3—压力表，监控用。

4—温度计。

5—压力传感器。用进口压力代替进出口压差的条件是：出口到油箱的管道短而粗，从而，3b的显示值相对3a的小得多，可以忽略。不然的话，在3b处还要再设一个压力传感器。

6—被测阀。

7—流量传感器。

8—节流阀，旁路加载用。

9—X-Y记录仪，或数字示波器，或计算机数据采集记录显示系统。

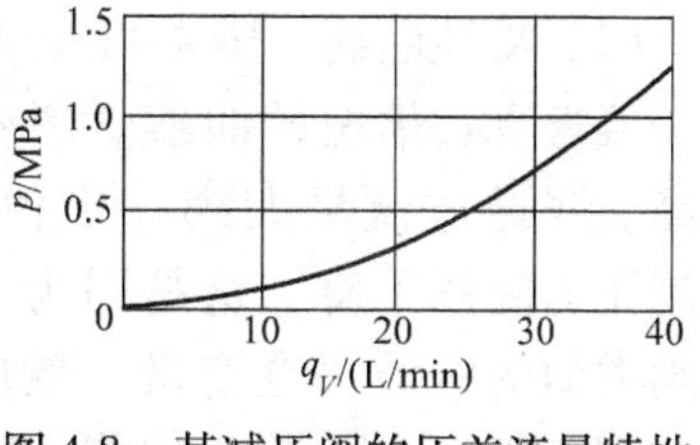

图4-8　某减压阀的压差流量特性

（2）测试过程

1）准备阶段。连接X-Y记录仪：流量 q_{V7}

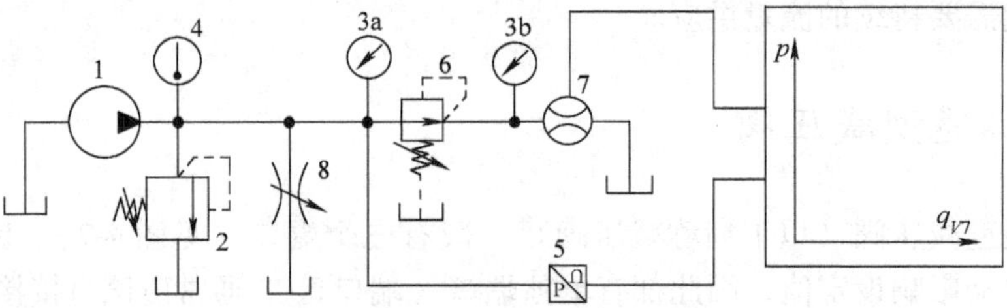

图 4-9 减压阀压差流量特性测试回路

作为 X 轴输入，压力 p_5 作为 Y 轴。使油温达到预定值。一般常选 32 号油，40℃。

2）测试步骤

① 被测阀 6 调到给定压力调节范围的最小值。节流阀 8 全开。

② 开启液压源。此时，流量 q_{V7}、压力 p_5 几乎为零。

③ 开始记录。缓慢关闭节流阀 8，流量 q_{V7} 缓慢增加，直至测定流量，或压力 p_5 接近设定压力。暂停记录。节流阀 8 全开。

④ 被测阀 6 调到给定压力调节范围的最大值，重复步骤③。结果应与前面基本相重合。

整个测量过程中要保持油温相对固定。这样得到的测试曲线即为该阀的压差流量特性。典型测试曲线可参见图 4-8。

2. 控制压力-流量特性

（1）理论分析 控制压力-流量特性反映了在通过不同流量时限压口的压力变化情况。

理论上，当然希望这个控制压力保持恒值，不受通过流量的影响。但实际上，随着通过流量的增大，控制压力都会有不同程度的下降，如图 4-10 所示。

这是因为，随着通过限压口的流量 q_V 增大，阀开口 X 必须增大，因此，调压弹簧的压缩量相应减少（见图 4-7），从而与之相平衡的控制压力也相应减少。另外，液动力总是趋于使阀口关小的方向，在图 4-7 是往上，与控制压力同向，随着通过限压口的流量 q_V 增大而增大，这也在一定程度上降低了控制压力。

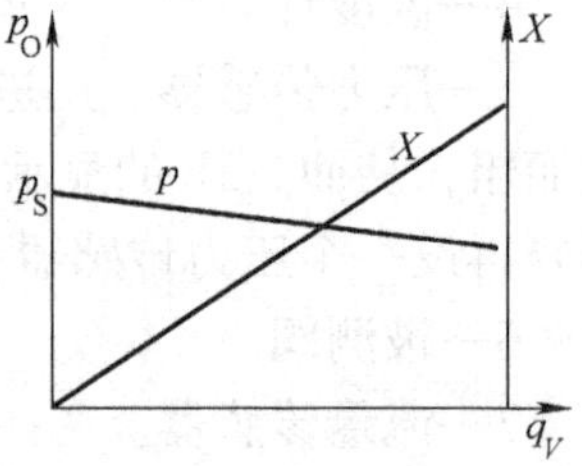

图 4-10 减压阀控制压力-流量特性示意图

p_O—控制压力 p_S—设定压力 X—通道开口量 q_V—通过开口的流量

（2）特性曲线 图 4-11 为某一产品样本上提供的，接近真实情况的曲线。图中，曲线 1 的设定值较高。当通过流量大到一定值（约 22L/min）时，控制压力陡然下降。这是因为，这时，出现了与溢流阀类似的所谓“全流量”效应：阀口已经开到最大，阀已经失去了调压功能，因此，通过阀口的压降随流量呈抛物线增长。使用中要考虑到这点，必要时要避免。

曲线2的设定值较低，出现“全流量”的流量值也要大得多。这是因为，两条曲线是在同一进口压力的情况下测得的。设定值低，即意味着，开口两边的压差大，通过相同流量所需的开口就小，这样到全开口也迟一些。

另外，由于阀芯与阀体间总有摩擦力，因此实测曲线会有滞回：流量上升时和流量下降时的曲线不重合。

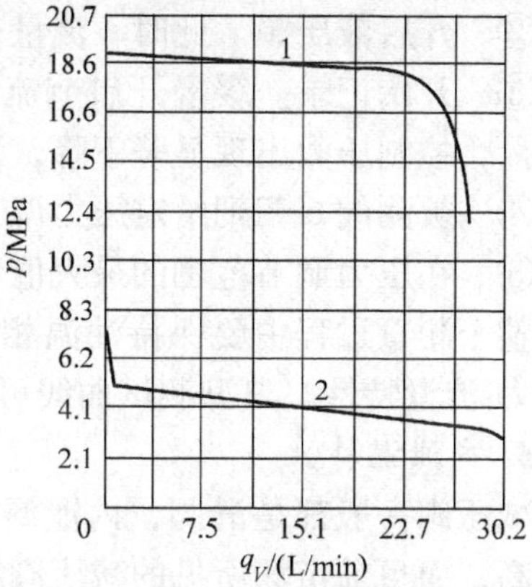

图4-11 某减压阀的控制压力-流量特性
1—高设定压力 2—低设定压力

（3）测试回路 测试回路可以参照图4-12搭建。图中：

1—液压源。

2—进口压力控制阀（溢流阀）。设定值必须高于测试范围。

3—压力表，监控用。

4—温度计。

5—压力传感器。

6—被测阀。

7—流量传感器。

8—节流阀，加载用。

9—X-Y记录仪，或数字示波器，或计算机数据采集记录显示系统。

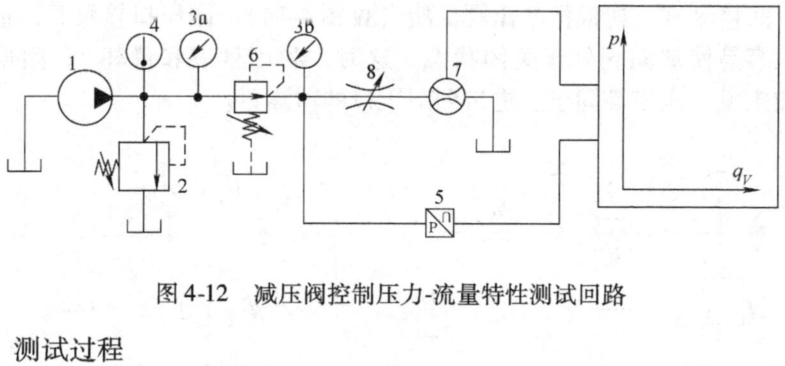

图4-12 减压阀控制压力-流量特性测试回路

（4）测试过程

1）准备阶段。连接X-Y记录仪：流量q_{V7}作为X轴输入，压力p_5作为Y轴。使油温达到预定值。一般常选32号油，40℃。

2）测试步骤

① 被测阀 6 调到给定压力调节范围的最小值。节流阀 8 全关。

② 开启液压源。此时，流量 q_{V7}应几乎为零，压力 p_5 应低于进口压力 p_{3a}。

③ 开始记录。缓慢开启节流阀 8，流量 q_{V7}缓慢增加，直至测定流量，或全流量，控制压力出现显著下降，再缓慢关闭节流阀 8。暂停记录。

④ 被测阀 6 调到给定压力调节范围的最大值，重复步骤③。

⑤ 在压力调节范围的最大值和最小值之间再设定几个值，重复步骤③。

整个测量过程中要保持油温相对固定。这样得到的测试曲线即为该阀的控制压力-流量特性。典型测试曲线可见参见图 4-11。

3. 内泄漏特性

减压阀一般都是滑阀，内泄漏不可避免。因为在大多数的工况下，进口压力最高，而目前市场所见的减压阀结构大多如图 4-7 所示，因此，内泄漏就只会发生在从进口到弹簧腔口和从进口到限压口。

从进口到弹簧腔口的内泄漏，只要相对泵的工作流量不是太大，在一般情况下，不会带来大问题。

但从进口到限压口的内泄漏就不同。如果限压口连通一个液压缸（例如图 4-3、图 4-4)，在液压缸已经走到底后，经过一段时间，内泄漏就会导致压力进一步上升。原本期望的限压功能就不能实现。

内泄漏量可以直接测试，也可以间接测试。

（1）直接测试　减压阀的从进口到限压口的内泄漏，理论上，应该参照图 4-13 的回路搭建，直接测试。但实际上不容易完成测试。因为，唯有当限压口压力 p_{3b}达到设定压力后，进口到限压口的通道才会关闭，这时才能测内泄漏。而内泄漏量一般都很小，节流阀 8 很难调到：既有泄漏量通过，又能保持压力 p_{3b}稳定在关闭压力。

（2）间接测试　如果把减压阀反接（见图 4-14）：限压口接泵源，进口接油箱。就很容易使被测阀处于关闭状态。这时，利用秒表和量杯 7，测得的泄漏量，一般来说，应该等同于从进口到限压口的泄漏量。

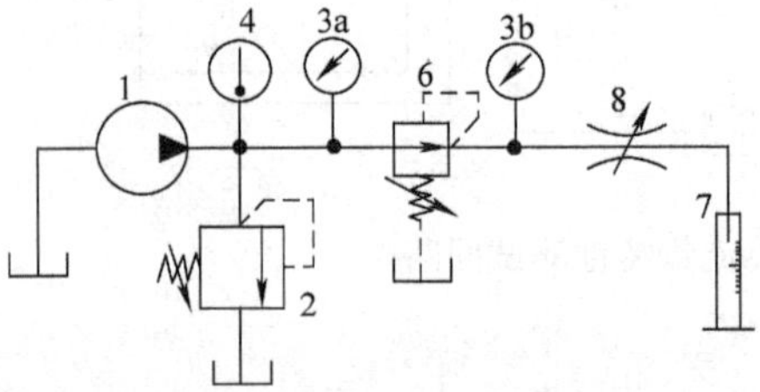

图 4-13　减压阀内泄漏直接测量回路

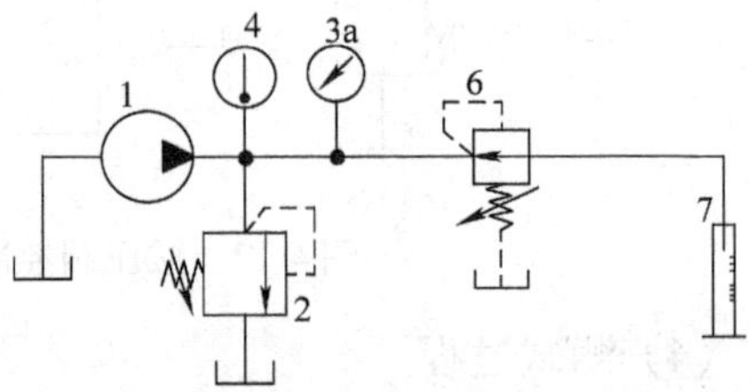

图 4-14　减压阀内泄漏间接测量回路

4.2.2 动态特性与测试

作为减压阀，希望能够保持限压口压力恒定，不管进口压力、限压口流量如何波动。但实际上进口压力和限压口流量的波动肯定会对限压口压力带来影响。

考虑到减压阀也有“全流量”效应。在“全流量”时，出口压力已不能正常控制。所以，动态特性测试时，要避免进入“全流量”区域。

1. 进口压力波动对限压口控制压力的影响。

（1）测试回路　测试回路可以参照图4-15搭建。图中：

1—液压源。

2—溢流阀。

3—压力表，监控用。

4—温度计。

5—压力传感器。重点是限压口压力 p_{5b}。

6—被测阀。

7—流量传感器。

8—节流阀，加载用。

GB/T8105—1987（ISO6403：1988）推荐的回路中仅有8c，无8a和8b。

无8b，就必须利用溢流阀2的设定压力作为阶跃输入压力，溢流阀需要有很好的动态响应特性。

无8a，就意味着，初始压力几乎为零，被测阀全开。测试结果是压力 p_{5b} 从零开始飞升到设定压力。

使用节流阀8a和8b，可以测试被测阀已经部分关闭后，保持压力 p_{5b} 在设定压力的能力，这是在很多实际应用中关心的重点。

9—切换阀。切换时间越短越好。

10—数字示波器，或计算机数据采集记录显示系统。

（2）测试过程

1）准备阶段。连接记录仪：压力 p_{5a}、p_{5b} 作为Y轴。使油温达到预定值。

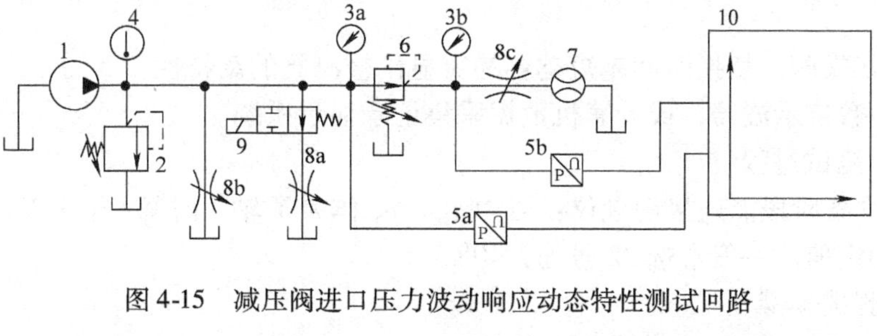

图4-15　减压阀进口压力波动响应动态特性测试回路

一般常选 32 号油，40℃。

2）测试步骤

① 被测阀 6 调到给定压力调节范围的最小值。

② 开启液压源。

切换阀 9 得电，调节节流阀 8b，使压力 p_{5a}显著高于被测阀的设定值，接近但低于溢流阀 2 的设定值。

切换阀 9 失电，调节节流阀 8a，使压力 p_{5a}高于被测阀的设定值。

调节节流阀 8c，使压力 p_{5b} 在切换阀 9 开启和关闭时都接近被测阀的设定值。

③ 切换阀 9 失电。

④ 开始记录。切换阀 9 得电。压力 p_{5a}从一个低值飞升到一个高值。p_{5b}最初上升，经过波动，回到设定值。停止记录。

⑤ 被测阀 6 调到给定压力调节范围的最大值，重复步骤②～④。

⑥ 在压力调节范围的最大值和最小值之间再设定几个值，重复步骤②～④。

2. 限压口流量波动对限压口控制压力的影响。

（1）测试回路 测试回路可以参照图 4-16 搭建。图中：

1—液压源。

2—压力控制阀。用于保持进口压力大致恒定。

3—压力表，监控用。

4—温度计。

5—压力传感器。重点是限压口压力 p_{5b}。

6—被测阀。

7—流量传感器。

8—节流阀，加载用。

如果被测阀仅用于油缸或刹车回路中，如图 4-3，4-4。节流阀 8b 及相应通道也可以放弃。这样，切换阀的关闭就模拟了油缸走到底的状况。

甚至 8a 也可以放弃，这样就模拟了从全开到全关这种极端情况时的响应特性。

9—切换阀。切换时间越短越容易突显出被测阀的动特性。

10—数字示波器，或计算机数据采集记录显示系统。

（2）测试过程

1）准备阶段。连接记录仪：压力 p_{5a}、p_{5b}作为 Y 轴。时间 t 作为 X 轴。使油温达到预定值。一般常选 32 号油，40℃。

2）测试步骤

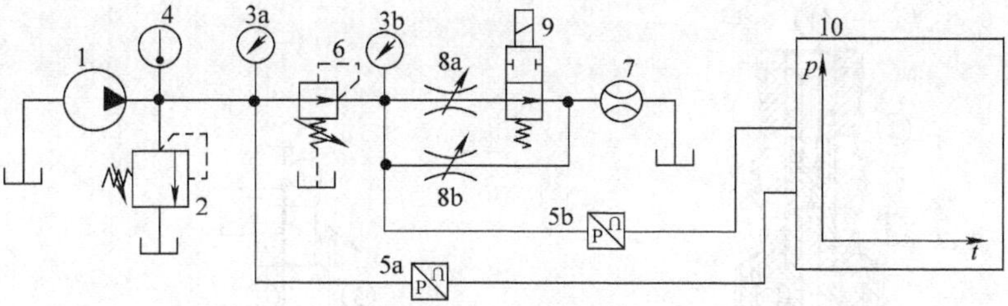

图4-16 减压阀限压口流量波动响应动态特性测试回路

① 被测阀6调到给定压力调节范围的最小值。

② 开启液压源。

切换阀9得电，调节节流阀8b，通常可以关得很小，只要流量q_{V7}不为零即可。

切换阀9失电，调节节流阀8a，使流量q_{V7}有显著变化，但压力p_{5b}还是接近被测阀的设定值。

③ 开始记录。切换阀9得电。压力p_{5b}经过波动，还是基本保持在设定值。

④ 切换阀9失电。等压力p_{5b}稳定后，停止记录。

⑤ 被测阀6调到给定压力调节范围的最大值，重复步骤②～④。

⑥ 在压力调节范围的最大值和最小值之间再设定几个值，重复步骤②～④。

典型测试结果可以参见图4-30。

4.2.3 直动型减压阀

HF公司的PR10-31型减压阀（见图4-17）：

（1）特性

许用压力：21MPa。耐压试验压力：39MPa。

减压调节范围：4.8～24.1MPa。

流量：见图4-17c。

（2）工作原理 如果限压口①的压力低于设定值（弹簧预紧压力）加端口③的压力，通道②→①通。如果限压口①的压力高于设定值加端口③的压力，阀芯被推向③，通道②→①关闭。

4.2.4 先导型减压阀

SUN公司的PBDB型减压阀（见图4-18）：

（1）特性

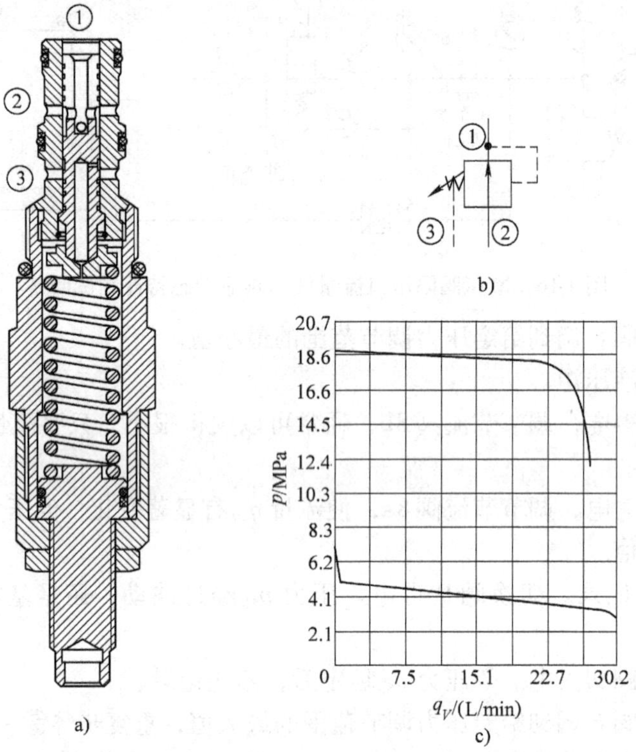

图 4-17　HF 公司的 PR10-31 型减压阀

a）剖面图　b）图形符号　c）控制压力-流量特性

许用压力：35MPa。

控制压力：0.35 ~ 31.5MPa，5 档。

进口和限压口间的压差最高分别为 14MPa 和 21MPa。

端口 3 的压力直接影响控制压力，不应该超过 35MPa。

出厂设定时，限压口关闭。

测定流量：40L/min。

先导液流：0.11 ~ 0.16L/min。

（2）工作原理　限压口①的压力通过主阀芯上的节流孔作用于主阀芯两端及先导溢流阀芯。

如果此压力低于先导溢流阀的开启压力，则不能开启先导阀，就没有先导液流。主阀芯两端压力平衡，在主弹簧的作用下，压住主阀芯。通道②→①通。

如果此压力高于先导阀的开启压力，就开启先导阀，形成先导液流。先导液流通过节流孔形成的压差作用于主阀芯两端，如果此压差超过主弹簧的预紧压力，推动主阀芯，关闭通道②→①。

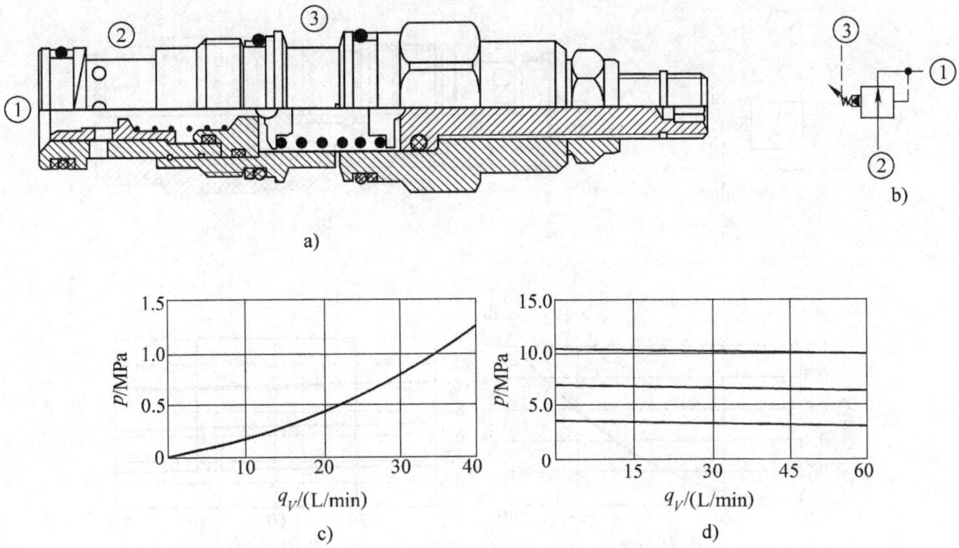

图 4-18　SUN 公司的 PBDB 型减压阀

a）剖面图　b）图形符号　c）压差流量特性　d）控制压力-流量特性

4.2.5　气控比例型减压阀

SUN 公司的 PBFC 型减压阀（见图 4-19）：

（1）特性

先导型。

许用压力：14MPa。

控制压力与气控压力大致成比例，约为 20 倍。

最高气控压力：1.05MPa。

控制压力：0.35～10.5MPa。

进口和限压口间的压差不能超过 21MPa。

端口③的压力影响控制压力，不应该超过 7MPa。

测定流量：80L/min。

先导液流：0.16～0.25L/min。

（2）工作原理　限压口①的压力通过主阀芯上的节流孔作用于主阀芯两端和先导溢流阀芯。

如果限压口的压力低于气控压力乘作用面积比，则不能开启先导阀，就没有先导液流。主阀芯两端压力平衡，在主弹簧的作用下，压住主阀芯。通口②、①互通。

如果限压口的压力高于气控压力乘作用面积比，就开启先导阀，形成先导

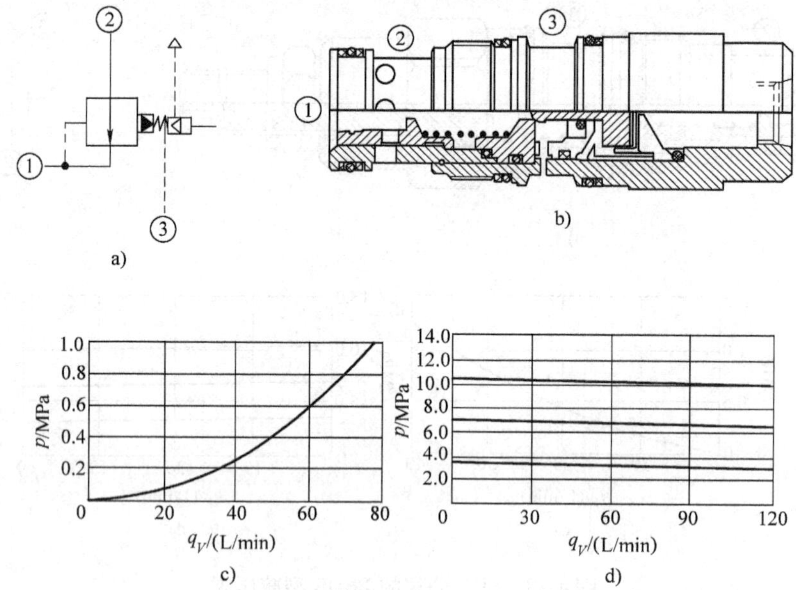

图 4-19　SUN 公司的 PBFC 型减压阀

a）剖面图　b）图形符号　c）压差流量特性　d）控制压力-流量特性

液流。先导液流通过节流孔形成的压差作用于主阀芯两端。如果此压差超过主弹簧的预紧压力，推动主阀芯，关闭通道②→①。

4.2.6　电比例型减压阀

SUN 公司的 PBDB-8 型减压阀（见图 4-20）：

该阀是在先导型减压阀 PBDB（4.2.4 节）的基础上做了些改动——去除了调压螺杆和先导阀芯，改成孔型 T-8A——形成的一个外控型阀。该阀不能单独工作，还需配一个外控的先导阀。如果配了 SUN 的电比例溢流阀 RBAP（2.9.2 节），就成了一个电比例减压阀。

（1）特性

许用压力：35MPa。

最低控制压力：0.17MPa 和 0.7MPa 两种，实际控制压力由外控阀决定。

端口③的压力直接影响控制压力，不应该超过 35MPa。

测定流量：40L/min。

先导液流：0.11 ~0.16L/min。

（2）工作原理（见图 4-21）　限压口①的压力通过主阀芯上的节流孔作用于主阀芯两端和先导阀。

如果限压口①的压力低于电比例先导溢流阀的开启压力，不能开启先导阀，

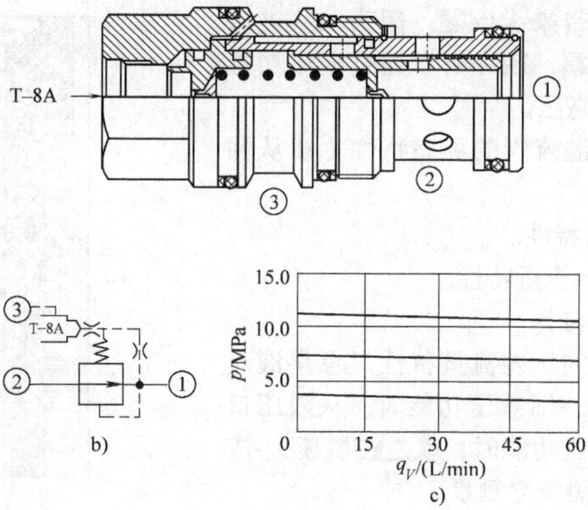

图 4-20　SUN 公司的 PBDB-8 型减压阀

a）剖面图　b）图形符号　c）控制压力-流量特性

就没有先导液流。主阀芯两端压力平衡，在主弹簧的作用下，压住主阀芯。②→①通。

如果限压口的压力高于先导溢流阀的开启压力，就开启先导阀，形成先导液流。先导液流通过节流孔形成的压差作用于主阀芯两端，如果此压差超过主弹簧的预紧压力，就顶推主阀芯，关闭通道②→①。

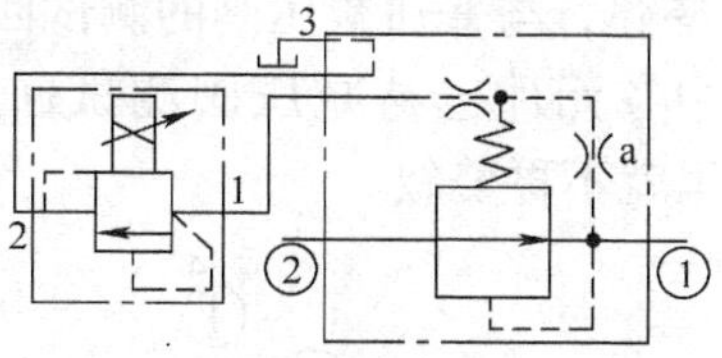

图 4-21　PBDB-8 型 + RBAP 型组成的电比例减压阀

4.3　三通型减压阀

三通型减压阀，以下称减压溢流阀，其结构如图 4-22 所示。右半边是处于减压状态，左半边是处于溢流状态。

其结构与减压阀很相似。只是阀体上通溢流口的通流面积要大一些，因为这时，通过溢流口的不仅是弹簧腔的油，而且也可能有从限压口来的油。另外，阀芯上的轴向通流槽可能长一些，阀芯允许的行程长一些：在进油口关闭后，还可开启溢流口。

减压溢流阀的类型较单纯减压阀多，除了直动型、先导型、气控比例型和电比例型以外，还有外控加压型和外控卸荷型。

4.3.1　稳态特性与测试

减压溢流阀一般也都有内泄漏，但只要相对泵的工作流量不是太大，在一般情况下，不会带来大问题。因为，从进口到限压口的内泄漏，现在可以通过溢流功能流出，不会形成高压。

因此，减压溢流阀的稳态特性主要从两方面考察：

1）压差流量特性。

2）控制压力-流量特性。

1. 压差流量特性

减压溢流阀的压差流量特性只考察液流从进口到限压口，即减压功能时。从限压口到溢流口，即溢流功能时，就是控制压力-流量特性，所以不需重复测量。

测试回路如下：

进口到限压口的测试回路可以参照图 4-23 搭建，与普通减压阀的测试回路完全一致。图中各元件也与减压阀测试回路中的相似，这里就不再赘叙。

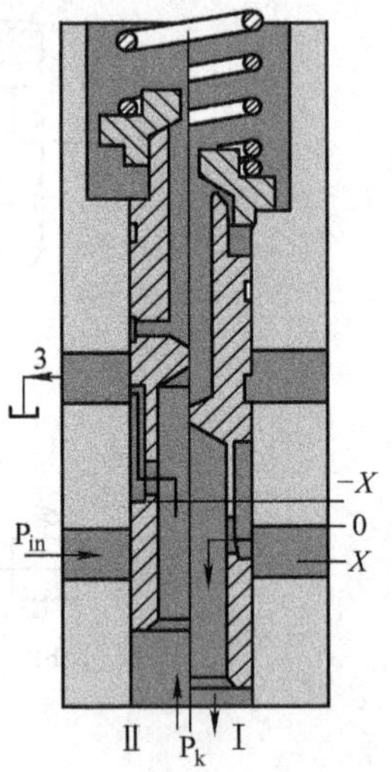

图 4-22　减压溢流阀的结构示意图
Ⅰ—减压状态　Ⅱ—溢流状态
P_k—控制压力口　P_i—压力油进口
3—溢流口　X—通道开口量

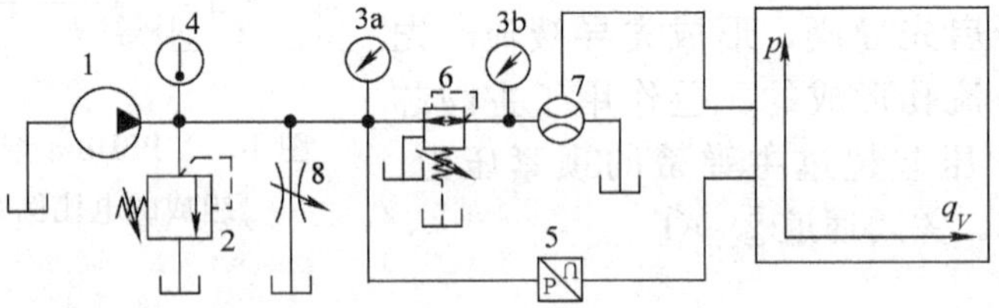

图 4-23　减压溢流阀进口到限压口的压差流量特性测试回路

2. 控制压力-流量特性

减压溢流阀的控制压力-流量特性必须要从两方面考察：

1）液流从进口流向限压口，即减压功能时。

2）液流从限压口流向溢流口，即溢流功能时。

（1）理论分析　图 4-24 所示为该特性的示意图。在区域Ⅰ中减压功能起作用。在区域Ⅱ中溢流功能起作用。

如果有一个负开口区——进口关闭后，溢流口不立刻开启——那控制压力就会有一个死区（dead band）。控制压力在此范围内波动，不受控制。

减小负开口量，就可以减小控制压力的死区，但从压力口到溢流口的内泄漏会相应增加。

另外，因为液动力总是趋于使阀口关闭的方向（见图 4-22）。

1）当压力介质从进口流向限压口，即减压功能时，液动力方向向上，减小控制压力。

2）当压力介质从限压口流向溢流口，即溢流功能时，液动力方向向下，增加控制压力。

所以，液动力也会增加控制压力的死区。

（2）测试曲线　图4-25为某减压溢流阀的测试曲线。从中可以看到滞回和溢流功能的全流量特性。

（3）测试回路　测试回路可以参照图4-26和图4-27搭建，与普通减压阀的测试回路完全一致。图中各元件也与减压阀测试回路中的相似，这里就不再赘叙。

要指出的是，如果测试回路按照图4-26和图4-27搭建，则因为测减压功能与测溢流功能时，进出口的连接方式不同，这些曲线就不能一次直接测出，而是分别测出，然后再合成在一张图上。如果要一次测出，则要再加换向阀，测试回路复杂些。

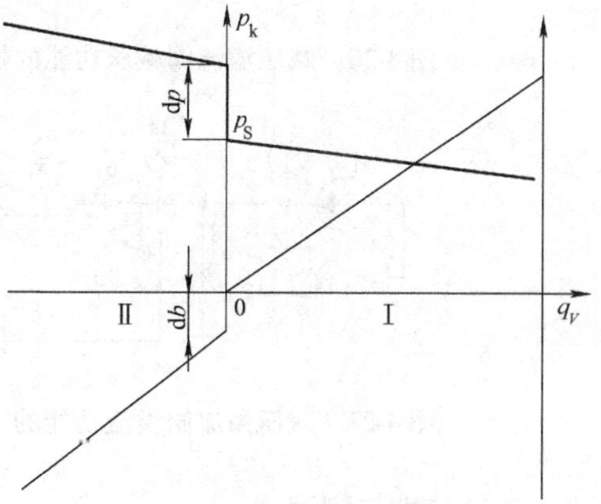

图4-24　减压溢流阀控制压力-流量特性示意图

Ⅰ—减压区域　Ⅱ—溢流区域　p_k—控制压力　p_S—设定压力　dp—控制压力波动　X—通道开口量　db—负开口量　q_V—通过开口的流量

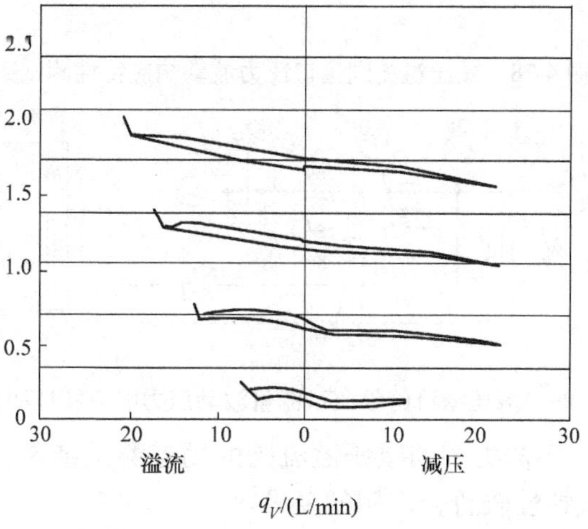

图4-25　某减压溢流阀实测的控制压力-流量特性

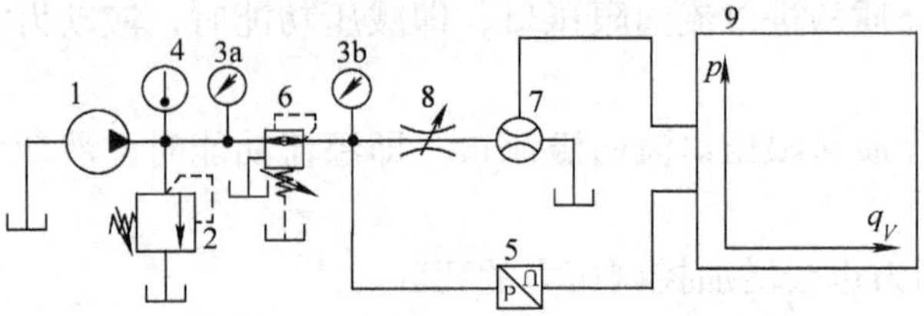

图 4-26 减压溢流阀减压功能的控制压力-流量特性测试回路

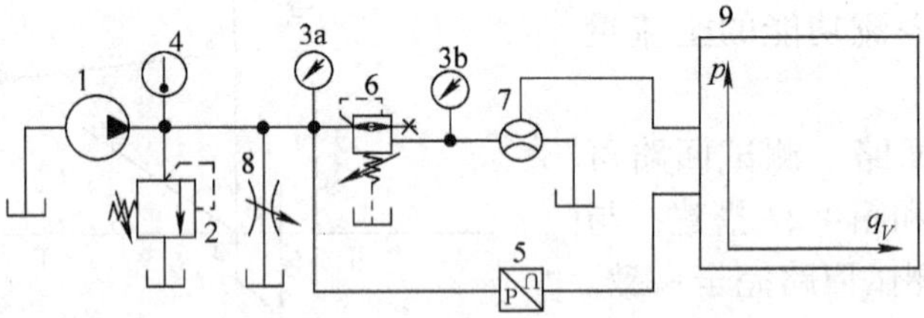

图 4-27 减压溢流阀溢流功能的控制压力-流量特性测试回路

4.3.2 动态特性与测试

减压溢流阀的动态特性测试与减压阀的相似（见 4.2.2 节）。这里就仅列出其测试回路（图 4-28、图 4-29），测试过程就不再赘叙了。

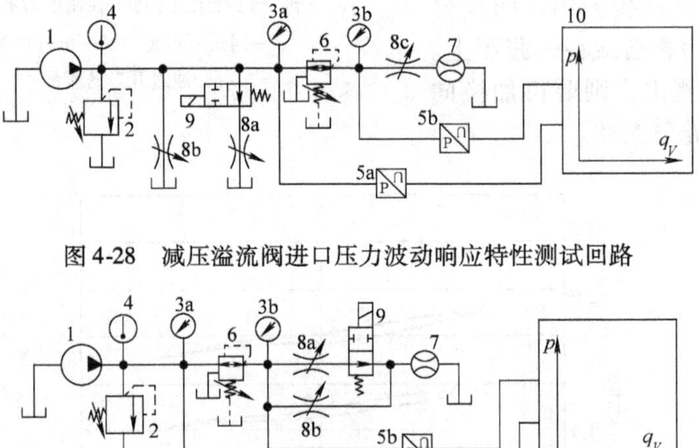

图 4-28 减压溢流阀进口压力波动响应特性测试回路

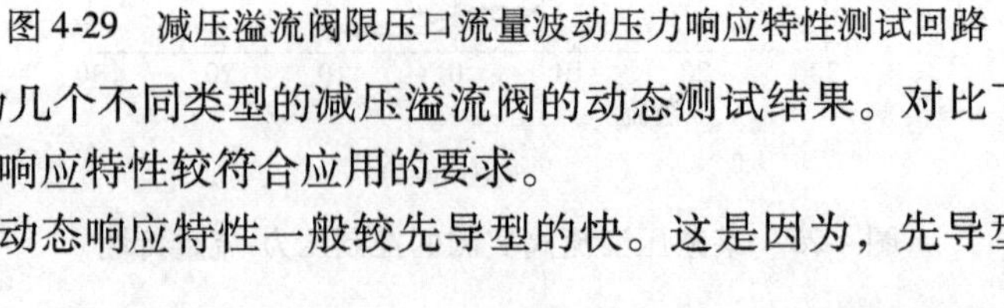

图 4-29 减压溢流阀限压口流量波动压力响应特性测试回路

图 4-30 为几个不同类型的减压溢流阀的动态测试结果。对比下来就可以看出，哪一类的响应特性较符合应用的要求。

直动型的动态响应特性一般较先导型的快。这是因为，先导型的要等到先导阀开启，有一定先导液流，造成压差，推动主阀芯后，才能关闭主通道，因此超调较大。

另外，减压溢流阀，由于阀芯在关闭进油通道时容易有过冲，立刻又开启了溢流油通道，因此，压力振荡较多。而减压阀，则由于没有溢流油通道，因此，几乎没有压力振荡。

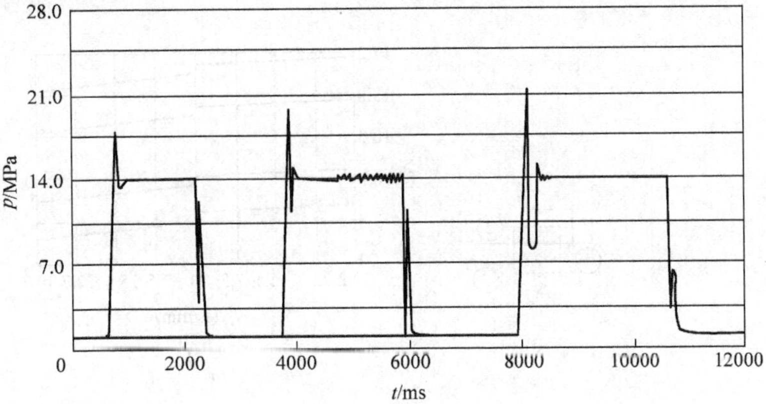

图 4-30 三个不同类型的减压溢流阀的动态响应特性测试对比

4.3.3 直动型减压溢流阀

市场常见的直动型减压溢流阀的结构类似，工作原理也基本相同（见图 4-31～图 4-33）。

如果通口①的压力低于设定值（弹簧预紧压力）加端口③的压力，则通口②、①互通。

如果通口①的压力高于设定值加端口③的压力，则推动阀芯，先关闭②→①通道；如果通口①的压力继续升高，约 1MPa，则通道①→③开启。

1. HF 公司的 PR10-32 型减压溢流阀（见图 4-31）

许用压力：20.7MPa。

减压调节范围：0.55～14.5MPa，4 档。

流量：见图 4-31c。

内泄漏，通口②→③：在压差 20.7MPa 时不大于 82mL/min。

2. PK 公司的 C02A3 型减压溢流阀（见图 4-32）

进口许用压力：42MPa。溢流口许用压力：42MPa。

调压范围：0.5～4MPa，2.5～7.5MPa，5～15MPa。

名义流量：20L/min。

3. SUN 公司的 PRDB 型减压溢流阀（见图 4-33）

许用压力：35MPa。

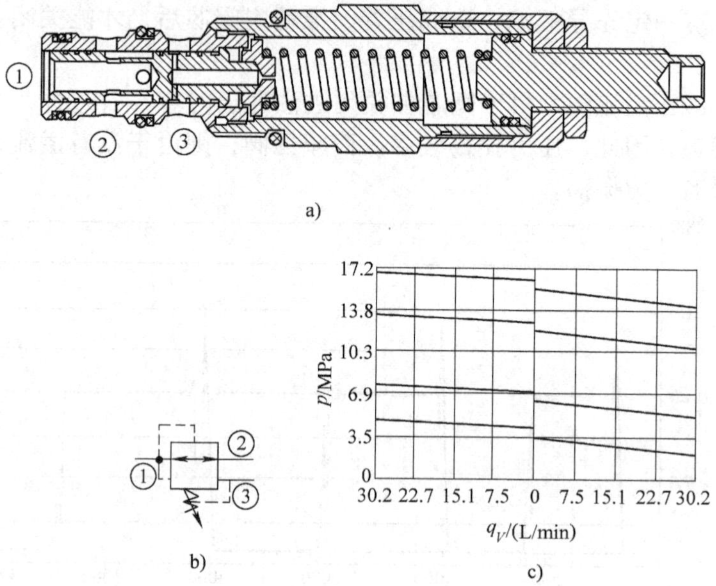

图 4-31 HF 公司的 PR10-32 型减压溢流阀

a）图形符号 b）剖面图 c）控制压力-流量特性

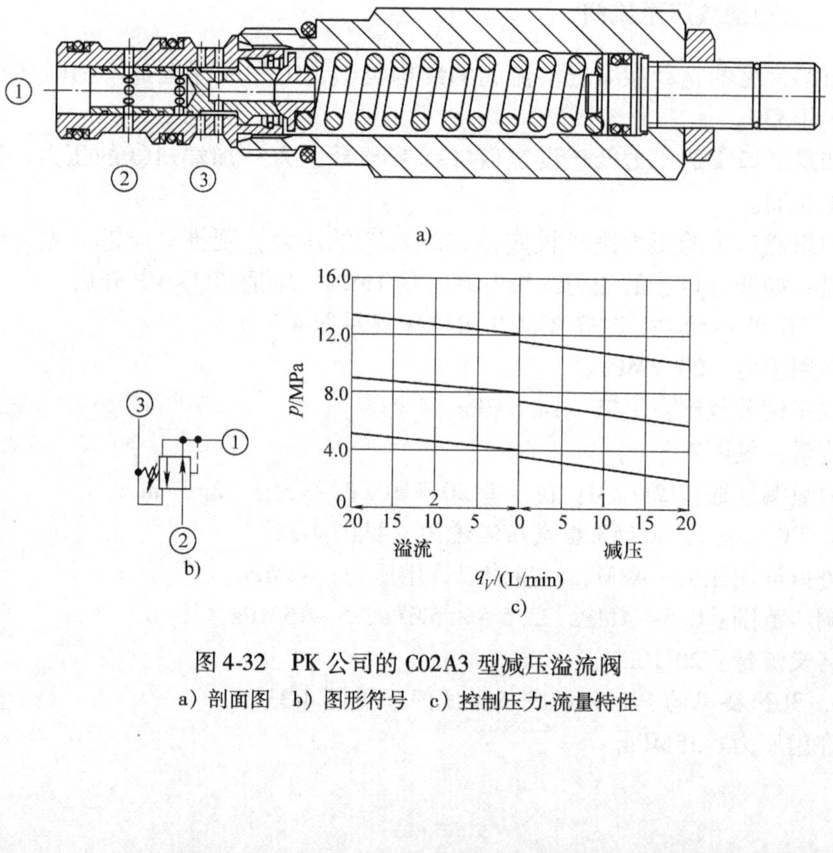

图 4-32 PK 公司的 C02A3 型减压溢流阀

a）剖面图 b）图形符号 c）控制压力-流量特性

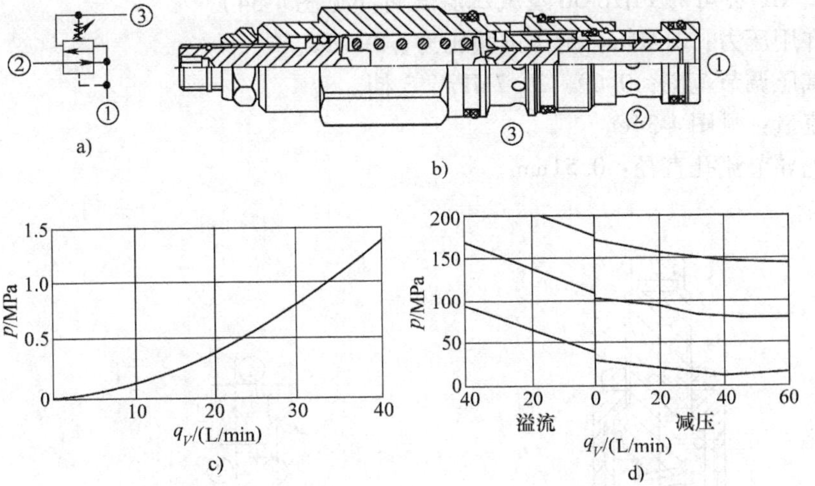

图 4-33　SUN 公司的 PRDB 型减压溢流阀

a）图形符号　b）剖面图　c）压差流量特性　d）控制压力-流量特性

调压范围：0.17～31.5MPa，5 档。

溢流口压力直接影响设定压力，不应该超过 21MPa。

出厂设定时，限压口①关闭。

流量：40L/min。

内泄漏：进口压力 14MPa 时，不超过 30mL/min。

SUN 的减压溢流阀的阀孔与减压阀阀孔相同，可互换（见 4.2.4 节 PBDB 型）。要注意的只是阀块上回油通道的设计。因为对于减压阀，其回油通道需流过的只是泄漏到弹簧腔的少量油，一般在 1L/min 以下。而对于减压溢流阀，则回油通道应该考虑到可能通过溢流阀的全部流量。

由于阀芯上端有一环形的背压腔，通过阻尼孔与阀芯下腔相连，形成一缓冲腔，可以获得振荡较小的动特性。

4.3.4　先导型减压溢流阀

市场上常见的先导型减压溢流阀的结构类似，工作原理也基本相同（见图 4-34～图 4-36）。

如果通口①的压力低于设定值（先导弹簧预紧压力）加端口③的压力，则通口②、①互通。

如果通口①的压力高于设定值加端口③的压力，则先开启先导阀。先导液流通过主阀芯上的节流孔造成的压差推动主阀芯，先关闭通道②→①；然后开启通道①→③。

1. HF 公司的 PR10-36 型减压溢流阀（见图 4-34）

许用压力：21MPa。耐压试验压力：39MPa。

减压调节范围：0.69 ~20.7MPa，3 档。

流量：见图 4-34c。

先导节流孔直径：0.51mm。

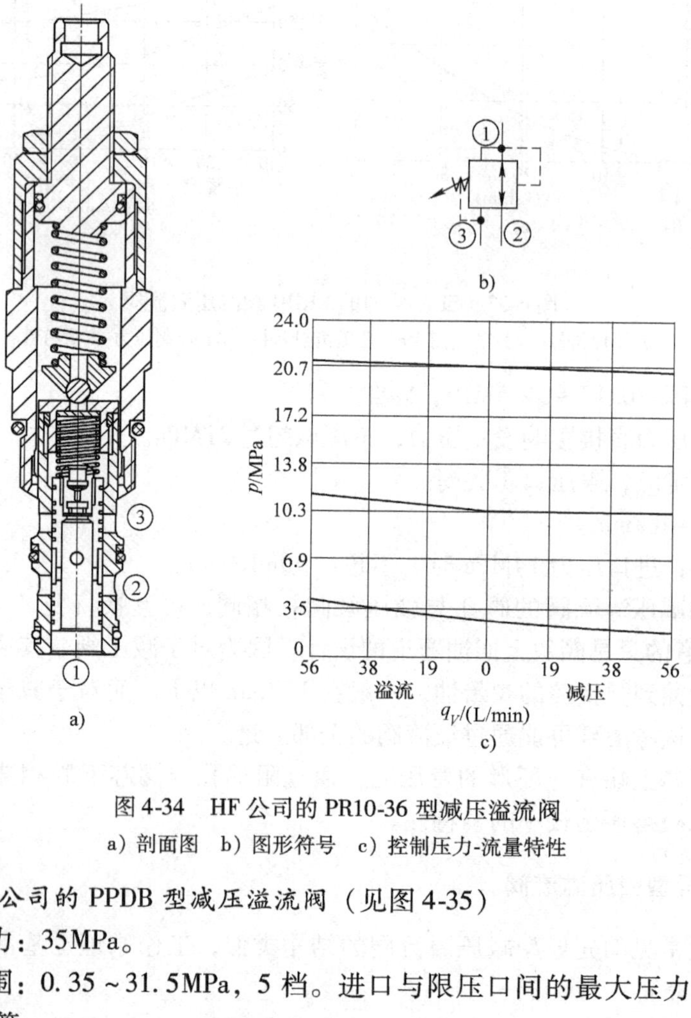

图 4-34　HF 公司的 PR10-36 型减压溢流阀

a）剖面图　b）图形符号　c）控制压力-流量特性

2. SUN 公司的 PPDB 型减压溢流阀（见图 4-35）

许用压力：35MPa。

调压范围：0.35 ~31.5MPa，5 档。进口与限压口间的最大压力差：14MPa 与 21MPa 不等。

溢流口压力直接影响设定压力，应该不超过 21MPa。

出厂设定时，限压口①关闭。

流量：40L/min。

先导液流：0.11 ~0.16L/min。

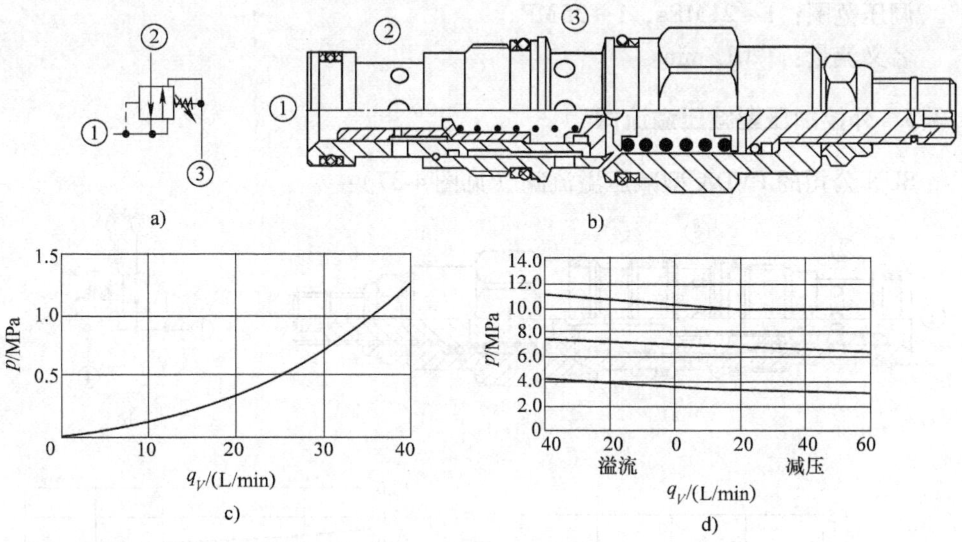

图 4-35 SUN 公司的 PPDB 型减压溢流阀

a）剖面图 b）图形符号 c）压差流量特性 d）控制压力-流量特性

3. ST 公司的 C04B3 型减压溢流阀（见图 4-36）

进口许用压力：42MPa。限压口许用压力：35MPa。

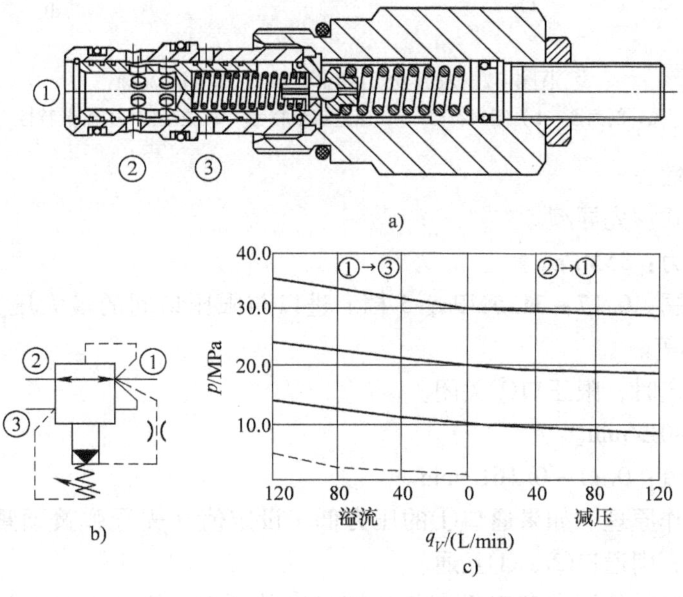

图 4-36 ST 公司的 C04B3 型减压溢流阀

a）剖面图 b）图形符号 c）控制压力-流量特性

--- 全流量特性

调压范围：1～21MPa，1～35MPa。

名义流量：120L/min。

4.3.5 外控加压型减压溢流阀

SUN公司的PVDA型减压溢流阀（见图4-37）：

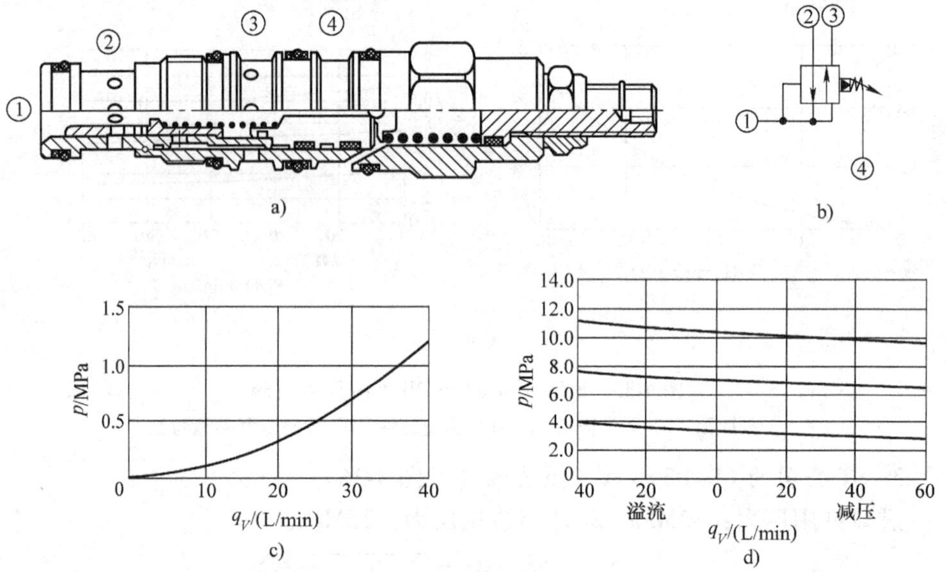

图4-37 SUN公司的PVDA型减压溢流阀

a）剖面图 b）图形符号 c）压差流量特性 d）控制压力-流量特性

（1）特性

结构形式：先导型。

许用压力：35MPa。

调压范围：0.17～31.5MPa，5档。进口与限压口间的最大压力差：14MPa与21MPa不等。

出厂设定时，限压口①关闭。

流量：40L/min。

先导液流：0.11～0.16L/min。

（2）工作原理 如果通口①的压力低于设定值（先导弹簧预紧压力）加端口④的压力，则通口②、①互通。

如果通口①的压力高于设定值加端口④的压力，则先开启先导阀，先导液流通过主阀芯上的节流孔造成的压差推动主阀芯往上，先关闭通道②→①；然后开启通道①→③。

因为弹簧腔有单独的端口④，所以可以通过此端口加压，来阻止切换。

4.3.6 外控卸荷型减压溢流阀

SUN 公司的 PVDB 型减压溢流阀（见图 4-38）：

（1）特性

结构型式：先导型。

许用压力：35MPa。

调压范围：0.17～31.5MPa，5 档。进口与限压口间的最大压力差：14MPa 与 21MPa 不等。

出厂设定时，限压口①关闭。

流量：40L/min。

先导液流：0.11～0.16L/min。

（2）工作原理 如果通口①的压力低于设定值（先导弹簧预紧压力）加端口③的压力，则通口②、①互通。

如果通口①的压力高于设定值加端口③的压力，则先开启先导阀，先导液流通过主阀芯上的节流孔造成的压差推动主阀芯，先关闭通道②→①；然后开启通道①→③。

因为主阀芯上腔有单独的端口④，所以，可以通过此端口卸荷，造成先导液流，使主阀切换，①到③通。

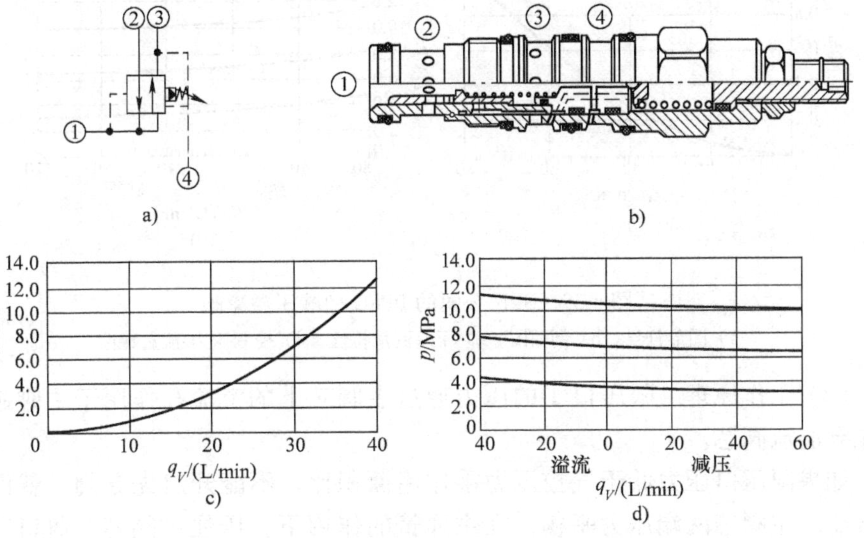

图 4-38 SUN 公司的 PVDB 型减压溢流阀

a）图形符号 b）剖面图 c）压差流量特性 d）控制压力-流量特性

4.3.7 气控比例型减压溢流阀

SUN 公司的 PPFC 型减压溢流阀（见图 4-39）：

（1）特性

结构型式：先导型。

许用压力：14MPa。

调压范围：0.35～10.5MPa。

控制压力∶气控压力 =20∶1。

最高气控压力：1.05MPa。

进口②与限压口①之间的压差不能超过 21MPa。

溢流口③的压力决定了最低控制压力，不能超过 7MPa。

流量：80L/min。

先导液流：0.16～0.25L/min。

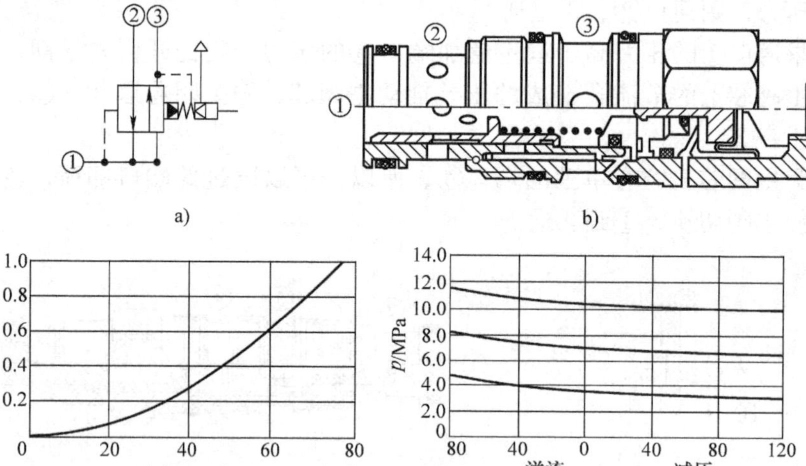

图 4-39 SUN 公司的 PPFC 型减压溢流阀

a）图形符号 b）剖面图 c）压差流量特性 d）控制压力-流量特性

（2）工作原理 限压口①的压力通过主阀芯上的节流孔作用于主阀芯两端和先导溢流阀芯。

如果限压口压力低于气控压力乘作用面积比，不能开启先导阀，就没有先导液流。主阀芯两端压力平衡，在主弹簧的作用下，压住主阀芯。通口②、①互通。

如果限压口压力高于气控压力乘作用面积比，就开启先导阀，形成先导液流。先导液流通过节流孔形成的压差作用于主阀芯两端，如果此压差超过主弹簧的预紧压力，就顶推主阀芯，关闭通道②→①，开启通道①→③。

4.3.8 电比例型减压溢流阀

电比例型减压溢流阀需要控制的是作用于阀芯的力，而不是阀芯位移。因此，比例电磁铁套筒组件的推杆直接和阀芯相连，把电磁力直接传递给阀芯。

1. ET公司的EPRV2-8型减压溢流阀（图4-40）

（1）特性

结构形式：直动型。

许用压力：3.5MPa。持久工作压力：3.5MPa。

调压范围。0~2.2MPa。

测定流量：7.6L/min。

（2）工作原理 电磁力往右。弹簧力往左。限压口①的压力对阀芯的合力也往左。

阀芯在最左位置时，限压口①通回油口③，不通压力口②。

阀芯在最右位置时，限压口①不通溢流口③，通压力口②。

受电磁力作用，阀芯往右，开启进油通道。电磁力越大，控制压力越高。

2. SUN公司的PRDP型减压溢流阀（见图4-41）

（1）特性

结构型式：直动型。

许用压力：35MPa。

端口③的压力直接影响控制压力，不应该超过21MPa。

调压范围：1.7~8MPa，3档。

名义流量：20L/min。

内泄漏②→③：压差14MPa时不大于41mL/min。

滞回：加颤振时小于4%，直流时小于8%。

线性度和重复性：加颤振时小于2%。

建议颤振频率：140Hz。

在从减压区到溢流区的过渡位置，各通道间是封闭的，因此，控制压力有一个死区。死区小于5%最高设定值，与具体设定值无关。

SUN公司另有一种PRDL型。其他结构完全相同，只是在过渡位置时，各通道间不完全封闭。因此，可以很好地控制压力，动特性和稳定性都好些，但有0.4L/min流量消耗。

（2）工作原理 当控制压力超过电磁力+弹簧预紧压力+回油端口压力时，阀芯被顶开，关闭通道②→①，开启通道①→③。

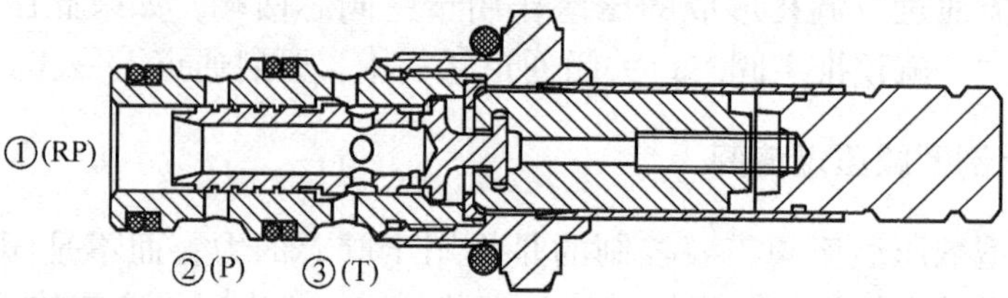

a)

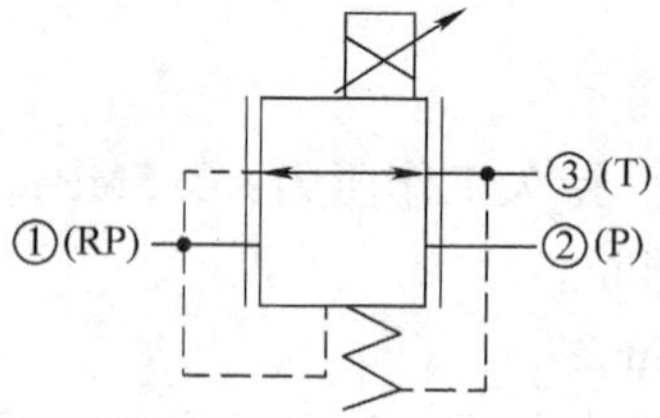

b)

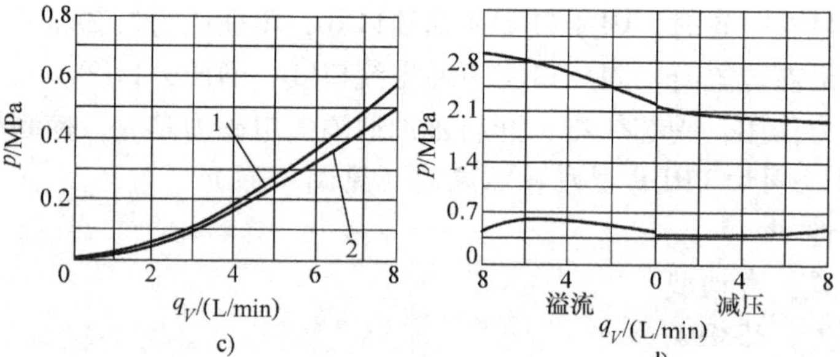

c) d)

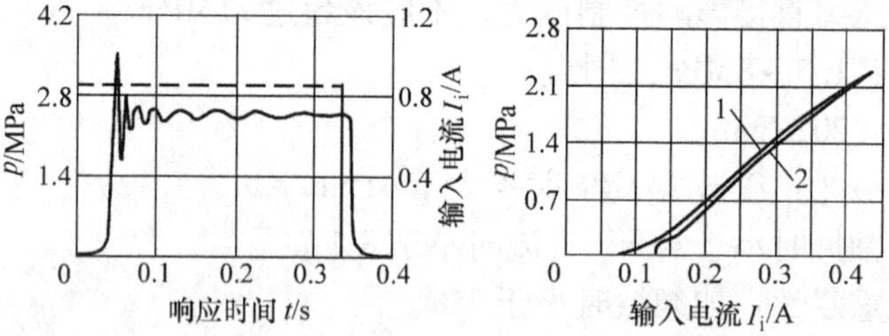

e) f)

图 4-40 ET 公司的 EPRV2-8 型减压溢流阀

a）阀剖面图 b）图形符号 c）压差流量特性 d）控制压力-流量特性

e）控制压力阶跃响应特性 f）输入电流控制压力特性

A—通口①→③ B—通口②→① 1—电流下降 2—电流上升

因此，控制电流越大，控制压力越高。

带缓冲腔，因此控制压力比较稳定。

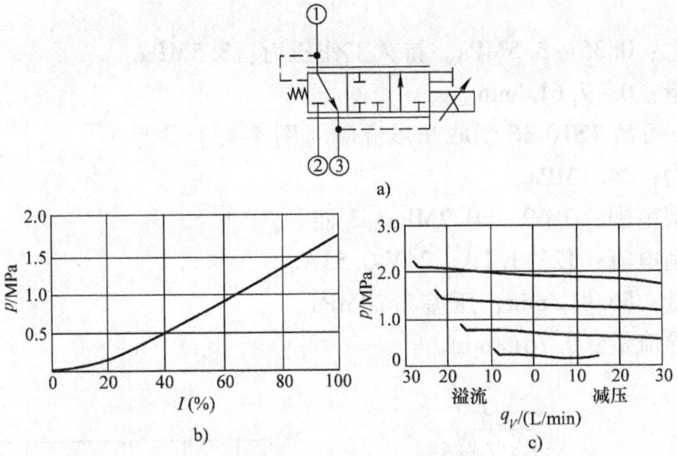

图4-41　SUN公司的PRDP型减压溢流阀

a）图形符号　b）控制电流-控制压力特性　c）控制压力-流量特性

3. ET公司的EPRV1-10型减压溢流阀（见图4-42）

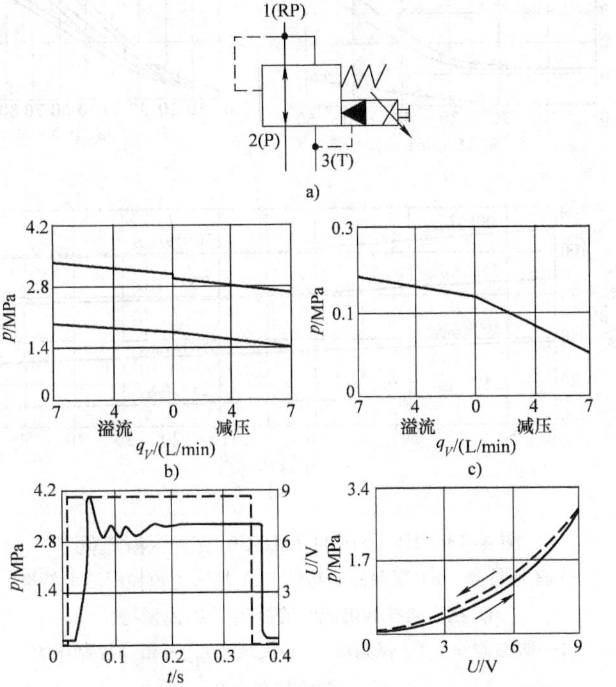

图4-42　ET公司的EPRV1-10型减压溢流阀

a）图形符号　b）控制压力-流量特性（得电时）　c）控制压力-流量特性（失电时）　d）输入电压阶跃响应　e）输入电压控制压力特性

先导型。

许用压力：0.35～3.5MPa。持久工作压力：3.5MPa。

测定流量：0～7.6L/min。

4. HF公司的TS10-36型减压溢流阀（图4-43）

许用压力：24.1MPa。

压力控制范围：0.69～20.7MPa，3档。

最大控制电流：12V-1.1A，24V-0.55A。

测定流量：56.8L/min，压差2.28MPa。

最高先导流量：0.76L/min。

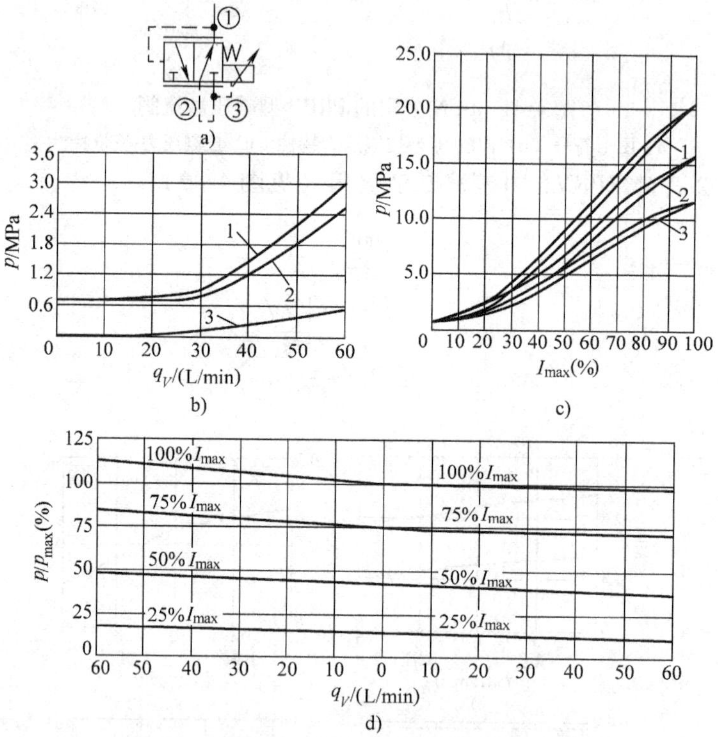

图4-43 HF公司的TS10-36型减压溢流阀

a）图形符号 b）压差流量特性 c）输入电流控制压力特性

d）在不同控制电流时的控制压力-流量特性

1—阀加阀块 2—仅阀块 3—仅阀 p_{max}—最高控制压力

I_{max}—最大控制电流

5. HF公司的EHPR08-33型减压溢流阀（图4-44）

许用压力：20.7MPa，溢流口：3.45MPa。

压力控制范围：0～2.6MPa，3档。

设计流量：4.0L/min，压差0.6MPa。

最高先导流量：0.76L/min。

颤振频率：200Hz。

最大控制电流：12V-1.2A，24V-0.6A。

滞回：3%。

阶跃响应时间：开启小于30ms，关闭小于12ms。

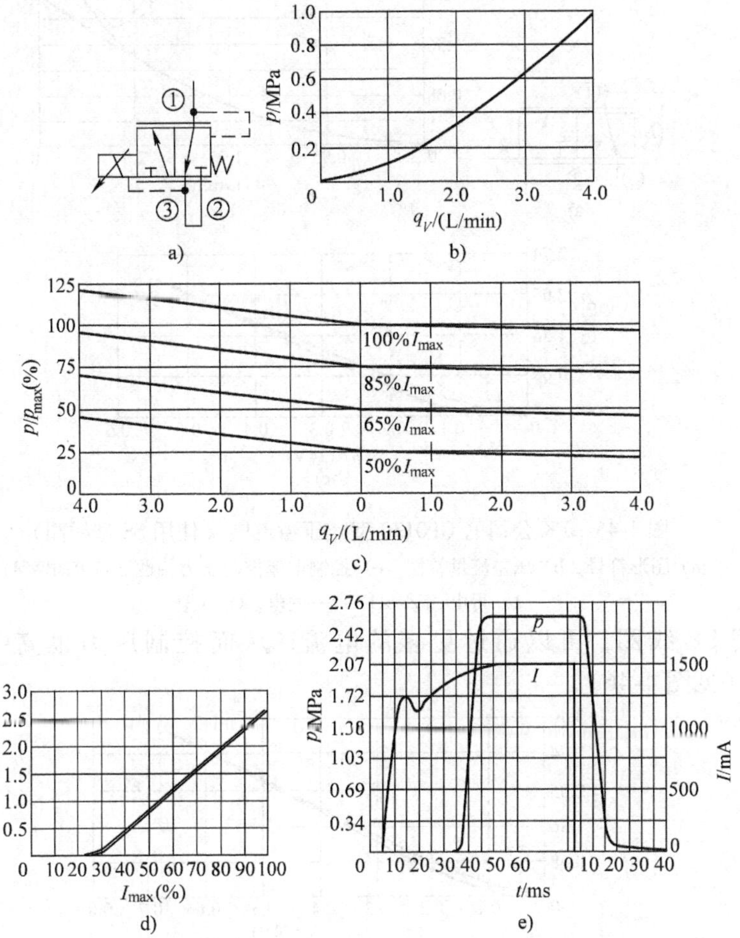

图4-44　HF公司的EHPR08-33型减压溢流阀

a）图形符号　b）压差流量特性（仅阀）　c）在不同控制电流时的控制压力-流量特性

d）控制电流控制压力特性　e）典型电压阶跃电流和控制压力响应特性

p_{max}—最高控制压力，I_{max}—最大控制电流

6. PK公司的GP0130型减压溢流阀（见图4-45）

用作先导阀。

许用压力：21MPa。溢流口：3MPa。

75%控制电流时最高控制压力：1.7MPa。

设计流量：1.9L/min，压差0.5MPa。

颤振频率：120Hz。

最大控制电流：12V-1.2A，24V-0.6A。

滞回：2%。

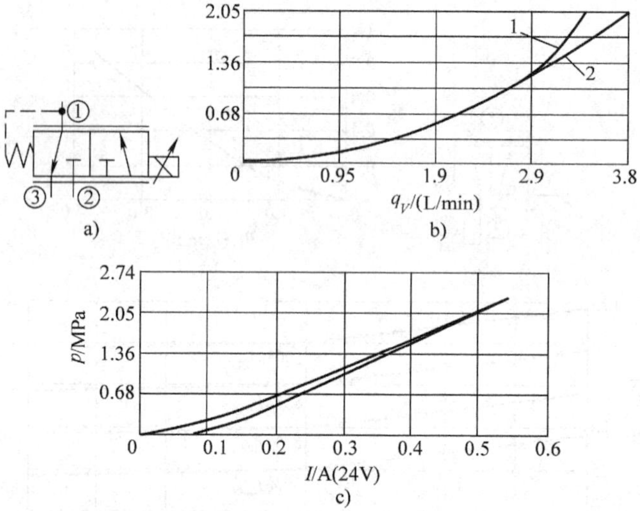

图4-45 PK公司的GP0130型减压溢流阀（使用SS型线圈）

a）图形符号 b）压差流量特性 c）控制电流控制压力特性（120HzPWM）

1—得电，②→① 2—失电，①→③

使用SP线圈，可以通过更多的电流，从而控制压力也高一些，约到3.2MPa（见图4-46）。

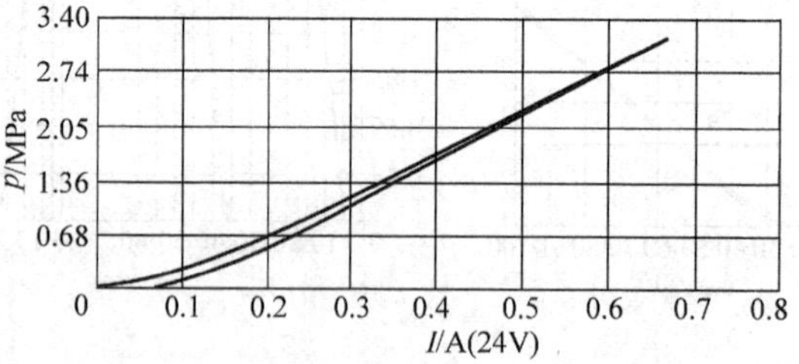

图4-46 使用SP型线圈的控制电流控制压力特性（120HzPWM）

第5章　平　衡　阀

5.1　概述

平衡阀（Counterbalance Valve），英语中也称其为 Load Control Valve（负载控制阀）、Motion Control Valve（运动控制阀）、overcentre valve（过中心阀）、boom lock valve（上升锁住阀），其实它的功能与平衡无关，倒是其德文名称 Lasthaltensventil（负载保持阀），或 Senkbremsventil（下降刹车阀）更贴近其关键功能，但考虑到国内习惯，本书中还是称平衡阀。

5.1.1　功能

如所周知，液压驱动对正向负载游刃有余，但对负向负载就常常力不从心。因为这时，不是需要输入能量，而是需要消耗能量——势能，有时还伴随着很大的动能要消耗。

在闭式回路中这一能量既可以通过节流消耗掉——转化成热能，也可以驱动液压马达——把这能量转化成机械能，或把压力油输入蓄能器。

但在开式回路中，原则上只能采取节流的方法，被动地控制，如图 5-1 所示。

若负载力幅度多变而要求速度不变，在一定情况下可以采用二通流量阀或更复杂一些的控制回路，如带反馈的比例节流阀等。

但若负载力不仅幅度多变且有时会降到接近零，甚至时负时正，如图 5-2 所示，则单靠普通单纯被动节流的方法就不行了，就需要用平衡阀，如图 5-2 中 V3 和 V4。而这种负载多变的工况在工程液压中很常见，这就是为什么平衡阀在工程液压中会十分广泛地被应用。

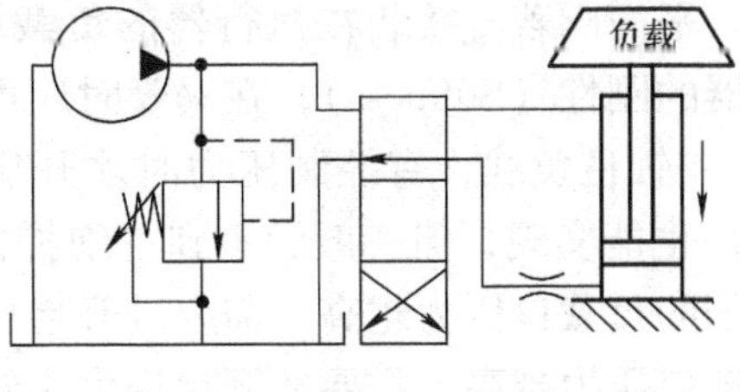

图 5-1　开式回路中负向负载的控制

平衡阀可以说是集三种阀的功能于一身（见图 5-3）。

一是单向功能，②→①，它允许液流以很低的压降通过，进入液压执行器（缸或马达），以举升负载。然后锁住回路，保持负载位置不变。

二是液控节流功能，①→②，通过控制压力口③的压力来控制节流阀的开启量，从而使负载按要求的速度平稳地下降。

一般都把控制压力口③与液压缸的上腔相连，利用这一端口压力的变化来控制节流阀的开启量，从而控制下降速度。因为液压缸上腔的压力取决于进入该腔的流量所导致的速度与活塞实际下降速度之差。如果负载下降太快，超过进入该腔的流量所导致的速度，上腔的压力就会下降，就可以把平衡阀的节流口关小，从而降低下降速度。这样，就可以通过控制输入上腔的流量来控制下降速度了。

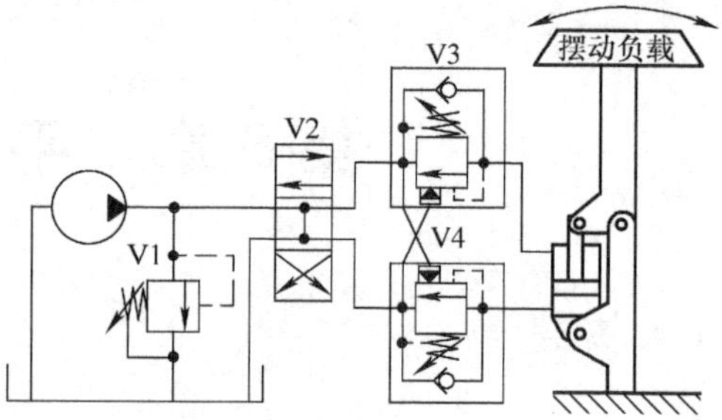

图 5-2 摆动负载（ET-ih）

本质上说，就是通过液控节流，把负的负载变为正的负载，从而能主动地控制。

三是溢流功能。在端口③无控制压力，但负载压力口①的压力，由于例如外力或热膨胀，超过设定压力时，溢流功能开启（①→②），以避免液压执行器由于超压而损坏。这时，其设定压力一般应该是系统主溢流阀 V1 开启压力的 130% 以上，以保证在正常情况下，以最大工作压力举升的负载不致因为溢流功能而下降。

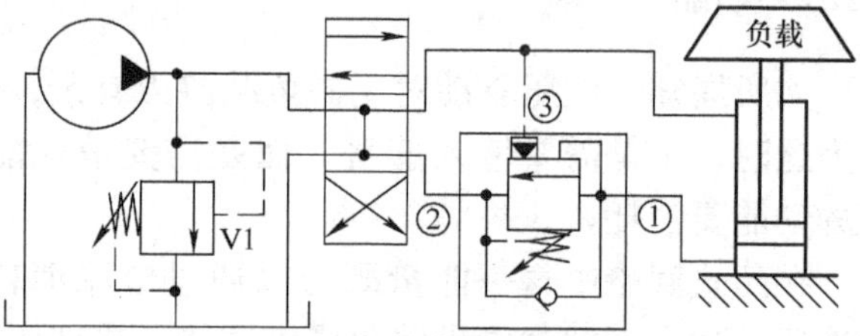

图 5-3 用平衡阀控制负向负载

1—负载压力口 2—回油口 3—控制压力口

平衡阀若直接装在执行器的负载端口，减小了负载端的容积，可以提高执行器的刚性（Stiffness），在爆管时还可起到安全阀的作用。

“锁住负载，有控制压力时才开启”，这一功能，普通液控单向阀（见 8.2 节）也能实现，但一般做不到精细控制，很容易出现运动速度不稳定现象。平衡阀的负载口压力越高，需要的开启压力就越低（5.1.4 节）。而在液控单向阀，负载口压力越高，需要的开启压力也越高（8.2.1 节 4. 控制比）。另外，一般液控单向阀也没有溢流功能。

5.1.2 应用

1. 液压升降工作台

在液压升降工作台（见图 5-4）中，平衡阀被用于软启动、软停止、平稳运动，以保证可靠地停在每个希望的位置，即使管道破裂也不会下沉。

2. 履带式行走机械

在履带式行走机械（见图5-5）中，有时使用两个平衡阀，用于避免在行进中出现不希望的前冲或后退。

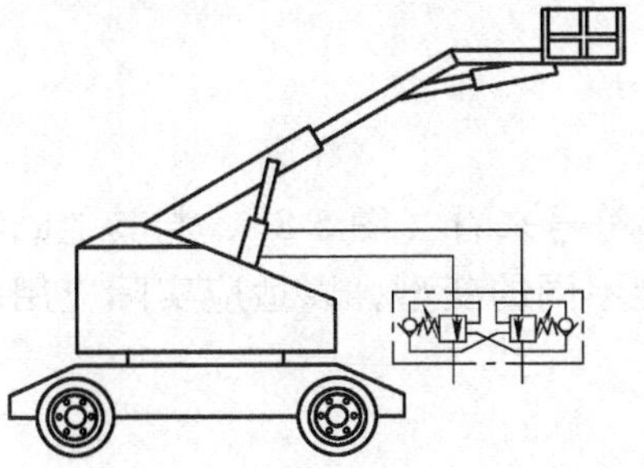

图5-4 液压升降工作台

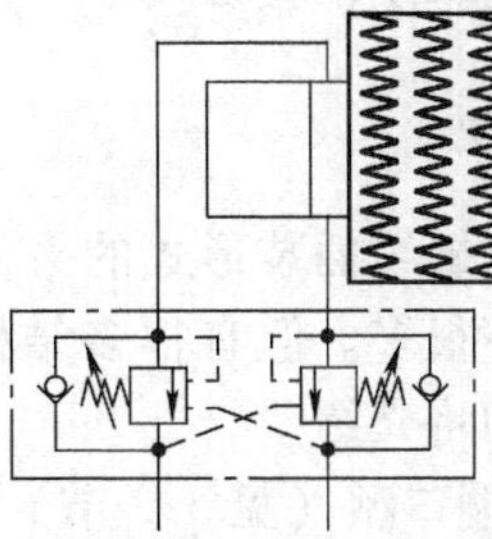

图5-5 履带式行走机械

3. 绞车

在绞车（见图5-6）中，一个平衡阀与一个液控换向阀结合，以保证：

1）希望工作时，即在驱动的液压马达达到一定的工作压力，足以切换液控换向阀时，才松开煞车，以免在松开刹车的一刹那出现“溜车”现象。

2）不希望工作时，负载能可靠地停留在任意位置。

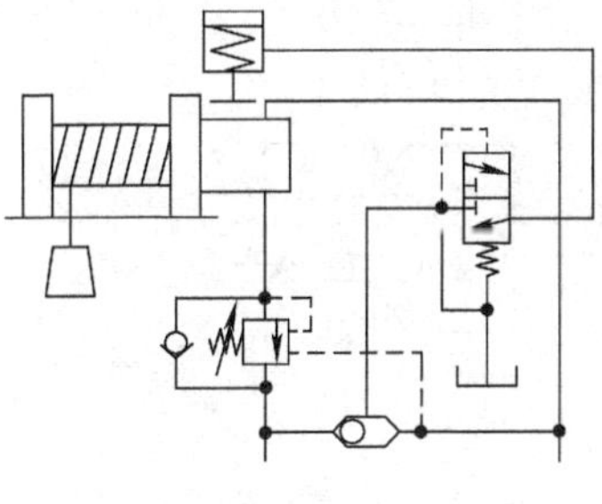

图5-6 绞车

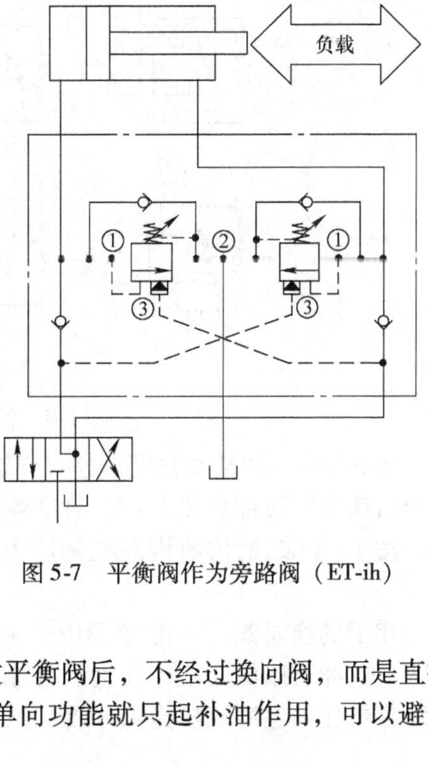

图5-7 平衡阀作为旁路阀（ET-ih）

4. 平衡阀作为旁路阀

在图5-7的回路中，液压缸的回油经过平衡阀后，不经过换向阀，而是直接回油箱。这样，在此回路中，平衡阀中的单向功能就只起补油作用，可以避免液压缸两腔出现负压，引起气蚀。此回路适用于负载方向与幅度频繁变化的场合，因为，热油直接回油箱，对系统热平衡较有利。

因为平衡阀消耗能量甚多，容易引起过热，通常不用于低压（<5MPa）系统，也不用于闭环系统。

5.1.3 类型

制作成螺纹插装形式的平衡阀，从图形符号来看（图5-8），与其他阀种相比，种类不很多。但有很多结构相似、性能不同的变型，以适应实际应用的需要。本章中将介绍

1）三端口型（见5.2节）。

① 普通三端口型（见5.2.1节），见图5-8a。

② 控制口带附加阻尼型（见5.2.2节），见图5-8b。

③ 带附加溢流功能型（见5.2.3节），见图5-8c。

2）四端口型（见5.3节）。

① 带单独背压端口型（见5.3.1节），见图5-8d。

② 无背压型（见5.3.2节），见图5-8e。

③ 无背压无溢流功能型（见5.3.3节），见图5-8f。

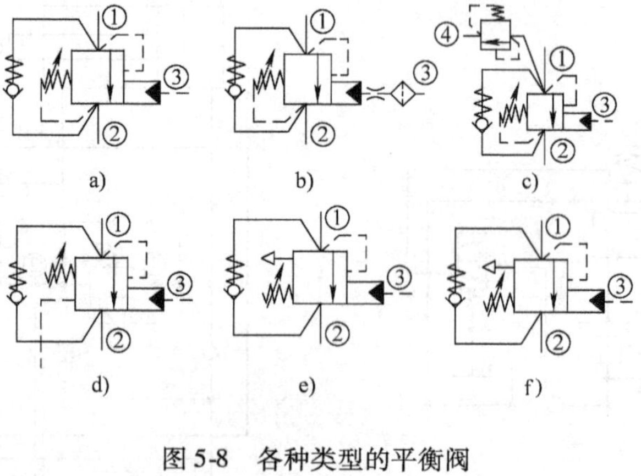

图5-8 各种类型的平衡阀

图5-8a～c的基本共同点是：弹簧腔都与出口相连，背压等于出口压力。因为出口压力一般都会按 $1+K_c$ 的倍数（K_c 为控制比，见5.1.4节）增高溢流压力，按 $1+1/K_c$ 的倍数增高控制压力，所以，这类阀不宜用于出口有压力的场合。

相配的换向阀，一般使用中位H型或Y型（图5-6，图5-7），较为可靠。因为，这样可以保证在中位时，控制压力接近零，平衡阀的液控节流功能可以被可靠锁住，但溢流功能仍有效。

若中位时，液压缸两腔都必须被锁住，不能取Y或H型，则可以考虑采用图5-8c——带附加溢流功能型，此型也更适合有振动冲击的场合。

图5-8d~f的共同点是：弹簧腔都不与出口相连。因此，出口压力都不会影响开启压力。可用于出口带压力的回路，如差动回路（见图5-9）、换向节流阀回路等。

图5-8f用于开启压力须精确控制，不能受负载压力影响的场合（见图5-10）。可与换向节流阀配套使用。

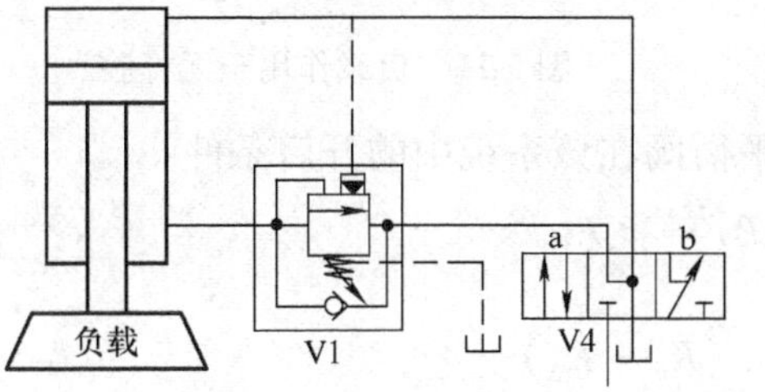

图5-9 平衡阀用于差动回路（SUN）

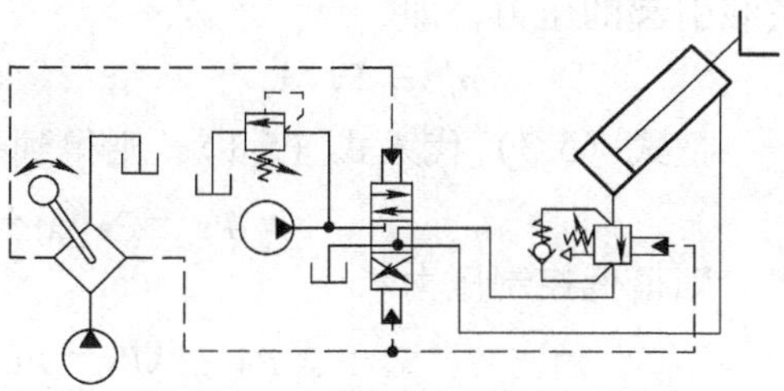

图5-10 无溢流功能平衡阀的应用实例（ST）

它们的主阀芯一般都是滑锥阀，以达到基本无泄漏。

5.1.4 控制比与其在系统中对控制压力的影响

1. 控制比

控制比（Pilot Ration），即控制压力的作用面积与负载压力的作用面积之比，也即，为了开启液控节流通道所需的负载压力与控制压力之比。

控制比是平衡阀和液控单向阀特有的参数，也是平衡阀对系统影响最大的参数，一般从1.5~10不等。

2. 控制比在系统中对控制压力的影响

控制比低，一般来说稳定性好，但能耗高。因为控制压力通过液压缸或马达，又增加了另一腔，也即平衡阀进口的压力。以下对不同应用场合分别作一分析。

若令设定压力，即无背压、无控制压力时刚开始溢流的压力为 p_s，则平衡阀液控节流功能的开启条件为

$$p_A + p_B K_c > p_s \tag{5-1}$$

式中 K_c——控制比；

p_B——控制压力；

p_A——负载压力。

（1）负载作用于无杆腔（见图5-11） 若令活塞面积为 A_A，活塞杆端的环

形面积为 A_B，负载力为 F_L，则作用在活塞上的力平衡方程式为

$$F_L + p_B A_B = p_A A_A \tag{5-2}$$

从而可得

$$p_A = F_L/A_A + p_B A_B/A_A = p_L + p_B K_A \tag{5-3}$$

其中，$K_A = A_B/A_A$，为液压缸面积比；p_L 为负载引起的压力，即

$$p_L = F_L/A_A$$

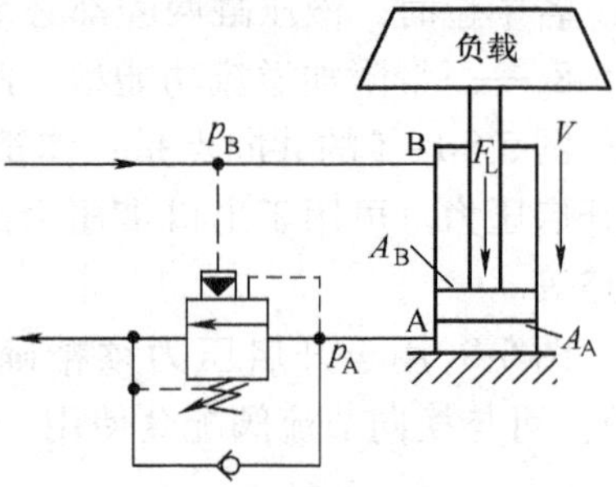

图 5-11　负载作用于无杆腔

把式（5-3）代入式（5-1），则得到平衡阀在该系统中的开启条件

$$p_L + p_B K_A + p_B K_c > p_s \tag{5-4}$$

则最低控制压力

$$p_B > (p_s - p_L)/(K_c + K_A) \tag{5-5}$$

从式（5-5）还可导出负载波动 Δp_L 对控制压力 p_B 的影响

$$\Delta p_B = -\Delta p_L/(K_c + K_A) \tag{5-6}$$

（2）负载作用于有杆腔（见图 5-12）　类似，可以导出平衡阀在该系统中的开启条件为

$$p_B > (p_s - p_L)/(K_c + 1/K_A)$$

负载波动对控制压力的影响

$$\Delta p_B = -\Delta p_L/(K_c + 1/K_A)$$

（3）两腔作用面积相同（见图 5-13）　类似，可以导出平衡阀在该系统中的开启条件为

$$p_B > (p_s - p_L)/(K_c + 1)$$

负载波动 Δp_L 对控制压力 p_B 的影响

$$\Delta p_B = -\Delta p_L/(K_c + 1)$$

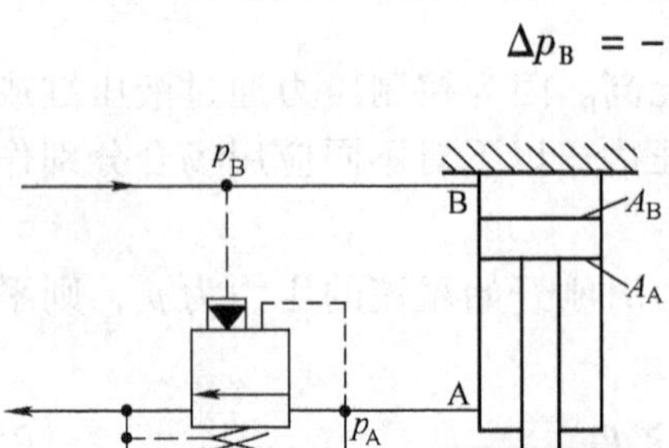

图 5-12　负载作用于有杆腔

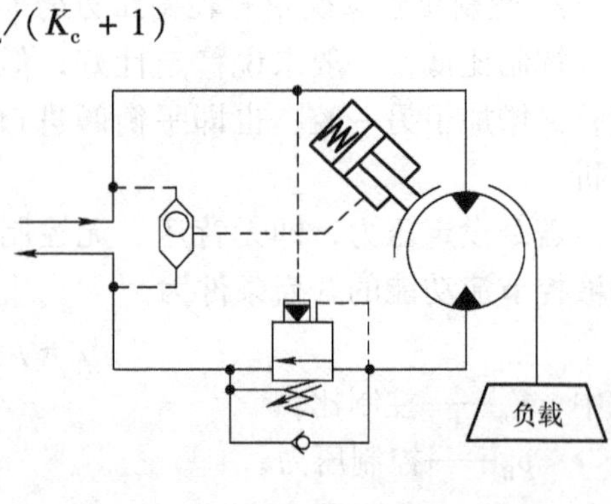

图 5-13　两腔作用面积相同时

5.1.5 溢流压力的设定

因为平衡阀的溢流压力通常必须是最大负载压力的130%以上，所以，很难在实际系统中直接设定，必须在试验台上预设定。

1. 设定回路

利用图5-14所示的回路，只需要一个小泵（一般大于1 L/min即可），而且该泵只需短时间在高压下工作。图中，V1是一个二位三通手动换向阀，V2是待设定阀。

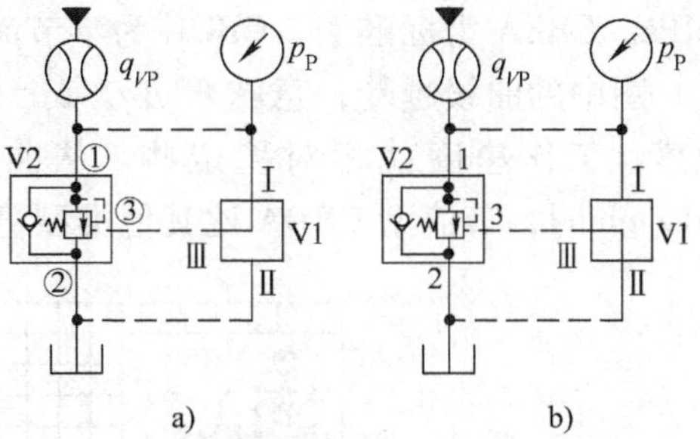

图5-14 一个简单而有效的平衡阀设定回路
a）设定 b）检验

2. 设定压力

V1应在图5-14a所示位置，使被设定阀的端口①和③通：则

p_1 = 控制压力 $p_3 = p_p$

根据平衡阀开启条件，待设定压力

$$p_s = p_1 + p_3K_c = p_p + p_pK_c = p_p(1 + K_c)$$

所以

$$p_p = p_s/(1 + K_c)$$

调节V2，以达到计算出的p_p。

3. 检验设定压力

切换V1，使被设定阀的端口③和②通，如图5-14b所示，此时控制压力p_3基本为零，此时的p_p即为实际的设定压力。

由于正常工作时，平衡阀总是通过控制压力开启，所以这个设定压力一般只是预防万一溢流用，无须很精确。

5.1.6 稳态特性与测试

1. 名义流量与控制流量

平衡阀的名义流量（norminal flow）指的是在一定压差下能通过单向功能的流量，取决于阀的几何尺寸。

但是，平衡阀在液控节流时，需要通过的控制流量可能非常小。由于这时阀芯处在一个动态平衡位置，负载压力，特别是控制压力的波动，会引起开口的波动，从而引起流量的波动，导致系统不稳定。在相对低速，即小流量时，开口较小，相对波动就会更大。

为了应对这种情况，SUN及其他公司设计了许多带不同节流特性，实际上是不同通流面积梯度的平衡阀。因为，在同样通流面积的前提下，通流面积梯度小，开口就大。这样，在绝对开口波动量相同时，相对开口波动量就小，流量波动就因此较小。

图 5-15 为 SUN 公司几个同样外形尺寸的平衡阀的控制压力-流量特性曲线的对照。其名义流量相同，控制比均为 3，设定压力均为 28MPa，负载压力为 7MPa。CBEA 为标准型，CBDC 为半节流型，CBDA 为节流型（参见表 5-1）。

图中的曲线越陡，意味着 $\Delta q_V/\Delta p_c$ 越小，即流量对控制压力的变化不那么敏感，工作速度就相对稳定些。从曲线对比可以看出，在控制流量小于约 25L/min时，节流型 CBDA 比其他类型稳定。

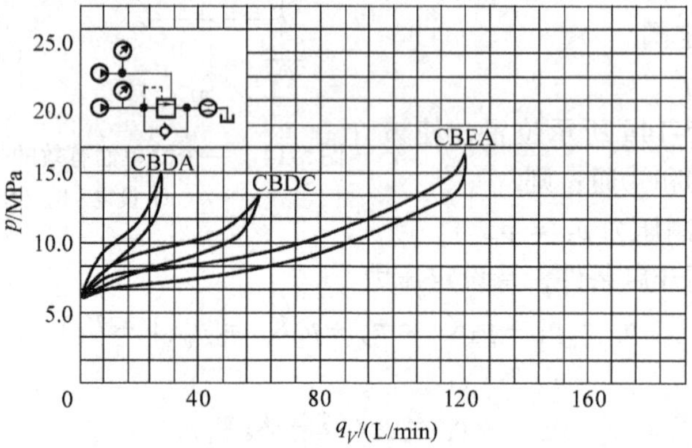

图 5-15　不同节流特性的阀的控制压力-流量曲线（SUN）

因此，在选用平衡阀时，既要根据通过单向功能的流量确定所需的名义流量，也要兼顾实际控制流量的需要。控制流量不大但压力波动大的系统，如有可能的话，选用（半）节流型，控制效果会稳定些。

2. 稳态特性测试

对平衡阀的测试即无国际标准，也未见国标、部标。可以分别对其单向功能、溢流功能和液控节流功能进行测试。

单向功能的测试比较简单，只需测其压差流量特性及泄漏量即可。溢流功能的测试可见 2.1.3 和 2.1.4 节。这里仅介绍对液控节流功能的测试。

液控节流功能可从控制压力-流量特性和负载压力-流量特性分别考察。

3. 控制压力-流量特性测试

做控制压力-流量特性测试时，相对某一固定的负载压力改变控制压力。

（1）测试回路　测试回路可参照图 5-16 搭建。图中：

1—液压源。

1a 为主液压源，输出流量应超过被测阀的工作流量。

1b 为建立控制压力用，毋须很高流量，一般几升/分即够。

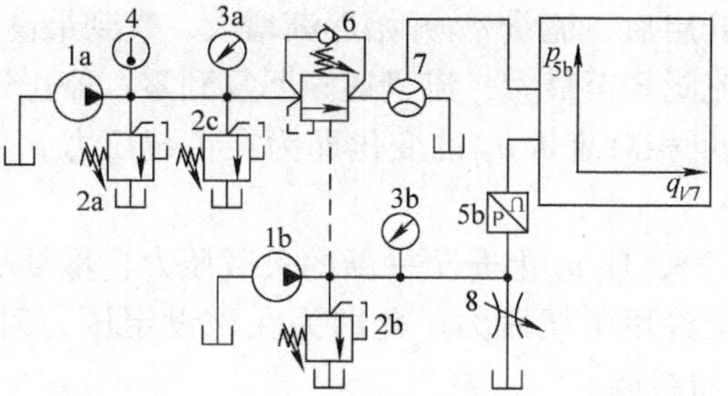

图 5-16 平衡阀控制压力-流量特性测试回路

2—溢流阀。

2a 为系统溢流阀，仅作安全保护用。设定值不应高于被测阀的许用溢流压力。

2b 为辅助系统溢流阀，仅作安全保护用，设定值高于被测平衡阀的最高控制压力即可。

2c 为调压溢流阀，用于模拟负载压力。调压偏差要小，以减少对测试结果的影响。

3—压力表，监控用。

4—温度计。

5b—压力传感器。测控制压力用。

6—被测阀。

7—流量传感器。

8—节流阀。建立控制压力用。采用节流阀建立控制压力比用溢流阀要稳定，因为减少了可能引起振荡的环节。

9—X-Y 记录仪，或计算机数据采集记录显示系统。

(2) 准备阶段 测试结果是某一设定压力时不同负载压力的特性曲线族，参见图 5-17。一般每张图，不宜超过 4 条曲线。所以要预先计划一下测哪些工作点。

连接 X-Y 记录仪：流量 q_{V7} 作为 X 轴，控制压力 p_{5b} 作为 Y 轴。

使油温达到预定值。

(3) 测试过程

1) 被测阀 6 调到计划的设定压力 p_s。

2) 节流阀 8 和溢流阀 2c 全开。

3) 开泵。逐渐关闭溢流阀 2c，使 p_{3a} 上升到某一计划的负载压力 $p_1 < p_s$。此时平衡阀尚未开启，流量传感器显示 q_{V7} 为零。

4) 开始记录。缓慢关闭节流阀 8，以升高控制压力。至某一点（p_c = (p_s -

p_1）$/K_c$），平衡阀开启后，流量 q_{V7} 开始逐渐增大，直到最高控制压力。

再缓慢开启节流阀 8 至最大，流量逐渐回复到零。停止记录。

所记录的压力 p_{5b} 相对流量 q_{V7} 的变化即为在负载压力 p_1 时的控制压力-流量特性曲线。

5）调节溢流阀 2c，使 p_{3a} 上升至一新的负载压力，重复步骤 4）。

如此重复，直至许用负载压力。此即为在该设定压力时，不同负载压力的控制压力-流量特性曲线族。

6）更换记录纸。被测阀 6 调到新的设定压力，重复步骤 2）～5）。直至许用设定压力。

整个测试过程中要保持油温相对固定。

典型测试曲线可参见图 5-17。

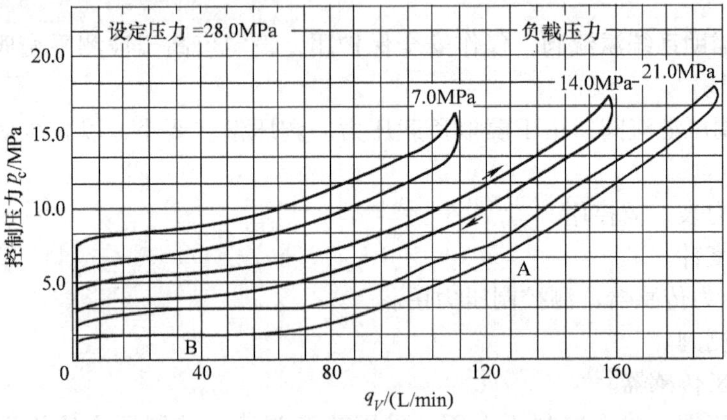

图 5-17 一组实测的控制压力-流量特性曲线族

如果流量随控制压力增加而增加，运动速度就比较容易控制。所以应该尽可能地工作在区域 A，避开区域 B。

4. 负载压力-流量特性测试

做负载压力-流量特性测试时，相对某一固定的控制压力，改变流量，观察负载压力的变化。

（1）测试回路 测试回路可参照图 5-18 搭建。图中：

1—液压源。

1a 为主液压源，流量可调，调节范围应超过被测阀的工作流量。

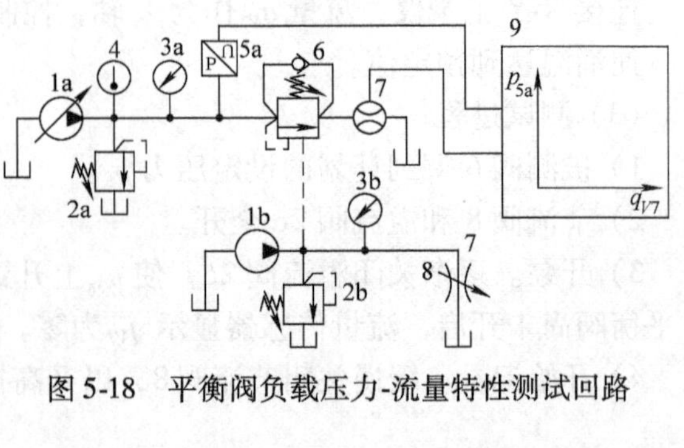

图 5-18 平衡阀负载压力-流量特性测试回路

1b 为建立控制压力用，流

量毋须很高，一般几升/分即够。

2—溢流阀。

2a 为系统溢流阀，仅作安全保护用。设定值不应高于被测平衡阀的许用溢流压力。

2b 为辅助系统溢流阀，仅作安全保护用，设定值高于被测平衡阀的最高控制压力即可。

3—压力表，监控用。

4—温度计。

5a—压力传感器，测负载压力用。

6—被测阀。

7—流量传感器。

8—节流阀。建立控制压力用。采用节流阀建立控制压力比用溢流阀要稳定，因为减少了可能引起振荡的环节。

9—X-Y 记录仪，或计算机数据采集记录显示系统，用以记录稳态特性用。

（2）准备阶段 测试结果是某一设定压力下不同控制压力的特性曲线族，参见图 5-19。一般每张图，不宜超过 4 条曲线。所以要预先计划一下测哪些工作点。

连接 X-Y 记录仪：流量 q_{V7} 作为 X 轴，负载压力 p_{5a} 作为 Y 轴。

使油温达到预定值。

（3）测试过程

1）被测阀 6 调到计划的设定压力 p_s。

2）节流阀 8 全开。

3）开泵 1b。逐渐关闭节流阀 8，使 p_{3b} 上升到某一计划的控制压力 p_c。

4）开始记录。开泵 1a，缓慢增加输出流量，直到最高测试流量。

再缓慢降低泵 1a 的输出流量到零。停止记录。

所记录的压力 p_{5a} 及流量 q_{V7} 即为在控制压力 p_c 时的负载压力-流量特性曲线。

5）关小节流阀 8，使 p_{3b} 上升至一新的控制压力，重复步骤 4）。此时，为开启平衡阀的节流通道所需的负载压力比先前要低一些。

如此重复，直至最高控制压力。此即为在该设定压力时，不同控制压力时的负载压力-流量特性曲线族。

6）更换记录纸。被测阀 6 调到新的设定压力，重复步骤 2）~5）。直至最高设定压力。

整个测试过程中要保持油温相对固定。

典型测试曲线见图 5-19。在控制压力较小时，近似溢流阀；在控制压力较大时，开口完全开启，所以近似节流阀。

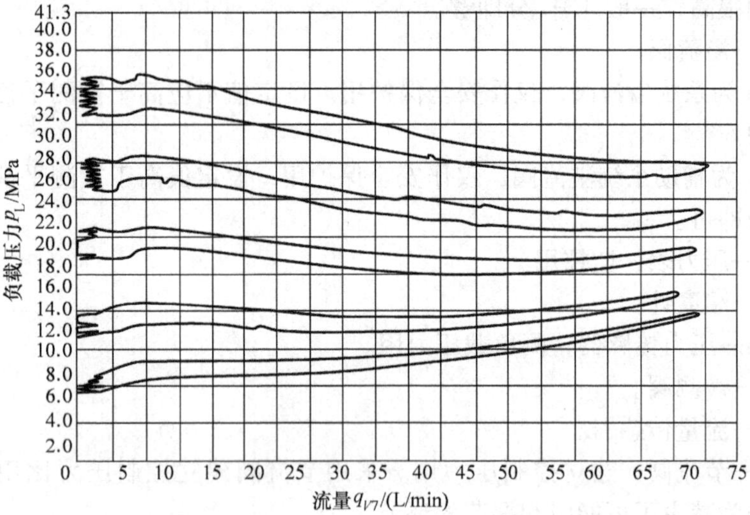

图 5-19 某平衡阀在不同控制压力下实测的负载压力-流量特性曲线族

必须指出，这两个测量与实际应用还有一定的距离。因为，在实际应用中，控制压力与负载压力会且必须同步反向变化，以保持流量近似不变。

但是，应用同一测试系统对不同厂家不同类型的阀进行测试，就可以比较出它们的适用性。

5.1.7 系统稳定性和瞬态响应特性的测试

在平衡阀的诸项功能中，最重要的就是要使负载按希望的速度不受干扰地平稳下降。因此，平衡阀在受到干扰后的瞬态响应特性也是至关重要的，但是，没有生产厂在其产品样本中给出其瞬态响应特性指标，因为这也确实不易给出。

1. 系统稳定性问题

图 5-20a 为系统不稳定，振荡越来越严重。图 5-20b 为使用了恰当的平衡阀后，系统即使受到干扰后，仍能保持稳定工况。

图 5-21 是一个含平衡阀的部分系统的信息流图，从中可以看出，即使不考虑速度 v 对负载力 F_L 的影响，系统中也含有至少两个闭环。有反馈，就可能有不稳定。所以，系统的稳定性不仅仅取决于平衡阀，也受系统中其他元件特性的影响。

有些系统惯量很大，例如，起重机、升降工作台（参见图 5-3）等，液压缸一般是通过杠杆推动负载的，负载的惯量对液压缸而言，放大了数倍。并且可能带有很大的弹性元件（液容，如蓄能器、长软管等也是弹性元件）。而惯量加弹性，则是一个天然的振动系统。由于这些惯量与弹性常常不是固定的，而是随着运动过程不断改变的。所以，自振频率也不是一个常数，而是分布在一个

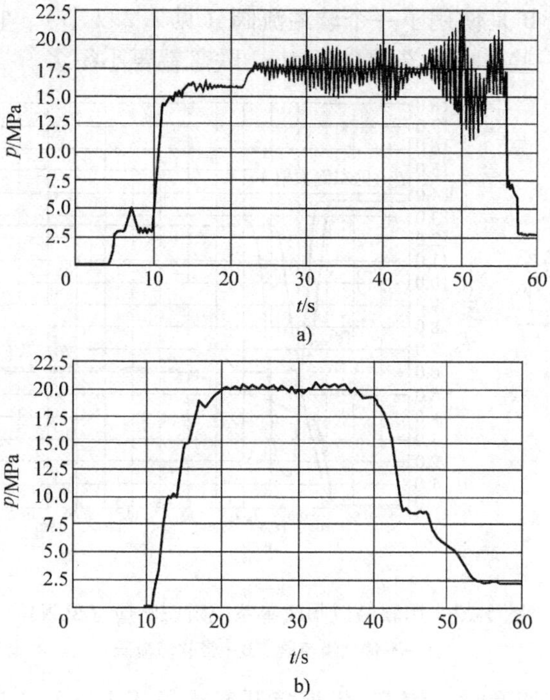

图 5-20 在一台挖掘机上实测的液压缸压力（ET）

a）不稳定工况 b）稳定工况

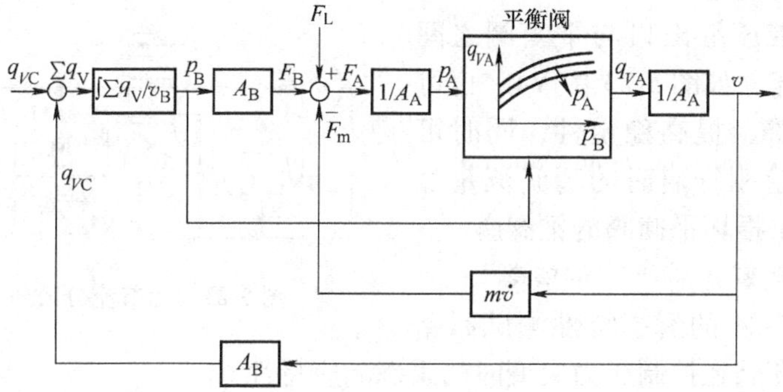

图 5-21 含平衡阀的液压系统的信息流图

很广的范围内。这些都增加了控制的难度。因此，某些任务可能有多个阀能完成，某些任务可能甚至根本没有一个平衡阀能完成，必须从其他地方找改进点。

例如，一液压系统采用定量泵加普通流量阀加换向阀（见图 5-22）。在换向阀切换到左位时，由于输入液压缸的流量突变，引起相应的压力 p_1 突变。这对该系统是一个阶跃信号，很容易引起压力 p_2 很大的波动。图中，曲线 A 是使用普通溢流阀。曲线 B 是使用了一个软溢流阀（见 2.2.7 节）。它可提前开启，使压力 p_1 上升缓慢一些，由此造成的压力 p_2 跌落就要小得多。

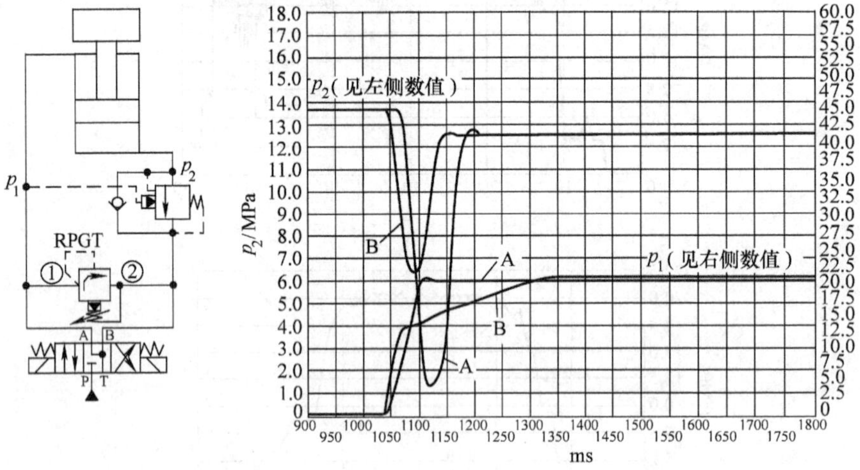

图 5-22 用软溢流阀改善系统瞬态响应（SUN）

A—不带软溢流阀 B—带软溢流阀

若能在换向阀切换时，使 B→T 保持开启或早于 P→A 开启，也有助于减小 p_1 的压力尖峰，从而改善 p_2 的瞬态响应。

如能在控制压力端口加一小蓄能器，也可以减少控制压力的波动，从而提高整个系统的稳定性。

如果在液压缸出口与平衡阀之间加入适当节流，如图 5-23 中 V4，也可以分散压力降，提高稳定性，同时可以避免在通道刚开启时的瞬间流量过大引起的冲击损坏平衡阀的锥阀座。

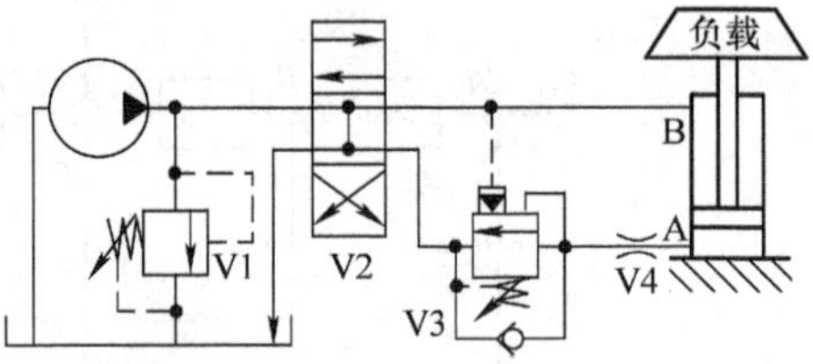

图 5-23 用节流分散压力降

2. 平衡阀瞬态特性测试回路

利用图 5-24 的瞬态特性测试回路可以测试平衡阀在控制压力突变时的瞬态响应特性。

图中：

1—液压源。

1a 为主液压源，最高流量应超过被测阀的工作流量。建议采用定量泵，以避免变量机构的影响。

1b 为建立控制压力用，毋须很高流量。

2—溢流阀。

2a 系统溢流阀，仅作安全保护用。设定值必须高于被测平衡阀的最高负载压力。测试过程中不可溢流。

2b 为辅助系统溢流阀，仅作安全保护用，设定值高于被测平衡阀的最高控制压力即可。

2c 为调压溢流阀，用于模拟负载压力。调压偏差要小，以减少对测试结果的影响。

3—旁路阀。模拟控制压力突变。

4—温度计。

5—压力传感器。5a 测负载压力，5b 测控制压力。

6—被测阀。

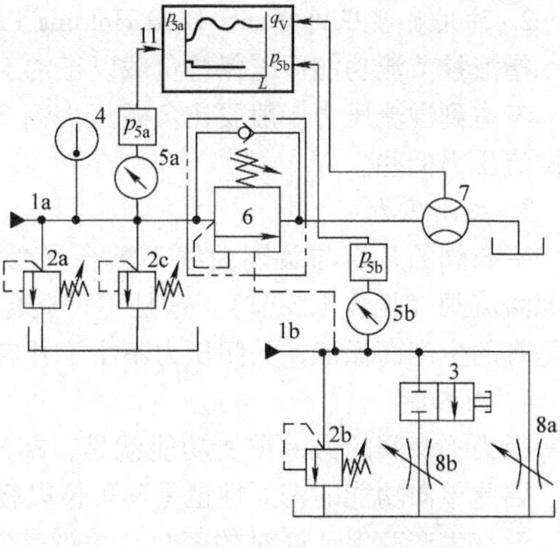

图 5-24 平衡阀瞬态特性测试回路

7—流量传感器，记录流量变化。由于流量传感器一般动特性都较差，即使涡轮流量传感器的动特性好些，可能也达不到这里的要求，只能供参考，以压力为准。

8—节流阀。建立控制压力用。采用节流阀建立控制压力比用溢流阀要稳定，因为减少了可能引起振荡的环节。

11—快速记录仪，或计算机数据采集记录显示系统，记录瞬态特性用。

3. 测试过程

1）测试开始前，参考已测得的稳态特性曲线，调节节流阀 8a、8b，确定一适当的工作点。

2）开始记录。切换旁路阀 3，造成控制压力 p_{5b} 突变，负载压力 p_{5a} 及流量 q_{V7} 相应发生变化。经过一段时间，又趋于稳定。停止记录。

类似，也可测试负载压力突变时的瞬态响应特性。

使用同一测试系统，在同样的工作点，对不同产品测试记录压力 p_{5a}、p_{5b} 及流量 q_{V7} 的瞬态变化过程，就可以比较出它们的瞬态特性。

必须指出，这些测量结果与实际应用还有一定的距离。因为该测试只模拟了液阻型负载，实际系统中常常还同时有惯性负载、力负载及弹性负载，情况复杂得多。平衡阀之外的其他参数对系统的稳定性也有很大影响。

5.1.8 其他特性

除了以上特性外，平衡阀的以下特性在选用时也要注意。

1. 许用溢流压力（max Setting Pressure）

许用溢流压力指，在控制压力为零时，溢流功能最高可设定的开启压力。

2. 许用负载压力（max Load Holding Pressure）

指液控节流功能可以保持负载以正常工作速度下降的压力。

考虑到溢流压力一般要比负载压力高30%，因此许用负载压力就可以比许用溢流压力低些。

3. 关闭压力

平衡阀的开启与关闭曲线不重合（参见图5-15和图5-17），即存在滞回，类似溢流阀（见2.1.3节）。这是不可避免的。但在产品样本中一般都不提供。只是有的生产商保证，关闭压力不小于开启压力的85%。

4. 内泄漏

因为平衡阀的另一重要功能就是，在没有控制压力时，要保持负载位置不变。因此单向功能的密封性也是不可掉以轻心的。

没有生产商保证绝对的密封。关键是实际系统能容忍多大的泄漏。曾有生产商制造带较软阀座的平衡阀，以取得更好的密封，同时也申明，寿命不如硬阀座。

在负载下降过程中，平衡阀必须把负载可能具有的巨大势能转化为热量。例如，流量为480L/min，负载压力为20MPa时，约160kW的功率必须先转化为动能然后转化为热能，这都发生在直径十几毫米的阀座阀芯接触处附近，材料所承受的载荷可想而知。

还要注意到，从控制端口到出口一般都有泄漏。要检查，是否可以容忍。

5. 单向功能的开启压力与通流压力损失

单向功能的开启压力一般在0.03~0.3MPa范围内。

这两项都会带来不希望的能量损失，所以也应仔细核查。

5.2 三端口型平衡阀

5.2.1 普通三端口型平衡阀

1. SUN公司的CBIH型平衡阀（图5-25）

（1）特性

名义流量：480L/min。

控制比：10。

最高负载压力：28MPa。

设定压力：7~35MPa，有2种不同的设定范围可选。

关闭压力：≥85%开启压力。

内泄漏：在关闭压力时，最大0.25mL/min。

单向功能开启压力：0.03MPa或0.2MPa。

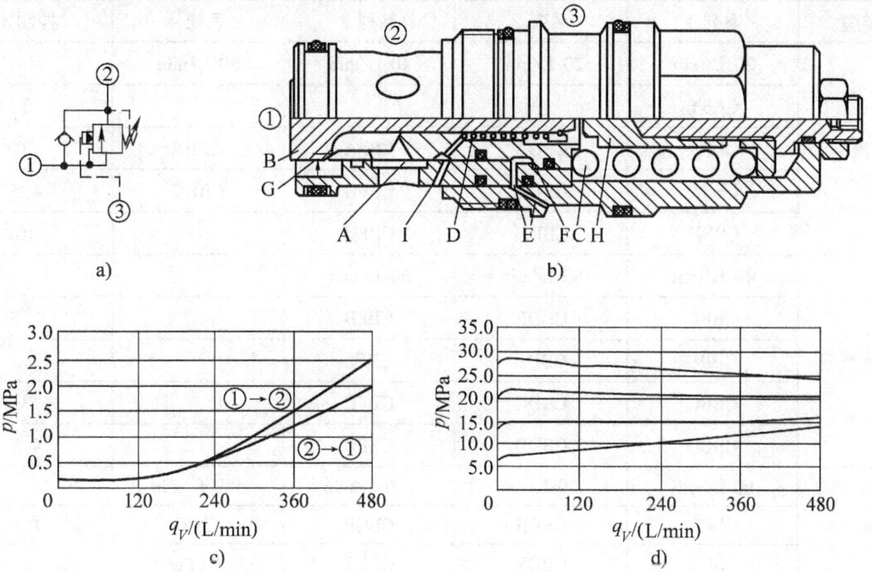

图5-25 SUN公司的CBIH型平衡阀

a）图形符号 b）剖面图 c）全开时的压差流量特性 d）负载压力-流量特性

（2）工作原理

单向功能：通口②的压力油，通过主阀芯A上的孔，进入主阀芯内腔，克服单向功能弹簧D的预紧力，推动单向阀芯B向左，开启至通口①的通道，流出。

溢流功能：在端口③无控制压力时，压力油从通口①进入，作用在单向阀芯B的端面和主阀芯A的环形面积G上，克服主弹簧C的预紧力，推动单向阀芯B和主阀芯A向右，到单向阀芯B被止动杆H挡住后，主阀芯A继续向右，开启至通口②的通道溢流。

液控节流功能：在端口③有控制压力时，此压力经过通道E，作用在主阀芯A的环形面积F上，克服主弹簧C的预紧力，推动主阀芯A向右，单向阀芯B由于单向功能弹簧D的作用，也跟着向右，直到单向阀芯B被止动杆H挡住后，通口①至②的通道开启。

由于环形面积F大于环形面积G，所以开启主阀芯所需的控制压力小于溢流压力。面积F与G之比即控制比。

由于弹簧腔通过通道I与通口②相连，背压等于通口②的压力。因此，通口②的压力会增高溢流和液控开启压力。

SUN还提供其他多种功能相似特性不同的平衡阀（见表5-1）。

表 5-1 SUN 的普通三端口型平衡阀

类型	系列 1	系列 2	系列 3	系列 4	控制比
节流型	20 L/min	20 L/min	40 L/min	80 L/min	
	CBBY				2
	CBBA	CBDA	CBFA	CBHA	3
	CBBG	CBDG	CBFG	CBHG	4.5
	CBBH	CBDH	CBFH		10
半节流型	40 L/min	80 L/min	60 L/min		
	CBBB	CBDB	CBFB		1.5
	CBBL	CBDL	CBFL		2.3
	CBBC	CBDC	CBFC		3
	CBBD	CBDD	CBFD		4.5
标准型	60 L/min	120 L/min	240 L/min	480 L/min	
	CBCB	CBEB	CBGB	CBIB	1.5
	CBCY	CBEY	CBGY	CBIY	2
	CBCL	CBEL	CBGL	CBIL	2.3
	CBCA	CBEA	CBGA	CBIA	3
	CBCG	CBEG	CBGG	CBIG	4.5
		CBEI			6.5
	CBCH	CBEH	CBGH	CBIH	10

2. PK 公司的 E2 * 125 型平衡阀（图 5-26）

（1）特性

设定压力范围：5 ~ 35MPa。

测定流量：200L/min。

控制比：8 或 3。

（2）工作原理

单向功能：通口②的压力油，通过主阀芯 A 上的孔 H，进入主阀芯内腔，向右推动单向阀芯 B，克服单向功能弹簧 D 的预紧力，开启至通口①的通道，流出。

溢流功能：在端口③无控制压力时，压力油从通口①进入，作用在主阀芯 A 的环形面积 G 上，推动主阀芯 A 向左，克服主弹簧 C 的预紧力，开启密封锥面，进入主阀芯 A 的内腔，然后经孔 H，从通口②流出。

液控节流功能：在端口③有控制压力时，此控制压力经过通道 E，作用在辅助阀芯 K 的环形面积 F 上，通过辅助阀芯 K 推动主阀芯 A 向左，克服主弹簧 C 的预紧力，开启通口①→②的通道。

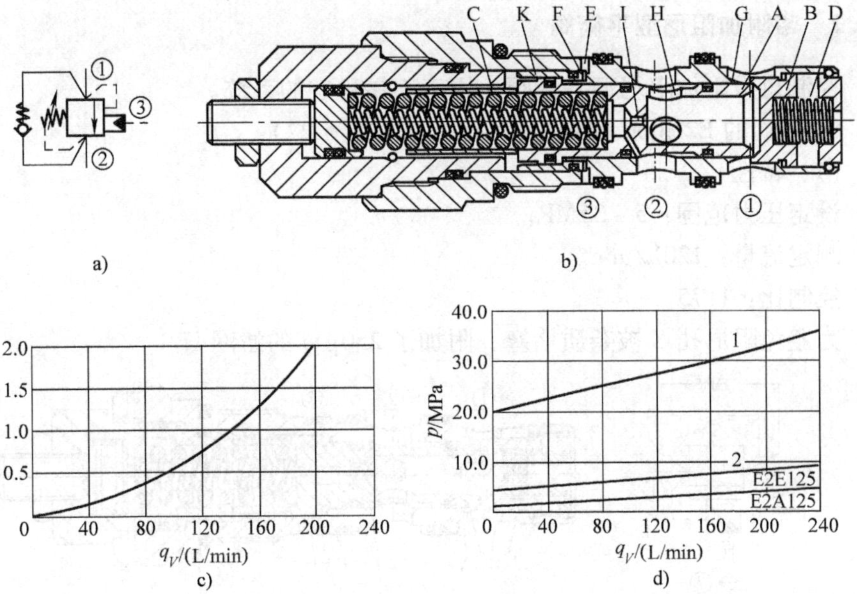

图 5-26　PK 公司的 E2 * 125 型平衡阀

a）图形符号　b）剖面图　c）单向功能和液控全开的压差流量特性

d）负载压力-流量特性

1—溢流，无控制压力　2—液控开启，负载压力 10MPa

环形面积 F 大于环形面积 G。面积 F 与 G 之比即控制比。

由于主弹簧腔通过通道 I 与通口②相连，背压等于通口②的压力。因此，通口②的压力会增高溢流和液控开启压力。

ET-ih 公司也提供功能类似的平衡阀（见表 5-2）。其中 1CER 系列，由于其特殊结构，设定压力不受出口压力影响。

表 5-2　ih 公司普通三端口型平衡阀

系列	型号	名义流量 /（L/min）	控制比	最高设定压力 /MPa	最高负载压力 /MPa
1CE	1CE30	30	2.5，5，10	35	27
	1CE90	90	4		
	1CE140	140	4，6	42	34
	1CE300	300	3，8	35	27
1CER	1CER30	30	4	35	27
	1CER90	90	4		
	1CER140	140	4，6	42	34

5.2.2 带附加阻尼型平衡阀

控制口带附加阻尼型平衡阀，用于不易稳定的系统。

ST 公司的 E2H060 * 548 型平衡阀（见图 5-27）：

(1) 特性

设定压力范围：5 ~ 35MPa。

测定流量：120L/min。

控制比：1.75。

为避免阻尼孔 E 被杂质堵塞，附加了 250μm 的滤网 H。

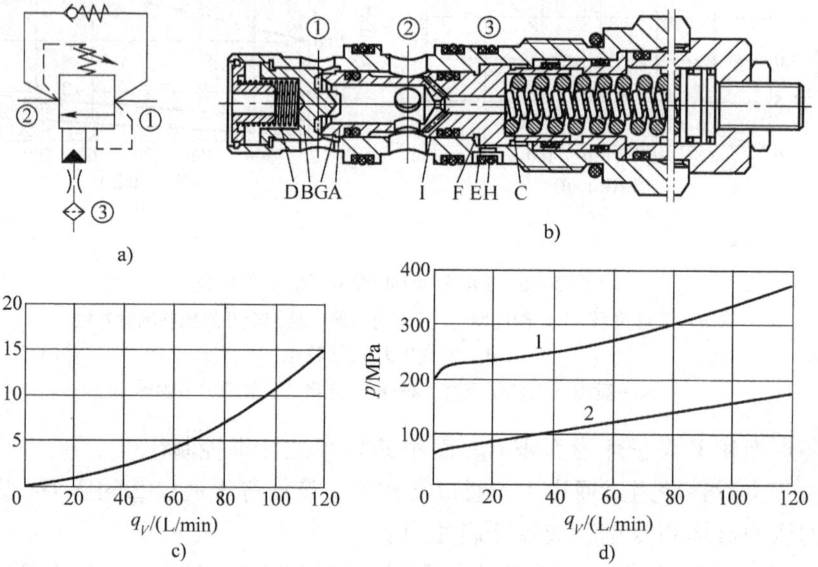

图 5-27 ST 公司的 E2H060 * 548 型平衡阀

a）图形符号 b）剖面图 c）单向功能和液控全开的压差流量特性 d）压差流量特性

1—溢流，无控制压力 2—液控开启，负载压力 10MPa

(2) 工作原理

单向功能：压力油从通口②进入，克服单向功能弹簧 D 的预紧力，推动单向阀芯 B 向左，开启至通口①的通道，流出。

溢流功能：在端口③无控制压力时，压力油从通口①进入，作用在主阀芯 A 的环形面积 G 上，推动主阀芯 A 向右，克服主弹簧 C 的预紧力，开启至通口②的通道溢流。

液控节流功能：在端口③有控制压力时，控制压力经过滤网 H 和阻尼孔 E，作用在主阀芯的环形面积 F 上，推动主阀芯 A 向右，克服主弹簧 C 的预紧力，开启通口①→②的通道。

环形面积 F 大于环形面积 G。面积 F 与 G 之比即控制比。

由于弹簧腔通过通道 I 与通口②相连，因此背压等于通口②压力。通口②的压力会增高溢流和液控开启压力。

5.2.3　带附加溢流功能型平衡阀

ST 公司的 E3＊60 型平衡阀（见图 5-28）：

（1）特性　带附加溢流功能，开启压力 20MPa，用于在方向阀处于中位时，出口必须被锁住，可能会出现超压的系统。

设定压力范围：5～35MPa。

测定流量：20L/min。

控制比：3 或 8。

（2）工作原理

1）单向功能：压力油从通口②进入，克服单向功能弹簧 D 的预紧力，向左推动单向阀芯 B，开启至通口③的通道，流出。

2）溢流功能：在端口①无控制压力时，压力油从通口③进入，作用在主阀芯 A 的环形面积 G 上，推动主阀芯 A 向右，克服主弹簧 C 的预紧力，开启至通口②的通道溢流。

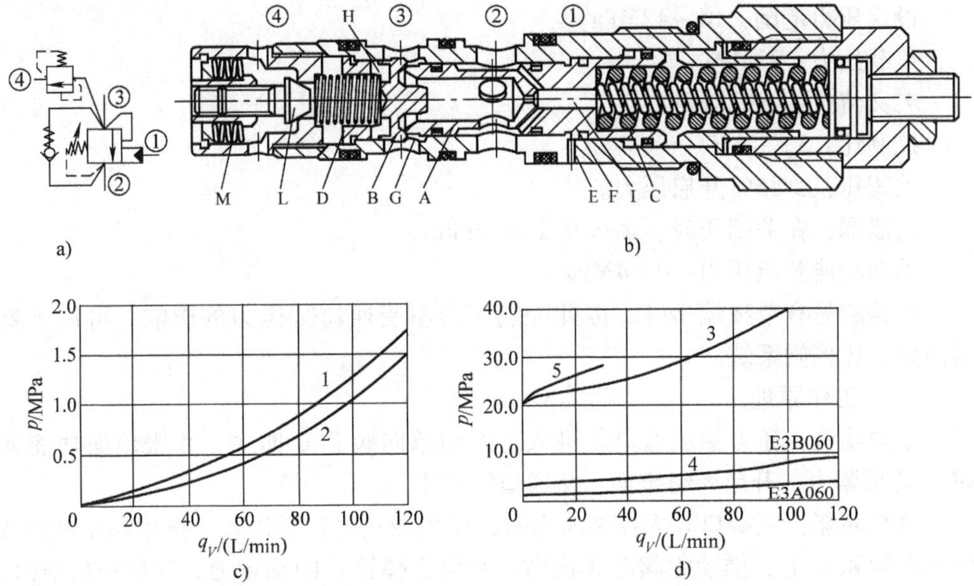

图 5-28　ST 公司的 E3＊60 型平衡阀

a）图形符号　b）剖面图　c）单向功能和液控全开的压差流量特性　d）压差流量特性

1—液控全开　2—单向功能　3—液控开启，通口③→②　4—液控开启，负载压力 10MPa　5—应急溢流，通口③→④

3）液控节流功能：在端口①有控制压力时，此压力经过通道 E，作用在主阀芯 A 的环形面积 F 上，推动主阀芯 A 向右，克服主弹簧 C 的预紧力，开启通口③→②的通道。

环形面积 F 大于环形面积 G。面积 F 与 G 之比即控制比。

由于弹簧腔通过通道 I 与通口②相连，因此背压等于通口②的压力。

4）附加溢流功能：通口③的压力油，通过孔 H 和弹簧腔 D，作用在附加溢流阀芯 L 上，推动其往下，克服附加溢流弹簧 M 的预紧力，开启至通口④的通道溢流。由于附加溢流功能是仅为应急卸载用，毋须很大通流量。

5.3 四端口型平衡阀

在出口带压的回路中，通常应该使用四端口型平衡阀。它们的弹簧腔都不与出口相连。因此，出口压力都不会影响开启压力。

5.3.1 带单独背压端口型平衡阀

1. SUN 公司的 CWIG 型平衡阀（见图 5-29）

（1）特性

设定压力范围：14～42MPa。

负载压力：32MPa。

名义流量：480L/min。

控制比：5。

关闭压：≥85%开启压力。

内泄漏：在关闭压时，最大 0.25mL/min。

单向功能开启压力：0.14MPa。

弹簧腔另有单独端口④，因此控制压力不受通口②压力的影响。可用于差动回路、比例阀系统。

（2）工作原理

单向功能：压力油从通口②进入，推动单向阀芯 B 向左，克服单向功能弹簧 D 的预紧力，开启密封锥面，从通口①流出。

溢流功能：在端口③无控制压力时，压力油从通口①进入，作用在主阀芯 A 的环形面积 G 上，推动主阀芯 A 向右，克服主弹簧 C 的预紧力，开启密封锥面，从通口②溢出。

液控节流功能：在端口③有控制压力时，此压力经过通道 E，作用在辅助阀芯 F 的环形面积上，通过辅助阀芯 F 带动主阀芯 A 向右，克服主弹簧 C 的预紧力，开启通口①→②的通道。

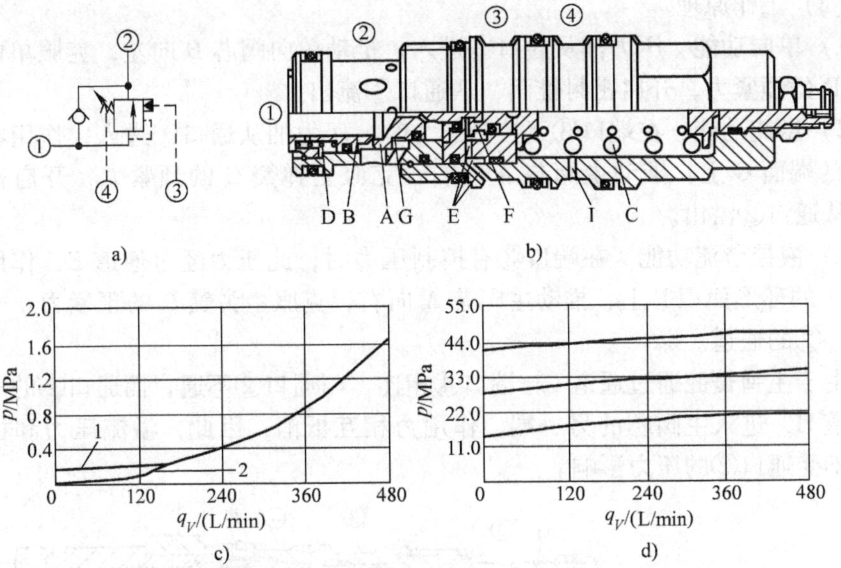

图 5-29　SUN 公司的 CWIG 型平衡阀

a）图形符号　b）剖面图　c）单向功能和液控全开的压差流量特性　d）负载压力-流量特性

1—单向功能　2—液控全开

由于弹簧腔通过通道 I 与端口④相连，背压不受通口②的压力影响。通口②的压力与主阀芯的作用力平衡，因此控制压力和溢流压力都不受通口②的压力影响。

SUN 提供 4 个系列功能相似、控制比与名义流量不同的阀供选用（见表 5-3）。

表 5-3　SUN 公司的带单独背压四端口型平衡阀

系列 1 60 L/min	系列 2 120 L/min	系列 3 240 L/min	系列 4 480 L/min	控制比
CWCK	CWEK	CWGK	CWIK	1
CWCL	CWEL	CWGL	CWIL	2
CWCA	CWEA	CWGA	CWIA	3
CWCG	CWEG	CWGG	CWIG	5

2. PK 公司的 E9 * 1 型平衡阀（见图 5-30）

（1）特性

设定压力范围：4 ~ 35MPa。

测定流量：60L/min。

控制比：1、3 和 5，三种供选择。

安装孔：SUN 公司的 T-21A 型。

（2）工作原理

1）单向功能　压力油从通口②进入，推动单向阀芯 B 向左，克服单向功能弹簧 D 的预紧力，开启密封锥面，从通口①流出。

2）溢流功能　在端口③无控制压力时，压力油从通口①进入，作用在主阀芯 A 的端面 G 上，推动主阀芯 A 向右，克服主弹簧 C 的预紧力，开启密封锥面，从通口②溢出。

3）液控节流功能　在端口③有控制压力时，此压力经过通道 E，作用在主阀芯 A 的环形面积 F 上，推动主阀芯 A 向右，克服主弹簧 C 的预紧力，开启通口①→②的通道。

由于主弹簧腔通过通道 I 与端口④相连，与通口②不通，而通口②的压力通过通道 H，进入主阀芯的另一端，作用力相互抵消，因此，溢流压力和控制压力都不受通口②的压力影响。

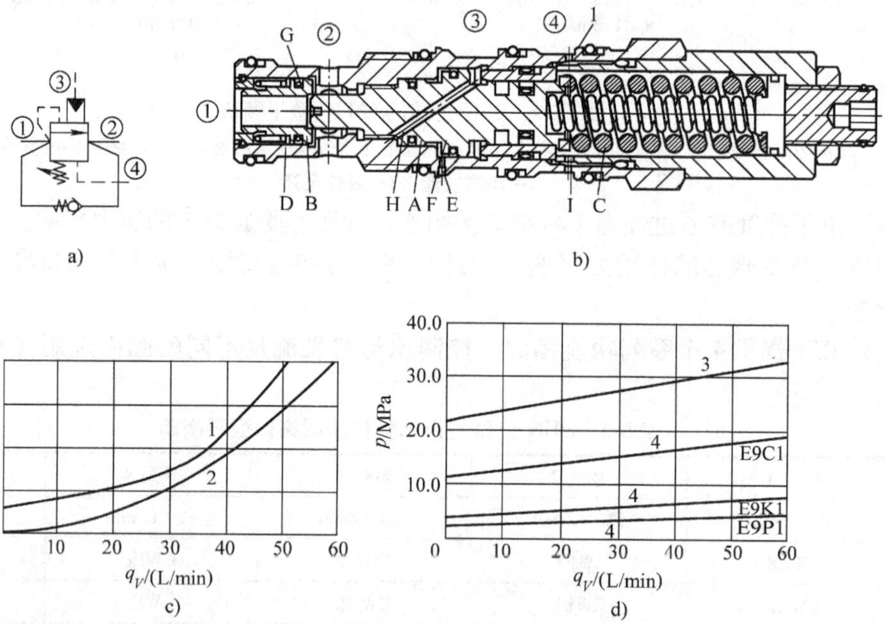

图 5-30　PK 公司的 E9 * 1 型平衡阀

a）图形符号　b）剖面图　c）单向功能和液控全开的压差流量特性　d）压差流量特性

1—单向功能　2—液控开启　3—溢流　4—液控开启，10MPa 负载压力

5.3.2　无背压型平衡阀

所谓无背压，实际上是因为弹簧腔通大气。

PK 公司的 E6 * 060 * 409 型平衡阀（见图 5-31）：

（1）特性

测定流量：180L/min。

设定压力范围：5～35MPa。

控制比：3，8。

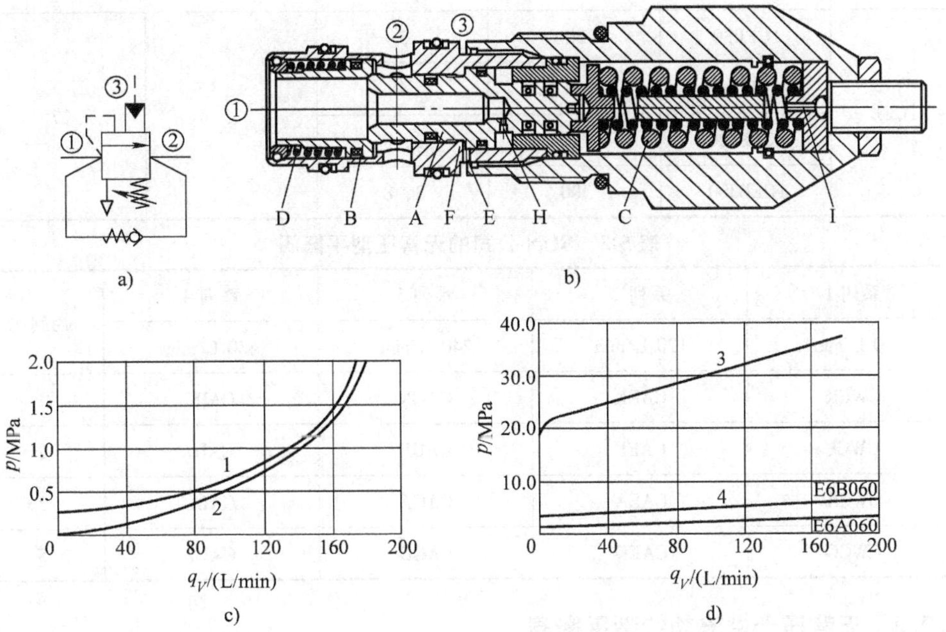

图5-31 PK公司的E6＊060型平衡阀

a）图形符号 b）剖面图 c）单向功能和液控全开的压差流量特性

d）压差流量特性

1—液控全开 2—单向功能 3—溢流功能 4—液控开启，10MPa负载压力

（2）工作原理

单向功能：压力油从通口②进入，推动单向阀芯B向左，克服单向功能弹簧D的预紧力，开启至通口①的通道，流出。

溢流功能：在端口③无控制压力时，压力油从通口①进入，作用在主阀芯A两端的环形面积上，克服主弹簧C的预紧力，推动主阀芯A向右，开启至通口②的通道溢流。

液控节流功能：在端口③有控制压力时，此压力经过通道E，作用在主阀芯的环形面积F上，克服主弹簧C的预紧力，向右推动主阀芯A，开启通口①→②的通道。

由于弹簧腔通过通道I与大气相连，而通口②的压力对主阀芯没有轴向作用力，因此溢流压力和控制压力都不受通口②和弹簧腔的压力影响。

ih 和 SUN 公司也提供功能类似的阀（见表5-4 和表5-5）。

表 5-4 ih 公司的无背压型平衡阀

系列	型号	名义流量 /（L/min）	控制比	许用溢流压力 /MPa	许用负载压力 /MPa
1CEB	1CEB30	30	5	35	27
	1CEB90	90	4		
	1CEB120	120	3，8		
	1CEB300	300	3，8		

表 5-5 SUN 公司的无背压型平衡阀

系列 1	系列 2	系列 3	系列 4	控制比
60 L/min	120 L/min	240 L/min	480 L/min	
CWCK	CAEK	CAGK	CAIK	1
CWCL	CAEL	CAGL	CAIL	2
CWCA	CAEA	CAGA	CAIA	3
CWCG	CAEG	CAGG	CAIG	5

5.3.3 无背压无溢流功能型平衡阀

弹簧腔通大气，因此无背压。

不带溢流功能。用于开启不能受负载压力影响，仅仅取决于控制压力的场合，如图 5-10 的回路。

ST 公司的 P6N060 型平衡阀见图 5-32。

（1）特性

控制压力调节范围：0.6～1.6MPa。

测定流量：120L/min。

（2）工作原理

单向功能：压力油从通口②进入，推动单向阀芯 B 向左，克服单向功能弹簧 D 的预紧力，开启至通口③的通道，流出。

液控节流功能：端口①的控制压力经过通道 E，作用在主阀芯的环形面积 F 上，推动主阀芯 A 向右，克服主弹簧 C 的预紧力，开启通口③→②的通道。

由于弹簧腔通过通道 I 与大气相连，而通口③的压力经过通道 H，作用于主阀芯的另一端，作用力相互抵消，通口②对主阀芯的作用面积与通口③对主阀芯的作用面积相同，因此，控制压力不受通口②和通口③的压力影响。

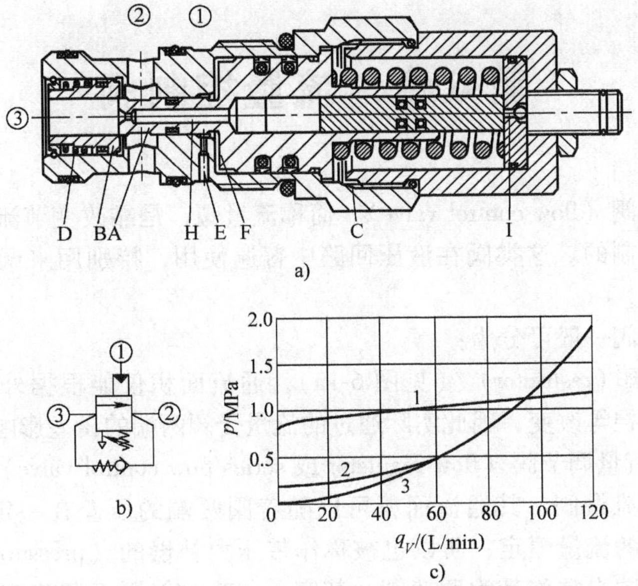

图 5-32 ST 公司的 P6N060 型平衡阀

a）剖面图 b）图形符号 c）压差流量特性

1—液控开启，10MPa 负载压力 2—单向功能 3—液控全开

第6章　流量控制阀

流量控制阀（flow control valve），简称流量阀，是靠改变节流口的通流面积来实现流量控制的。这类阀在液压回路中普遍使用，特别用来调节执行元件的运动速度。

流量控制阀一般可分为：

1）节流阀（restrictor）（见图6-1a），通流面积仅能根据外部指令，如手动、机动或电控等改变，因此实际通过的流量受阀两端的压差影响。

2）二通流量调节阀（flow regulator 或 series flow control valve）（见图6-1b），以下简称二通流量阀，其通流面积可以随着阀两端的压差在一定范围内变化，从而使通过阀的流量恒定，所以也被称作带压力补偿的（pressure-compensated）流量控制阀。国内常称其为调速阀。其实，它有时仅用于调节流量，并不用于调速。

3）三通流量调节阀（three-port flow control valve 或 priority flow control valve）（见图6-1c），以下简称三通流量阀，其优先通道和旁路通道的通流面积可以随各个通口的压力而改变，实现流量调节，与国内常说的溢流调速阀有所不同（见6.3.1节）。

本章中还介绍另外两种与流量控制有关的阀。

1）定压差阀（pressure compensator，压力补偿阀），其通流面积随出口或进口的压力而变，努力与信号压力保持一个恒定压差。含定差减压阀（见图6-1d）、定差溢流阀（见图6-1e），等等。常被用来与外加的节流阀一起来控制流量。

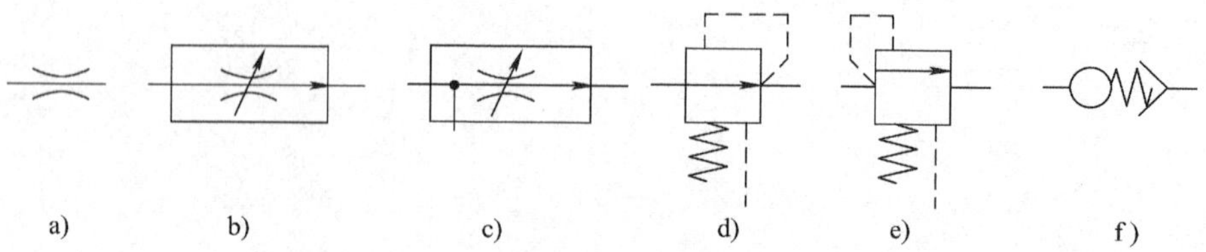

图6-1　各类流量阀的图形符号

a）节流阀　b）二通流量阀　c）三通流量阀　d）定差减压阀　e）定差溢流阀　f）管道破裂保险阀

2）管道破裂保险阀（maximum flow control valve 或 velocity fuse）（见图6-1f），限制最大通过流量的开关阀，也被称作限速切断阀。

6.1 节流阀

6.1.1 功能、类型和应用

1. 功能

节流阀的功能：通流面积可根据外部指令，如手动、机动或电控等调节。

因为节流阀大多都通过一个角度很小的锥阀实现（见图6-2a），所以在欧美，又常称其为针阀（needle valve）。结构简单，成本低。一般都可以完全关闭。

但随着技术的改进，已经出现了一些根本不像针的针阀（见图6-2b）：带圆柱形阀芯，其上开有细槽，以获得更精细的微调。

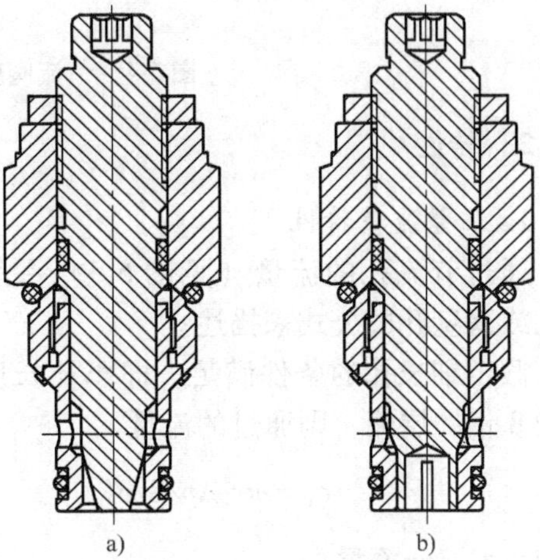

图6-2 针阀的发展（PK）
a）粗调针阀 b）细调针阀

2. 类型

从功能角度看，节流阀可以分为以下两种类型：

1）普通节流阀（见图6-3a）。可以实现双向节流。

2）单向节流阀（with reverse check）（见图6-3b）。油液正向流进时可以起到节流作用。当油液反向流进时，节流口完全开启，无节流作用。

从调节方式看，有固定不可调（见6.1.5节）的，有手动调节的，也有电比例调节（见6.1.6节）的。

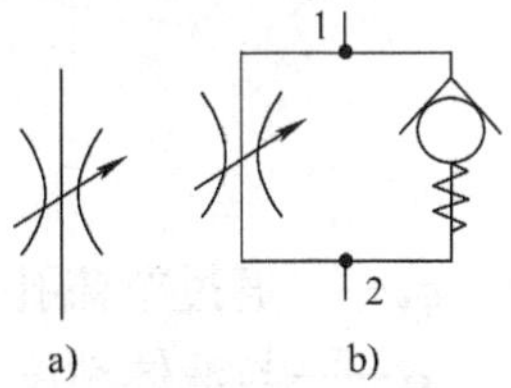

图6-3 节流阀和单向节流阀
a）节流阀 b）单向节流阀

3. 应用举例

在图6-4的回路中，A处通过一个节流阀作为进口节流，控制液压缸克服阻力进出的速度。B处使用两个单向节流阀作为出口节流，防止液压缸移动过快。

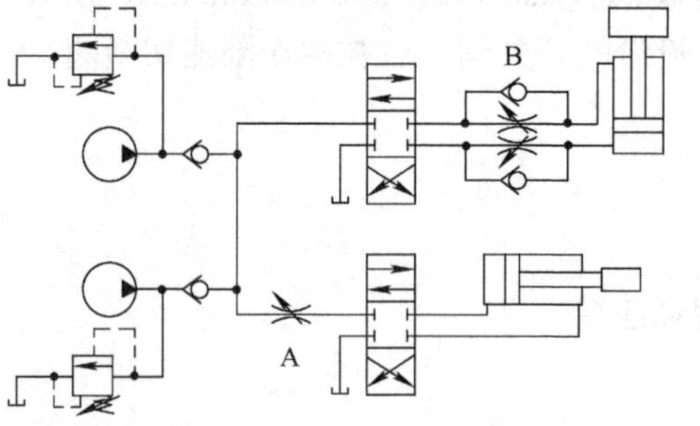

图 6-4 节流阀应用例（SUN）

6.1.2 特性

1. 压差流量特性

通过节流孔的流量（见图 6-5）一般可以用细长孔或薄壁孔的公式来描述。

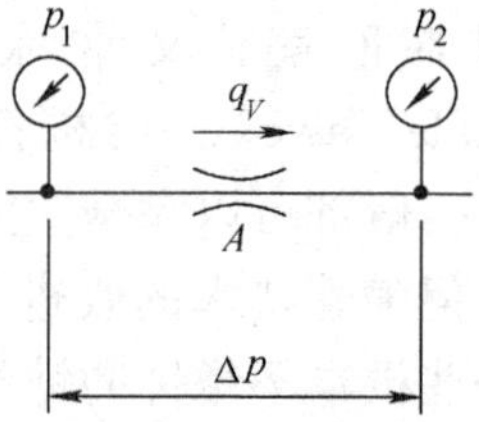

图 6-5 通过节流孔的流量与压差

假定细长孔的条件满足，即小孔长度大于孔半径的 8 倍，层流，则通过的流量

$$q_V = \pi r^4 \Delta p / 8 \upsilon \rho l \tag{6-1}$$

式中 q_V——流量；

r——孔半径；

Δp——压差；

υ——液体运动粘度；

ρ——液体密度；

l——孔长度。

假定薄壁小孔条件满足，即孔长小于小孔半径，等等，则通过的流量

$$q_V = \alpha A \sqrt{\frac{2\Delta p}{\rho}} \tag{6-2}$$

式中 q_V——通过节流孔的流量；

α——与液体粘度和阀开口形状有关的流量系数，0.6～0.9；

A——节流孔面积；

Δp——压差；

ρ——液体密度。

从式（6-1）、式（6-2）可以看出，满足细长孔的条件时，通过的流量与压差成正比；符合薄壁孔的条件时，通过的流量与压差的平方根成正比，而且不受液体粘度影响。表达成曲线，大致如图6-6所示。

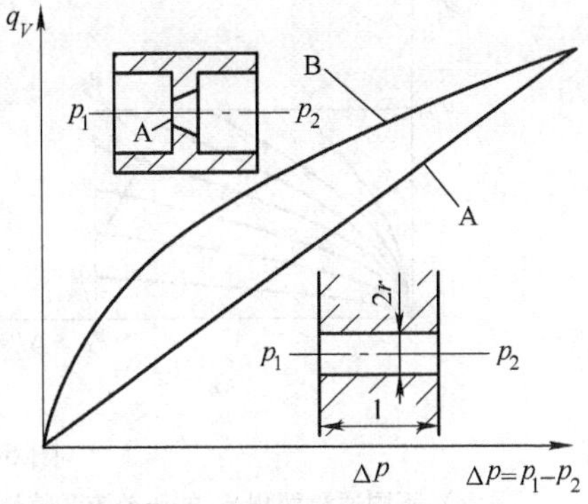

图6-6 节流阀的压差流量特性示意图（IFAS）

实际的节流阀随结构不同，其通过流量往往介于两者之间。节流口长径比越大，受油液粘度的影响越大。因为通过薄壁孔的流量不受液体粘度影响，所以，节流阀比较追求接近薄刃口。作为定性分析，以下取平方根，简化式（6-2）得

$$q_V = kA\sqrt{\Delta p} \tag{6-3}$$

式中 k——综合系数。

2. 其他特性

作为节流阀，通常希望有大的调节范围，特别是小流量时，要求不易堵塞，少受油液粘度影响。

普通的、不带单向阀的节流阀，由于无运动部件，因此，其动特性就像一个纯电阻一样，没有滞后，不会造成超调和振荡。

6.1.3 节流阀在系统中的作用方式与特性

要注意的是：节流阀只能改变通流面积，也即液阻而已，并不总是能节流的。以下通过分析其在系统中的作用方式与特性来阐明这一点。

1. 进口节流回路

进口节流（meter-in）：节流阀装在泵与执行器之间（见图6-7）。

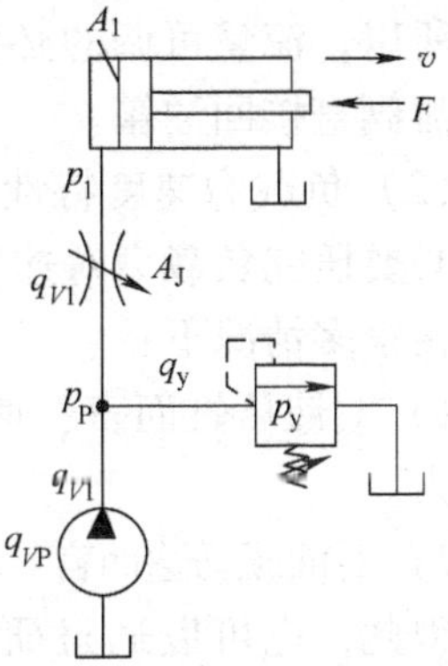

图6-7 进口节流调速回路示意图

q_{VP}—泵的输出流量 p_y—溢流阀的开启压力 q_{Vy}—通过溢流阀的流量 A_J—节流口的通流面积 q_{V1}—通过节流阀进入液压缸的流量 F—负载力 A_1—液压缸有效作用面积 v—活塞运动速度

（1）节流特性 在图6-7所示的系统中，通过节流阀的流量 q_{V1}，取决于阀两端的压差 $\Delta p = p_P - p_1$，被溢流阀的开启压力 p_y 和泵的输出流量 q_{VP} 所限制（见图6-8a）。

图6-8b示意了当节流口通流面积 A_J 变小时压差流量的变化情况。

工作点 A：通流面积 A_J 较大，负载压力 p_1 较小，泵口压力 p_P 低于溢流阀的开启压力 p_y，泵输出的流量 q_{VP} 全部通过节流阀进入液压缸。

AB 段：减小通流面积 A_J，泵口压力 p_P 升高。

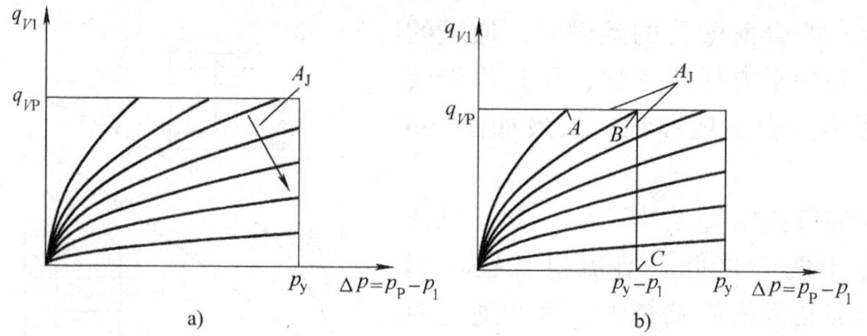

图 6-8 节流特性

a）不同通流面积 A_J 的压差流量特性 b）通流面积 A_J 变小时压差流量的变化情况

工作点 B：泵口压力 p_P 接近溢流阀的开启压力 p_y，溢流阀将开未开，泵输出的流量 q_{VP} 还是全部通过节流阀。

BC 段：通流面积 A_J 进一步减小，泵口压力 p_P 达到溢流阀的开启压力 p_y，溢流阀开启，泵输出的流量 q_{VP} 部分通过溢流阀溢出，通过节流阀进入液压缸的流量 q_{V1} 减少。

工作点 C：节流阀完全关闭，无流量通过节流阀。

只有在 BC 段，调节节流阀才能改变通过节流阀的流量。这时，节流阀才真正是“节流”阀。

所以，流量可调的必要条件是：溢流阀已开启，泵输出的流量部分可以通过溢流阀直接回油箱。

（2）负载力速度特性 使用节流阀，大多都是为了控制执行器的速度。因此有必要研究负载力对速度的影响。

在很多情况下：

1）对液压缸而言：速度 = 流量/有效作用面积，负载力/有效作用面积 = 负载压力。

2）对液压马达而言：转速 = 流量/排量，负载转矩/负载压力 = 每弧度排量。

因此，也可以通过研究负载压力流量特性来了解相应的负载力速度特性。图 6-9 包括了一些非正常，但在实际使用中却可能会碰到的情况：负载力过大，或负载力反向。可分 4 个区域。

区域Ⅰ——正常工作区：$0 < p_1 < p_y$，$q_{V1} < q_{VP}$

负载力正向，负载压力 p_1 不超过溢流阀开启压力 p_y。泵输出的流量部分通

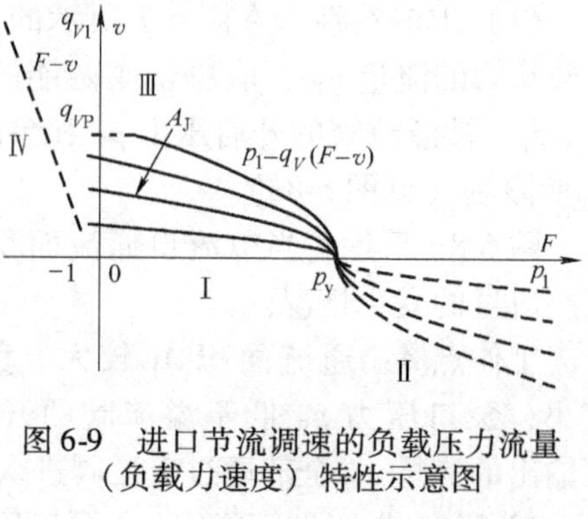

图 6-9 进口节流调速的负载压力流量（负载力速度）特性示意图

过溢流阀流出。调节节流阀，可以改变液压缸速度（图6-9中实线）。

通过节流阀的流量

$$q_{V1}=kA_J\sqrt{(p_y-p_1)}$$

区域Ⅱ——过载区：$p_1>p_y$

负载压力超过溢流阀的开启压力后，液压缸反向运动。不仅泵输出的压力油全部通过溢流阀流出，而且液压缸中的液体也会反向通过节流阀，从溢流阀流出（图中区域Ⅱ的虚线）。通过节流阀的流量

$$q_{V1}=kA_J\sqrt{(p_1-p_y)}$$

区域Ⅲ——流量饱和区：$p_{V1}>p_{VP}$

节流阀开口较大，负载力较小，泵出口的压力低于溢流阀的开启压力，泵输出的压力油q_{VP}全部通过节流阀进入液压缸，活塞速度恒定（图6-9中区域Ⅲ的虚线）

$$v=q_{VP}/A_1$$

区域Ⅳ——负负载区：$p_1<0$

如果负载力变成拉力，则活塞的速度就不受节流阀控制（图6-9中区域Ⅳ的虚线）。液压缸左腔造成真空，最低到液体的蒸气压。负载力-负载压力、速度-流量的对应关系不再有效。

所以，进口节流不能控制负的负载。

（3）正常工作区的能耗特性（图6-10）　由于在此区域中，p_P和q_{VP}是固定不变的，因此总输入功率p_Pq_{VP}，也即Ⅰ+Ⅱ+Ⅲ的功率之和是不变的。实际的有用功Ⅲ只是其中一部分，随负载压力p_1和工作流量q_{V1}而变化，其余部分都消耗在溢流阀（Ⅰ）和节流阀（Ⅱ）上，最终转化成热能，浪费是很大的。

2. 出口节流调速回路

出口节流（meter-out）：节流阀装在执行器与油箱之间（见图6-11）。

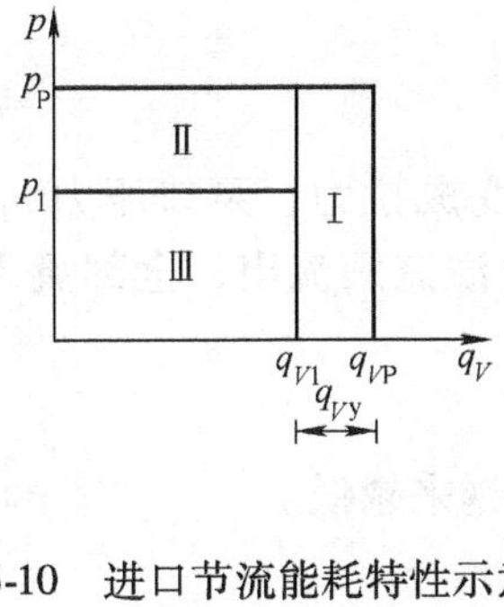

图6-10　进口节流能耗特性示意图

Ⅰ—消耗在溢流阀上的能量

Ⅱ—消耗在节流阀上的能量

Ⅲ—有用功

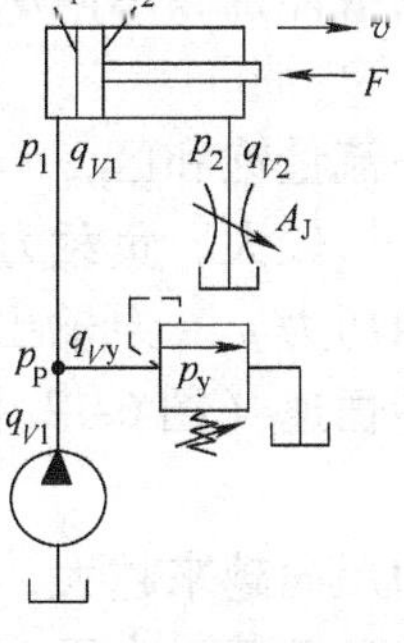

图6-11　出口节流调速回路示意图

q_{VP}—泵的输出流量　p_y—溢流阀的开启压力　q_{Vy}—通过溢流阀的流量　A_J—节流口的通流面积　q_{V1}—进入液压缸的流量　q_{V2}—流出液压缸的流量　F—负载力　A_1—液压缸左腔作用面积　A_2—液压缸右腔作用面积　v——活塞运动速度

（1）负载力速度（负载压力流量）特性（图6-12） 与进口节流类似，也可分4个区域。

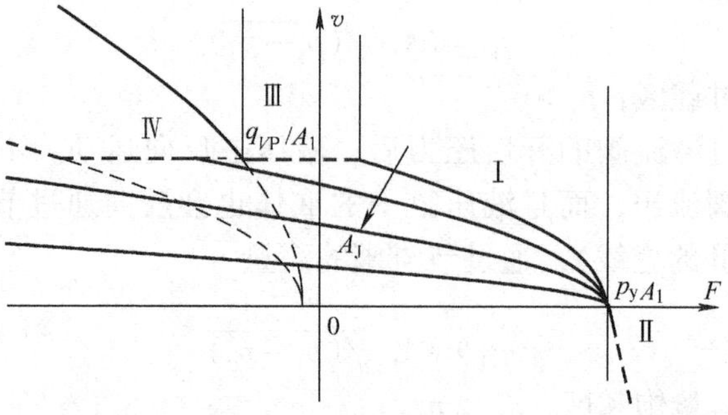

图6-12 出口节流调速的负载力速度特性示意图

区域Ⅰ——正常工作区：$F=p_yA_1$，$v<q_{VP}/A_1$

负载力可以是拉力，也可以是推力，但低于p_yA_1。因为节流阀开口较小，泵口压力为溢流阀的开启压力p_y，泵输出的压力油部分通过溢流阀流出，活塞正向运动（图6-12中实线）。

因为

$$v=q_{V2}/A_2$$

$$q_{V2}=kA_J\sqrt{p_2}$$

$$p_2=(p_yA_1-F)/A_2$$

所以

$$v=kA_J\sqrt{(p_yA_1-F)/A_2}/A_2$$

区域Ⅱ——推力过载区：$F>p_yA_1$

负载压力过大，活塞反向运动，不仅泵输出的压力油全部通过溢流阀流出，而且液压缸中的液体也会反向从溢流阀流出。节流阀不起作用（图6-12中区域Ⅱ的虚线）。

区域Ⅲ——流量饱和区：$v=q_{VP}/A_1$

在节流阀开口较大，负载力相对较低，或是反向变成拉力，泵口压力p_P低于溢流阀的开启压力p_y，泵输出的压力油q_{VP}不再通过溢流阀流出，全部流入液压缸，活塞保持恒速（图6-12中区域Ⅲ的虚线）。

$$v=q_{VP}/A_1$$

随着负载力反向越来越大，液压缸左腔的压力p_1越来越低。

区域Ⅳ——负负载过大区：$v>q_{VP}/A_1$

拉力增大到一定程度后，液压缸左腔的压力p_1降低为蒸气压p_{1Z}，液压缸右腔的压力p_2完全由负载力F决定。注意：这时F是负值。

$$p_2=(p_{1Z}A_1-F)/A_2$$

活塞运动速度 v 还是受节流阀控制（图6-12中Ⅳ区域的虚线）：

$$v = q_{V2}/A_2$$

$$q_{V2} = kA_J\sqrt{p_2}$$

所以

$$v = kA_J\sqrt{(p_{1Z}A_1 - F)/A_2}/A_2$$

所以，出口节流可以控制负负载。

（2）正常工作区的能耗特性（见图6-13）

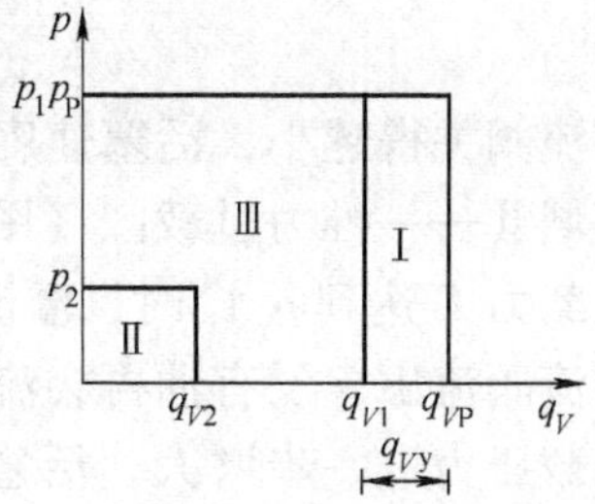

图6-13　出口节流的能耗特性示意图
Ⅰ—消耗在溢流阀的能量　Ⅱ—消耗在节流阀上的能量　Ⅲ—有用功

3. 旁路节流调速回路

旁路节流（Bleed-off）：节流阀装在泵与油箱之间（见图6-14）。

（1）负载力速度（负载压力流量）特性（图6-15）　旁路节流调速可分3个区域。

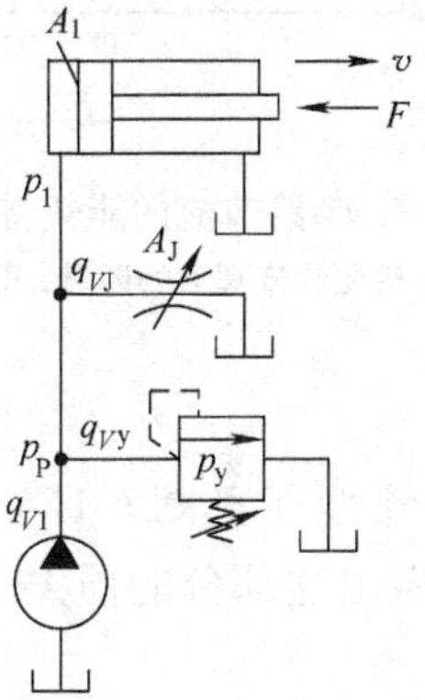

图6-14　旁路节流调速回路示意图

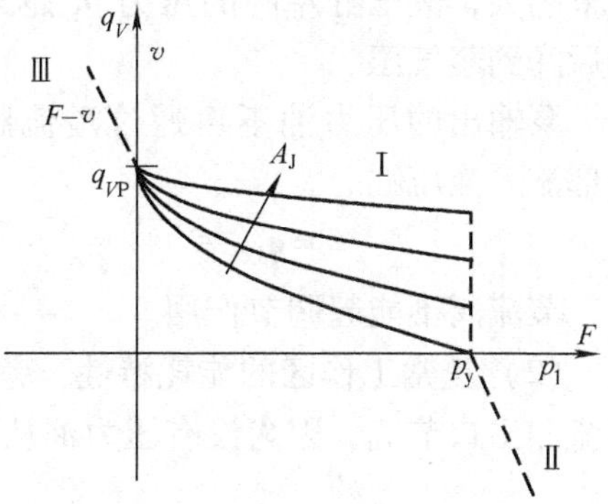

图6-15　旁路节流调速的负载压力流量特性示意图

区域Ⅰ——正常工作区：$0 < F < p_yA_1$

负载力为推力，但低于 p_yA_1。泵口压力 p_P 也就是液压缸左腔压力 p_1。泵输出的压力油 q_{VP} 部分通过节流阀流出，液压缸正向运动（图6-15中实线）。

因为

$$v = q_{V1}/A_1$$

$$q_{V1} = q_{VP} - q_{VJ}$$

$$q_{VJ} = kA_J\sqrt{p_1}$$

$$p_1 = F/A_1$$

所以

$$q_{V1} = q_{VP} - kA_J\sqrt{p_1}$$

$$v = (q_{VP} - kA_J\sqrt{F/A_1})/A_1$$

节流阀关得越小，活塞速度越高。

区域Ⅱ——推力过载区（图6-15中区域Ⅱ的虚线）：$F > p_y A_1$

负载力F达到$p_y A_1$时，溢流阀开启，泵输出的压力油除了从节流阀流出外都从溢流阀流出，没有油再会流向液压缸，活塞停止运动。

负载压力进一步增大，活塞反向运动，不仅泵输出的压力油全部通过节流阀和溢流阀流出，而且液压缸中的液体也会反向从节流阀和溢流阀流出。

节流阀不能起调节作用。

区域Ⅲ——负推力区（图6-15中区域Ⅲ的虚线）：$F < 0$

如果负载力为零，泵口压力p_P理论上也为零。如果负载力反向变成拉力，液压缸左腔压力p_1低于大气压。随着负载力反向越来越大，液压缸左腔的压力p_1越来越低，最后降到蒸气压。

泵输出的压力油不再通过溢流阀流出，全部流入液压缸。

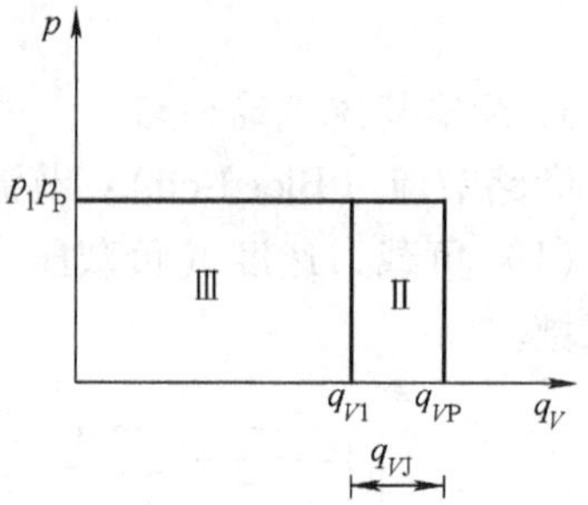

图6-16 旁路节流的能耗特性示意图

Ⅱ—消耗在节流阀上的能量，Ⅲ—有用功

$$v = q_{VP}/A_1$$

节流阀不能起调节作用。

（2）正常工作区的能耗特性 旁路节流的能耗特性（见图6-16）优于进口节流和出口节流，因为没有压力油从溢流阀以高压溢出这部分的损失。

6.1.4 普通节流阀

1. ST公司的J02A2型节流阀（见图6-17、图6-18）

节流孔可调型

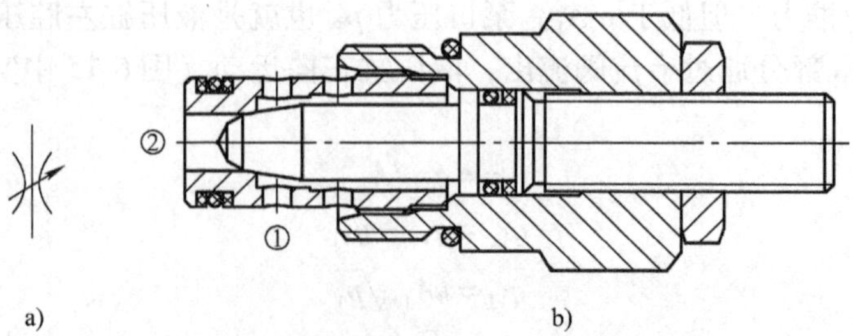

图6-17 ST公司的J02A2型节流阀

a）图形符号 b）剖面图

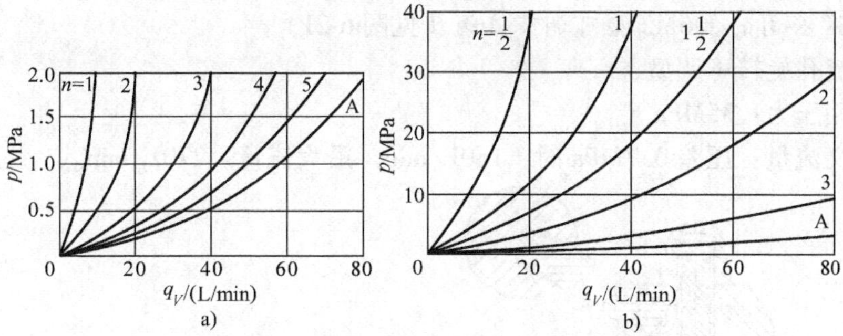

图6-18　不同调节量时的压差流量特性

a）低压时　b）高压时

n—调节圈数　*A*—全开

许用压力：42MPa。

名义流量，压差0.7MPa时：45L/min。最大流量：80L/min。

可以关闭到内泄漏极低。

2. SUN公司的NFCC型节流阀（见图6-19、图6-20）

节流孔可调型

许用压力：35MPa。

最大名义节流孔直径：4.8mm。

可以完全关闭，无内泄漏。

采用锐棱边节流，因此把流量受粘度的影响降低到最低。

节流口在关闭到很小时为孔形，而不是像某些针阀的环形。因此，不易堵塞，可控流量要小得多。

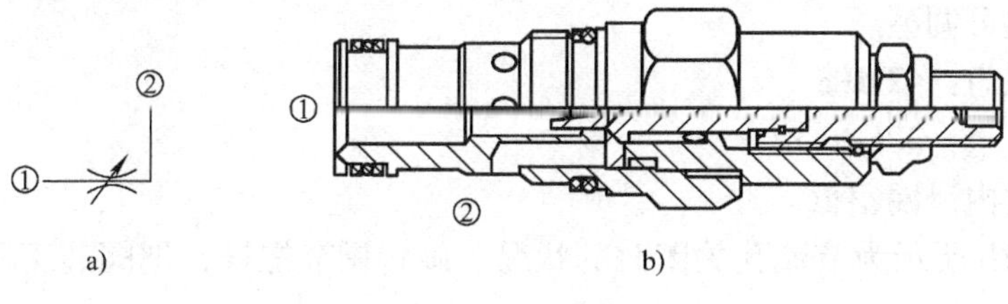

图6-19　SUN公司的NFCC型节流阀

a）图形符号　b）剖面图

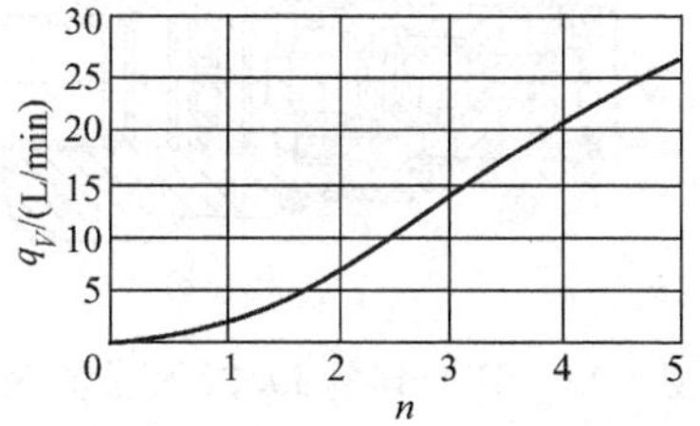

图6-20　在压差0.7MPa时可通过的流量

3. ST 公司的 J06M2 型可调节流阀（见图 6-21）

节流孔旋转可调型。

许用压力：35MPa。

名义流量：压差 0.7MPa 时，160L/min。最大流量：270L/min。

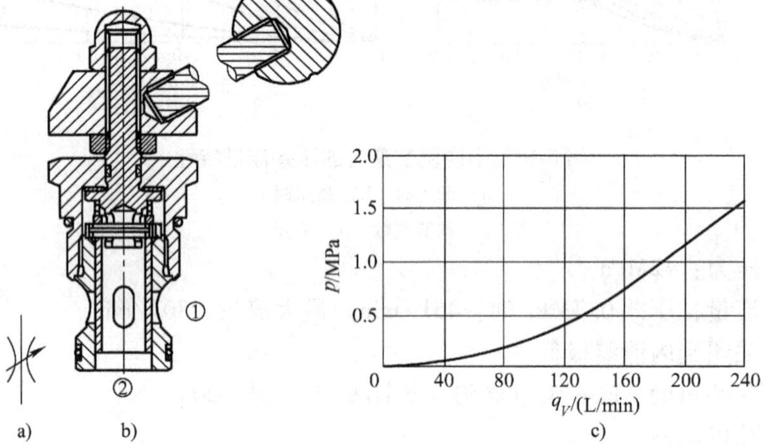

图 6-21 ST 公司的 J06M2 型节流阀

a）图形符号 b）剖面图 c）压差流量特性

6.1.5 单向节流型节流阀

单向节流阀也可分两种类型，一种节流孔固定，一种节流孔可调。

1. ST 公司的 J02B2 型节流阀（见图 6-22、图 6-23）

节流孔可调型。

许用压力：42MPa。

测定流量：30L/min。

关闭时内泄漏很低。

图 6-22b 所示为节流孔关闭时的状况。旋转调节螺杆，把阀芯压下，就开启了节流口。

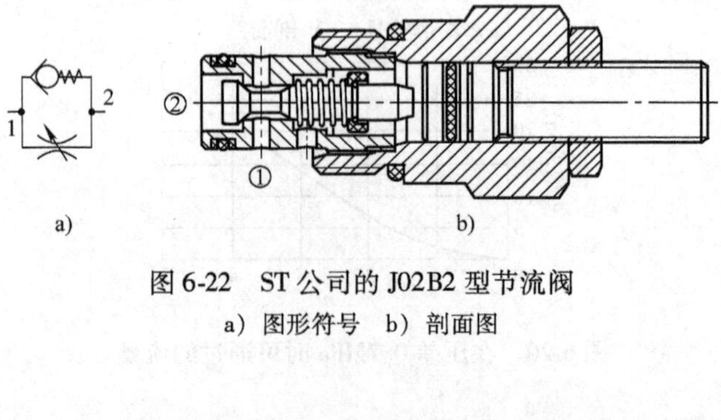

图 6-22 ST 公司的 J02B2 型节流阀

a）图形符号 b）剖面图

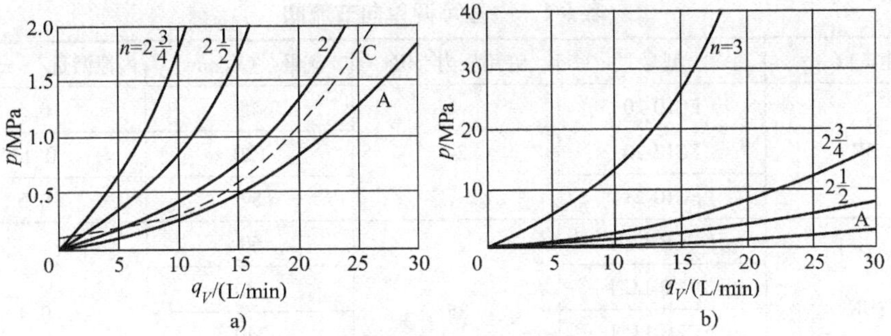

图6-23 不同调节量时的压差流量特性

a）低压差时 b）高压差时

n—调节圈数 A—全开 C—单向功能特性

2. SUN公司的NCCC型节流阀（见图6-24、图6-25）

节流孔可调型。

许用压力：35MPa。

最大名义节流孔直径：2.3mm。

内泄漏：小于0.4mL/min。

采用锐棱边节流，因此把流量受粘度的影响降低到最低。

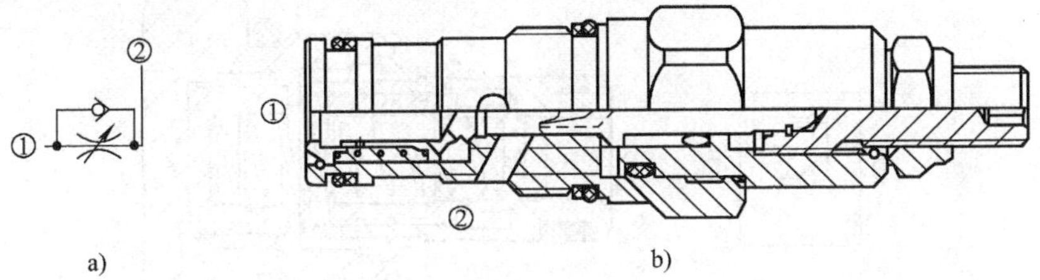

图6-24 SUN公司的NCCC型节流阀

a）图形符号 b）剖面图

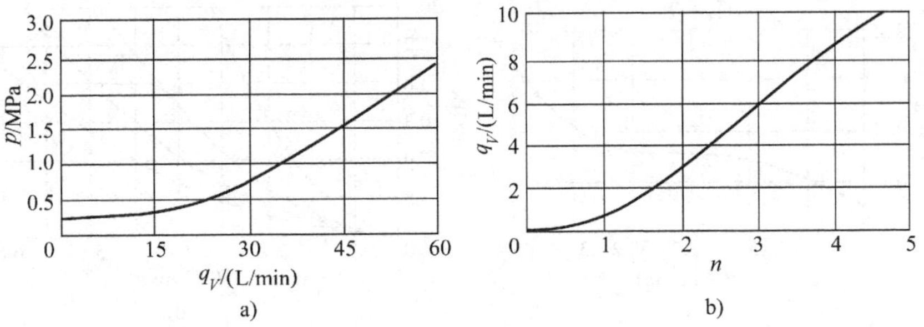

图6-25 压差流量特性

a）单向功能时 b）节流功能时，压差0.7MPa

一些功能类似的产品可参见表6-1。

表 6-1　一些可调单向节流阀

生产商	型号	许用压力/MPa	流量/（L/min）	内泄漏量/（mL/min）
HF	FC10-20	24	45	0.5
	FC12-20		120	0.15
	FC10-21		57	0.5
SUN	NCCB-LCN	35	60	0.4
	NCEB-LCN		120	
	NCFB-LCN		240	
	NCGB-LCN		480	

3. HF 公司的 FC08-20F 型节流阀（见图 6-26）

节流孔固定型。

许用压力：24MPa。

固定节流孔：0.6～1.2mm，7 档。

流量：见曲线。

在单向功能时（见图 6-26c），最初，压差较小时，通道没有完全开启，因此压差流量曲线不是典型抛物线形状。

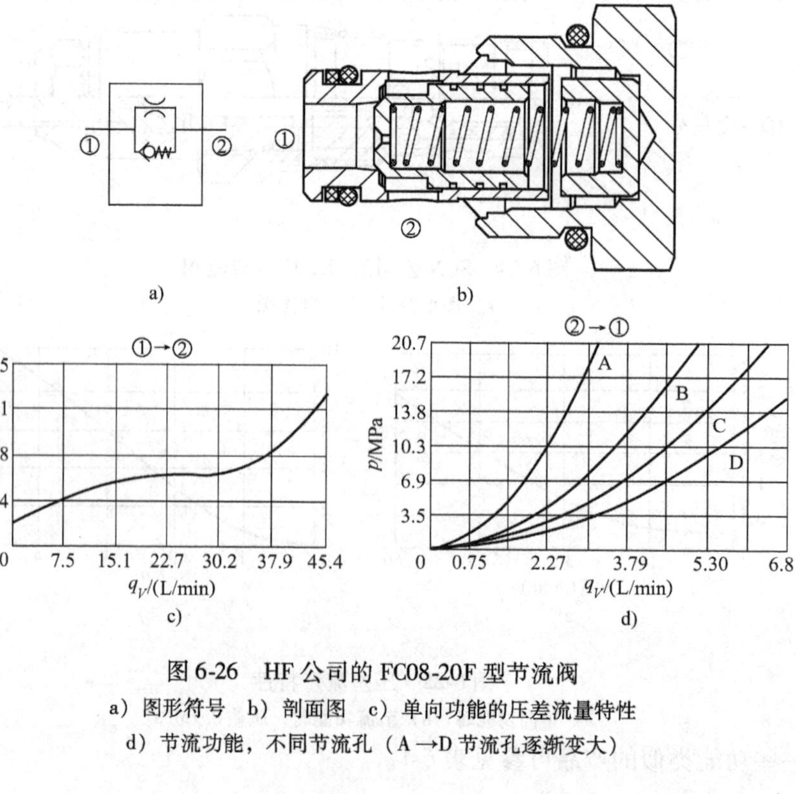

图 6-26　HF 公司的 FC08-20F 型节流阀

a）图形符号　b）剖面图　c）单向功能的压差流量特性

d）节流功能，不同节流孔（A→D 节流孔逐渐变大）

4. SUN 公司的 CNCC 型节流阀（见图 6-27）

节流孔固定型。

许用压力：35MPa。

单向功能开启压力：0.03 ~ 0.7MPa，7 档

名义流量：60L/min。

等效节流孔直径：0.4 ~ 3.89mm。

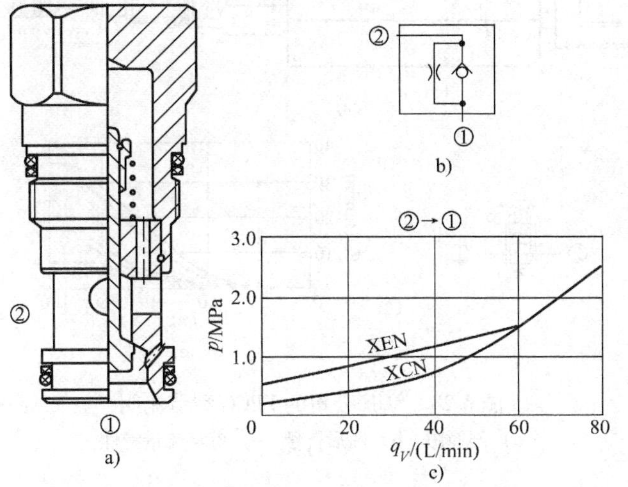

图 6-27　SUN 公司的 CNCC 型节流阀

a）剖面图　b）图形符号　c）不同开启压力，单向功能的压差流量特性

SUN 公司还提供其他一些功能类似的产品，参见表 6-2。

表 6-2　SUN 公司一些功能类似的产品

型号	最大工作压力/MPa	等效节流孔直径/mm	名义流量/（L/min）
CNAC-XCN	35	0.4 ~ 1.0	30
CNEC-XCN		0.4 ~ 3.42	120
CNGC-XCN		0.4 ~ 5.54	240
CNIC-XCN		0.4 ~ 5.54	480

6.1.6　电比例型节流阀

电比例节流阀需要控制阀芯的位置。而衔铁套筒组件输出的是力，因此需要通过弹簧将此电磁力转化成阀芯的位移。

由于衔铁输出的力相对液压力十分有限，因此，如何做到对阀芯的静压力尽可能地平衡，如何减少或利用液动力，是电比例节流阀的关键。

1. SUN 公司的 FPCC 型节流阀（见图 6-28，图 6-29）

结构型式：直动型。

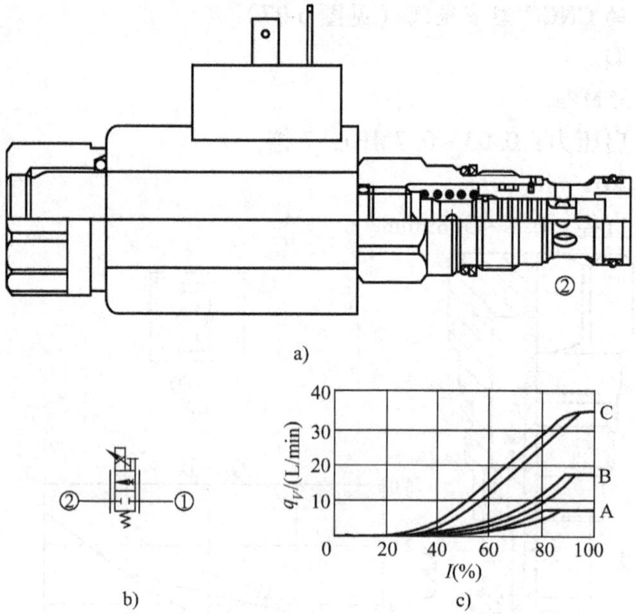

图 6-28　SUN 公司的 FPCC 型节流阀

a）剖面图　b）图形符号　c）电流流量特性

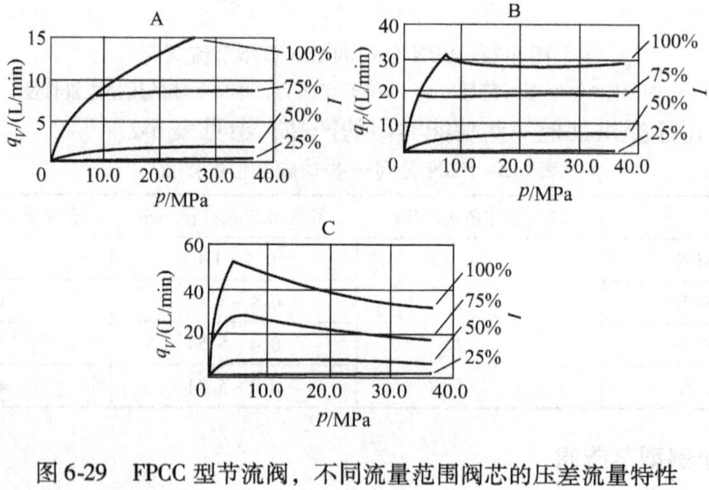

图 6-29　FPCC 型节流阀，不同流量范围阀芯的压差流量特性

许用压力：35MPa。

最大名义流量：40L/min。

流量：A 型 0.4 ~ 6L/min，B 型 0.6 ~ 14L/min，C 型 0.8 ~ 28L/min，D 型 1 ~ 40L/min。

内泄漏，在 21MPa 时：小于 100mL/min。

滞回：有颤振信号，<4%；不加颤振信号，<8%。

线性度，有颤振信号：<2%。

重复性，有颤振信号：<2%。

颤振信号频率：建议140Hz。控制器的颤振频率最好在100～250Hz间可调。

名义死区：25%。

从图6-29可以看出，FPCC型具有所谓“部分补偿”特性。

2. PK公司的DF161C型节流阀（见图6-30）

结构型式：先导型。

许用压力：进口21MPa。

测定流量：压差0.7MPa时，150L/min。（似与图6-30c曲线不符？——作者）

内泄漏：小于125mL/min。

死区：20%～30%输入信号。

滞回，200Hz时：小于4%。

颤振：100～400Hz，推荐200Hz。

此阀专用于旁路节流或卸荷回路。通口①应接油箱。背压会影响性能。

这是一个二级伺服型的节流阀。电磁力克服弹簧力，提升先导阀芯。从而改变了作用在主阀芯两端的压差平衡关系。不平衡的压差推动主阀芯，直到平衡恢复。

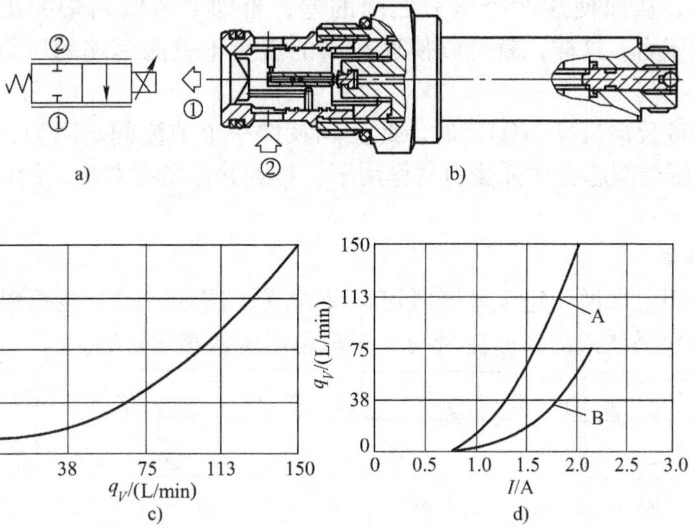

图6-30　PK公司的DF161C型节流阀

a）图形符号　b）剖面图　c）流量压差特性（使用高功率线圈）　d）电流流量特性（使用高功率线圈）

A—压差2.07MPa　B—压差0.345MPa

6.2 二通流量阀

6.2.1 功能原理、类型与应用

1. 功能原理

二通流量阀实际上是由两个节流口串联而成的（见图6-31）。一个不随进出口压力变化，被称作固定节流口，也称流量传感器，以下简称节流阀。另一个节流口的通流面积随进出口压力变化，即定压差阀。

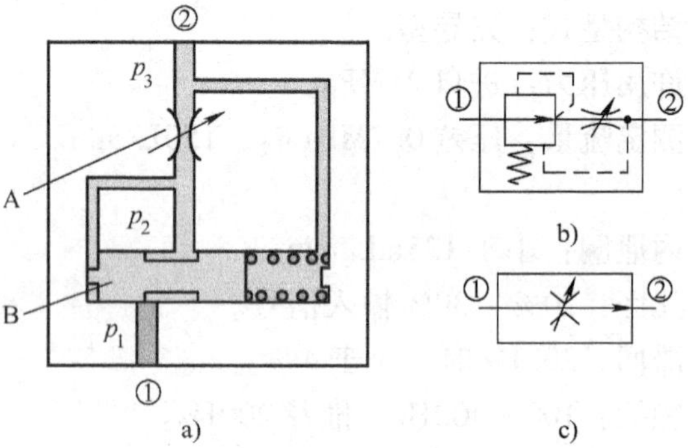

图6-31 二通流量阀

a）功能示意图 b）详细图形符号 c）简化图形符号

A—节流阀 B—定压差阀

节流阀两端的压力 p_2、p_3 被引入定压差阀芯的两端，阀芯在这两个压力和弹簧力的作用下移动，并停在平衡位置，从而使这两个压力之间的差，也即节流阀两端的压差，保持恒值——弹簧压力。这样，就可以使通过阀的流量不受阀两端的压力影响，保持相对恒定。

当油液反向（②→①）时，此类阀就像一个节流阀。因为，此时，由于 $p_2 < p_3$，定压差阀芯会在弹簧力的作用下，移到并停留在左端，阀口全开，不起调节作用。

2. 类型

从原理上来说，定压差阀既可以前置（见图6-32a），也可以后置（见图6-32b）。螺纹插装式的二通流量阀大多都是定压差阀后置的。

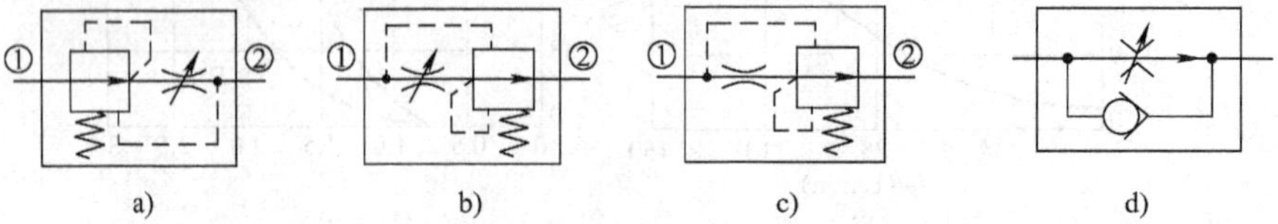

图6-32 各种类型的二通流量阀

a）前置型 b）后置型 c）节流口不可调型 d）带反向单向阀型

从动特性的角度来说，前置型的更适宜用作进口节流（见图6-33a），而后置型的更适宜用作出口节流（见图6-33b）。因为这样，定压差阀可以较早地感受到负载压力的变化，从而较快地作出反应。

除了节流口可调外，也有节流口不可调，而是定压差弹簧预紧力可调（见图6-32c和6.2.5节）。

因为，油液反向时，普通二通流量阀表现如一节流阀，所以，为了减少流通阻力，也有带反向单向阀的（见图6-32d和6.2.8节）。也有电比例型，可通过电信号调节流量（见6.2.6节和6.2.7节）。

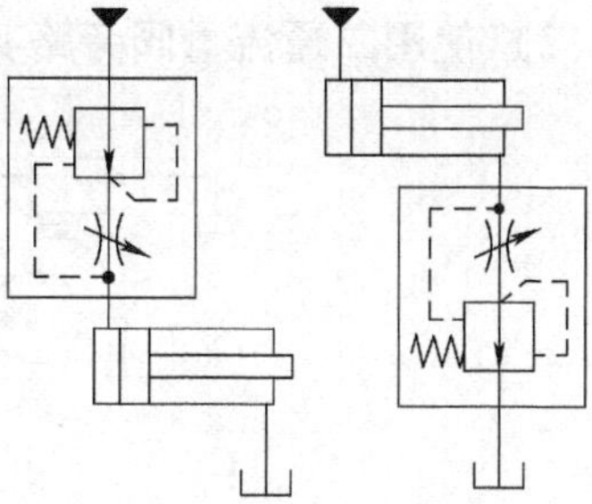

图6-33　定压差阀位置对系统动特性的影响（IFAS）
a）定压差阀前置　b）定压差阀后置

3. 压降分析

图6-34示意了二通流量阀用在图6-33所示的回路中的压降。

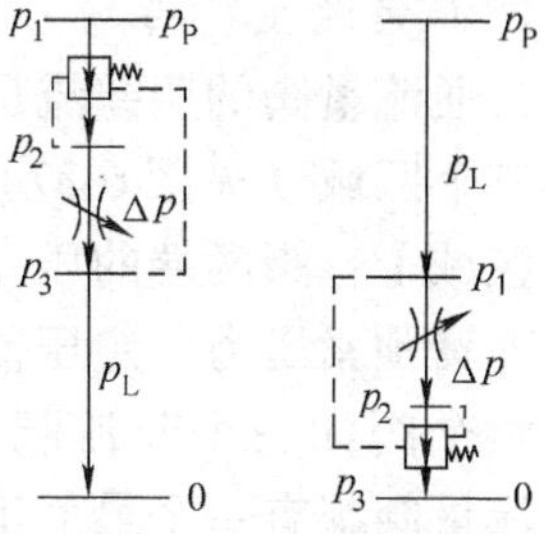

图6-34　二通流量阀的压降示意图
a）前置型用作进口节流时
b）后置型用作出口节流时
p_P—泵口压力　p_L—负载压力

整个阀两端的压差 p_1-p_2 是随负载变化而变化的。但是，节流阀两端的压差 Δp 基本保持恒定。多余的压力在定压差阀的开口处被消耗了，而不是什么“补偿”了。定压差阀之所以也被称作“压力补偿”阀，是直译自英语“compensated”。

消耗压力的这一部分，在很多教科书中被笼统称为定差减压阀，这是不全面的。因为，用在前置型中的，通过节流，确实是降低其出口压力来形成恒定压差的。但是，用在后置型中的，通过节流，却是增加其进口压力来形成恒定压差，应该称作“定差增压阀”才是。而用在三通流量阀中，通过节流，旁路掉多余的流量，来保持进口与压力信号之差恒定的，则是定差溢流阀。所以，本书中，将之统称为定压差阀。搞清这个概念，对理解掌握各种类型的负载敏感回路是大有裨益的。

4. 应用举例

（1）使用二通流量阀旁路控制液压马达的速度（见图6-35）

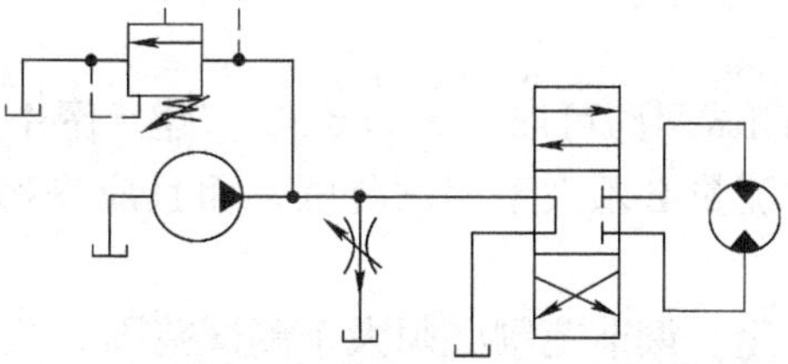

图6-35　使用二通流量阀旁路控制液压马达的速度（SUN）

（2）使用二通流量阀旁路实现液压马达正反向不同速度（见图6-36）

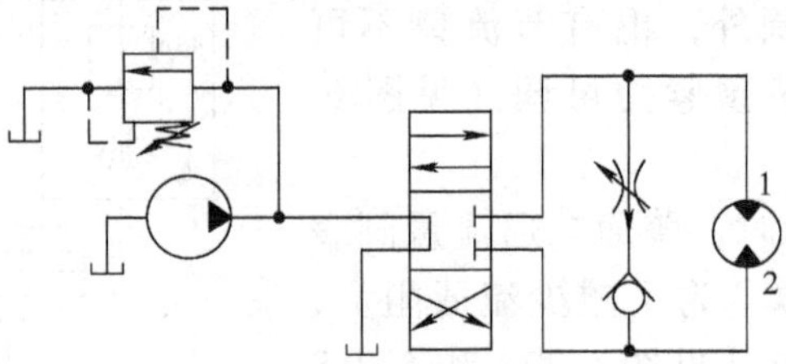

图6-36　使用二通流量阀旁路实现液压马达正反向不同速度（SUN）

6.2.2　稳态特性与测试

二通流量阀的稳态特性主要可以通过其压差流量特性反映。

1. 压差流量特性

二通流量阀的压差流量特性可分为三个区域（见图6-37）。

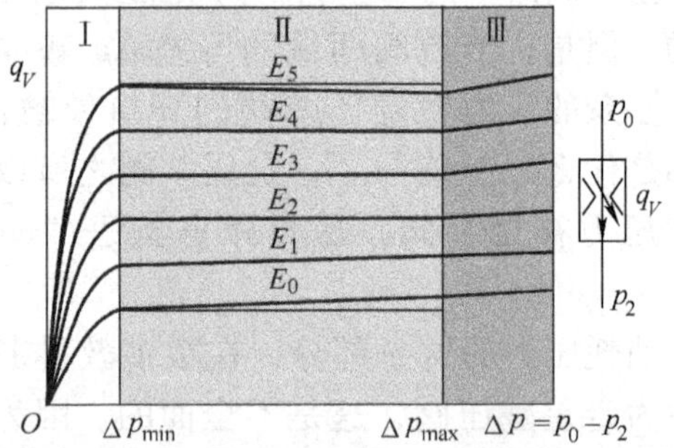

图6-37　二通流量阀的压差流量特性示意图（IFAS）

区域Ⅰ：阀两端的压差 $p_0 - p_2$ 低于弹簧预紧压力，定压差部分全开。整个阀如一个节流阀。所以，二通流量阀都有一个最低工作压差 Δp_{min}，大致在 1.2 ~ 3MPa 不等。低于这个压差，就不能保持流量不受负载压力影响。

区域Ⅱ：工作区。阀两端的压差高于最低工作压差。定压差阀部分关闭，可以起消耗压力、保持恒定压差的作用。阀两端的压差越大，定压差阀阀口关得越小，相应弹簧力增大，导致节流阀两端的压差变大，而通过流量增大。另一方面，通过流量越大，阀芯受到的液动力也越大，这又有减小压差的作用。所以，特性曲线的斜率是由弹簧力和液动力共同决定的。一般，在低设定流量时是上升的，在高设定流量时是下降的。

区域Ⅲ：压差很大，定压差阀已经移动到行程终点，已不能再起保持恒差的作用了。

2. 测试

（1）测试回路　测试回路可以参照图6-38搭建。图中：

1—液压源。输出流量必须大于测试范围，而且应平稳。必要时，可在泵出口加蓄能器。

2—溢流阀，加载用。调节范围必须大于测试范围。

3—压力表，监控用。

4—温度计。

5—压力传感器。用进口压力代替进出口压差的条件是：出口到油箱的管道短而粗，从而，3b的显示值相对3a的小得可以忽略。否则，在3b处还要再设一个压力传感器。

6—被测阀。

7—流量传感器。

8—X-Y记录仪，或计算机数据采集记录显示系统，用以记录压差流量特性。

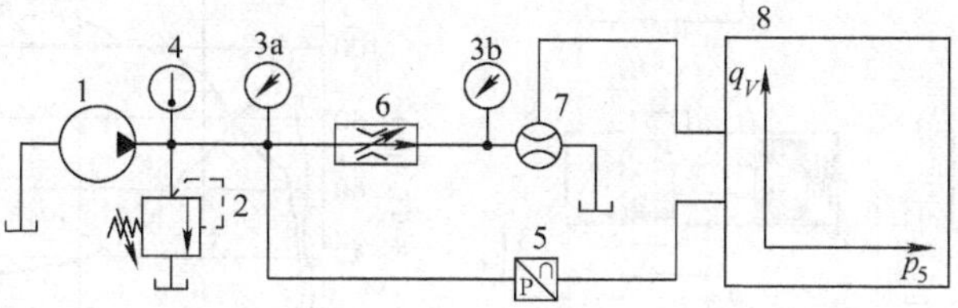

图6-38　压差流量特性测试回路示意图

（2）测试过程

1）准备阶段。连接记录仪：流量 q_{V7} 作为Y轴，压力 p_5 作为X轴。使油温达到预定值。一般常选32号油，40℃。

2）测试步骤

① 开启溢流阀2到最大，使压力 p_5 最低。开启液压源。

② 被测阀6调到给出流量调节范围的最小值。

③ 开始记录。缓慢关闭溢流阀2，压力 p_5 随之增加，直到最大测试压力，再缓慢开启溢流阀，直到压力 p_5 最低。暂停记录。

④ 被测阀6调到给出流量调节范围的最大值，重复步骤③。

⑤ 在压力调节范围的最大值和最小值之间再设定几个值，重复步骤③。

整个测量过程中要保持油温相对固定。这样得到的测试曲线即为该阀在该工作条件下的特性。

3. 能耗特性

二通流量阀在系统中的能耗特性与节流阀相似，只是前者的能耗由节流部分和定差减压部分组成，一般更多于节流阀。图6-39为用于进口节流时的状况。其他类推，在此就不再赘述了。

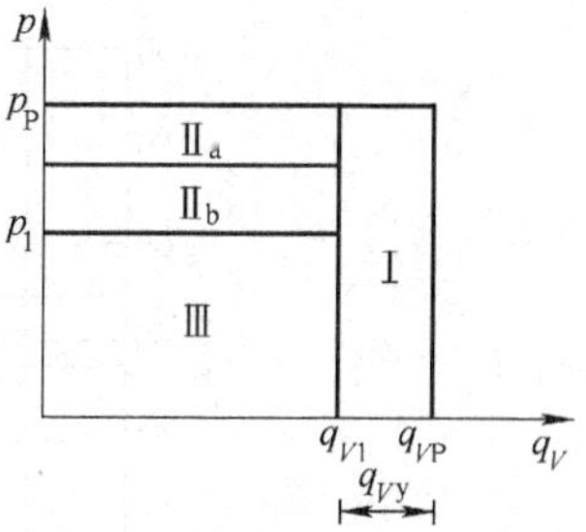

图6-39　二通流量阀在进口节流时的能耗特性

Ⅰ—消耗在溢流阀的能量　$Ⅱ_a$—消耗在节流部分的能量　$Ⅱ_b$—消耗在定压差部分的能量　Ⅲ—有用功　q_{Vy}—通过溢流阀的流量

6.2.3 动态特性与测试

1. 流量初始突跳

在二通流量阀没有通过流量时，定压差阀阀芯两端压力相等。在弹簧预紧力的作用下，阀口开到最大（见图6-40a）。这样，在换向阀开启时，定压差阀阀芯需要一段时间，才能到达需要的节流位置（见图6-40b）。在此之前，通过的流量就会大于设定值（见图6-41）。

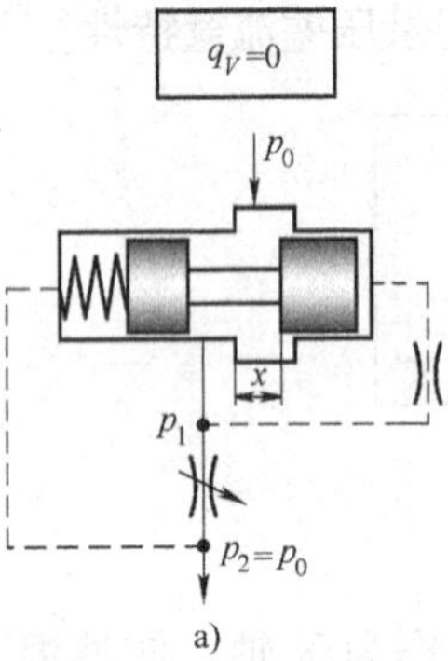

图6-40 发生流量初始突跳的原因（IFAS）

a）流量为零时 b）有流量时

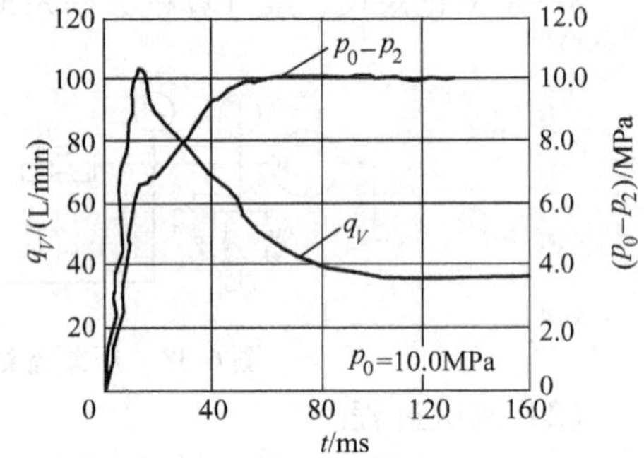

图6-41 一个实测的流量初始突跳（IFAS）

2. 负载突变

在负载发生突变时，流量也会发生波动。因为，其中的定压差阀的阀芯需要一段响应时间，才能达到新的平衡位置。此时，流量才能回到原来的设定值（见图6-42）。

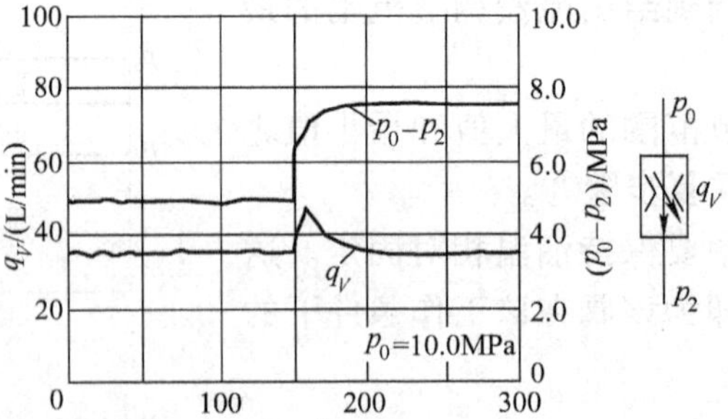

图6-42 一个实测的负载突变时的流量波动（IFAS）

3. 动态特性测试

（1）测试回路 测试回路可以参照图6-43和图6-44搭建（参见GB/T 8104－1987）。图6-43模拟了进口压力突变，图6-44模拟了出口压力突变。

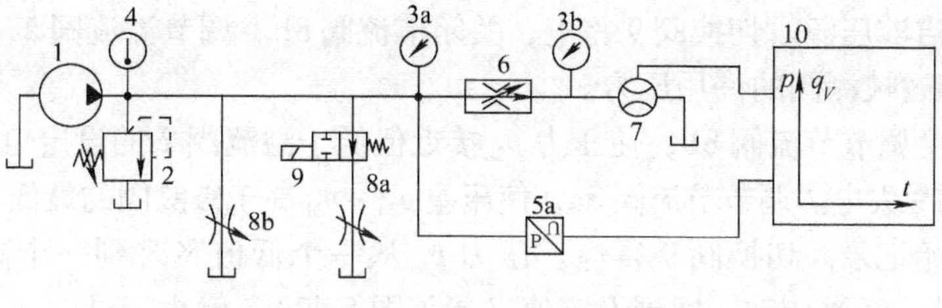

图 6-43　模拟进口压力突变的二通流量阀测试回路

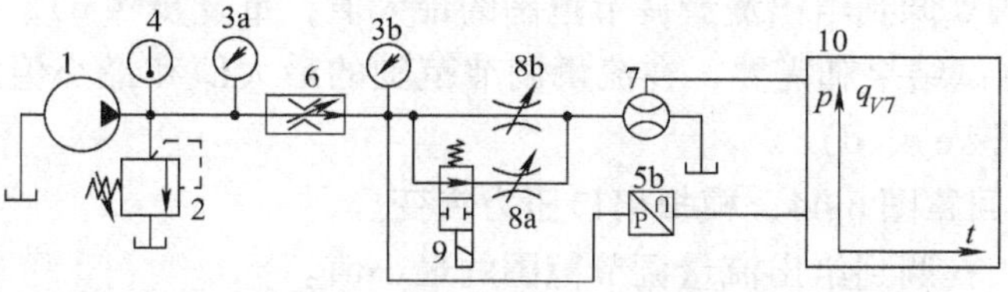

图 6-44　模拟出口压力突变的二通流量阀测试回路

1—液压源。流量必须显著大于被测阀的测试流量。连接管道应尽可能短。不要装蓄能器。

2—溢流阀。在测试回路图 6-43 中作为安全阀。在测试回路图 6-44 中作为进口压力控制阀，应具有快速响应特性，比方说，直动阀。

3—压力表，监控用。

4—温度计。

5—压力传感器。

6—被测阀。

7—流量传感器。有一种涡轮流量传感器加二次仪表，动态性能较好，每 10ms 左右就可以出一个测量值，此处可考虑使用。因为，整个动态响应过程也就是 100ms 左右。大多数流量传感器动态性能不够，几秒甚至几分钟才出一个测量值，不能用在此处测量流量的变化。不得已时，也可考虑使用固定节流孔加压力传感器来测量流量变化。

8—节流阀。8a、8b 模拟了不同的负载。应先在稳态时调试，使在两种状况下，被测阀都在正常工作范围。

9—切换阀。应尽可能选择切换速度高的阀。

10—数字示波器，或计算机数据采集记录显示系统。

（2）测试过程

1）准备阶段。连接记录仪：流量 q_{V7}、压力 p_{5a} 或 p_{5b} 作为 Y 轴。使油温达到预定值。一般常选 32 号油，40℃。

2）测试步骤

① 测试回路图 6-43，模拟进口压力突变。

a）被测阀 6 调到给出流量调节范围的最小值。

b）开启液压源。切换阀9得电，关闭节流阀8b。调节溢流阀2，使压力p_{3a}接近但不超过被测阀的许用压力。

c）适度调节节流阀8b，使压力p_{3a}接近但低于溢流阀2的设定值。

切换阀9失电。调节节流阀8a，使压差$p_{3a}-p_{3b}$高于被测阀的最低工作压差。

d）开始记录。切换阀9得电。压力p_{5a}从一个低值飞升到一个高值。流量q_{V7}最初上升，经过波动，回到设定值（参见图6-42）。停止记录。

e）被测阀6调到给出流量调节范围的最大值，重复步骤c）、d）。

f）根据测试结果和需要，在流量调节范围的最大值和最小值之间再设定几个值，重复步骤c）、d）。

② 测试回路图6-44，模拟出口压力突变。

a）被测阀6调到给出流量调节范围的最小值。

b）开启液压源。切换阀9得电。关闭节流阀8b。调节溢流阀2，使压力p_{3a}达到计划的被测阀的进口压力。

c）调节节流阀8b，使压力$p_{3a}-p_{3b}$高于被测阀的最低工作压差。

切换阀9失电。调节节流阀8a，使压力p_{3b}达到计划的最低压力。

d）开始记录。切换阀9得电。压力p_{5b}从一个低值飞升到一个高值。流量q_{V7}最初下降，经过波动，回到设定值。停止记录。

e）被测阀6调到给出流量调节范围的最大值，重复步骤c到d。

f）根据测试结果和需要，在流量调节范围的最大值和最小值之间再设定几个值，重复步骤c到d。

6.2.4 节流口可调型二通流量阀

1. PK公司的J04C2型二通流量阀（见图6-45、图6-46）

许用压力：42MPa。

测定流量：40L/min。

调节范围：1～40L/min。

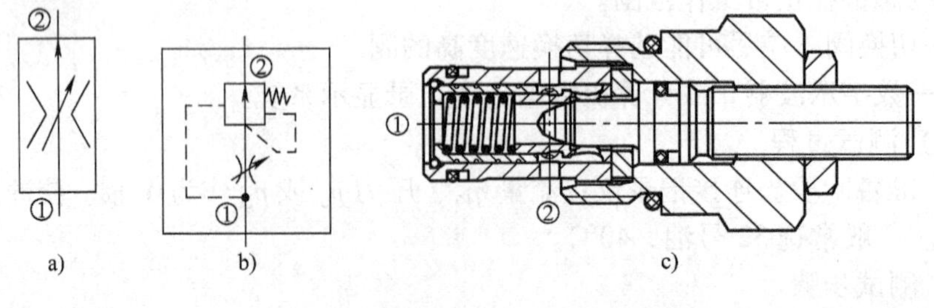

图6-45 PK公司的J04C2型二通流量阀

a）简化符号 b）详细符号 c）剖面图

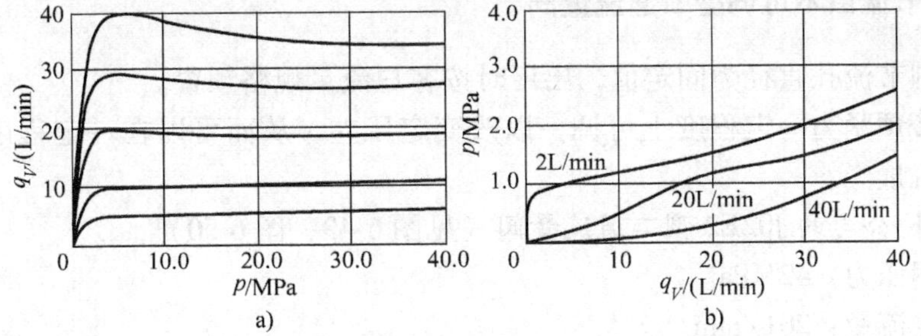

图 6-46　J04C2 的压差流量特性

a）通口①→②　b）通口②→①，不同设定值

图 6-46b 中，通口②→①，设定值为 2L/min 的曲线，在流量很小时，有一个压力突跳。这是因为，在这个设定值时，节流孔几乎关闭。所以，需要一个初始压力，才能克服弹簧预紧力，推开阀套，开启通道。

2. HF 公司的 FR12-23 型二通流量阀（见图 6-47、图 6-48）

许用压力：24MPa。

流量调节范围：0～77L/min。

在完全关闭时内泄漏：不大于 0. 12L/min。

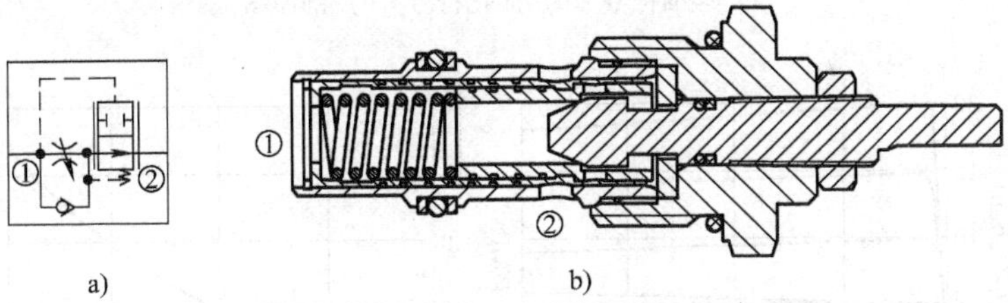

图 6-47　HF 公司的 FR12-23 型二通流量阀

a）图形符号　b）剖面图

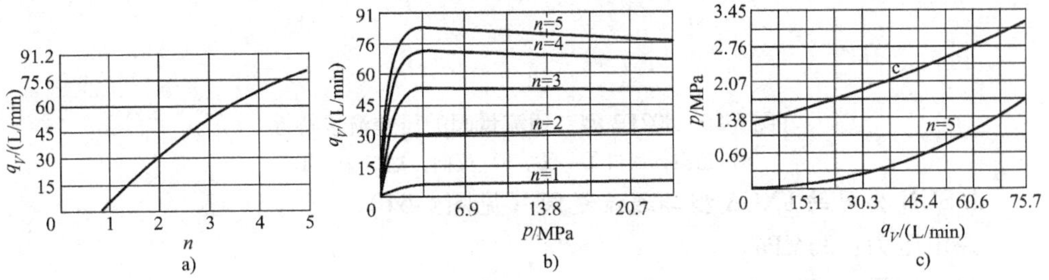

图 6-48　FR12-23 型二通流量阀的控制特性（进口压力 24MPa）

a）调节流量范围　b）压差流量特性　c）反向压差流量特性

n—调节圈数　C—关闭

6.2.5 节流口不可调型二通流量阀

控制节流孔直径为固定值，出厂时按客户流量规格预置。

弹簧预紧力一定程度上可调，以改变定压差，从而可以在一定程度上改变预设定流量。

1. PK 公司的 J02E2 型二通流量阀（见图 6-49，图 6-50）

许用压力：42MPa。

测定流量：20L/min。

调节范围：1～20L/min。

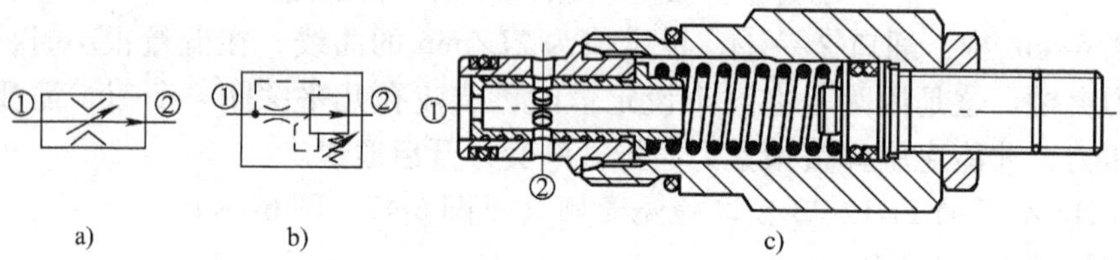

图 6-49 PK 公司的 J02E2 型二通流量阀

a）详细符号 b）简化符号 c）剖面图

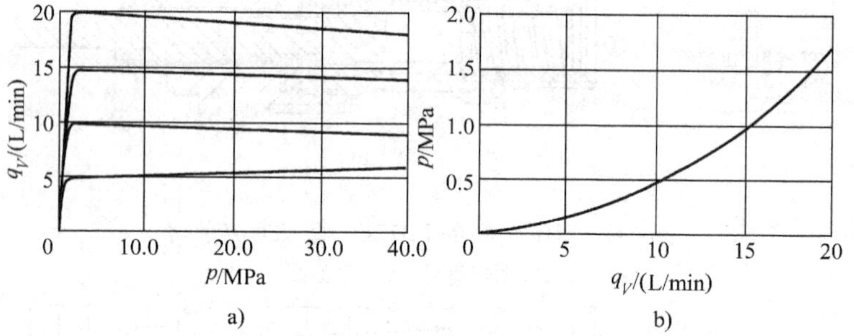

图 6-50 J02E2 型二通流量阀的压差流量特性

a）正向，通口①→② b）反向，通口②→①

2. SUN 公司的 FXCA 型二通流量阀（见图 6-51）

许用压力：35MPa。

名义流量：23L/min。

流量调节范围：用户指定值 ±25%。

最低工作压差：1.4MPa。

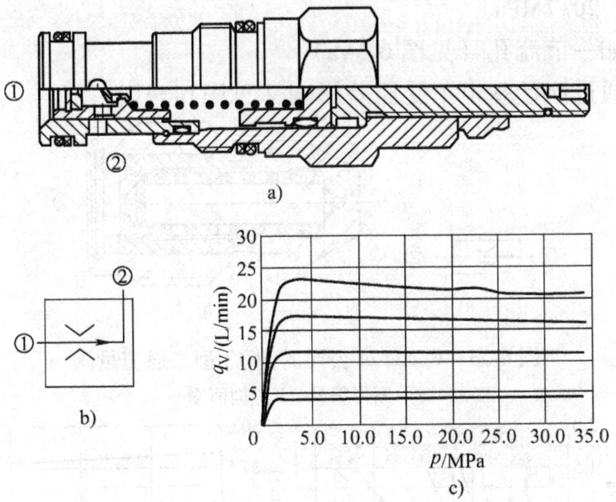

图6-51　SUN公司的FXCA型二通流量阀

a）剖面图　b）图形符号　c）压差流量特性

3. HF公司的FR10-20F型二通流量阀（见图6-52）

固定不可调型。

许用压力：24MPa。

流量出厂预设可选范围：0.4～22.7L/min。

流量保持范围：10%～20%。

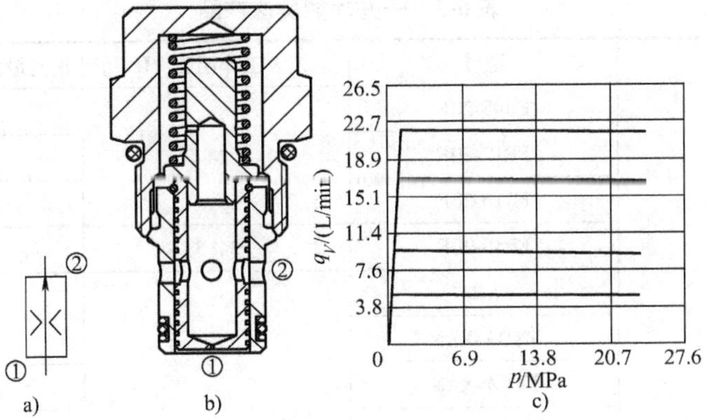

图6-52　HF公司的FR10-20F型二通流量阀

a）图形符号　b）剖面图　c）压差流量特性

4. Comatrol公司的SC13型二通流量阀（见图6-53）

埋入型。

固定不可调型。

通过节流孔设定流量，最大47L/min。

许用压力：20.7MPa。

①→②：如一节流孔（见图6-54a）

②→①：通过流量基本不受压差影响（见图6-54b）。

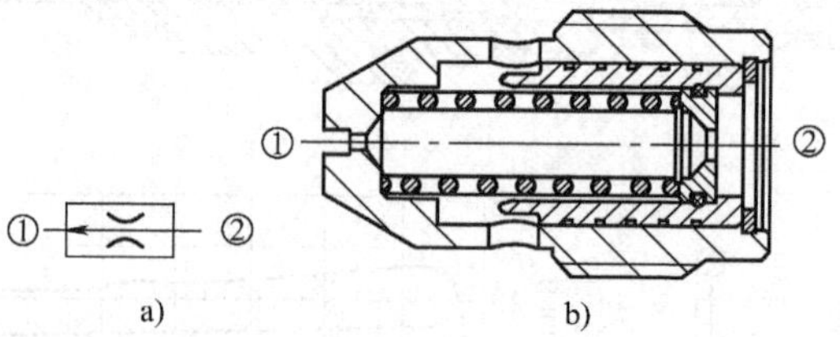

图6-53 Comatrol公司的SC13型二通流量阀

a）图形符号 b）剖面图

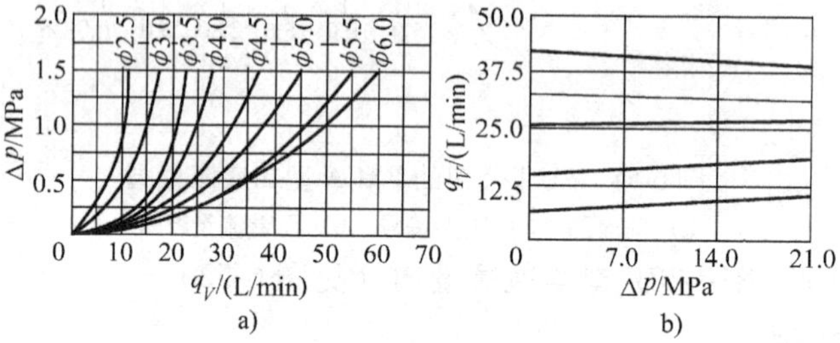

图6-54 不同节流孔时的压差流量特性

a）①→② b）②→①

一些功能类似产品见表6-3。

表6-3 一些功能类似产品

生产商	型号	最大工作压力/MPa	正向最大流量/（L/min）
HF	FR08-20F	24	7.5
	FR12-20F		55
	FR16-20F		113
	FR50-20F	34.5	22.7
SUN	FXBA	35	11
	FXDA-XAN		45
	FXEA-XAN		95
	FXFA-XAN		200
ih	2FB	21	195

6.2.6 电比例型二通流量阀

电比例型二通流量阀可分两类：不带定压差阀的和带定压差阀的。

不带定压差阀的，没有定压差部分。因此，从结构上来说，只是一个二通节流阀，而不是严格意义上的二通流量调节阀。英语产品样本上也称其 flow control valve 流量控制阀，而非 flow regulator 流量调节阀。但是，它在阀开口上下了功夫，利用稳态液动力作补偿，从而使压差变化时流量变化保持在较小的范围内，特性接近带定压差阀的流量调节阀，并称之为“部分压力补偿”。所以，这是一个典型的介于节流阀和调节阀之间的非驴非马。比较适用于希望使执行器逐渐加速和逐渐减速的回路中，而不太适用于要求较长时间工作在某一固定流量的场合。

不带定压差阀的，还可根据不加电时是否通断，分为常闭型和常开型。

带定压差阀的，是严格意义上的二通流量调节阀。由于带“压力补偿”部分，所以，输出流量可以做到基本不受压差影响。

1. ih 公司的 PFR24A 型二通流量阀（见图 6-55）

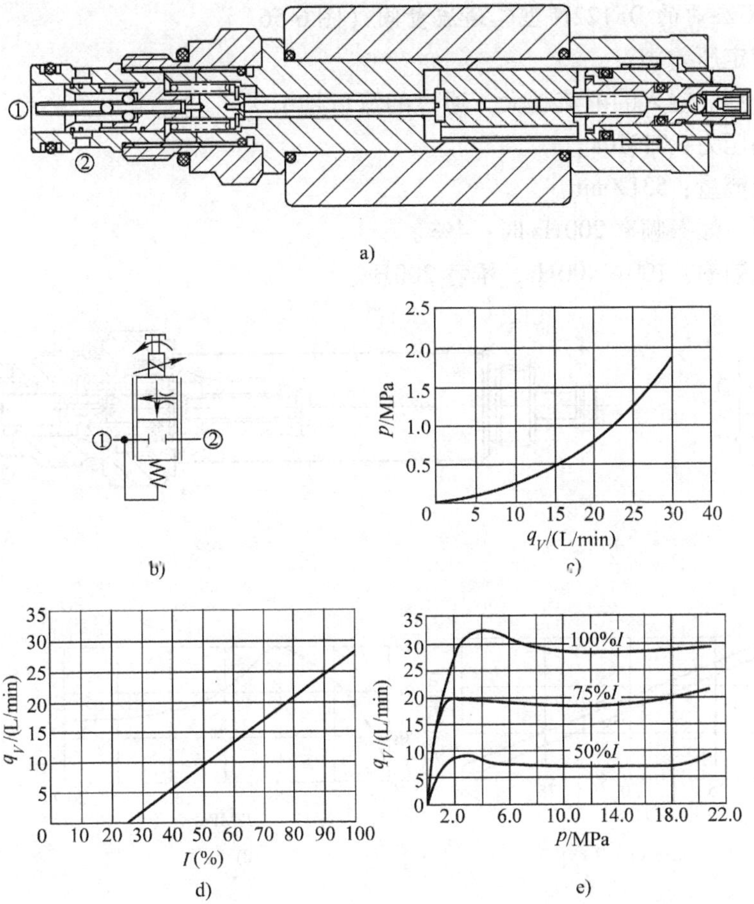

图 6-55　ih 公司的 PFR24A 型二通流量阀

a）剖面图　b）图形符号　c）全开的压差流量特性　d）电流流量特性

e）不同控制电流时的压差流量特性

这个阀没有定压差部分。常闭型。

出口宜接油箱，因此，比较适宜用作旁路阀。

许用压力：21MPa。

调节流量，在 3MPa 时：100% －28L/min，85% －23L/min，75% －18L/min。

滞回：无 PWM 时——8%，使用 PWM 时——4%。

颤振频率：200～400Hz，推荐 200Hz。

死区：25%～35% 额定电流。

响应时间：300ms。

内泄漏，21MPa 时：最大 200mL/min。

2. PK 公司的 DF122N 型二通流量阀（图 6-56）

不带定压差阀。

常开型。输入的电流越大，通过的流量越小。

许用压力：21MPa。

测定流量：53L/min。

滞回，颤振频率 200Hz 时：4%。

颤振频率：100～400Hz，推荐 200Hz。

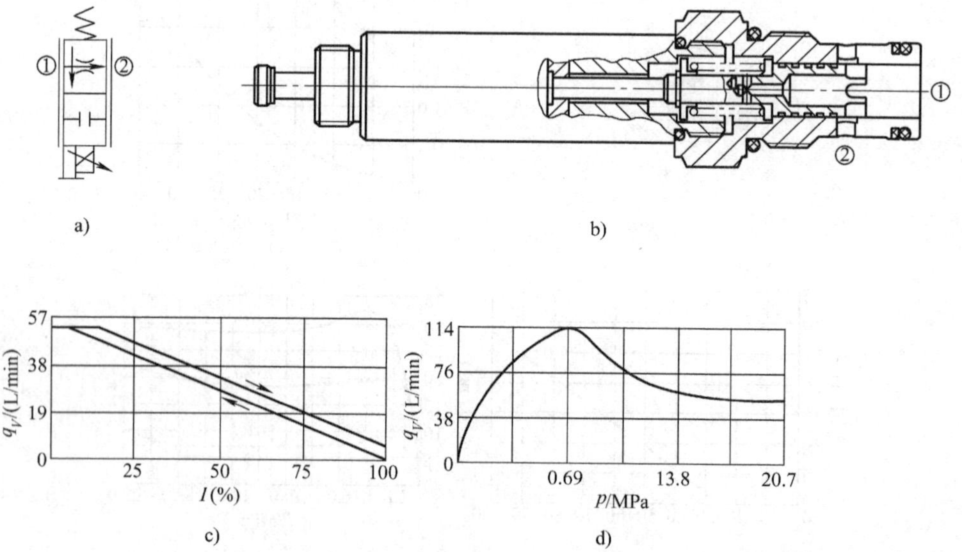

图 6-56 PK 公司的 DF122N 型二通流量阀

a）图形符号 b）剖面图 c）电流流量特性

d）压差流量特性（无控制电流时）

3. PK公司的JP04C21型二通流量阀（见图6-57）

压力补偿型。

进口许用压力：21MPa。

测定流量：用SS线圈时30L/min，用SP线圈时36L/min。

最低正常工作压力：用SS线圈时1.38MPa，用SP线圈时2.07MPa。

内泄漏：21MPa时，最大780mL/min。

滞回：PWM100Hz时，7%。

流量偏差：在35%输入额定电流时，普通型——20%测定流量，低偏差型——7%测定流量。

4. HF公司的PV70-30型二通流量阀

该阀虽说是三通口阀，属于三通流量阀，但完全可以作带完全压力补偿的二通流量阀用，只要旁路口不接通就可以了，见6.3.6节。

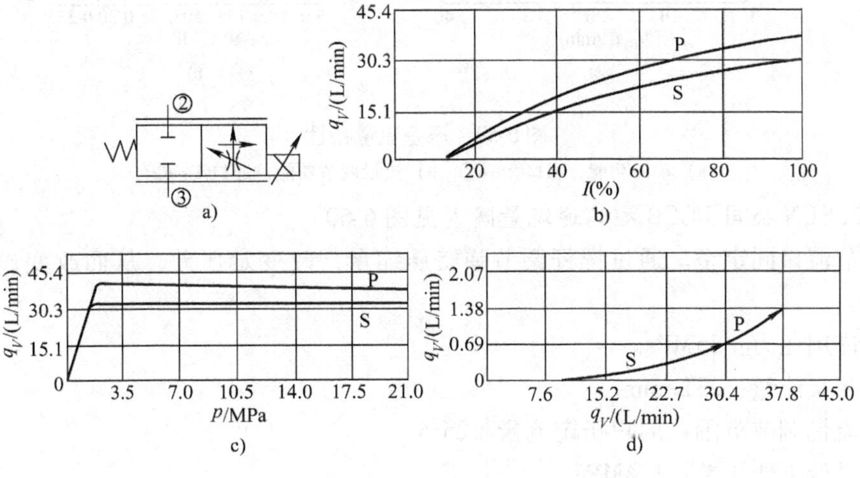

图6-57 PK公司的JP04C21型二通流量阀

a）图形符号 b）电流流量特性 c）电流流量特性 d）流量压降特性（全开时）

在75%电流时测得 S—SS型线圈 P—SP型线圈

6.2.7 带单向阀型二通流量阀

1. SUN公司的FDBA型二通流量阀（见图6-58、图6-59）

许用压力：35MPa。

名义流量：23L/min。

流量调节范围：0.4～8L/min，0.4～23L/min。

最低工作压差：1.4MPa。

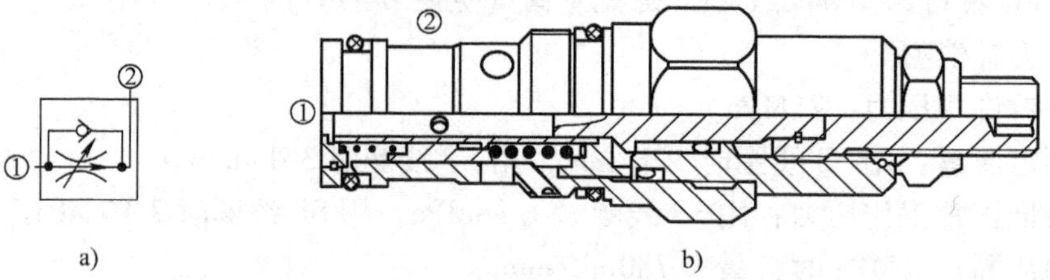

图 6-58 SUN 公司的 FDBA 型二通流量阀

a）图形符号 b）剖面图

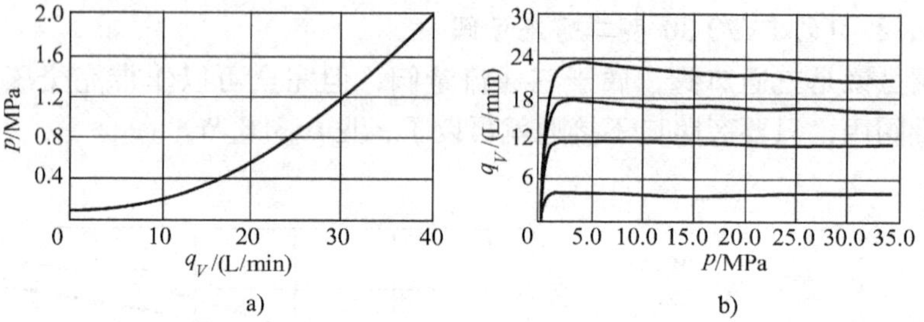

图 6-59 压差流量特性

a）单向功能，通口②→① b）流量调节功能，通口①→②

2. SUN 公司 FCCB 型二通流量阀（见图 6-60）

节流口固定型。通过螺杆调节弹簧压缩量，改变定压差，从而改变设定流量。

许用压力：35MPa。

名义流量：23L/min。

流量调节范围：用户指定流量 ±25%

最低工作压差：1.4MPa。

节流口锐边，受粘度变化影响小。

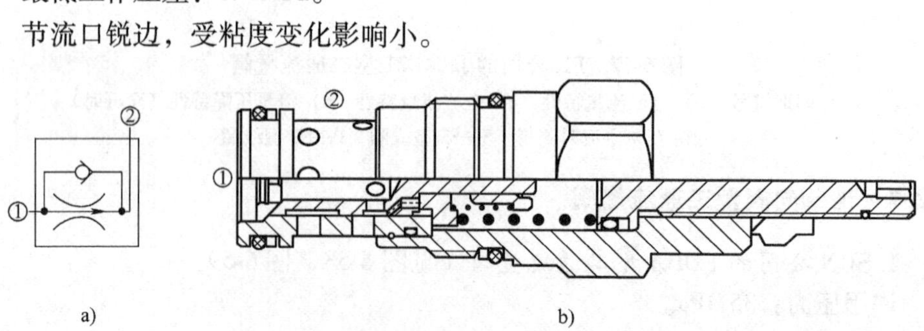

图 6-60 SUN 公司 FCCB 型二通流量阀

a）图形符号 b）剖面图

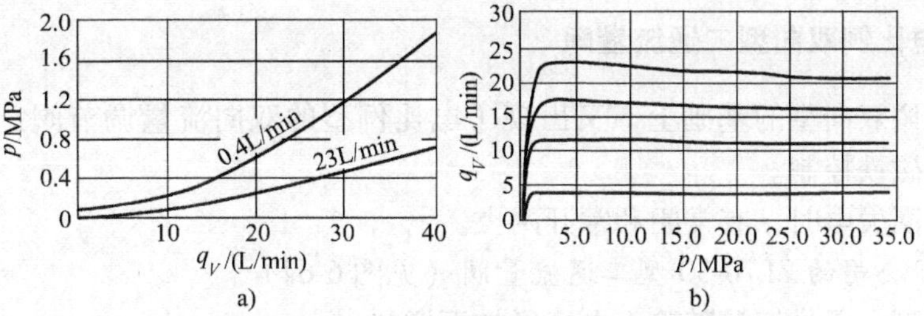

图6-61 FCCB型二通流量阀的压差流量特性

a）单向功能，通口②→①的流量压差特性 b）流量调节功能，通口①→②

6.2.8 双向型二通流量阀

因为普通二通流量阀都只能单向调节流量，所以又出现了双向型：可调的节流阀还是一个，定压差部分则如一个液控的三位四通比例节流阀。从而做到：不管液流是哪个方向，流量都可以基本不受负载影响。

HF公司的FR10-32型二通流量阀（见图6-62、图6-63）：

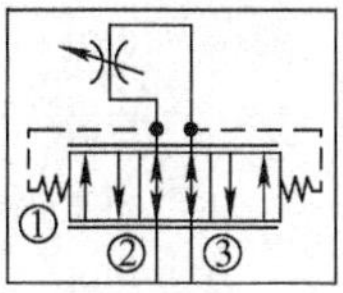

图6-62 HF公司的FR10-32型二通流量阀

节流口可调型。

许用压力：24MPa。

测定流量：19L/min。

内泄漏：小于0.38 mL/min。

由图6-63的特性曲线可以看到，此阀的双向流通特性相近。

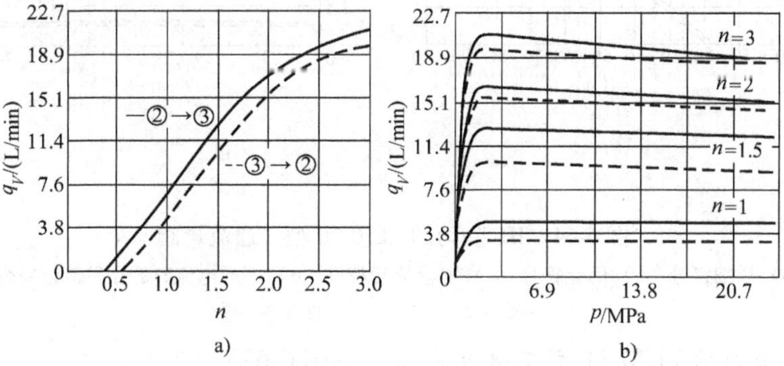

图6-63 FR10-32型二通流量阀的特性曲线

a）调节圈数流量特性 b）不同圈数时的压差流量特性

n—手轮调节圈数

6.2.9 电比例双向型二通流量阀

在手调双向型的基础上，又出现了电比例型的双向流量调节阀：节流部分由比例电磁铁控制。

在线圈失电时，有常闭和常开两类。

1. HF公司的ZL70-30型二通流量阀（见图6-64）

常闭型。通过流量随输入电流增加而增加。

许用压力：24MPa。

流量调节范围：A型——0～20L/min，B型——0～10L/min。

内泄漏：最大0.38L/min。

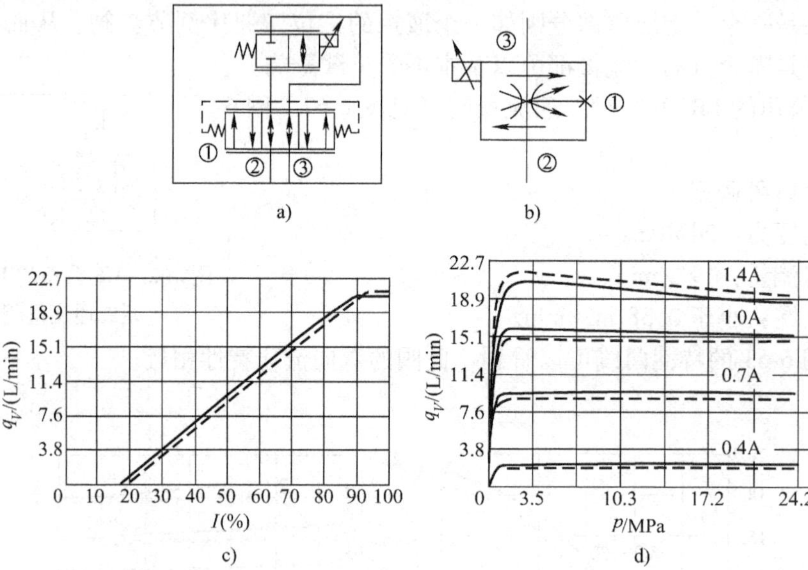

图6-64 HF公司的ZL70-30型二通流量阀

a）详细符号 b）简化符号 c）电流流量特性 d）不同电流时的压差流量特性

——通口②→③ - -通口③→②

2. HF公司的ZL70-31型二通流量阀（见图6-65）

常开型。通过流量随输入电流增加而减少。

许用压力：24MPa。

流量调节范围：A型——0～19L/min，B型——0～9.5L/min。

内泄漏：最大0.38L/min。

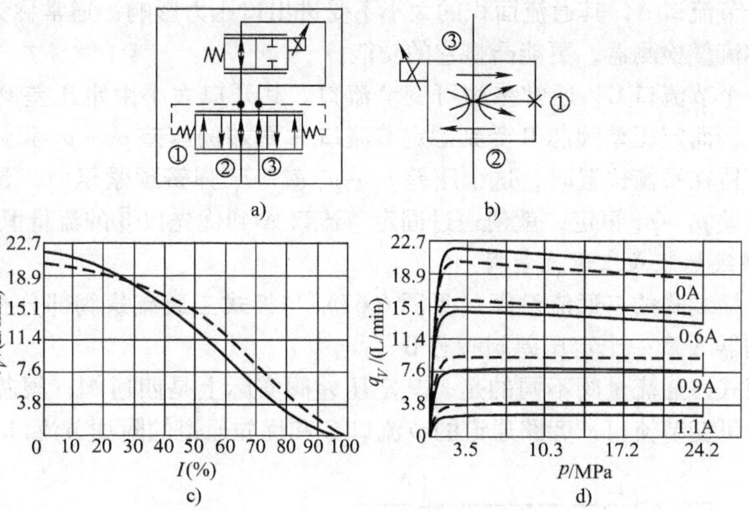

图6-65 HF公司的ZL70-31型二通流量阀

a）详细符号 b）简化符号 c）电流流量特性 d）不同电流时的压差流量特性

——通口②→③ - -通口③→②

6.3 三通流量阀

6.3.1 功能、类型与应用

1. 板式溢流节流阀

板式连接结构的三通流量阀，国内常称为溢流节流阀，一般由两个节流口并联组成（见图6-66）。

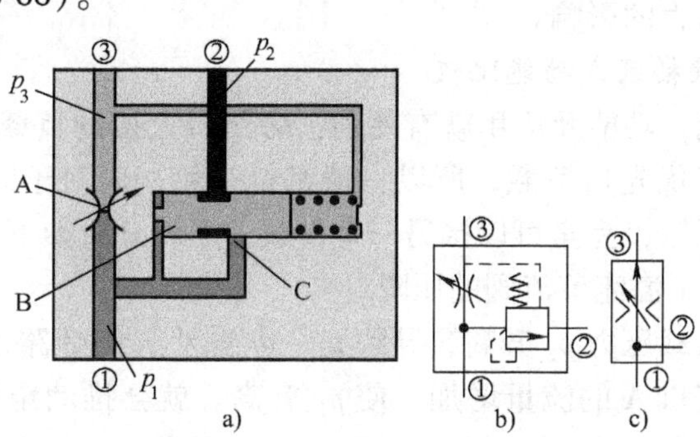

图6-66 板式溢流节流阀

a）结构原理图 b）详细图形符号 c）简化图形符号

A—固定节流口 B—定压差阀 C—可变节流口 ①—进油口 ②—旁路口 ③—优先口

一个节流口 A，其通流面积的大小不受进出口压力影响，通常称为固定节流口。如称流量检测器，更能凸显它的功能。

另一个节流口 C，通常称为可变节流口。其开口大小由定压差阀阀芯 B 的位置决定。而定压差阀芯 B 受到固定节流口 A 两端的压差 p_1-p_3 和弹簧预紧力作用，停留在平衡位置时，这个压差 p_1-p_3 就等于弹簧预紧压力，是个基本恒定值。压差 p_1-p_3 恒定，就使通过固定节流口 A 到优先口③的流量恒定。

2. 螺纹插装式三通流量阀

螺纹插装式的三通流量阀（见图 6-67）与板式三通流量阀部分相似，也有流量检测器 A 和一个定压差阀阀芯 B。

与板式三通流量阀不同的是，其定压差阀实际上是四通阀，阀芯 B 同时控制着两个可变节流口：旁路通道的节流口 C 和优先通道的附加节流口 D。

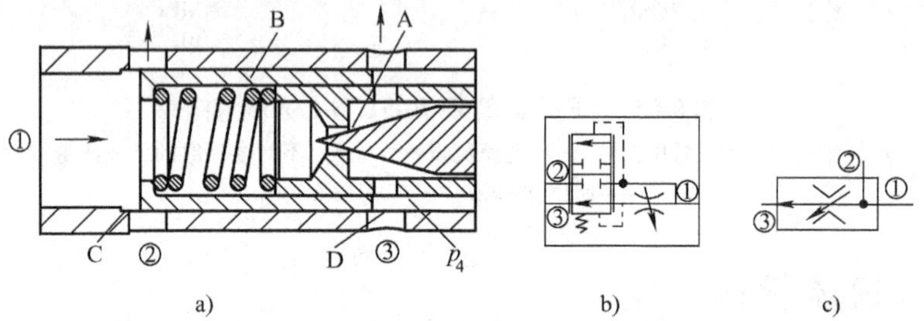

图 6-67　螺纹插装式的三通流量阀

a）结构原理图　b）详细图形符号　c）简化图形符号

A—固定节流口　B—定压差阀芯　C—旁路节流口　D—优先节流口　1—进油口　2—旁路口　3—优先口

定压差阀芯受到固定节流口 A 两端的压差和弹簧力的作用，在达到平衡位置时，固定节流口 A 两端的压差等于弹簧压力，就使通过的流量保持基本恒定，不受进口或出口压力的影响。

3. 板式和螺纹插装式功能比较

两者结构不同，功能及应用就有差别：旁路口上接的负载，在溢流节流阀，负载压力不能高于优先口负载，所以一般都接油箱；而对于螺纹插装式的三通流量阀，则无此限制，完全可以接另一个负载。原因分析如下。

图 6-68a 示意了溢流节流阀的压降。

如果旁路口负载压力 p_2 升高，导致 p_1-p_2 减小，则旁路的流量会减小。这导致通过固定节流口 A 的流量增加，使 p_1 升高。就会推动定压差阀芯 B 向右，开大旁路口 C，使旁路的流量增加，可以一定程度降低 p_1，恢复平衡。

如果定压差阀芯移至极限位置之后，p_2 还继续升高，则 p_1 随着升高，p_1-p_3 就不再恒定，就失去了定差调节作用。因此，溢流节流阀的旁路口一般都不接第二个执行器。但是，螺纹插装式的三通流量阀却不同（见图 6-68b）。因为，其阀芯B能同时控制旁路通道的节流口C和优先通道的附加节流口D。如果p_2很高，虽然p_1会随之升高，会推动定压差阀芯B，但在开大旁路通道的节流口C的同时，也关小优先通道的附加节流口D，这样就能升高p_4，使固定节流口A两端的压差p_1-p_4始终保持恒定。所以，其旁路口2可以接第二个执行器。

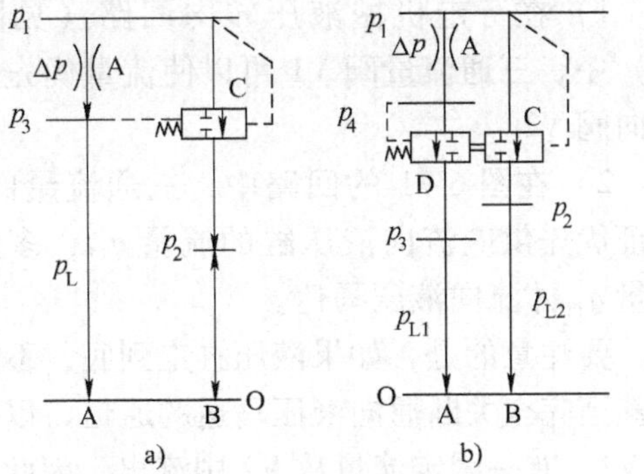

图6-68 压降示意图

a）溢流节流阀 b）三通流量阀

A—优先通道 B—旁路通道 C—旁路节流口

D—优先节流口 1—进油口 2—旁路口 3—优先口

Δp—固定节流口压差 p_L—负载压力

因为三通流量阀的定压差阀芯同时也调节优先通道的开口，所以，如果在阀块上把旁路口2堵住，三通流量阀也可作为二通流量阀使用。

4. 类型（见图6-69）

与二通流量阀相似，三通流量阀除了有节流孔可调型（见图6-69a）外，也有节流口不可调型（见图6-69b），但其定压差阀的弹簧预紧力可调，也即节流阀两端的压差可调，同样可以达到调节流量的目的。

此外，还有卸荷旁路型（见图6-69c和6.3.8节）：如果端口4通油箱，则所有的液体都流向旁路口2。

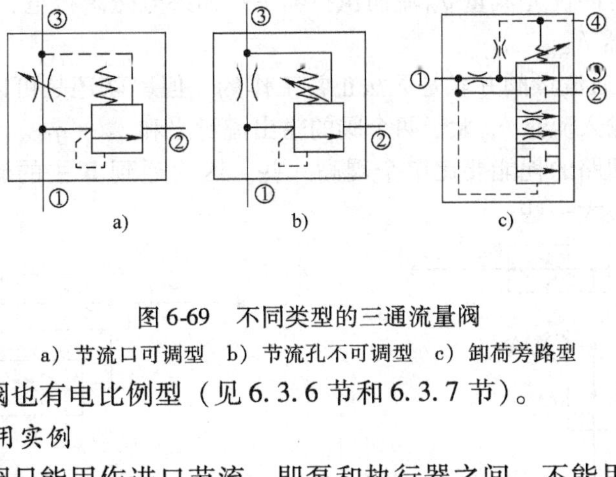

图6-69 不同类型的三通流量阀

a）节流口可调型 b）节流孔不可调型 c）卸荷旁路型

三通流量阀也有电比例型（见6.3.6节和6.3.7节）。

5. 一些应用实例

三通流量阀只能用作进口节流，即泵和执行器之间，不能用于出口节流和旁路节流。因此，不适合控制有反向负载的系统。

1）在行走机械液压转向回路（见图6-70）中，三通流量阀V1可以使流量优先供应转向阀V2。

2）在图6-71的回路中，三通流量阀V3保证优先供应流向液压缸的流量q_{V1}，多余的流量q_{V1}才流向液压马达。

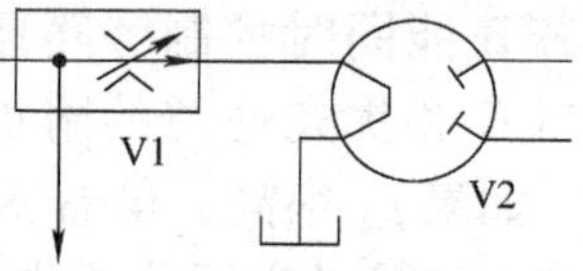

图6-70　转向优先回路

要注意的是，如果液压缸走到底，不能再接受流量时，三通流量阀V3会关小甚至完全关断通向液压马达的通道，以努力维持q_{V1}。直到压力升高开启溢流阀V2，有一固定流量从V2中流出。因此，在此回路中，V2是保证液压马达连续运行不可缺少的。

3）在图6-72的回路中，利用三通流量阀V1调节流向液压马达的流量。外控溢流阀V2限制了液压马达的工作压力：一旦超压，则V2使供油全部旁路，不再有压力油，经过V1流向液压马达。

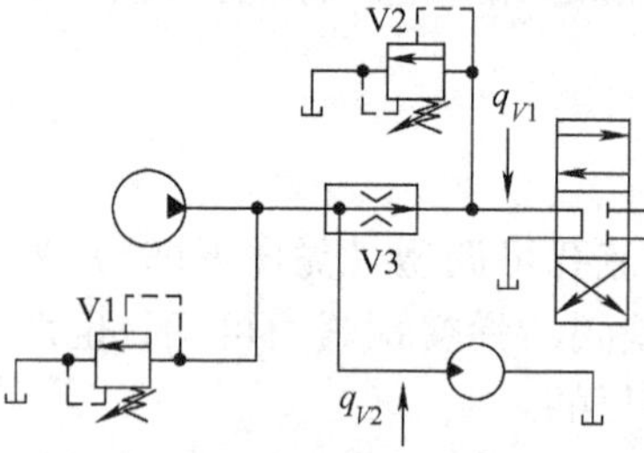

图6-71　三通流量阀优先供应液压缸回路（SUN）

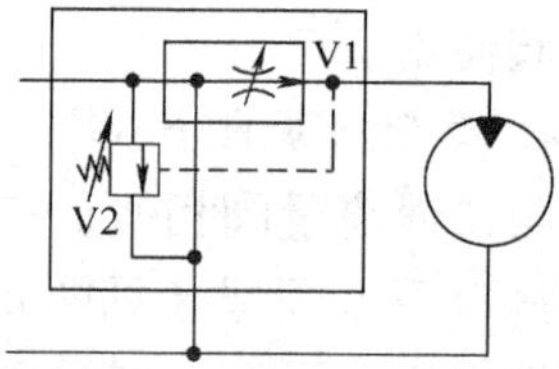

图6-72　液压马达的限流限压回路

4）在图6-73的回路中，利用三通流量阀实现两级流量控制：如果电磁阀失电，则只有设定的优先流量q_{V1}流向执行器A；如果电磁阀得电，则全部流量$q_{V1}+q_{V2}$流向执行器A。

5）多个三通流量阀并联是无法正常工作的，但串联还是可以的，见图6-74的回路。只要输入流量q_{V0}大于两个阀的输出流量之和$q_{V1}+q_{V2}$。

只是这个回路的耗能要比单个阀高一些，因为通到B去的流量要经过两次节流，压力损失大一些。

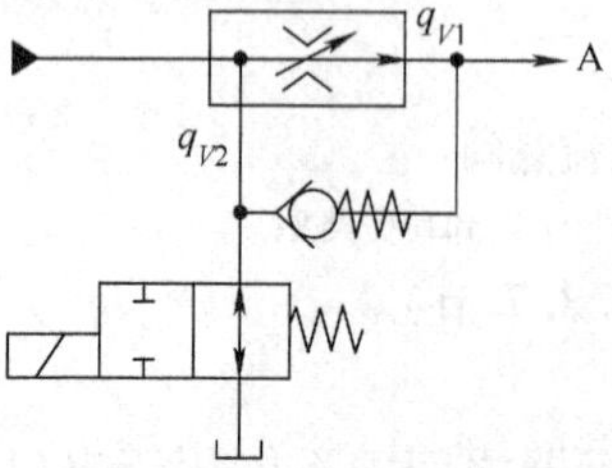

图6-73　两级流量控制回路

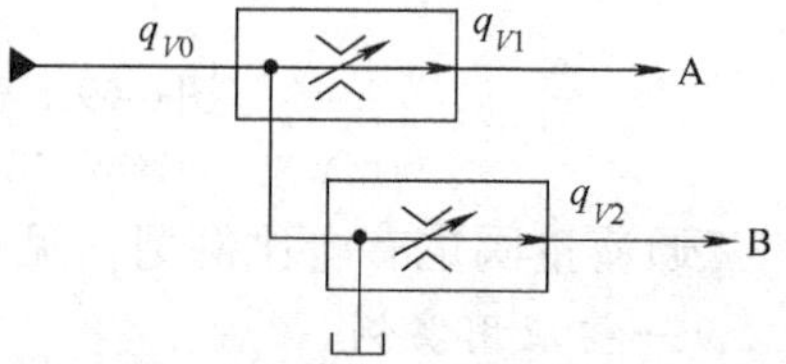

图6-74　两个三通流量阀串联回路

6.3.2　稳态特性与测试

1. 压差流量特性

使用三通流量阀的目的，是为优先口提供一个恒定的流量。但是实际上，通过优先口的流量不仅会受优先口压力，也会受旁路口压力的影响。而且，旁路口压力完全可能超过优先口。因此，压差流量特性由两部分组成（图 6-75）：

区域 I：优先口压力高于旁路口。

区域 II：旁路口压力高于优先口。

优先口输出流量 q_{V3} 受进口流量 q_{V1} 的影响。

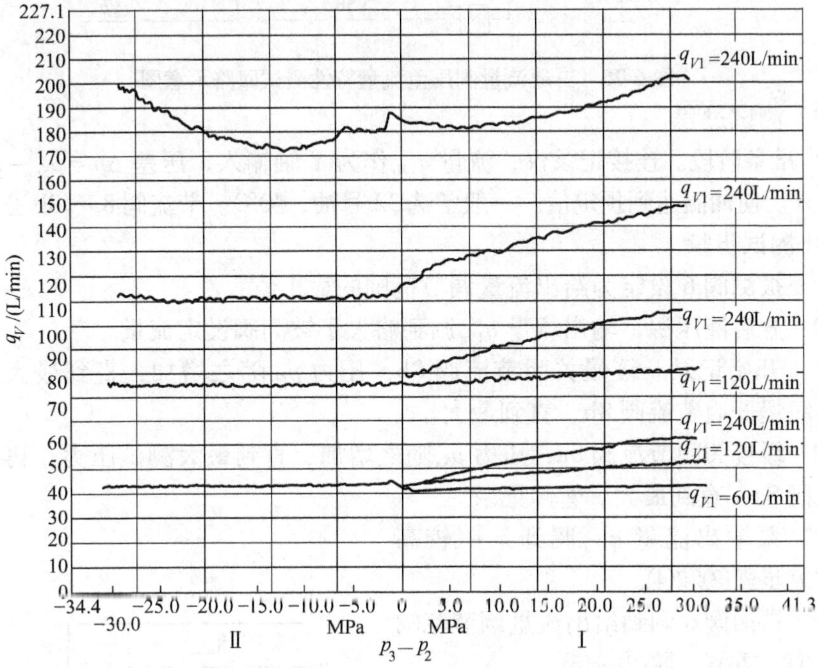

图 6-75　一个三通流量阀实测的压差流量特性

2. 测试

（1）测试回路　测试回路可以参照图 6-76 搭建。图中：

1—液压源。要求其流量在整个测试范围内平稳可调。必要时可在泵出口安装一蓄能器。

2—系统溢流阀。仅作安全保护用。设定值必须高于测试范围，但不应高于被测阀的许用压力。

3—压力表。监控用。

4—温度计。

5—压力传感器。5a 测旁路口压力；5b 测优先口压力。

6—被测阀。

7—流量传感器。7a 测进口流量；7b 测优先口流量。

8—可调节流阀，加载用。

9—X-Y 记录仪，或数字示波器，或计算机数据采集记录显示系统。

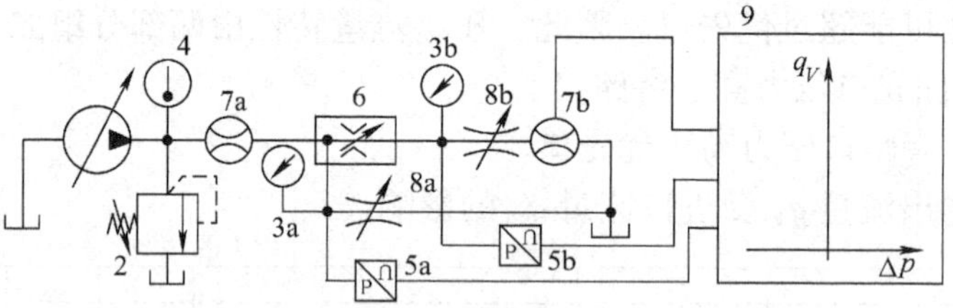

图 6-76　三通流量阀压差流量特性测试回路示意图

（2）测试过程

1）准备阶段。连接记录仪，流量 q_{V7b} 作为 Y 轴输入，压差 $\Delta p = p_{5a} - p_{5b}$ 作为 X 轴输入。使油温达到预定值。一般常选 32 号油，40℃。节流阀 8a、8b 全开。

2）测试步骤

① 被测阀 6 设定为给出流量调节范围的最小值。

② 开启液压源，输出流量 q_{V7a} 调到略大于被测阀设定流量。

③ 开始记录。缓慢关闭节流阀 8b，压力 p_{5b} 随之增加，直到最大测试压力。再缓慢开启节流阀 8b，直到最大。

④ 缓慢关闭节流阀 8a，压力 p_{5a} 随之增加，直到最大测试压力。再缓慢开启节流阀 8a，直到最大。暂停记录。

⑤ 泵输出流量 q_{V7a} 调到某一较高值。重复步骤③和④。

⑥ 被测阀 6 调到给出流量调节范围的最大值，重复步骤② ~ ⑤。

⑦ 在流量调节范围的最大值和最小值之间再设定几个值，重复步骤② ~ ⑤。

整个测量过程中要保持油温相对恒定。这样得到的测试曲线即为该阀在该工作条件下的特性。

3. 能耗特性

三通流量阀的能耗特性（见图 6-77）比二通流量阀好。因为它的进口压力只

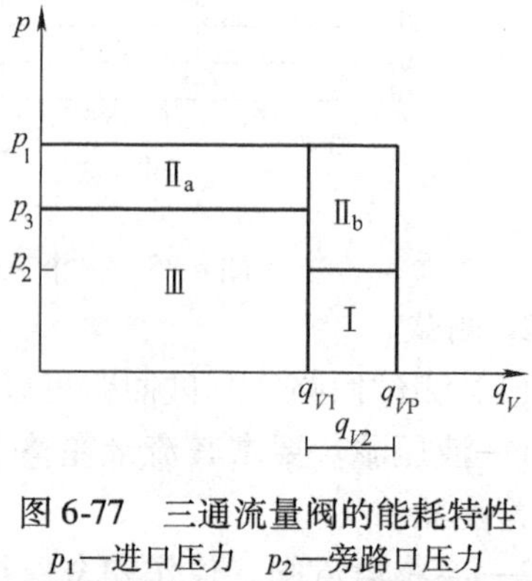

图 6-77　三通流量阀的能耗特性

p_1—进口压力　p_2—旁路口压力

p_3—优先口压力　q_{VP}—输入流量

q_{V1}—通过优先口的流量　q_{V2}—通过旁路口的流量

Ⅰ—消耗在旁路负载的能量　Ⅱ$_a$—消耗在优先节流的能量　Ⅱ$_b$—消耗在旁路节流的能量　Ⅲ—有用功

需要比两个出口中高的压力高一个固定值（约1～2MPa），即，随着负载压力而浮动，不像二通流量阀，固定在一个最高值。

6.3.3 动态特性与测试

使用三通流量阀的目的是为优先口提供一个稳定而且恒定的流量。但实际上，通过优先口的流量不仅会受到优先口负载压力波动，也会受到旁路口负载压力波动的影响。所谓好的阀，就是受到压力波动的影响后，能迅速恢复正常，且波动较小。

测试：

（1）测试回路　测试回路可以参照图6-78搭建。图中：

1—液压源。输出流量必须大于被测阀的设定流量，即，有旁路。管道应尽可能短。不要装蓄能器。

2—系统溢流阀。仅作安全保护用。设定值应接近被测阀的许用压力。

3—压力表，监控用。

4—温度计。

5—压力传感器。5a测旁路口压力，5b测优先口压力。

6—被测阀。

7—7c流量计，7a、7b流量传感器。有一种涡轮流量传感器加二次仪表，动态性能很好，每10ms左右就可以出一个测量值，此处可考虑使用。

8—可调节流阀，加载用。

9—切换阀。9a模拟旁路口负载突变，9b模拟优先口负载突变。

10—数字示波器，或计算机数据采集记录显示系统。

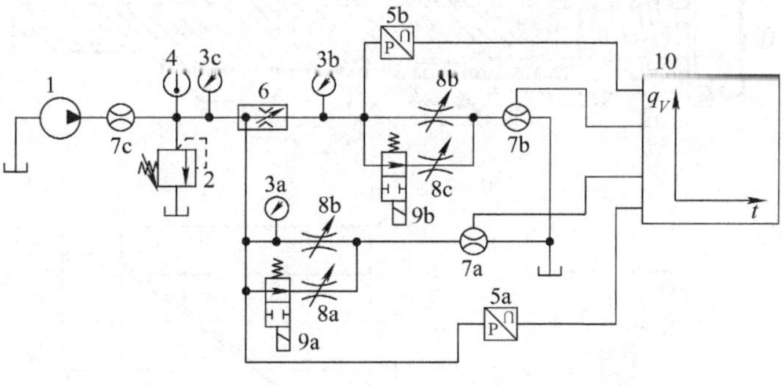

图6-78　三通流量阀动特性测试回路示意图

（2）测试过程

1）准备阶段。连接记录仪，流量q_{V7a}、q_{V7b}、压力p_{5a}和p_{5b}作为Y轴输入。使油温达到预定值。一般常选32号油，40℃。节流阀8a、8b、8c、8d全开。

2）测试步骤

① 开启液压源。

② 被测阀6设定在某一优先流量 q_{V7b}。

③ 切换阀9a得电。关小8b，使压力 p_{3c} 上升，但低于溢流阀2的设定压力。切换阀9a失电。

④ 切换阀9b得电。关小8d，使压力 p_{3c} 上升，但低于溢流阀2的设定压力。切换阀9b失电。

⑤ 开始记录。

切换阀9a得电。压力 p_{5a} 飞升。流量 q_{V7a}、q_{V7b}、压力 p_{5b} 经过波动，应该基本恢复到原值。

停止记录。这是模拟了旁路口负载突增的工况。

⑥ 类似步骤⑤，让切换阀9b得电，模拟优先口负载突增的工况。

⑦ 类似步骤⑤，也可让切换阀9a或9b从得电到失电，模拟负载突降的工况。

⑧ 还可以改变被测阀的设定流量、泵的输出流量，进行类似的测试。

6.3.4 节流口可调型三通流量阀

1. HF公司的FR10-33型三通流量阀（见图6-79，图6-80）

该阀既可以作为三通流量阀使用，也可以作为二通流量阀使用，只要旁路口不通就是二通阀。

许用压力：24MPa。

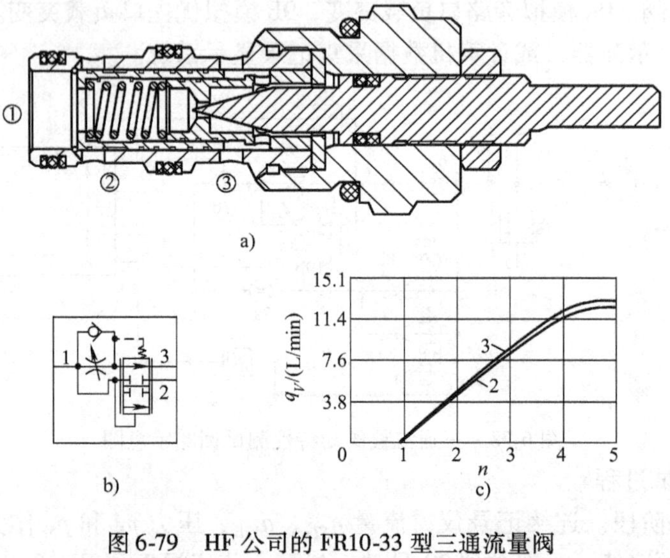

图6-79 HF公司的FR10-33型三通流量阀

a）剖面图 b）图形符号 c）调节圈数-流量特性

2—作为二通流量阀 3—作为三通流量阀

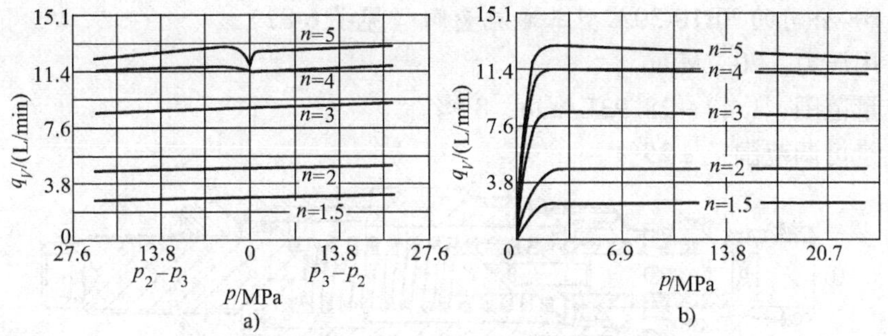

图 6-80　FR10-33 型三通流量阀的压差流量特性

a）作为三通流量阀　b）作为二通流量阀

流量范围：作为三通流量阀，0～13L/min；作为二通流量阀，0～12L/min。

三通进口流量：名义——0～19L/min；最大——0～26L/min。

内泄漏，压差 20.7MPa 时：33mL/min。

2. PK 公司的 J1A125 型三通流量阀（见图 6-81）

许用压力：35MPa。

流量范围：90L/min。

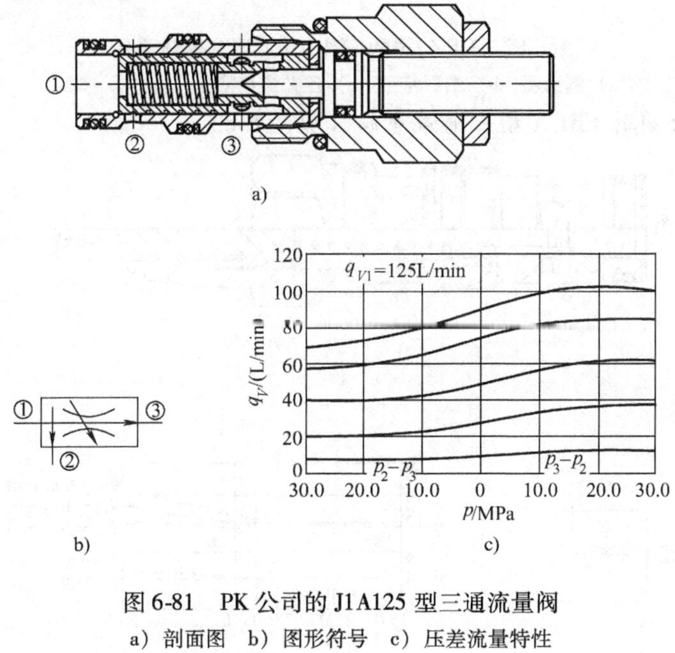

图 6-81　PK 公司的 J1A125 型三通流量阀

a）剖面图　b）图形符号　c）压差流量特性

6.3.5　节流口不可调型三通流量阀

节流口不可调，但定压差阀的弹簧力可调，流量调节范围较小。

1. HF 公司的 FR10-30A 型三通流量阀（见图 6-82）

许用压力：20.7MPa。

流量范围：1.42～28.93L/min，8 档。

流量可调范围：±25%。

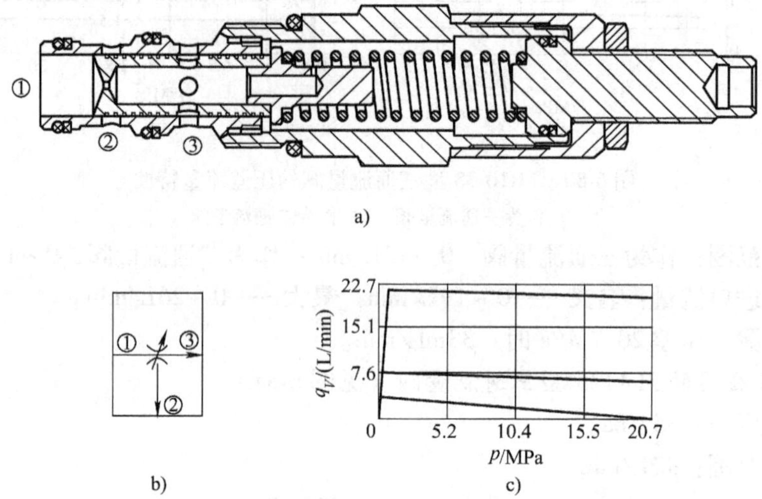

图 6-82 HF 公司的 FR10-30A 型三通流量阀

a）剖面图 b）图形符号 c）压差流量特性，通口①→③

2. SUN 公司的 FRCA 型三通流量阀（见图 6-83）

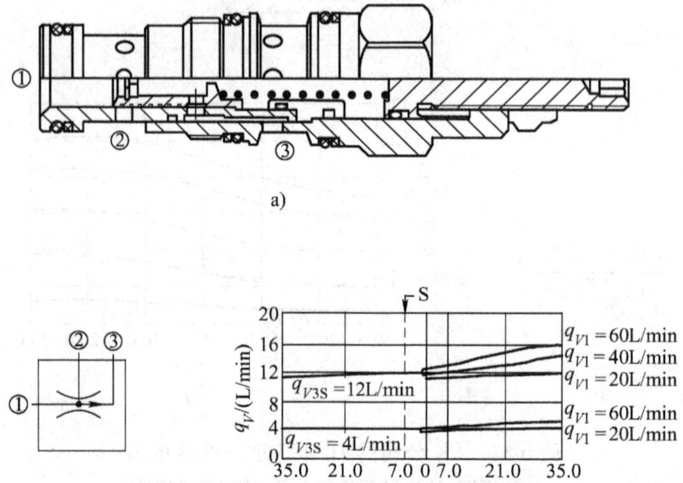

图 6-83 SUN 公司的 FRCA 型三通流量阀

a）剖面图 b）图形符号 c）压差流量特性

S—出厂设定工作点 q_{V1}—进口流量 q_{V3S}—设定流量

许用压力：35MPa。

优先口和旁路口压力：35MPa。

流量：23L/min。

流量调节范围：±25%。

进口最大流量：60L/min。

表6-4列出了其他一些节流口不可调三通流量阀。

表6-4　一些节流口不可调三通流量阀

生产商	型号	最大工作压力/MPa	优先口最大流量/（L/min）
HF	FR08-30F	24	7.6
	FR10-30F		22.7
	FR12-30F		49.2
	FR16-30F		113
SUN	FRBA	35	11
	FRDA		45
	FREA		95
	FRFA		200

6.3.6　电比例型三通流量阀

1. HF公司的PV70-30型三通流量阀（见图6-84）

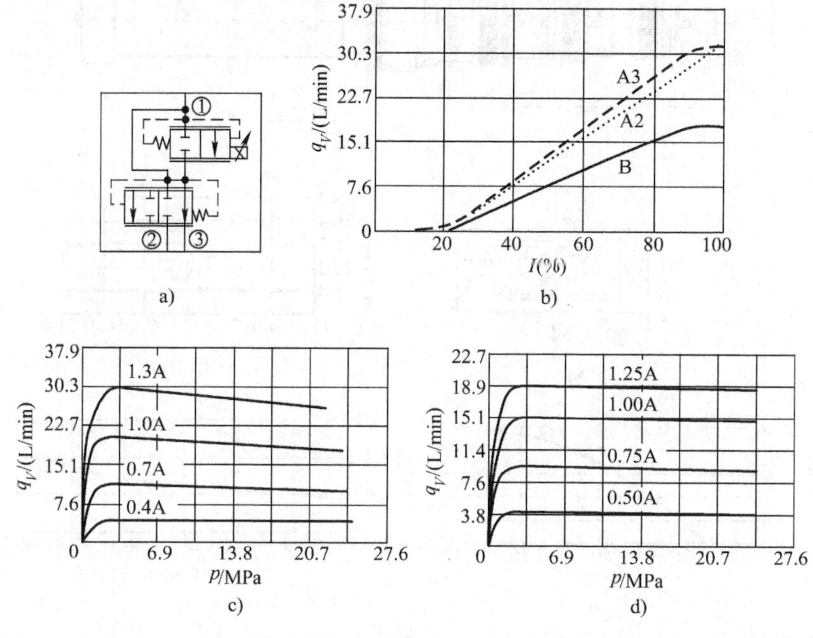

图6-84　HF公司的PV70-30型三通流量阀（进口压力24MPa，12V，PWM200Hz）
a）图形符号　b）电流流量特性　c）作为二通阀，不同电流的压差流量特性
d）作为三通阀，不同电流的压差流量特性
A2—A型，二通口　A3—A型，三通口　B—B型

只要阀块上不开旁路通道，也可以作为二通流量阀使用。

进口许用压力：24MPa。出口许用压力：20.7MPa。

最大输出流量，作为二通阀：A 型——26L/min，B 型——17L/min。

最大输出流量，作为三通阀：A 型——30L/min，B 型——17L/min。

最大输入流量，作为三通阀：A 型——50L/min，B 型——26L/min。

内泄漏，20.7MPa 时：197mL/min。

这是一个直动型阀。衔铁推动节流阀芯，直接控制节流口大小。其他结构和工作原理同普通节流口可调型。

常闭型。输入电流越大，输出流量越大。

2. PK 公司的 JP04C31 型三通流量阀（见图 6-85）

进口许用压力：21MPa。

最大输入流量：60L/min。

最大输出流量：标准型——26L/min，大流量型——30L/min。

最低工作压差：标准型——1.38MPa，大流量型——2.07MPa。

内泄漏，21MPa 时：780mL/min。

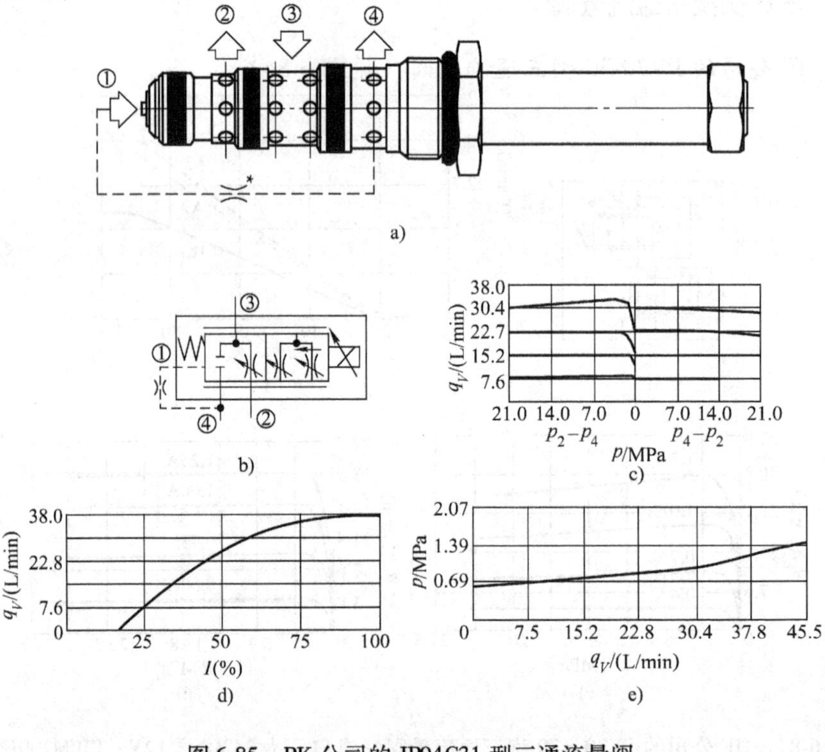

图 6-85 PK 公司的 JP04C31 型三通流量阀

a）外形图 b）图形符号 c）压差流量（端口 4）特性

d）电流流量特性 e）流量压降特性（电流 100%）

滞回，PWM100Hz 时：7%。

开启点（死区）：标准型——21%额定电流，大流量型——17%额定电流。

常闭型。输出流量随输入电流增大而增大。

＊端口①应通过一个 1.0mm 的节流孔与通口④相连。

3. HF 公司的 PV70-31 型三通流量阀（见图 6-86）

只要阀块上不开旁路通道，就可以作为二通流量阀使用。

进口许用压力：24MPa。出口许用压力：20.7MPa。

最大输出流量，作为二通阀：A 型——26L/min，B 型——17L/min。

最大输出流量，作为三通阀：A 型——30L/min，B 型——17L/min。

最大输入流量，作为三通阀：A 型——50L/min，B 型——26L/min。

内泄漏，20.7MPa 时：197mL/min。

常开型。输入电流越大，输出流量越小。

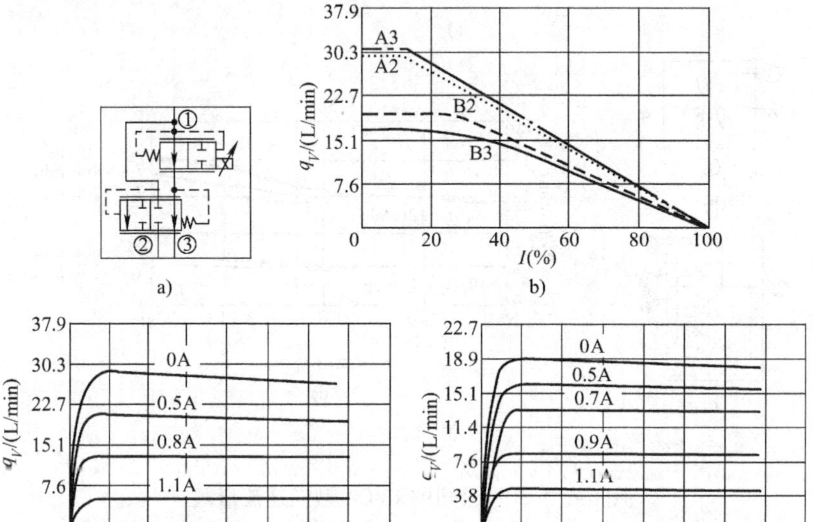

图 6-86 HF 公司的 PV70-31 型三通流量阀（进口压力 24MPa，12V，PWM200Hz）

a）图形符号 b）电流流量特性 c）作为二通阀，不同电流的压差流量特性

d）作为三通阀，不同电流的压差流量特性

A2—A 型，作为二通阀 A3—A 型，作为三通阀

B2—B 型，作为二通阀 B3—B 型，作为三通阀

6.3.7 四端口型三通流量阀

1. SUN 公司的 FVCA 型三通流量阀（见图 6-87）

许用压力：35MPa。

名义流量：23L/min。

流量调节范围：±25%。

进口最大流量：60L/min。

名义卸荷流量（端口④）：0.75L/min。

卸荷旁路型。如果端口④直接通油箱，并且，通口①的压力高于1MPa，足以克服弹簧预紧压力，就推动阀芯向右，开启通道①→②，则全部压力油旁路。

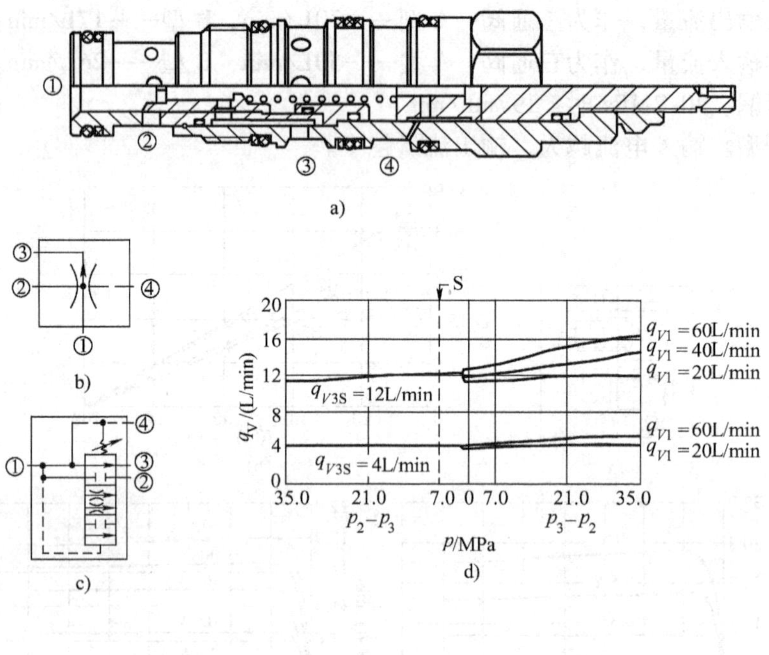

图6-87 SUN公司的FVCA型三通流量阀

a）剖面图 b）简化符号 c）详细符号 d）压差流量特性

S—出厂设置工作点 q_{V1}—进口流量 q_{V3s}—设置流量

2. HF公司的FRRV10-41F型三通流量阀（见图6-88）

含溢流阀。

最高工作压力：20.7MPa。

许用压力：27.6MPa。

最大优先口流量：19L/min。

进口最大流量：38L/min。

溢流压力设置范围：1.7~20.7MPa。

①为进口，②为旁路口，③为优先口，④应通油箱。

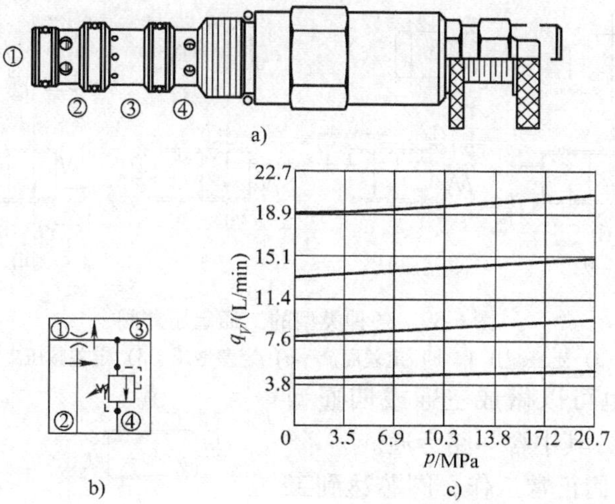

图6-88　HF公司的FRRV10-41F型三通流量阀

a）剖面图　b）图形符号　c）优先口压力流量特性，进口流量30.3L/min

6.4　定压差阀

6.4.1　功能与类型

1. 功能

为了使流量不受压力变化的影响，在各种应用场合有定差减压阀、定差增压阀、定差溢流阀、定差四通阀。它们的目的都是努力保持压差恒定，所以，将它们概括为定压差阀是恰当的。

在正常工作，阀芯能够达到工作位置时，阀芯两端的压差等于弹簧压力，也即基本恒定，不受任何一端压力单独的影响。这样，如果在这两端之间另接一个节流口的话，就可使通过这个节流阀的流量恒定。

这个节流口可以是固定的，也可以是可调的，可以是手工调节、液控调节、电磁阀多级控制、电比例调节，也可以是多路阀的一部分，并用以构成各种负载敏感回路。定压差阀使流量调节的方式变得非常灵活。

2. 类型

定压差阀有多种形式。

二通型定压差阀（见图6-89），根据低压端（弹簧腔）和高压端分别是与进口还是出口相连，可以构成4种不同的形式。不管如何组合，当阀芯处在工作位置时，总是端口①（高压端）比端口②（低压端）高一个恒定压差——弹簧压力。

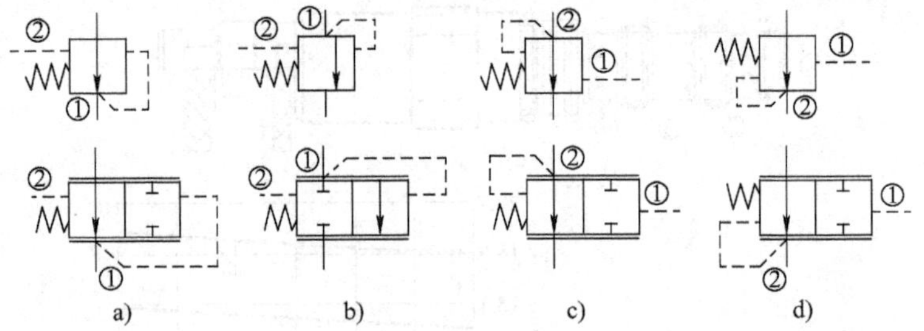

图 6-89 各种类型的二通定压差阀

a）定差减压 1 b）定差溢流 c）定差增压 d）定差减压 2

定压差阀也可以做成三通或四通型的（见图 6-90），其中含一路旁通。

同样，在它们正常工作，阀芯达到工作位置时，总是端口①（高压端）比端口②（低压端）高一个恒定压差——弹簧压力。

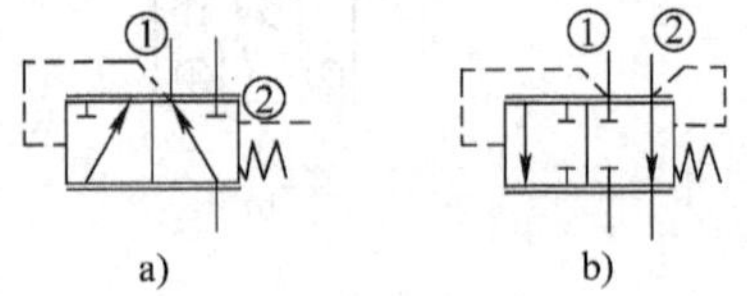

图 6-90 三通型和四通型的定压差阀

a）三通型 b）四通型

3. 应用

不同形式的二通定压差阀与外加节流阀组合，就可以组成各种形式的流量调节阀。

图 6-91a 中，定压差阀作为一个定差增压阀，组成了一个后置型的二通流量调节阀。

图 6-91b 中，定压差阀作为一个定差减压阀，组成了一个前置型的二通流量调节阀。

图 6-91c 中，定压差阀作为一个定差溢流阀，组成了一个旁路型的三通流量调节阀。

图 6-89d 所示的阀该如何组合成流量调节阀，作者目前还不清楚。

图 6-92 中，三通四通定压差阀加节流阀，组成了旁路型的流量调节回路。

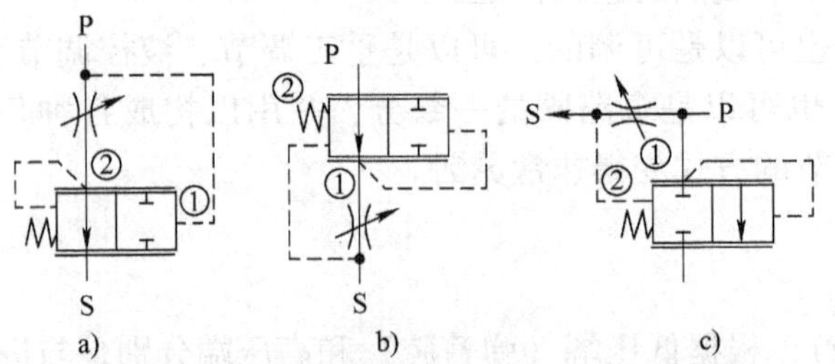

图 6-91 二通定压差阀的应用

a）后置型 b）前置型 c）旁路型

P—流量源 S—执行器

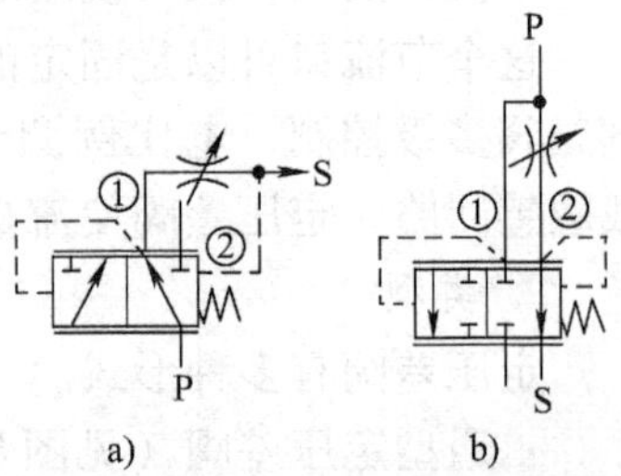

图 6-92 三通四通定压差阀的应用

a）三通型 b）四通型

P—液压源 S—执行器

6.4.2　特性与测试

定压差阀最重要的功能是保持恒定压差。

在稳态时，希望这个恒定压差不随两端压力，不随通过流量的变化而变化，至少少变化。

在动态时，希望少波动，而且能快速回到平衡位置。

其定差特性可以通过测试确定。

1. 定压差阀稳态特性测试回路

应用图 6-93 所示的回路可以测试二通定压差阀的稳态特性。图中：

1—液压源。1a 为主液压源。手动或电控变量泵。1c 为建立控制压力用，需要的流量很小。

2—溢流阀。2a、2b 加载用。2c 仅作安全保护用。设定值必须高于测试范围，但不超过被测阀的许用压力。

3—压力表，监控用。

4—温度计。

5—压力传感器。它们的差 $p_{5b}-p_{5c}$ 或 $p_{5c}-p_{5a}$ 即为希望恒定的压差。

6—被测阀。

7—流量传感器。此处可考虑使用齿轮流量传感器，因为其测量范围较涡轮流量传感器大得多。

8—节流阀，建立信号压力用。

9—X-Y 记录仪，或数字示波器，或计算机数据采集记录显示系统。

分别调节变量泵 1a、加载阀 2a、2b 或节流阀 8，就可以测试出被测阀在不同流量、不同进口压力、不同出口压力和不同信号压力时的定压差特性。详细测试过程从略。

因为定压差阀一般都是和节流阀一起组成二通流量阀或三通流量阀使用的，所以，也可参照二通或三通流量阀进行测试。图 6-94a 为一定差减压阀的定差功能随进口压力而变的特性，图 6-94b 为其测试回路。

2. 定压差阀动态特性测试回路

在图 6-93 所示的回路中再增加两个旁路阀 9a 和 9c（见图 6-95），可以测试定压差阀的动态特性。

切换旁路阀 9a，可以模拟出口压力突变。切换旁路阀 9c，可以模拟信号压力突变。详细测试过程从略。

三通与四通定压差阀的测试回路可以据此类推。

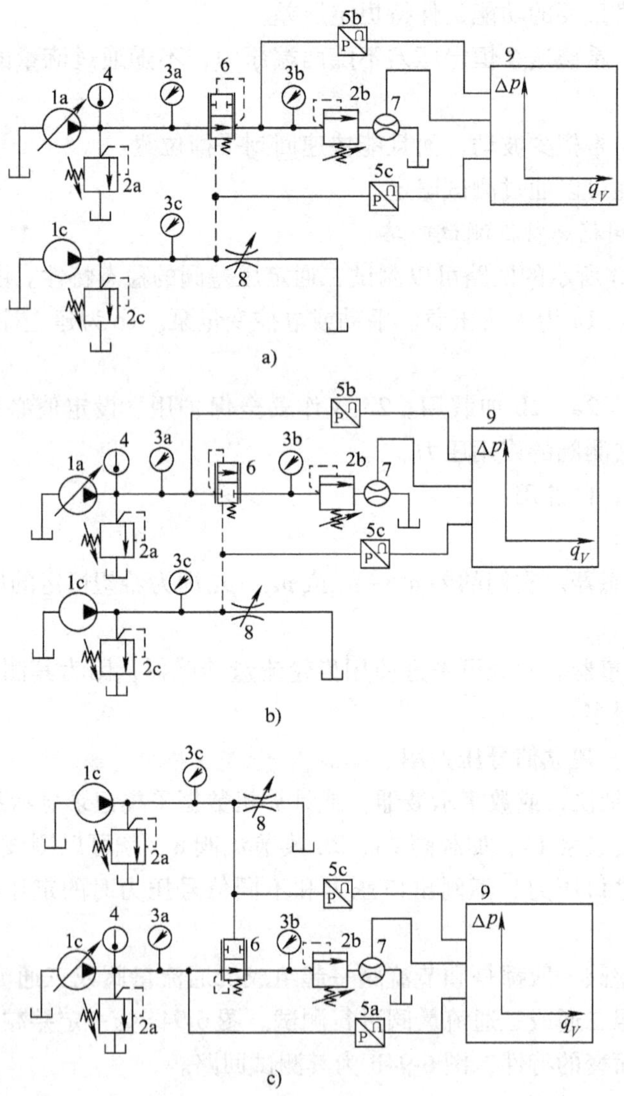

图 6-93　二通定压差阀稳态特性的测试回路

a）定差减压阀测试回路　b）定差溢流阀的测试回路

c）定差增压阀的测试回路

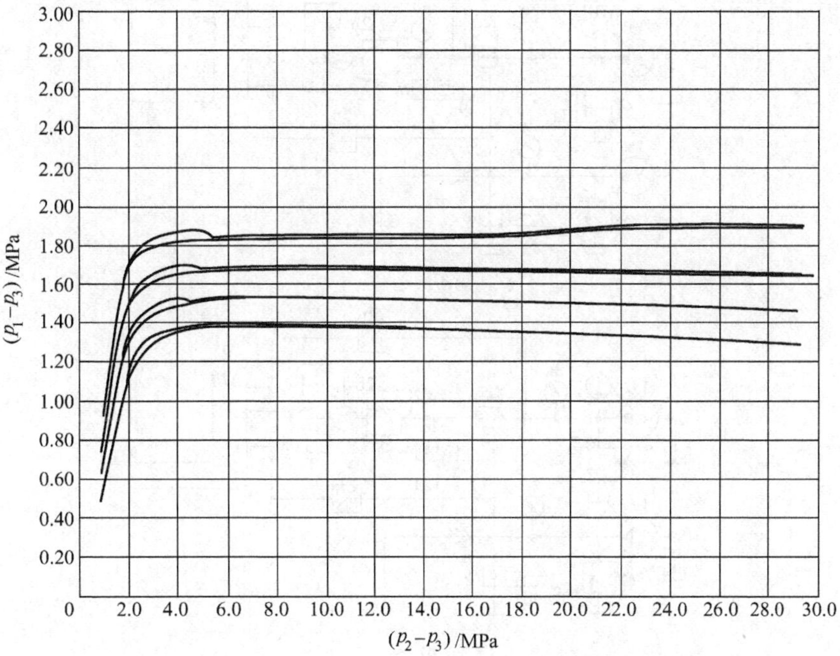

a)

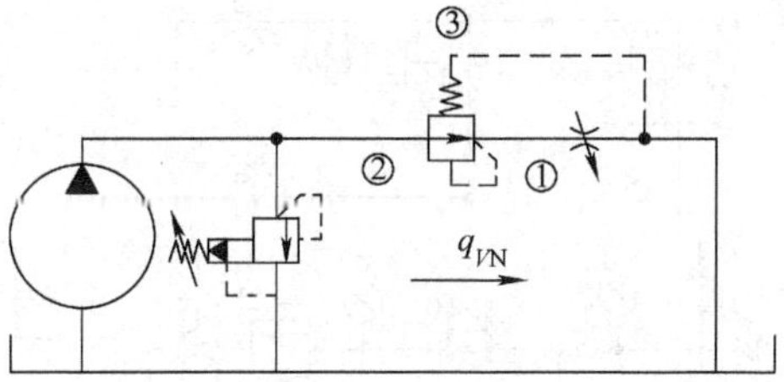

b)

图 6-94　一个定差减压阀的定差特性

a）实测曲线　b）测试回路

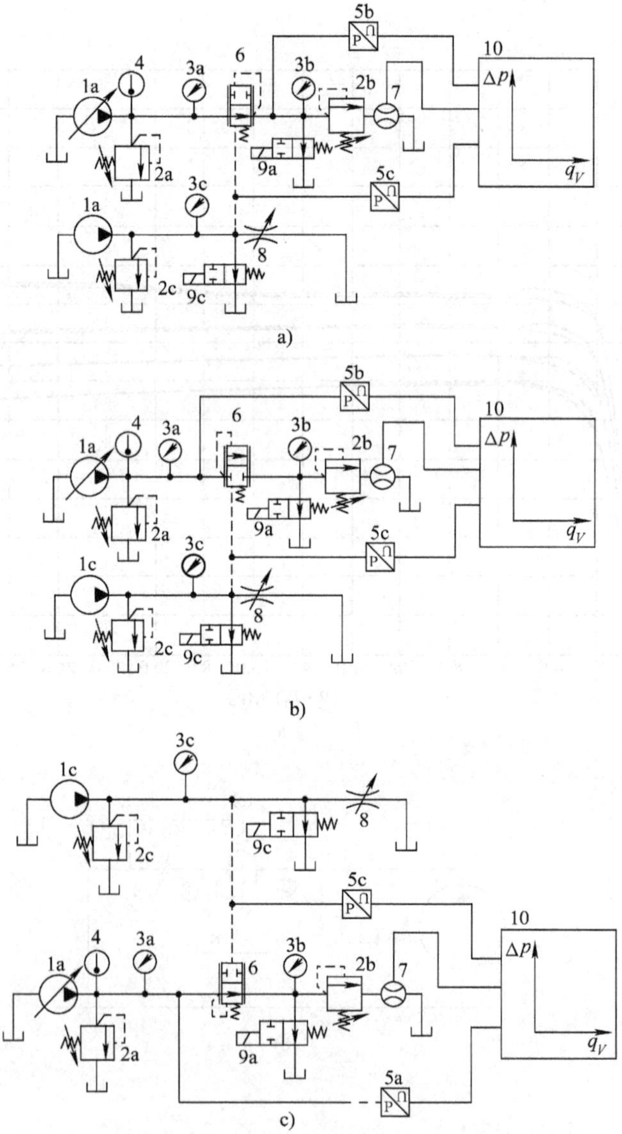

图 6-95　二通定压差阀动态特性的测试回路

a）定差减压阀的测试回路　b）定差溢流阀的测试回路

c）定差增压阀的测试回路

6.4.3　二通口型定压差阀

HF公司的EC10-30型定压差阀（见图6-96）：

滑阀型。

许用压力：20.7MPa。

最大调节流量：30.3L/min。

端口①、③之间的标准定差（弹簧预紧压力）：0.55MPa。

流量范围：0.38～38L/min。压差0.55～20.7MPa范围内时，流量维持精度：±10%。

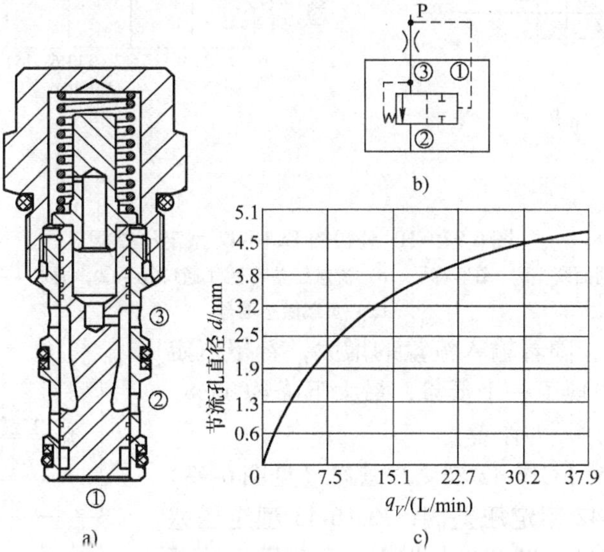

图6-96　HF公司的EC10-30型定压差阀

a）剖面图　b）图形符号　c）节流孔流量特性，弹簧压力0.55MPa

6.4.4　三通口型定压差阀

1. HF公司的EC16-42型定压差阀（见图6-97）

许用压力：24MPa。

最大输入流量：190L/min。

最大优先口流量：95L/min。

端口④、①之间的标准定差（弹簧预紧压力）：0.51MPa，1.03MPa，2档。

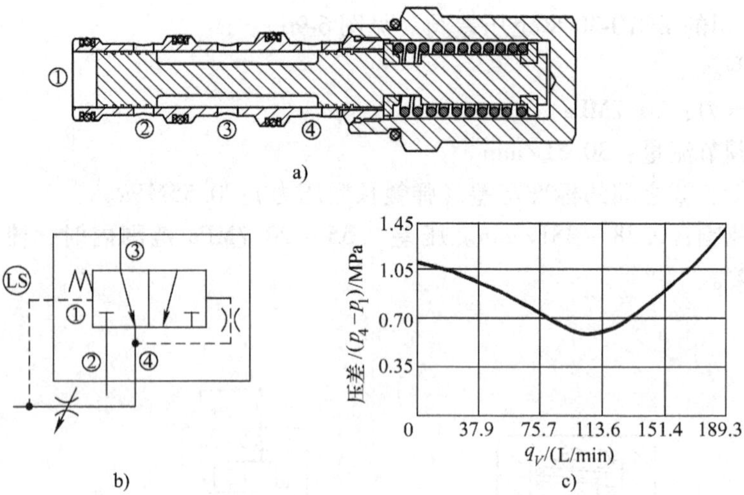

图 6-97 HF 公司的 EC16-42 型定压差阀

a）剖面图 b）图形符号 c）流量压差特性（通口③→②，通口 4 关闭）

LS—负载敏感信号

图 6-97c 中，随着输入流量的增大，希望恒定的压差 p_4-p_1 出现了一个低谷，最大下降约 35%。(原因？液动力？——作者)

2. HF 公司的 EC16-43 型定压差阀（见图 6-98）

相对 EC16-42 型定压差阀，EC16-43 型定压差阀增加了从通口④到阀芯另一端面的阻尼孔，改善了对端口①信号的动态响应特性。

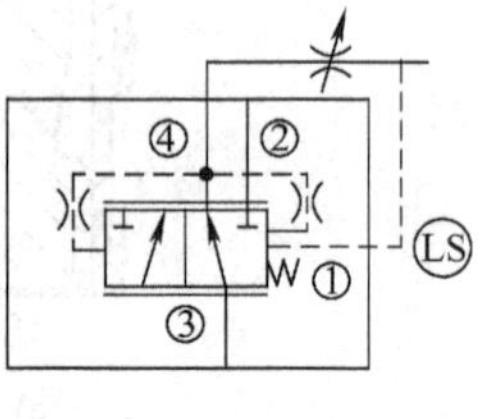

图 6-98 HF 公司的 EC16-43 型定压差阀

LS—负载敏感信号

6.4.5 四通口型定压差阀

1. PK 公司的 FCP101 型定压差阀（见图 6-99）

许用压力：24.5MPa。

端口①和④之间的定差：0.28MPa，0.55MPa，1.1MPa3 档。

最大输入流量：56L/min。

最大调节流量：38L/min。

2. HF 公司的 EC10-40 型定压差阀（见图 6-100）

许用压力：20.7MPa。

端口①和④之间的定差：0.55MPa

最大输入流量：57L/min。

最大调节流量：38L/min。

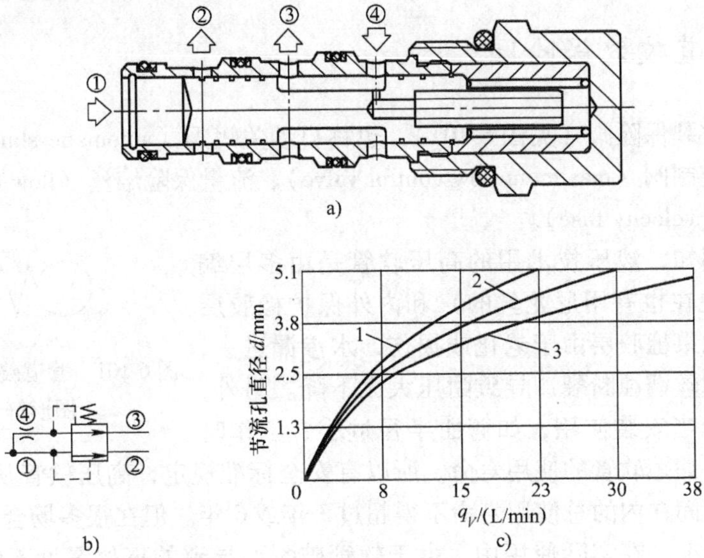

图6-99　PK公司的FCP101型定压差阀

a）剖面图　b）图形符号　c）节流孔流量特性

1—弹簧压力0.28MPa　2—弹簧压力0.55MPa　3—弹簧压力1.1MPa

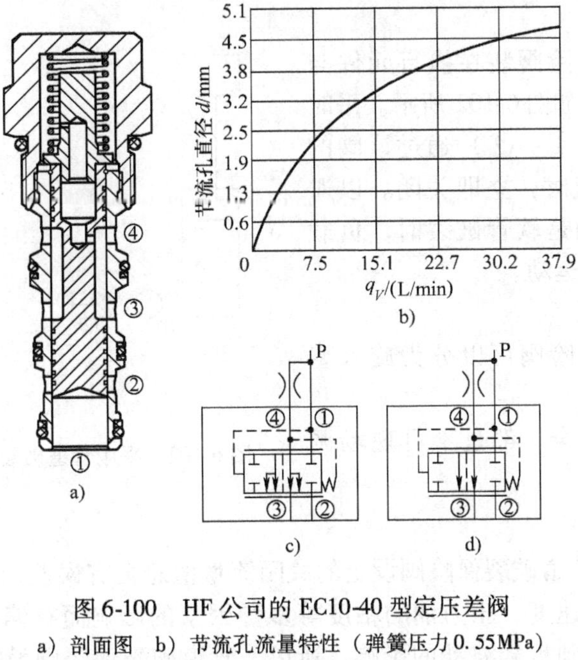

图6-100　HF公司的EC10-40型定压差阀

a）剖面图　b）节流孔流量特性（弹簧压力0.55MPa）

c）产品样本提供的图形符号　d）一般习惯

图6-100c是产品样本上提供的图形符号，但作者觉得，按一般习惯应画成图6-100d。

6.5 管道破裂保险阀

管道破裂保险阀（见图6-101），也称自动关闭阀（automatic shut-off valve）、最大流量控制阀（maximum flow control valve）、流量保险熔丝（flow fuse）、速度保险熔丝（velocity fuse）。

图6-101 管道破裂保险阀的图形符号

如所周知，液压技术用的高压软管是由多层编织钢丝（现在也有用尼龙丝的）和内外保护橡胶层组成的。如果橡胶层由于老化或损伤，水渗漏进去，就会引起钢丝锈蚀断裂，导致耐压大大下降。另外，软管的不恰当安装使用，如弯曲半径过小、工作时扭转等都会缩短软管的使用寿命。所以有安全标准规定，高压软管从生产开始、包括储存时间在内的总使用寿命不得超过3年或6年。但在很多场合下，并没有遵循这个标准。在实际使用中，由于软管破裂而导致的事故屡见不鲜。管道破裂保险阀就是为了减少这类事故而设计的。

6.5.1 功能与类型

1. 功能

管道破裂保险阀装在执行元件与连接管道之间，如图6-102所示。平时常开。当正向（①→②）通过该阀的流量大于设定值时，立即关闭。以避免在管道，特别是软管破裂时，负载出现不可控制的运动。

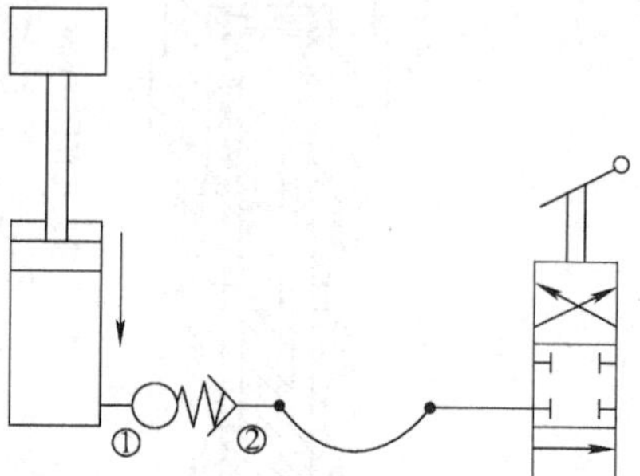

图6-102 采用管道破裂保险阀的回路

2. 类型

管道破裂保险阀可以分为旋入型和埋入型。

为了保证安全，都是不可现场调节的。

3. 注意要点

1）因为，管道破裂保险阀设定的关闭流量值总会有误差，实际关闭流量会受到换向阀切换速度、压力油的粘度等多种因素的影响而有偏差，而最大正常工作流量也会受到负载波动的影响。所以，管道破裂保险阀设定的关闭流量值要显著高于最大正常工作流量，一般推荐高 25% 以上。具体设定值应该通过测试极端情况下的工作流量再加一些余量来确定。

2）在负载过快下降时，突然关闭液压缸出口，会引起压力冲击。对冲击的大小和可能引起的后果也不能掉以轻心。

3）这里所介绍的管道破裂保险阀都是根据通过的流量反应的，可以避免由于管道破裂引起的过快下降。但是，实际上要注意，危险有时不仅来自于过快下降，也会来自于这个下降的不可控。例如，管道并没有完全断裂，只是局部有破损，这时，逸出的压力油流量没有超过设定的关闭流量，管道破裂保险阀不能反应。但因为负载下降不可控，也可能引起事故。

在这种场合下，直接安装在液压缸出口处的电控截止阀（图 6-103，参见 9.3. 节）也是一种可以考虑的安全措施，通过急停断电，可以关闭住液压缸出口。

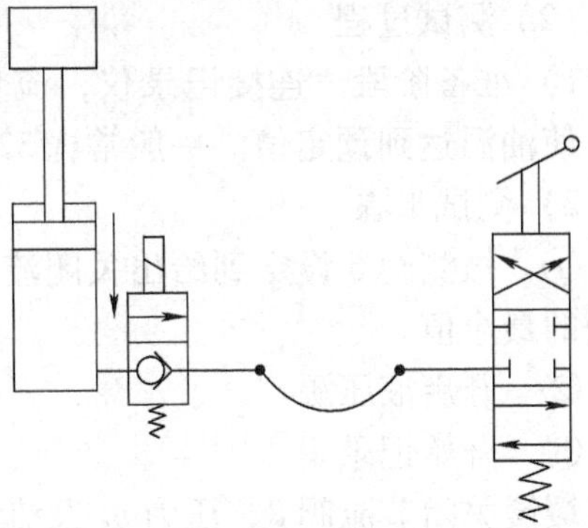

图 6-103　采用电磁截止阀作为管道破裂保险的回路

采用这种阀，在负载上升时，应该让此阀处在失电状态。此时，压力油只能流入，不能流出，所以，即使管道破裂，也不会带来不可控的下降。考虑到负载上升时工作压力往往比下降时要高得多，管道破裂发生的几率就比负载下降时高得多。因此，采用这种阀可以大大降低事故的几率。

6.5.2　特性与测试

对管道破裂保险阀而言，测试其压差流量特性就能确定其最重要的参数——关闭流量。

（1）测试回路　测试回路可以参照图 6-104 搭建。图中：

1—液压源。要求其流量略大于测试流量，在整个测试范围内平稳。必要时可在泵出口安装一蓄能器。

2—系统溢流阀。作限压阀用。设定值只须略高于关闭压力。

3—压力表，监控用。

4—温度计。

5—压力传感器。测进口压力。假定出口压降很小，可以忽略不计。

6—被测阀。

7—流量传感器。

8—可调节流阀，加载用。

9—X-Y 记录仪，或数字示波器，或计算机数据采集记录显示系统。

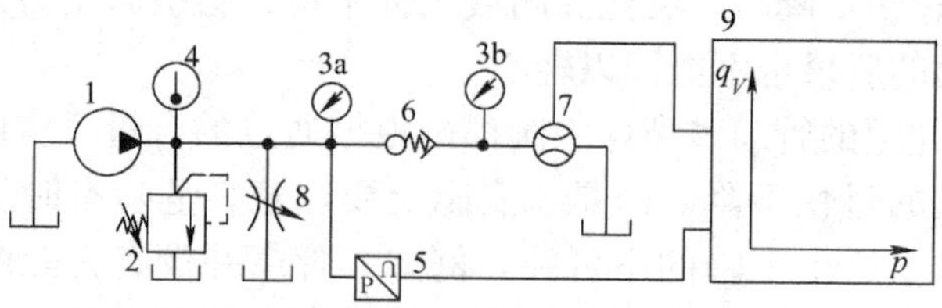

图 6-104 管道破裂保险阀测试回路

（2）测试过程

1）准备阶段。连接记录仪，流量 q_{V7} 作为 Y 轴输入，压力 p_5 作为 X 轴输入。使油温达到预定值。一般常选 32 号油，40℃。节流阀 8 全开。

2）测试步骤

① 被测阀 6 设定到给出关闭流量范围的最小值。

② 开启液压源。

③ 开始记录。

缓慢关闭节流阀 8，压力 p_5 及流量 q_{V7} 随之增高，直到关闭压力，被测阀关闭，流量 q_{V7} 下降到零。

停止记录。

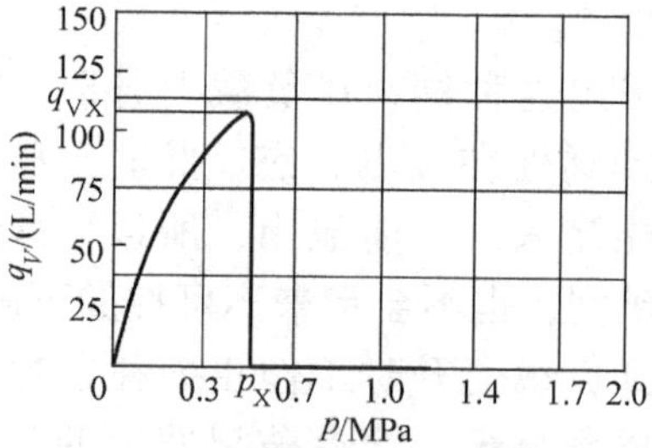

图 6-105 某管道破裂保险阀的关闭压力曲线

p_X—关闭压力 q_{VX}—关闭流量

④ 节流阀 8 全开。关闭液压源。

⑤ 被测阀 6 设定到给出关闭流量范围的最大值，重复步骤②~④。

⑥ 在给出的关闭流量范围的最大值和最小值之间再设定几个值，重复步骤②~④。

整个测量过程中要保持油温相对固定。这样得到的测试曲线即为该阀的特性。典型测试曲线可参见图 6-105。

6.5.3 旋入型管道破裂保险阀

1. ET 公司的 VF1-16 型管道破裂保险阀（见图 6-106）

（1）特性

许用压力：21MPa。

测定流量：114L/min。

关闭压力：0.55MPa。

流量关闭准确度，9.5~114L/min：±20%。

内泄漏，通口①→②关闭，压差21MPa时：不大于0.25mL/min。

（2）工作原理　液流流过阀芯和固定锥阀杆的间隙，产生压降。流量越大，压差越大。

通口②→①，常开。

通口①→②，如果通口①和通口②间的压差超过设定值（弹簧预紧压力），推动阀芯向上，关闭通道①→②。直到端口①与②之间的压差降到关闭压力以下，阀芯在弹簧作用下下降，开启通道①→②。

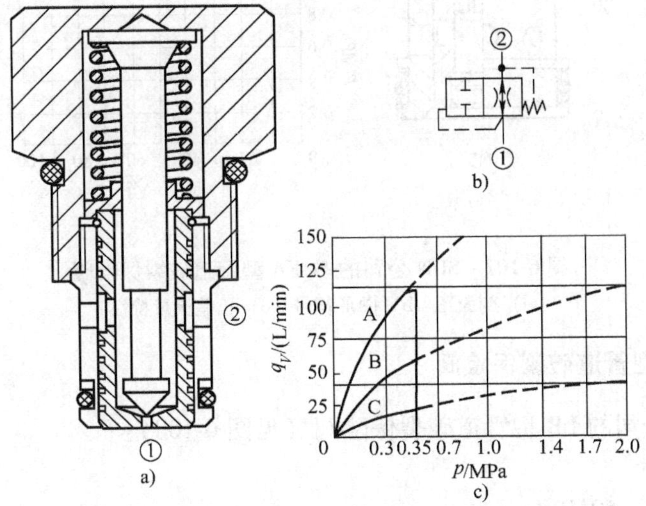

图6-106　ET公司的VF1-16型管道破裂保险阀

a）剖面图　b）图形符号　c）压差流量特性

—通口①→②　--- 通口②→①

A—设定值114L/min　B—设定值60L/min　C—设定值19L/min

2. SUN公司的FQEA型管道破裂保险阀（见图6-107）

（1）特性

许用压力：35MPa。

测定流量：60L/min。

通口①→②关闭，压差7MPa时的内泄漏：不大于50mL/min。

设定关闭流量应高于最大工作流量至少25%。

（2）工作原理

液流从通口②→①，无限制。

液流从通口①→②，如果流量超过设定的关闭流量，推动阀芯向上，关闭通道①→②。直到端口①与②的压力相等，再开启。

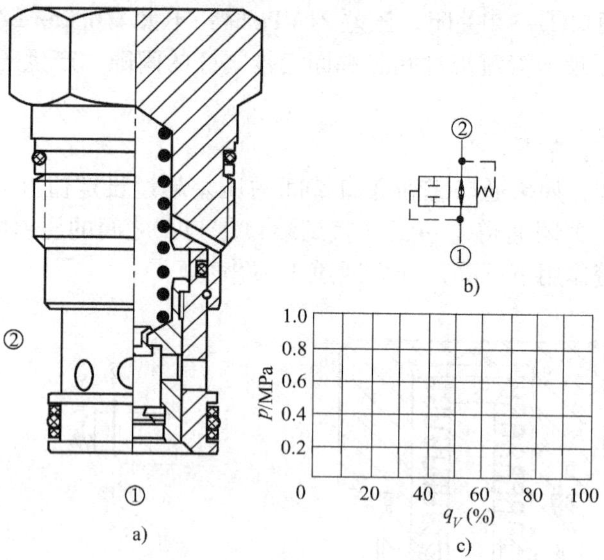

图 6-107 SUN 公司的 FQEA 型管道破裂保险阀

a）剖面图 b）图形符号 c）压差流量特性

6.5.4 埋入型管道破裂保险阀

HAWE 公司的 LB 型管道破裂保险阀（见图 6-108）：

（1）特性

许用压力：50MPa。

测定流量：4～160L/min，4 档。

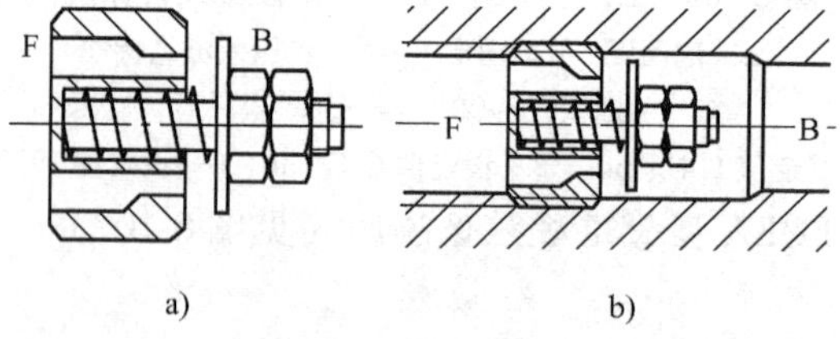

图 6-108 HAWE 公司的 LB 型管道破裂保险阀

a）阀剖面图 b）装在集成块里的示意图

（2）工作原理

从通口 F 到 B，没有限制。

从通口 B 到 F，如果液流作用在阀板上的力大于弹簧力，则推动阀板，关闭通道。

工作间隙 S 决定关闭流量，使用前应根据供货商提供的图（图 6-109）确定。

由于阀板较薄，一旦关闭，可能会由于撞击引起变形，使关闭流量改变。所以一般仅用一次，一旦发生过因管道破裂而关闭后，就应更换。

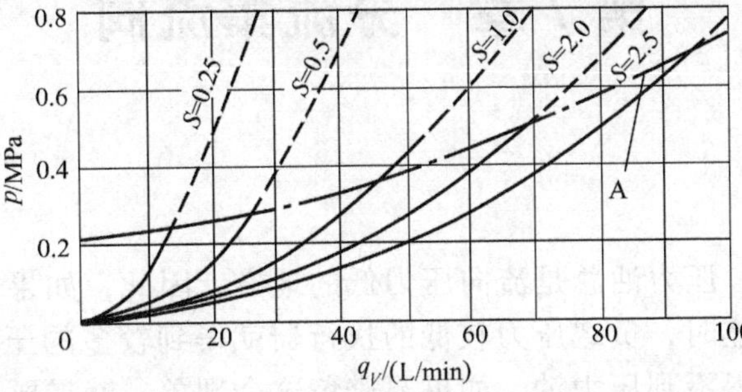

图 6-109　LB3 型在不同工作间隙时的压差流量特性与关闭流量

S—工作间隙　A—关闭流量界限

HAWE 公司提供两种类型管道破裂保险阀（见图 6-110）。

1）负载完全停止型。关闭以后，通道完全封闭，导致负载完全停止下降。

2）负载缓慢下降型。关闭以后，压力油可以通过阀板上的小孔，慢慢流出，从而使负载还能慢速下降。

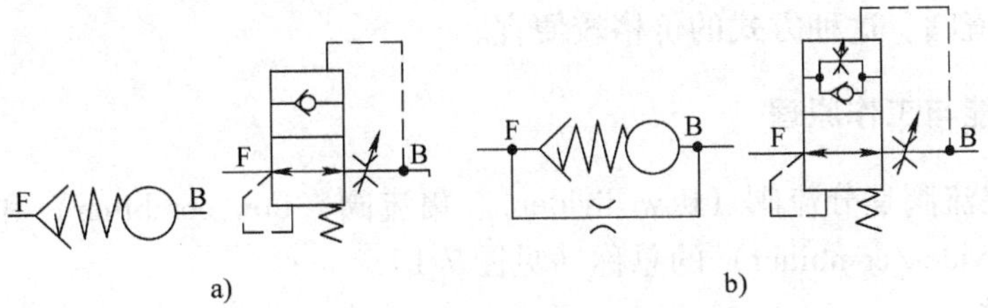

图 6-110　两种类型的管道破裂保险阀

a）负载完全停止型　b）负载缓慢下降型

第7章　分流集流阀

7.1　概述

液压系统中，压力油总是流向压力低的地方。因此，如果一个液压源与两个执行器直接相连时，负载压力较低的执行器就得到较多的压力油，而负载较高的，可能根本得不到压力油。如果要避免这个现象，就需要把液压源输出的压力油分流。

分流可以通过下面几种方式实现：

1）分流液压缸。把两个几何尺寸相同的液压缸的活塞杆机械固定连接在一起，进口与液压源相并联，出口分别接两个执行器。虽然这样可以得到最准确的分流，但因其缺点是占地大，不能连续工作，因此用得不多。

2）同轴的齿轮泵-马达。这种方式的分流准确度较高。

3）分流阀。这种方式的价格较便宜。

7.1.1　功能与工作原理

分流集流阀是分流阀（flow divider）、集流阀（flow combiner）和分流/集流阀（flow divider/combiner）的总称（见图7-1）。

1. 功能

分流阀可以通过进口节流，使得从一个液压源流向两个执行元件的流量基本相同，以使两个执行元件的速度保持相同（见图7-2a），或者使得从一个液压源流向两个执行元件的流量成固定比例（见图7-2b）。这样，相同吞量的执行器可以得到定比的速度，不同吞量的执行器和相配的分流比例又可以得到在一定精度范围内的速度同步。通常，不标明比例的就表示50:50。

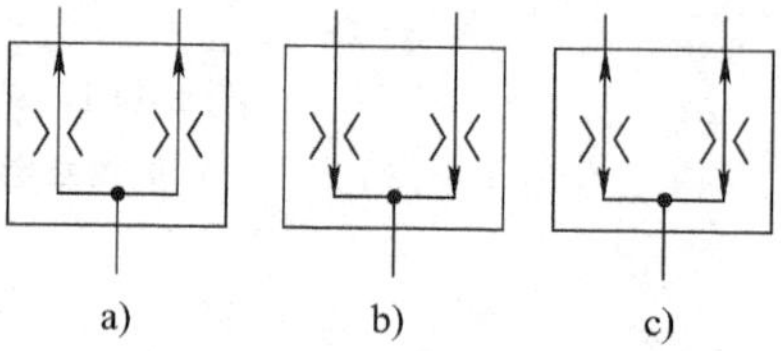

图7-1　ISO 1219-1（GB/T786.1）推荐的图形符号

a）分流阀　b）集流阀　c）分流/集流阀

集流阀可以通过出口节流，使从两个执行元件流出的回流量基本相同或成比例，以使其速度相同或保持定比。

分流/集流阀则兼有分流和集流的功能（见图7-3），分别进行进口节流和出口节流。

2. 工作原理

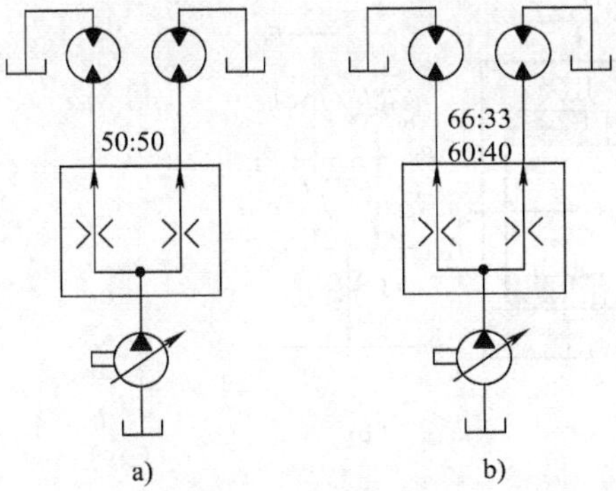

图 7-2　分流阀的功能

a）相等分流　b）成比例分流

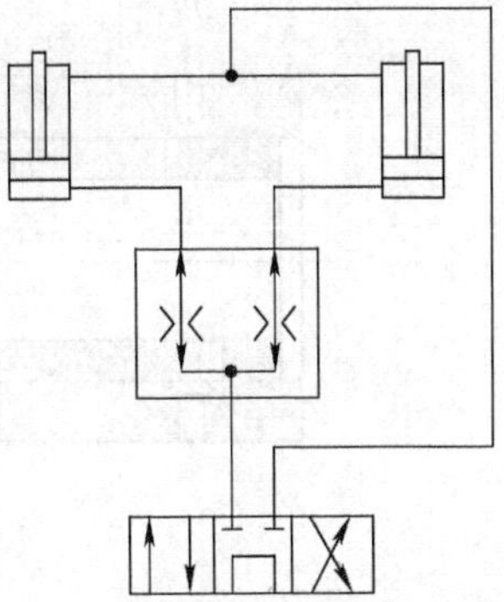

图 7-3　分流/集流阀作进口节流和出口节流

本质上来说，分流阀是由 4 个节流口组成的（见图 7-4a），其中两个固定（g_1、g_2），两个可变（b_1、b_2）。

不管负载压力 p_{L1} 和 p_{L2} 之间的差别多大，分流阀阀芯在平衡位置时，$p_1 = p_2$。这样，固定节流口 g_1 和 g_2 两端的压差 $p_{in} - p_1$ 和 $p_{in} - p_2$ 就相同，通过这两个固定节流口的流量就相同。不同压差 $p_1 - p_{L1}$ 和 $p_2 - p_{L2}$ 由可变节流口 b_1 和 b_2 消耗掉（见图 7-4b）。

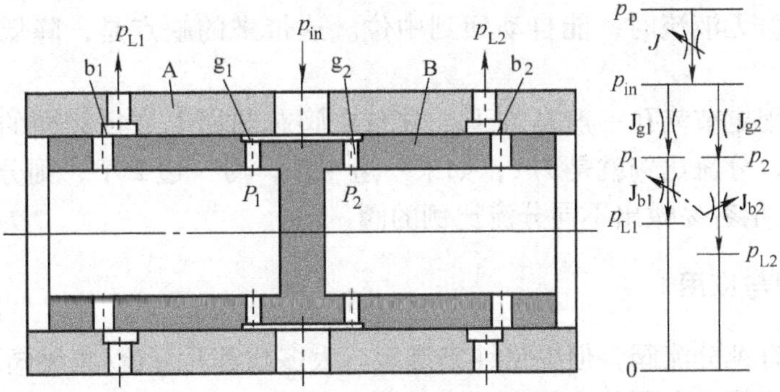

图 7-4　分流阀的工作原理

a）结构功能示意图　b）压降分配示意图

A—阀体　B—阀芯

要注意的是，分流阀通过进口节流的方法使两个执行器的流量基本相当，但它并没有调节总流量的功能。要调节执行器的速度，还需要通过附加的节流阀或其他机构实现，如图 7-4b 中 J。

集流阀也是由 4 个节流口组成的（见图 7-5a），其中两个固定（g_1，g_2），两个可变（b_1，b_2）。

不管负载压力 p_{L1} 和 p_{L2} 之间的差别多大，集流阀阀芯在平衡位置时，$p_1 = p_2$。

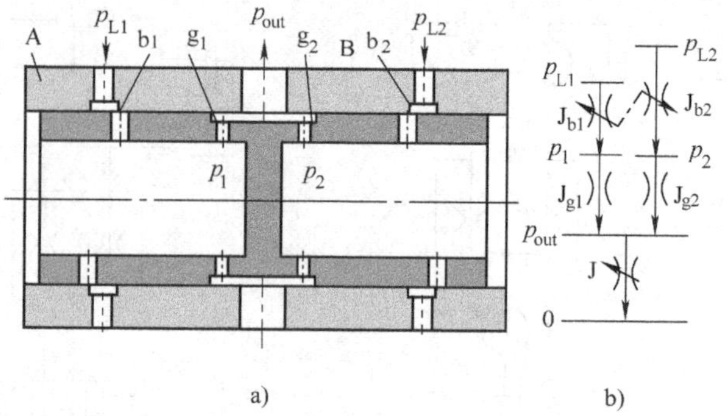

图 7-5 集流阀的工作原理

a）结构功能示意图 b）压降分配示意图

这样，固定节流口 g_1 和 g_2 两端的压差 p_1-p_{out} 和 p_2-p_{out} 就相同，通过这两个固定节流口的流量就相同。不同压差 $p_{L1}-p_1$ 和 $p_{L2}-p_2$ 由可变节流口 b_1 和 b_2 消耗掉（见图 7-5b）。

同样，集流阀通过出口节流的方法使两个执行器排出的流量基本相当，但它并没有调节总流量的功能。要调节执行器的速度，还需要通过附加的节流阀或其他机构实现，如图 7-5b 中 J。

实际应用的分流集流阀的两端，多数都装有带预紧力的对中弹簧。这样，在进口关闭，无液流时，能自动回到中位。这带来的缺点是，降低了分流的准确度。

另外，固定节流孔一般是若干个分布在阀芯圆周上直径相同的小孔。如两边数目相同，分流比例就是 1:1，如果一边 4 个，另一边 2 个，则分流比例就是 2:1。据此，很容易做出不同分流比例的阀。

7.1.2 类型与应用

市场上有纯分流阀，但少见纯集流阀，大多数都是分流/集流阀。

分流集流阀有以下几个特点（参见图 7-4）：

1）分流（集流）有偏差。理想的分流阀的两个出口（对集流模式——进口，下简略）的流量在任何情况下都是相同的或成固定比例的。但实际上，由于两边弹簧受压的情况不同，不同负载情况下两边的开口不同，液动力的影响不同，再加上制造上的偏差（如固定节流孔的孔径偏差），因此两个出口输出的流量常常是不完全相同的。

此外，压力介质受污染或含有空气，会使误差超出给出的分流准确度。

2）由于液动力的影响，在分流模式时，负载压力高的一端输出的流量大；在集流模式时，负载压力高的一端输入的流量小。

3）如果一个通口无液流通过，阀芯会由于压力平衡的作用，趋向于关闭另一个通口。

这些特点就要求在应用中采取相应的措施。

1. 在驱动液压缸回路中的应用

1）如果两个液压缸相互间不是刚性连接的，那么走得快的液压缸到底后，由于分流阀相应的那个出口没有液流通过，分流阀阀芯会把另一路也关闭，导致另一个液压缸走不到底。

特别是在两个液压缸共同举升一个重物时，负载压力高的一端得到的流量多，因而就走得快，而这样承受的负载就更多，就走得更快。

因此，每次在液压缸行程结束时，必须采取适当的补偿措施消除误差，使各个液压缸同步，否则，它们之间的位置差会随着每个行程而叠加，最终导致液压缸被卡死。

解决这些问题的一种措施，就是加装溢流阀（见图7-6）。

另一种措施，就是采用带液压缸终点补偿型的分流阀。这类阀，有的是在两个出口之间加一个小的节流口（见图7-7），这样，在两边负载压力不同时，会有一股小的同步流量，从高压端流向低压端，以帮助同步。不过，这种措施也会降低分流的准确度。

此外，还有一类阀，通过限制阀芯行程，不让通口完全关死，也可起到液压缸终点补偿的作用。

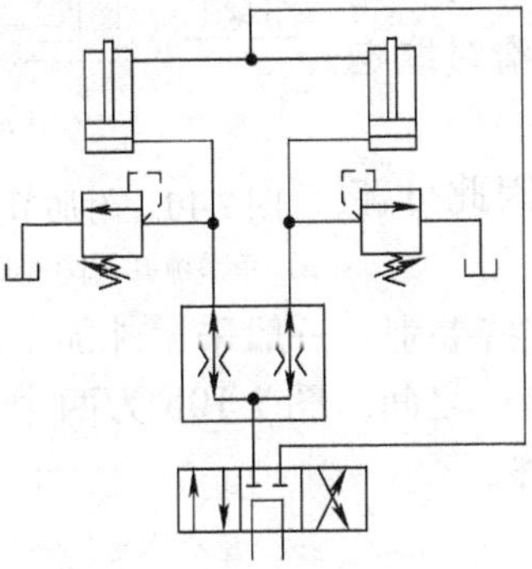

图7-6　用溢流阀实现液压缸终点同步

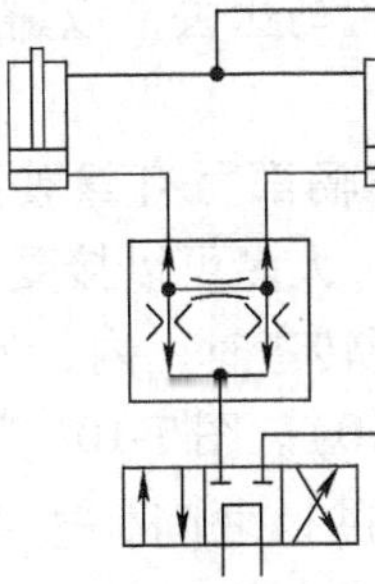

图7-7　用带液压缸终点补偿型的分流阀实现液压缸终点同步

2）如果液压缸之间刚性连接，那么走得快的液压缸就会拉动走得慢的液压缸，就可能产生气蚀。因此，除了加装溢流阀外，还应加装补油阀（见图7-8）。

其实，在有些情况下，也可以不装分流集流阀，直接并联液压缸（见图7-9），也能得到同步运动。前提是，负载会与速度自动匹配：运动快的液压缸将承受更大的负载力，这样就会自动放慢速度，保持均衡，例如液压机。

3）多数分流集流阀在中位时，两个出口之间会通过固定节流口和可变节流

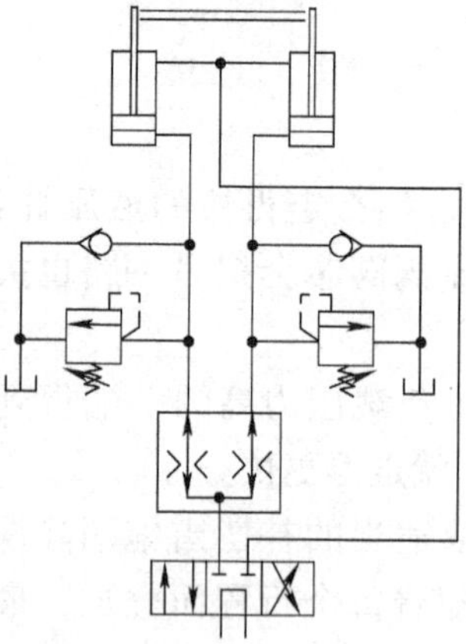

图 7-8　加装补油阀

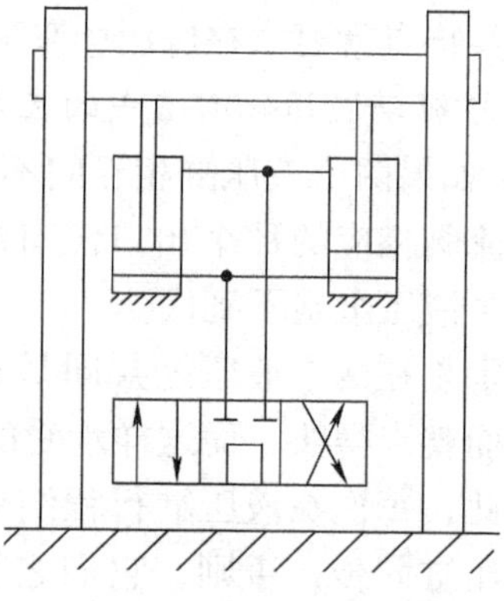

图 7-9　通过负载实现的自动同步

口相互连通。如果这会带来误动作的话，可以采用中位关闭型分流集流阀（见 7.3.2 节），以避免这种情况。

2. *在液压马达驱动回路中的应用*

虽然分流集流阀应用在液压马达驱动回路时，也可能出现与前述应用在液压缸中时类似的现象，但应用在液压马达驱动回路时，如用于驱动车辆，又有不同之处。

1）需要由分流阀把流量均匀地分配到两个与车轮分别相连的液压马达去，以避免在某一车轮打滑时取走了全部流量。

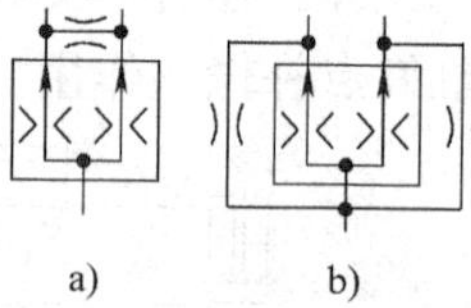

图 7-10　附加节流孔

a）单节流孔　b）双节流孔

2）由于车辆都另有驾驶系统控制方向，因此分流集流稍有偏差，大多可以接受。

3）在车辆转弯时，内、外轮的转速需要有些差别。一般采用外加节流孔的方法（见图 7-10）。图 7-10a 为一个节流孔在出口之间。图 7-10b 为两个节流孔分别在出口与进口之间，这样，可以减少压降。有的阀直接带此功能。

4）车辆下坡时，需要制动。原本驱动用的液压马达，实际上成了液压泵。集流阀和相应的节流阀就起出口节流作用（见图 7-11）。

如果由于地面不平，一些车轮腾空不转，相连接的泵不转，不输出液压油。集流阀就把其他端口也锁住。那负载就会集中到那些（个）接触地面还能转动的车轮所带动的液压泵上，使压力成倍增长。因此，在集流阀的进口要安装溢流阀。

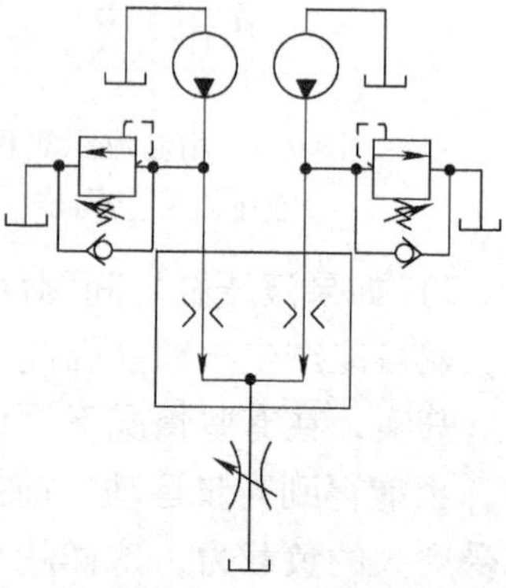

图 7-11　车辆下坡

也可考虑使用防马达锁住型分流集流阀。

5）如果马达相互之间经过与之相连的车轮和路面刚性连结，或直接通过刚性轴连接，在分流有误差时，就会引起气蚀。因此，在分流集流阀的出口要安装补油阀。

总之，应用分流集流阀必须进行全面的分析。考虑在各种条件下，整个系统的性能受到的影响，采取相应的措施。否则，安装分流集流阀所带来的问题可能比所解决的问题更多。

6）有的应用场合，分流集流阀不需要持续工作，可考虑采用一可旁路的分流集流回路（见图 7-12）。

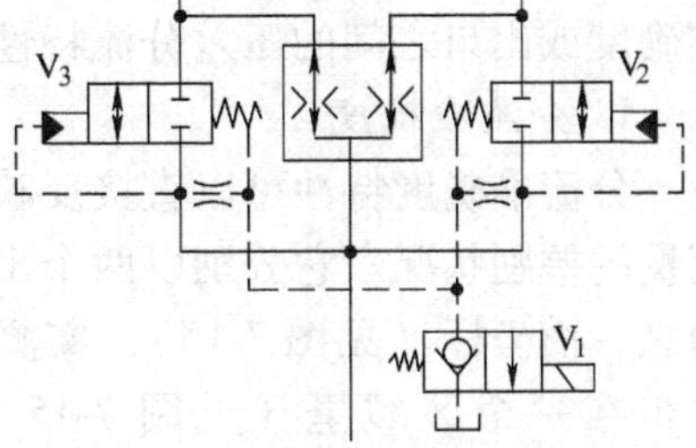

图 7-12　可旁路的分流集流回路

如果 V_1 失电，则 V_2、V_3 阀芯两端压力相同，旁路通道处于关闭状态，分流/集流阀起作用。

如果 V_1 得电，则 V_2、V_3 的弹簧腔卸荷，阀芯被切换到旁路通道开启状态，分流/集流阀不起作用。负载口等于直接并联，减少了通过分流/集流阀的压力损失。

使用这一回路，驾驶员或自动控制系统可以根据情况决定，是否需要分流集流。

3. 作辅助液压源

普通分流阀也可以用作辅助液压源，把一个液压源变成两个液压源，从而驱动两个执行器分别独立运动（见图 7-13）。

在这样的应用中，每一路单独的溢流阀是不可缺少的。否则，在某一个液压缸走到底，换向阀尚未切换时，导致分流阀的这个出口的流量无法通过，分流阀会把另一个出口也关闭。

分流阀也可以串联使用，从而把一个液压源变成 4 个液压源（见图 7-14）。

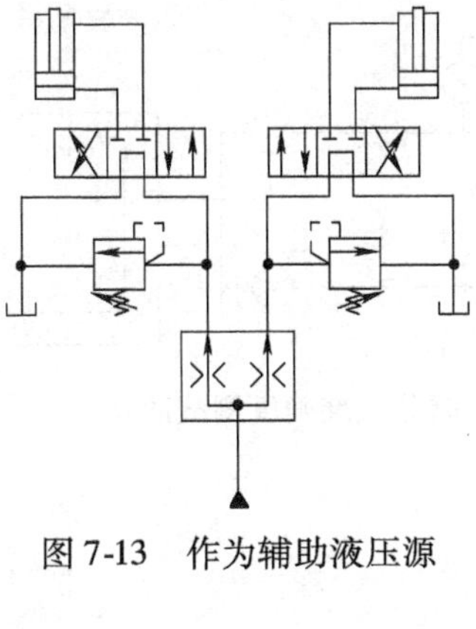

图 7-13　作为辅助液压源

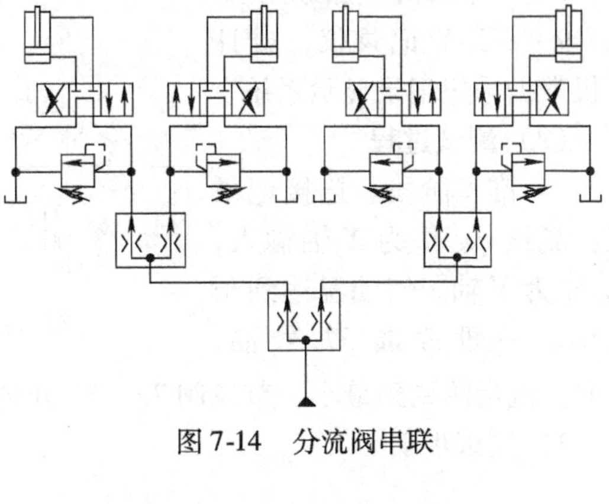

图 7-14　分流阀串联

只是压力损耗会相应叠加，分流误差也会增加，所以很少应用。

7.1.3 分流特性与测试

分流特性（集流模式时集流特性，下简略）可以用两种方式来表述：分流准确度或出口之间的压差分流特性。

1. 分流准确度

分流准确度特性可以直接反映两个出口流量的差别状况。它分别以两个出口的流量为纵、横坐标（见图7-15），实测工作点就散布在一个区域里（见图7-15中阴影区域）。这个区域不能简单地用某一个百分数（见图7-15中虚线）来概括。

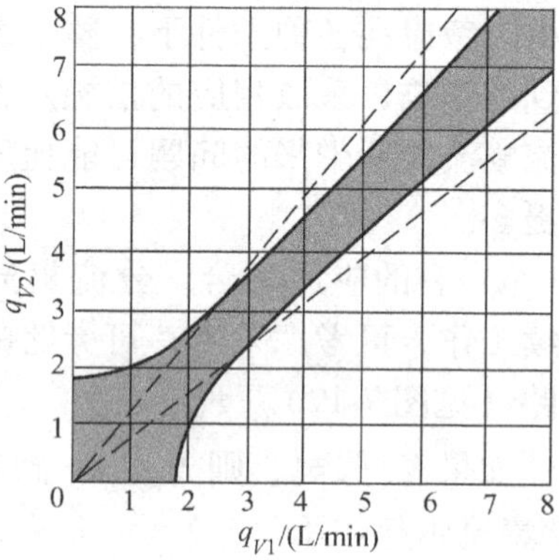

图7-15 某分流阀的分流准确度

为了得到较好的分流准确度，很多生产厂在产品样本中给出分流阀的最佳工作流量（范围）。其实，稍低于最佳工作流量范围也能工作，但分流误差会大些。

（1）测试回路 测试回路可以参照图7-16搭建。图中：

1——液压源。要求其流量在整个测试范围内平稳可调。必要的话，可在泵出口加装蓄能器。

2——系统溢流阀，仅作安全保护用。设定值不应超过被测阀的许用压力。

3——压力表，监控用。

4——温度计。

5——压力传感器（用于图7-18、图7-20）。

6——被测阀。

7——流量传感器。

8——节流阀，加载用。

9——X-Y记录仪，或计算机数据采集记录显示系统。

（2）测试过程

1）准备阶段。连接记录仪：流量 q_{V6a} 作为 X 轴输入，q_{V6b} 作为 Y 轴。使油温达到预定值。一般常选32号油，40℃。流量源调到最小。节流阀7a、7b开到最大。

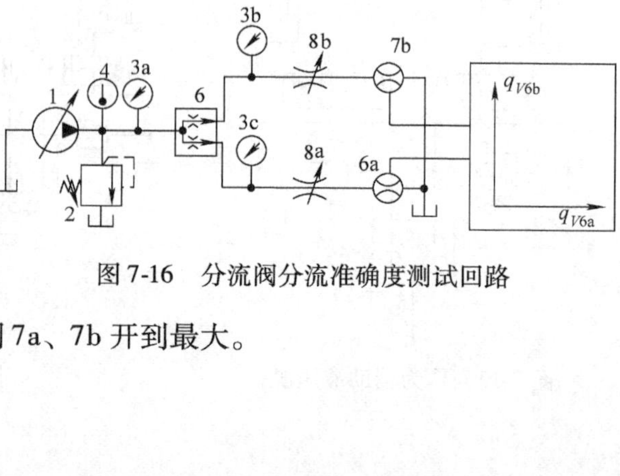

图7-16 分流阀分流准确度测试回路

2）测试步骤

① 开启液压源。开始记录。

② 液压源的输出流量从零缓慢增加到最大测试流量，再缓慢降低到零。

③ 关闭节流阀 7a，重复步骤②。

④ 关闭节流阀 7b，重复步骤②。

⑤ 松开节流阀 7a，重复步骤②。

⑥ 停止记录。

整个测量过程中要保持油温相对固定。

2. 出口之间的压差分流特性

分流阀出口之间的压差分流特性如图 7-17 所示。这里，压差指的是两个出口压力之间的差，可能正也可能负，两个出口的流量必须同时记录，才能完整地反映压差分流特性。从该曲线可以看出，当两个出口负载压力不同时，分流阀保持分流准确度的能力。

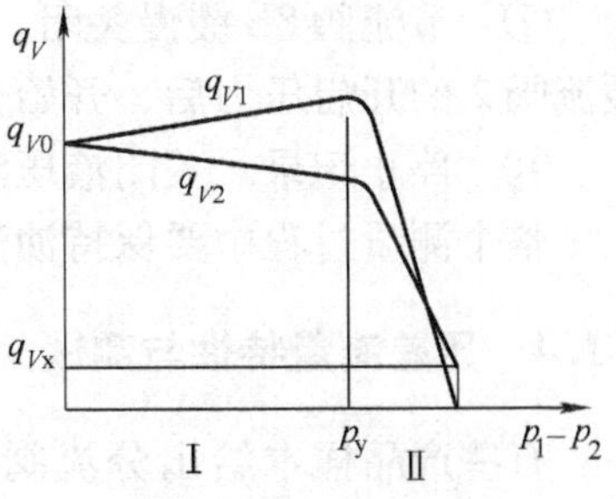

图 7-17　分流阀出口之间的压差分流特性示意图

图 7-17 中，区域Ⅰ是正常分流区。在出口间无压差时，两个输出流量基本相同（q_{V0}）。当压差增加时，输出流量之差也逐渐增大。区域Ⅱ，泵出口压力达到溢流阀的开启压力 p_y，泵输出的部分流量开始通过溢流阀流出。从分流阀出口流出的流量显著减少。直到某个出口的流量降低为零，分流阀阀芯关闭另一个出口。但由于是滑阀，还存在少量泄漏 q_{Vx}。

在液压缸终点补偿型，这个流量 q_{Vx} 被有意加大，以保证另一个液压缸也能达到终点。

（1）测试回路　测试回路可以参照图 7-18 搭建。图中，液压回路与图 7-16 完全相同，只是增加了两个压力传感器（5a 和 5b）和两个压力表（3d 和 3e）。

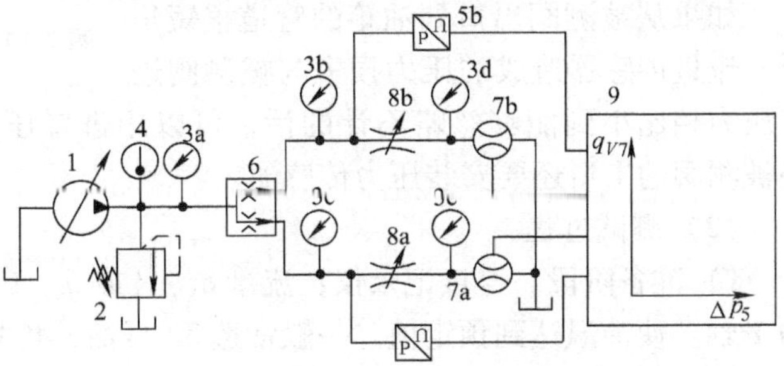

图 7-18　分流阀出口之间的压差分流特性测试回路

（2）测试过程

1）准备阶段。连接记录仪：流量 q_{V7a} 和 q_{V7b} 作为 Y 轴输入。使油温达到预定值。一般常选 32 号油，40℃。液压源的输出流量调到用户希望了解的被测阀的输入流量。节流阀 8a、8b 开到最大。

2）测试步骤

① 压差 $\Delta p_s = p_{5a} - p_{5b}$ 作为 X 轴。

② 开启液压源，开始记录。

③ 节流阀 8a 缓慢关闭。流量 q_{V7a} 和 q_{V7b} 最初变化不大，直到压力 p_{3a} 达到溢流阀 2 的开启压力后，开始显著降低，其中至少有一个会降到几乎为零。

④ 停止记录。关闭液压源。

⑤ 压差 $\Delta p_s = p_{5b} - p_{5a}$ 作为 X 轴。

⑥ 开启液压源，开始记录。

⑦ 节流阀 8b 缓慢关闭。流量 q_{V7a} 和 q_{V7b} 最初变化不大，直到压力 p_{3a} 达到溢流阀 2 的开启压力后，开始显著降低，其中至少有一个会降到几乎为零。

⑧ 停止记录。关闭液压源。

整个测量过程中要保持油温相对固定。

7.1.4 压差流量特性与测试

有些产品样本给出分流阀进出口之间的压差流量特性（见图 7-19）。这是指，在两边负载压力相同，出口开到最大时，通过一定的流量引起的压降。

要注意的是，某些阀由于内部结构的缘故，如果显著超过给出的最大工作压差，会导致阀芯损坏。

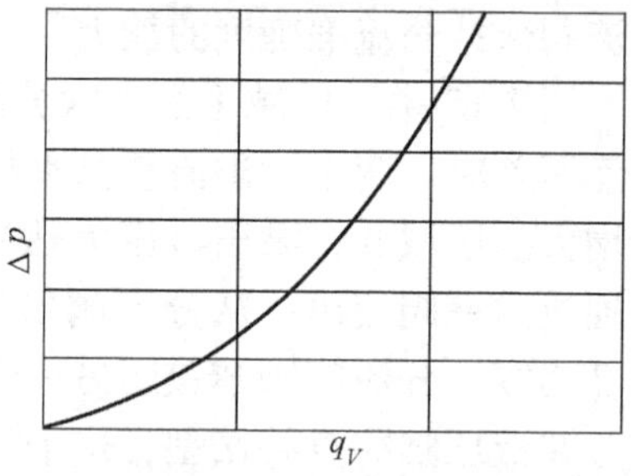

图 7-19 进出口之间的压差流量特性

（1）测试回路 测试回路可以参照图 7-20 搭建。图中液压部分比图 7-18 更简单，拆除了两个加载的节流阀（8a 和 8b）及两个压力表（3d 和 3e），其余相同。

如果从被测阀出口到油箱的管道很短很粗，流量传感器造成的压力损失与被测阀进口压力相比小到能够忽略不计的话，可以用进口压力代替进出口压差。否则，在被测阀的出口还要安装压力传感器。

（2）测试过程

1）准备阶段。连接记录仪：流量 q_{V7a}（或 q_{V7b}）作为 X 轴输入，压力 p_5 作为 Y 轴。使油温达到预定值。一般常选 32 号油，40℃。液压源调到最小。

2）测试步骤

① 开启液压源。

② 开始记录。液压源的输出流量从零缓慢增加到最大测试流量，再缓慢降低到零。停止记录。

整个测量过程中要保持油温相对固定。

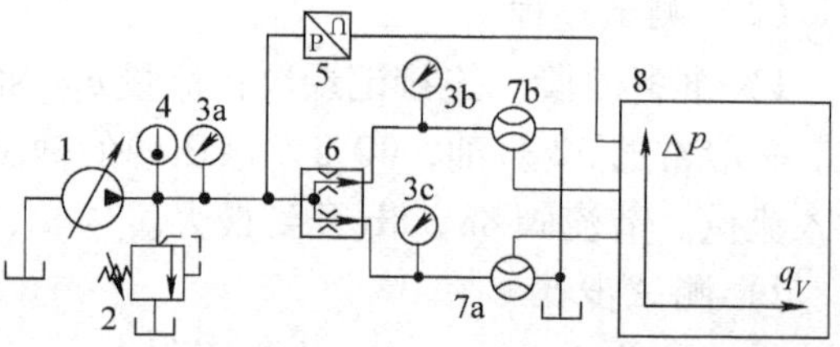

图 7-20 进出口之间的压差流量特性测试回路

7.2　分流阀

SUN 公司的 FSDD 型分流阀（见图 7-21 和图 7-22）：

许用压力：35MPa。

设计分流范围：12 ~ 60L/min。

压差：最小输入流量时，0.07MPa；最大输入流量时，1.8MPa。

分流准确度：最大输入流量时，±3.5%；最小输入流量时，±6.5%。

分流比例：除 50:50 外，还可选 40:60 或 33:67。

FSDD 型分流阀仅作分流阀用，不建议反向使用。

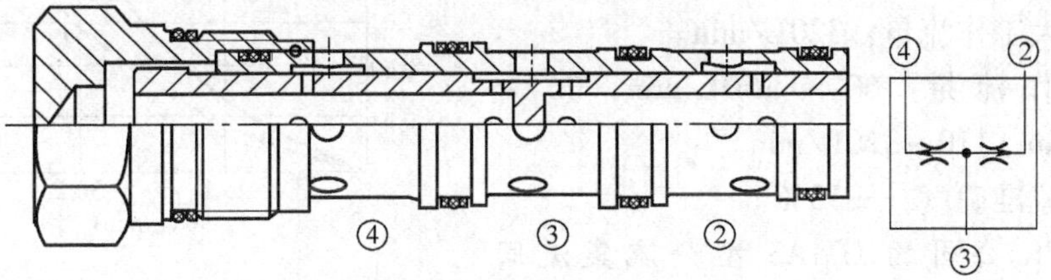

图 7-21　SUN 公司的 FSDD 型分流阀

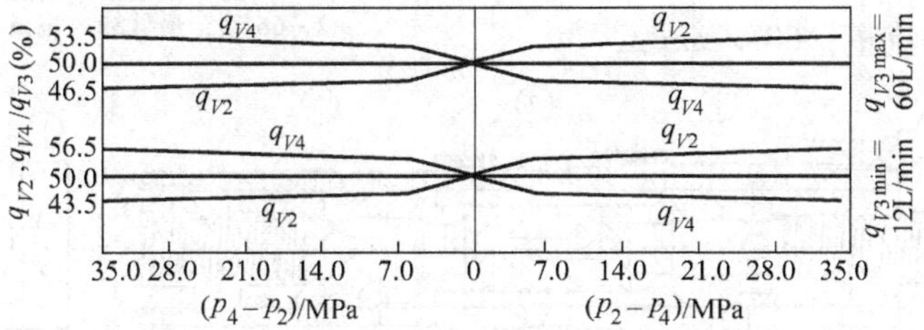

图 7-22　FSDD 型分流阀的压差分流特性

7.3　分流集流阀

7.3.1　普通型分流集流阀

1. HF 公司的 FD10-40 型分流集流阀（见图 7-23 和图 7-24）

许用压力：24MPa。

最大输入流量：45.4L/min。

最佳输入流量：7.6 ~ 45.4L/min，6 档。

分流集流准确度（最佳输入流量的 30% ~ 100% 时）：10%。

弹簧预紧压力：0.21MPa。

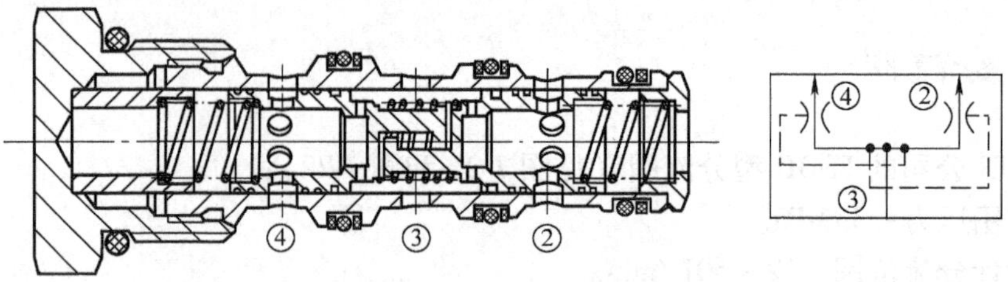

图 7-23 HF 公司的 FD10-40 型分流集流阀

2. PK 公司的 L1A300 型分流集流阀（见图 7-25 和图 7-26）

许用压力：35MPa。

最大工作流量：320L/min。

工作流量：60～150L/min，75～230L/min，110～320L/min。

分流准确度：±10%。

3. PK 公司的 L04A3 型分流集流阀（见图 7-27 和图 7-28）

许用压力：42MPa。

最大工作流量：60L/min。

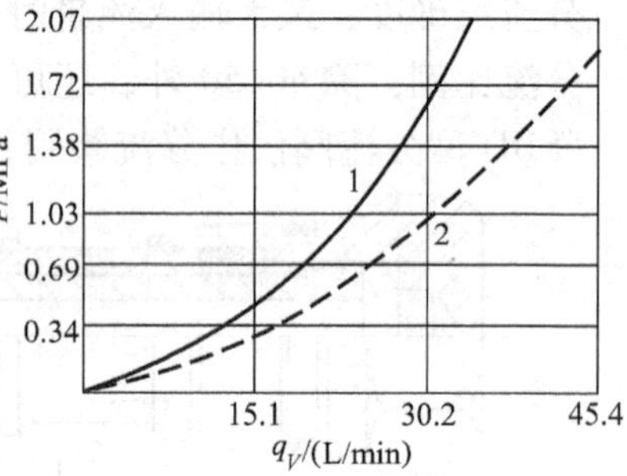

图 7-24 FD10-40 型分流集流阀的进出口压差流量特性

1—44 型，最佳输入流量 30.3L/min

2—66 型，最佳输入流量 45.4L/min

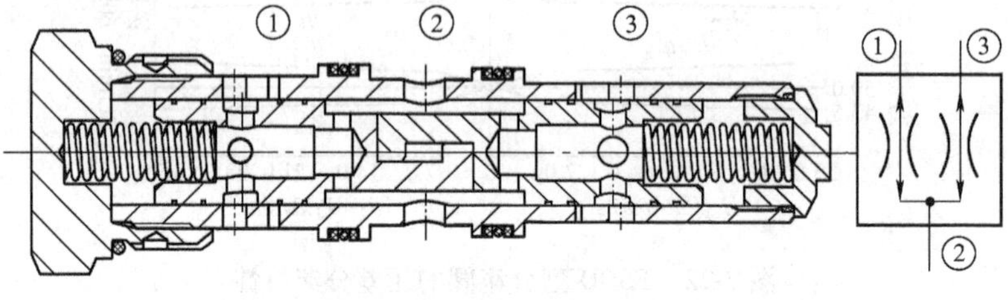

图 7-25 PK 公司的 L1A300 型分流集流阀

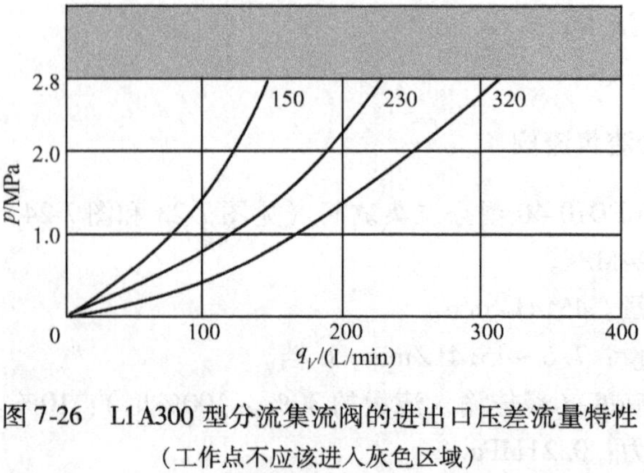

图 7-26 L1A300 型分流集流阀的进出口压差流量特性

（工作点不应该进入灰色区域）

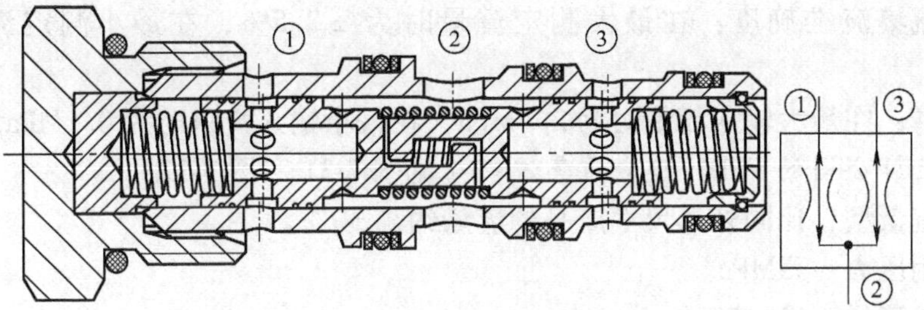

图7-27　PK公司的L04A3型分流集流阀

最佳工作流量：6～60L/min，6档。

分流准确度：±10%。

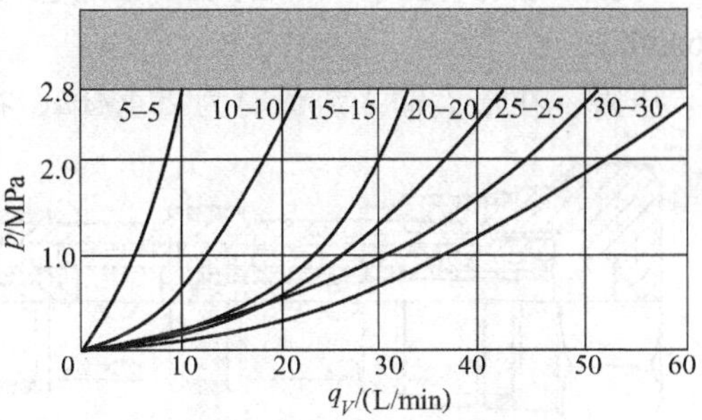

图7-28　L04A3型分流集流阀的进出口压差流量特性

（工作点不应该进入灰色区域）

7.3.2　中位闭型分流集流阀

1. SUN公司的FSDA型分流集流阀（见图7-29和图7-30）

此阀为中位闭型。如果通口③关闭，阀芯会借助弹簧自动对中，防止通口②与④之间的联通。

许用压力：35MPa。

名义流量：12～60L/min。

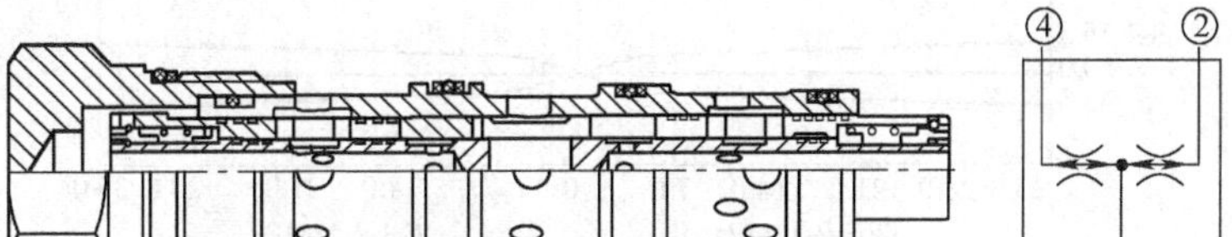

图7-29　SUN公司的FSDA型分流集流阀

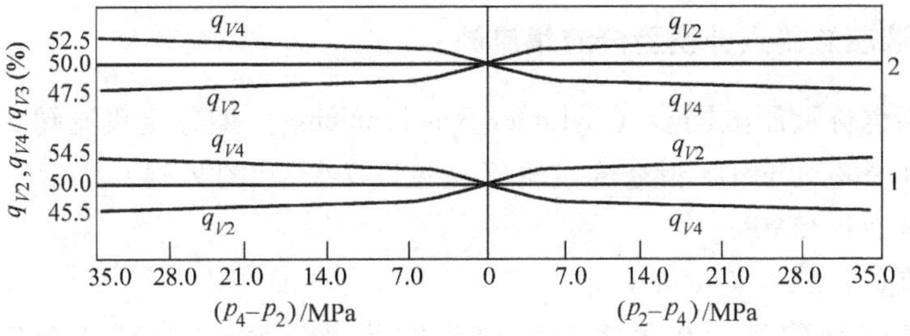

图7-30　FSDA型分流集流阀的出口之间的压差分流特性

1—最低输入流量12L/min　2—最高输入流量60L/min

分流集流准确度：在最大测定流量时为 ±2.5%，在最小测定流量时为 ±4.5%。

压降：在最大输入流量时为2.4MPa，在最小输入流量时为0.1MPa。

2. SUN公司的FSDH型分流集流阀（见图7-31和图7-32）

大流量型，比同外形尺寸产品的流量约高30%。

许用压力：35MPa。

名义流量：15～75L/min。

分流集流准确度：在最大测定流量时为 ±3.5%，在最小测定流量时为 ±6.5%。

压降：在最大输入流量时为2.4MPa，在最小输入流量时为0.1MPa。

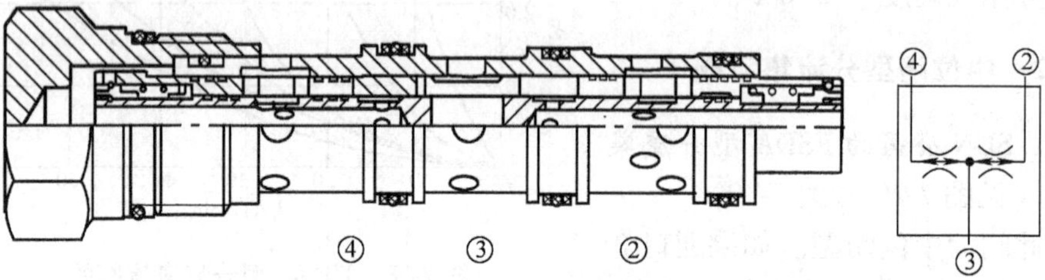

图7-31 SUN公司的FSDH型分流集流阀

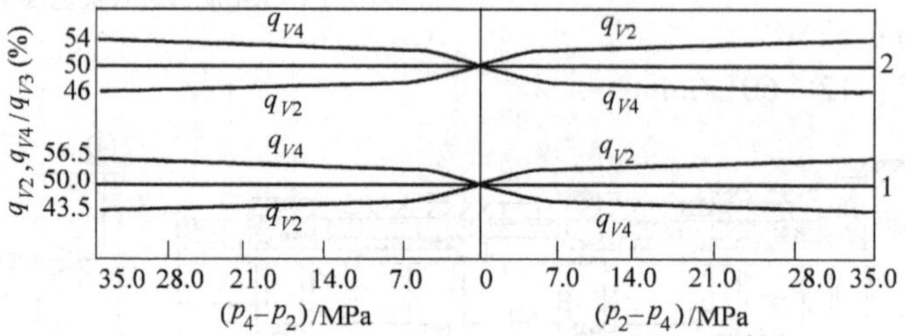

图7-32 FSDH型分流集流阀的出口之间的压差分流特性

1—最低输入流量15L/min 2—最高输入流量75L/min

7.3.3 带液压缸终点补偿型分流集流阀

这种阀也称液压缸同步（Cylinder Synchronizing）型分流集流阀。

1. SUN公司的FSDS型分流集流阀（见图7-33和图7-34）

许用压力：35MPa。

名义流量：12～60L/min。

分流集流准确度：在最大测定流量时为 ±2.5%，在最小测定流量时为 ±4.5%。

压降：在最大输入流量时为2.4MPa，在最小输入流量时为0.1MPa。

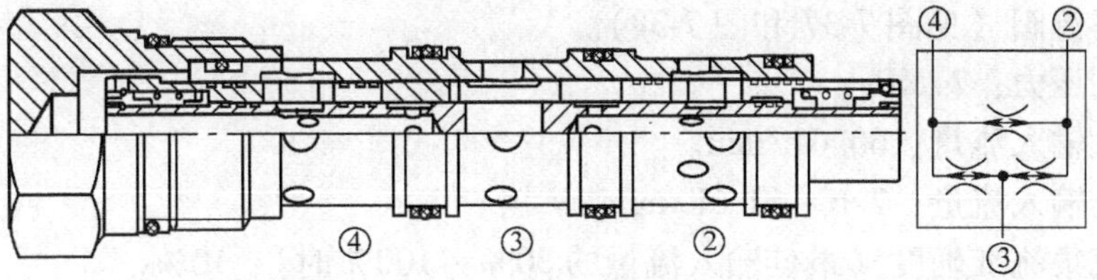

图 7-33　SUN 公司的 FSDS 型分流集流阀

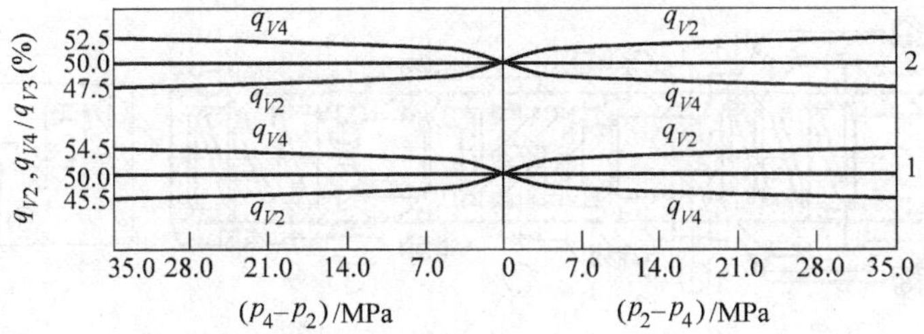

图 7-34　FSDS 型分流集流阀的出口之间的压差分流特性

1—最低输入流量 12L/min　2—最高输入流量 60L/min

同步流量（双向）：1.1～2.8L/min。

2. HF 公司的 FD10-41 型分流集流阀（见图 7-35 和图 7-36）

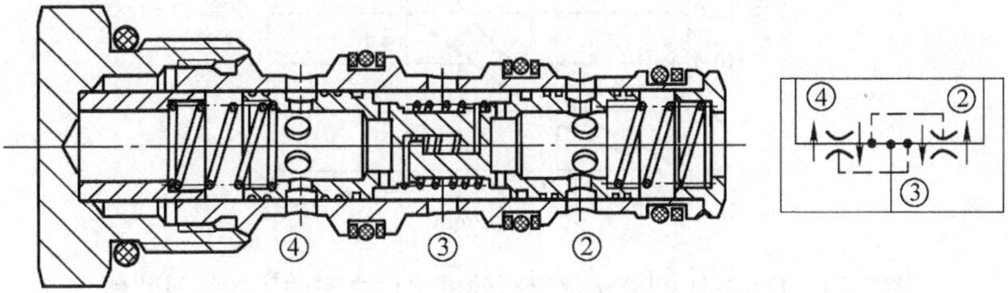

图 7-35　HF 公司的 FD10-41 型分流集流阀

许用压力：24MPa。

最大输入流量：45.4L/min。

最佳输入流量：7.6～45.4L/min，6 档。

分流集流准确度（最佳输入流量的 30%～100%时）：10%。

弹簧预紧压力：0.21MPa。

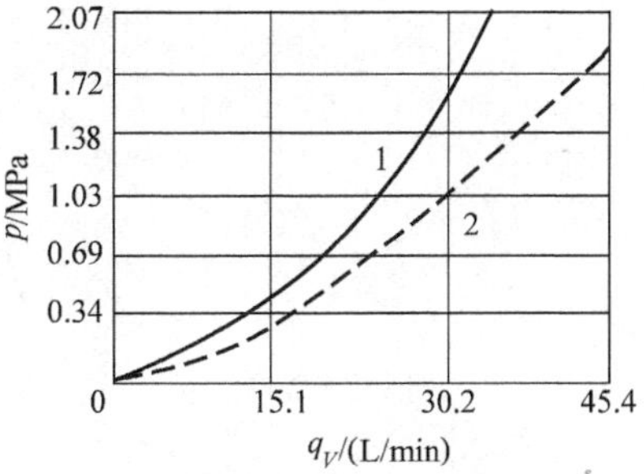

图 7-36　FD10-41 型分流集流阀的进出口之间的压差流量特性

1—44 型，输入流量 30.3L/min

2—66 型，输入流量 45.4L/min

7.3.4　防马达空转型分流集流阀

防马达空转功能（Anti-Stall）只有在集流模式时才起作用。HF 公司的 FD10-42

型分流集流阀（见图7-37和图7-38）。

许用压力：24MPa。

最大输入流量：60.6L/min。

最佳输入流量：7.6～60.6L/min，7档。

分流集流准确度（最佳输入流量的30%～100%时）：10%。

弹簧预紧压力：0.21MPa。

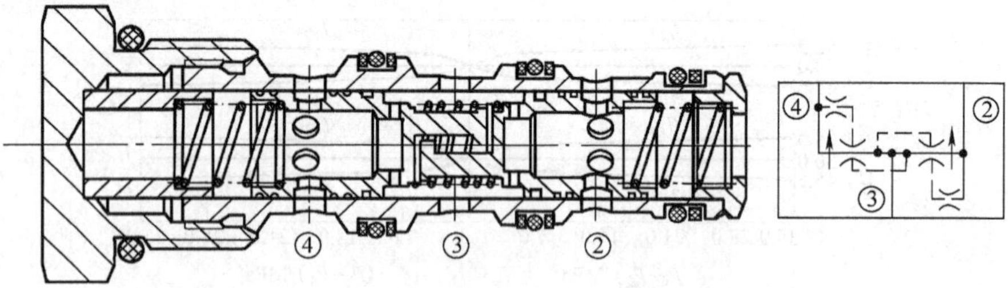

图7-37　HF公司的FD10-42型分流集流阀

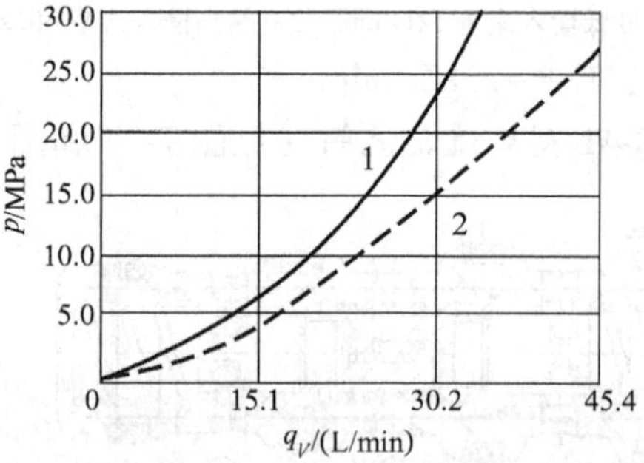

图7-38　FD10-41型分流集流阀的进出口之间的压差流量特性

1—44型，输入流量30.3L/min　2—66型，输入流量45.4L/min

第8章 单向阀和梭阀

单向阀（non-return valve，check valve），也称为止回阀，只允许液流从一个方向通过，从另一个方向的液流则被截止。

单向阀，从功能角度通常可分为普通单向阀（以下简称单向阀，图8-1a）和液控单向阀（pilot check valve，图8-1b）两大类。

单向阀是二端口阀。液控单向阀是三端口阀，附加的控制端口的压力可以控制主通道的通断。

本章还要介绍梭阀（shuttle valve，图8-1c）。它有至少两个入口、一个出口。根据入口压力的比较，选择其中一个入口与出口相通，同时关闭其他入口。

在闭式回路中被广泛用于排出热油的三位三通液控换向阀，也被称为热油阀，或三位梭阀。有的产品样本中，把它与梭阀归为一大类。本书中仍归入液控换向阀（第11章）。

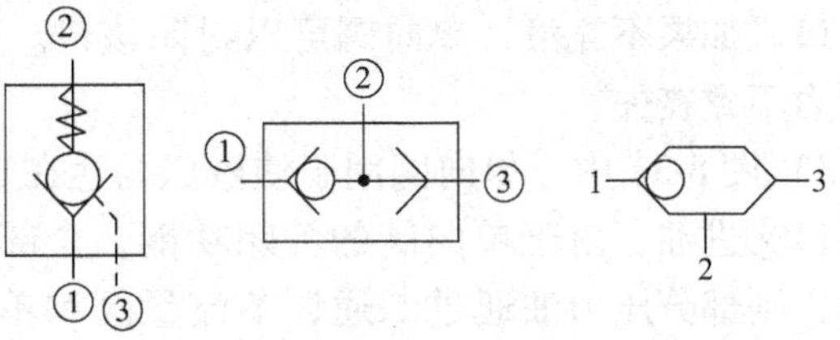

a)　b)　c)

图8-1　单向阀、液控单向阀与梭阀的图形符号
a）单向阀　b）液控单向阀　c）梭阀

在产品样本中，有的厂商把梭阀、热油阀、单向阀与换向阀归在一起，如HF；有的厂商把梭阀和单向阀都单列一类，如PK；有的厂商把梭阀、热油阀与换向阀归在一起，把单向阀、液控单向阀和单向节流阀单列一类，如ET；SUN公司2005年的产品样本中，把单向阀、单向节流阀与二通流量调节阀归在一起，把液控单向阀和梭阀归为特殊阀，在其2009年的产品样本中，把液控单向阀和单向阀归在一起列一章，梭阀（包含热油阀）单独列一章。

8.1　单向阀

8.1.1　概述

1. 功能、应用与类型

(1) 功能　单向阀一般都由阀体、弹簧和阀芯组成，不带弹簧的单向阀很少使用。根据 ISO 1219-1：2006（GB/T786.1—2009）建议，应画如图 8-2a，但一般单向阀的图形符号中，弹簧常被简略了（见图 8-2b）。

在通口①的压力高于通口②的压力加弹簧压力时，阀芯被推开，通道被开启，液流正向通过单向阀（①→②）。

在通口②的压力加弹簧压力高于通口①的压力时，阀芯被弹簧力和液压力压紧在阀座上，液流被截止。

（2）应用　单向阀在液压系统中用得非常多。这里几个例子。

1）图 8-3a 中，单向阀被用于保护热交换器，在热交换器堵塞时避免超压。同时，也可旁路热交换器：仅有一部分的液体通过热交换器。其流量取决于单向阀的开启压力，较少受总流量的影响。

2）图 8-3b 中，单向阀被用于蓄能器的保压。通口①是充液口。如果不充液，单向阀可以封闭该口。这样，蓄能器的压力不致丧失。

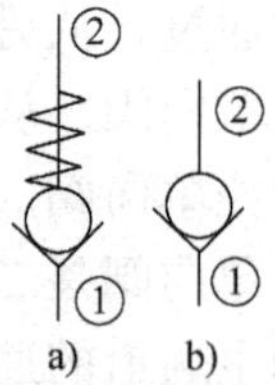

图 8-2　单向阀的图形符号
a）带弹簧
b）不带弹簧

3）图 8-3c 中，单向阀用于使液压马达在定量泵供油时，双向不同速度。如果通口②进油，由于单向阀的关闭功能，全部压力油都流向马达。如果通口①进油，则部分压力油通过二通调节流量阀和单向阀被旁路。液压马达这个方向的转速就会低些。

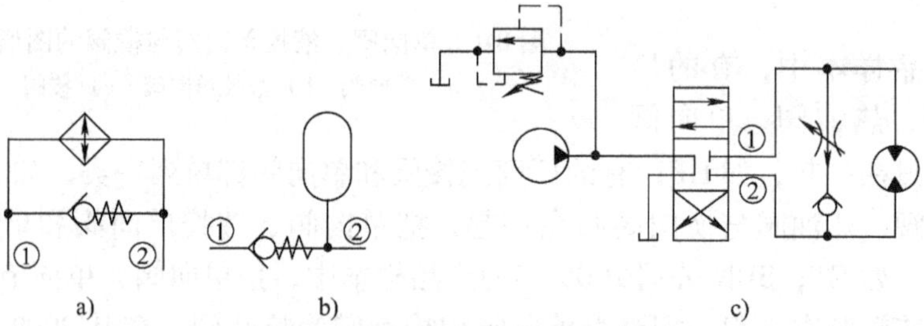

图 8-3　单向阀的应用

4）也有开启压力较高的单向阀被用作低压溢流阀。两者的结构和功能并无本质差别。

（3）类型　根据安装方式的不同，单向阀可分为旋入型（见 8.1.2 节）和埋入型（见 8.1.3 节）。

埋入型是安装在集成阀块里面的单向阀。它没有露在阀块之外的部分，完全进入阀块内部，仅利用自身的螺纹或靠其他元件，如管接头、卡环挡圈等固定。一般深度任意。

根据阀芯的不同，单向阀可分为球阀型、锥阀型和滑锥阀。

从结构角度来看，有从端面进流的，也有从侧面进流的。这有时可以简化集成块流道设计，减少压降。

除此之外，还有一些带附加功能的单向阀，如，带反向溢流阀型（见 8.1.4 节）。可用于行走机械固定平台支撑脚的液压缸——保压但不超压。

一般来说，一个优良的单向阀，应该具有正向通流阻力小，反向关闭迅速，密封可靠，寿命长等性能。

2. 流量压差特性与测试

在正向流通时，因为需要克服弹簧力和阀芯与阀体之间的摩擦力造成的压降，所以通流压降不可能小于开启压力。

为了获得较小的通流损失，弹簧应该尽可能长而软。这样，开启后，在流量增加、开口增大、弹簧被压缩时，弹簧力上升就不会太快。

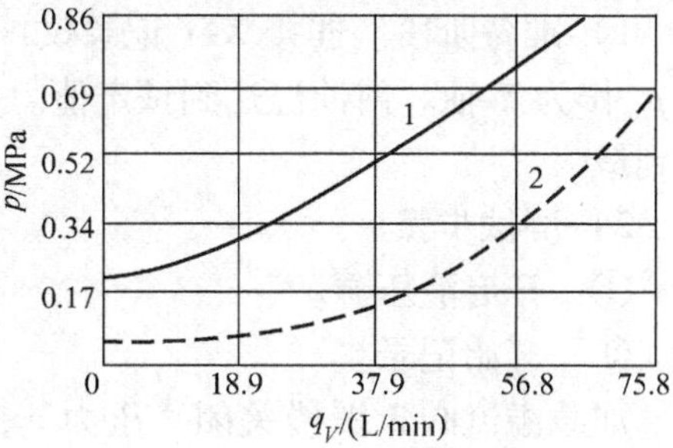

图 8-4　某单向阀的流量压差曲线
1—开启压力 0.21MPa　2—开启压力 0.034MPa

图 8-4 所示为一单向阀在开启压力分别为 0.034 MPa 与 0.21 MPa 时的流量压差曲线。

（1）测试回路　图 8-5 为 ISO6403 建议的测试回路。图中：

1—液压源。最大输出流量至少大于被测阀的名义流量。要求其流量在整个测试范围内平稳可调。

2—溢流阀。作加载阀用。

3—截止阀（不是必要的——作者）。

4—被测阀。

5—压力计或压力传感器。

5a 测进口压力。

5b 测出口压力。如果出口管道很短很粗，压力损失小到可以忽略不计，则

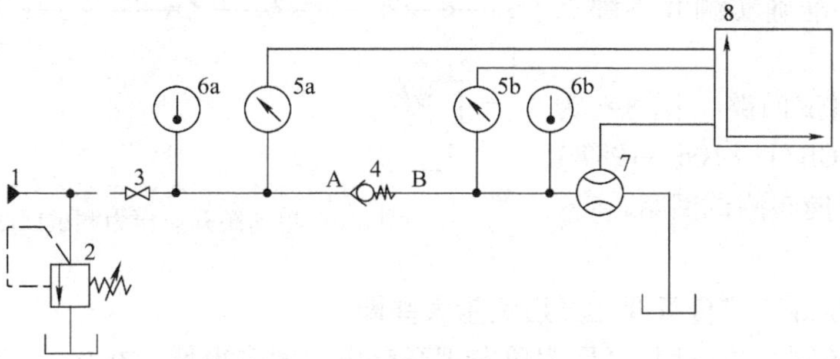

图 8-5　单向阀压差流量特性测试回路

也可不用，仅用一低量程的压力表来监控。

6—温度计（一个就可——作者）。

7—流量传感器。

8——X-Y 记录仪。

（2）测试过程

1）准备阶段。连接 X-Y 记录仪：流量 q_{V7} 作为 X 轴输入，压差 $p_{5a}-p_{5b}$ 或压力 p_{5a} 作为 Y 轴。使油温达到预定值。一般常选 32 号油，40℃。加载溢流阀 2 松开到最大。

2）测试步骤

① 开启液压源。

② 开始记录。

加载溢流阀 2 缓慢关闭。压力 p_{5a} 缓慢增加，流量 q_{V7} 随之增加，至最大流量。再缓慢开启加载溢流阀 2，降低压力到零。

停止记录。

3. *开启压力与测试*

开启压力（Cracking Pressure）系指正向，阀芯刚开启时进口腔的压力。一般在 0～2.5MPa 之间。

什么叫刚开启？HF 公司对其公司产品的开启压力有更具体的定义——当流量达到 16.4mL/min 时，进口处的压力值。

开启压力略高于弹簧预紧压力。

单向阀一般都带有弹簧。弹簧预紧力一般至少超过阀芯的重量。以保证，不管单向阀的安装方向怎样，阀芯都能复位。

有时选用较硬的弹簧，是为了保证阀芯迅速关闭，或达到更好的密闭性能，或保证一定的开启压力。

开启压力，理论上可以根据弹簧预紧力和有效作用面积计算出来，准确实测并不那么容易。

（1）测试回路　图 8-6 为 ISO6403（GB/T 8106—1987）所建议的单向阀测试回路。

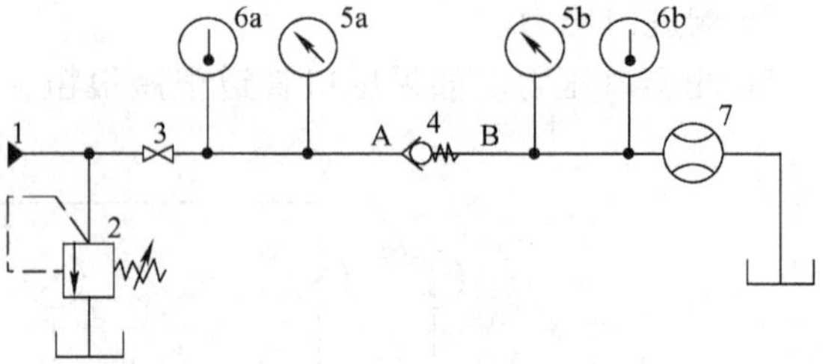

图 8-6　单向阀开启压力测试回路

图中：

1—液压源。流量只要比开启流量大些即可。

2—溢流阀，建压用。（因为单向阀开启压力大多很低，在 0～2.5MPa 范围。所以若没有可以工作在此范围的溢流阀，也可用一节流阀代替。——作者）。

3—截止阀（可以不用——作者）。

4—被测阀。

5—压力表。5b 可以不用。

6—温度计。6b 可以不用。

7—流量计。实际上，刚开启时，流量很小，用普通的流量计根本无法准确测定。如果没有适当的微流量计的话，也可以考虑采用量杯秒表来代替。

（2）测试过程

① 溢流阀（节流阀）2 全松开。开启泵 1。这时，被测阀出口应无液流。

② 缓慢关闭溢流阀（节流阀），至被测阀出口刚有一小液流，约 5 滴/秒。此时，压力表所显示，即为该阀的开启压力。

4. 内泄漏与测试

内泄漏——在反向密封时，通过阀芯与阀座之间的密封面的泄漏量。

对于单向阀而言，内泄漏一般应该是越小越好，最好是无泄漏。

内泄漏标准的单位为 mL/min。但因为量很少，所以产品样本上常表述为滴/分（drops/min）。1mL 矿物油大约 16～20 滴。

（1）直接测量法

1）测试回路。图 8-7 为 ISO6403 所建议的单向阀测试回路。

图中：

1—液压源。流量只要比最大泄漏量显著大即可。

2—系统溢流阀，建压用。

3—截止阀，不必要。

4—被测阀。

5—压力表。

6—温度计。

7—流量计。但鉴于泄漏流量通常都很小，用普通的流量计根本无法准确测定。如果没有适当的微流量计的话，可以考虑采用量杯秒表来代替流量计（见图 8-8）。

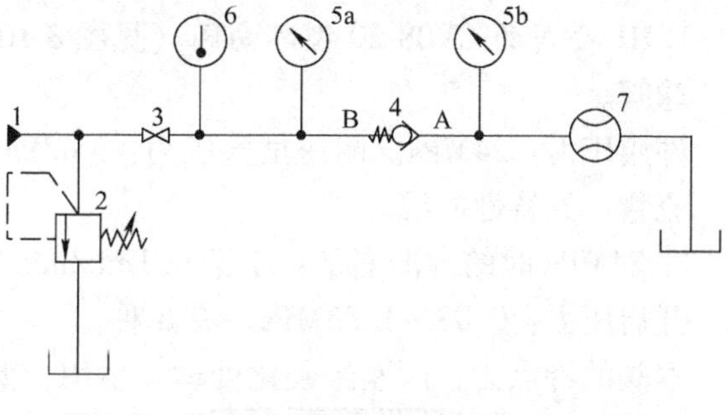

图 8-7　单向阀内泄漏测试回路（ISO6403）

2）测试过程

① 溢流阀 2 全松开。开启泵 1。调节溢流阀至测试压力。

② 等泄漏稳定后，使用量杯秒表测量一定时间内的泄漏量。

（2）气压检测法　优良的单向阀，几分钟都没有一滴泄漏，常常用量杯都嫌慢。所以，也有

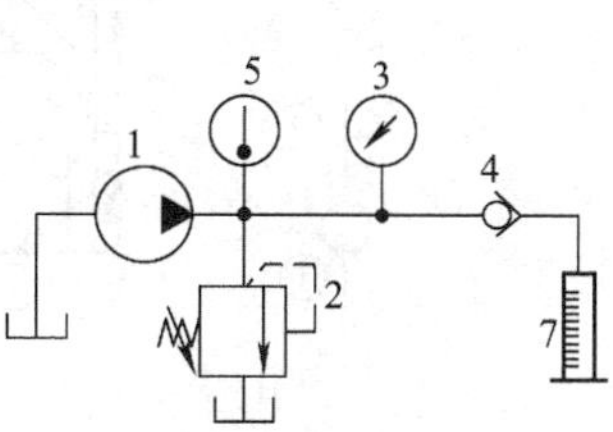

图 8-8　简化的单向阀内泄漏测试回路

采用压缩空气来检查的。可用作出厂检验。不适宜用于形式试验。

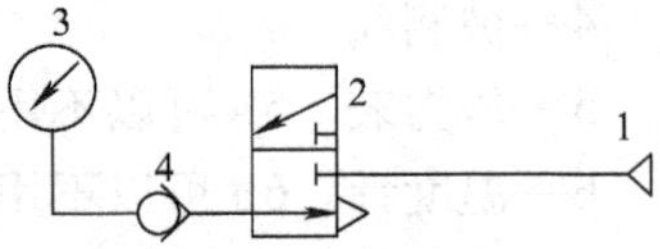

图 8-9 单向阀气压法内泄漏测试回路

1）测试回路（图 8-9）

1—气压源。

2—切换阀。可以手动也可电控。

3—压力表，监控用。

4—被测阀。

2）测试过程

① 切换阀 2，充气。

② 切换阀 2，使单向阀出口通大气。若几秒钟（根据直接测量法获得的经验）内，压力表的指数没有下降，就认为密封性能过关了。

气源的压力一般为 0.6～0.8MPa，比起液压来说，低得多。但对座阀而言，高压时，由于阀芯被紧紧地压在阀座上，内泄漏往往比低压时少。所以在较低的气压下不泄漏的阀，在高压时，一般表现都还可以。

5. 其他性能

单向阀选用时还要注意许用压力。

8.1.2 旋入型单向阀

1. HF 公司的 CV08-20 型单向阀（见图 8-10）

球阀。

许用压力：24MPa。耐压试验压力：35MPa。

流量：见特性曲线。

在 24MPa 时的内泄漏量：小于 0.1mL/min。

开启压力：0.03～1.83MPa，有 8 种。

本阀的特点为，阀座经硬化处理，耐用，低泄漏。阀芯带导向。

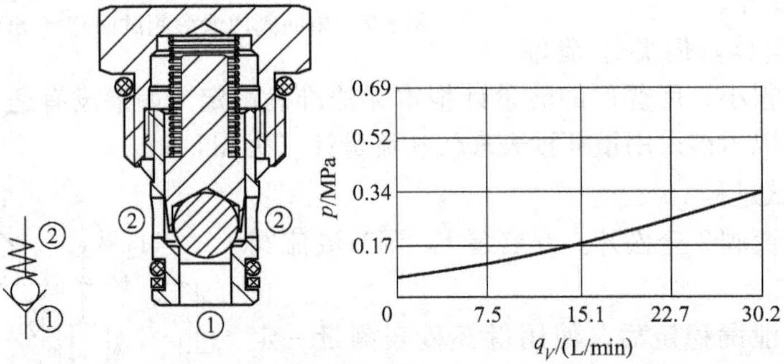

a) b) c)

图 8-10 HF 公司的 CV08-20 型单向阀

a）图形符号 b）剖面图 c）压差流量特性，开启压力 0.07MPa

一些端面入流的单向球阀见表 8-1。

表 8-1　一些端面入流的单向球阀

生产商	型号	许用压力 /MPa	名义流量 /（L/min）	内泄漏量 /（mL/min）	开启压力 /MPa
HF	CV10-20	24	见性能曲线	<0.1	0.034
ST	D0WB2	42	3.5	<0.15	0.03
	D02B2		45		0.02
	D04B2		90		
ih	3CA20	35	40	<0.2	0.05，0.15 0.35，0.7
	3CA80		80		
	3CA80D	14			

2. SUN 公司的 CXHA 型单向阀（见图 8-11）

端面进流型。滑锥阀。

许用压力：35MPa。

名义流量：320L/min。

内泄漏：小于 0.07mL/min。

开启压力：从 0.03～0.7MPa，6 档。

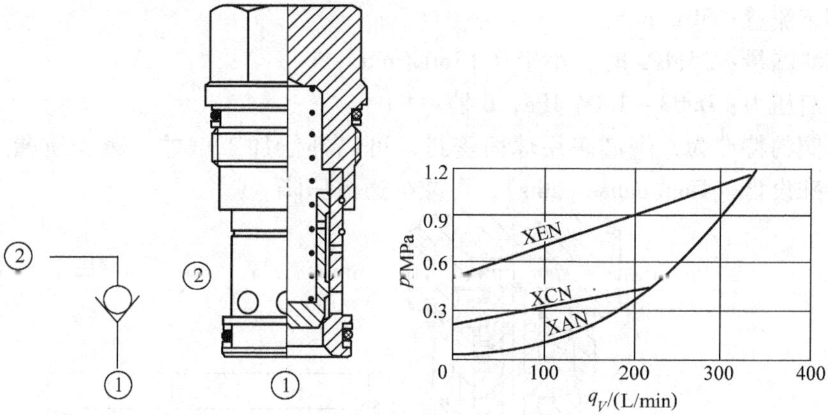

a)　b)　c)

图 8-11　SUN 公司的 CXHA 型单向阀

a）图形符号　b）剖面图　c）压差流量特性

XAN—开启压力 0.03MPa　XCN—开启压力 0.2MPa　XEN—开启压力 0.5MPa

3. HF 公司的 CV50-20 型单向阀（见图 8-12）

端面进流型。

许用压力：34.5MPa。

流量：见图 8-12c。

内泄漏量：小于 0.1mL/min。

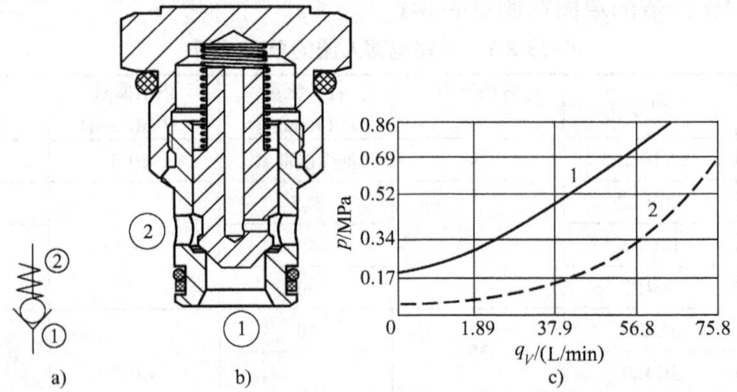

图 8-12 HF 公司的 CV50-20 型单向阀

a）图形符号 b）剖面图 c）压差流量特性

1—开启压力 0.034MPa 2—开启压力 0.21MPa

开启压力：0.034～2.04MPa，6 档。

4. PK 公司的 CVH081P 型单向阀（见图 8-13）

端面入流型。

许用压力：35MPa。

测定流量：38L/min。

内泄漏量：35MPa 时，小于 0.13mL/min。

开启压力：0.03～1.04MPa，6 档。

本阀的特点为，阀芯采用球面密封，可以补偿加工偏差，减少泄漏。流道采用特殊设计（Dual sense paths），可减少通流压降。

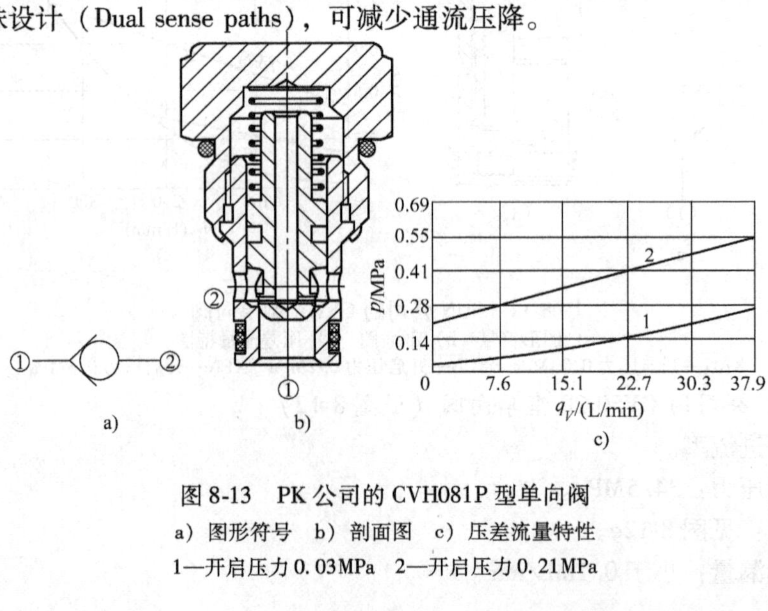

图 8-13 PK 公司的 CVH081P 型单向阀

a）图形符号 b）剖面图 c）压差流量特性

1—开启压力 0.03MPa 2—开启压力 0.21MPa

一些端面入流的单向滑锥阀见表 8-2。

表 8-2　一些端面入流的单向润锥阀

生产商	型号	许用压力 /MPa	名义流量 /（L/min）	内泄漏量 /（mL/min）	开启压力 /MPa
HF	CV12-20	24	—	<0.25	0.035，0.17，0.41
	CV16-20				
	CV42-M20				
	CV50-20	34.5		<0.1	0.034，0.1，0.21，0.48
ST	D06B2P	42	280	<0.15	0.01
	D06B2H	25	330		
ih	3CA50	35	50	<0.2	0.02，0.15，0.3
	3CA200	14	200		
SUN	CXDA	35	80	<0.05	0.2
	CXFA		160		
	CXHA		320		
	CXJA		640		

5. HF 公司的 CV10-23 型单向阀（见图 8-14）

侧面入流型。反锥阀。

许用压力：24MPa。耐压试验压力：42MPa。

流量：见图 8-14c。

内泄漏：小于 0.25mL/min。

开启压力：0.034～0.38MPa，3 档。

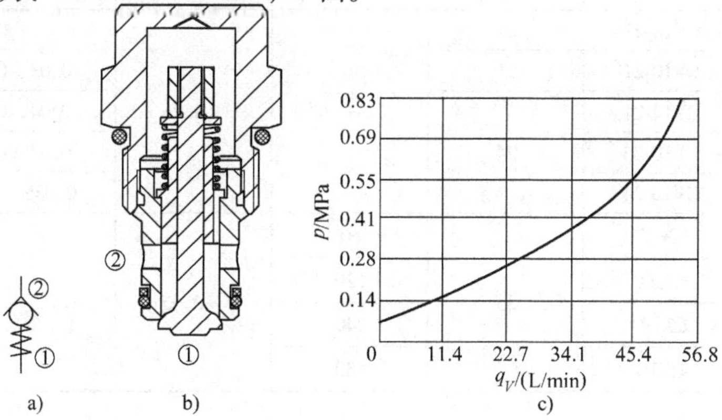

图 8-14　HF 公司的 CV10-23 型单向阀

a）图形符号　b）剖面图　c）压差流量特性，开启压力 0.027MPa

本阀的特点为，阀芯质量小，适合用作补油阀。阀座经硬化处理。

6. PK 公司的 D06C2 型单向阀（见图 8-15）

侧面入流型。

许用压力：42MPa。

名义流量（压差 0.7MPa）：300L/min。

测定流量：500L/min。

内泄漏：小于 0.15mL/min。

开启压力：0.25～1MPa，4 档。

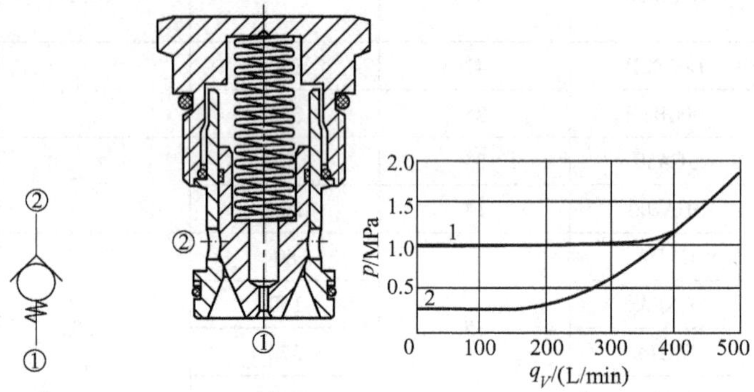

a) b) c)

图 8-15 PK 公司的 D06C2 型单向阀
a）图形符号 b）剖面图 c）压差流量特性
1—开启压力 1MPa 2—开启压力 0.25MPa

一些功能结构类似的产品见表 8-3。

表 8-3 侧面入流型单向阀

生产商	型号	许用压力 /MPa	名义流量 /（L/min）	内泄漏量 /（mL/min）	开启压力 /MPa
HF	CV08-21	24	—	<0.25	0.21
	CV10-21	21			0.03，0.17，0.38
	CV12-21	24			0.04，0.18，0.38
	CV10-23				0.03，0.17，0.38
	CV10-24				0.035，0.17，0.38
SUN	CXCD	35	60	<0.05	0.2
	CXED		120		
	CXGD		240		
	CXID		480		

8.1.3 埋入型单向阀

埋入型单向阀全部进入集成块内部，靠自身的螺纹或其他元件压紧定位。

这样，不占用集成块的表面积，使集成块可以做得更紧凑。

1. PK 公司的 D1A060 型单向阀（见图 8-16）

许用压力：42MPa。

名义流量：压差 0.7MPa 时，90L/min。

内泄漏：小于 0.15mL/min。

开启压力：0.02～1MPa，7 种。

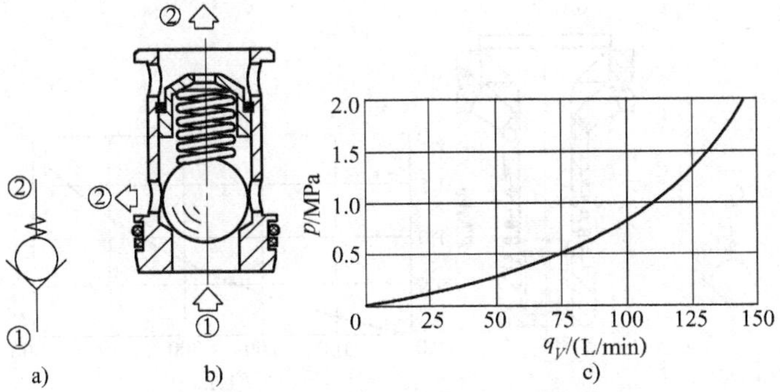

图 8-16　PK 公司的 D1A060 型单向阀

a）图形符号　b）剖面图　c）压差流量特性，开启压力 0.02MPa

2. HF 公司的 CV04-B20 型单向阀（见图 8-17）

许用压力：24.1MPa。

流量：见图 8-17c。

内泄漏：在 20.7MPa 时，小于 0.1mL/min。

开启压力：0.034MPa。

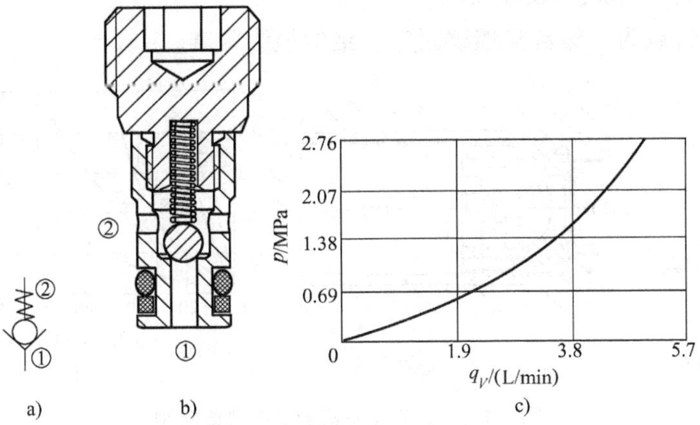

图 8-17　HF 公司的 CV04-B20 型单向阀

a）图形符号　b）剖面图　c）压差流量特性，开启压力 0.03MPa

3. PK 公司的 D1B125 型单向阀（见图 8-18）

锥阀。

许用压力：42MPa。

测定流量：500L/min。

名义流量（压差0.7MPa）：300L/min。

内泄漏：小于0.15mL/min。

开启压力：从0~0.5MPa，7档。

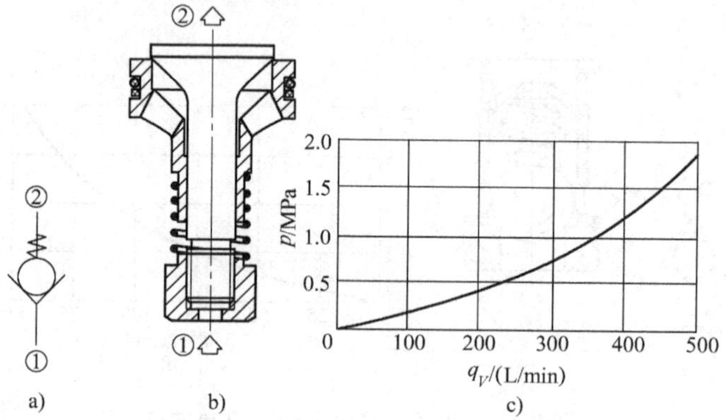

图8-18 PK公司的D1B125型单向阀

a）图形符号 b）剖面图 c）压差流量特性

4. HW公司的RK型单向阀（见图8-19）

该类型阀有RK0到RK4共5个规格。

许用压力：50~70MPa。

名义流量：10~120L/min。

开启压力：0.005~0.01MPa。

本阀的特点为，靠自身螺纹固定。结构最为紧凑。

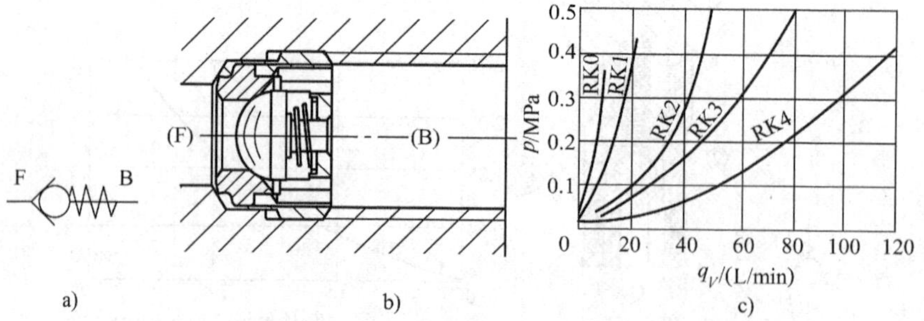

图8-19 HAWE公司的RK型单向阀

a）图形符号 b）剖面图 c）压差流量特性

特别要注意的是，在加工安装孔（见图8-20）时，完整螺纹末端到固定台阶的距离x，必须小于等于产品样本上规定的值。否则，阀不能旋到底，在压力冲击下，会分成两半。

HW 公司还提供 RB 型通流方向相反的单向阀（见图 8-21）。

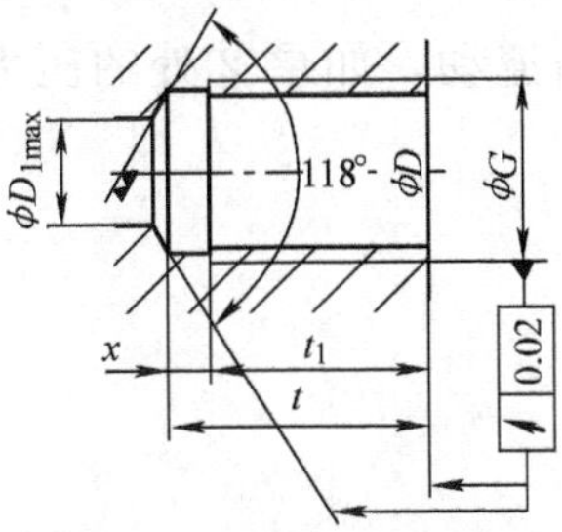

图 8-20　HW 公司埋入型单向阀的安装孔

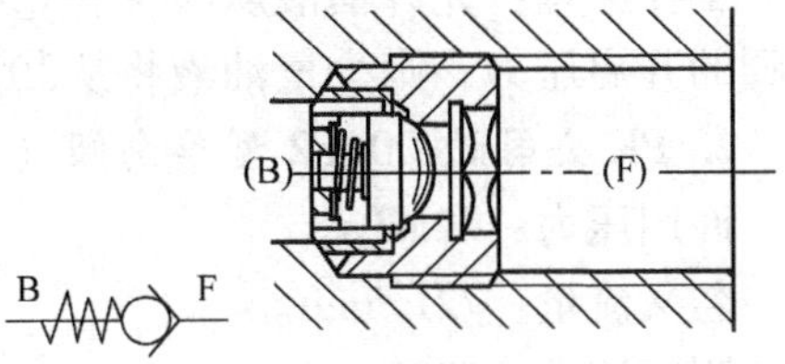

图 8-21　HAWE 公司的 RB 型单向阀

8.1.4　带反向溢流型单向阀

一些单向阀带有反向溢流功能，专门用来避免在密闭容积（液压缸）中由于热膨胀、振动等因素引起的超压。这个附加的溢流阀可通过的流量不大，因此不适宜用于限制持续性的超压。

1. HF 公司的 CV10-28 型单向阀（见图 8-22）

耐压试验压力：39MPa。

溢流阀开启压力：(34.8 ±3.8) MPa。溢流阀复位压力：27.6MPa。

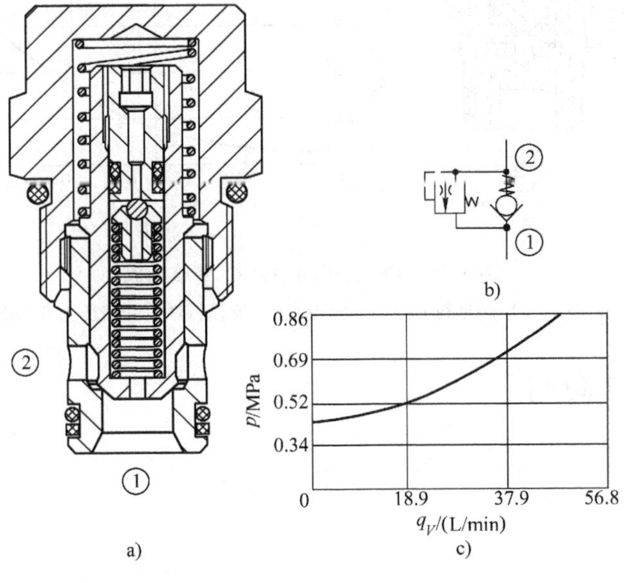

图 8-22　HF 公司的 CV10-28 型单向阀

a) 剖面图　b) 图形符号　c) 单向阀压差流量特性，开启压力 0.45MPa

流量：见曲线。

内泄漏量：小于0.25mL/min。

单向阀开启压力：0.45MPa。

工作原理：允许油液从①流向②，阻止反向流动。如果②处的压力超过溢流阀的开启压力，则少量油液将从②流向①。

2. PK公司的D04F2型单向阀（见图8-23）

许用压力：42MPa。

名义流量：72L/min。

测定流量：130L/min。

内泄漏：小于0.15mL/min。

开启压力：0.25MPa或0.7MPa。

溢流阀开启压力：3.5MPa、24.5MPa或27.6MPa。

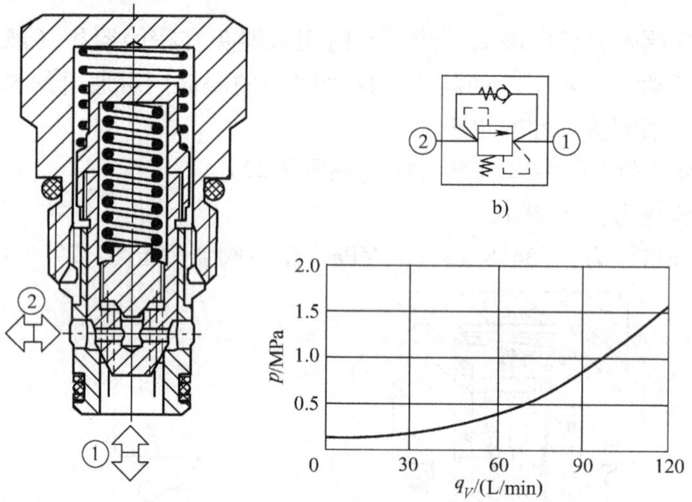

图8-23 PK公司的D04F2型单向阀

a）剖面图 b）图形符号 c）单向阀压差流量特性，开启压力0.25MPa

8.2 液控单向阀

8.2.1 概述

1. 功能

液控单向阀（pilot check valve）允许液流向一个方向流动，反向流动则取决于控制口的压力。

图 8-24 为液控单向阀的结构示意图。

若控制油口③没有压力，它的工作原理与单向阀完全相同：当通口②的压力高于通口①的压力加弹簧预紧压力，推动阀芯 B 向上，通道②→①通。如果通口②的压力低于通口①的压力加弹簧预紧压力，阀芯 B 向下，关闭通道①→②。

当控制油口③的压力足够高，可以通过控制活塞 A 将单向阀芯 B 顶开，则可实现反向流通①→②。

通常，控制口③的压力对控制活塞 A 的有效作用面积 A1 大于通口①的压力对单向阀芯的有效作用面积 A2，因此，为开启通道所需的控制压力小于通口①的压力。

这两个有效作用面积之比 A1/A2 被称作控制比（Pilot Ratio）。

通道刚开启时，通口①的压力与控制压力之比近似等于控制比，前提是通口②的压力几乎为零，弹簧预紧压力也很小，可以忽略不计。

因为控制活塞的背腔一般都与通口②相连，所以通口②的压力会增加控制压力。

2. 类型

液控单向阀有以下一些类型：

1）液控开型（pilot to open，图 8-25a，见 8.2.2 节）。

2）双液控开型（图 8-25b，见 8.2.3 节）。

3）液控关型（pilot to close，图 8-25c，见 8.2.4 节），通过液压控制来实现关闭。

4）液控开关型（图 8-25d，见 8.2.5 节），通过液压控制来实现开启和关闭。

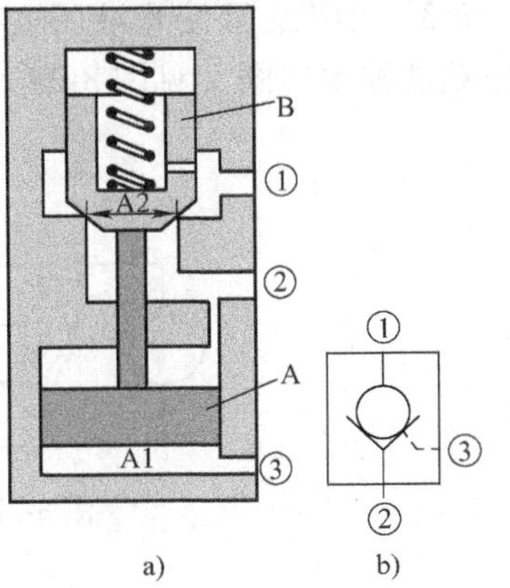

图 8-24　液控单向阀

a）结构示意图（BR）　b）图形符号

A—控制活塞　B—单向阀芯

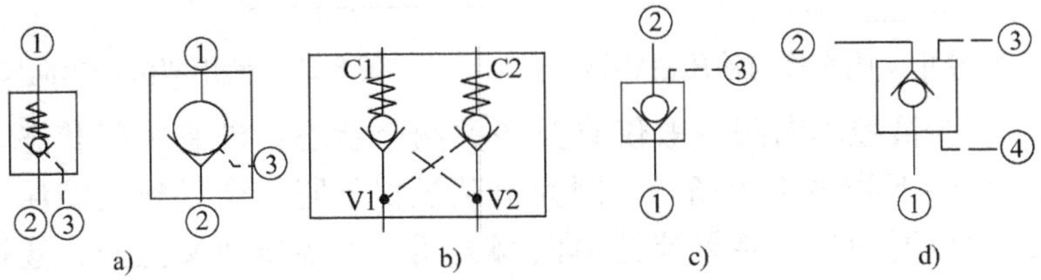

图 8-25　液控单向阀的图形符号

a）液控开型　b）双液控开型　c）液控关型　d）液控开关型

液控单向阀中，有一类活塞外置型（见 8.2.2 节 5. 和 8.2.3 节 2.）：液控活塞不是在阀体内，而是直接在阀块中移动。这在螺纹插装阀中，是少见的例外。因此，这部分阀孔的加工表面粗糙度也要很好地处理。否则，液控活塞上的密封圈会很快磨损。这种液控单向阀配合单向阀使用，价格较低。

3. 应用

1）液控单向阀可以被用来保持一个负载不下沉（见图 8-26）。因此，有的公司把液控单向阀和负载保持阀（平衡阀）归为一类。例如 SUN。

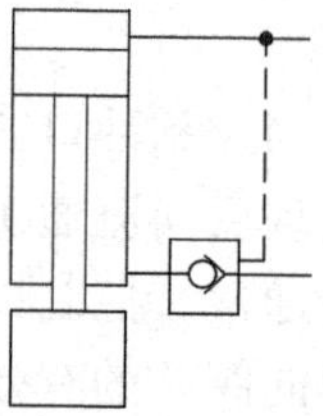

图 8-26　使用液控单向阀防止负载下沉

图 8-27 为一使用液控单向阀的完整回路。当不希望液压缸移动时，即换向阀中位时，控制压力端 P 应通油箱，完全卸荷，以保证液控单向阀可靠地关闭。

2）为了简化连接管道，提高管道破裂时的安全性，在这种应用中，液控单向阀常被装在图 8-28 所示的阀块中，直接固定在液压缸出口，甚至直接装入液压缸出口接头里。

3）如果，要防止液压缸在换向阀中位受到双向外力作用而移动时，可以使用双液控单向阀（见图 8-29）。

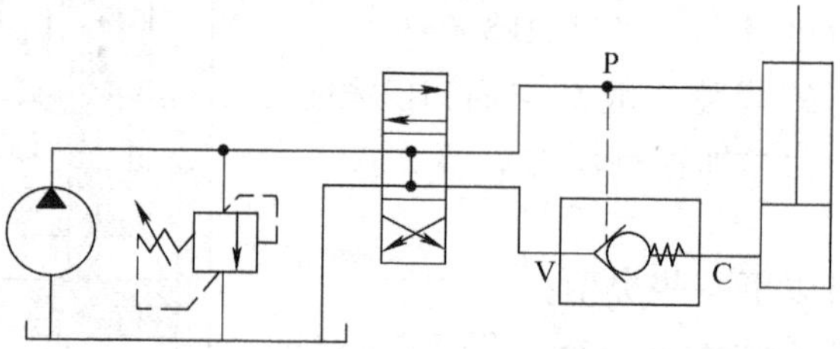

图 8-27　使用液控单向阀的完整回路

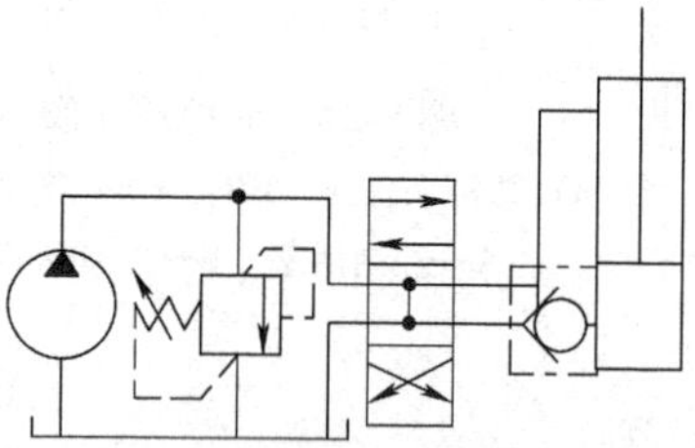

图 8-28　液控单向阀直接与液压缸相连

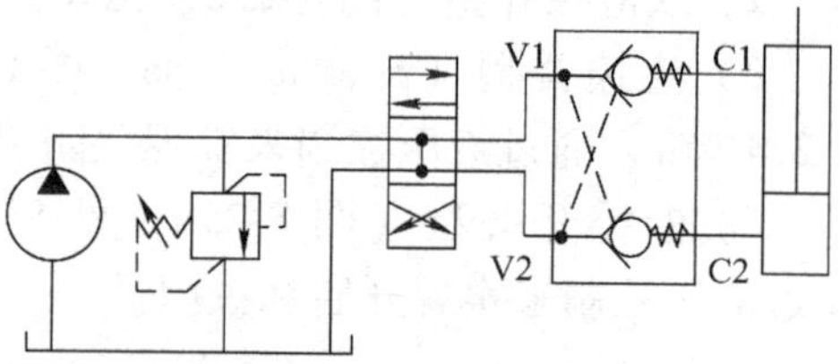

图 8-29　使用双液控单向阀

注意，因为液控单向阀一般仅有开和关两个状态，没有中间状态。因此不宜用于负载可能下降过快的场合。因为负载过快下降，会导致上腔压力，也即控制压力减少以至消失，结果液控单向阀关闭。上腔压力又上升，液控单向阀再度开启。周而复始，发生振荡冲击。

4）液控单向阀不可分别用于成组的液压缸，如图 8-30a 所示。因为这时，负载低的液压缸出口处的单向阀会先开启，导致全部负载集中到另一个液压缸上，加大了相应单向阀的开启压力。如果采用图 8-30b 所示的回路就不会有这样的问题。

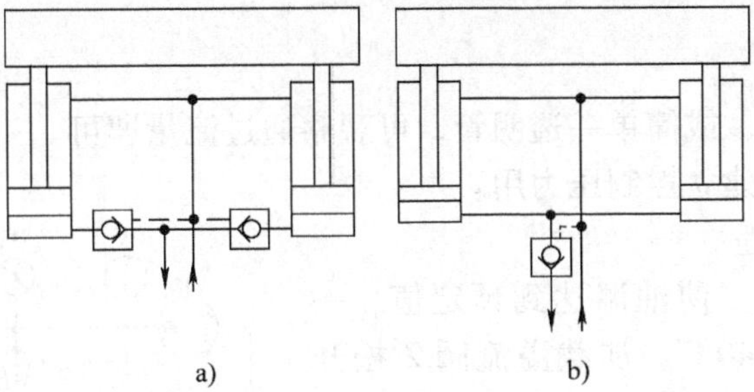

图8-30 在成组液压缸时使用液控单向阀

a）不能正常工作 b）可以工作

5）液控单向阀一般都不直接用于液压马达。因为液压马达不同于液压缸，都有内泄漏。

6）液控关单向阀也可用以实现差动回路（见图8-31）。

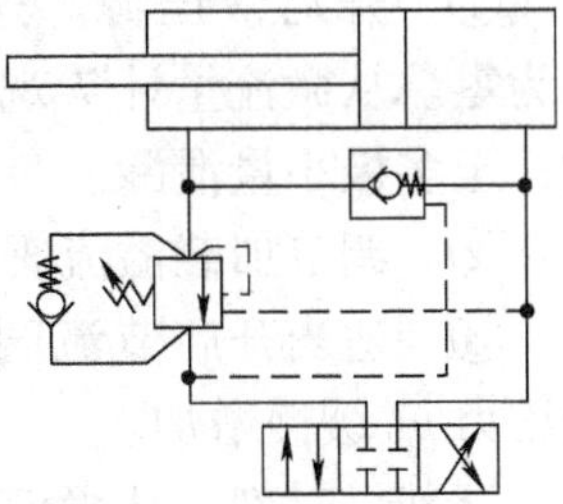

图8-31 使用液控关单向阀实现差动回路（ST）

4. 控制比与测试

控制比是液控单向阀最重要的一个特性。

（1）测试回路 图8-32是ISO6403：1988（GB/T 8106—1987）推荐的液控单向阀测试回路。使用两个泵分别产生压力。

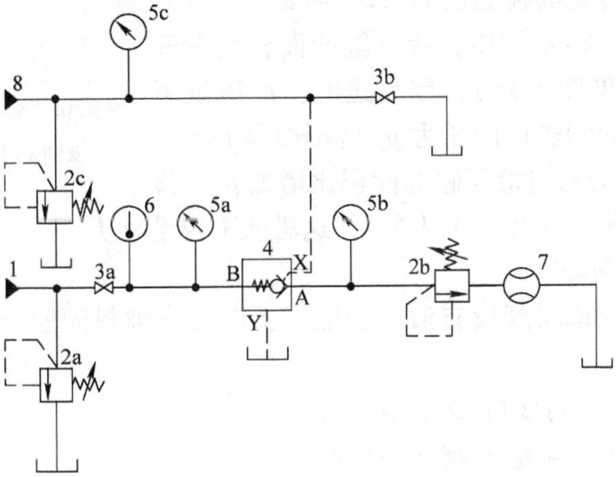

图8-32 ISO6403：1988（GB/T 8106—1987）推荐的液控单向阀测试回路

其实，仅仅为测定控制比，使用一个泵也可以，如图8-33所示。图中：

1—液压源。

2—溢流阀，加载用。

3—压力表或压力传感器。3a测进口压力，3b测控制压力。

4—被测阀。

5—温度计。

6—微流量计，或简单一透明管，可观察通过流量即可。

7—节流阀。建立控制压力用。

（2）测试过程

1）准备阶段。使油温达到预定值。一般常选 32 号油，40℃。加载溢流阀 2 松开到最大。关闭节流阀 8a。

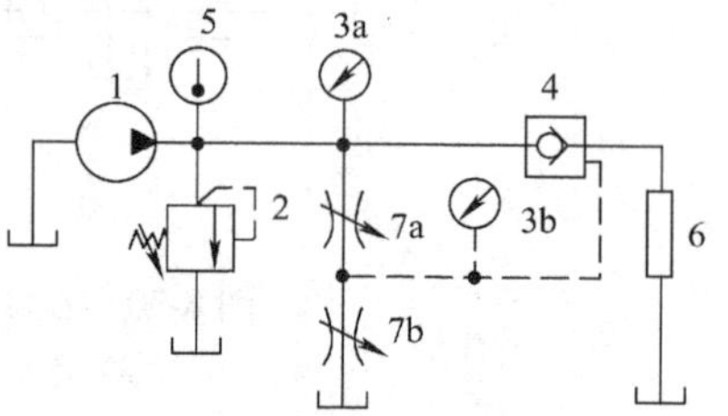

图 8-33 简化的液控单向阀控制比测试回路

2）测试步骤

① 开启液压源。这时，控制压力 p_{3b} 应为零。从微流量计 7 观察，应该无流量通过，至多极小量泄漏。

② 调节加载溢流阀 2，使被测阀 4 的进口压力 p_{3a} 升至计划值。

③ 适当开启节流阀 8a。缓慢关闭节流阀 8b，使压力 p_{3b} 缓慢增加。

至某一时刻，从微流量计 7 观察，有一流量通过，意味着被测阀已开启。记录此时的压力 p_{3a} 和 p_{3b}，即得到包含弹簧预紧压力的控制比 $=p_{3a}/p_{3b}$。

液控单向阀常见的控制比为 1.5 ~4:1。

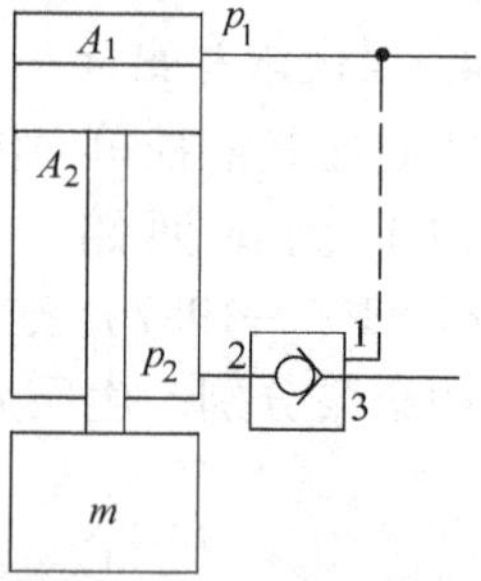

图 8-34 液压缸的面积对液控单向阀开启条件的影响

要注意的是，在系统中，液压缸的面积比对开启条件有影响（见图 8-34），因为这时，液压缸下腔，也即液控单向阀进口的压力 p_2 就不再是 mg/A_2 了。开启压力 p_1 会通过液压缸的面积比增加 p_2。具体关系与平衡阀相似（见 5.1.4 节），这里就不再重复了。

5. 高压封闭问题

由于普通液控单向阀没有溢流功能，所以无论被封闭腔压力多高，都不会释放。

在图 8-35 所示的实际应用中，虽然液压缸升到顶后，主溢流阀会开启溢流。但在液压缸下腔里被封闭住的油液，不是溢流阀的稳态控制压力，而是由于压力超调所造成的瞬间压力峰值。超调峰值超过稳态值的 30% 是很常见的。这就增大了在需要下降时要开启液控单向阀所需的控制压力。而且这个控

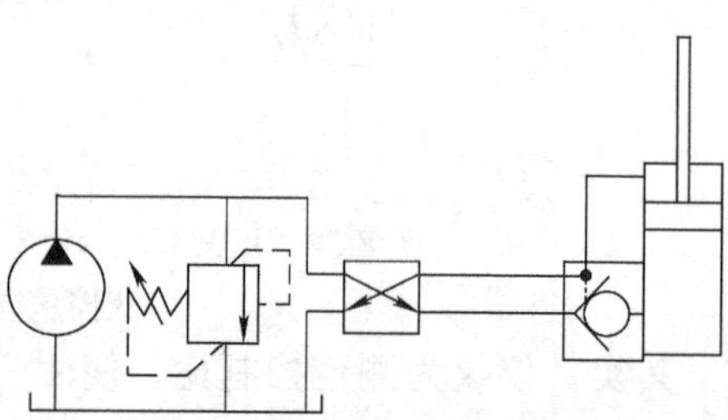
图 8-35 使用普通液控单向阀可能会出现高压封闭问题

制压力还会通过液压缸的上腔和活塞进一步增大下腔的压力。严重时会出现通道打不开的情况。

而一旦开启，由于自重力本来就向下，过高的控制压力也向下，就很容易出现下冲现象。

使用高控制比，特别是带预卸压（见 8.2.2 节 6.）的液控单向阀可以部分解决这个问题。要完全避免这个问题，就要考虑使用平衡阀。

6. 其他性能

选用液控单向阀时还要注意的性能指标如下：

1）许用压力（Operating Pressure），与普通单向阀相同。

2）流量压差特性。液控单向阀有正向通流和反向通流，因此其流量压差特性也有两条曲线（参见图 8-36）。

3）正向开启压力（Crack Pressure），与普通单向阀相似。

4）内泄漏量（Internal Leakage），与普通单向阀相似。

8.2.2　液控开型单向阀

1. HF 公司的 PC10-30 型液控单向阀（见图 8-36）

球阀型。

许用压力：24MPa。

内泄漏量，在 20.7MPa 时：通口③→②，少于 0.25mL/min；通口②→①，活塞无密封圈时，少于 115mL/min；有密封圈时，零泄漏。

开启压力：0.21～1.83MPa，5 档。有密封圈时，最低 0.62MPa。

控制比：4:1。

一些结构类似的液控单向阀见表 8-4。

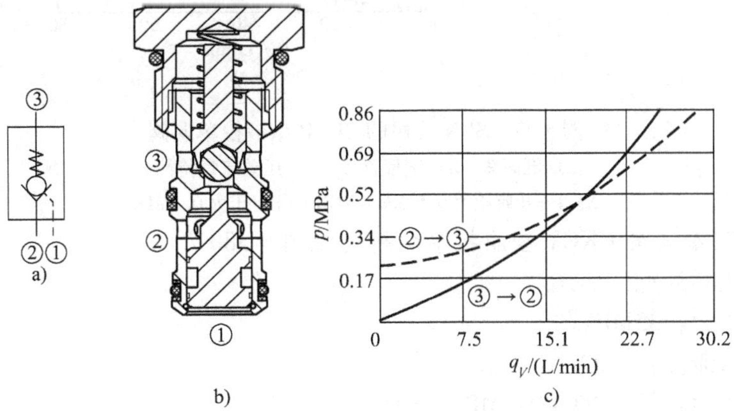

图 8-36　HF 公司的 PC10-30 型液控单向阀

a）图形符号　b）剖面图　c）压差流量特性

表 8-4　一些球阀型液控开单向阀

生产商	型号	许用压力 /MPa	名义流量 /（L/min）	内泄漏量 /（mL/min）	开启压力 /MPa	控制比
HF	PC08-30	24		<0.1	0.17	3:1
	PC10-32			<0.25	0.21	2:1
ST	D02D3	24	23	<0.15	0.4	3:1

2. SUN 公司的 CKCB 型液控单向阀（见图 8-37）

控制比：3:1。

许用压力：35MPa。

最大内泄漏：0.07mL/min。

开启压力：6 档，从 0.03～0.7MPa。

变型：先导阀芯带柔性密封，用于不希望先导腔有泄漏的场合。

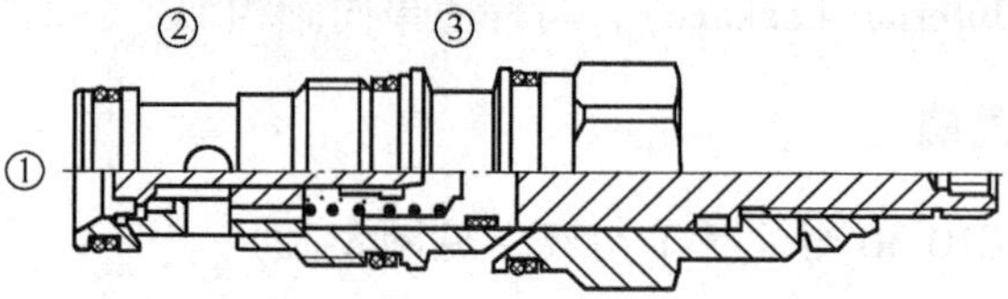

a)

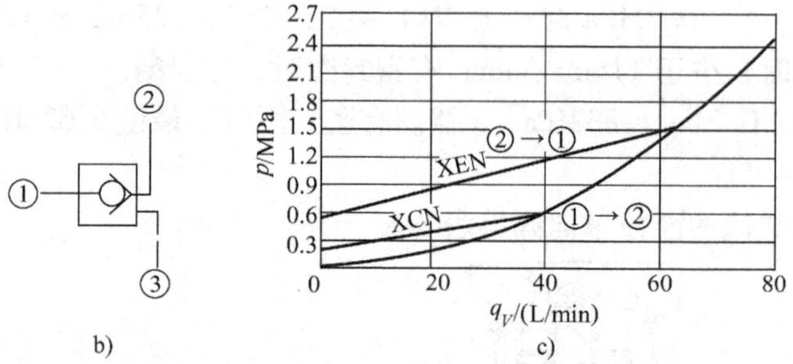

b)　　c)

图 8-37　SUN 公司的 CKCB 型液控单向阀

a）剖面图　b）图形符号　c）压差流量特性

XEN—开启压力 0.5MPa　XCN—开启压力 0.2MPa

3. SUN 公司的 CKCV 型液控单向阀（见图 8-38）

控制比：3:1。

许用压力：35MPa。

最大内泄漏：0.07mL/min。

开启压力：从 0.03～0.7MPa，6 档。

本阀的特点为，带手动应急开启。背压腔通大气，减小了通口②压力对控制压力的影响。

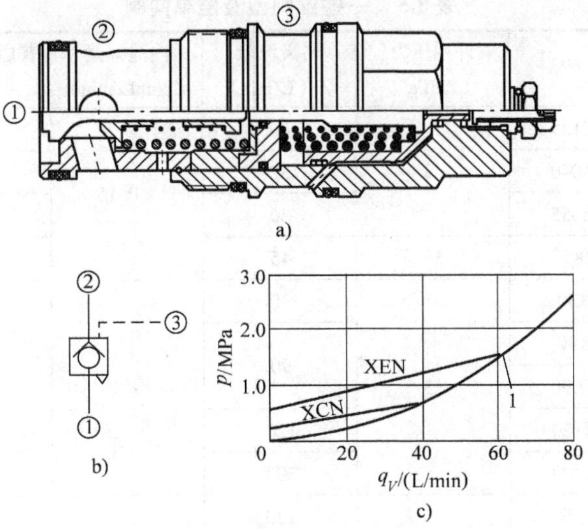

图 8-38　SUN 公司的 CKCV 型液控单向阀

a）剖面图　b）图形符号　c）压差流量特性

1—液控全开　XCN—开启压力 0.2MPa　XEN—开启压力 0.5MPa

4. ST 公司的 D4A020 锥阀型液控单向阀（见图 8-39）

许用压力：42MPa。

名义流量：16L/min（$\Delta p = 0.7\text{MPa}$）。

内泄漏量：小于 0.15mL/min。

开启压力：0.5MPa。

控制比：4∶1。

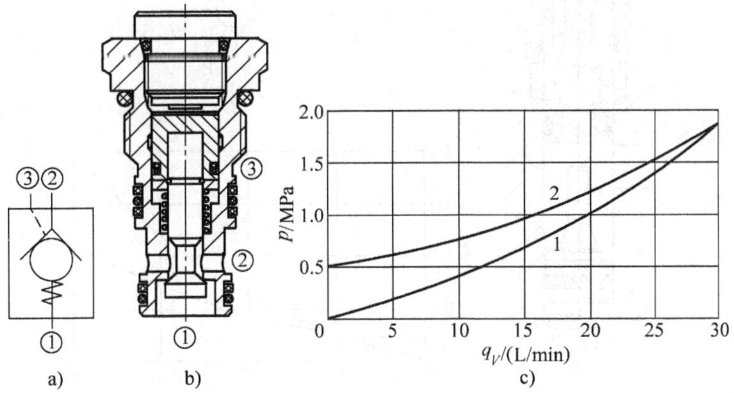

图 8-39　PK 公司的 D4A020 型液控单向阀

a）图形符号　b）剖面图　c）压差流量特性

1—液控开①→②　2—单向流②→①

一些锥阀型液控单向阀见表 8-5。

表 8-5 一些锥阀型液控单向阀

生产商	型号	许用压力 /MPa	名义流量 /（L/min）	内泄漏量 /（mL/min）	普通开启压力 /MPa	控制比
ST	D3B125	42	80	<0.15	0.2	4:1
	D4A040		32		0.3	
	D4A055		80		0.2	
	D2K1	35	45		0.21	3:1
ih	4CK30	35	30	<5		3:1
	4CK90		90			4:1
	4CKD90					3:1
	4CK120		120			
	4CK300		300			
SUN	CKEB	35	120	<0.05	0.5	3:1
	CKGB		240		0.2	
	CKIB		480		0.5	

5. PK 公司的 PP02SP 型液控单向阀（见图 8-40）

活塞外置型，使用普通单向阀。

其中，液控活塞为 PP02SP，普通单向阀为 D02B2。

许用压力：42MPa。

名义流量：40L/min。

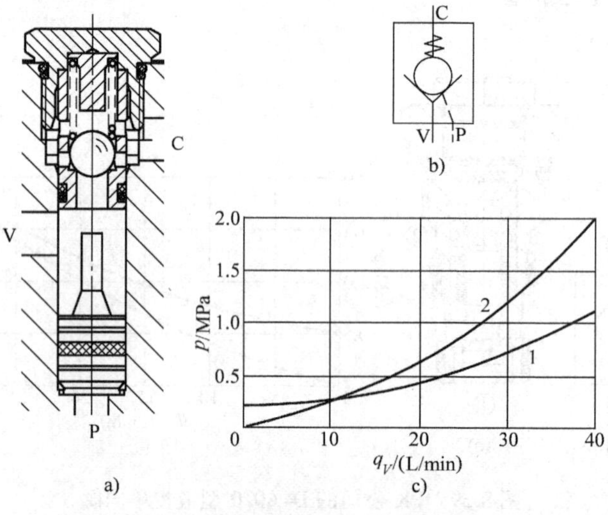

图 8-40 PK 公司的 PP02SP 型液控单向阀

a）剖面图 b）图形符号 c）压差流量特性

1—单向流 V→C 2—液控开 C→V

内泄漏量：可忽略。

开启压力：0. 21 ~2. 5MPa，10 档。

控制比：4∶1。

6. ET 公司的 4KD25 型液控单向阀（见图 8-41）

活塞外置型。带预卸压。

许用压力：通口②—70MPa；通口③—14MPa。

测定流量：25L/min。

内泄漏：未给出。

开启压力：未给出。

控制比：预卸压 25∶1；全流量 4∶1。

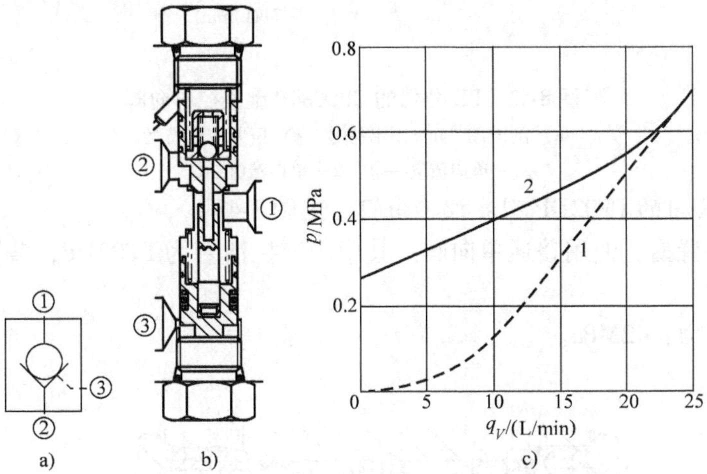

图 8-41　ET 公司的 4KD25 型液控单向阀

a）图形符号　b）剖面图　c）压差流量特性

1—液控开①→②　2—单向流②→①

此阀的特点为，可以通过顶杆推开钢球预卸荷，压力降低后再开启主阀。可以很好地解决高压封闭问题。

8. 2. 3　双液控开型单向阀

1. PK 公司的 CPD084P 型液控单向阀（见图 8-42）

许用压力：20. 7MPa。

测定流量：19L/min。

内泄漏量：20. 7MPa 时，小于 0. 33mL/min。

开启压力：未给出。

控制比：3∶1。

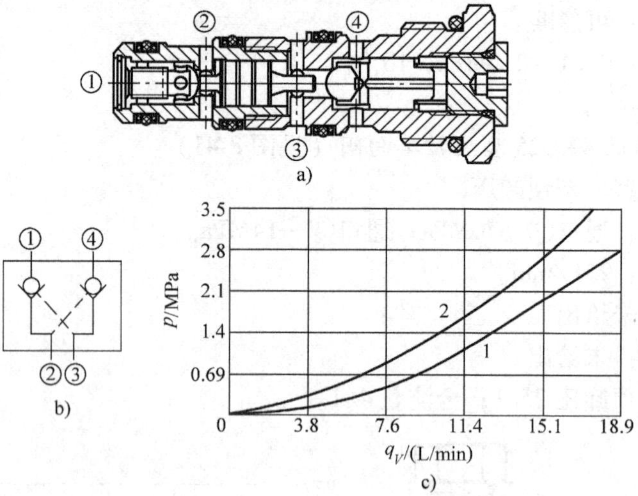

图 8-42　PK 公司的 CPD084P 型液控单向阀

a）剖面图　b）图形符号　c）压差流量特性

1—单向流③→④　2—单向流②→①

2. PK 公司的 PP02DP 型液控单向阀（见图 8-43）

活塞外置型，使用普通单向阀。其中，液控活塞为 PP02DP，普通单向阀为 D02B2。

许用压力：42MPa。

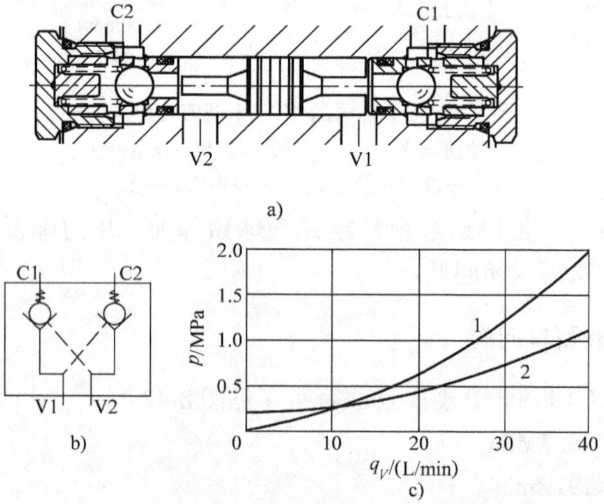

图 8-43　PK 公司的 PP02DP 型液控单向阀

a）剖面图　b）图形符号　c）压差流量特性

1—液控开 C→V　2—单向流 V→C

测定流量：40L/min。

开启压力：0.21~2.5MPa，10 档。

控制比：4∶1。

一些功能类似的液控单向阀见表 8-6。

表 8-6　一些双液控开型单向阀

生产商	型号	许用压力/MPa	名义流量/（L/min）	内泄漏量/（mL/min）	开启压力/MPa	控制比
HF	DCV08	20.7		<5	0.17	4∶1
	DCV10	27.6			0.21	
	DCV12	20.7			0.17	
PK	PP04DP-D04B2	42	135		0.21	3∶1
	PP06DP-D06B2		340			
ih	4KK82	35	80			4∶1
	4KK82D	14				

8.2.4　液控关型单向阀

液控关型单向阀（见图 8-44）：在无控制压力时，如同普通单向阀；在有控制压力时，可以关闭通道，双向不通。

1. ST 公司的 D5A040 型液控单向阀（见图 8-45）

许用压力：42MPa。

名义流量：40L/min（Δp = 0.7MPa）。

内泄漏量：小于 0.15mL/min。

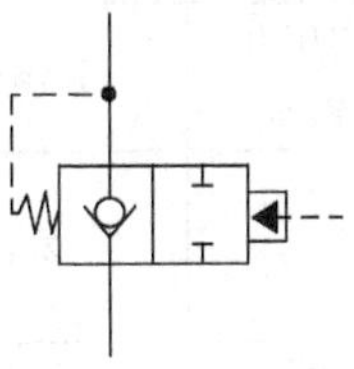

图 8-44　液控关型单向阀的详细图形符号

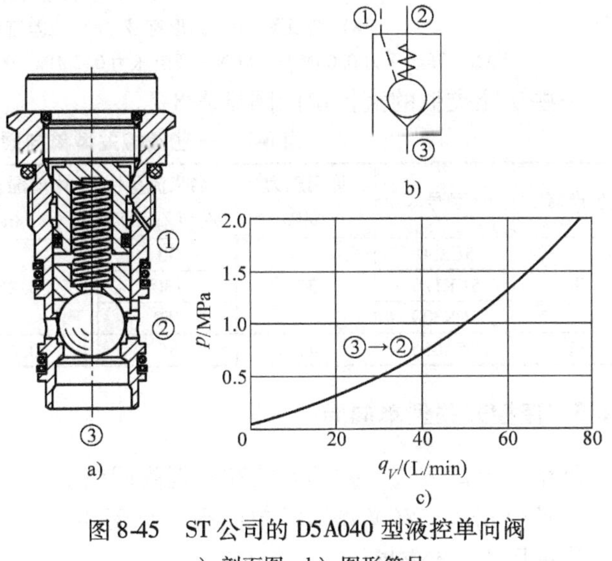

图 8-45　ST 公司的 D5A040 型液控单向阀

a）剖面图　b）图形符号

c）压差流量特性

开启压力：0.1MPa。

控制比：2∶1。

2. SUN 公司的 COFA 型液控单向阀（见图 8-46）

许用压力：35MPa。

流量：160L/min。

控制比：1.8∶1。

开启压力：0.03～0.7MPa，6 档。

内泄漏：不超过 0.07mL/min。

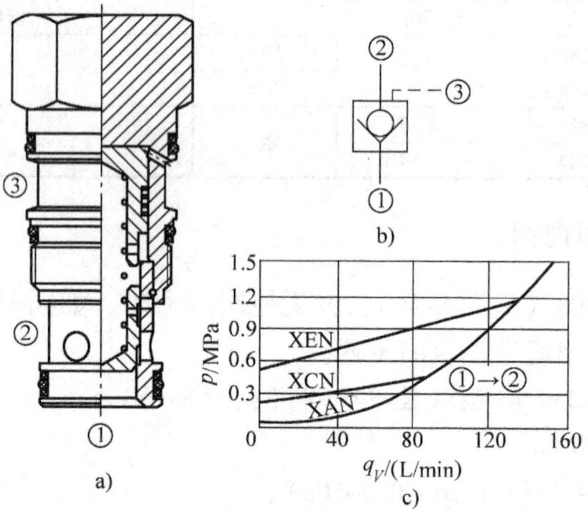

图 8-46 SUN 公司的 COFA 型液控单向阀

a）剖面图 b）图形符号 c）压差流量特性

XAN—开启压力 0.03MPa XCN—开启压力 0.2MPa XEN—开启压力 0.5MPa

一些功能类似的液控单向阀见表 8-7。

表 8-7 一些液控关型单向阀

生产商	型号	许用压力 /MPa	名义流量 /（L/min）	内泄漏量 /（mL/min）	开启压力 /MPa	控制比
ih	5CK30	35	30	<0.25		2∶1
	5CK120		130			
	5CK300		250			
ST	D5A055	42	85	<0.15	0.07	2∶1

8.2.5 液控开关型单向阀

可用于出口节流、差动回路和比例阀回路。

SUN 公司的 CVCV 型液控单向阀（见图 8-47）：

许用压力：35MPa。

流量：60L/min。

控制比 3∶1。

内泄漏：小于 0.07mL/min。

开启压力：从 0.03 ~0.7MPa，6 档。

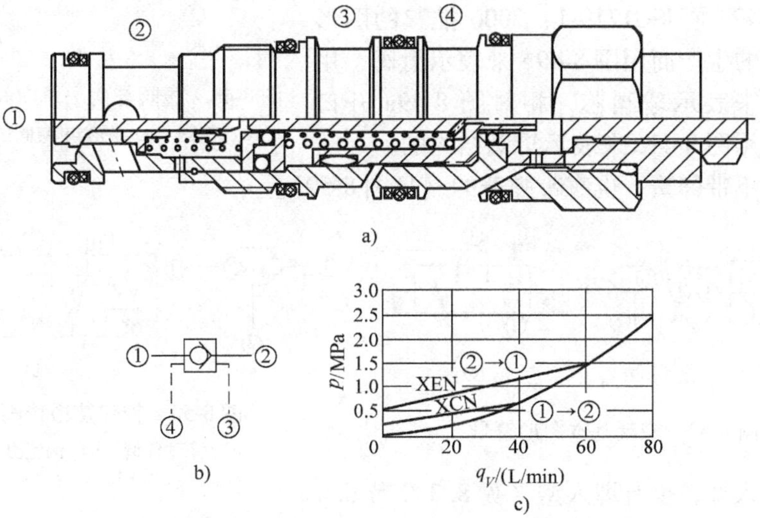

图 8-47　SUN 公司的 CVCV 型液控单向阀

a）剖面图　b）图形符号　c）压差流量特性

XCN—开启压力 0.2MPa　XEN—开启压力 0.5MPa

本阀的特点为，通口②→①，始终通。通口①→②，一般封闭不通。端口③的压力可以帮助开启通道①→②。端口④的压力可以阻止端口③的压力的作用。这样，只有当端口③的压力比端口④的压力大 0.5MPa（弹簧压力）以上，才能开启通道①→②。

8.3 梭阀

8.3.1 概述

1. 功能

一般梭阀有一个出口和至少两个入口，可以自动根据入口压力的比较，选择其中一个与出口相通。

其图形符号看上去像是两个单向阀的组合（见图 8-48a），但有些细微而有时又是十分重要的差别。使用梭阀，出口压力 p_2 不可能同时高于进口压力 p_1 和 p_3。而使用两个单向阀的组合（见图 8-48b），如果出口②没有流量，只是一个控制端口的话，那么当 p_1 和 p_3 都下降后，p_2 可能还是维持原值，高于 p_1 和 p_3，不能及时正确地传递压力 p_1 和 p_3 的信息。

2. 类型

梭阀阀芯有球形、锥形和滑阀。

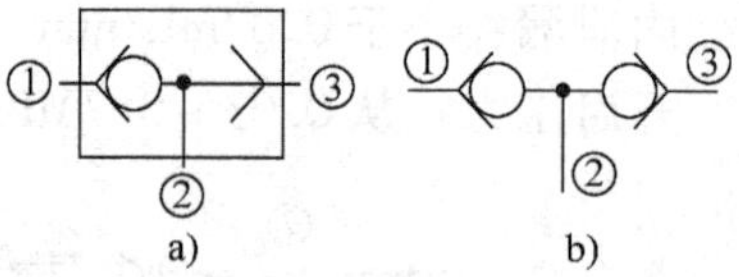

图 8-48 梭阀与两个单向阀的差别

a) 梭阀 b) 两个单向阀的组合

图 8-49a 是 ISO1219-1：2006 推荐的图形符号。有的生产商用图 8-49a 来表示滑阀，用图 8-49b 来表示球阀芯，相对图 8-49a 开口大。也有用图 8-49c 来表示滑阀结构的。

大多不带弹簧，也有带弹簧的（见图 8-50）。

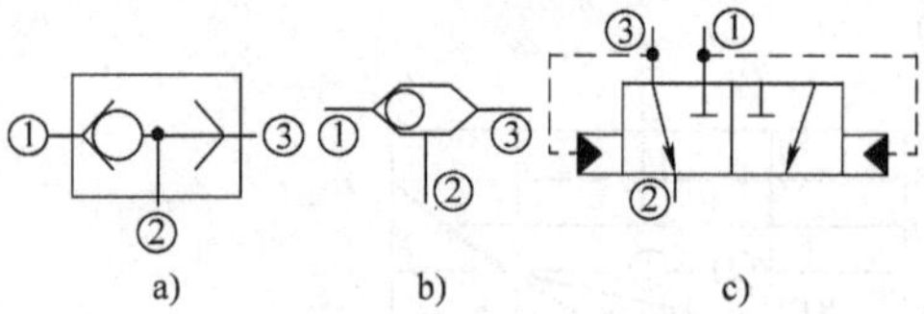

图 8-49 梭阀基本图形符号

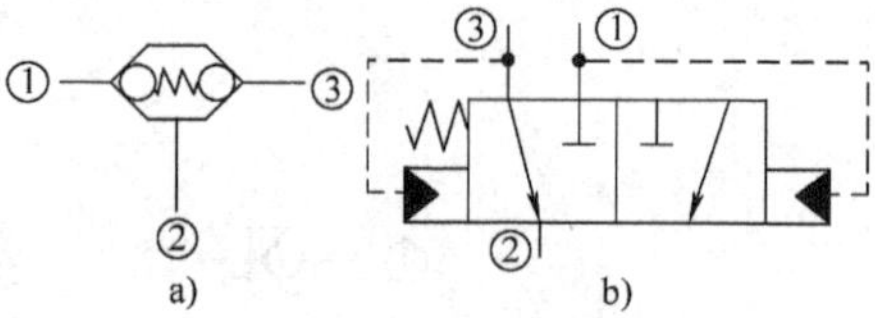

图 8-50 带弹簧型梭阀

a) 背对背型 b) 偏置型

有旋入型，也有埋入型（见 8. 3. 2 节 6. ）。

最常见的是压力高的入口通出口，也有压力低的入口通出口（见图 8-51）。

大多为两个入口，也有三个，甚至四个入口的（见图 8-52）。

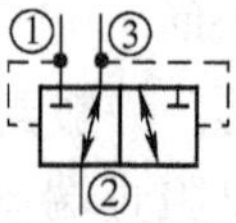

图 8-51 低压通型梭阀

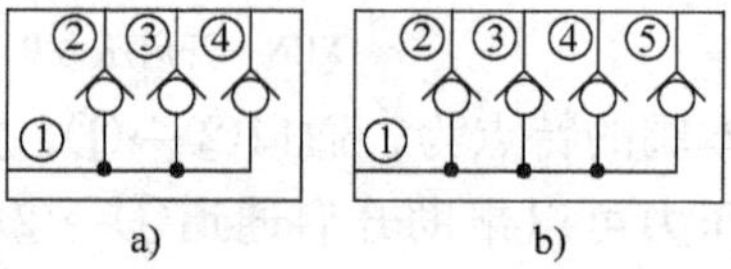

图 8-52 多入口型梭阀

a) 三入口型 b) 四入口型

3. 应用

1) 在图 8-53 的回路中，梭阀 V1 使刹车始终与液压马达两侧中高压的一侧相连。如果压力超过刹车弹簧压力，则松开刹车，使液压马达可以转动。在换向阀 V3 处于中位时，两侧都无压力，刹车自动锁紧。

2) 如果要求驱动压力较高时刹车才能松开（见图 8-54），例如，起重机的卷扬筒驱动液压马达，刹车阀 V1 可采用带偏置弹簧型（见 8. 3. 2 节 3. ）。梭阀

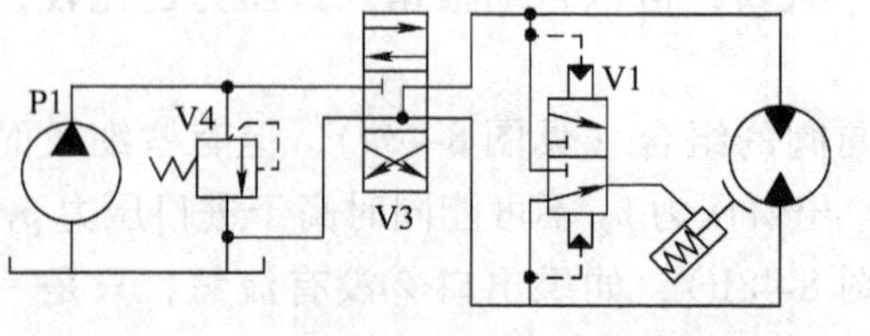

图 8-53 梭阀应用在刹车回路中（PK）

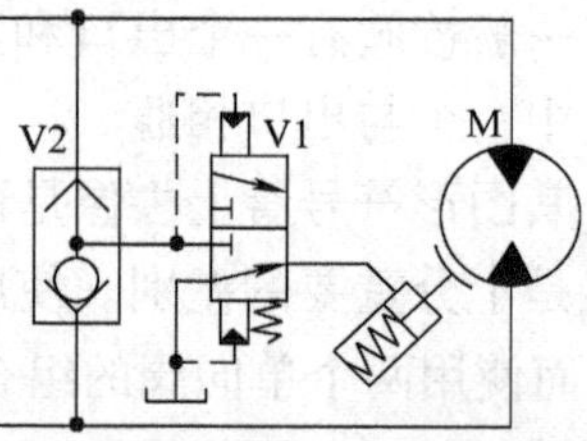

图 8-54 带偏置弹簧的刹车阀

V2 保证 V1 的进口始终与闭式回路的高压侧相连。

3）梭阀在负载敏感回路中用得很多：以从多个负载压力中选出高者，传给变量泵的排量控制机构，作为维持泵出口压力的依据。因此，几乎每片多路阀都要配一个梭阀。

图 8-55 为一驱动 4 个执行器的实例。负载 A4 和 B4 的压力信号要经过 5 个梭阀才传到负载敏感信号 LS1。

常见的挖掘机回路要驱动 7～8 个执行器，有 7、8 片多路阀，就使用 7、8 个二入口的梭阀。这时，如果使用多入口的梭阀，就能在一定程度上简化多路阀的结构，而且据说可以改善由于多个普通二入口梭阀串联引起的响应迟钝的问题。

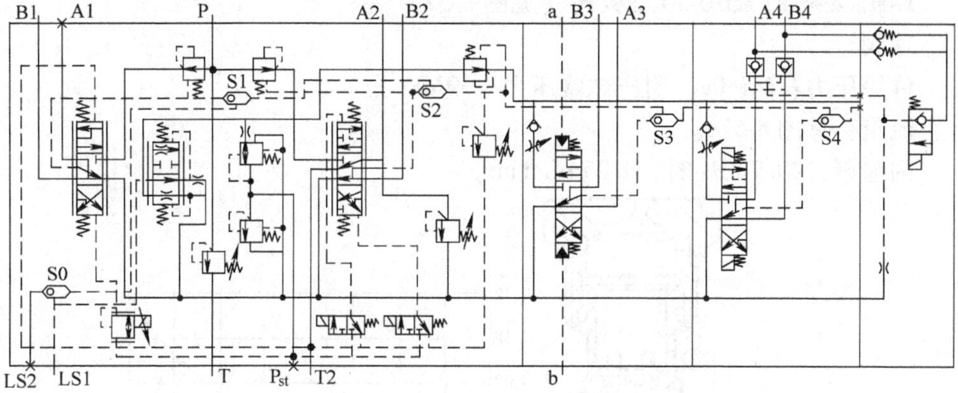

图 8-55　梭阀应用在负载敏感回路中（BR）

4）低压端通出口的梭阀，因为常被用于闭式回路中排出热油，所以也被称作“热油阀”。图 8-56 中梭阀 V2 即起这个作用。溢流阀 V1 的设定压力高于 V3。泵 p_2 不断给低压侧输入新油，梭阀 V2 通过溢流阀 V3 保持回油侧的压力不超过溢流阀 V3 的设定压力。

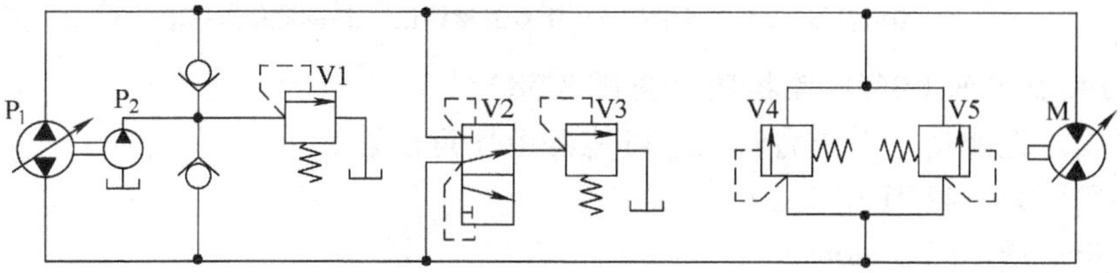

图 8-56　梭阀应用在闭式排热油回路中

4. 特性

选用梭阀时，一般都要注意许用压力、压差流量特性及内泄漏。根据不同的应用场合，还有一些特殊要求。例如，用于负载敏感回路的梭阀，响应灵敏是第一重要的。理论上来说，只是传递压力信号，没有流量，但实际使用中，还是需要通过几升/分的流量，因此相应带来的压降也要考虑，特别是多个串联时。

用于在闭式回路中排出热油时，有一定的流量要求，响应灵敏就不那么重要了。

而用在刹车回路时，即有一定的流量要求，也需要一定的响应灵敏性。

其测试与单向阀相似，这里就不再赘述了。

8.3.2 二入口型梭阀

1. HF 公司的 LS10-30 型梭阀（见图 8-57）

球阀。

许用压力：24MPa。耐压试验压力：39MPa。

流量：见图 8-57c。

内泄漏：20.7MPa 时，0.25mL/min。

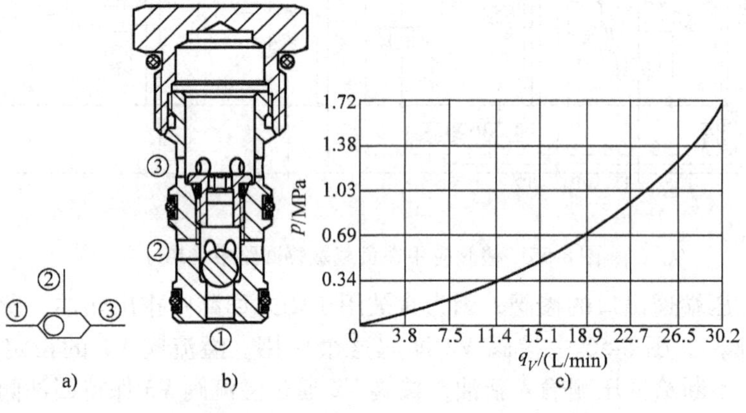

图 8-57 HF 公司的 LS10-30 型梭阀

a）图形符号 b）剖面图 c）压差流量特性，①→②或③→②

2. PK 公司的 K04D3 型梭阀（见图 8-58）

滑阀。无弹簧。无压力时阀芯可能停留任意位置。

许用压力：42MPa。

测定流量：50L/min。

名义流量：90L/min。

3. PK 公司的 K04B3 型梭阀（见图 8-59）

滑阀。带偏置弹簧。

许用压力：42MPa。

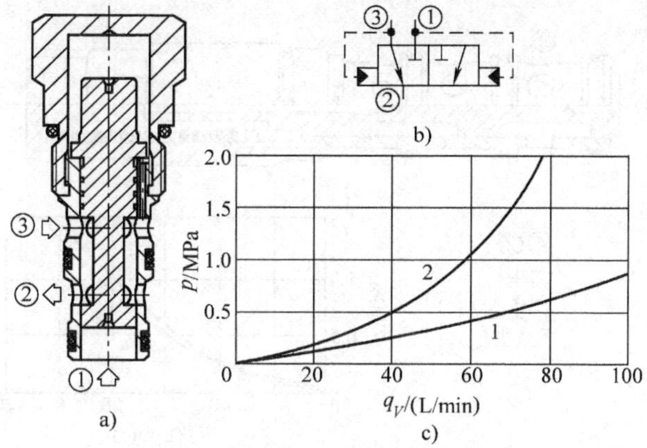

图8-58　PK公司的K04D3型梭阀

a）剖面图　b）图形符号　c）压差流量特性

1—通口①→②　2—通口③→②

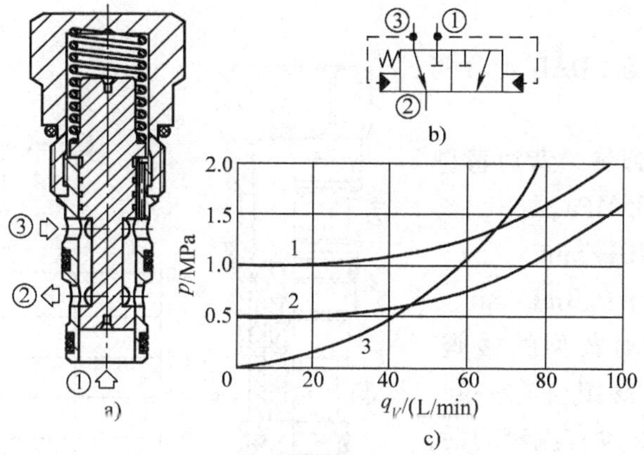

图8-59　PK公司的K04B3型梭阀

a）剖面图　b）图形符号　c）压差流量特性

1—通口①→②，开启压力1MPa　2—通口①→②，开启压力0.5MPa　3—通口③→②

测定流量：90L/min。

名义流量（压差0.7MPa）：50L/min。

切换压力：0.5MPa或1MPa。

4. SUN公司的DSEO型梭阀（见图8-60）

带偏置弹簧。

许用压力：35MPa。

名义流量：120L/min。

切换压力：0.2MPa或0.5MPa。

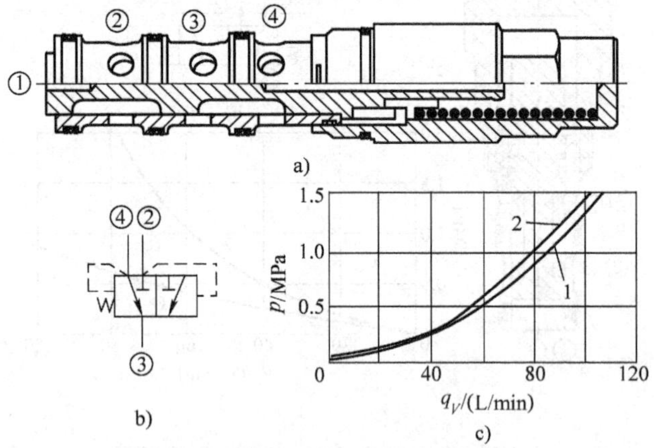

图 8-60 SUN 公司的 DSEO 型梭阀

a）剖面图 b）图形符号 c）压差流量特性

1—通口②→③ 2—通口④→③

端口①未用。

5. SUN 公司的 CDAD 型梭阀（见图 8-61）

滑锥阀，带弹簧，背对背型

许用压力：35MPa。

名义流量：10L/min。

内泄漏：小于 0.3mL/min。

这种所谓背对背型的梭阀，相当于两个单向阀组合在一起。因此，如果出口②没有流量的话，即使入口①和③的压力都下降了，出口②仍会继续保持高压。

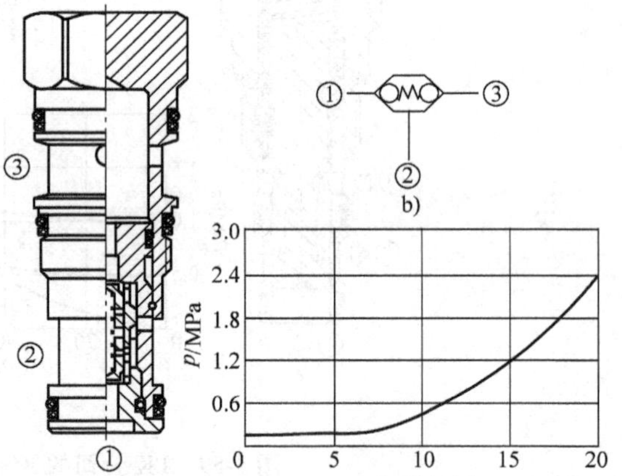

图 8-61 SUN 公司的 CDAD 型梭阀

a）剖面图 b）图形符号 c）压差流量特性

6. PK 公司的 K2A005 型梭阀（见图 8-62）

埋入式滑锥阀。

许用压力：35MPa。

测定流量：38L/min。

名义流量：28L/min。

7. HF 公司的 HS10-42 型梭阀（见图 8-63）

滑阀，低压通，无弹簧。

许用压力：20.7MPa。

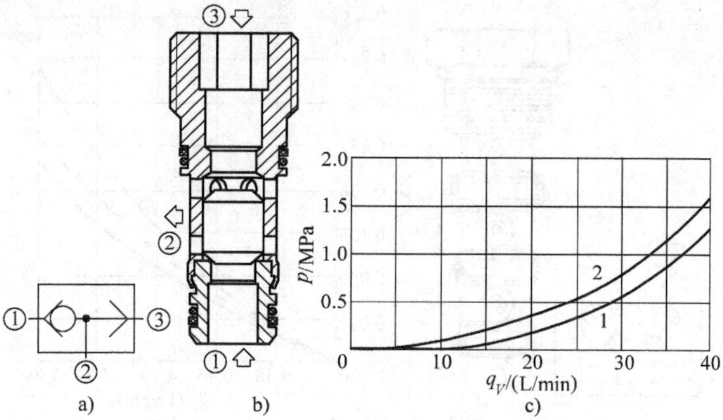

图 8-62　PK 公司的 K2A005 型梭阀

a）图形符号　b）剖面图　c）压差流量特性

1—通口①→②　2—通口③→②

流量：见图 8-63c。

内泄漏：小于 115mL/min。

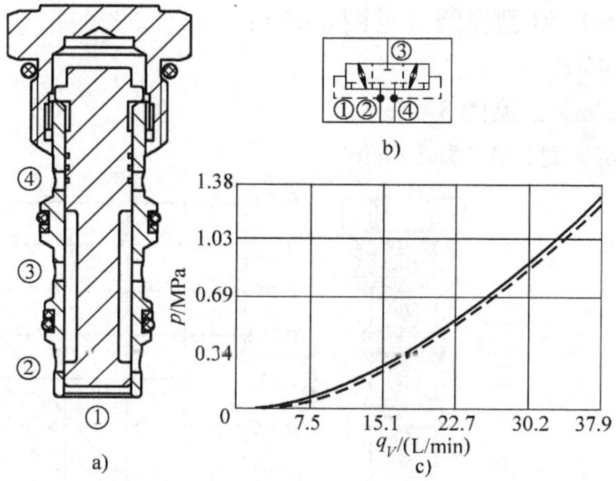

图 8-63　HF 公司的 HS10-42 型梭阀

a）剖面图　b）图形符号　c）压差流量特性

1—通口③→②　2—通口③→④

8.3.3　三入口型梭阀

HF 公司的 LS10-40 型梭阀（见图 8-64）：

许用压力：24MPa。

流量：1.89L/min，见图 8-64。

内泄漏：24MPa 时，0.15mL/min。

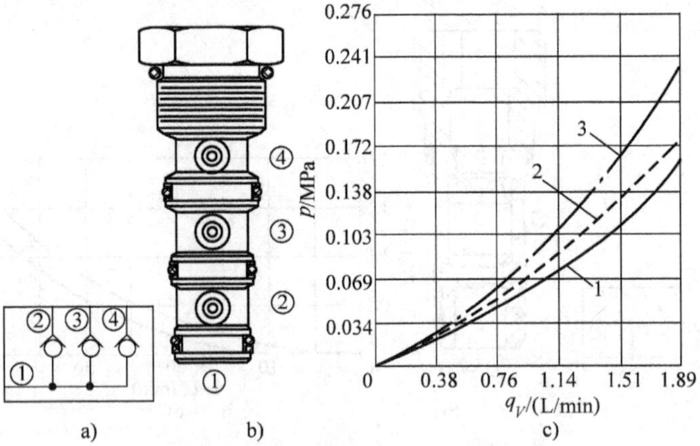

图 8-64　HF 公司的 LS10-40 型梭阀

a）图形符号　b）外形图　c）压差流量特性

1—通口②→①　2—通口③→①　3—通口④→①

8.3.4　四入口型梭阀

HF 公司的 LS10-50 型梭阀（见图 8-65）：

许用压力：24MPa。

流量：1.89L/min，见图 8-65c。

内泄漏：24MPa 时，0.15mL/min。

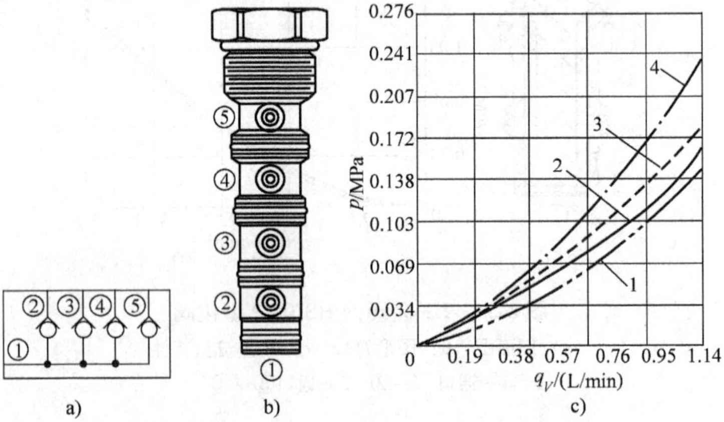

图 8-65　HF 公司的 LS10-50 型梭阀

a）图形符号　b）外形图　c）压差流量特性

1—通口②→①　2—通口③→①　3—通口④→①　4—通口⑤→①

第9章　电磁换向阀

9.1　概述

一方面，行走机械技术日益复杂，对液压系统电控的要求也越来越强烈。另一方面，现代电子元器件也越来越结实可靠，能够承受行走机械工作的恶劣环境，价格不断下降。因此，电子元器件在液压系统中的应用越来越多。以至出现了一个新名词 Hytronic（HYdraulic + elecTRONIC）——液电子。

但是，电子控制元器件的输出功率一般都很低，仅能作为控制信号用。电磁换向阀和电比例阀就承担起了这一任务，放大和转换信号，输出需要的功率。

9.1.1　功能与类型

电磁开关换向阀（Solenoid Valve），常称电磁换向阀，本章以下简称电磁阀，可以通过对电磁线圈加电和断电，开启和关闭一个或多个液流的流道。

制成螺纹插装形式的电磁阀经过几十年的开发，已形成一个完整的型谱（见表9-1）。

表9-1　各种类型的螺纹插装电磁阀

位 / 通	二位	三位
二通	直动式、先导式和先导差动式滑阀，或座阀	—
三通	直动式滑阀，或座阀	直动式滑阀
四通	直动式滑阀	
五通	—	
六通	直动式滑阀	—

为满足不同应用场合的需要，部分也是为绕开专利保护，出现了许许多多的形式。特别是螺纹插装式二位二通阀，其在得失电状态下的连通形式，较板式阀多得多。

电磁阀，从主阀芯的结构形式来看，仅二位二通和二位三通有座阀，其他皆滑阀。

阀芯阀座一般都是钢制的，硬化处理，以达到长寿命。但也有个别品种，为了满足某些应用对内泄漏的严格要求，而采用软一些的阀座。

从内部结构来看，又可分为直动式和先导差动式。一般而言，电磁阀中仅二通阀和个别三通阀有先导式即电液动的，其他类型都是直动式滑阀，即电动的。为简化，易于比较，图形符号不明显区分电动和电液动。

螺纹插装电磁阀一般都由三部分组成：电磁线圈、衔铁套筒组件和阀芯阀体组件。

电磁线圈把输入的电流转化为磁场，衔铁套筒组件在磁场中把磁力转化为拉力或推力，阀芯阀体组件利用这个力，克服弹簧力和液动力，开启关闭相应的液流通道。

电磁线圈都使用螺母固定，以便于单独更换。

为节省篇幅，本章中，阀剖面图中的电磁线圈部分一般从略，箭头表示得电后阀芯的移动方向。

电磁阀的稳态特性主要从压差流量特性和工作范围来考察。

9.1.2 压差流量特性与测试

1. *压差流量特性*

从电磁阀的压差流量特性可以了解，通过一定流量时会有多大压力损失。

因为直动式电磁阀是开关阀，正常工作时，只有断和通两种状态，不像连续调节阀有中间状态，因此，其某个通道的压差流量特性曲线通常是一条抛物线。

先导式电磁阀有所不同。其主阀口在流量较小的阶段是逐渐开启的。因此，此时不完全呈抛物线型（见图 9-1）。

很多电磁阀在失电和得电时，有多条不同的通道，而这些通道的流通阻力各不相同。因此，要完整表述一个电磁阀的压差流量特性常需要多条曲线，例如图 9-2。

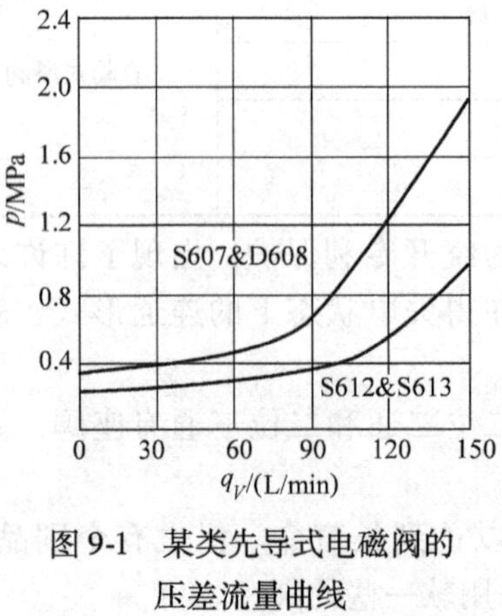

图 9-1 某类先导式电磁阀的压差流量曲线

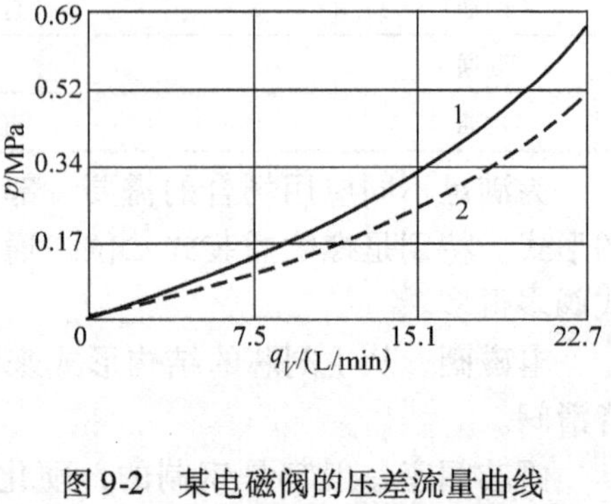

图 9-2 某电磁阀的压差流量曲线

1—通口③→② 2—通口④→①

2. 名义流量

很多电磁阀产品样本上给出在一定压差（0.5MPa，或0.7MPa）下的流量作为电磁阀名义流量。必须指出，这个参数的价值是很有限的。这是因为，由于受阀的体积和结构的限制，不同流通通道的压力损失常常不同。究竟根据哪一条曲线来定名义流量呢？

图9-3为某公司GS0612/14/16/18型电磁阀的压差流量曲线。把12/14型的名义流量（Δp=0.5MPa）定为190L/min，是符合曲线①→②的。但宣称，16/18型的名义流量（Δp = 0.5MPa）也是190L/min，从相应的压差流量曲线来看，就令人费解了。

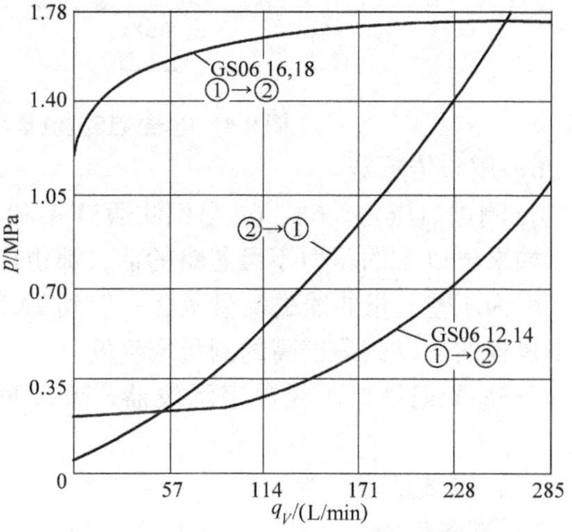

图9-3　某公司GS0612/14/16/18型电磁阀的压差流量曲线

再说，有些公司根据压差0.5MPa定义名义流量，有些则根据压差0.7MPa定义名义流量，有些供货商甚至根本不给出在多大压差下定义名义流量。因此，不能简单地根据供货商给出的名义流量进行比较，而是要看压差流量曲线。

所以，有些产品样本干脆不给出名义流量，而是让使用者自己去查压差流量曲线。

此外，能否可靠地工作和切换，要去查产品样本上另给出的工作范围曲线。对此，名义流量也不承担什么责任。

3. 压差流量特性的测定

（1）测试回路　测试回路可参考图9-4搭建。图中：

1—液压源。其输出流量应可调。最大流量应该超过被测阀估计的名义流量。最小流量不必要很小，一般只要相应压差小于0.1MPa即可。因为，电磁阀在很小流量时的压差流量特性一般不是关心的重点。可以用变量泵。为了减少流量波动，必要时可加蓄能器。

2—溢流阀。仅作安全保护用，设定值应该不超过被测阀的许用压力。

3—流量传感器。一般最大最小流量比在10以上的就可以了。

4—被测阀。

5—温度计。

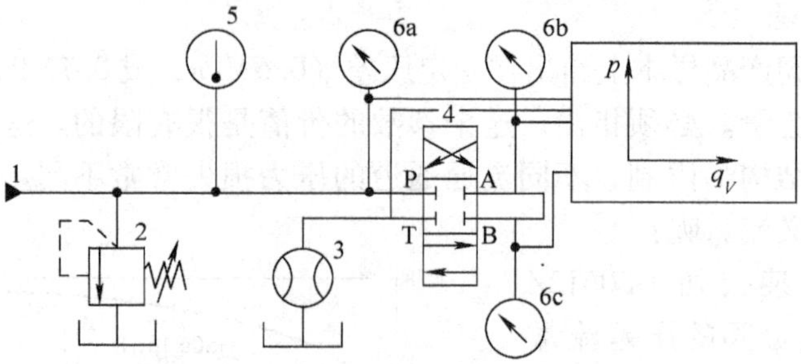

图 9-4 电磁阀压差流量特性测试回路

6—压力传感器。

6a 测进口压力。6b、6c 分别测通口 A 和 B 的压力。

如果出口 T 的压力不可忽略的话，那也应设置压力传感器。

因为压差流量曲线的测量范围一般到 2MPa 足够了。因此，压力传感器应该选小量程的，以获得较高的测量准确度。

7—X-Y 记录仪，或数字示波器，或计算机辅助测试系统，记录稳态特性用。

（2） 测试过程

1） 准备阶段

连接 X-Y 记录仪：流量传感器 3 的输出 q_{V3} 作为 X 轴。

使油温达到预定值。一般使用 VG32 液压油，温度保持在 40℃。

液压源 1 的流量调到最小。

2） 测试步骤

① 被测阀切换到某个开通位置。相应的压力传感器的输出之差，例如 $p_{6a}-p_{6b}$，或 $p_{6a}-p_{6c}$ 作为 X－Y 记录仪的 Y 轴。

② 开始记录。

a. 缓慢升高液压源的流量，至压差超过比方说 1MPa。

b. 缓慢降低液压源的流量，至最小。

c. 停止记录。

所记录的即相应通道的压差流量特性曲线。

③ 根据需要，换接压力传感器的输出，或变换被测阀的连通情况，重复过程 b。

9.1.3 工作范围与测试

1. 许用压力

市场常见的电磁阀的许用压力主要有两档：21MPa（或 3000psi = 20.7MPa）及 35MPa（或 5000psi = 34.5MPa）。但也有 24MPa（ = 3500psi），

25MPa（=3600 psi）及28.5MPa（=4000psi）等。ST和SUN公司的以35MPa为主，HF和ih公司的产品以21MPa居多。近年来，HF公司也推出了一系列35MPa的产品。

许用压力不同的阀，其部件使用的材料及特性不同，加工精度及工艺不同，价格自然也会不同，所以，不能盲目追求高许用压力。

各通口的许用压力，除个别T口较低外，一般都相同。但是，是否在此压力下都能可靠地工作和切换，还要看工作范围曲线。

2. 工作范围曲线

工作范围（operation limit，shift limit characteristics，switching envelope，见图9-5）用以表述，电磁阀在该范围内可以可靠地保持在某一工作位置，并可靠地切换到另一工作位置。如果实际工作参数超过此范围，切换速度可能减慢，甚至根本无法切换，或者无法保持在正常工作位置。

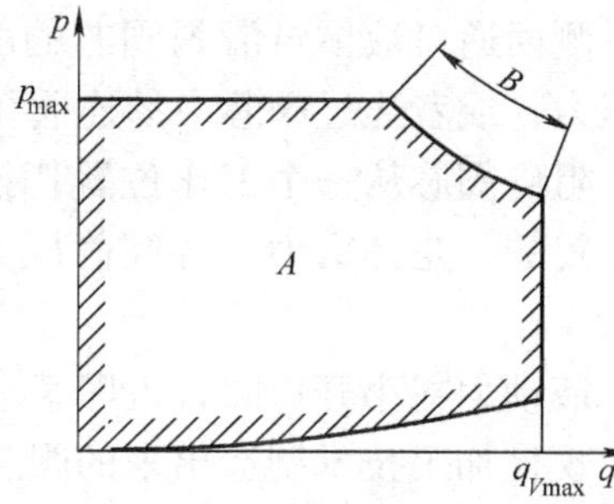

图9-5　工作范围曲线示意图

A—工作范围　B—切换阈

图9-6为两个电磁阀的实际工作范围曲线。

电磁阀产品样本上给出的工作范围曲线一般都是在理想的实验室条件下做出的：清洁的矿物油，油温40℃，粘度32mm²/s，输入电压为额定电压的90%。若实际工作条件波动较大时，应选得保守些。

有些产品没有给出工作范围曲线，而是简单地给出一个最大允许流量（一般高于名义流量）和许用压力。

3. 影响工作范围的因素

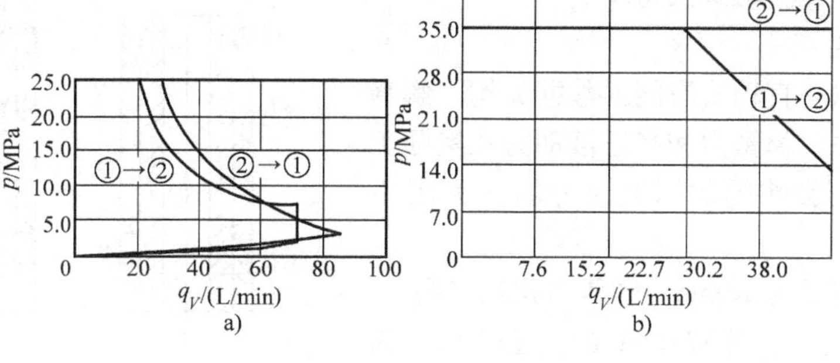

图9-6　电磁阀实际工作范围曲线举例

a）SUN公司的DTDA型电磁阀（输入电压为额定电压的80%，在最高工作温度）

b）PK公司的GS0427型电磁阀（输入电压为额定电压的75%液压油粘度32mm²/s，油温37℃）

影响电磁阀工作范围的因素在直动式、先导差动式、滑阀和座阀各有不同。

（1）直动式滑阀　影响直动式滑阀工作范围的因素主要是：线圈的电磁力、弹簧力、压力介质对阀芯的静压力、液动力和摩擦力。

使阀芯切换到或保持在得电位置的是电磁力。螺纹插装电磁阀的电磁线圈功率一般在14～30W之间，电磁力十分有限，约70～120N。

使阀芯保持在或回到失电位置的是复位弹簧力。弹簧力必须足以克服液动力的最大值。

侧面通口液体对滑阀阀芯的静压力相互平衡。端面通口液体对滑阀阀芯的静压力，或者通过阀芯中的连通孔相互平衡，或者只能接T口。

阻碍阀芯从一个工作位置切换到另一个工作位置，或使阀芯偏离所在的工作位置的，是弹簧力、各腔静压力的合力，以及与流量和流速大致成正比的液动力。

液动力在小开口时，也即某个过渡状态时，达到最大值（参见1.5.5节）。

现代加工技术制造出来的阀芯和阀孔，有正常的配合尺寸与形状位置偏差，并浸在清洁的液压油中时，摩擦力相对电磁力和弹簧力一般很小，可以忽略。

（2）先导差动式阀　先导差动式阀的先导阀通常都很小，通流流量很小，液动力也很小。一般都是锥阀，静压力不平衡。电磁力只要克服弹簧力和静压力，就可移开先导阀芯。

影响主阀工作范围的因素主要是：弹簧力、液体对阀芯的静压力、液动力。

主阀芯两端静压力之差克服弹簧力和液动力，推动主阀芯，开启通道。由于静压力之差与作用面积之积可以比电磁力大得多，因此，先导差动式阀的工作流量可以比直动式大得多。

4. 实例

以下以一直动式滑阀的数据为例，解释一下电磁力、弹簧力和稳态液动力在实际工作中是如何影响阀的切换能力的（见图9-7）。

阀芯直径为12mm。静压力相互平衡。

静止位时，开口P-A的遮盖量S_1为1.8mm，开口B-T的遮盖量S_2为1.5mm。

电磁铁得电，克服弹簧力，提升阀芯，往上移动，行程S为2.8mm。

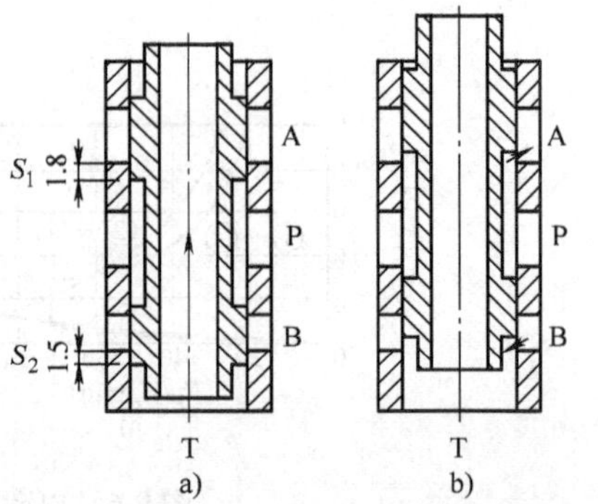

图9-7　一个二位四通电磁阀的切换过程
a）静止位　b）在行程终点

图9-8表述了在该阀切换过程中各力的变化情况。

电磁力曲线来自一电磁铁的产品样本。

弹簧预紧力约为32N，在行程终点时约为58N见图9-8曲线c。

假定压力介质为矿物油，密度ρ为860kg/m³。

假定进口P的最高压力为30MPa，最高流量q_V为60L/min。

在一个极端情况下，即无负载，液压油从A口流出后立即无损失地进入B口。

则根据理论估算（参见附录B估算公式），在阀芯行程约为1.98mm，P—A开口为0.18mm，B—T开口为0.48mm时，P—A压降约为26MPa，B—T压降约为4MPa，P—T总压降为30MPa。这时，通过这两个开口的液流所造成的液动力达到最大值。

按动量变化公式估算，此时的液动力，在阀口P—A处约为46N，在阀口B—T处约为17N。方向向下，趋于使阀口关闭。

在切换过程中，电磁力至少要克服弹簧力和液动力。从图9-8可以看出，在这些参数组合的情况下，在液动力达到最大时，液动力加弹簧力约为103N，曲线b已是力不从心了。而弹簧力也不能再小了，否则断电时就不能克服液动力自行复位了。

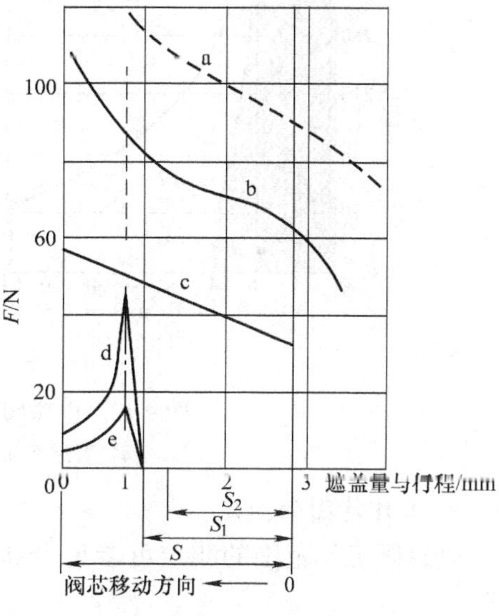

图9-8　电磁阀切换过程中各力的变化情况

a—电磁铁在20℃额定电压时的电磁力　b—85%额定电压时的电磁力　c—弹簧力　d—阀口P—A的液动力　e—阀口B—T的液动力　S_1—开口P—A遮盖量　S_2—开口B—T遮盖量　S—总行程

从以上分析可以看出：

1）此阀的工作范围在30MPa时可能达不到60L/min。

2）提高电磁力、降低液动力的最大值是扩大该阀工作范围的关键。

3）在行程终点，开口较大，液动力明显降低，这时电磁力却达到了最大，已有多余。为节省能量，此时可以一定程度地减少电流。

5. 扩大工作范围的措施

ST公司采用高功率线圈，来使相同的阀得到较大的工作流量（见9.5节）。

SUN公司称，通过改进衔铁套筒组件的行程力曲线（见图9-9），使之在切换开始时已有较大的电磁力，以克服液动力，从而获得了较大的工作范围（见

图 9-10a、b）。

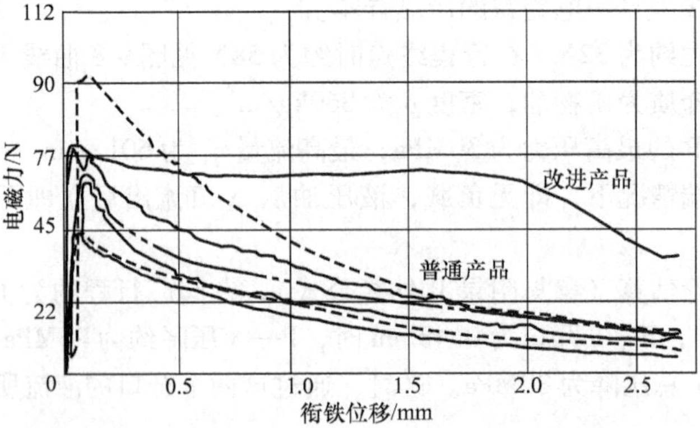

图 9-9 改进电磁铁与普通产品行程力曲线对比

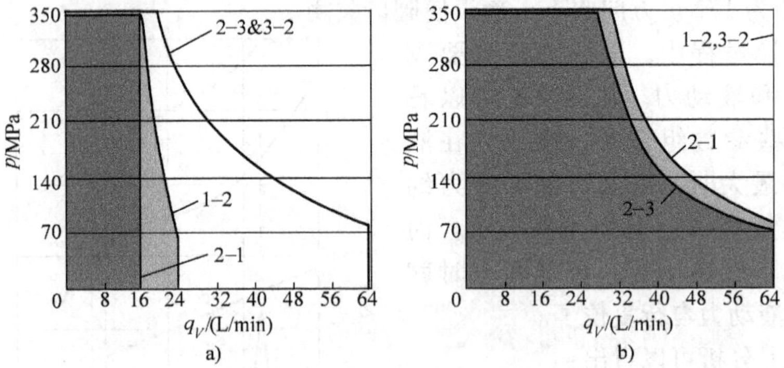

图 9-10 电磁阀工作范围曲线对比

a）普通产品 b）改进产品

6. 工作范围的测定

电磁阀工作范围的测定可参见 ISO6403：1988 或参考其制定的 GB/T 8106—1987。

（1）测试回路 测试回路可以参考图 9-11 搭建。图中：

1—液压源。其输出流量应可调。可以用变量泵。为了减少流量波动，必要时可加蓄能器。

2—溢流阀。2a 作为安全阀，其设定值应该为被测阀的许用压力。2b、2c 模拟负载，设定值应低于被测阀的许用压力。

3—流量传感器。

4—被测阀。

5—单向阀。

6—温度传感器。

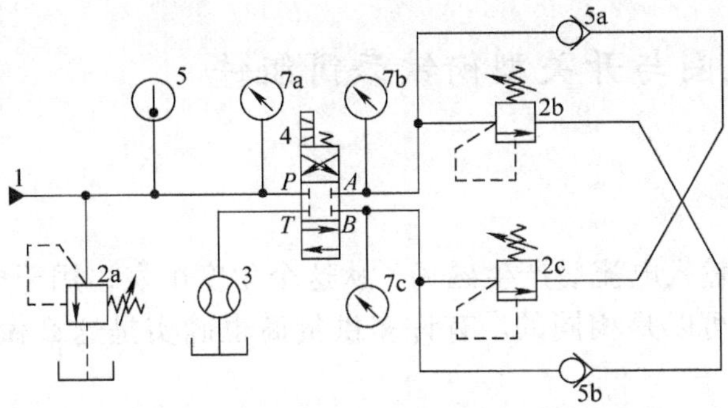

图9-11　电磁阀工作范围测试回路（ISO6403: 1988）

7—压力传感器。7a 测进口压力，7b、7c 分别测通口 A 和 B 的压力。

（2）测试过程　电磁线圈要预通电至平衡温度。输入电压：90% 额定电压。

换向阀阀芯能在位移的两个方向上至少 6 次全行程移动，才能算正常换向。如果不能正常换向，就要减小压力或流量。

在坐标纸上，以流量为横轴，压力为纵轴，把可以正常工作的点标出来。最后，把边界点连接起来就得到了该阀的工作范围。

9.1.4　切换过程中的连通状况

选用电磁阀时，在某些应用场合下，还要注意切换过程中的连通状况（见图9-12）。

若在切换过程中，P 口被短时间封闭，即所谓开口“正覆盖”（见图9-12a），则此时泵出的油必须经溢流阀溢出，形成瞬间高压。而若此高压正好接近或超过阀的工作范围，阀芯就可能被卡在中位，成为“进退两难”的局面。选用开口“负覆盖”型电磁阀（见图9-12b）就不会有此问题。

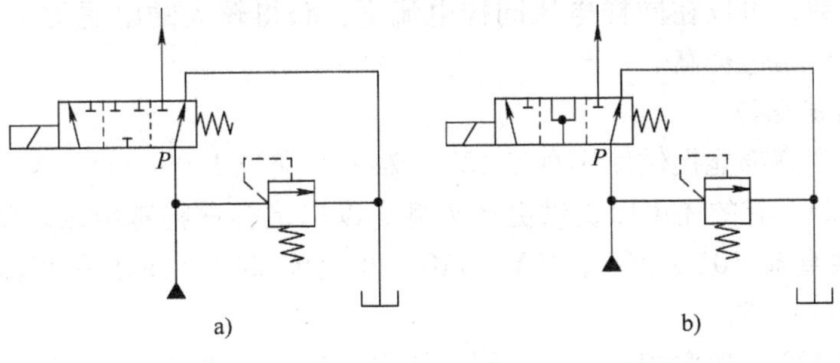

图9-12　电磁阀切换过程中的连通状况

a）开口“正覆盖”　b）开口“负覆盖”

9.2 电磁线圈与开关型衔铁套筒组件

9.2.1 电磁线圈

电磁线圈在输入电流后产生磁场。从这个角度出发，用于电磁开关阀和电磁比例阀的线圈可以是相同的。有许多供货商也确实是这么做的，例如SUN、ST公司。

1. 结构

电磁线圈由线匝、电源接头和铁套组成。

现代的线圈都是注塑密封的。有的生产商还在塑料中加入高达30%的玻璃纤维，以增加线圈刚性。

为使线匝产生的磁力形成环路，且磁阻较小，线匝外必须要有相当厚度的导磁外套（yoke）。一般都是电工纯铁，要求导磁性好，剩磁低。

图9-13 电磁线圈的铁套
a）铁套内置式 b）铁套外置式

此套有内置式（见图9-13a）和外置式（见图9-13b）。

内置式的导磁性能较好，但由于铁和塑料的热膨胀系数不一样，在热胀冷缩的过程中，容易产生间隙。

外置式的散热性能较好，也可以保护线圈减少机械性损伤。应用日见增多。

如所周知，电磁力与线匝的圈数和通过线圈的电流成正比。采用较粗的铜线，增加圈数，可以在同样电压同样电流下，获得较大的电磁力。当然线圈的体积变大，价格也会高。

2. 交直流电源

一般生产商都能提供使用直流12V、24V及交流110（115）V、220（230）V的电磁线圈。有的还可以提供更多类型，以满足客户特殊要求。例如，HF公司还可提供直流10V、36V、48V、110V及交流24V，并接受直流6V、20V、30V及72V的订货。

同一生产商，功率相同电压不同的线圈，装配尺寸都相同，可互换。

如所周知，交流线圈有一缺点，即，在切换时，衔铁若不能达到闭合位置，电流会急剧上升，可能烧毁线圈。因此，螺纹插装电磁阀都使用直流线圈。有些厂家，如ST、HF和SUN等公司的线圈里带有全桥整流回路，可以直接用于交流电源。ih公司的则无，用于交流电源时，接头里必须有整流回路（见图9-14）。

另外，即使是直流电源，也要注意检查其质量。如果其交流分量，即整流余波超过5%时，可能引起线圈被烧毁。

大多数螺纹插装阀都是应用在行走液压，电源供应第一是来自蓄电池，直流，常为24V左右。但是当内燃机驱动发电机，给蓄电池充电时，电压就会高一些，有的甚至超过28V，而且还可能带一些交流分量，必须注意。

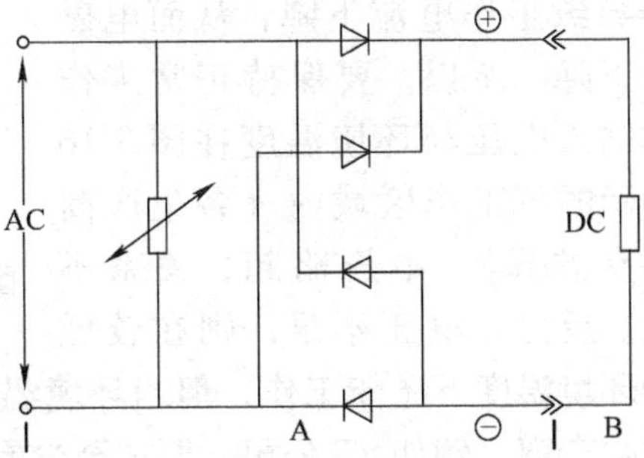

图9-14　电磁阀接头中的整流回路（ih）
A—接头　B—直流线圈

3. 工作温度、环境温度与绝缘等级

电磁阀的线圈都能持续工作，即100%工作制。

电磁线圈工作时，所通过的电流除了在刚得电的零点零几秒内，推动衔铁做了一些机械功以外，其余时间里全都转化为热量。因此，升温是不可避免的（见图9-15）。随着线圈与环境的温度差越来越大，散热也越来越多。到某一温度，发热和散热达到平衡，线圈温度才不再上升。这个平衡温度，一方面取决于散热条件——线圈表面积大小，散热系数等；另一方面，也取决于周围的环境温度。

因为持续得电的线圈，平衡温度达到100℃是常见的。所以，线圈的绝缘等级至少为F级，即最高耐温155℃。也有使用H级（HF和SUN公司）和N级（ST公司）的，最高耐温分别为180℃和200℃。

ST公司给出，线圈的平衡温度在额定电压和自然通风条件下可能达到高于周围环境温度的75℃，甚至95℃。因为它们线圈最高耐温200℃，所以它们的线圈可以工作在100℃的环境温度下。

鉴于线圈可能达到很高温度，因此，要考虑做好防护措施，避免操作人员由于接触线圈而被烫伤。

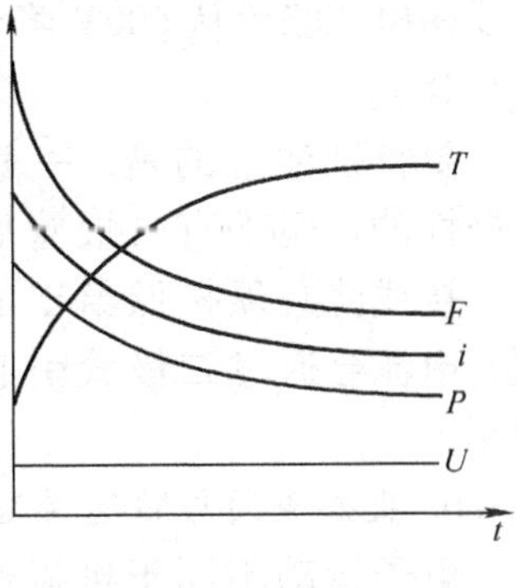

图9-15　电磁线圈的温度随时间上升的曲线
t—时间　T—温度　F—电磁力
i—电流　P—功率　U—电压

4. 工作电压与电流

有标准规定，应该允许输入电压有±10%的偏差。HF公司声称，它们的产品允许输入电压偏差±15%。SUN公司则称，允许±20%。

但要注意的是，因为电磁力与通过电磁线圈的电流成正比，而线圈的电阻随温度上升而增加，会导致工作电流下降，从而电磁力下降。所以，要保持正常工作的输入电压与环境温度在图 9-16 所示的可工作区域内（各生产商略有差异）。电压略超，关系不大。反之，电压不足，则在较低的环境温度下还能工作，但当环境温度升高时，就不能正常工作了。因此，有的生产商，例如 ST 公司，要求至少要达到 75% 的额定工作电流。

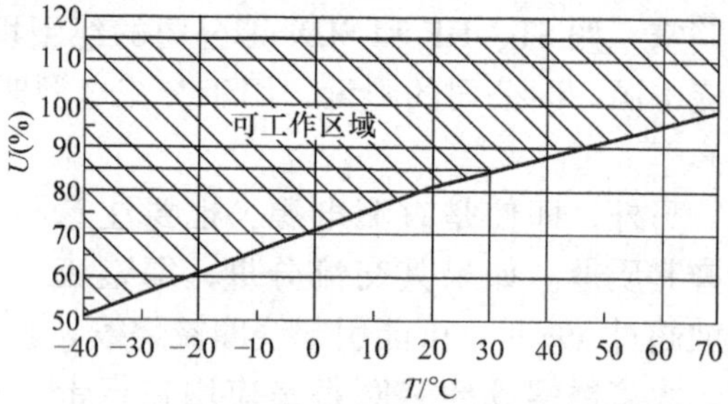

图 9-16 输入电压 U 与环境温度 T 的关系（HF）

5. 反向电压冲击保护

在线圈得电时，由于线圈的电感效应，电流是逐渐增大的（见图 9-17）。到衔铁开始运动后，线圈电感增加，造成通过线圈的电流短时间下降。到衔铁行程结束后（$t>t_1$），电流再度逐渐增加，直至稳定值。

在线圈断电时，电流突然被切断，所导致的磁场变化会造成一个很高的反向电压冲击。该电压峰值可达额定电压的 20 倍以上，可能损坏线圈绝缘层。

SUN 公司在线圈中加入反向二极管，把反向电压峰值从 600V 降到约 70V（见图 9-18）。

要特别注意的是，一般电磁线圈是无极性的。但带有二极管后，就有极性了。接线就必须按照给出的极性接。否则，电流会通过二极管引起短路，烧毁线圈。

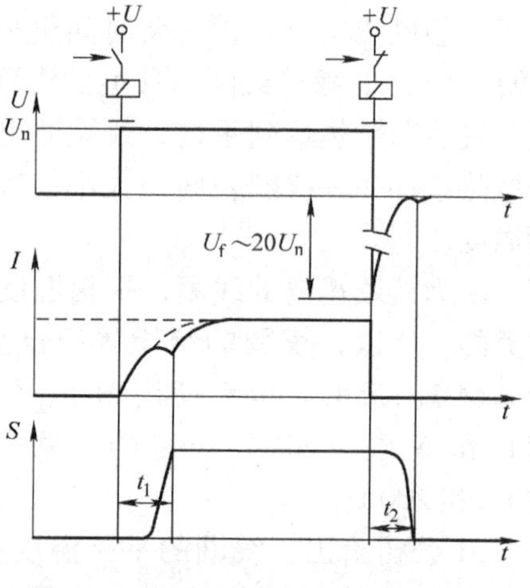

图 9-17 电磁铁通电断电过程（BOSCH）

S—衔铁行程 I—通过线圈的电流

U_n—额定电压 U_f—断电时的反向电压

t_1—衔铁闭合时间 t_2—衔铁复位时间

6. 失效原因与防范措施

电子运动不同于机械运动，没有磨损。理论上说，电磁线圈应该寿命无限。但实际上总还是有损坏，而且还是电磁阀失效的主要原因之一。其原因有如下。

1）被外来撞击损坏。

2）线圈紧固螺母 A（见图 9-19）如果拧得过紧，就有可能使线圈 C 的外包塑料层受损，产生细小裂纹。

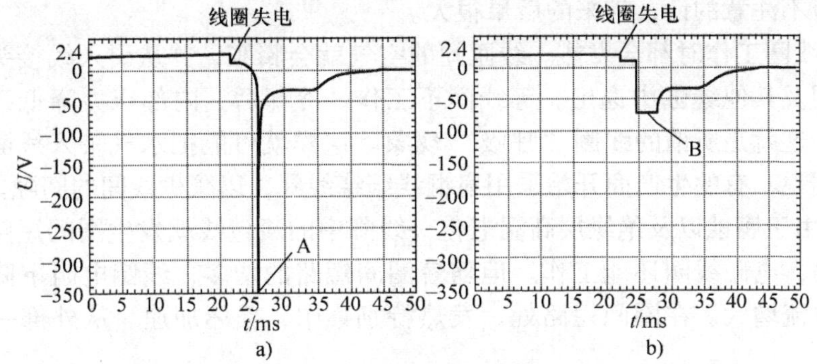

图9-18　电磁阀失电时的反向电压峰

a）不带反向二极管　b）带反向二极管

A—反向电压可达600V以上　B—反向电压约70V

有的产品采用带胶圈增大摩擦力的螺母，这样螺母不需要拧得很紧，也不用担心会掉。

3）衔铁套筒D被锈蚀而膨胀，也会损坏线圈的塑料层。因此很多产品在线圈两端放置O形密封圈，以避免水渗入线圈与套筒之间。

4）在固定液压中广泛使用的ISO/DIN43650接头（见图9-20），其金属引脚A与塑料之间总会有细小间隙。如果密封圈C未装好或缺失，用在露天环境中，水就可能通过这个间隙进入线圈内部。

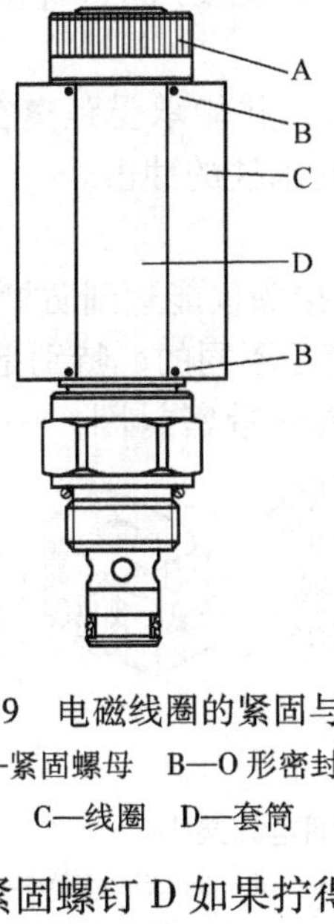

图9-19　电磁线圈的紧固与防护

A—紧固螺母　B—O形密封圈

C—线圈　D—套筒

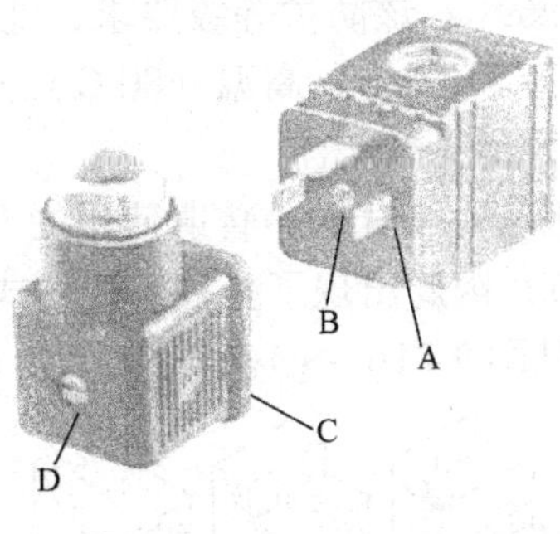

图9-20　ISO/DIN43650电磁线圈接头

A—金属引脚　B—螺母

C—密封圈　D—紧固螺钉

5）接头紧固螺钉D如果拧得过紧，也可能把埋在线圈外包塑料中的螺母B拉出，导致塑料保护层受损。所以，紧固扭矩一定要遵循产品说明书给出的数值。细节不注意的话，带来的后果很大。

6）线圈工作时都会发热。线匝间的空气就会膨胀，并从引入线接头与注塑外壳之间及其他缝隙中逸出。等线圈不工作，冷却后，内部压力降低，又会吸入空气。这就是所谓的线圈“呼吸”现象。这样就可能把水气带入线圈，导致腐蚀。据说，有的生产商开始采用扁铜线缠绕线圈，以减少线间的间隙。

7）由于腐蚀以及绝缘层高温老化，线圈中的漆包线就发生圈间短路。少量圈间短路，电磁线圈还能工作。但随着圈间短路的增多，线圈电阻下降，通过线圈的电流增大。在圈间短路处，发热特别集中，损坏加速。从外部一时却还看不出。

对于以上种种情况，最好防患于未然：定期测量线圈的电阻。如果某线圈的电阻比正常值下降了15%～20%，那寿命肯定不长了。即使机器还能工作，也趁早换掉。要注意的是，线圈的电阻随温度变化，测量时要考虑到这个因素。

比较先进的可编程控制器PLC可以监视各个输出口的输出电流。如果同时检测工作环境温度，配以适当的算法，就可实现线圈损坏预报警。

7. 防护标准

水，特别是含杂质及化学溶剂的水，对线圈是致命的。因此，IEC144和DIN40050-9规定了防水防尘等级。

IP65：该防护等级要求，能防止灰尘进入，并能承受距离在3m外的低压水枪的冲击。

IP67：该防护等级要求，能防止灰尘进入，并能浸入1m深的水中30min而不引起损坏。

IP69K：该防护等级要求，能防止灰尘进入，并能承受距离在10～15cm内的高压（10MPa）高温（80℃）并混有洗涤剂的水柱的冲击。

8. 接头形式

因为在板式阀中普遍使用的ISO/DIN43650接头仅能达到防护等级IP65（图9-21a），因此出现了多种其他形式的接头，以满足不同的、特别是工程机械的需要（见图9-21b～g）。其中：图c、d和e接头内带密封圈，一般都可以达到

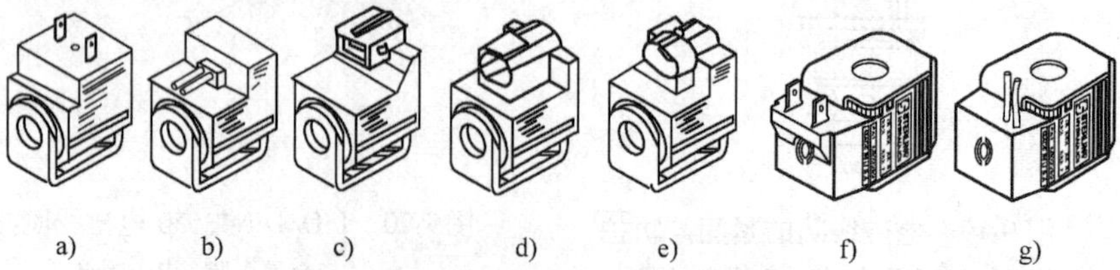

图9-21　各种形式的电磁线圈电源接头

a—ISO/DIN43650　b—双引出线　c—AMP Junior　d—deutsch（DT04-4P）
e—Metri—Pack　f—双插脚（double spade）　g—另一种双引出线

IP67。b和g双引线在线圈处没有塑料与金属的接缝，也可以达到很高的防护级别。但用户也要注意，要避免水从电线的绝缘套和金属线之间的间隙进入线圈。

9. 节能接头

有很多电磁阀，只是在得电过程中需要较大的电磁力，以克服液动力的最大值。一旦完成全行程，开口较大，液动力就不那么大了（见9.1.3节4.）。有鉴于此，ST公司推出了XPRO804型节能接头（见图9-22）。

此接头外形如ISO/DIN43650接头。利用脉宽调制技术，在得电的最初50ms内提供100%的电压，随后，逐渐下降到30%。可用在能源供应比较有限的场合。

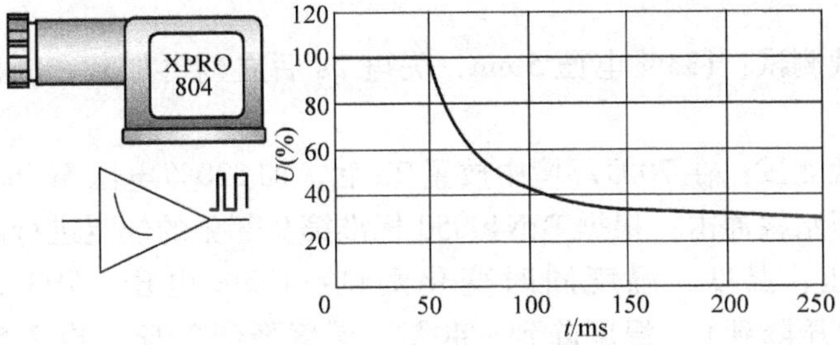

图9-22　ST公司的XPRO804型电磁线圈节能接头

9.2.2　线圈测试

1. 热剧冷测试

"热剧冷测试（thermal shock dunk test）"：线圈先加热到105℃，保持2h。然后立即放入0℃的水中浸2h。重复10次。水不允许进入线圈，线圈还能正常工作。

这个测试模拟了在农业及建筑机械的实际工作环境中，可能遇到的处境：一些线圈直接暴露在日晒雨淋中。

HF公司宣称，它们的带双引出线、Deutsch和Metri-Pack接头的E系列线圈（见图9-13b）可以经受"热剧冷测试"。

PK公司宣称，它们的新型线圈SUPER COIL配deutsch型接头的防护等级可以超过IP69K的规定，可以交替地浸入高温和低温的水中，可以间断地放入很高温度的环境中，可以承受含不同化学溶剂的高压水柱冲击。但同时指出，希望液压阀能承受这么剧烈的温度变化是不合理的，因为这会影响液压阀的性能和寿命，因此应该注意避免。

2. 其他测试

此外，认真的制造商还对线圈进行其他一系列测试：

1）盐雾测试：根据ASTN B117标准，20h。

2）耐尘测试：24h，细尘，0.88g/m³。

3）振动测试：72h，频率20～1996Hz，三向，不允许有任何元件脱落。

4）冲击测试：5ms，50g。

5）抗腐蚀测试：浸入车辆工作环境中常见的11种液体，如柴油、煤油、清洗剂、蓄电池酸液等，50℃，各5min。

6）跌落测试：从450mm高度自由跌落到一块至少44mm厚的橡木板上。

7）储存温度：分别在105℃和－55℃环境中放置20h。

8）耐湿测试：在温度40℃，湿度95%环境中放置168h。

9）抗渗水测试：在25℃的水中，1m深，浸120h，同时交替加从75%～133%的电压。

10）超载测试：133%电压5min，失电2s后立刻再加载，周而复始，持续168h。

11）突载测试：在70℃环境中放置2h后，加220%电压5min。

12）高压水柱冲击：根据DIN40050标准第9部分的规定进行。

13）电压、温度、湿度同时变化测试：133%电压，70℃，湿度70%，2.5h，然后电压降到0，温度降到－40℃，湿度降到25%，再2.5h。如此反复持续600h。

这些测试模拟了各种实际应用中可能碰到的极端情况。能够通过这些测试的线圈，应该是不错的线圈。

9.2.3 开关型衔铁套筒组件

衔铁套筒组件在线圈通电造成的磁场中把电磁力转化为推力或拉力。

1. 结构

衔铁套筒组件（Armature）主要由套筒（guide Tube）、衔铁（Plunger）和推杆组成（见图9-23）。

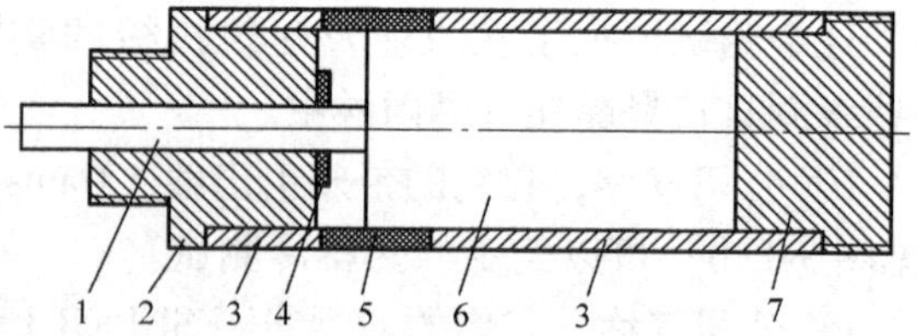

图9-23 电磁阀衔铁套筒组件

1—推杆 2—极靴 3—导套 4—限位片 5—隔磁环 6—衔铁 7—极靴

螺纹插装电磁阀的衔铁套筒组件都是湿式的，这意味着：

1）衔铁浸在压力介质中，减少了运动摩擦。

2）推杆周围没有密封圈，因此摩擦力较小。

3）线圈所产生的热量也可以借助压力介质的流动带走。但要考虑到，这是个不通孔，因此流量有限。

4）压力油可以进入套筒内，因此套筒组件必须是耐压的。

衔铁套筒组件的极靴、导套、衔铁都是用铁磁材料制造的。隔磁环则是用抗磁性材料（如铜或不锈钢）制造的，从而强迫磁力线全部轴向地通过工作气隙 S（见图9-24），在轴向产生最大吸力。随着衔铁向左移动，工作气隙 S 减小，局部磁阻成正比地减小，而磁力就呈反比，双曲线地增加（见图9-25）。

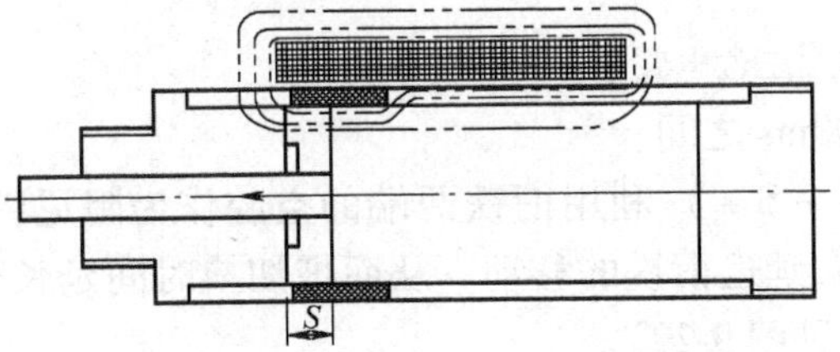

图9-24　电磁阀开关型的磁力线示意图

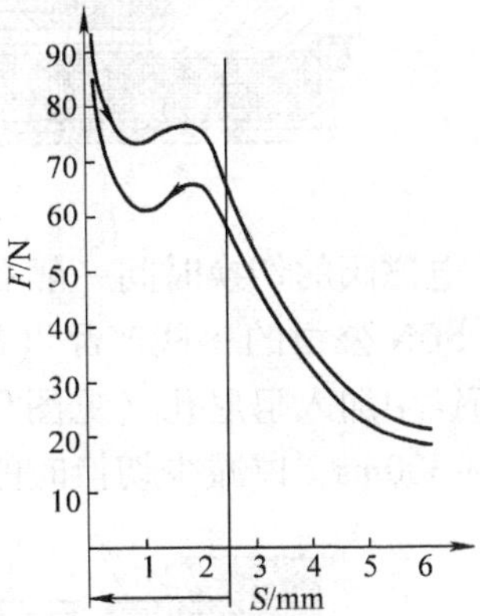

图9-25　某电磁阀衔铁套筒组件的工作气隙-磁力特性（BR）

F—磁力　S—工作气隙

隔磁环与导套通常用铜钎焊、氩弧焊或真空焊连接在一起，以保证耐压。

工作方式有推式和拉式两种（见图9-26）。可以使用相同的线圈，只是衔铁结构略有不同。

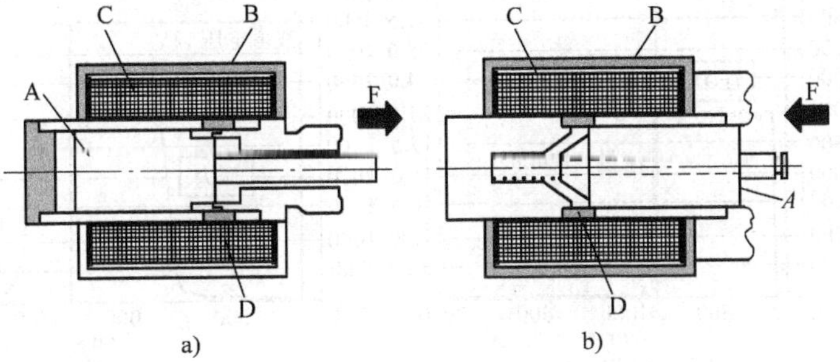

图9-26　电磁阀推式和拉式衔铁

a）推式　b）拉式

A—衔铁　B—铁套　C—线匝　D—隔磁环　F—电磁力

锥型衔铁（见图9-26b）可以增大导磁面积，改善行程-力特性。

三位阀一般都采用两个线圈，一推一拉（见图9-27）。

2. 延长切换时间

液压系统的动态过程往往和换向阀的切换时间有关。切换时间越短，冲击越大。

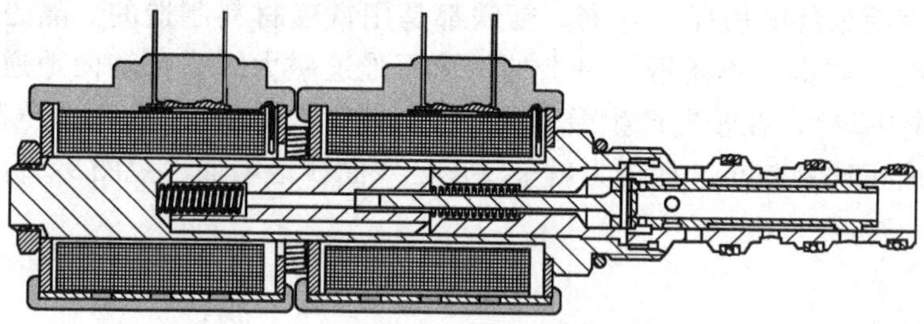

图 9-27 三位电磁阀

电磁阀的切换时间一般在 30～100ms 之间。

SUN 公司的一些产品（M＊＊＊－S＊）利用衔铁两端的空腔作为阻尼腔，在衔铁中加入阻尼孔（见图 9-28），来延迟衔铁的移动，从而把切换时间延长到 200～300ms，以减少切换时的冲击（见图 9-29）。

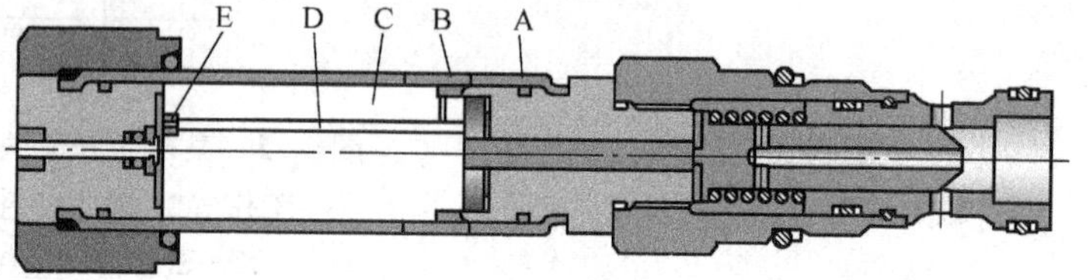

图 9-28 软切换阀结构（SUN）

A—导磁套 B—隔磁环 C—衔铁 D—连通孔 E—阻尼孔

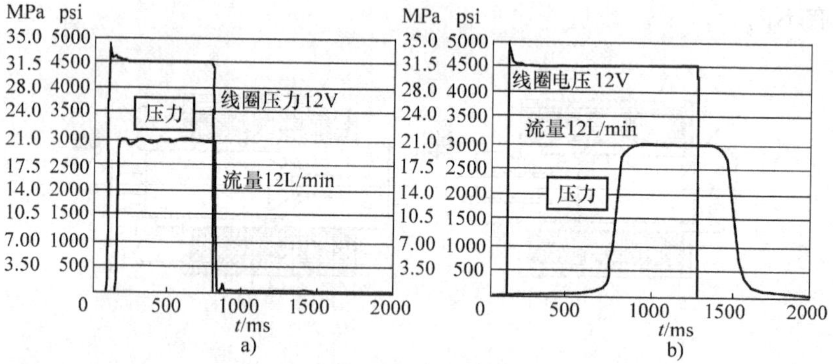

图 9-29 电磁阀切换时的液压冲击（SUN）

a）普通型，无阻尼孔 b）软切换阀

9.3 二位二通常闭型电磁阀

二通电磁阀根据其在线圈失电时的连通状况可分为常闭与常开两大类。

市场可购的二位二通常闭型电磁阀大致可以归纳成如表 9-2 所列。

表9-2 二位二通常闭型电磁阀的大致分类

得电 失电			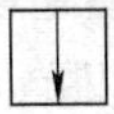	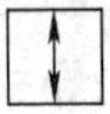
			单向可通，反向仅有少量泄漏	双向可通
滑阀型		关闭但不完全密封	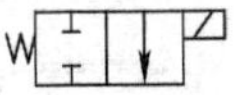	
单向密封		仅单向关闭密封，反向可通	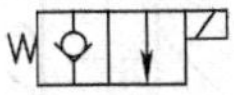	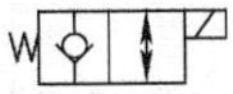
双向密封		关闭且双向密封	—	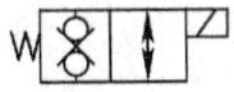

9.3.1 滑阀型电磁阀

失电时关闭，但因为是滑阀，所以不可能完全密封。

1. PK公司的GS0222型电磁阀（见图9-30）

直动式。在得电时，双向可通。

名义流量（压差0.5MPa）：13L/min。

许用压力：35MPa。

内泄漏：在21MPa时，小于82mL/min。

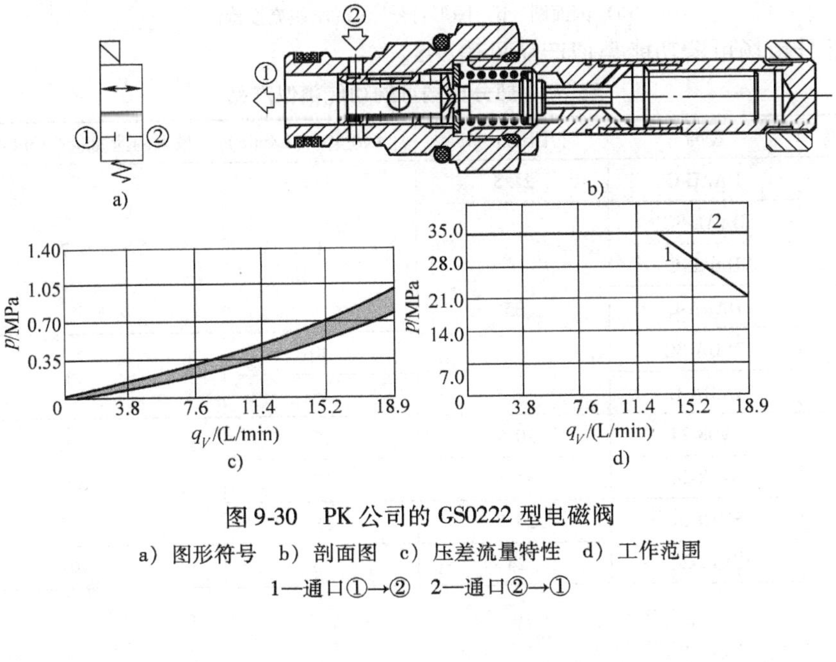

图9-30 PK公司的GS0222型电磁阀

a）图形符号 b）剖面图 c）压差流量特性 d）工作范围

1—通口①→② 2—通口②→①

最低工作电压：不低于85%额定电压。

2. ET公司的S613型电磁阀（见图9-31）

先导式。得电时，仅单向可通。

许用压力：25MPa。

名义流量：压差0.5MPa时，90 L/min。

内泄漏：在21MPa时，小于60 mL/min。

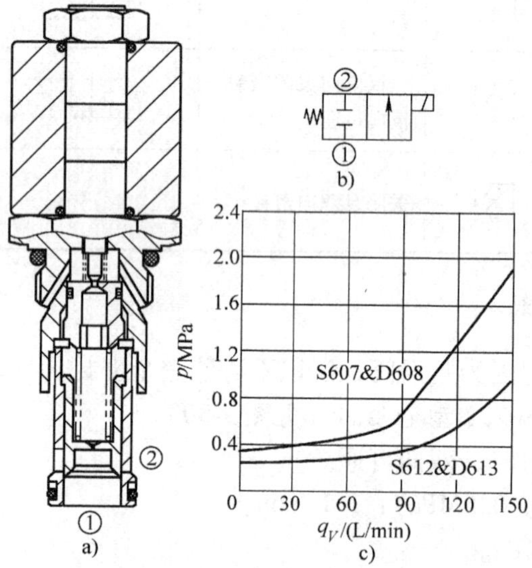

图9-31　ET公司的S613型电磁阀

a）剖面图　b）图形符号　c）压差流量特性

部分市场可购功能类似产品见表9-3。

表9-3　部分市场可购功能类似产品

制造商	型号	许用压力/MPa	名义流量/（L/min）	最大内泄漏量/（mL/min）
SUN	DAAC-C	24.5	1	0.7
	DAAL-SC	35		
	DAAL-C			
	DAAA-C			
	DLDA-SC		30	80
	DLDA-C		45	
HF	SV08-24	20.7	17	82
	SV58-24	34.5	17	
	SV10-24	20.7	38	
	SV12-24	24	76	410

（续）

制造商	型号	许用压力/MPa	名义流量/（L/min）	最大内泄漏量/（mL/min）
ST	GS0220	21	13/19 *	82
	GS0222	35	13	
	GS0420	21	23	
	GS0421		30	
	GS0422	35	23	
ih	S211	21	15	0.6
	S511		22	120

注：使用普通18W/高功率28W电磁线圈。

9.3.2　单向密封型电磁阀

此类皆系先导差动式滑锥阀。

1. ST公司的GS0404型电磁阀（见图9-32）

（1）特性　失电时，仅单向关闭密封。

内泄漏：在21MPa时，小于0.33L/min。

反向虽然可通，但液阻较大，见压差流量曲线。

得电时，单向可通，反向仅有少量可通过。

许用压力：35MPa。

名义流量（压差0.5MPa）：75L/min。

在名义流量和许用压力下的切换时间：开启80ms，关闭70ms。

最低工作电压：75%额定电压。

（2）结构

由先导阀和主阀组成。主阀芯E后端D腔通过先导阀芯F上的槽与腔C相通，因此两腔压力相等。

（3）工作原理　失电时，先导阀芯F在弹簧的作用下压住主阀芯E上的节流孔A。

若通口①的压力高，压力油可以经过节流孔B进入C腔，但不能流出到通口②。因此，C腔和D腔的压力等同于通口①，压住主阀芯E，通口①→②不通。

若通口②的压力高于弹簧压力，则可以推动主阀芯，连同先导阀芯，一起往上，通口②→①通。

得电时，衔铁带动先导阀芯F，克服先导弹簧力上移，开启主阀芯E上的节流孔A。

若通口①的压力高，先导液流可以经过节流孔B进入C腔，再经过节流

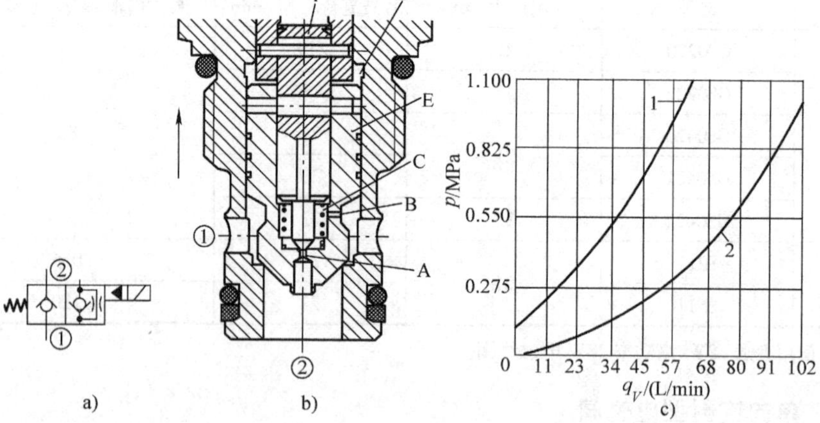

图 9-32 ST 公司的 GS0404 型电磁阀

a）图形符号 b）剖面图 c）压差流量特性

1—失电，通口②→① 2—得电，通口①→②

孔 A 流出到通口②。由于节流孔 B 很小，因此，C 腔和 D 腔的压力远低于通口①。这样通口①的压力可以通过环形作用面积推动主阀芯 E 往上，开启主通道。

若通口②的压力高，先导液流可以经过节流孔 A 进入 C 腔，再经过节流孔 B 流出到通口①。但由于节流孔 A 直径大于节流孔 B，C 腔的压力近于通口①，导致主阀芯 E 被压住，主通道不通。

部分市场可购功能类似电磁阀见表 9-4。

表 9-4 部分市场可购功能类似电磁阀

制造商	型号	许用压力/MPa	名义流量/（L/min）	内泄漏量/（mL/min）
ST	GS0201	21	19	0. 33
	GS0202		38	
	GS0203	35	19	
	GS0204		38	
	GS0402	21	75	
	GS0404	35		
	GS0601	21	190	0. 5
	GS0603	35		
	GS0602	21	285	
	GS0604	35		

（续）

制造商	型号	许用压力/MPa	名义流量/（L/min）	内泄漏量/（mL/min）
HF	SV08-20	20.7	23	0.25
	SF08-20	34.5	19	
	SV38-20J	20.7	23	
	SV58-20	34.5	23	0.15
	SV10-20	20.7	45	0.25
	SV12-20	24	114	0.35
	SV16-20	20.7	132	
ih	SX204	35	20	0.6
	S504	21	60	
	S608	25	90	

2. HF公司的SV08-22型电磁阀（见图9-33）

（1）特性

先导差动式。

失电，仅单向关闭密封，反向可通。

得电，双向可通。

许用压力：20.7MPa。

流量：见图9-33c。

内泄漏：在20.7MPa时，小于0.15mL/min。

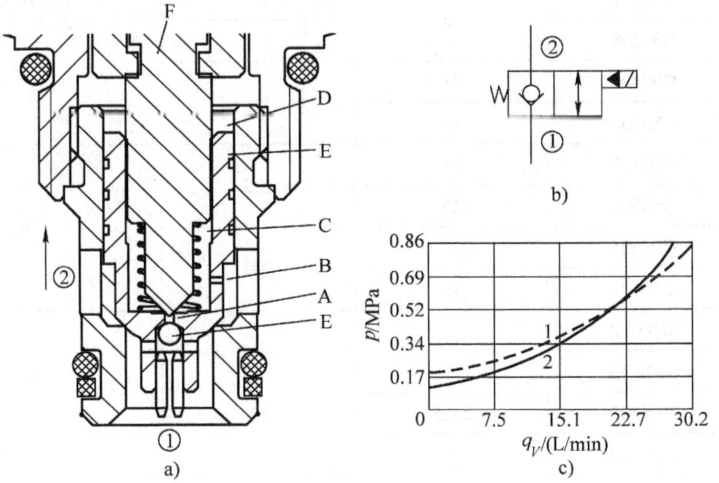

图9-33　HF公司的SV08-22型电磁阀

a）剖面图　b）图形符号　c）压差流量特性

1—通口①→②失电　2—通口②→①得电

最低工作电压：85%额定电压。

（2）工作原理　失电时，先导阀芯 F 在弹簧的作用下压住主阀芯 E 上的节流孔 A。

若通口②的压力高，压力油可以经过节流孔 B 进入 C 腔，但不能流出到通口①。因此，C 腔和 D 腔的压力等同于通口②，压住主阀芯 E，②→①不通。

若通口①的压力高于弹簧压力，则可以推动主阀芯 E，连同先导阀芯 F，一起往上，通口①→②通。

得电时，衔铁带动先导阀芯 F，克服弹簧力上移，开启主阀芯 E 上的节流孔 A。

若通口②的压力高，先导液流可以经过节流孔 B 进入 C 腔，再经过节流孔 A 流出到通口①。由于节流孔 B 很小，因此，C 腔和 D 腔的压力远低于通口②。这样通口②的压力可以通过环形作用面积推动主阀芯 E 往上，开启主通道。

若通口①的压力高，由于节流孔 A 被钢珠 E 封住，因此，C 腔和 D 腔的压力等同于通口②。主阀芯 E，连同先导阀芯 F，被一起往上抬起，通口①→②通。

部分市场可购功能类似电磁阀见表 9-5。

表 9-5　部分市场可购功能类似电磁阀

<table>
<tr><th>制造商</th><th>型号</th><th>许用压力/MPa</th><th>名义流量/（L/min）</th><th>最大内泄漏量/（mL/min）</th></tr>
<tr><td rowspan="12">ST</td><td>GS0271</td><td rowspan="4">21</td><td rowspan="2">1</td><td>0①</td></tr>
<tr><td>GS0270</td><td rowspan="7">0. 33</td></tr>
<tr><td>GS0205</td><td>19</td></tr>
<tr><td>GS0206</td><td>38</td></tr>
<tr><td>GS0207</td><td rowspan="2">35</td><td>19</td></tr>
<tr><td>GS0208</td><td>38</td></tr>
<tr><td>GS0406</td><td>21</td><td rowspan="2">75</td></tr>
<tr><td>GS0408</td><td>35</td></tr>
<tr><td>GS0606</td><td>21</td><td rowspan="2">285</td><td rowspan="4">0. 5</td></tr>
<tr><td>GS0608</td><td>35</td></tr>
<tr><td>GS0605</td><td>21</td><td rowspan="2">190</td></tr>
<tr><td>GS0607</td><td>35</td></tr>
<tr><td rowspan="7">HF</td><td>SL08-22</td><td rowspan="2">20. 7</td><td>1. 5</td><td rowspan="3">0. 25</td></tr>
<tr><td>SV08-22</td><td rowspan="3">23</td></tr>
<tr><td>SF08-22</td><td>34. 5</td></tr>
<tr><td>SV58-22</td><td rowspan="2">20. 7</td><td>0. 15</td></tr>
<tr><td>SV10-22</td><td>45</td><td>0. 25</td></tr>
<tr><td>SV12-22</td><td>24. 0</td><td>114</td><td rowspan="2">0. 35</td></tr>
<tr><td>SV16-22</td><td>20. 7</td><td>132</td></tr>
</table>

（续）

制造商	型号	许用压力/MPa	名义流量/（L/min）	最大内泄漏量/（mL/min）
ih	S206	21.0	1	0.3
	S202		25	0.6
	S502		60	
	S609	25.0		

① 采用较软的材料制作阀座，以保证其密闭性能，但持久性差些。

9.3.3　双向密封型电磁阀

1. HF 公司的 SV38-28 型电磁阀（见图 9-34）

（1）特性

直动式滑锥阀。

失电时，通道关闭，双向密封。内泄漏在 20.7MPa 时，小于 0.25mL/min。

得电时，双向可通。

许用压力：20.7MPa。

流量：见图 9-34c。

最低工作电压：85% 额定电压。

寿命：许用压力下 50 万次（由于内部动密封磨损）。

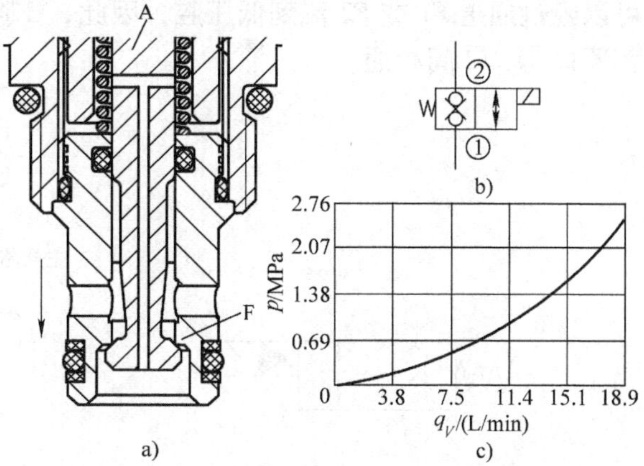

图 9-34　HF 公司的 SV38-28 型电磁阀

a）剖面图　b）图形符号　c）压差流量特性

（2）特点　各通口作用在阀芯上的静压力始终平衡。

（3）工作原理

失电时，阀芯 A 在弹簧力的作用下通过锥面 F 密封。

得电时，阀芯 A 下移，开启通道。

2. ST 公司的 GS0480/81 型电磁阀（见图 9-35）

（1）特性

先导差动式滑锥阀。

80 型使用 14W 电磁铁，许用压力：21MPa。

81 型使用 19W 电磁铁，许用压力：35MPa。

最低开启压力：0.15MPa。

名义流量（压差 0.5MPa）：通口②→①，68L/min；通口①→②，46L/min。

内泄漏：小于 0.33L/min。

最低工作电压：85%额定电压。

（2）工作原理　失电时，先导阀芯在弹簧力的作用下压住主阀芯上的节流孔 A。

若通口①的压力高，压力油可以经过通道 B1 进入 C 腔，但由于钢珠 E1 封住通道 B2，不能流到通口②。因此，C 腔的压力等同于通口①，压住主阀芯，通口①、②间不通。

若通口②的压力高，压力油可以经过通道 B2 进入 C 腔，但由于钢珠 E2 封住通道 B1，不能流到通口①。因此，C 腔的压力等同于通口②，压住主阀芯，通口①、②间不通。

得电时，衔铁带动先导阀芯，克服弹簧力上移，开启节流孔 A。C 腔的压力油可以经过通道 F1 或 F2 流到低压腔，因此，C 腔失压。这样就导致主阀芯被抬起，通口①、②间相通。

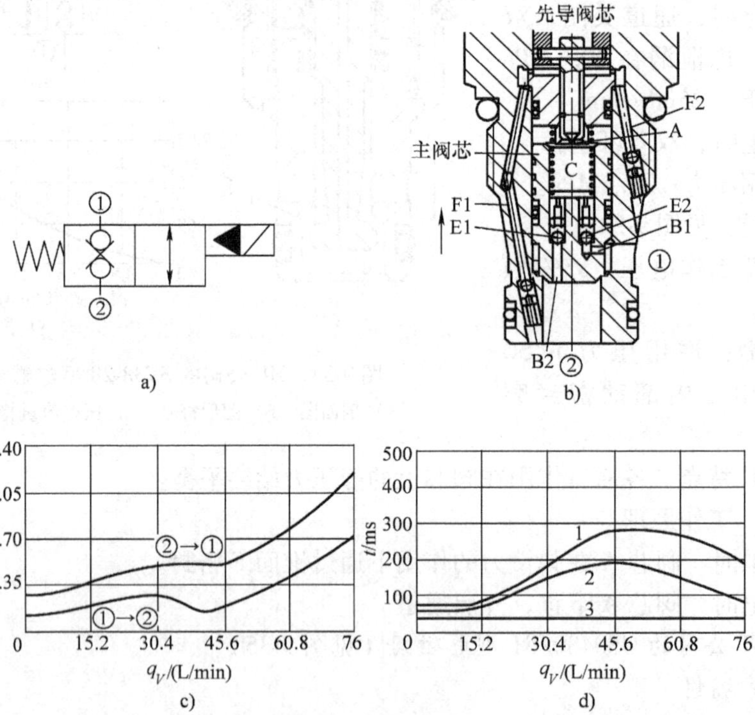

图 9-35　ST 公司的 GS0480/81 型电磁阀

a）图形符号　b）剖面图　c）压差流量特性　d）响应时间

1—通口②→①关闭时　2—通口①→②开启时　3—通口②→①开启时，或通口①→②关闭时

部分市场可购功能类似电磁阀见表 9-6。

除上述各种类型外，生产商还根据部分市场需要，提供一些变型。小改动，作用大变。

表 9-6　部分市场可购功能类似电磁阀

<table>
<tr><th>制造商</th><th>型号</th><th>许用压力/MPa</th><th>名义流量/（L/min）</th><th>最大内泄漏量/（mL/min）</th></tr>
<tr><td rowspan="4">HF</td><td>SV08-26</td><td rowspan="2">20.7</td><td>1</td><td>0.1</td></tr>
<tr><td>SV38-26</td><td>2</td><td>0.1</td></tr>
<tr><td>SV58-26</td><td>34.5</td><td>1</td><td>0.1</td></tr>
<tr><td>SV38-28</td><td>20.7</td><td>19</td><td>0.25</td></tr>
<tr><td rowspan="8">ST</td><td>GS0272</td><td rowspan="3">21</td><td rowspan="2">1</td><td rowspan="6">0.33</td></tr>
<tr><td>GS0273</td></tr>
<tr><td>GS0280</td><td rowspan="2">34</td></tr>
<tr><td>GS0281</td><td>35</td></tr>
<tr><td>GS0480</td><td>21</td><td rowspan="2">68</td></tr>
<tr><td>GS0481</td><td>35</td></tr>
<tr><td>GS0680</td><td>21</td><td rowspan="2">190</td><td rowspan="2">0.5</td></tr>
<tr><td>GS0681</td><td>35</td></tr>
<tr><td rowspan="2">SUN</td><td>DTDA-SC</td><td rowspan="2">35</td><td>15</td><td rowspan="2">0.7</td></tr>
<tr><td>DTDA-C</td><td>40</td></tr>
<tr><td rowspan="3">ih</td><td>S215</td><td rowspan="3">21</td><td>1</td><td>0.3</td></tr>
<tr><td>S217A</td><td>10</td><td rowspan="2">0.6</td></tr>
<tr><td>S217</td><td>20</td></tr>
</table>

例如 ST 的 GS0270 型电磁阀（见图 9-36a）中换用硬弹簧及高功率电磁线圈，就成为一许用压力可达 35MPa 的直动式电卸荷溢流阀（见图 9-36b）。其名义流量 1L/min，内泄漏小于 0.33mL/min。

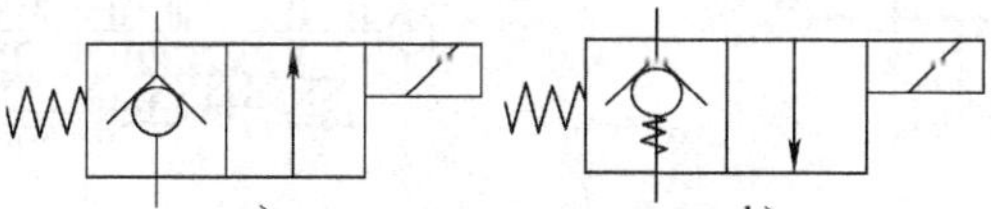

a)　　b)

图 9-36　改动变型电磁阀

a）ST 公司的 GS0270 型　b）直动式电卸荷溢流阀

9.4　二位二通常开型电磁阀

市场可购的二位二通常开型电磁阀产品大致可以归纳成表 9-7。

9.4.1　滑阀型电磁阀

SUN 公司的 DLDA-MHN 型电磁阀（见图 9-37）：

340　　液压螺纹插装阀

表 9-7　二位二通常开型电磁阀的大致分类

失电 / 得电			单向可通，反向流量很小	双向可通
滑阀型		关闭但不完全密封		
单向密封型		仅单向关闭密封，反向可通		
双向密封型		关闭且双向密封	—	

直动式滑锥阀。

失电时，双向可通。

得电时，关闭但不完全密封。

内泄漏：在 25MPa 时，小于 80mL/min。

名义流量：40L/min。从压差流量曲线（见图 9-37c）可以看出，此时压差约为 0.7MPa。从工作范围曲线（见图 9-37d）可以看出，工作流量在压力低于 5MPa 时可超过 60L/min。

切换时间：约 50ms。

工作电压：80% ~120% 额定电压。环境温度不高于 50℃。

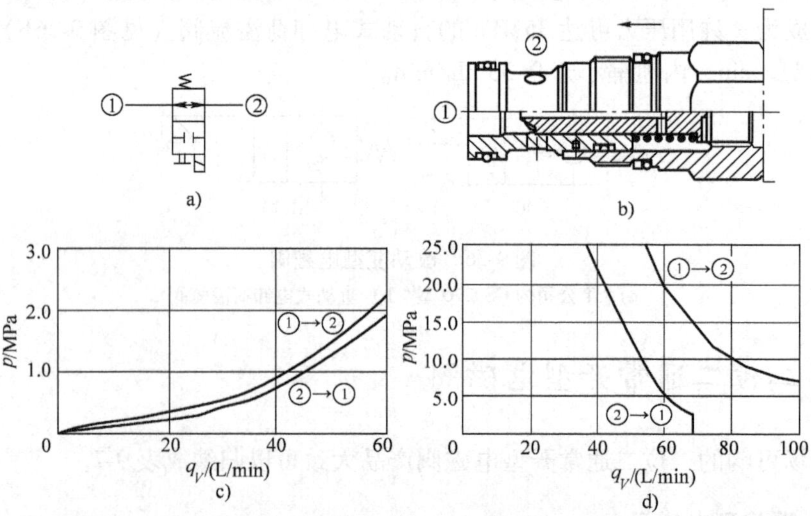

图 9-37　SUN 公司的 DLDA-MHN 型电磁阀

a）图形符号　b）剖面图　c）压差流量特性　d）工作范围

部分市场可购功能类似的电磁阀见表9-8。

表9-8　部分市场可购功能类似电磁阀

制造商	型号	许用压力/MPa	名义流量/（L/min）	最大内泄漏量/（mL/min）
SUN	DAAL-H	35	1	0.7
	DAAA-H			
	DAAL-SH			
	DAAC-H			
	DLDA-SH		30	80
	DLDA-H		45	
HF	SV08-25	20.7	9	82
	SV58-25	34.5	7.5	
	SV80-25	20.7	18	
	SV10-25		22	
	SV12-25		76	410
ST	GS0225	21	13	82
	GS0226		19	
	GS0227	35	13	
	GS0425	21	23	
	GS0426		30	
	GS0427	35	23	
ih	S210	21	15	0.6
	S510		22	120

9.4.2　单向密封型电磁阀

1. ST公司的GS0413型电磁阀（见图9-38）

（1）特性

先导差动式滑锥阀。

失电时，仅单向可通，反向仅有约1L/min能通过。

得电时，单向关闭密封，反向可通。

内泄漏，在21MPa时：少于0.33L/min。

许用压力：21MPa。

名义流量（压差0.5MPa）：68L/min。

切换时间，在许用压力和名义流量时：关闭70ms，开启100ms。

（2）结构　阀芯由主阀芯E和先导阀芯F组成。主阀芯E上端D腔通过先

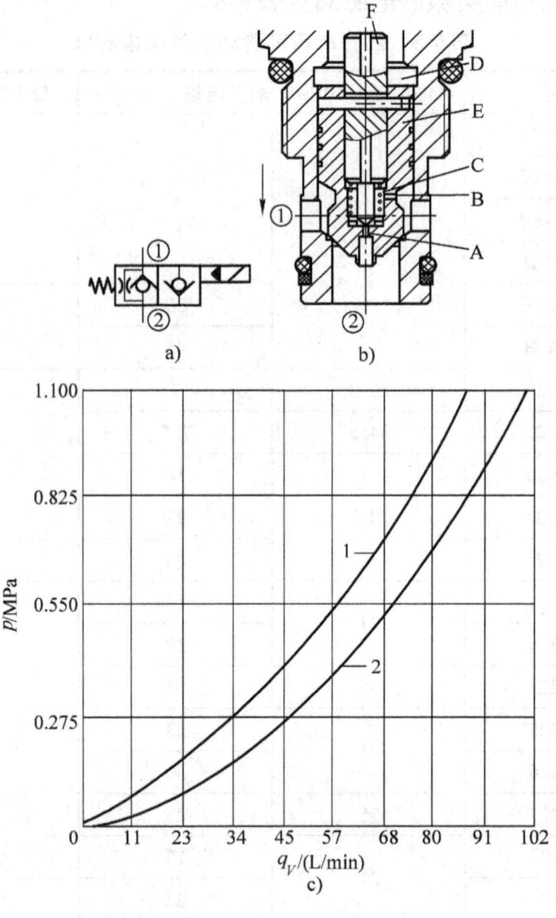

图 9-38 ST 公司的 GS0413 型电磁阀

a）图形符号 b）剖面图 c）压差流量特性

1—得电，通口②→① 2—失电，通口①→②

导阀芯 F 上的槽与弹簧腔 C 相通，因此两腔压力相等，先导阀芯 F 受到的静压力平衡，减小了衔铁推动时的阻力。

（3）工作原理 失电时，先导阀芯 F 被弹簧提升，开启主阀芯 E 上的节流孔 A。

若通口①的压力高，先导液流可以经过节流孔 B 进入 C 腔，再经过节流孔 A 流出到通口②。由于节流孔 B 较节流孔 A 小得多，因此，C 腔和 D 腔的压力接近于通口②，低于通口①。这样通口①的压力可以通过环形作用面积提升主阀芯 E，开启主通道。

若通口②的压力高，先导液流经过节流孔 A 进入 C 腔，再经过节流孔 B 流出到通口①。但由于节流孔 A 的直径大于节流孔 B，C 腔和 D 腔的压力近于通口②，就导致主阀芯 E 被压住，主通道不通，仅有一小股先导液流通过。

得电时，衔铁下移，克服弹簧力，推动先导阀芯 F，压住主阀芯 E 上的节流孔 A。

若通口①的压力高，压力油可以经过节流孔 B 进入 C 腔 D 腔，但不能流出到通口②。因此，C 腔 D 腔的压力等同于通口①，压住主阀芯 E，通口①到②不通。

若通口②的压力高，则可以推动主阀芯 E，连同先导阀芯 F，一起往上，通口②到①通。

部分市场可购功能类似电磁阀见表 9-9a。

表 9-9a　部分市场可购功能类似电磁阀（一）

制造商	型号	许用压力/MPa	名义流量/（L/min）	最大内泄漏量/（mL/min）
ST	GS0275	21	1	0.33
	GS0276			0
	GS0211		15	0.5
	GS0212		30	
	GS0213	35	15	
	GS0214		30	
	GS0412	21	50	0.33
	GS0413	35	68	
	GS0414	35	50	
	GS0611	21	152	0.5
	GS0613	35		
	GS0612	21	190	
	GS0614	35		
HF	SV08-21	20.7	30	0.25
	SF08-21	34.5		
	SV10-21	20.7	57	
	SV12-21	24.0	114	0.35
	SV16-21	20.7	132	
ih	SX203	28.0	20	0.6
	S503	21.0	60	
	S607	25.0	90	

2. HF 公司的 SV08-23 型电磁阀（见图 9-39）

（1）特性与结构

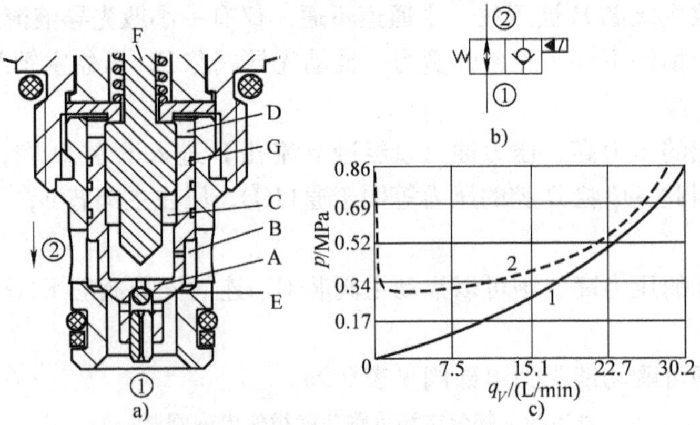

图 9-39　HF 公司的 SV08-23 型电磁阀

a）剖面图　b）图形符号　c）压差流量特性

1—失电，通口②→①或①→②通　2—得电，通口①→②通，通口②→①不通，只有少量渗漏

先导差动型滑锥阀。

失电时，双向可通。

得电时，仅单向关闭密封。内泄漏：压差 20.7MPa 时，小于 0.15L/min。反向可通。

许用压力：20.7MPa。

流量：见图 9-39c。

切换时间：得电 30ms，失电 60ms。

结构与前例相似，多一钢珠 E。

（2）工作原理　失电时，先导阀芯 F 被弹簧提升，开启主阀芯 G 上的节流孔 A。

若通口②的压力高，先导液流可以经过节流孔 B 进入 C 腔，再经过节流孔 A 流出到通口①。由于节流孔 B 很小，因此，C 腔和 D 腔的压力接近通口①，低于通口②。这样通口②的压力可以通过环形作用面积提升主阀芯 G，开启主通道。

若通口①的压力高，由于节流孔 A 被钢珠 E 封住，因此，C 腔和 D 腔的压力等同于通口②，较低。提升主阀芯 G，连同先导阀芯 F，一起往上，通口①→②通。

得电时，衔铁下移，克服弹簧力，推动先导阀芯 F 压住主阀芯 G 上的节流孔 A。整个阀如一个单向阀：

若通口②的压力高，压力油可以经过节流孔 B 进入 C 腔，但不能流出到通口①。因此，C 腔和 D 腔的压力等同于通口②，压住主阀芯，通口②→①不通。

若通口①的压力高，足以克服电磁力（约 0.34 ~ 1.05MPa），则可以推动主阀芯 G，连同先导阀芯 F，一起往上，通口①→②通。

（3）特点　通口①→②的压差流量曲线显示，为克服电磁力，压差最低要约 0.3MPa。

如果该阀用作旁路阀（见图 9-40），那么，在失电状态时通口②处压力很低。在得电时，因为节流孔 B 很小，压力介质通过节流孔 B 进入 C 腔的流量就很小。如果气温低，油的粘度高，就可能出现响应时间很长的现象。

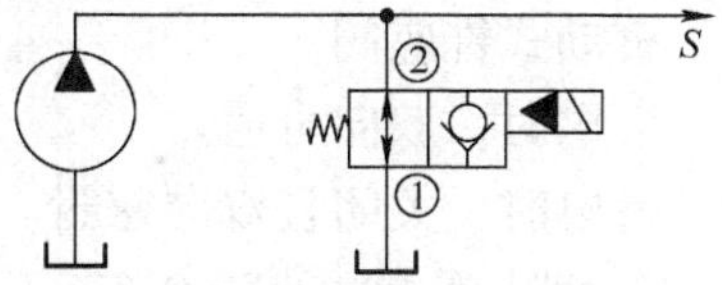

图 9-40　先导式常开型电磁阀用作旁路阀

部分市场可购类似功能电磁阀见表 9-9b。

表 9-9b　部分市场可购功能类似电磁阀（二）

制造商	型号	许用压力/MPa	名义流量/（L/min）	最大内泄漏量/（mL/min）
HF	SF08-23	34.5	30	0.25
	SV58-23			
	SV10-23	20.7	57	
	SV12-23	24	114	0.35
	SV16-23	20.7	132	
ST	GS0215	21	15	0.5
	GS0216		30	
	GS0217	35	15	
	GS0218		30	
	GS0416	21	50	0.33
	GS0417		68	
	GS0418	35	50	
	GS0615	21	152	0.5
	GS0617	35		
	GS0616	21	190	
	GS0618	35		
ih	S205	21.0	1	0.3
	S207	35.0		
	S201	21.0	25	0.6
	S501		60	
	S600	25.0		

9.4.3 双向密封型电磁阀

1. PK 公司的 GS0277/78 型电磁阀（见图 9-41）

直动式锥座阀。

失电时，双向可通。

得电时，关闭且双向密封。

77 型内泄漏：小于 0.33mL/min。

78 型由于采用了软阀座，内泄漏为零。

许用压力：21MPa。

名义流量（压差 0.5MPa）：1L/min。

拉式电磁铁。

最低工作电压：85% 额定电压。

开启关闭时间：10ms。

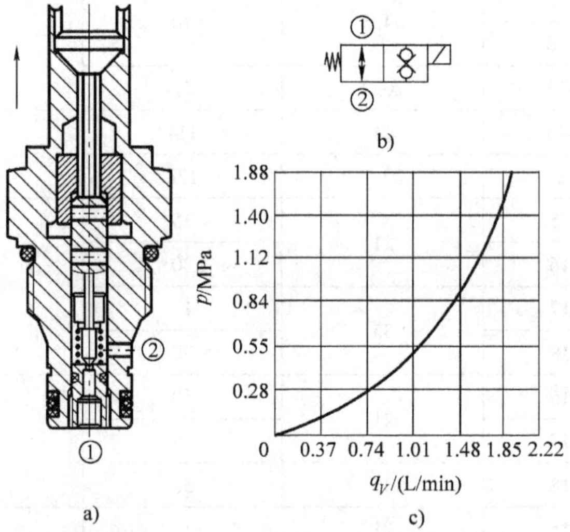

图 9-41 PK 公司的 GS0277/78 型电磁阀

a）剖面图 b）图形符号 c）压差流量特性

2. ST 公司的 GS0485/86 型电磁阀（图 9-42）

（1）特性

先导式滑锥阀。

失电时，双向可通。得电时，关闭且双向密封。内泄漏：小于 0.33mL/min。

85 型采用 14W 电磁铁，进口许用压力 21MPa。

86 型采用 19W 电磁铁，进口许用压力 35MPa。

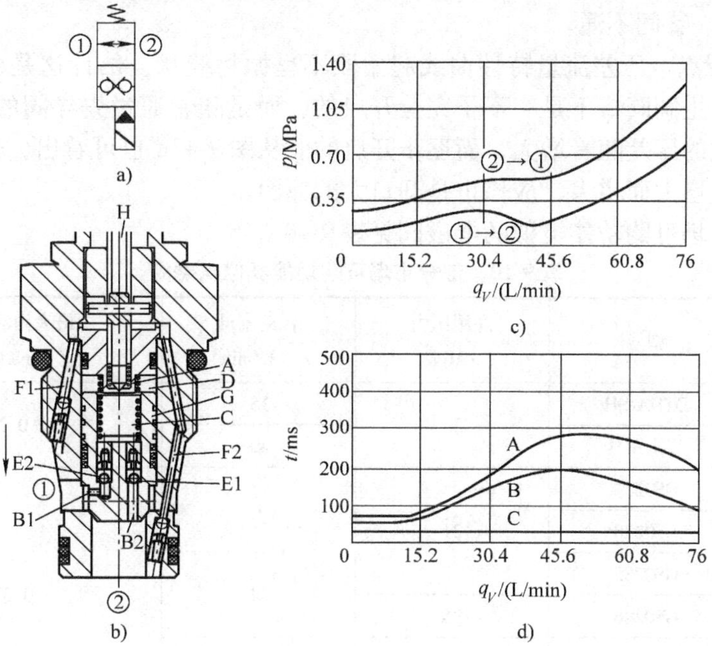

图9-42　ST公司的GS0485/86型电磁阀

a）图形符号　b）剖面图　c）压差流量特性　d）响应时间-流量特性

A—通口①→②关闭　B—通口②→①开启

C—通口①→②开启，或通口②→①关闭

热溢流功能：如果压力超过许用压力3.6MPa的话。

名义流量（压差0.5MPa）：通口②→①——68L/min；通口①→②——46L/min。

最低工作电压：85%额定电压。

（2）工作原理

失电时，先导阀芯H被弹簧提升，开启节流孔A。C腔和D腔的压力油可以经过通道F1或F2流到低压腔，因此，C腔和D腔失压，导致主阀芯G被抬起，通口①、②间相通。

得电时，先导阀芯H在电磁力的作用下，克服先导弹簧力，压住主阀芯G上的节流孔A。

若通口①的压力高，压力油可以经过通道B1进入C腔，但由于被钢珠E1封住，不能流到通口②。因此，C腔D腔的压力等同于通口①，压住主阀芯G，通口①、②间不通。

若通口②的压力高，压力油可以经过通道B2进入C腔，但由于被钢珠E2

封住，不能流到通口①。因此，C 腔和 D 腔的压力等同于通口②，压住主阀芯 G，通口①、②间不通。

（3）特点　压差流量特性曲线起始段不呈抛物线状。估计这是由于先导式阀的缘故。主阀阀口不是一下子完全开启的，而是随着通过先导阀的流量增大，主阀芯两边的压差随着增大，而逐步开启的。从图 9-42d 也可看出，开启关闭时间随着流量增大而增大，应该也是开口大的原因。

部分市场可购功能类似的电磁阀见表 9-10。

表 9-10　部分市场可购功能类似电磁阀

<table>
<tr><th>制造商</th><th>型号</th><th>许用压力
/MPa</th><th>名义流量
/（L/min）</th><th>最大内泄漏量
/（mL/min）</th></tr>
<tr><td rowspan="2">SUN</td><td>DTDA-SH</td><td rowspan="2">35</td><td>15</td><td rowspan="2">0.7</td></tr>
<tr><td>DTDA-H</td><td>40</td></tr>
<tr><td rowspan="6">ST</td><td>GS0277</td><td rowspan="3">21</td><td rowspan="2">1</td><td rowspan="6">0.33</td></tr>
<tr><td>GS0278</td></tr>
<tr><td>GS0285</td><td rowspan="2">34</td></tr>
<tr><td>GS0286</td><td>35</td></tr>
<tr><td>GS0685</td><td>21</td><td rowspan="2">190</td></tr>
<tr><td>GS0686</td><td>35</td></tr>
</table>

9.5　二位三通型电磁阀

制成二位三通的电磁阀，从产品样本上的图形符号来看，形式甚多（见图 9-43）。其差别主要在：

1）哪个口被堵住。

2）是否允许双向流动。

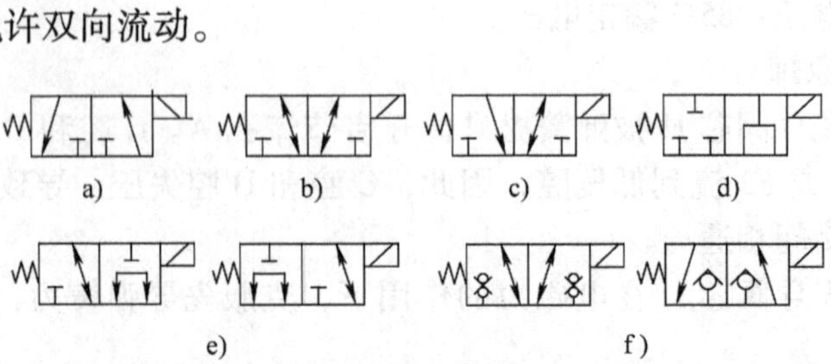

图 9-43　二位三通型电磁阀大致类型

在新设计一个集成块时，常常有多种选择（见表 9-11），可以根据耐压、流量、价格、流道安排等多方面因素选择最有利的一种。

但作为替换件，许多则是不能相互替换的。若图形符号给出的是只允许单向流动，则反向流动常达不到给出的工作范围。

表 9-11　部分市场可购的二位三通电磁阀

<table>
<tr><th>制造商</th><th>型号</th><th>许用压力
/MPa</th><th>名义流量
/（L/min）</th><th>最大内泄漏量
/（mL/min）</th><th>图形符号
见图 9-43</th></tr>
<tr><td rowspan="7">SUN</td><td>DBAL</td><td rowspan="7">35</td><td rowspan="4">1</td><td rowspan="4">0.7</td><td rowspan="6">b</td></tr>
<tr><td>DBAL-S</td></tr>
<tr><td>DBAC</td></tr>
<tr><td>DBAA</td></tr>
<tr><td>DMDA-S</td><td>20</td><td rowspan="2">80</td></tr>
<tr><td>DMDA-M</td><td>40</td></tr>
<tr><td>DWDA-X</td><td>30</td><td>0.5</td><td>f 右图</td></tr>
<tr><td rowspan="8">ih</td><td>S220</td><td rowspan="8">21</td><td>11</td><td>60</td><td rowspan="4">b</td></tr>
<tr><td>S520</td><td>22</td><td>120</td></tr>
<tr><td>S221</td><td>11</td><td>60</td></tr>
<tr><td>S521</td><td>17</td><td>120</td></tr>
<tr><td>S525</td><td>25</td><td>40</td><td rowspan="2">a</td></tr>
<tr><td>S222</td><td>25</td><td>120</td></tr>
<tr><td>S229</td><td>10</td><td>0.6</td><td>f 右图</td></tr>
<tr><td>S526</td><td>11</td><td>120</td><td>d</td></tr>
<tr><td rowspan="16">HF</td><td>SV08-30</td><td rowspan="2">20.7</td><td>15</td><td rowspan="2">82</td><td rowspan="3">c</td></tr>
<tr><td>SV38-30</td><td>18</td></tr>
<tr><td>SV58-30</td><td>34.5</td><td>15</td><td>131</td></tr>
<tr><td>SV07-31</td><td rowspan="4">20.7</td><td>6</td><td>41</td><td rowspan="5">e 左图</td></tr>
<tr><td>SV08-31</td><td rowspan="2">11</td><td rowspan="3">82</td></tr>
<tr><td>SV38-31J</td></tr>
<tr><td>SV10-31</td><td>22</td></tr>
<tr><td>SV12-31</td><td>24</td><td>60</td><td>410</td></tr>
<tr><td>SV0-33</td><td rowspan="2">20.7</td><td>11</td><td rowspan="2">82</td><td rowspan="3">e 右图</td></tr>
<tr><td>SV10-33</td><td>19</td></tr>
<tr><td>SV12-33</td><td>24.0</td><td>60</td><td>410</td></tr>
<tr><td>SV10-34</td><td>20.7</td><td>23</td><td>115</td><td rowspan="2">b</td></tr>
<tr><td>SV12-34</td><td>24.0</td><td>60</td><td>410</td></tr>
<tr><td>SV38-38</td><td>20.7</td><td>11</td><td>0.25</td><td>f 左图</td></tr>
</table>

（续）

制造商	型号	许用压力/MPa	名义流量/（L/min）	最大内泄漏量/（mL/min）	图形符号见图9-43
ST	GS0230	21.0	15	82	a
	GS0231		19		
	GS0232	35.0	15		
	GS0233	21.0	11		b
	GS0235	35.0			
	GS0430	21.0	21		a
	GS0431		30		
	GS0432	35.0	24		
	GS0433	21.0			b
	GS0435	35.0	27		

图9-44为一些电磁阀的剖面图及其图形符号，供对比了解它们的工作原理。

其中，图9-44c的阀芯是不对称的。据说，在失电时，若出现反向流（①→②），就会自动关闭，就好像结合了一个单向阀。

图9-44f是滑锥阀，可以取得较好的密封效果。

1. PK公司的DS163型电磁阀（见图9-45）

直动式滑阀。

名义流量：45L/min。

许用压力：21MPa。

内泄漏：小于82mL/min。

切换时间：90～100ms。

最低工作电压：85%额定电压。

剖面图与图形符号不一致。根据剖面图，得电时，通口①、③通。

2. ST公司的GS0433/35型电磁阀（见图9-46）

直动型滑阀。

相同结构，相同外形，相同阀孔，两种外部尺寸相同内部尺寸与材料有所不同的阀体，配以两种功率不同的电磁线圈：S-18W，P型-28W。组成三种变型。由于阀孔相同，替换就很方便。

名义流量（压差0.5MPa）：分别为24.5L/min和30L/min。

许用压力：分别为21MPa和35MPa。

内泄漏：21MPa时，小于82mL/min。

从剖面图上可以看出，在阀芯上刻意加工了一条圆弧槽，目的是为了降低

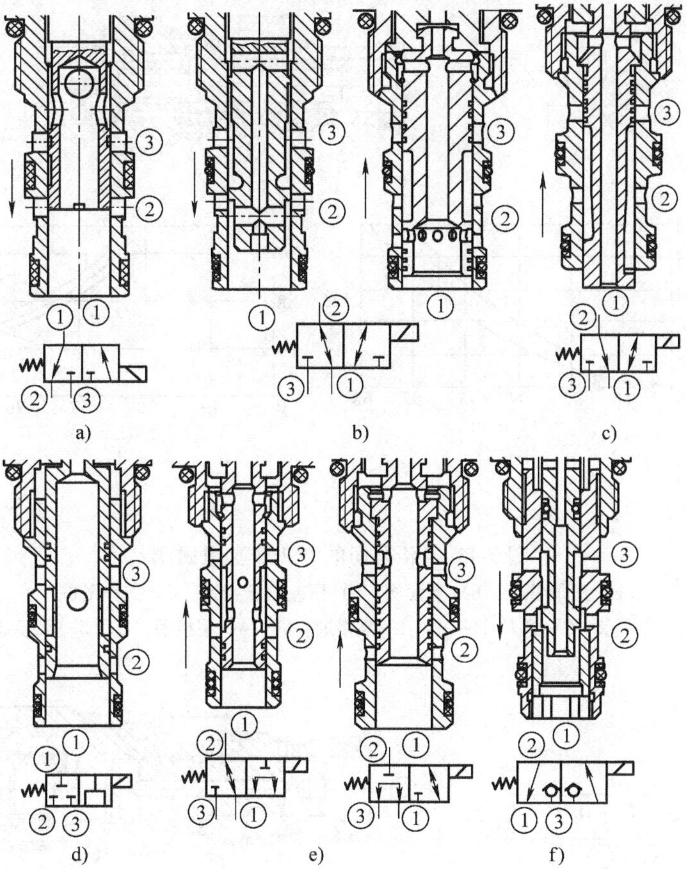

图9-44　一些二位三通型电磁阀的剖面图和图形符号

液动力吧。

3. ST公司的GS0430型电磁阀（见图9-47）

直动型滑阀。使用18W电磁铁。

根据图形符号，在失电时，流动方向仅③→②，不能②→③。也许是因为液动力吧。

根据图形符号，在得电时，流动方向仅①→③，不能③→①。这也是因为液动力吗？

名义流量（压差0.5MPa）：21L/min。

最大工作压力：21MPa。

内泄漏：21MPa时，小于82mL/min。

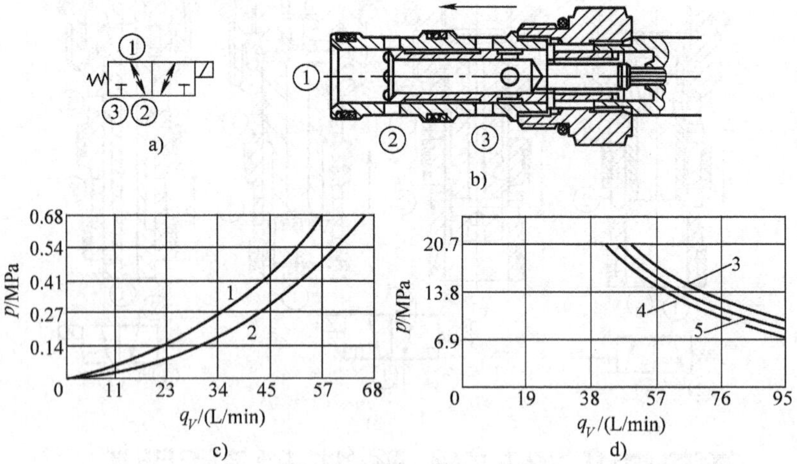

图 9-45 PK 公司的 DS163 型电磁阀

a）图形符号 b）剖面图 c）压差流量特性 d）工作范围

1—通口①↔② 2—通口①↔③ 3—泵接通口③ 4—泵接通口① 5—泵接通口②

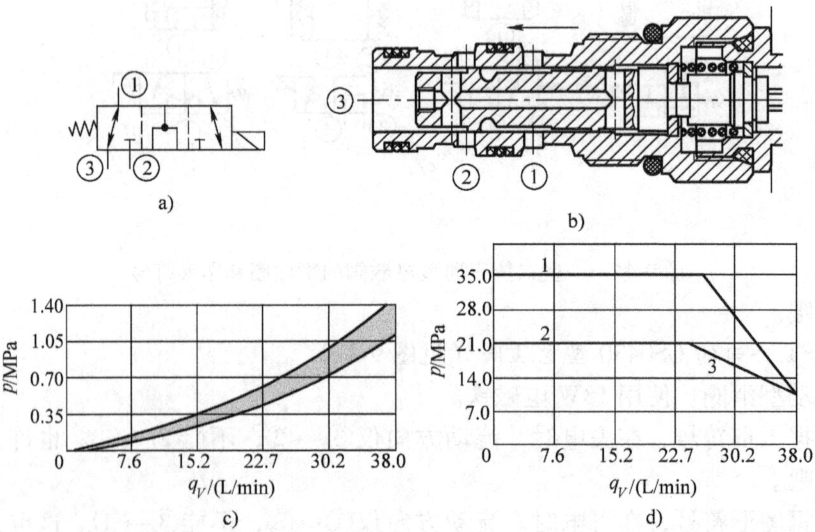

图 9-46 ST 公司的 GS0433/35 型电磁阀

a）图形符号 b）剖面图 c）压差流量特性 d）工作范围

1—35 型“P”线圈 2—33 型“P”线圈 3—33 型“S”线圈

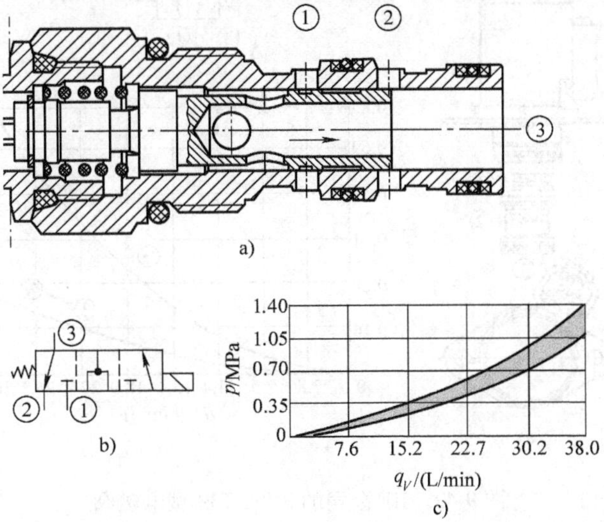

图9-47　ST公司的GS0430型电磁阀

a）剖面图　b）图形符号　c）压差流量特性

图9-48为其工作范围曲线，在75%额定电压下测得。应急手动时的流量要减少10%。

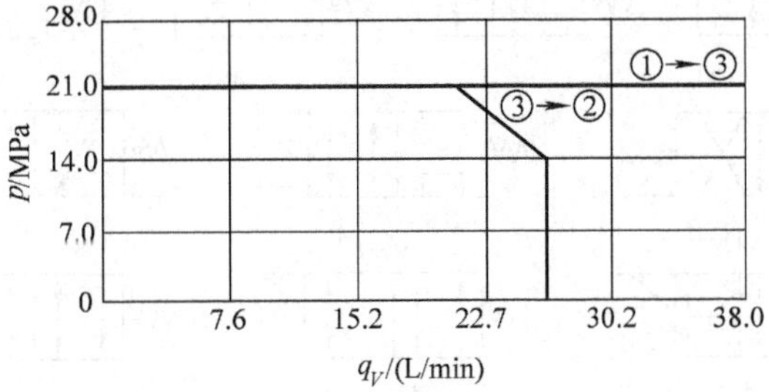

图9-48　GS0430型电磁阀的工作范围曲线

4. HF公司的SV98-T39型电磁阀（见图9-49）

螺钉固定式，低成本，直动型滑阀，特别适用于低压系统。

许用压力：4.5MPa。

流量：30L/min。

内泄漏：小于60mL/min。

响应时间，在100%电压，名义流量时：得电50ms，失电30ms。

线圈与阀是一体的，不可单独更换。

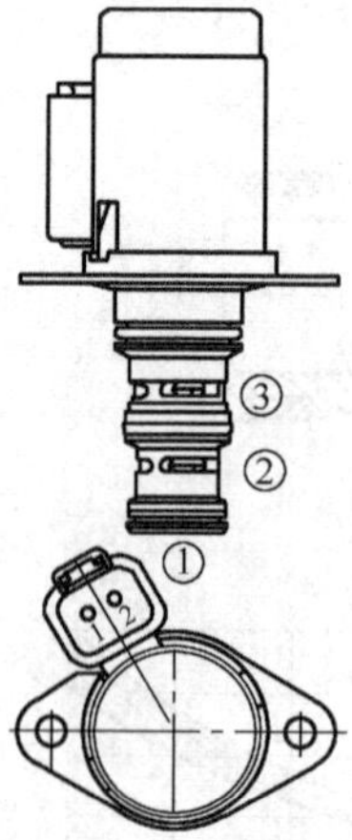

a)

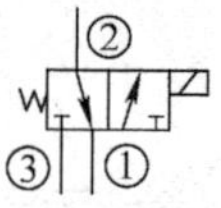

b)

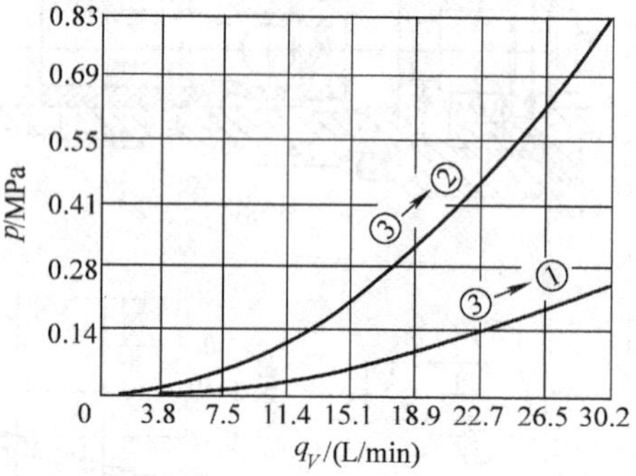

c)

图 9-49 HF 公司的 SV98-T39 型电磁阀

a）外形图 b）图形符号 c）压差流量特性

9.6 二位四通型电磁阀

图 9-50 为一些市场可购的二位四通阀的图形符号。具体产品见表 9-12。

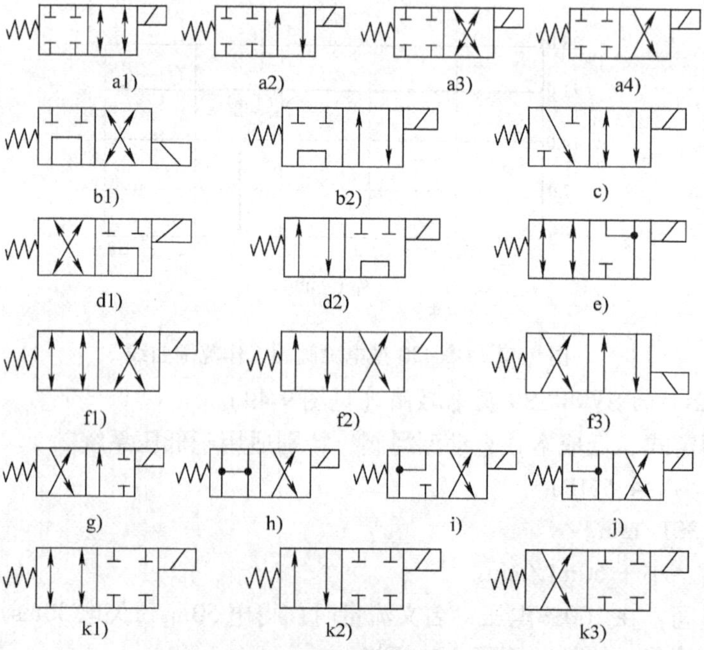

图 9-50 各种二位四通电磁阀

表 9-12　一些市场可购的二位四通电磁阀

<table>
<tr><th>制造商</th><th>型号</th><th>许用压力
/MPa</th><th>名义流量
/（L/min）</th><th>最大内泄漏量
/（mL/min）</th><th>图形符号
见图 9-50</th></tr>
<tr><td rowspan="5">ih</td><td>S240</td><td rowspan="5">21.0</td><td>10</td><td rowspan="2">60</td><td rowspan="3">a2</td></tr>
<tr><td>S241</td><td>11</td></tr>
<tr><td>S541</td><td>20</td><td>120</td></tr>
<tr><td>S242</td><td>11</td><td>60</td><td rowspan="4">f2</td></tr>
<tr><td>S542</td><td>20</td><td>120</td></tr>
<tr><td rowspan="13">ST</td><td>G0240SX</td><td rowspan="13">35.0</td><td>19</td><td rowspan="13">160</td></tr>
<tr><td>G0440SX</td><td>30/38 *</td></tr>
<tr><td>G0241XS</td><td>19</td><td rowspan="2">f3</td></tr>
<tr><td>G0441XS</td><td>30/38 *</td></tr>
<tr><td>G0240CS</td><td>15</td><td>a2</td></tr>
<tr><td>G0241CX</td><td>19</td><td rowspan="2">a4</td></tr>
<tr><td>G0440CX</td><td>30/38 *</td></tr>
<tr><td>G0240XC</td><td>15</td><td>k3</td></tr>
<tr><td>G0440SC</td><td>19/38 *</td><td>k2</td></tr>
<tr><td>G0241XT</td><td>13</td><td rowspan="2">d1</td></tr>
<tr><td>G0440XT</td><td>26</td></tr>
<tr><td>G0241TX</td><td>15</td><td rowspan="2">b1</td></tr>
<tr><td>G0440TX</td><td>26</td></tr>
<tr><td rowspan="16">HF</td><td>SV08-40</td><td>20.7</td><td rowspan="2">11</td><td>82</td><td rowspan="3">f1</td></tr>
<tr><td>SV58-40</td><td>34.5</td><td>131</td></tr>
<tr><td>SV10-40</td><td rowspan="14">20.7</td><td>22</td><td>82</td></tr>
<tr><td>SV12-40R</td><td>60</td><td>410</td><td>f3</td></tr>
<tr><td>SV08-41</td><td>11</td><td>82</td><td rowspan="2">a1</td></tr>
<tr><td>SV10-41</td><td>22</td><td>82</td></tr>
<tr><td>SV12-41</td><td>60</td><td>410</td><td>a2</td></tr>
<tr><td>SV08-42</td><td>11</td><td>82</td><td rowspan="2">k1</td></tr>
<tr><td>SV10-42</td><td>22</td><td>82</td></tr>
<tr><td>SV12-42</td><td>60</td><td>410</td><td>k2</td></tr>
<tr><td>SV08-43</td><td>11</td><td rowspan="6">82</td><td rowspan="2">c</td></tr>
<tr><td>SV10-43</td><td>22</td></tr>
<tr><td>SV08-44</td><td>11</td><td rowspan="2">d2</td></tr>
<tr><td>SV10-44</td><td>22</td></tr>
<tr><td>SV08-45</td><td rowspan="2">11</td><td>a3</td></tr>
<tr><td>SV08-46</td><td>e</td></tr>
<tr><td rowspan="2">SUN</td><td>DNDA</td><td rowspan="2">35.0</td><td>40</td><td rowspan="2">160</td><td rowspan="2">a2，b2，g，h，i，j，k3</td></tr>
<tr><td>DNDAS</td><td>15</td></tr>
</table>

注：使用普通 18W/高功率 28W 电磁线圈。

四通电磁阀的工作范围曲线都是在出入流量相同的情况下测定的，若不同，则由于液动力不平衡，工作流量往往要低一些。

1. HF 公司的 SV10-40 型电磁阀（图 9-51）

许用压力：20.7MPa。耐压试验压力：35MPa。

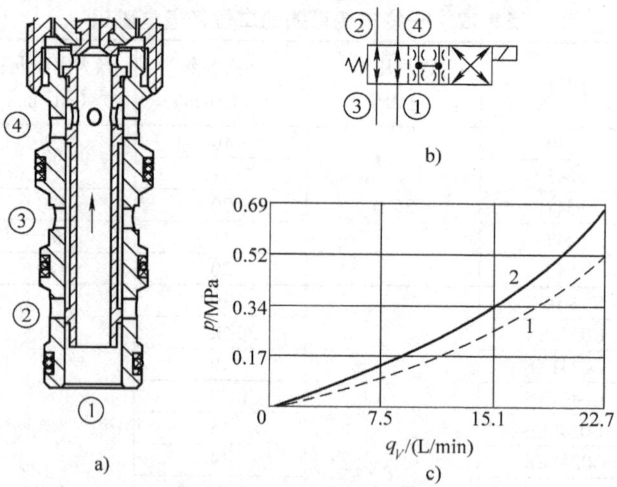

图 9-51 HF 公司的 SV10-40 型电磁阀

a）剖面图 b）图形符号 c）压差流量特性

1—通口④→① 2—通口③→②

名义流量（压差 0.7MPa）：23L/min。

内泄漏：在 20.7MPa 时，小于 82mL/min。

正常工作电压：85% ~115% 额定电压。

2. PK 公司的 DSH104B 型电磁阀（图 9-52）

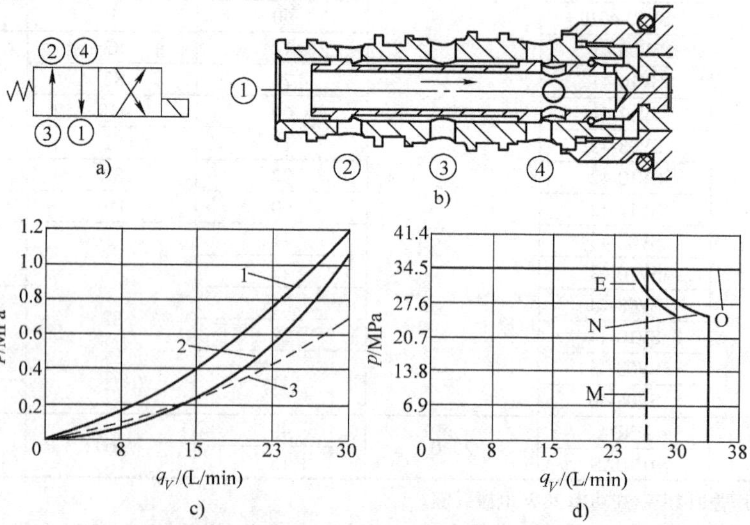

图 9-52 PK 公司的 DSH104B 型电磁阀

a）图形符号 b）剖面图 c）压差流量特性 d）工作范围

1—通口③→② 2—通口④→① 3—通口③→④ E—E4 型 M—M 型 N—N 型 O—其余各型

工作流量：25~38L/min，见工作范围图9-52d。
许用压力：35MPa。
内泄漏：小于160mL/min。
最低工作电压：85%名义电压。
切换时间：30~60ms。

9.7 二位六通型电磁阀

目前市场可购的二位六通电磁阀（见图9-53）形式不多，HF和SUN公司可以提供（表9-13）。

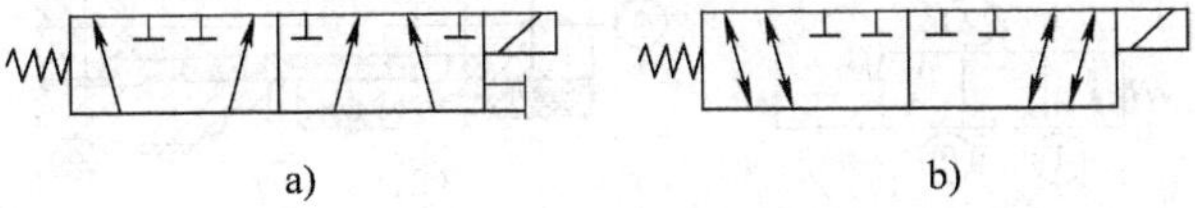

图9-53 二位六通型电磁阀

表9-13 部分市场可购的二位六通型电磁阀

制造商	型号	许用压力 /MPa	名义流量 /（L/min）	最大内泄漏量 /（mL/min）	图形符号 见图9-53
SUN	DNDY	35	20	80	a
	DNDYS				
HF	SV12—60	24	45	300	b

SUN公司的DNDY型电磁阀（见图9-54）：

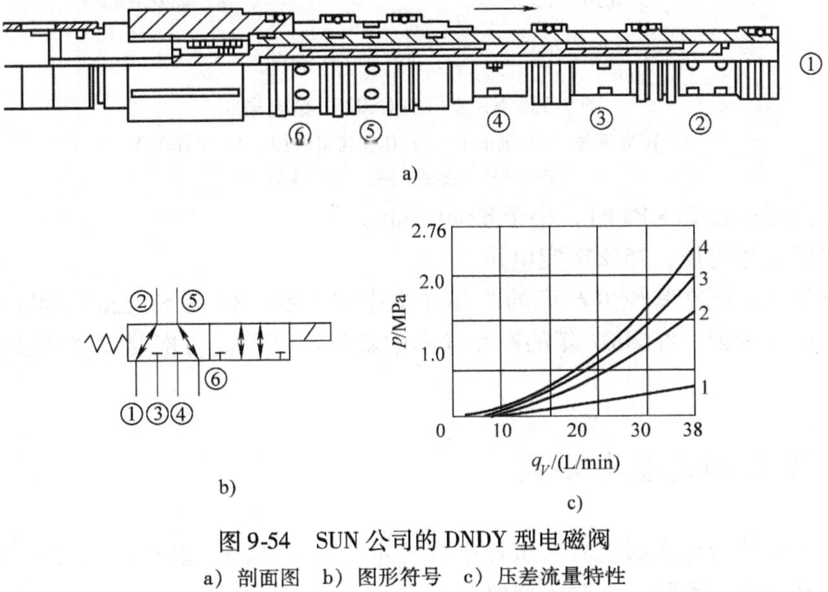

图9-54 SUN公司的DNDY型电磁阀

a）剖面图 b）图形符号 c）压差流量特性

1—通口②→① 2—通口②→③ 3—通口④→⑤ 4—通口⑥→⑤

许用压力：35MPa。

内泄漏：在 21MPa 时，小于 80mL/min。

名义流量：20L/min，但工作范围在高压时要小得多。

9.8 三位三通型电磁阀

ST 公司的 GS0261 型电磁阀见图 9-55。使用 14W 或 19W 电磁线圈，工作压力相应可为 21MPa 和 35MPa，名义流量（压差 0.5MPa）15L/min 和 19L/min。

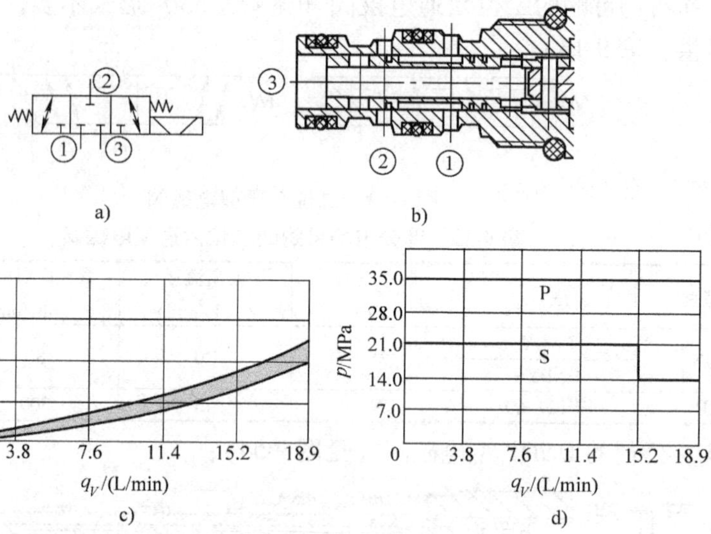

图 9-55 ST 公司的 GS0261 型电磁阀

a）图形符号 b）剖面图 c）压差流量特性 d）工作范围

P—“P”线圈 S—“S”线圈

内泄漏：在 21MPa 时，小于 82mL/min。

最低工作电压：75%额定电压。

三位三通阀在其他生产商的产品样本中看不到，仅在 ST 公司 2003 年的产品样本中能看到，在 2007 年的产品样本中就见不到了。可能是销量很少的缘故吧。

9.9 三位四通型电磁阀

三位四通型电磁阀也具有多种中位机能（见图 9-56、表 9-14），用以构成闭中心、开中心、串联、并联等回路。

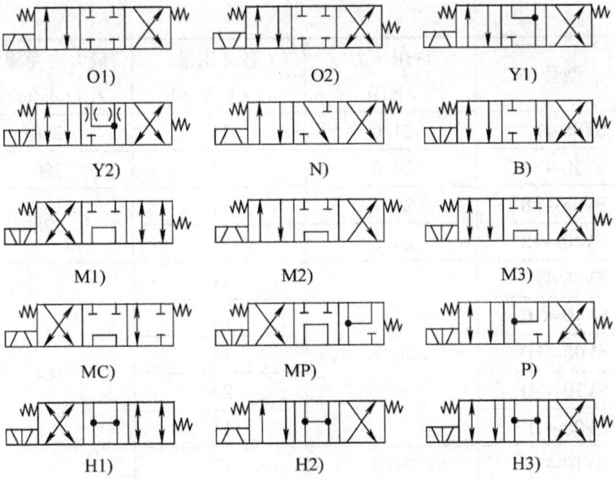

图 9-56　各种三位四通型电磁阀

表 9-14　部分市场可购的三位四通型电磁阀

制造商	型号	许用压力 /MPa	名义流量 /（L/min）	最大内泄漏量 /（mL/min）	图形符号 见图 9-56
ih	S270	21.0	8	100	O1
	S570		22	120	
	S271		8	100	Y1
	S571		18	120	
	S272		8	60	N
	S572		18	120	
	S274		12	60	H2
	S574		20	120	
	S277		8	100	M2
	S577R		20		
ST	G0251	35.0	19	160	O1
	G0451		38		
	G0253		15		Y1
	G0453		38		
	G0455	21.0	19		MP
	G0257	35.0	15		M1
	G0457	21.0	26		M2
	G0259	35.0	15		H1
	G0459	21.0	26		H2

（续）

制造商	型号	许用压力/MPa	名义流量/（L/min）	最大内泄漏量/（mL/min）	图形符号见图 9-56
HF	SV08-47A	21.0	11	278	M3
	SV10-47A	24.0	14	300	
	SV08-47B	20.7	11	328	H3
	SV10-47B	24.0	22		
	SV08-47C	20.7	11	164	O2
	SV10-47C		23		O2
	SV08-47D		11		Y1
	SV10-47D		22		
	SV08-47E		11		N
	SV10-47F	24.0	15		MC
SUN	DNDC	35.0	20	160	O1,B,N,P,Y1,Y2,M2,H2

9.10 三位五通型电磁阀

HF 公司的 SV10-57C 型电磁阀见图 9-57。

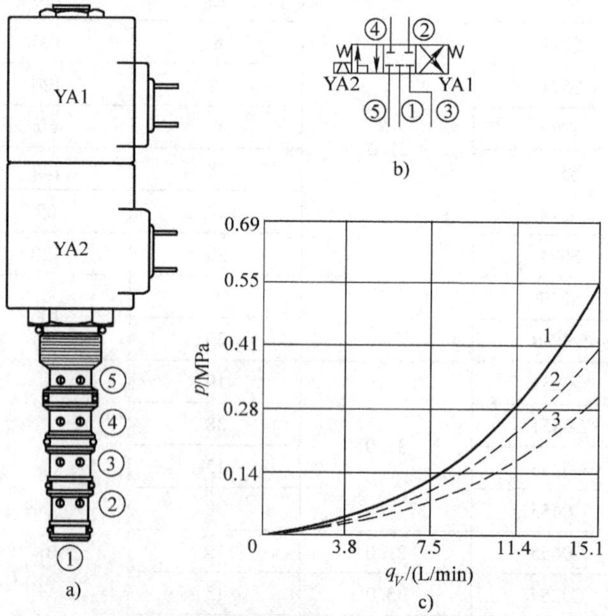

图 9-57　HF 公司的 SV10—57C 型电磁阀

a）外形图　b）图形符号　c）压差流量特性

1—通口⑤→②　2—通口⑤→④　3—通口④→③或通口②→③

许用压力：24.7MPa。

名义流量：最大20L/min，见图9-57c。

内泄漏：在20.7MPa时，小于164mL/min。

持续工作电压：85%～115%额定电压。

最低工作电压：85%额定电压。

可用在负载敏感回路中，负载压力信号可从端口①取出。

9.11 电磁阀手动应急机构

在电控系统出故障时，用手动应急机构（Manual Override）可使阀芯切换到得电位置。分为可卡住型和自动复位型。

可卡住型（detented）：阀芯可以保持在得电位置。这样，操纵者可以腾出手来操作其他阀。缺点是：如忘记复原，系统则可能出现误动作。

自动复位型无此缺点：手一放，自动复位。但若由于种种原因，仅一人能操作时，则必须同时操作的自动复位的阀就不应多于两个。

根据电磁阀自身动作的需要，手动机构又有拉出型、压下型和拉出压下型之分。

9.11.1 拉出-自动复位型手动应急机构

1. PK公司的拉出-自动复位型手动应急机构（见图9-58）

拉出，手一放，弹簧自动复位（Pull and Release）。

2. HF公司的拉出-自动复位型手动应急机构（见图9-59）

有一个大的红色拉钮，醒目，方便拉出。特别适用于应急状况时操作。

图9-58 PK公司的拉出-自动复位型手动应急机构

图9-59 HF公司的拉出-自动复位型手动应急机构

9.11.2 拉出-可卡住型手动应急机构

1. PK公司的压-转-弹出型手动应急机构（见图9-60）

仅用于常闭型电磁阀。旋转后，需要靠内部弹簧力弹起。

2. ih 公司的螺杆拧出型手动应急机构（见图 9-61）

旋转顶端的螺杆就可拧出连接阀芯的连杆。

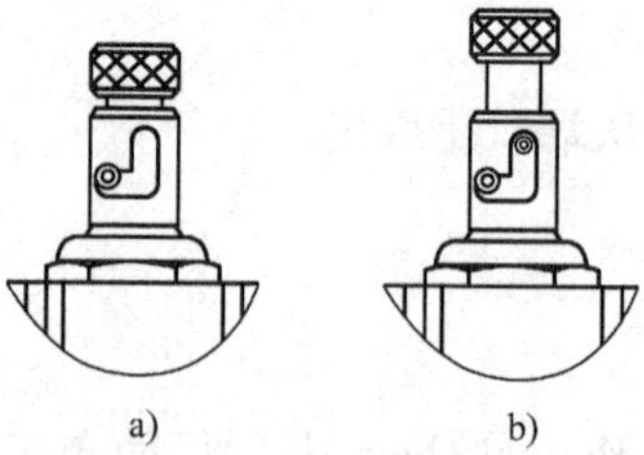

图 9-60 PK 公司的压-转-弹出型手动应急机构
a）压-转 b）弹出

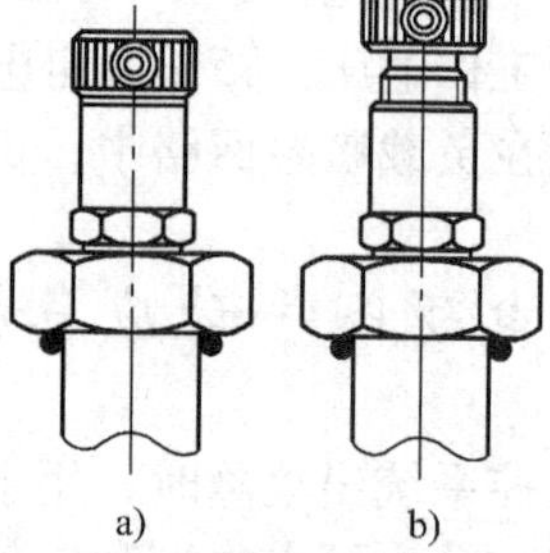

图 9-61 ih 公司的螺杆拉出型手动应急机构
a）正常状态 b）旋转拧出

3. ST 公司的转-斜面拉出卡住型手动应急机构（见图 9-62）

90°旋转，通过斜面强制升起并停留。

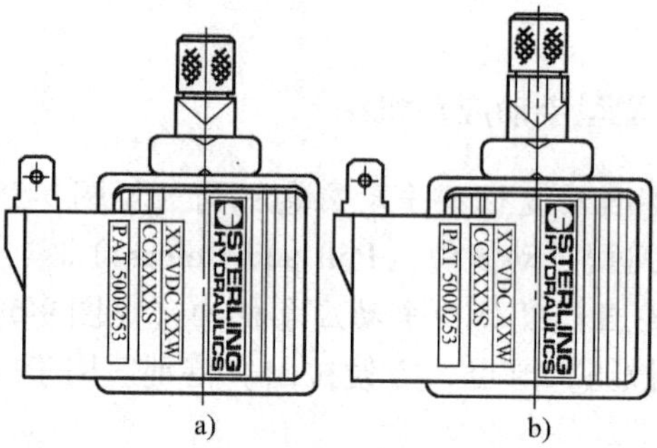

图 9-62 ST 公司的斜面拉出卡住型手动应急机构
a）正常状态 b）旋转拉出

9.11.3 压下-自动复位型手动应急机构

1. PK 公司的压下-自动复原型手动应急机构（见图 9-63）

有两种。图 9-63a 比较低。图 9-63b 较高，操作方便，但也易误操作，或被碰弯。

2. ih 公司的压下-自动复原型手动应急机构（见图 9-64）

3. SUN 公司的压下-自动复原型手动应急机构（见图 9-65）

左半边为不带保护盖型，可直接按压。

右半边为带保护盖型，必须先拧去保护盖，才可按压。

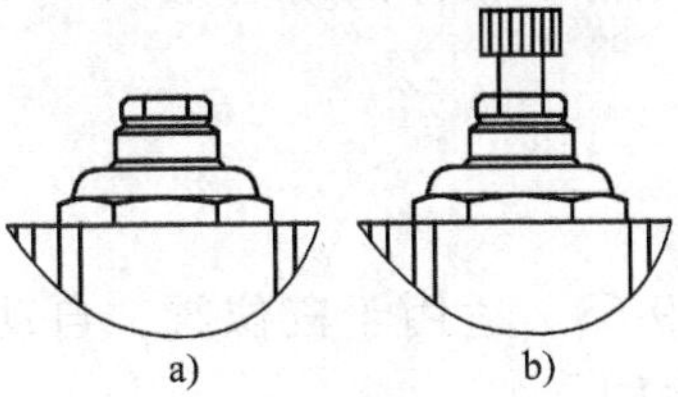

图 9-63　PK 公司的压下-自动复原型手动应急机构

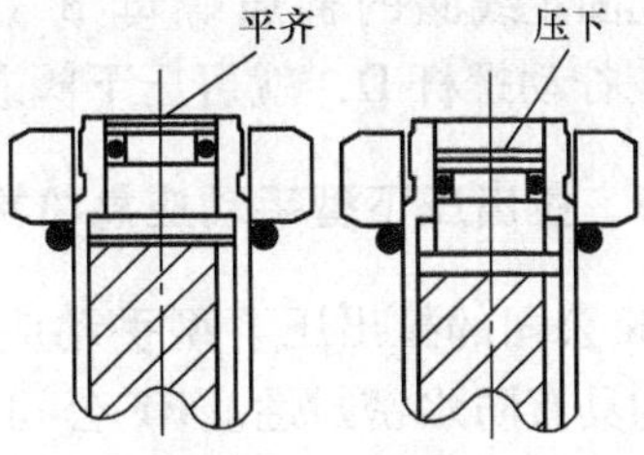

图 9-64　ih 公司的压下-自动复原型手动应急机构

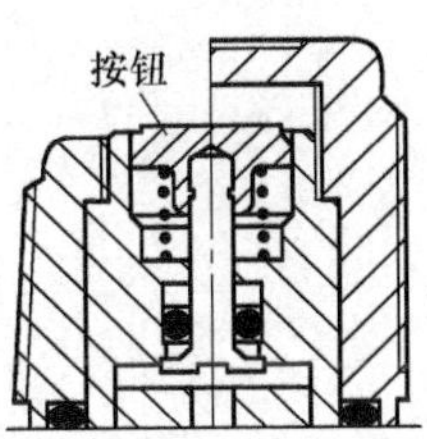

图 9-65　SUN 公司的压下-自动复原型手动应急机构

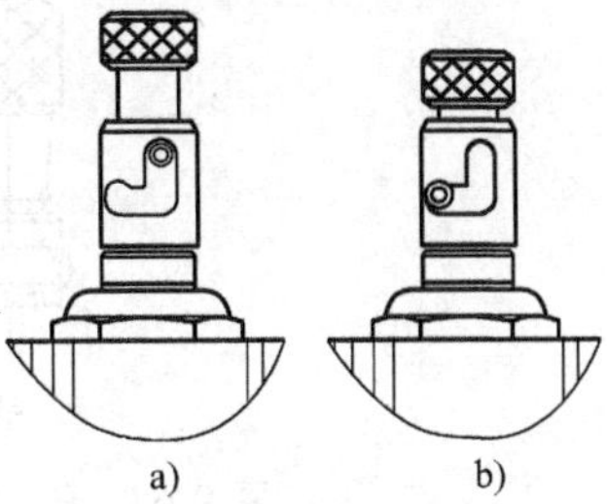

图 9-66　PK 公司的压-转-卡住型手动应急机构

a）压-转　b）卡住

9.11.4　压下-可卡住型手动应急机构

1. PK 公司的压-转-卡住型手动应急机构（见图 9-66）
2. ST 公司的螺杆压下型手动应急机构（见图 9-67）

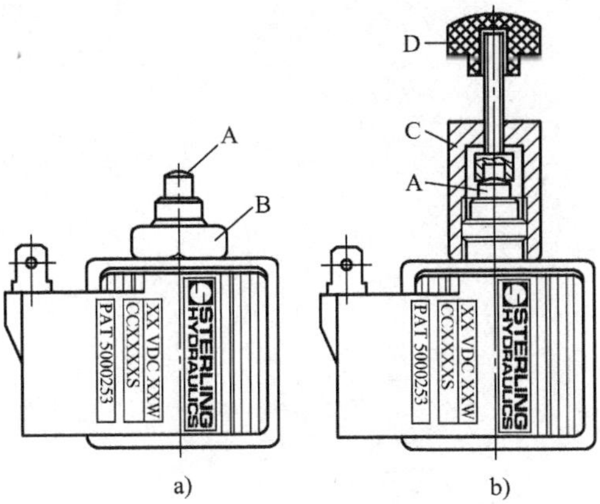

图 9-67　ST 公司的螺杆压下型手动应急机构

a）普通型　b）改成螺杆

A—压下按钮　B—螺母　C—带螺杆的螺母套　D—螺杆

把固定线圈的普通螺母 B（图 9-67a）换成带螺杆的螺母套 C（见图 9-67b）。拧动螺杆 D，就可压下阀芯。

9.11.5 拉出压下型手动应急机构

PK 公司的拉出压下型手动应急机构见图 9-68。适用于三位阀，自动复位。此机构具有防水密封性。HF 公司也使用类似机构。

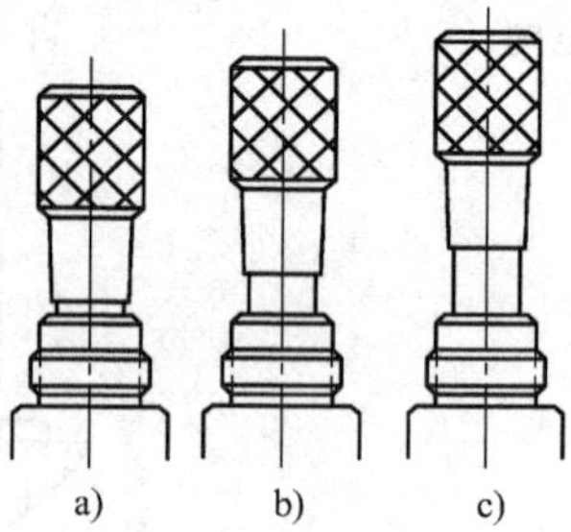

图 9-68 PK 公司的拉出压下型手动应急机构
a）压下 b）正常 c）拉出

第 10 章　电比例换向阀

电比例换向阀（proportional directional valve）之所以被称作换向阀，是因为它的结构与电磁换向阀非常相似。其实，它更重要的功能不是换向而是节流——电控比例节流，所以，也常被称作电比例节流阀。电比例阀换向阀是名副其实介于换向阀与节流阀之间的亦马亦驴：既可以节流，也可以换向。

二位二通电比例换向阀只有节流功能，所以在本书中归入节流阀一节。

电比例换向阀常被简称为比例换向阀，其实也有液控比例换向阀、气控比例换向阀和手动比例换向阀。因此，这一简称只能用在某些场合。

本章 10.1 ~ 10.3 节所介绍的一般知识对电比例溢流阀、电比例流量阀等也是适用的。

10.1　概述

10.1.1　结构

电比例换向阀主要由电磁线圈、衔铁套筒组件、阀体、阀芯和弹簧组成。

线圈一般都用螺母固定，可以更换。电磁线圈与电源接头同电磁换向阀，见 9.2 节，这里就不再重复了。

作为螺纹插装阀的用户，平时看到的衔铁套筒组件，与阀体、阀芯、弹簧是一体的。但是，为了便于理解它们的功能，可以把衔铁套筒组件单独来看。事实上，它们也常由专门厂商生产。

为节省篇幅，阀的剖面图中，电磁线圈部分一般从略。箭头表示得电后阀芯的移动方向。

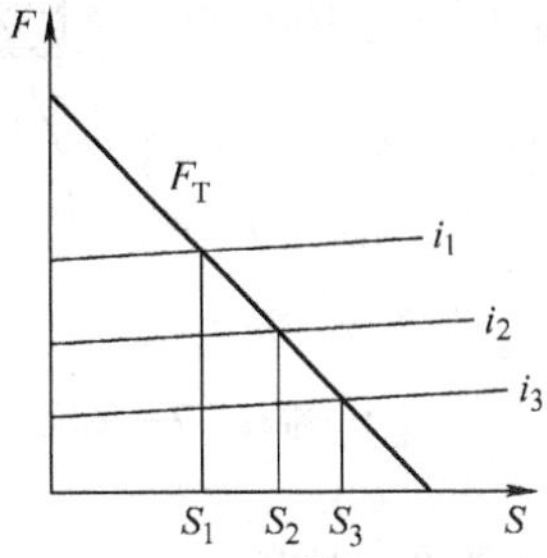

图 10-1　电磁力和弹簧力的平衡决定阀芯位移示意图
F—力　S—阀芯位移　F_T—弹簧力　i—控制电流

10.1.2　功能

电比例阀的阀芯是被电磁力推动的。在螺纹插装阀中，电磁力是通过两个部件产生的：电磁线圈和衔铁套筒组件。

电磁线圈在通入电流时产生磁场。衔铁套筒组件在磁场中产生推力（或拉力），通过推杆（拉杆）作用于阀芯。

作为电控比例节流，用于控制通道开口。它的输入是电流，输出是阀芯的位移。然而，衔铁套筒组件在电磁场中只能产生力，所以还需要依赖弹簧把电磁力转化为位移（见图 10-1）。阀芯停在弹簧力和电磁力平衡的位置。这样，就可以使阀芯根据输入电流移动到并且停止在希望的位置。在示意图中，忽略了液动力的影响。

10.1.3 类型

制成螺纹插装形式的电比例换向阀有二位三通、二位四通和三位四通等多种类型。

10.2 比例型衔铁套筒组件

10.2.1 结构

衔铁套筒组件主要由套筒、衔铁和推杆等组成（见图 10-2）。

螺纹插装阀中使用的衔铁套筒组件都是所谓湿式的：推杆周围没有密封圈，压力油可以进入套筒内。因此，摩擦力较小，同时，套筒组件必须是耐压的。

图 10-2 中的极靴、套筒、衔铁都是用铁磁性材料制造的，隔磁环是用抗磁性材料（如铜、某些不锈钢）制造的，可以强迫磁力线通过气隙，产生磁吸引力。

比例型衔铁套筒组件与开关型的最大差别在于隔磁环形状的不同。另外，加工精度比例型更高，有些还有特殊镀层，以减少套筒和衔铁之间的摩擦力，从而减少由于摩擦力引起的机械性滞回。

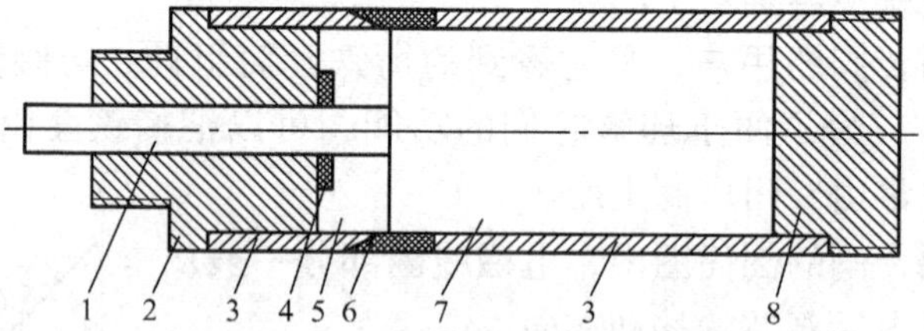

图 10-2 衔铁套筒组件结构示意图

1—推杆 2—极靴 3—套筒 4—限位片 5—气隙 6—隔磁环 7—衔铁 8—极靴

10.2.2 特性

1. 电流力特性

因为磁场强度正比于通过线圈的电流强度，所以，理论上来说，衔铁套筒组件产生的力与电流成正比（见图 10-3）。

2. 行程力特性

由于其隔磁环，也称盆型极靴是楔形的，大部分磁力线在这里是径向地穿过套筒与衔铁，形成闭合回路（见图10-4）。这部分的磁阻在衔铁移动时，变化较小。因此，磁力随工作气隙（工作行程）的变化（见图10-5）与开关型不同，有一段平台区。

改变隔磁环的形状，可以得到不同的行程力曲线（图10-6）。

最大磁力约为70～120N。

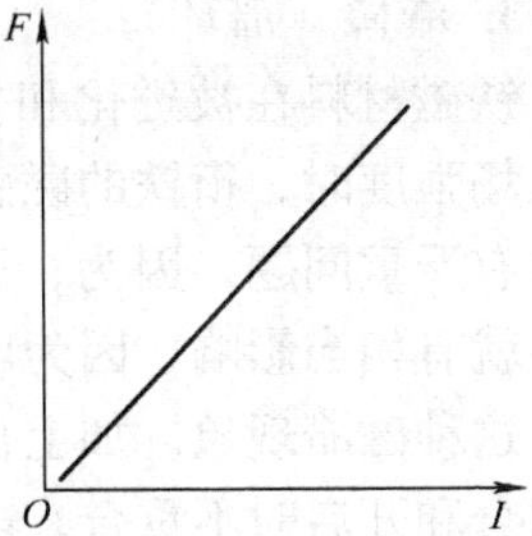

图10-3 电流力特性示意图

I—电流 F—电磁力

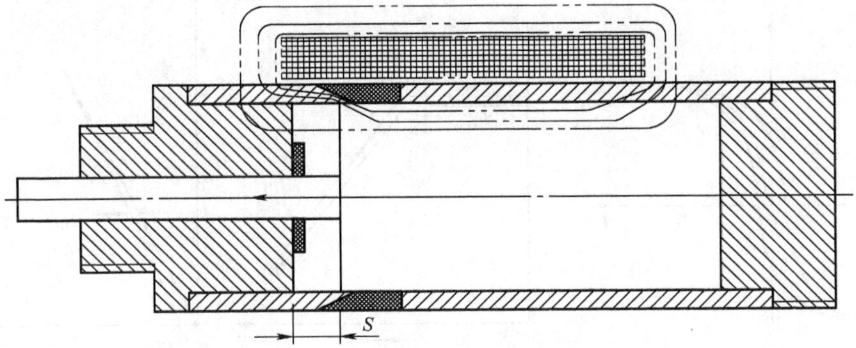

图10-4 比例型的磁力线示意图

S—工作气隙（工作行程）

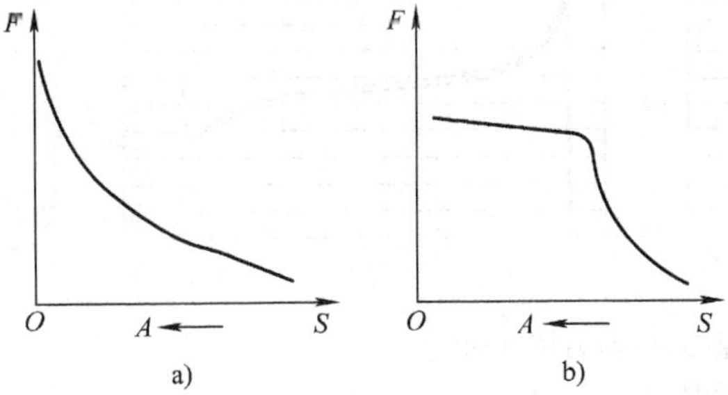

图10-5 行程力特性示意图

a）开关型 b）比例型

F—电磁力 S—行程 A—闭合方向

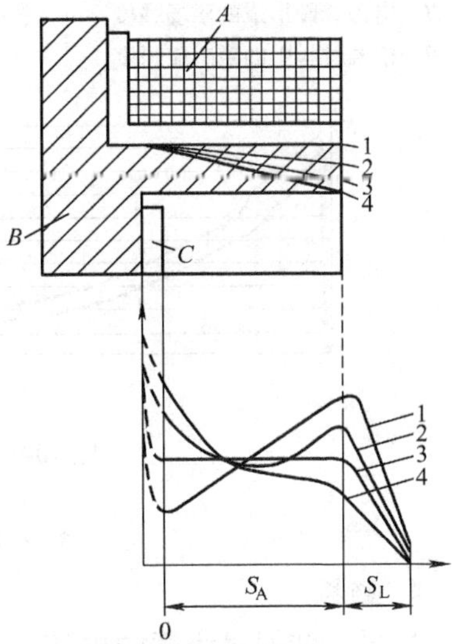

图10-6 隔磁环形状对行程力曲线的影响（德 Thomas Magnete）

A—线圈 B—极靴 C—限位片

3. 滞回（滞环）

铁磁材料在被磁化和去磁时有磁滞现象，因此，在加电和失电时，在同样的磁场强度时，衔铁的磁感应强度是不同的（见图 10-7）。这个现象对电磁开关阀没有严重问题，因为，开关型的，只是停留在两个极限位置。对电比例阀的特性就有相当影响，因为电比例型需要停留在任意中间位置。

这种磁滞现象，加上衔铁在套筒内移动的摩擦力，就使得行程力特性曲线在闭合和开启时不重合，电流力特性曲线在电流增大和减少时不重合（见图 10-8）。图 10-9 为一实测的行程力特性曲线。

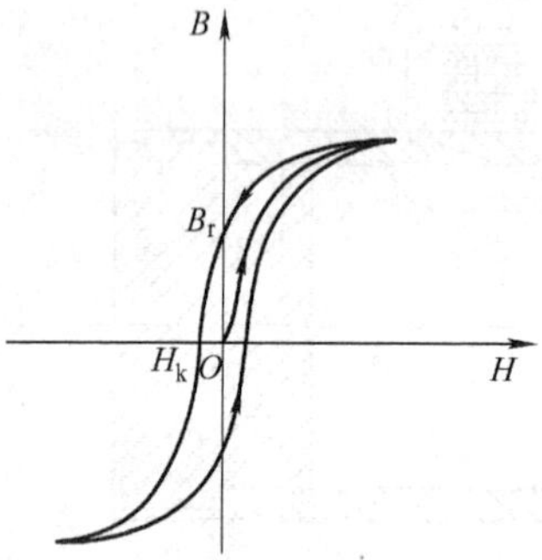

图 10-7　磁滞现象

H—电磁线圈形成的磁场强度

B—铁磁材料中的磁感应强度

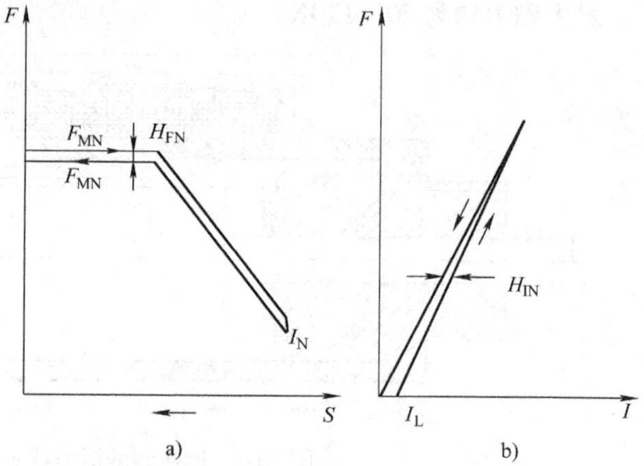

图 10-8　特性曲线的滞回示意图

a）行程力特性曲线　b）电流力特性曲线

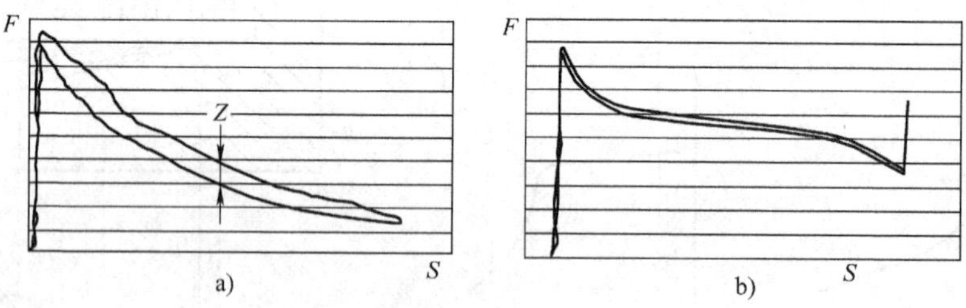

图 10-9　实测的行程力特性曲线

a）开关型　b）比例型

S—行程　F—电磁力　Z—滞回

4. 颤振

如果，使通过线圈的电流上有一适当的颤振信号，频率大约在 70～350Hz 之间，使衔铁和阀芯在工作位置来回振动，可以减小磁滞和摩擦力（见图 10-10），从而减少滞回，提高响应速度。

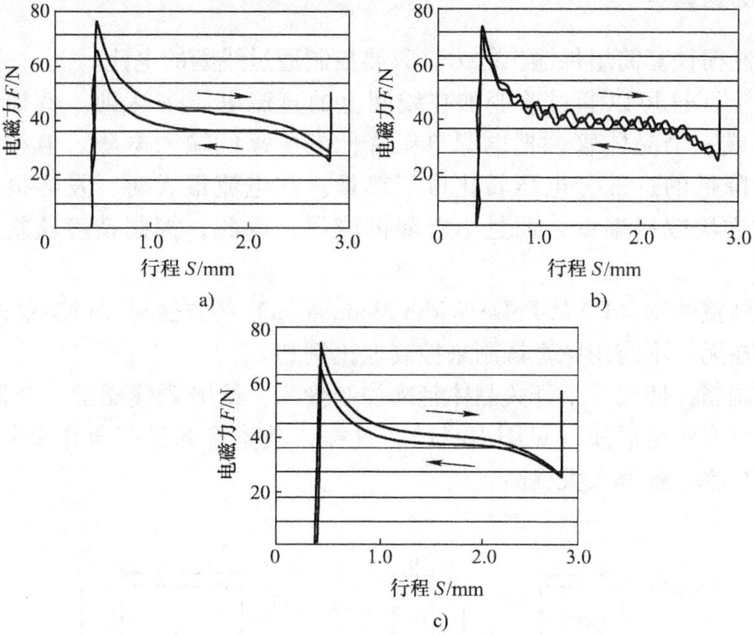

图 10-10　实测的电磁力

a）不加颤振信号　b）加 150Hz 颤振信号　c）加 300Hz 颤振信号

5. 死区

电比例阀通常都有一死区（cracking，deadband）：当输入电磁线圈的电流小于一定值（I_{min}）时，没有流量通过。这是由多个因素造成的：

1）衔铁的磁滞。

2）阀芯与阀套间的机械摩擦力。

3）滑阀型的，中位通常有一些正覆盖，以减少内泄漏，也可以提高在断电后弹簧自动复位时的安全性，但同时也增加了死区。

螺纹插装式的电比例阀的死区 I_{min}，一般约在输入电流的 15% ~30%。

10.3　控制放大器

电比例阀的阀芯，不像开关阀阀芯那样只停留在几个极端位置，而是必须停留在一些中间位置，或至少顺从我们的意愿，缓慢地移动。所以，控制电比例阀就不像控制开关阀那么简单，需要一个控制器来适应电比例阀的特点，弥补电比例阀的缺陷。

作为电比例阀的控制器放大器，一般要含有以下功能。

10.3.1 脉宽调制

要控制衔铁套筒组件输出的力，只要控制通过线圈的电流。

理论上，这可以通过改变加在线圈上的直流电压来达到。例如，通过一个电位器或一个晶体管，把电源电压降低到所需的输入电压。但在电位器或晶体管里降低的这部分电压转化成了热量。在电流很大时，发热很严重。所以，这种方法效率很低，而且不能降低滞回，因此，控制精度较差，基本上不使用。

使用脉宽调制（PWM-Pulse Width Modulation）的方法可以解决这两个问题。因此，现在无一不使用脉宽调制来控制电比例阀。

脉宽调制：使用一个开关晶体管来控制输入，给电磁线圈加一个恒定电压、加载时间可变的矩形波（见图 10-11）。这样，晶体管本身在全开和全关时基本都不消耗功率，效率大大提高。

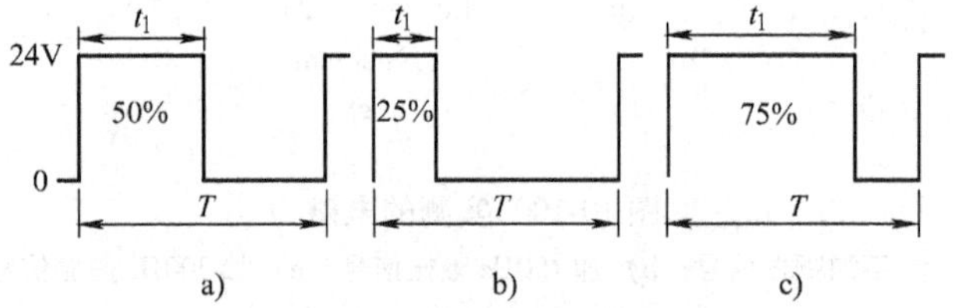

图 10-11 各种脉宽的脉宽调制信号

a）脉宽 50% b）脉宽 25% c）脉宽 75%

普通脉宽调制的频率在 100 ~ 400Hz。

逐渐增加脉宽，就可以使实际通过线圈的电流逐渐增加（见图 10-12）。

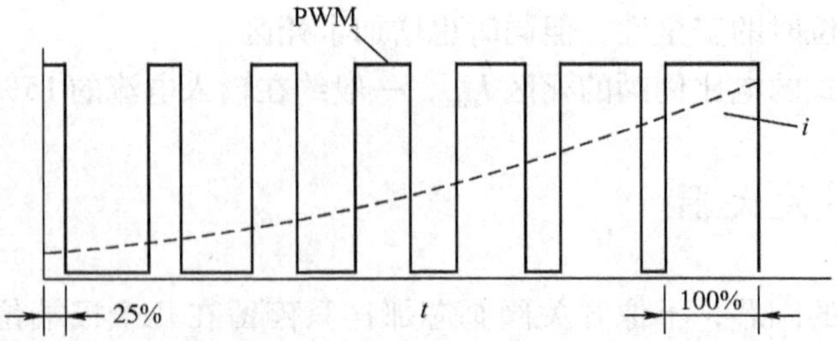

图 10-12 通过控制脉宽来控制电流（BR）

脉宽一般不需要用到 100%。例如，一个用于 24V 的线圈，20℃时的直流电阻为 20Ω。因此，100% 时的电流可达 1250mA。而比例阀的设计最大控制电流为 750mA，也即在 24V 脉宽调制输入时，63% 就够了。考虑到线圈的温升导致线圈的电阻上升 25% 的话，脉宽也低于 80%。

10.3.2　伴生颤振

电磁线圈的电感与机械系统中的惯性类似，会减缓线圈中的电流变化，使通过线圈的电流延迟于电压工作周期。电压波形是完整的矩形，而电流波形，由于电感的影响，其上升和下降过程都是渐变的（见图 10-13）。

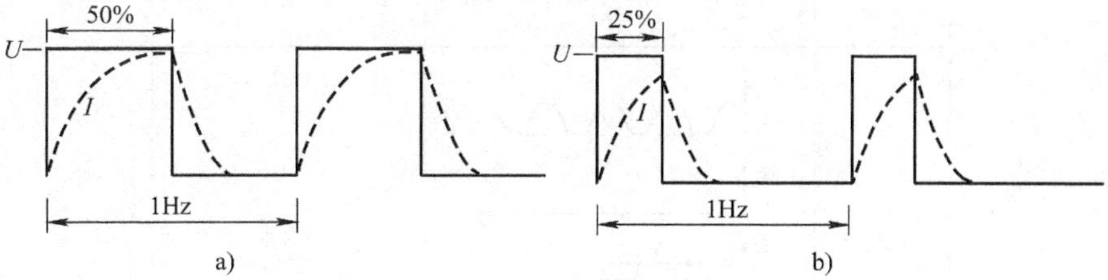

图 10-13　在 1Hz 时的电压电流波形示意图

a）脉宽为 50% 时　b）脉宽为 25% 时

如果脉宽调制的频率在 400Hz 以下，迭加形成的电流波形就会有伴生颤振（见图 10-14）。这样可以显著地减少比例阀的滞回（见图 10-15）。

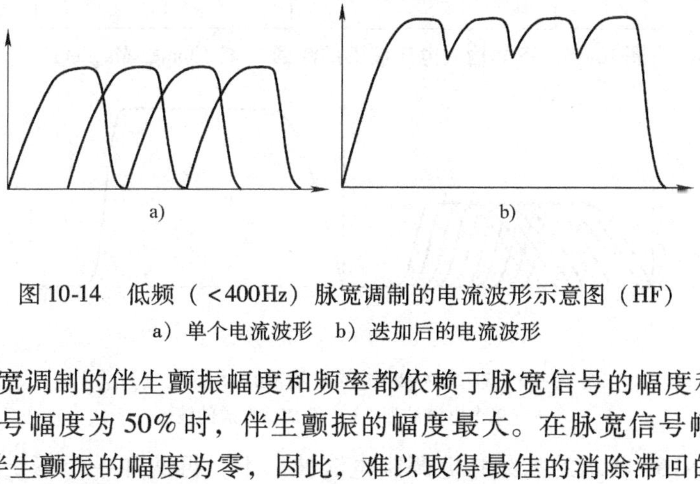

图 10-14　低频（<400Hz）脉宽调制的电流波形示意图（HF）

a）单个电流波形　b）迭加后的电流波形

低频脉宽调制的伴生颤振幅度和频率都依赖于脉宽信号的幅度和频率。在脉宽信号信号幅度为 50% 时，伴生颤振的幅度最大。在脉宽信号幅度为 0 或 100% 时，伴生颤振的幅度为零，因此，难以取得最佳的消除滞回的效果。所以，图 10-15 中 4 也限定 PWM 的脉宽在 15% ~85% 之间。

10.3.3　高频脉宽调制

如果脉宽调制的频率高达 5000Hz 以上，迭加形成的电流波形就不再有伴生颤振（见图 10-16）。

序号	不同输入电压波形	滞回
1		≈10%
2	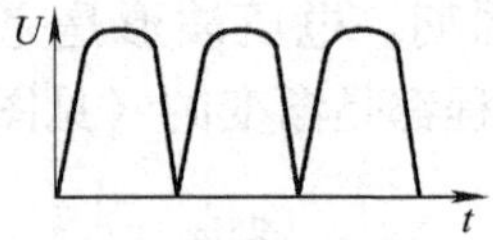	3%
3	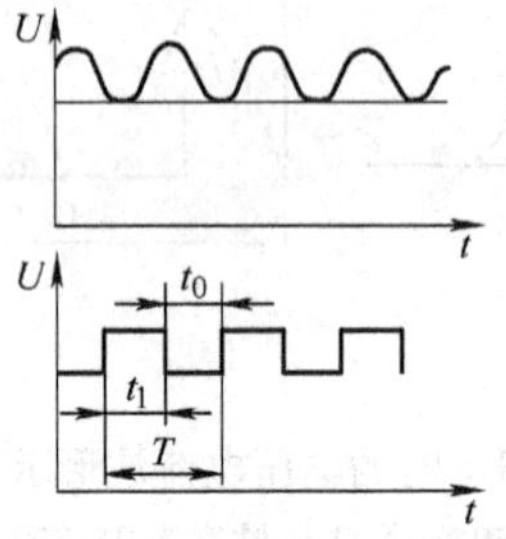	<3%
4	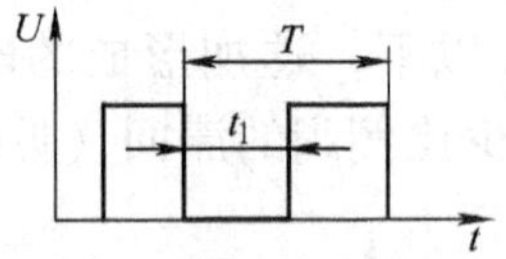	3% $15\% < \frac{t_1}{T} \leqslant 85\%$

图 10-15 不同输入电压波形的滞回（德 Thomas Magnet）

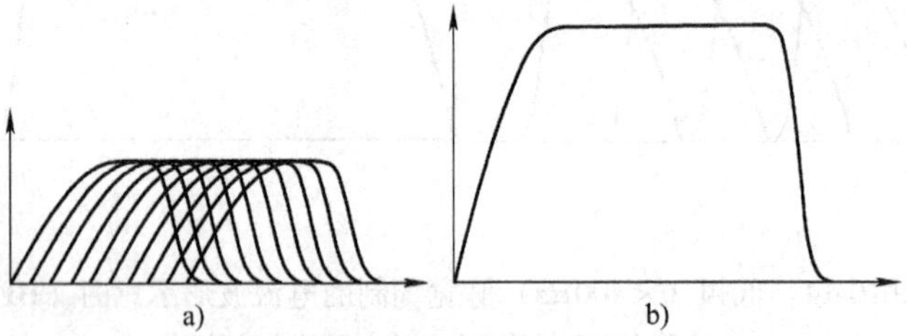

图 10-16 在 5000Hz 时的电流波形示意图（HF）

a）单个电流波形 b）迭加后形成的波形

在图 10-16b 所示的高频脉宽调制电流波形上，再迭加一个不受脉宽调制幅度影响的颤振信号（见图 10-17）。其频率和幅度可以根据所控制的比例阀设置，就可以达到最佳效果。

10.3.4 恒电流输出

如果给电磁线圈加一个恒定的电压 U（见图 10-18a），则随着时间 t，线圈

温度 T 逐渐增加，电阻也会逐渐增加，通过线圈的电流 i 会逐渐降低，衔铁套筒组件可输出的力 F 也会逐渐降低。这显然不是电比例阀所希望的。

如果在控制器的输出端加一输出电流检测装置，通常是串联一个高精度的小电阻，把通过的电流以电压的形式反馈给控制器。隔几秒钟检测一次，自动调整输出脉宽调制信号的脉宽，就可以达到恒电流输出（见图 10-18b）。

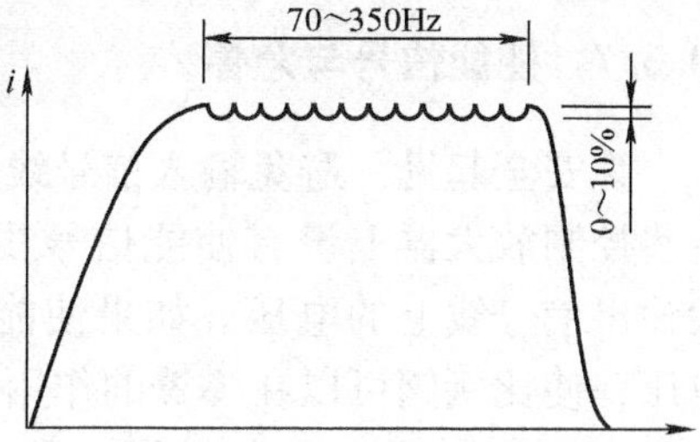

图 10-17 在高频脉宽调制的电流波形上迭加颤振信号示意图（HF）

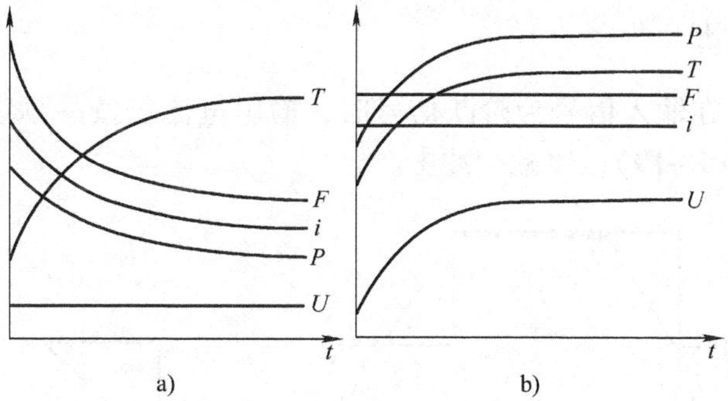

图 10-18 比例阀工作中各参数的变化

a）恒电压输出 b）恒电流输出

t—时间 T—温度 F—电磁力 i—电流 P—功率 U—电压

10.3.5 消除死区

衔铁套筒组件输出的力，相对输入电流都有一个死区。因此控制放大器一般都有预设死区校正。可以预设一个最小输出电流 I_{min}。一旦需要移动，至少输出一个 I_{min}。

10.3.6 增益调整

控制放大器根据输入的指令信号向电比例阀提供相应的脉宽调制功率输出。

输入的指令信号，通常是电压，0 ~ 5V 或 0 ~ 10V，电流通常只有几个 mA，功率很小。所谓放大器，即由此得名。

为了使一个控制放大器可以用于不同的电比例阀，这个功率放大倍数必须是可调的。通常通过一个电位器调整，即增益调整。这也决定了提供给阀的最大电流，所以也被称为 I_{max}。

10.3.7 使能信号与急停

为安全起见，避免输入信号线上的干扰电压被当作指令信号而引起误动作，有些控制放大器上设有使能信号线：只有当这根输入线上有一定电压时，才放大输出信号线上的电压。如果使能信号线上的电压消失，控制器立即切断输出电压，使比例阀可以在弹簧的作用下回到中位，或安全位。

有些控制器中设有急停回路，可以通过急停按钮切断电源。但要注意，控制器中一般都有一个稳定输入电压用的大电容，这里面储存的电量还可能使输出电流延迟一段时间才停止。所以更为可靠的急停措施是同时断开输出端。

10.3.8 斜坡输出

固定斜坡：在输入信号为阶跃信号时，输出电流仍按一预设的斜坡逐渐增加和减少（见图 10-19），以减少冲击。

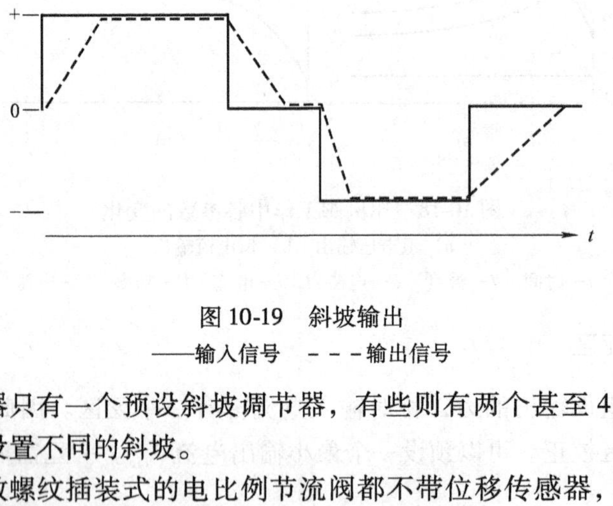

图 10-19 斜坡输出

——输入信号 - - - 输出信号

有些控制器只有一个预设斜坡调节器，有些则有两个甚至 4 个，信号上升下降可以分别设置不同的斜坡。

目前大多数螺纹插装式的电比例节流阀都不带位移传感器，因此，很难长时间精确地保持在某一给定位置。所以，电比例阀更多地是用于斜坡控制：逐渐开启，逐渐关闭。

10.3.9 输入信号检查

这是为了检查输入信号的不正常——输入线断路，或与工作电压短接。

例如，控制器可接受的输入信号范围为 0 ~ 5V，而实际的输入信号范围设计为 0.3 ~ 4.7V。这样，当输入信号低于 0.3V，或高于 4.7V 时，控制器就认为输入不正常，报警，停止工作。

10.3.10 接头

1. 集成接头

由于微电子技术的长足进步，因此以上那些功能（见图10-20）有可能都集

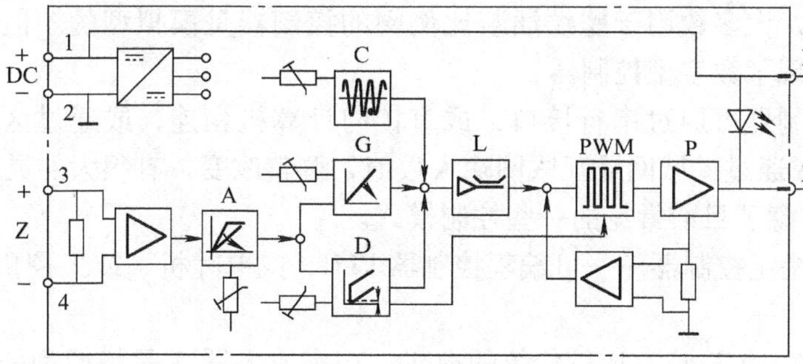

图10-20 控制器示意图（ET）

A—斜坡调节 C—颤振信号 D—死区消除 DC—功率输入 H—恒电流控制 G—增益调节 L—最大值控制 P—功率放大 PWM—脉宽调制 S—电磁线圈 Z—指令信号

成在一个接头里。很多公司都推出了采用DIN43650形式（见图10-21）的集成接头，也称功率接头（Power plug）。这样，比例阀在出厂时，成套相配的接头已经相应调节到能使这个电比例阀工作在相对最佳状态。

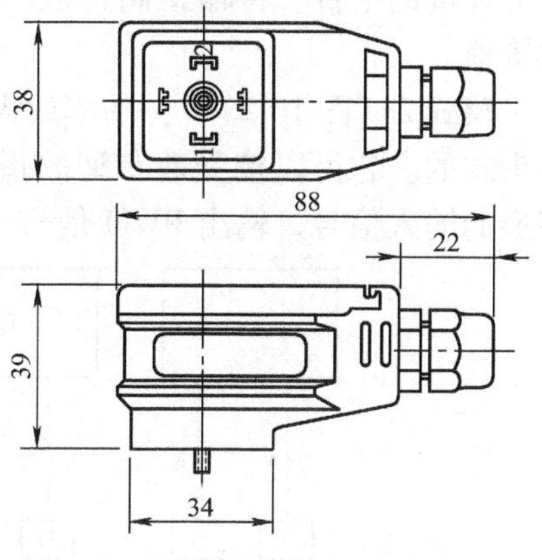

图10-21 集成接头（ET）

在理论上，集成接头很好。但实际应用时，由于调试都要通过电位器进行，工作量很大。阀更换以后，还要重新再调。

2. 缓启动接头

鉴于在很多场合，如果换向阀切换过快，就会引起冲击。PK公司推出了XPRO804型缓启动接头（见图10-22）。此

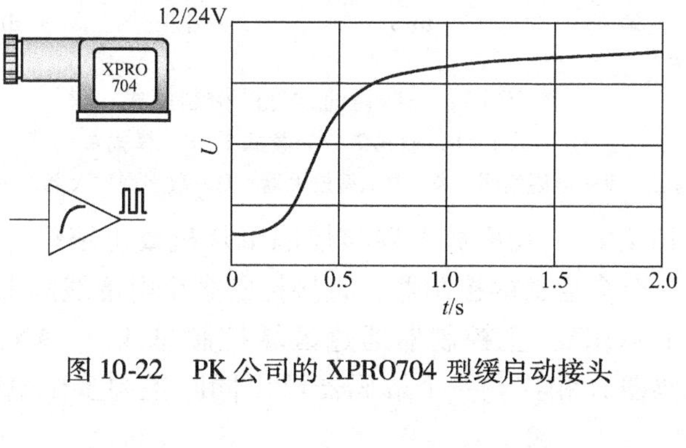

图10-22 PK公司的XPRO704型缓启动接头

接头利用脉宽调制技术，在得电的最初1s内，电压缓慢增加，这样电磁力也会缓慢增加，以此减慢切换速度。

10.3.11 数字型控制器

迄今为止，大多数用于螺纹插装比例阀的控制器是模拟型的。但近十几年来，也逐步出现了数字型控制器。

数字型控制器可通过串行接口，或直接与计算机相连，或通过区域控制总线（CAN），或通过局域网或互联网输入数值，调整改变，有很大的灵活性。

图9-23示意了目前常见的一些控制模式。

图中，C是主控制器——可编程控制器PLC、或单片机、或工控机。E代表电磁线圈。

模式1（图10-23a）：比较传统的模式，功率放大器A是模拟型的，做成单独控制板，或集成接头式的。主控制器C发模拟电压信号给功率放大器A，功率放大器A产生相应PWM，输给电磁线圈E。模拟信号电压较低，很容易受到周围环境的干扰，传输距离一般不超过10m，而且要注意做好屏蔽与屏蔽的有效接地。

模式2（图10-23b）：功率放大器D是数字型的，做成单独控制板，或集成接头式的。它可以接受数字型的指令，调节各个参数。可以接受模拟电压或数字型的输入信号，输出PWM信号给电磁线圈E。抗干扰能力较强。

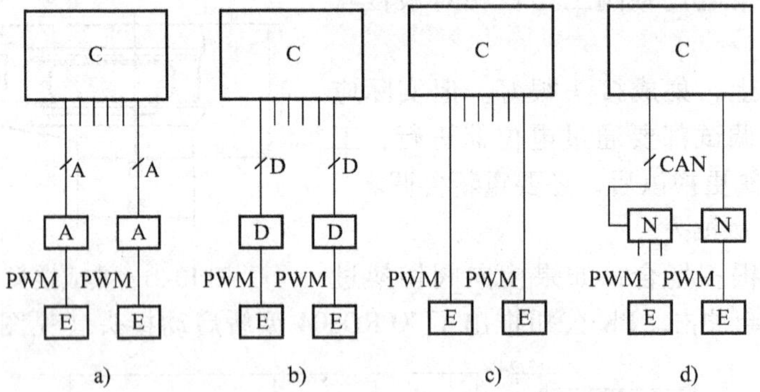

图10-23 一些目前常见的控制模式

a）模式1 b）模式2 c）模式3 d）模式4

C—主控制器 E—电磁线圈 A—模拟型放大器 D—数字型放大器 N—解码器

模式3（图10-23c）：功率放大器与控制单片机或可编程控制器（PLC）结合在一起，成为一个多通道的控制器，直接控制多个电磁线圈E。

模式4（图10-23d）：主控制器通过区域控制总线（CAN），或其他总线，或互联网，与解码器N相连。一个解码器可以同时控制多个电磁线圈，根据数字指令，发送 PWM 信号给相应的电磁线圈 E。解码器间控制信号线串联，因此接线简单。使用 CAN 总线，信号传输距离可达几千米。而使用互联网，信号传输距离则是无限的，只是其可靠性和时效性，要相应注意。

使用数字型控制器可以进行非线性校正，较模拟型方便得多，从而把比例阀用到极致。

10.4　二位三通电比例换向阀

PK 公司的 DF083N 型比例换向阀（见图 10-24）：

许用压力：21MPa。

全开，压差 0.7MPa 时的名义流量：11L/min（根据图 10-24c 压差流量特性曲线，压差 0.7MPa 时的流量为 15L/min。——作者）。

滞回（脉宽调制 200Hz）：小于 4%。

死区：输入信号的 20% ~30%。

颤振频率：100 ~400Hz，建议用 200Hz。

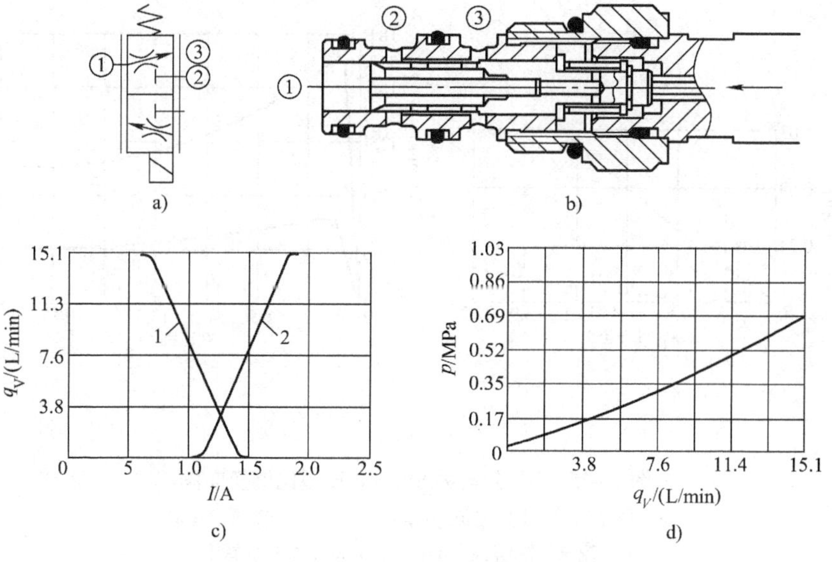

图 10-24　PK 公司的 DF083N 型比例换向阀

a）图形符号　b）剖面图　c）电流-流量特性（30W 线圈，12V，PWM200Hz）　d）压差流量特性

1—通口①→③　2—通口②→①

10.5 二位四通电比例换向阀

HF公司的SP10-46R型比例换向阀（见图10-25）：

许用压力：24.7MPa。

流量：最大23L/min，见图10-25b、c、d。

内泄漏：0.33L/min。

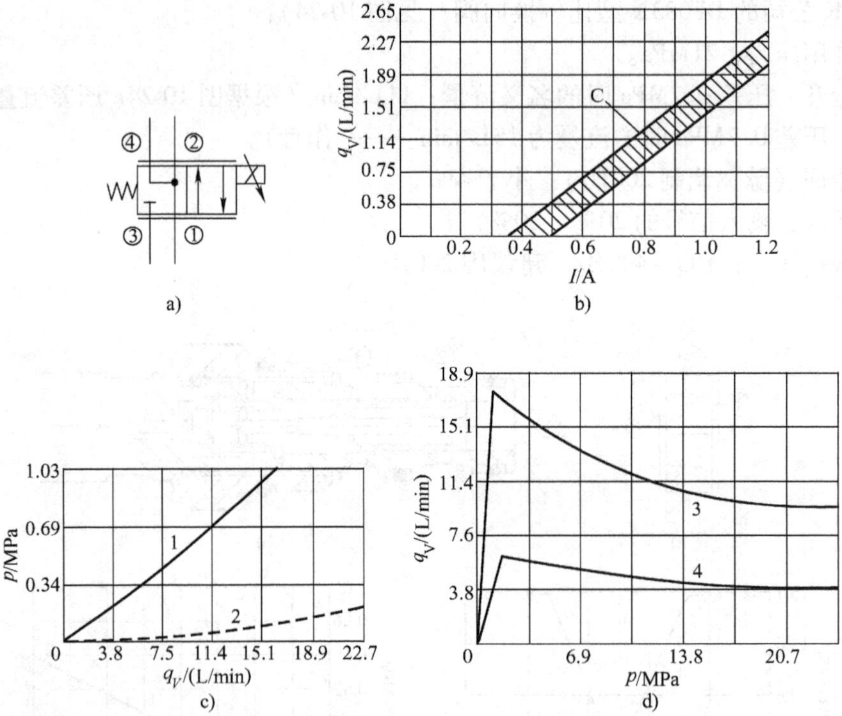

图10-25　HF公司的SP10-46R型比例换向阀

a）图形符号　b）电流-流量特性（12V，PWM100Hz）

c）流量压降特性　d）压差流量压力补偿特性

1—通口③→④　2—通口②→①　3—电流0.7A　4—电流0.5A　C—可接受范围

10.6 三位四通电比例换向阀

1. PK公司的GP0451型比例换向阀（见图10-26）

许用压力：端口②、③和④——35MPa，端口①——21MPa。

75%名义电流时的额定流量：32～44L/min，随切换状态而变。

滞回（脉宽调制200Hz）：小于6%。

死区：输入信号的25%～30%。

内泄漏：0.15L/min。

阶跃响应时间：75%输入电流时，开——50ms，关——40ms。

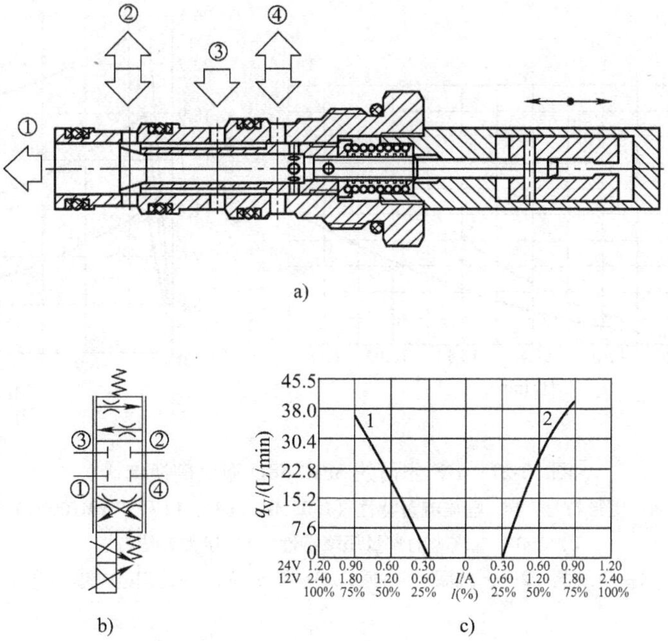

图10-26　PK公司的GP0451型比例换向阀

a）剖面图　b）图形符号　c）电流流量特性

压差1.5MPa　1—向下推阀芯　2—向上拉阀芯

2. HF公司的SP10-58D型比例换向阀（见图10-27）

五端口型。端口①可用作负载敏感压力信号。

许用压力：25MPa。

流量：最大23L/min，见图10-27b、c、d。

内泄漏：0.25L/min。

由于利用了液动力，压差流量特性（见图10-27d）表现出近似二通流量调节阀的特性。

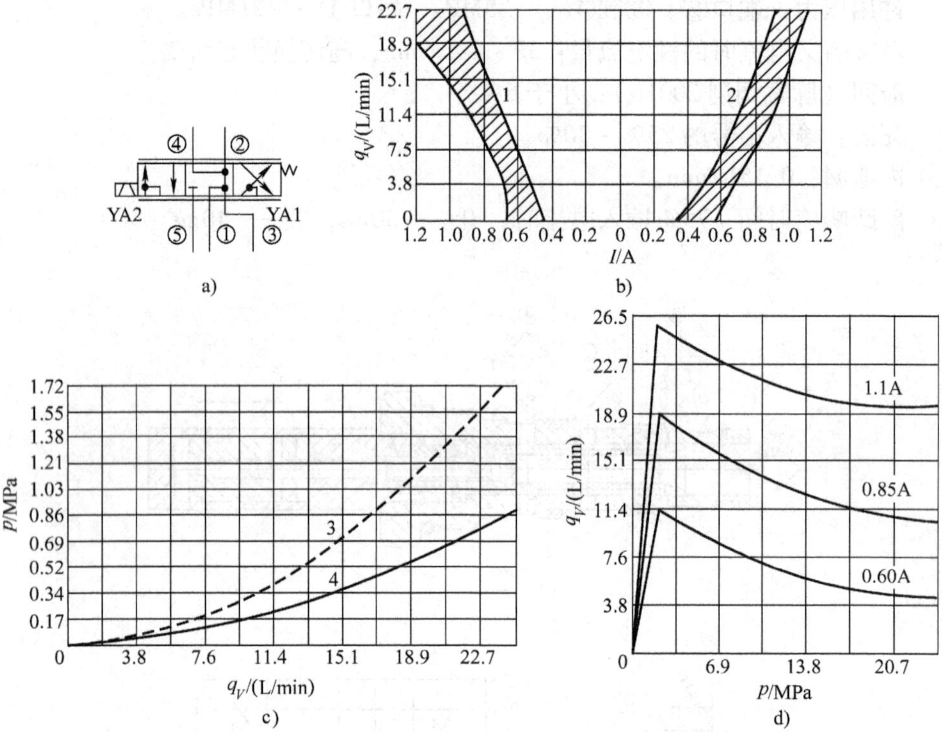

图 10-27 HF 公司的 SP10-58D 型比例换向阀

a）图形符号 b）电流流量特性（1.03MPa 压差，12V，PWM100Hz）

c）100%电流时的流量压降特性 d）压力补偿特性

1—下线圈 2—上线圈 3—通口⑤→②或④ 4—通口④或②→③

第 11 章　液控换向阀

本章介绍液控换向阀（pilot operated directional valve）和液控比例换向阀。

英语 directional valve，也有称 directional control valve，如照字面翻译的话，可以译成方向阀，或方向控制阀。

但是，在中文液压技术中，方向阀通常包括了单向阀和换向阀，而换向阀又可分为手动换向阀、液控换向阀、气控换向阀、电磁换向阀等。

在 ISO 5598：1985《流体传动系统及元件　术语》中，directional control valve 与 check valve（单向阀）是并列的，被 GB/T 17446—1998 译作方向控制阀，其实应该理解为换向阀。

在 SUN 公司的产品样本中，directional valve 包括了电磁阀和气控换向阀，但不包括单向阀。

在 PK 公司的样本中，单向阀、电磁阀、手动换向阀都单列一章，directional control valve 就是单指液控换向阀。

而在 HF 公司的产品样本中，directional valve 包括了单向阀，但不包括电磁阀。

因此，directional valve 必须根据场合理解。

有一类特殊的液控阀——二通口、三端口、弹簧腔有单独的端口、被用作控制腔，由于其特殊的结构功能和广泛的应用可能性，被特称为逻辑元件，在本书中单列一章（第 12 章）。本章介绍的液控换向阀不包括逻辑元件。

11.1　概述

11.1.1　功能与类型

液控换向阀一般指受液压力控制，实现液流通道的打开和关闭的阀。

从工作原理的角度来看，可分为直动型和先导型。

从功能角度可分为：

1）二通常闭型。

2）二通常开型。

3）三通型。

4）四通型。

从工作位置数可分为：

1）二位型。

2）三位型。

1. 二通常闭型液控换向阀

二通常闭型液控换向阀有多种变型，见图 11-1。

1）图 11-1 中 a1 ~ a4 皆为外控切换。a2——切换压力可调。a3——开启后可双向流动。a4——弹簧腔通大气，因此无背压。

2）b1、b2 和 b3 的弹簧腔都有单独出口，因此背压可调，可卸荷，也可封住。b2——先导型。b3——关闭位通过座阀实现，因此无泄漏。

3）c1 和 c2 为四端口阀，弹簧腔和液控都有单独端口。c2——切换压力可调，开启后单向流通。

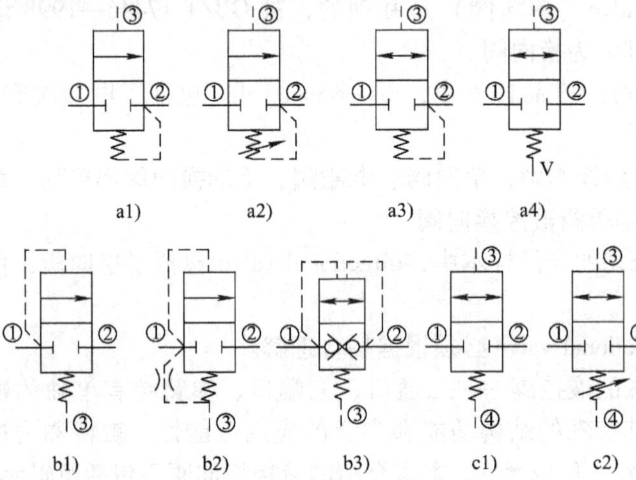

图 11-1 各种类型的二通常闭型液控换向阀

2. 二通常开型液控换向阀

二通常开型液控换向阀也有多种变型，见图 11-2。

1）a1 ~ a4 皆为外控切换。a2——切换压力可调。a3——可双向流动。a4——弹簧腔通大气，因此无背压。

2）b1、b2 和 b3 的弹簧腔都有单独出口，因此背压可调，可卸荷，也可封住。b2——先导型。b3——关闭位通过座阀实现，因此无泄漏。

3）c1 和 c2 为四端口阀，弹簧腔和液控都有单独端口。c2——切换压力可调。

3. 三通型液控换向阀

三通型液控换向阀也有多种变型，见图 11-3。

1）a1 ~ g2 皆为二位阀。

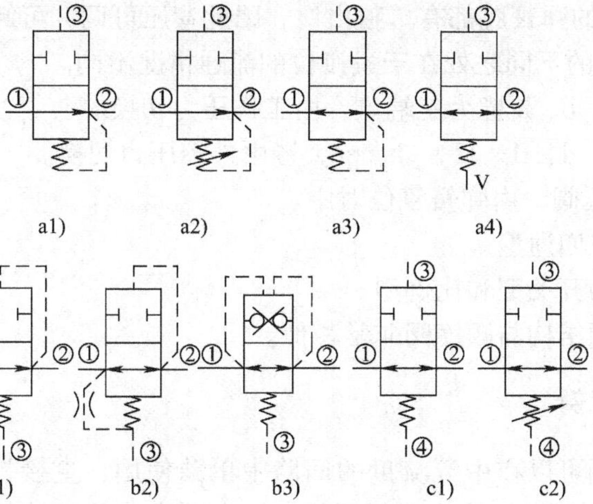

图 11-2　各种类型的二通常开型液控换向阀

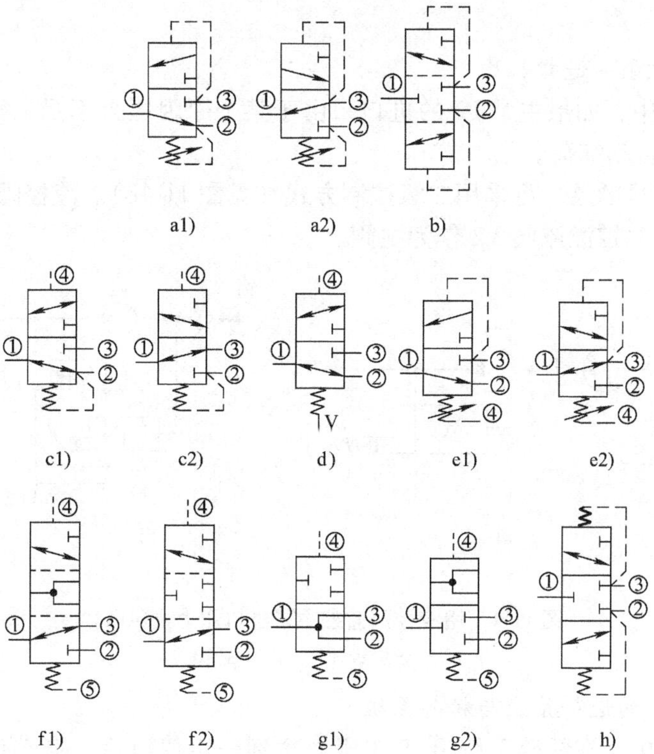

图 11-3　各种类型的三通型液控换向阀

2）a1、a2，切换压力可调。

3）b 无复位弹簧。

4）e1 ~ g2 的弹簧腔都有单独出口，因此背压可调，可卸荷，也可封住。

5）f1 与 f2 的不同之处在于过渡位的流通情况不同。

6）a1、a2、b、h 皆为三端口，由工作压力切换。

7）c1、c2、d、f1、f2、g1、g2，皆由外控压力切换。

8）h 是三位阀，由弹簧复位对中。

此外，还有四通型。

还可以分为开关型和比例型。

液控换向阀结构与顺序阀非常相似。

11.1.2 应用举例

液控换向阀可以在中等流量的回路中单独使用，直接控制执行器。也可以作为先导控制阀来控制其他阀。例如，用来开启或关闭液控单向阀或者任何其他带控制口的阀，如减压阀、顺序阀、安全阀等。也经常被用来控制更大的液控换向阀。

1. 监控主泵的进口压力

图 11-4a 中，如果主泵 P2 的进口，由于某个原因压力不足，则出口通过液控换向阀 V1 自动卸荷。

对于大流量的泵，可采用二级控制方式（见图 11-4b）。液控阀 V1 作为先导阀，采用一个外控溢流阀 V2 作为主阀。

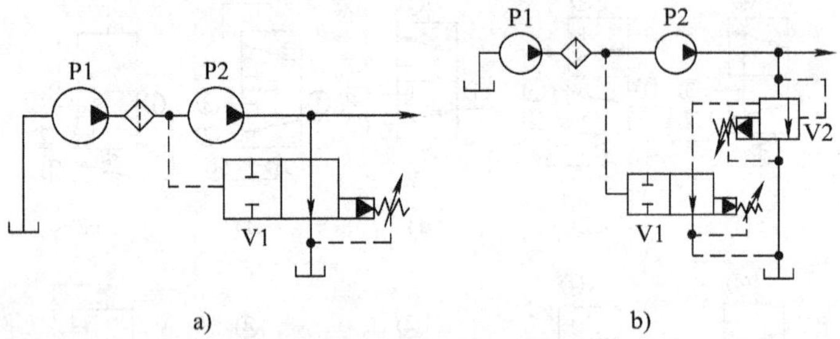

图 11-4 用液控阀监控主泵进口压力（SUN）
P1—辅助进油泵 P2—主泵

2. 粉碎机的进料系统与粉碎系统

图 11-5a 中，在粉碎系统 B 工作压力达到一定值以后，自动使进料系统 A 卸荷，不再送料。

对于大流量的泵，可采用二级控制方式（见图 11-5b）。液控阀 V1 作为先导阀，采用一个外控溢流阀 V2 作为主阀。

3. 夹紧机构

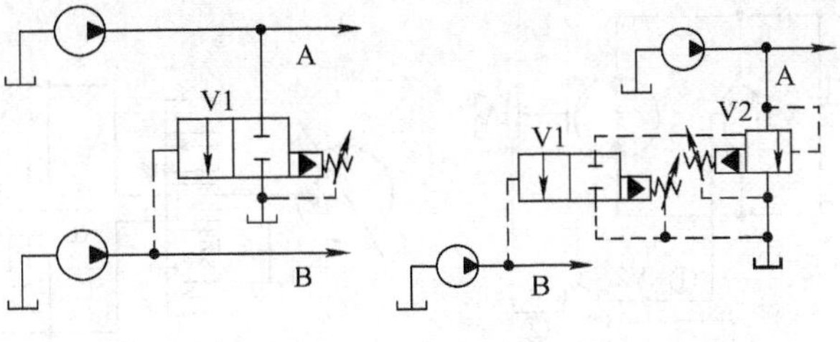

图11-5 粉碎机的进料系统与粉碎系统（SUN）

A—自动进料系统 B—粉碎系统

在图11-6的两个回路中，只有在回路J（夹紧机构）达到一定压力后，液控换向阀V2才切换，泵P2输出的压力油才会进入加工回路Q。V3是一个通流量较大的液控顺序阀，用在直接使用V2，流量不够的场合。

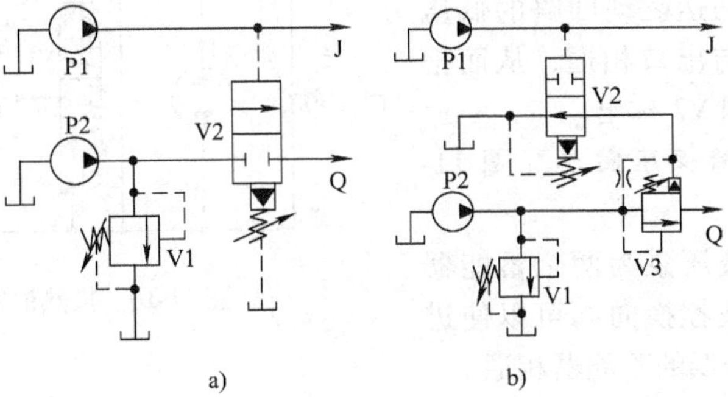

图11-6 夹紧机构（SUN）

J 夹紧机构 Q—加工回路

4. 作为大液控换向阀的先导阀（见图11-7）

控制压力信号S通过液控换向阀V2，驱动液控换向阀V1。

5. 控制绞车刹车系统

液压马达双向驱动的绞车刹车控制回路见图11-8。

液压马达驱动回路的高压侧通过梭阀V3连通液控换向阀V2的进口①，其出口②接刹车。这样，只有在液压马达的驱动腔已有一定的压力后，V2才会切换，从而松开刹车，就不会出现负载下沉。

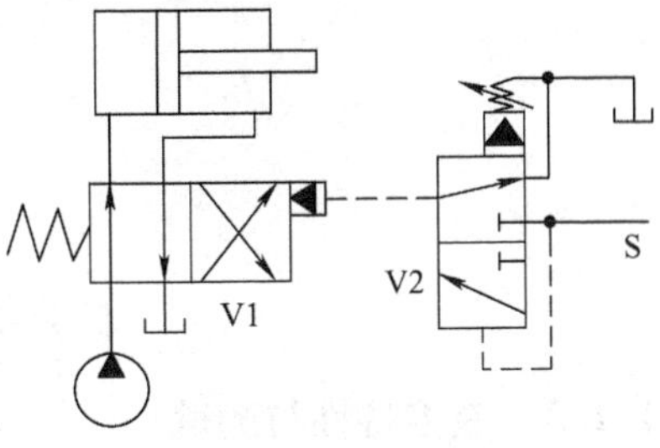

图11-7 作为大液控换向阀的先导阀

S—控制压力信号

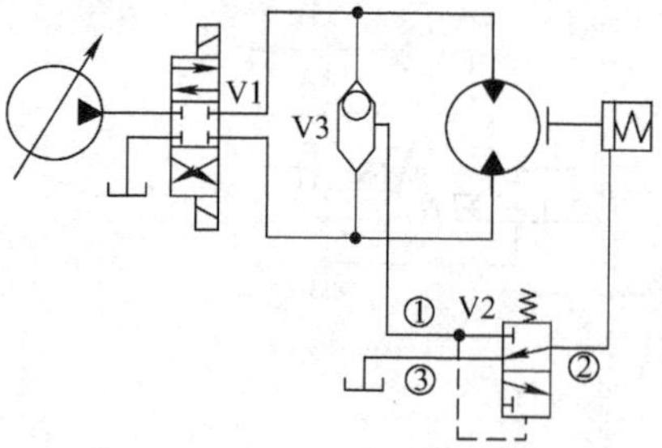

图 11-8 绞车刹车控制回路 I

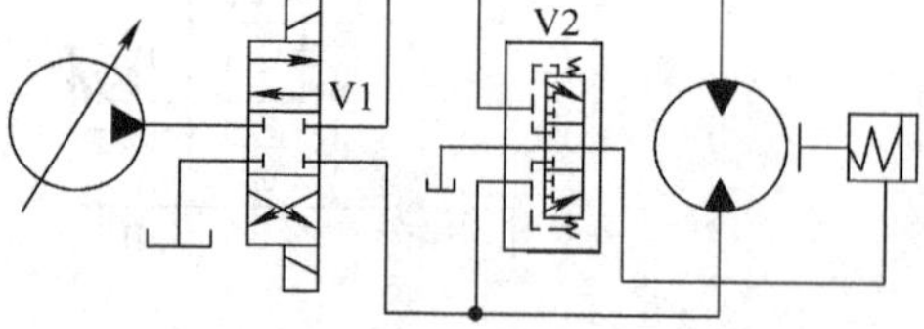

图 11-9 刹车回路Ⅱ

与图 11-8 相比较，回路图 11-9 中用了一个三位三通液控换向阀 V2，代替了图 11-8 中 V2 和 V3 两个阀。

6. 换热油回路

在图 11-10 中，液控换向阀 V1 可以使与液压马达驱动回路的低压侧相连的进口与出口相通，从而把热油经过溢流阀 V2 排出。

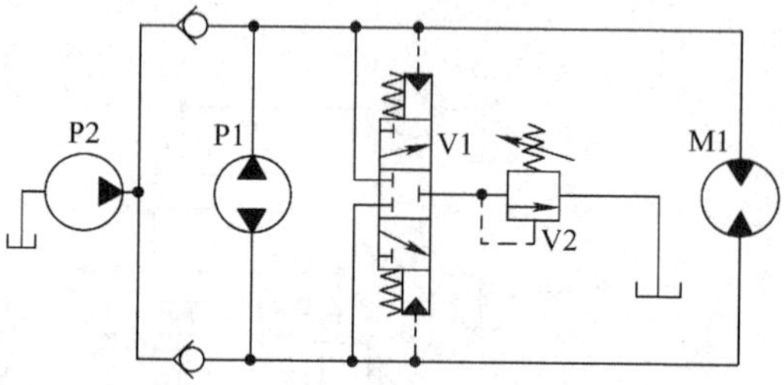

图 11-10 换热油回路

7. 双蓄能器保压回路（图 11-11）

这是单个液压泵为两个蓄能器供油的回路。液控换向阀可以使进口始终与压力较低的蓄能器相通。

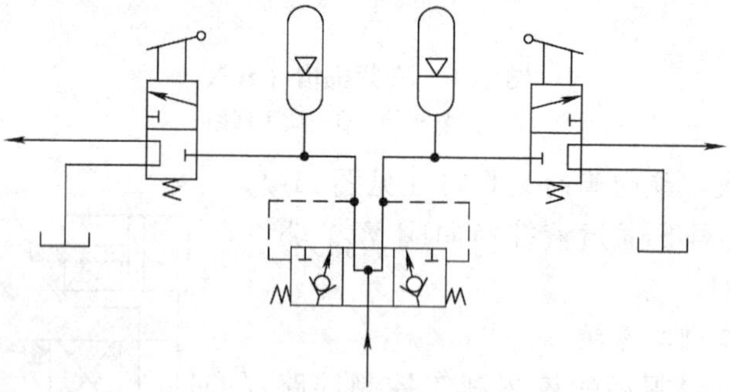

图 11-11 双蓄能器供油回路

11.1.3 液控特性与测试

对液控阀来说，其液控特性是它有别于其他阀的特性。反映液控特性的主要是切换压力。

有的产品的切换压力相对固定，不可调。如，PK 公司的切换压力大多较低

(0.5～1.5MPa)，且不可调。

有的产品的切换可调。例如，SUN 公司的产品的切换压力范围就较大，可在 0.35MPa～31.5MPa 之间，根据需要来选择调节。

液控换向阀的切换有一个过程：随着控制压力的增加，开口逐渐变大。因此，有所谓切换开始压力和切换完成压力。

确定切换过程最准确的方法，当然是测量阀芯的位移。但是，这往往需要对被测阀作一些加工改造。

用测量通流量的方法也可以一定准确度地确定切换的开始和完成，而不需要对被测阀作任何改动。

以下以二通常闭型液控换向阀为例，介绍其测试方法。其他类型阀可参考进行。

1. *液控换向阀测试回路*

测试切换压力的回路可参照图 11-12 搭建。图中：

1—液压源。

1a 输入被测阀液流，用于检测开口情况。流量接近被测阀的名义流量即可。

1b 用于建立控制压力。在泵出口可以加装蓄能器以保证控制压力平稳。

2—溢流阀。

2a 加载用，约 1MPa 以上即可。

2b 为安全阀，设定压力应高于切换完成压力。

3—压力表，监控用。

4—温度计。

5—压力传感器。

6—被测阀。

7—流量传感器。

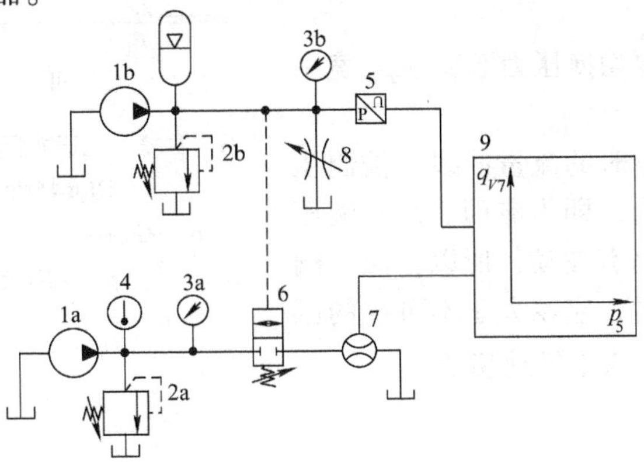

图 11-12　液控换向阀切换压力测试回路

8—节流阀，建立控制压力用。

9—X-Y 记录仪，或计算机数据采集记录显示系统。

2. 测试过程

（1）准备阶段　连接记录仪：流量 q_{V7} 作为 Y 轴，压力 p_5 作为 X 轴。使油温达到预定值。一般常选 32 号油，40°C。

（2）测试步骤

1）开启液压源 1a。调节溢流阀 2a，使压力 p_{3a} 约为 1MPa。

2）把节流阀 8 开到最大。开启液压源 1b。此时，压力 p_5 应远低于切换压力，流量 q_{V7} 几乎为零。

3）开始记录。缓慢关闭节流阀 8，压力 p_5 随之增加。至某一点 p_0，流量 q_{V7} 开始增加。这就是切换开始。直到某一点 p_e，流量 q_{V7} 不再增加。这就是切换完成。

4）缓慢开启节流阀 8，压力 p_5 随之降低，至某一点，流量 q_{V7} 开始减少。这就是被测阀开始关闭。直到某一点，流量 q_{V7} 不再减少。这就是被测阀完全关闭。停止记录。

整个测量过程中要保持油温相对固定。从得到的测试曲线中即可看出该阀在该工作条件下的切换特性。

图 11-13 示意了液控卸荷阀以控制压力与通流量表示的切换特性。图中：

区域 I，被测阀尚未开启。如果有流量，就是被测阀的内泄漏；

区域 II，被测阀的开启过程。

区域 III，被测阀已完全开启。

开关型阀需要切换压力区 $p_e - p_0$ 窄一些。

调节型阀需要切换压力区 $p_e - p_0$ 宽一些。

控制压力下降时的流量曲线与控制压力上升时的不重合，即为滞回。由于液压系统中压力很容易有波动，所以，液控阀有些滞回是应该的，应该大于不可控的压力波动，以免液控阀不停地切换。

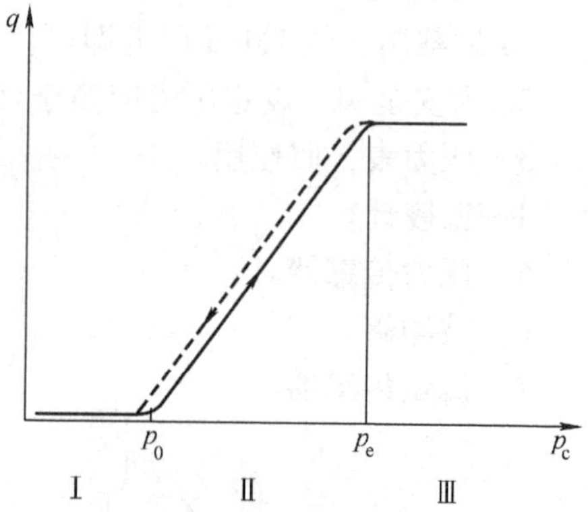

图 11-13　二通常闭型液控卸荷阀的切换特性示意图

p_c—控制压力　p_0—切换开始压力

p_e—切换完成压力

11.1.4　其他性能

选用液控换向阀时应关注的其他性能。

1）许用压力。

2）流量压差特性。

3）动态响应特性——切换时间。有的应用场合，需要切换时间短些的液控换向阀，这样响应灵敏。有的系统则需要切换时间长些的换向阀，以减少换向冲击。

4）工作范围，参见9.1.4，电磁阀的工作范围与测试。

一方面，与电磁换向阀相似，由于液动力的影响，只有在一定压力流量范围内才能正常切换。另一方面不同的是，电磁线圈的电磁力被额定电压所限制，很难增加。而液控换向阀的控制压力却有很大的回旋余地。如果需要的话，可以很容易地增加控制压力，以确保可靠切换。所以，工作范围对液控换向阀不是大问题。使用者应该根据实际工作压力和流量，询问供货商，或自已再加一个安全系数，进行试验。

11.2 二位二通常闭型液控换向阀

有三端口型和四端口型。弹簧腔不单独回油，或通大气，或单独回油。

有先导型和直动型。

有的是连续调节型，阀芯可以处于任意中间位置。

1. SUN公司的DPCB型液控换向阀（见图11-14）

结构型式：先导型。

三端口型。弹簧腔与通口③相连，开启压力会受到通口③的压力影响。

许用压力：35MPa。

流量：60L/min。

开启压力：6种不同可调范围，从0.17~42MPa（产品样本如此。为何需要？许用压力仅35MPa。——作者）。因为通口③的压力会直接增加开启压力，所以这里的开启压力应该理解为端口①和通口③之间的压差。

内泄漏：在压力7MPa、粘度24mm^2/s时，最大15mL/min。

先导流量：端口①→通口③：0.16~0.25L/min。

通口③的压力不应超过21MPa。这是为避免损坏，而不是液压工作范围。

阀芯可以根据先导流量的大小，停留在任意中间位置，因此可以作为定压差阀使用。

图11-14b是取自SUN公司2009年产品样本，看似为三通阀，其实还是一个二通阀。图11-14c是取自SUN公司2005年产品样本，看上去更为直观习惯。

2. PK公司的R04D3型液控换向阀（见图11-15）

许用压力：42MPa。

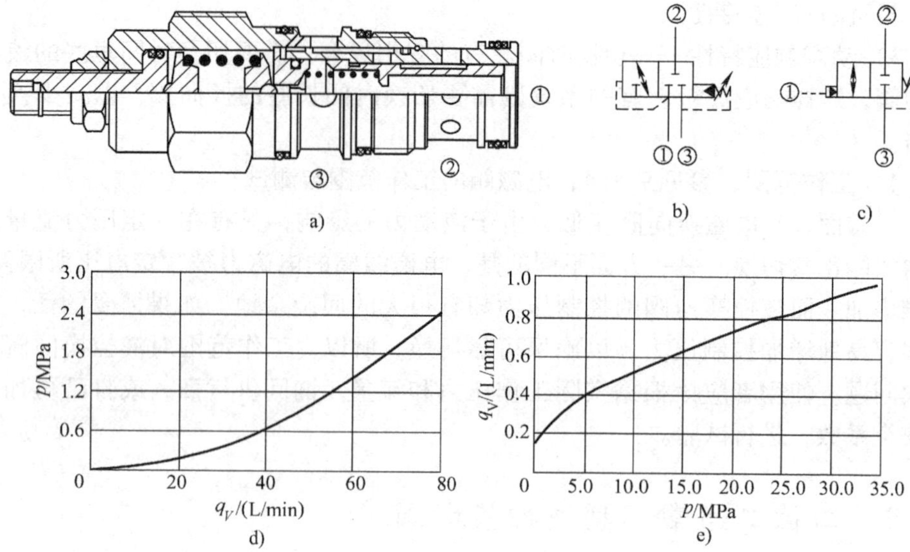

图 11-14 SUN 公司的 DPCB 型液控换向阀

a）剖面图 b）图形符号 1 c）图形符号 2 d）全开时的压差流量特性 e）开启后，先导流量①→③随压力上升的特性

名义流量（压差 0.7MPa）：60L/min。

测定流量：100L/min。

切换开始压力：0.5MPa 或 1MPa，不可调。要全开，至少还要再多 0.2MPa。通口③的压力影响开启压力。

3. HF 公司的 PD12-34 型液控换向阀（见图 11-16）

四端口，弹簧腔通大气，由一油-空气动态密封圈来防止油渗出水渗入。但应指出，密封圈会老化，因此而失去密封功能。因此，如果在对外泄漏要求很严格的场合，建议使用弹簧腔不通大气的阀。

许用压力：24MPa。耐压试验压力：42MPa。

测定流量：见图 11-16c。

内泄漏：20.7MPa 时，最大 82mL/min。

切换压力：0.76MPa 开始，0.91MPa 完成，不受通口压力影响，因为弹簧腔通大气。

阀全开排出油体积：1.32mL。这个参数对动特性有影响。

4. PK 公司的 R04B4 型液控换向阀（见图 11-17）

四端口型，弹簧腔单独出口。

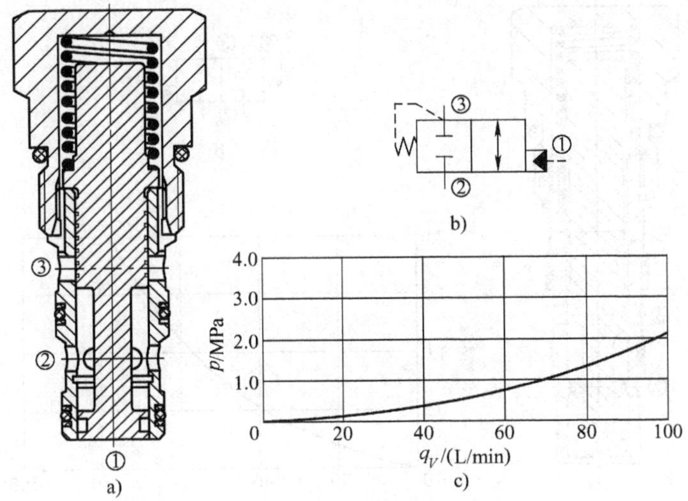

图 11-15　PK 公司的 R04D3 型液控换向阀

a）剖面图　b）图形符号　c）全开时的压差流量特性

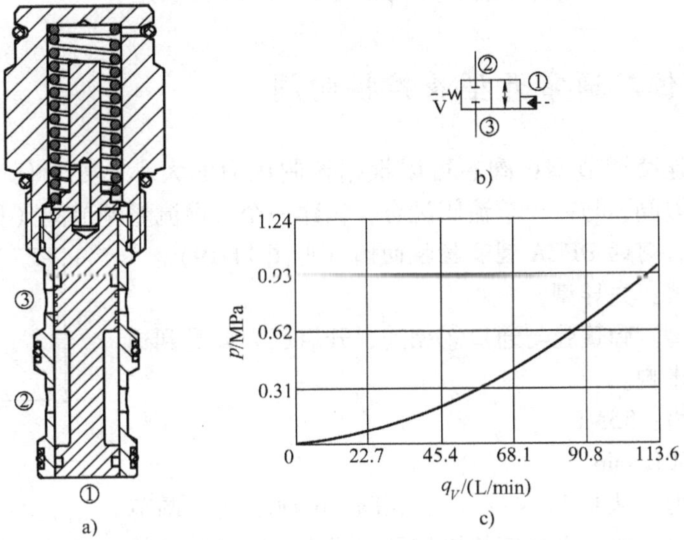

图 11-16　HF 公司的 PD12-34 型液控换向阀

a）剖面图　b）图形符号　c）通口③→②的压差流量特性

许用压力：42MPa。

名义流量（压差 0.7MPa）：47L/min。测定流量：80L/min。

切换压力：0.5MPa 或 1MPa。

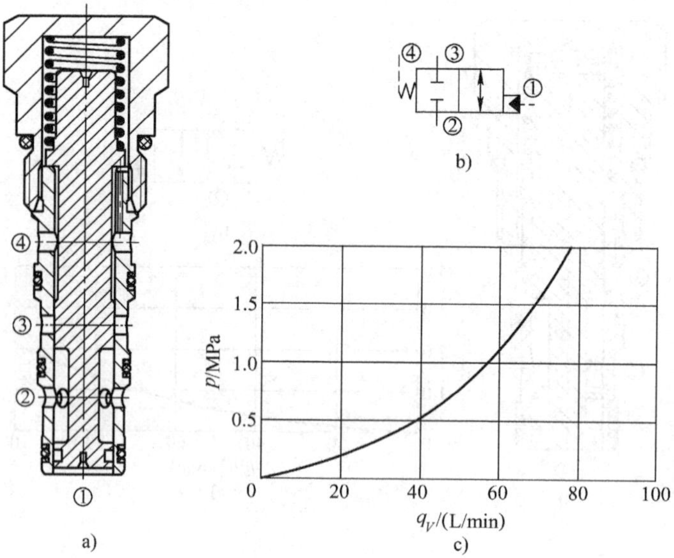

图 11-17 PK 公司的 R04B4 型液控换向阀

a）剖面图 b）图形符号 c）压差流量特性

11.3 二位二通常开型液控换向阀

有些是连续调节型：阀芯可以根据控制压力的大小，处于任意中间位置。可用作定压差阀，与一个节流阀配合，构建一个二通流量调节阀（见图 11-18）。

1. SUN 公司的 DPCA 型液控换向阀（见图 11-19）

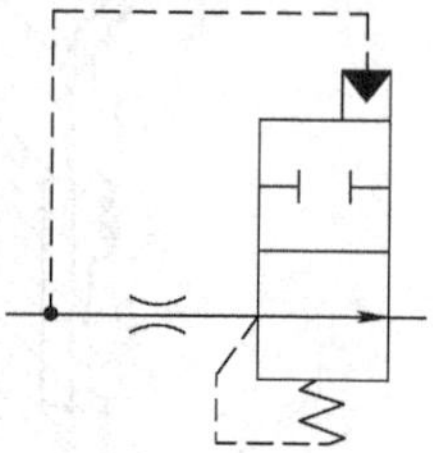

图 11-18 与节流阀配合，构建一个二通流量调节阀

结构型式：先导型。

三端口型。弹簧腔与通口③相连，开启压力会受到通口③的压力影响。

许用压力：35MPa。

流量：60L/min。

开启压力：从 0.17 ~ 42（?）MPa，6 种不同可调范围。因为通口③的压力会直接增加开启压力，所以这里的开启压力应该理解为端口①和通口③之间的压差。

内泄漏：在压差 7MPa，粘度 $24mm^2/s$ 时，最大 15mL/min。

先导流量：端口①→通口③：0.16 ~ 0.25L/min。

通口③的压力不应超过 21MPa，这是为避免损坏阀，而不是液压工作范围。

连续调节型。

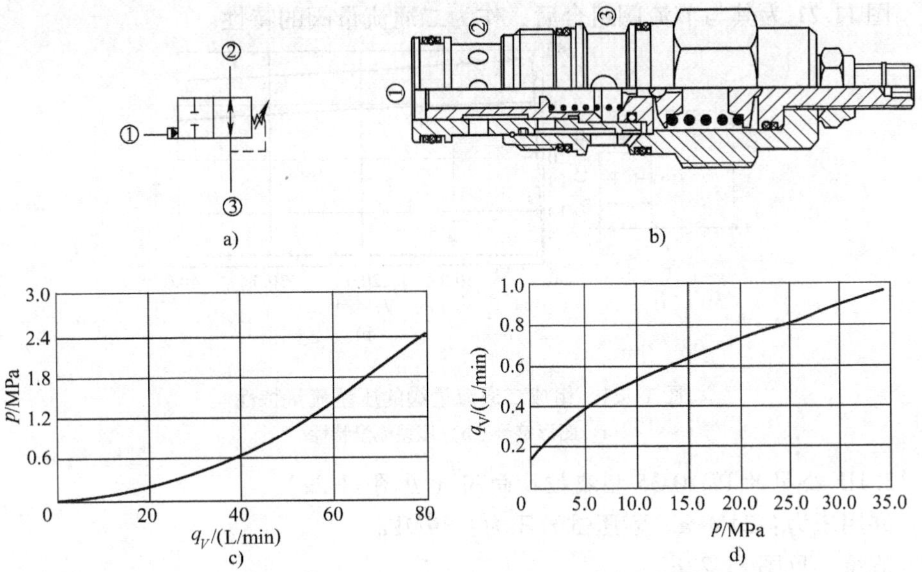

图 11-19　SUN 公司的 DPCA 型液控换向阀

a）图形符号　b）剖面图　c）全开时的压差流量特性

d）阀开启后先导流量①→③随压力上升特性

2. PK 公司的 R04C3 型液控换向阀（见图 11-20）

许用压力：42MPa。

名义流量（压差 0.7MPa）：40L/min。

测定流量：80L/min。

切换压力：0.5MPa 或 1MPa。

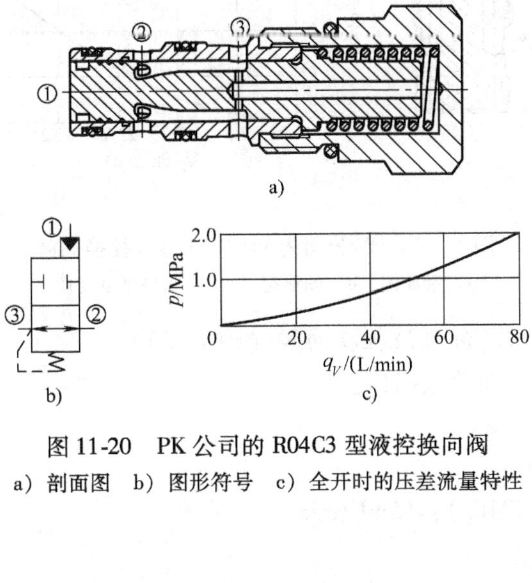

图 11-20　PK 公司的 R04C3 型液控换向阀

a）剖面图　b）图形符号　c）全开时的压差流量特性

图 11-21 为其与节流阀组合后，作为二通流量阀的特性。

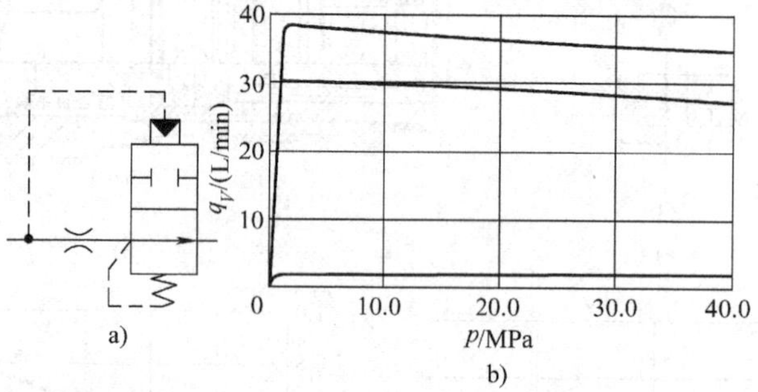

图 11-21 组成二通流量阀的压差流量特性

a）图形符号 b）压差流量特性

3. HF 公司的 PD10-35 型液控换向阀（见图 11-22）

许用压力：24MPa。耐压试验压力：39MPa。

流量：见图 11-22c。

内泄漏（压差 20.7MPa）：82mL/min。

完全切换压力：0.41MPa 弹簧——0.47MPa，0.76MPa 弹簧——0.86MPa。

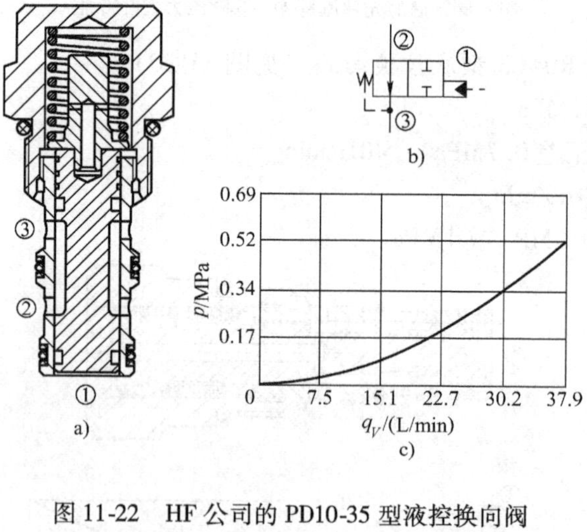

图 11-22 HF 公司的 PD10-35 型液控换向阀

a）剖面图 b）图形符号 c）压差流量特性

4. SUN 公司的 DPCM 型液控换向阀（图 11-23）

四端口型。弹簧腔单独出口。

许用压力：35MPa。

流量：60L/min。

内泄漏（压差 7MPa）：15mL/min。

切换压力：0. 7 ~ 31. 5MPa，5 档，可调。

先导流量：0. 16 ~ 0. 25L/min。

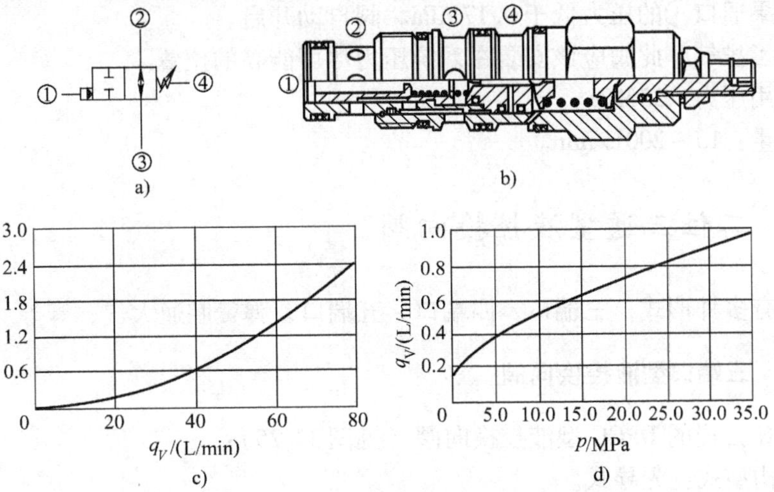

图 11-23　SUN 公司的 DPCM 型液控换向阀

a）图形符号　b）剖面图　c）全开时的压差流量特性

d）阀开启后先导流量①→④随压力上升的特性

5. SUN 公司的 NQEB 型液控换向阀（见图 11-24）

泵启动时，排气（air bleed）和卸荷（start-up）用。

当空气通过此阀排出时，基本无阻力，不会建立压力，也就不会关闭阀。

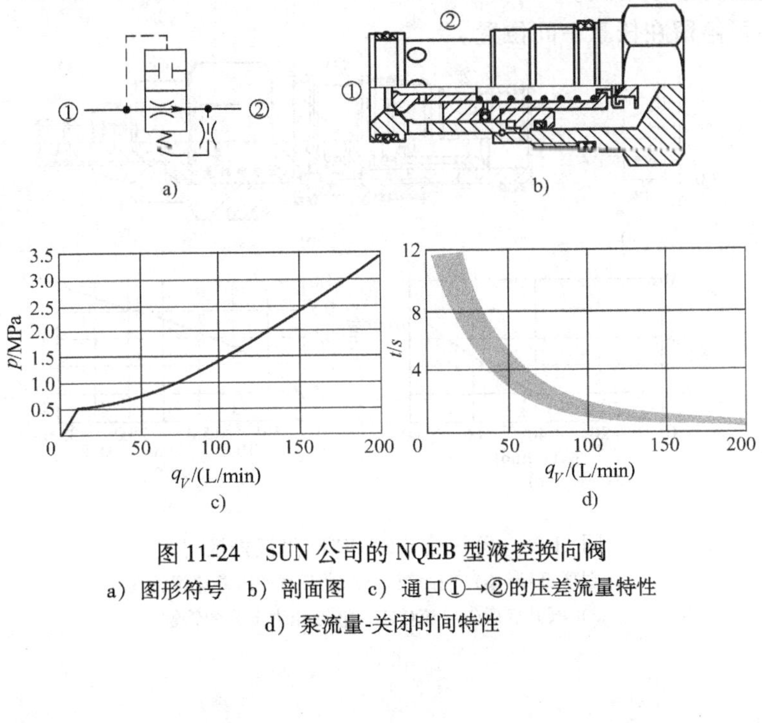

图 11-24　SUN 公司的 NQEB 型液控换向阀

a）图形符号　b）剖面图　c）通口①→②的压差流量特性

d）泵流量-关闭时间特性

当泵流量超过 15L/min，通口①的压力超过 0.55MPa 时，才会逐步关闭阀口。关闭时间与流量有关：15L/min 时，约 12s；200L/min 时，约 0.5s。

如果通口①的压力低于 0.17MPa，阀自动开启。

为了排气，此阀应该安装在系统压力尽可能高的位置。

许用压力：35MPa。

流量：15 ~ 200L/min。

11.4 二位三通型液控换向阀

也有多种形式，三端口，四端口，五端口，弹簧腔通大气，等等。

11.4.1 三端口型液控换向阀

SUN 公司的 DPCC 型液控换向阀（见图 11-25）：

结构型式：先导式。

许用压力：通口①、②——35MPa，通口③——21MPa。

流量：60L/min。

内泄漏在压差 7MPa，粘度 $24mm^2/s$ 时，最大 15mL/min。

切换压力：0.17 ~ 42（?）MPa，6 档，可调，受通口③压力影响。

先导控制流量，通口①→③：未切换时——0.16 ~ 0.25L/min，切换后，随通口①的压力逐渐增加。

阀芯可停留在任意中间位置。

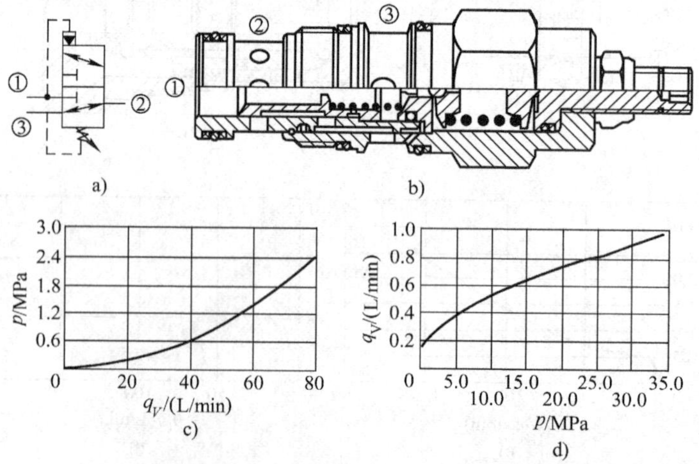

图 11-25 SUN 公司的 DPCC 型液控换向阀

a）图形符号 b）剖面图 c）全开时的压差流量特性

d）阀开启后先导流量①→③随压力上升的特性

可用作控制刹车，所以也被称作刹车顺序阀。

11.4.2　四端口型液控换向阀

1. HF 公司的 PD12-42 型液控换向阀（见图 11-26）

直动式。

许用压力：24MPa。耐压试验：42MPa（175%）。

流量：见压差流量特性曲线。

切换压力：0.76MPa 或 1.17MPa 开始。再加 0.15MPa，完全切换。虽然图形符号表示，在开启后，可以双向流通，但由于通口④连弹簧腔，其压力会直接影响阀芯开启状况，所以如果需要，最好还是使用五端口型（见 11.4.3 节）。

内泄漏：20.7MPa 时，最大 115mL/min。

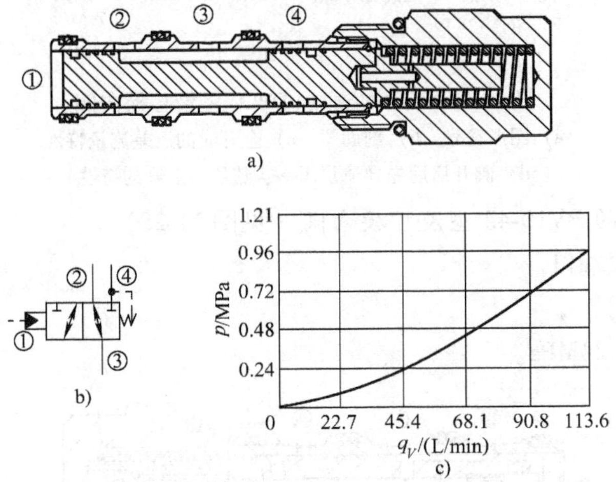

图 11-26　HF 公司的 PD12-42 型液控换向阀

a）剖面图　b）图形符号　c）通口③→②或④的压差流量特性

2. SUN 公司的 DPCO 型液控换向阀（见图 11-27）

弹簧腔单独端口。

先导式滑阀。

许用压力：端口①、②——35MPa，端口③——21MPa。

流量：60L/min。

切换压力：0.17～31.5MPa，5 档。可调，不受通口③的压力影响。可通过端口④影响阀的切换状况。

控制流量，通口①→③：未切换时——0.16～0.25L/min，切换后，随通口①的压力逐渐增加。

内泄漏：在压差 7MPa，粘度 24mm²/s 时，最大 15mL/min。

阀芯可停留在任意中间位置，可用作调节阀。

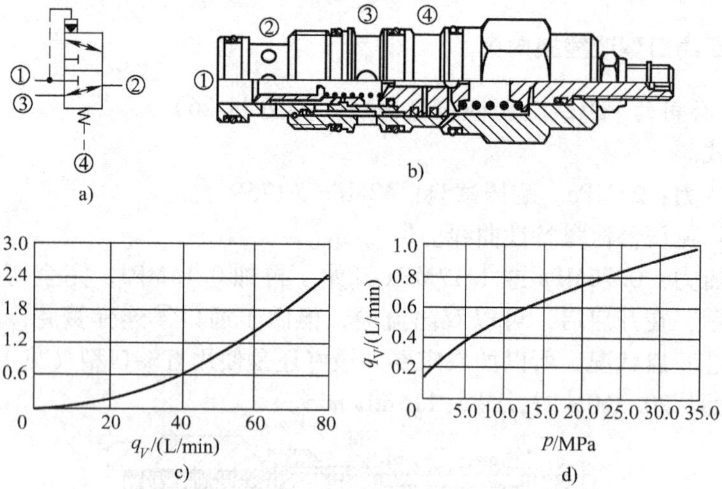

图 11-27　SUN 公司的 DPCO 型液控换向阀

a）图形符号　b）剖面图　c）全开时的压差流量特性

d）阀开启后先导流量①→④随压力上升的特性

3. HF 公司的 BV10-42 型液控换向阀（见图 11-28）

弹簧腔单独端口。

直动式滑阀。

许用压力：24MPa。

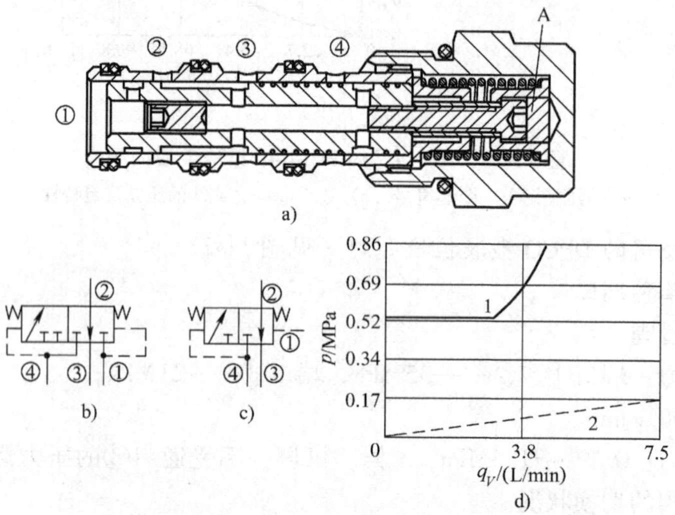

图 11-28　HF 公司的 BV10-42 型液控换向阀

a）剖面图　b）图形符号 1　c）图形符号 2　d）压差流量特性

1—通口④→②　2—通口②→③

流量：见图 11-28d 压差流量曲线。

切换压力，即端口 1 与端口 4 的压差：0.55MPa，不可调。

内泄漏在 20.7MPa 时：最多 82mL/min。

此阀是从双向控制刹车阀（参见图 11-39）加了垫块 A 变化而来的。

图 11-28b 也是从双向控制刹车阀简化而来。但因为现在端口①不再是通口，所以看起来有些怪怪的。按 ISO1219 应该画成如图 11-28c 所示。

11.4.3　五端口型液控换向阀

控制腔、弹簧腔都有单独端口。

1. HF 公司的 PD10-40 型液控换向阀（见图 11-29）

弹簧腔通大气。

直动式，滑阀。

许用压力：24MPa。耐压试验：35MPa（145%）。

流量：见图 11-29c。

内泄漏：在 20.7MPa 时，最大 82mL/min。这应该是指，未开时，通口③、④之间，开启后，通口②、③之间的泄漏。因为，弹簧腔端口有密封隔开，应无泄漏。

切换压力：开始——0.28～1.5MPa，7 档，不可调。再加 0.09MPa，完成切换。

完成切换所需油液体积：0.65mL。

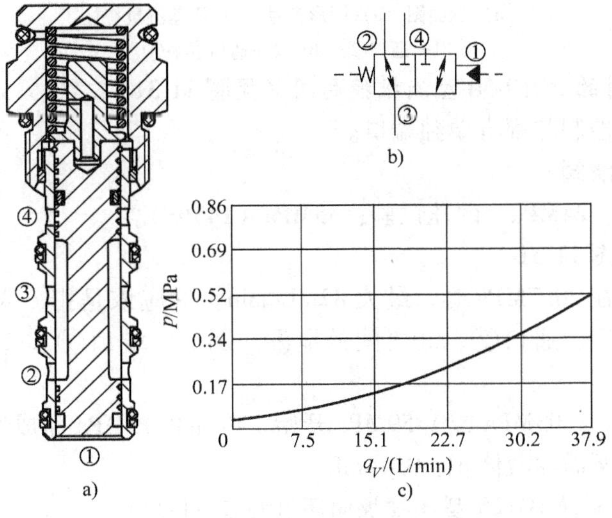

图 11-29　HF 公司的 PD10-40 型液控换向阀

a）剖面图　b）图形符号　c）通口③→②或④的压差流量特性

2. PK公司的N04G4型液控换向阀（见图11-30）

直动式，滑阀。

弹簧腔通大气。

工作流量：85L/min。名义流量（压差0.7MPa）：50L/min。

切换压力：1.0MPa或1.5MPa。因为弹簧腔通大气，所以切换压力不受其他通口压力的影响。

许用压力：42MPa。

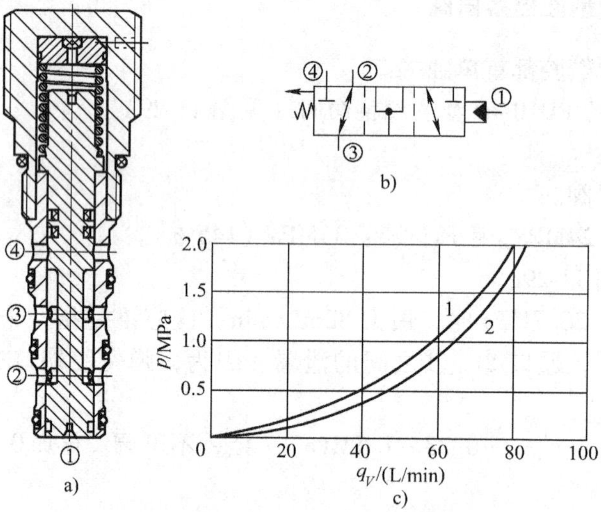

图11-30 PK公司的N04G4型液控换向阀

a）剖面图 b）图形符号 c）压差流量特性

1—通口②↔③ 2—通口③↔④

3. HF公司的PD10-50型液控换向阀（见图11-31）

弹簧腔、控制腔都有单独端口。

直动式，滑阀。

许用压力：24MPa。耐压试验：35MPa（145%）。

流量：见图11-31c。

内泄漏：在20.7MPa时，最大82mL/min。这应该是指，未开时，通口③、④之间，开启后，通口②、③之间的泄漏。因为，端口①和⑤都由密封隔开，应无泄漏。

切换压力：1.03MPa或1.59MPa开始。再加0.19MPa完成切换。

完成切换所需油液体积：0.44mL。

4. PK公司的N5D125型液控换向阀（见图11-32）

弹簧腔有单独端口。

直动式，滑阀。

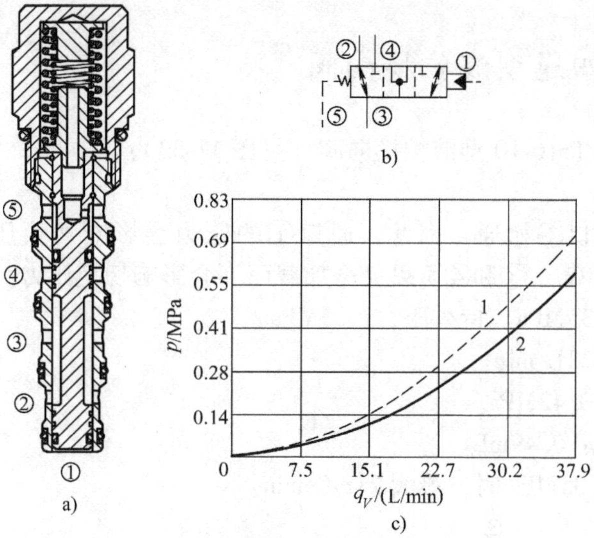

图 11-31　HF 公司的 PD10-50 型液控换向阀

a）剖面图　b）图形符号　c）压差流量特性

1—通口③→④　2—通口③→②

许用压力：42MPa。

名义流量（压差 0.7MPa）：80L/min。工作流量：160L/min。

切换压力：0～1.5MPa，5 种，不可调。

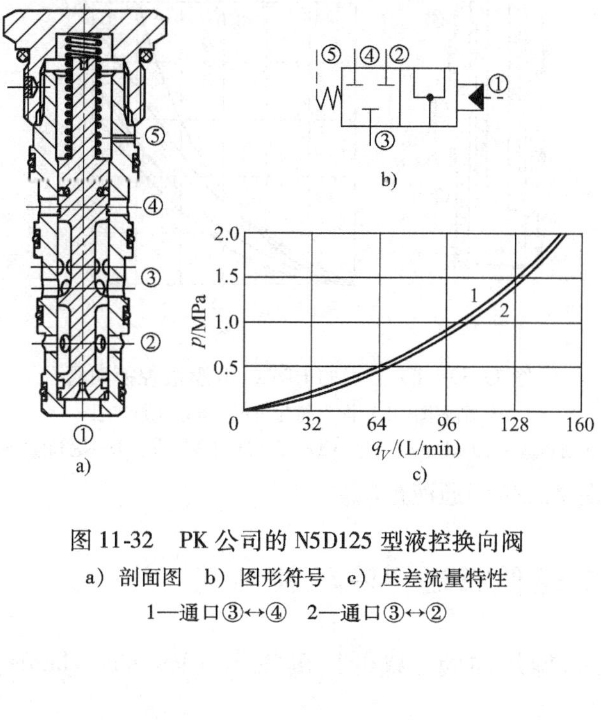

图 11-32　PK 公司的 N5D125 型液控换向阀

a）剖面图　b）图形符号　c）压差流量特性

1—通口③↔④　2—通口③↔②

11.5　二位四通型液控换向阀

ET公司的PTS16-10型液控换向阀（见图11-33）：

五端口。

弹簧腔与通口①相通。因此，通口①的压力会影响切换压力（标准型为1.17MPa），通口②、③和④可以完全加载而不会影响切换压力。

许用压力：35MPa。持久压力：35MPa。

测定流量：23L/min。

切换压力：0.42MPa。

控制腔容积：0.49mL。

内泄漏：在35MPa时，最大21mL/min。

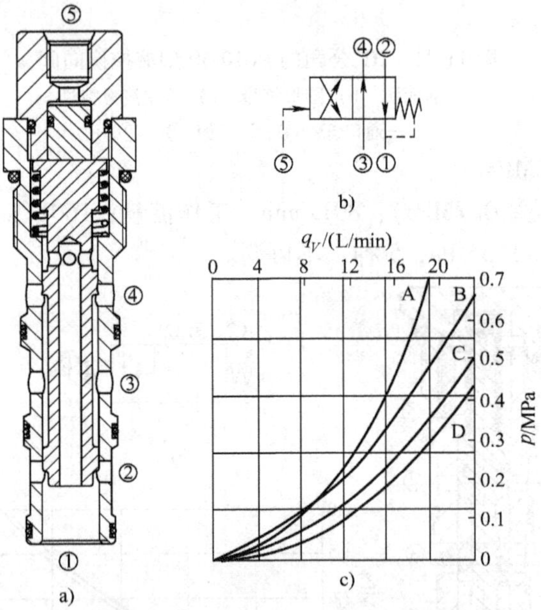

图11-33　ET公司的PTS16-10型液控换向阀

a）剖面图　b）图形符号　c）压差流量特性

A—通口③→④　B—通口④→①　C—通口③→②　D—通口②→①

HF公司也提供二位四通液控阀。

11.6　三位三通低压通型液控换向阀

该阀常被称为排热油阀，或低压侧梭阀（low side shuttle），或热油梭阀

(hot oil shuttle)，因为常被用在闭式回路中排出热油（见图 11-34）。回路中，V2 只有在两侧压差大于阀的切换压力（通常为 0～1.5MPa）时，才切换，使低压侧经溢流阀 V3 通油箱。一般，仅排出主泵输出流量的四分之一。

有带弹簧对中的，也有不带弹簧的。大多中位闭，也有中位开的。

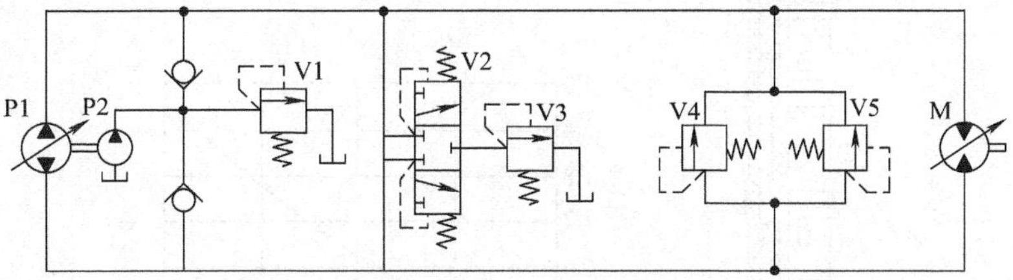

图 11-34　在闭式回路中的排热油阀

1. SUN 公司的 DSEH 型液控换向阀（见图 11-35）

四端口三通阀。端口①未用。

许用压力：35MPa。

名义流量：80L/min。

控制流量：0.38L/min。

切换压力：0.35～1.4MPa，4 档。

弹簧对中。

阀芯两端的作用腔，各经过一个阻尼小孔连通通口②和④。在切换过程中，连通高压端的小孔会被封闭，从而减缓了阀芯移动速度，减小了冲击和部件损坏的危险。

阀芯两端的作用腔连通通口③的阻尼小孔，在中位时，可起压力平衡作用，保证了阀芯在卸荷时能确实停在中位，而且也能起一定程度的排热油功能。

2. HF 公司的 HS52-43 型液控换向阀（见图 11-36）

阀体两端的钢珠在阀芯两端油液排出时封闭通道，从而降低了阀芯的换向速度，可以减小换向冲击。

许用压力：34.5MPa。

流量：见图 11-36c。

弹簧压力：0.41MPa。

内泄漏：在工作位置时，最多 164mL/min；在中位，压力 20.7MPa 时，最多 984mL/min。

3. PK 公司的 K04F3 型液控换向阀（见图 11-37）

结构型式：滑阀。弹簧对中。中位开，带节流。

许用压力：42MPa。

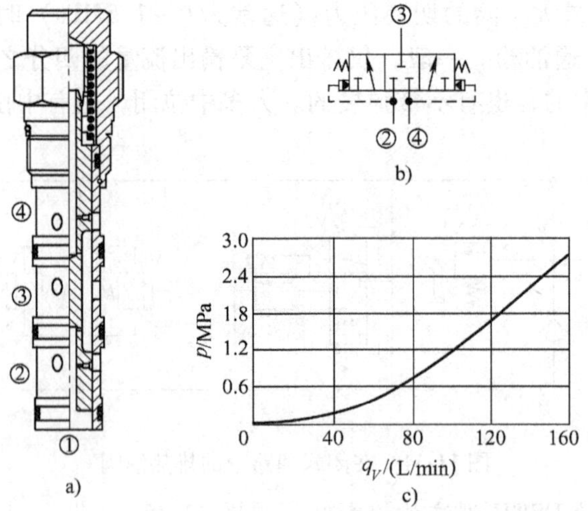

图 11-35 SUN 公司的 DSEH 型液控换向阀

a）剖面图 b）图形符号 c）压差（扣除切换压力）流量特性

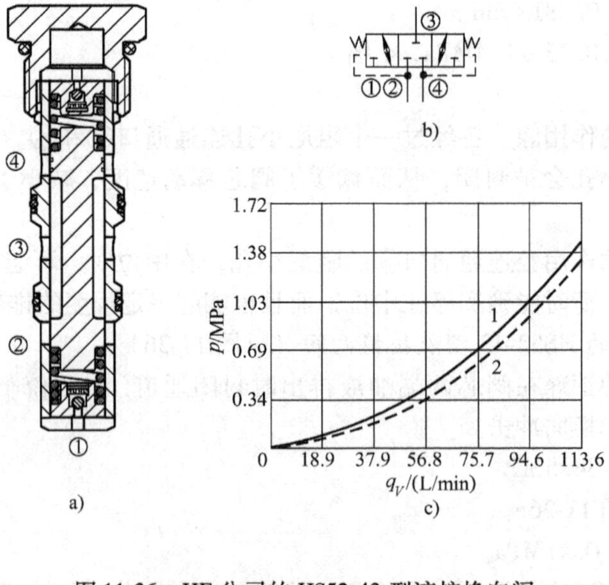

图 11-36 HF 公司的 HS52-43 型液控换向阀

a）剖面图 b）图形符号 c）压差流量特性

1—通口②→③ 2—通口④→③

名义流量（压差 0.7MPa）：55L/min。测定流量：100L/min。

切换压力：0～1.5MPa，5 种可选。

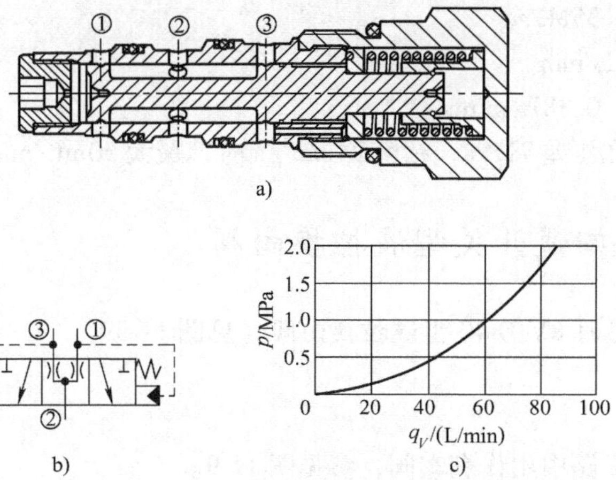

图 11-37　PK 公司的 K04F3 型液控换向阀
a）剖面图　b）图形符号　c）压差流量特性

11.7　三位三通高压通型液控换向阀

该阀也被称为三位梭阀。

SUN 公司的 DSES 型液控换向阀（见图 11-38）:

四端口，端口①未用。

弹簧复位，中位闭。

结构型式：直动式，滑阀。

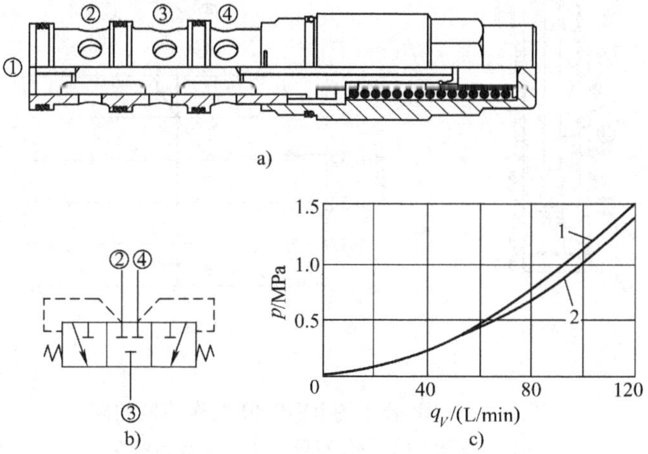

图 11-38　SUN 公司的 DSES 型液控换向阀
a）剖面图　b）图形符号　c）压差流量特性
1—通口④→③　2—通口②→③

许用压力：35MPa。

流量：120L/min。

控制流量：0.38L/min。

内泄漏：在压差7MPa，粘度$24mm^2/s$时，最大50mL/min。

11.8 三位四通开关型液控换向阀

1. HF公司的BV10-40型液控换向阀（见图11-39）

四端口。

弹簧对中。

可在闭式回路中用作刹车阀，参见图11-9。

许用压力：24MPa。耐压试验：39MPa（163%许用压力）。

切换压力：0.55MPa。这也反映在压差流量曲线通口①或④→②上。只有当端口①或④的压力超过弹簧压力（0.55MPa）后，才切换，才有流量。

在切换到工作位置后，从通口②到通口③的内泄漏，工作压力为20.7MPa时，最大164mL/min。这意味着，即使刹车开启后，不再需要流量，但为了把刹车保持在开启位置上，至少要提供弥补内泄漏所需的流量。

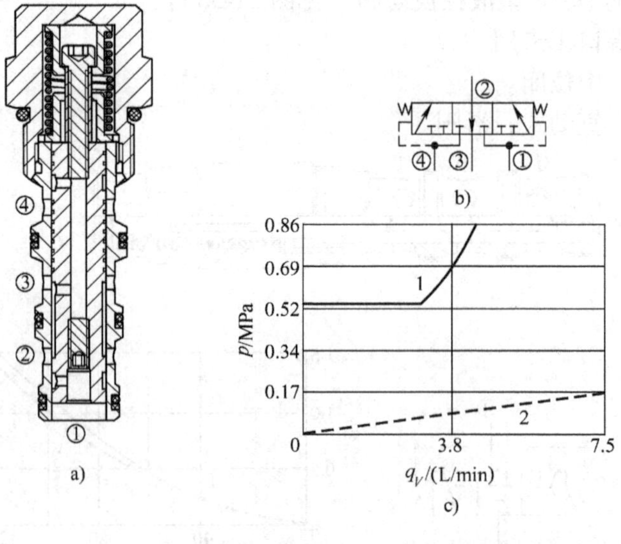

图11-39 HF公司的BV10-40型液控换向阀

a）剖面图 b）图形符号 c）压差流量特性

1—通口①或④→② 2—通口②→③

2. SUN公司的DCFC型液控换向阀（见图11-40）

六端口。控制腔、弹簧腔皆有独立端口。

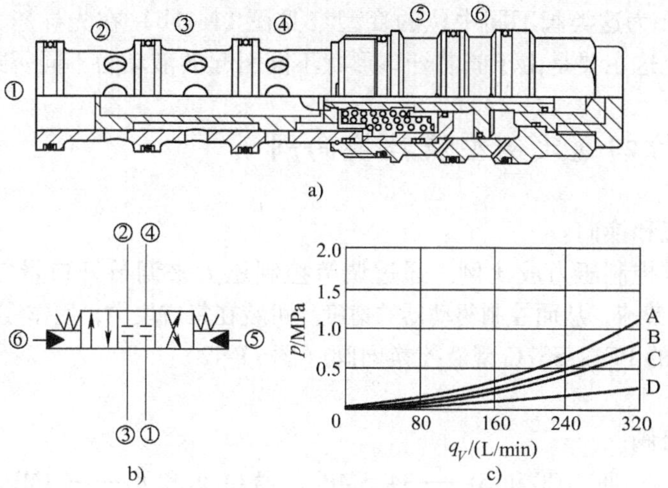

图 11-40　SUN 公司的 DCFC 型液控换向阀

a）剖面图　b）图形符号　c）压差流量特性

A—通口④→①　B—通口③→④　C—通口③→②　D—通口②→①

许用压力：所有端口 35MPa。

名义流量：320L/min。

内泄漏：在压差 7MPa，粘度 24mm²/s 时，最大 30mL/min。

切换压力：至少 0.9MPa。

控制容积：6.9mL。

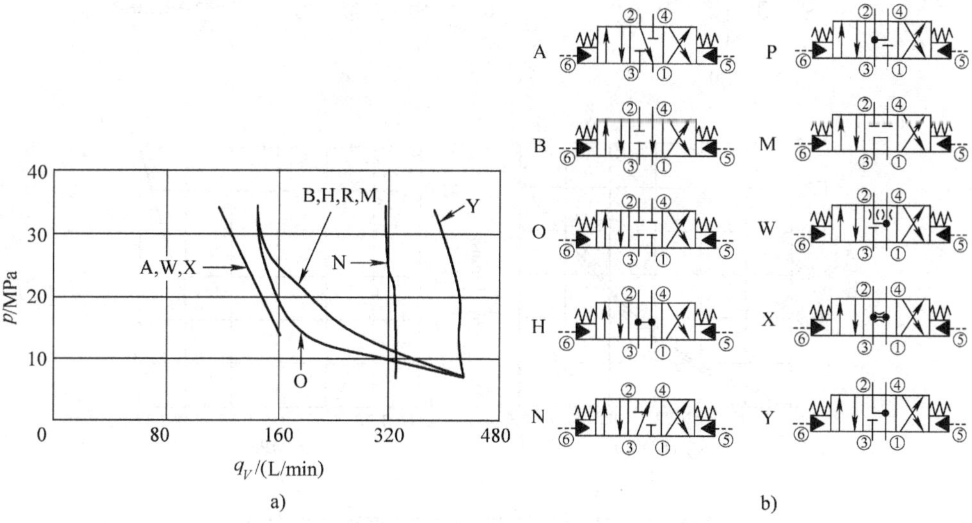

图 11-41　DCFC 型液控换向阀不同中位的工作范围

a）工作范围　b）各种中位机能

图 11-41a 为这类阀不同中位的变型（见图 11-41b）在先导压力 1.2MPa 时的工作范围。这主要是由于阀芯开口形状不同引起的液动力不同所致。

11.9 三位四通比例型液控换向阀

用于节流和换向。

开口量与控制压力成比例。通过调节控制压力来调节开口量，从而实现进口节流和出口节流，从而控制驱动器的速度。可装在集成块中，用作液控多路阀。

HF 公司的 PE12-S67C 型液控换向阀（图 11-42）：

6 端口。

直动式滑阀。

许用压力：通口③和⑤——34.5MPa，通口②和④——24MPa，端口①和⑥——2.76MPa。

流量：见图 11-42c。

控制压力-流量特性曲线（见图 11-42d）展示了该阀的比例特性：通过流量与控制压力基本成比例。这条曲线有一个前提，压差必须保持不变。

内泄漏：20.7MPa 时，50mL/min。

HF 公司还提供具有其他中位机能与节流特性的液控比例阀。

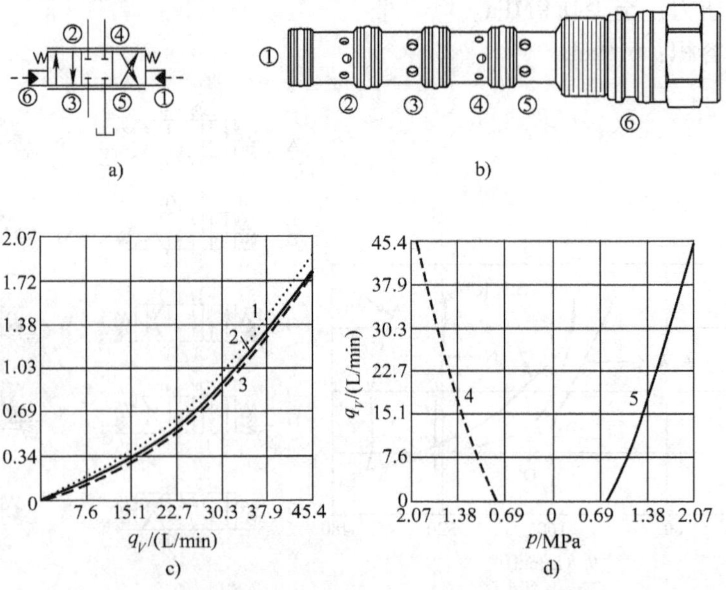

图 11-42 HF 公司的 PE12-S67C 型液控换向阀

a）图形符号 b）外形图 c）压差流量特性 d）控制压力-流量特性

1—通口③→② 2—通口③→④ 3—通口②或④→⑤ 4—通口③→④ 5—通口③→②

第12章 液压逻辑元件

12.1 概述

所谓液压逻辑元件（logic element 或 logic valve 或 logic cartridge），其实就是一种同时带有以下特征的液控阀：

1）二通口。

2）三端口或四端口，弹簧腔有单独的端口，被用作控制腔。

3）工作流量比同尺寸的普通液控阀大。

本书中沿用一些文献的称法，不称阀而称作元件，只是想突出，如果没有配以相应的先导控制阀，它就不能工作。

按理说，液压逻辑元件不一定要单列一章。HF 公司的产品样本就是这样，把它归在方向阀中。ST 公司在 2003 的样本中，把液压逻辑元件归入液控换向阀中。到 ST 公司并入 PK 公司以后，在 2007 的样本中，液压逻辑元件就单列一章了。在 SUN 公司的样本中，长期以来，液压逻辑元件一直是单列一章的。

12.1.1 功能

从功能角度看，液压逻辑元件有以下特点。

1）螺纹插装式液压逻辑元件的功能与它的大兄弟——盖板式二通插装阀是完全相同的，只是体积小些，并采用螺纹旋入式安装而已。因此，它可以弥补大兄弟的不足。因为，在小规格时，螺旋式比盖板式的元件数量少，结构更紧凑，在集成块中占地小，装拆更方便。

2）由于功能单一，与一般螺纹插装阀相比，液压逻辑元件可以通过更大流量，达到甚至超过 760L/min，实现了螺旋式插装阀与盖板式插装阀之间在流量方面的无空白衔接。

3）和其他液控阀相同，在所有的应用中，它都需要另外配先导阀。由于控制腔的容积很小，因此进出流量很小，只需要一个很小的先导阀。

12.1.2 类型

液压逻辑元件最初得名，是因为它只能够实现简单的开和关，就如逻辑判断中的是和非。一般是座阀。弹簧压力较低，且不可调，主要用于方向控制，此即开关型。

但以后又发展出调节型，结构相近、阀芯能够停留在开和关之间的任意位置，以实现压力和流量的连续调节。还是称作液压逻辑元件，虽然已经名不符实了。

调节型，一般是滑阀。主要用作溢流阀、减压阀、顺序阀、流量调节阀等压力或流量的连续控制。

调节型也可用于方向控制。但密封性差些，与同尺寸的座阀相比，液阻大些，响应时间长一些。

12.2 开关型液压逻辑元件

12.2.1 概述

1. 类型（见图 12-1）

从控制形式来看，可分为三大类：三端口卸荷开启型（见图 12-1a）、三端口加压开启型（见图 12-1b）和四端口型。

三端口卸荷开启型（见图 12-1a）是最传统最普遍使用的类型。这是一种被动开启型，即开启不需要从外部提供压力油，只要把弹簧腔通回油，即卸荷，就可靠依进口压力开启通道。

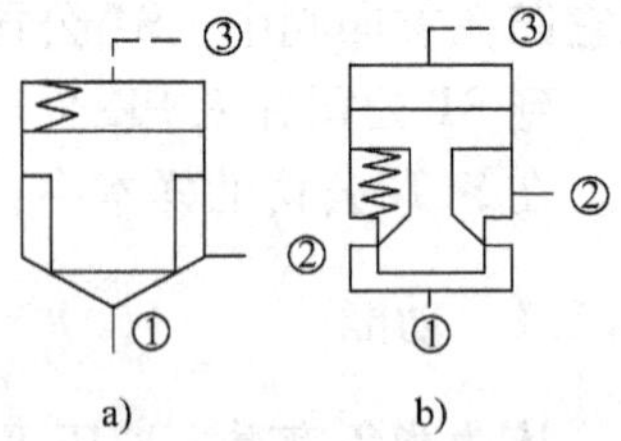

图 12-1 三端口型液压逻辑元件
a）卸荷开启型 b）加压开启型

三端口加压开启型（见图 12-1b）则是一种主动开启型，即开启需要从外部（端口③）提供压力，加压才能开启通道。

三端口卸荷开启型依据其关闭功能的不同，又有外控型（pilot to close）（见图 12-2a）和内节流孔型（vent to open）（见图 12-2b、c）之分。

外控型的关闭需从外部引入压力油。

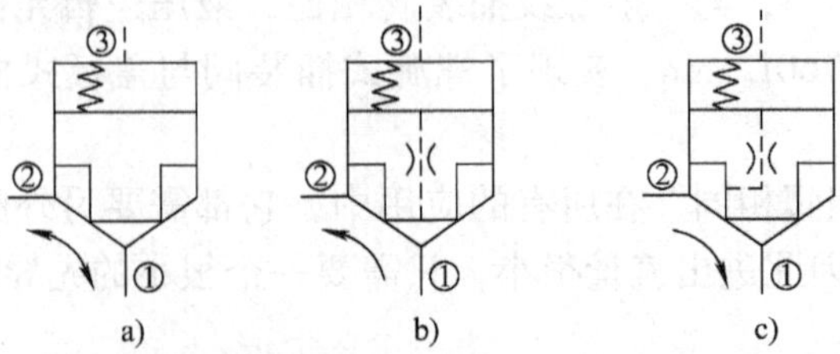

图 12-2 外控型和内节流孔型结构示意图
a）外控型 b）内节流孔通端面口 c）内节流孔通侧面口

而内控型的关闭不需从外部引入压力油，因为其阀芯中带节流孔。节流孔连接控制腔和端面口（见图 12-2b）或侧面口（见图 12-2c），这样，可利用端面口或侧面口的压力来关闭。

四端口型有常闭型——卸荷加压开启（见图 12-3a）和常开型——卸荷加压关闭（见图 12-3b）。

2. *应用举例*

（1）组成大流量二位二通开关阀　有如下多种形式。

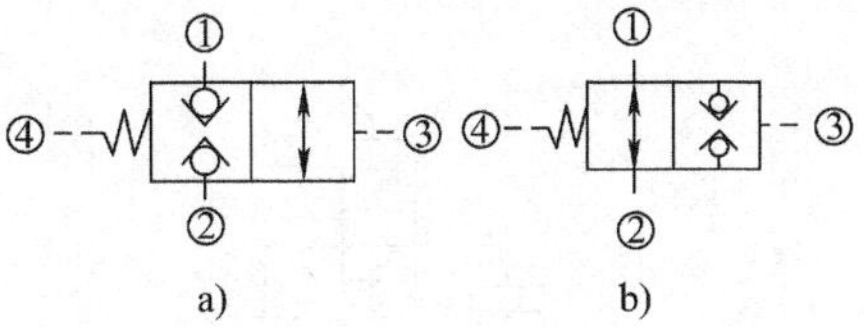

图 12-3　四端口开关型液压逻辑元件
a）常闭型　b）常开型

1）外控型 + 二位三通先导阀（见图 12-4a）。使用一个二位三通电磁阀作为先导阀，控制一个外控型液压逻辑元件控制腔的压力，就可以实现在通口压力下的被动开启和在辅助油源 C 压力高于通口压力时的主动关闭。主通道的流动可以是双向的：A→B，B→A。

2）外控型 + 二位二通先导阀（见图 12-4b）。也可使用一个二位二通电磁阀作为先导阀，控制一个外控型液压逻辑元件控制腔的压力。此时需要设置一个固定节流孔，以避免在先导阀开启时，过多的流量流出到油箱，导致辅助油源 C 失压。但若此节流孔太小的话，会减慢液压逻辑元件的关闭速度。

主通道的流动也可以是双向的：A→B，B→A。

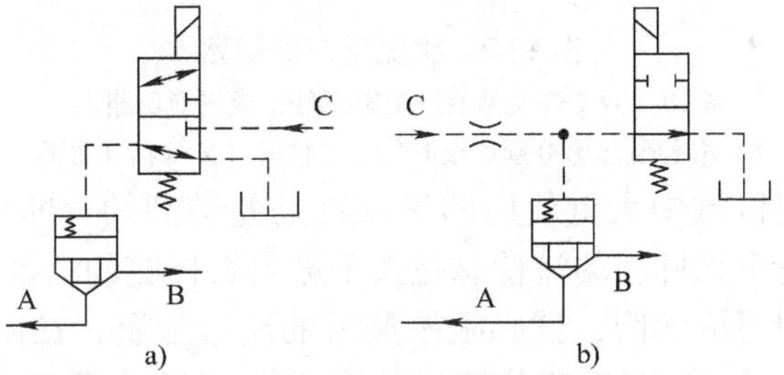

图 12-4　组成大流量二位二通阀（PK）
a）使用二位三通电磁阀作为先导阀
b）使用二位二通电磁阀作为先导阀

3）内节流孔型 + 二位二通先导阀（见图 12-5）。如果使用内节流孔型液压逻辑元件就不需要辅助油源。

流动只能是单向的，A→B。

4）外控型 + 梭阀 + 二位三通先导阀（见图 12-6）。如果在图 12-4a 回路的基础上，增加一个梭阀，就既不需要辅助油源，也可以实现双向流动。

（2）组成大流量三通回路　使用两个液压逻辑元件，可以实现一个三通阀的各种机能（见图 12-7）。

（3）组成大流量四通回路　如果用五个开关型液压逻辑元件搭成桥路（见

图 12-8a)，就可以实现普通四通阀的所有各种机能（见图 12-8b)。而且，可以通过控制开启关闭的顺序及间隔时间，组成适宜的过渡位置，从而得到更灵活的控制，减少切换冲击。

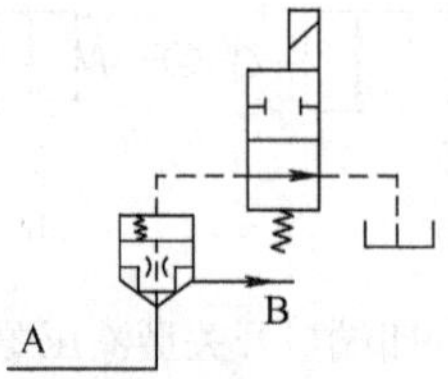

图 12-5　使用内节流孔型液压逻辑元件（PK）

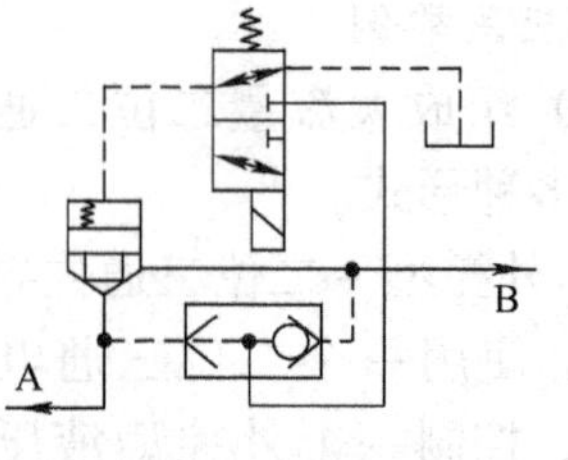

图 12-6　使用梭阀的双向回路（PK）

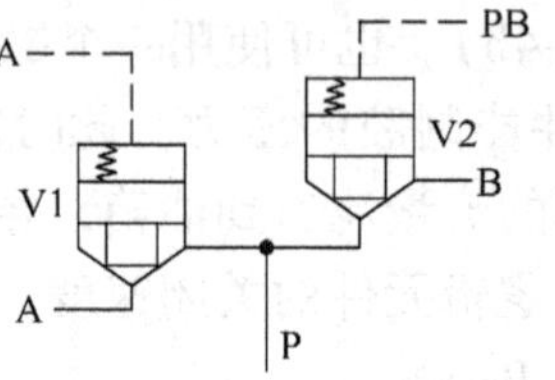

a)

PA	PB	效果	PA	PB	效果
X	X	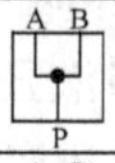	J	J	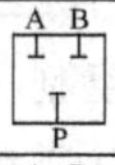
J	X		X	J	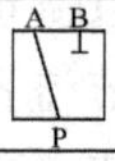

b)

图 12-7　大流量三通回路

a）两个开关型液压逻辑元件组成三通回路

b）各控制压力分别加载时的连通情况（X-卸荷 J-加载）

另外，在工程机械中大量使用的液压缸是差动型的，即只有单活塞杆。因此，在工作中，进出无杆腔的流量总是大于进出有杆腔的流量。

用普通三位四通换向阀，就必须按最大的流量配置，在图 12-9 所示的例子中为 2500L/min。而因为普通三位四通换向阀各通道的开口面积一般都是相近的，用于有杆腔的 400L/min 就大材小用了。

使用逻辑阀的话，则可以根据实际各通道进出液压缸的流量分别配置，既减少压降，也减少体积。

使用逻辑阀控制液压缸，内泄漏小，对污染相对不敏感，响应时间短而且可调。

（4）组成可自动切换的快进回路（见图 12-10）　常闭型液压逻辑元件 V2 用于快进回路的自动切换：无杆腔压力低——快进，压力高——切换为普通慢速推进。

切换是根据负载压力进行的，比较缓和。

切换点可通过减压阀 V4 的设定值调节。

在液压缸返程时，V2 自动开启。

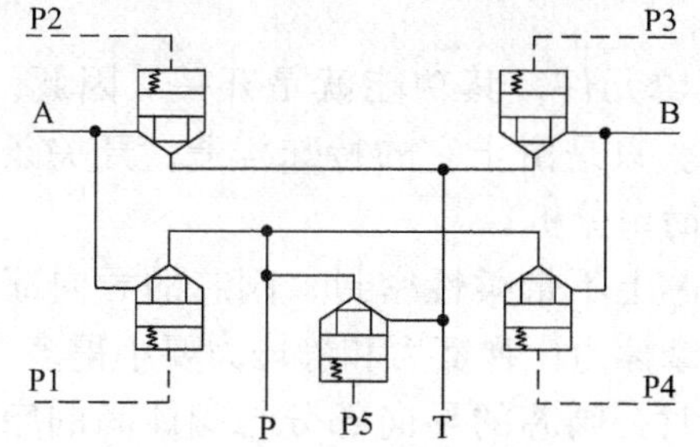

a)

P1	P2	P3	P4	P5	效果	P1	P2	P3	P4	P5	效果	P1	P2	P3	P4	P5	效果
J	J	J	J	J	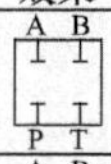	J	X	X	J	J	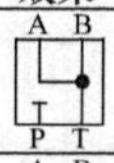	J	X	J	X	J	
X	X	X	X	X	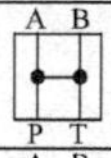	X	J	J	X	J	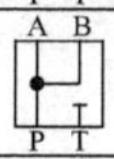	J	J	J	X	J	
J	J	X	X	X	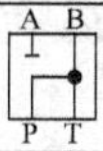	J	J	X	J	J	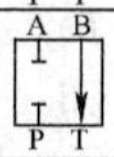	J	X	J	J	J	
X	X	J	J	X	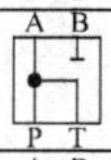	X	J	J	J	J	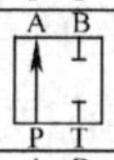						
J	J	J	J	X	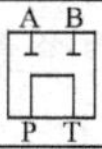	X	J	X	J	J	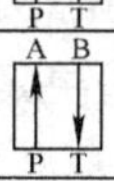						

b)

图 12-8　大流量四通回路

a）五个开关型液压逻辑元件组成四通回路

b）各个控制压力分别加载时各通口的连通情况（X-卸荷　J-加载）

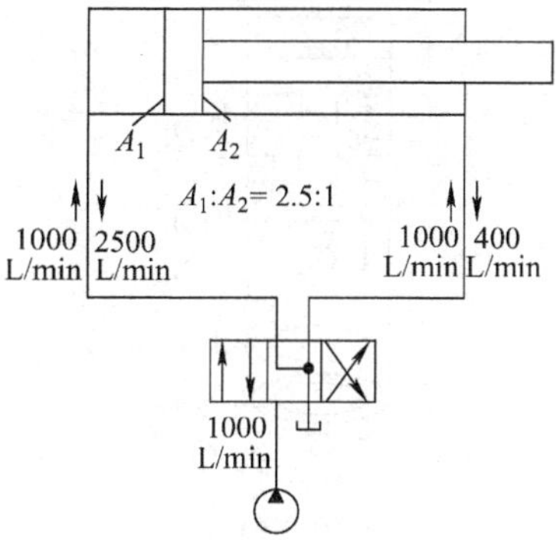

图 12-9　普通三位四通换向阀控制差动缸

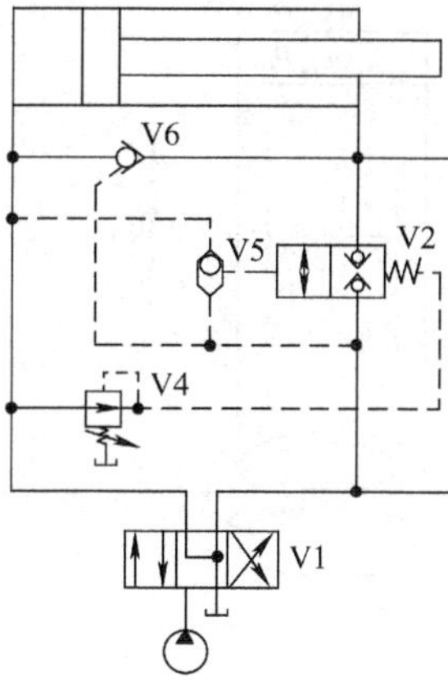

图 12-10　可自动切换的快进回路（SUN）

3. 液控性能

作为开关型液压逻辑元件，其功能就是开关。因此，什么条件下能开关，自然是它最重要的性能。只是由于它的特殊构造，开关条件不能简单地用切换压力来表示。以下做一简单分析。

在多数情况下，阀芯上不带柔性密封，阀芯的导向部分与阀体之间是滑动配合。因此，相互间的摩擦力比弹簧力和静压力要小得多，可以忽略。

阀芯上带柔性密封时，阀芯的导向部分与阀体间的摩擦力情况多变，无法做一概括的分析，必须通过测试来确定，这里只好回避。

(1) 卸荷开启型的开启条件　不考虑摩擦力，阀芯向上移动，开启通道的条件（见图12-11）为

$$p_1A_1 + p_2A_2 > p_3A_3 + F_t$$

式中　F_t——弹簧预紧力，即

$$p_1A_1/A_3 + p_2A_2/A_3 > p_3 + F_t/A_3 = p_3 + p_t$$

式中　p_t——弹簧预紧压力，即

$$p_1(A_1/A_3) + p_2(1 - A_1/A_3) > p_3 + p_t \quad (12\text{-}1)$$

式（12-1）中 A_1/A_3 即阀芯两端的面积比。

面积比和弹簧预紧压力是决定开关型元件开启的两个最重要参数。

常用的面积比有1∶1.5，1∶1.2等多种类型，最高1∶1。

1）在 $A_1/A_3 = 1:1$ 时，式（12-1）转化为

$$p_1 > p_3 + p_t$$

这就意味着，只要端口①的压力大于端口③的压力加上弹簧预紧压力，就可开启通道。

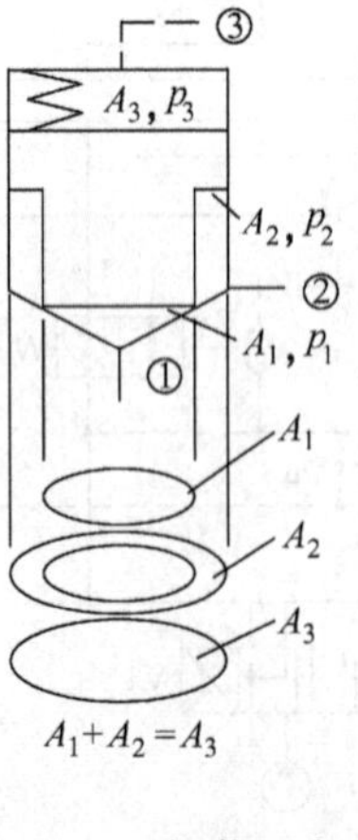

图12-11　卸荷开启型液压逻辑元件

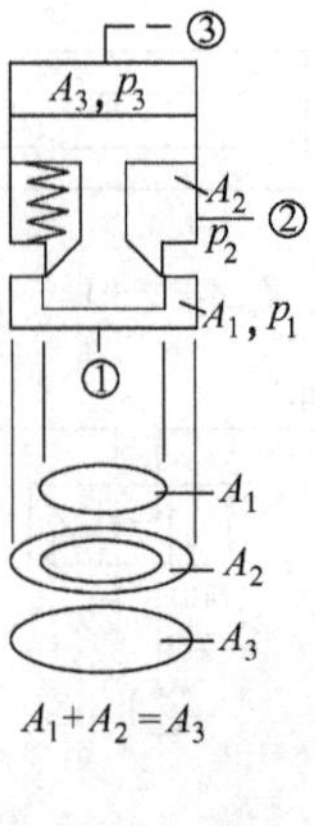

图12-12　加压开启型的开启条件

2）开关型液压逻辑元件的面积比多数小于 1，如此，则端口①的压力必须相应高些，或与端口②的压力共同作用，才能开启通道。这就是应用开关型液压逻辑元件需要特别要注意的地方。

（2）加压开启型的开启条件　类似，可以得出加压开启型（见图 12-12）通道开启的条件

$$p_3 > p_1(A_1/A_3) + p_2(1 - A_1/A_3) + p_t \tag{12-2}$$

以上的分析都只考虑了还没有流动时的静压力。而一待开启，有了流动后，静压力即会由于流动而发生变化，即有了液动力。不管流动方向如何，液动力总是倾向于关闭开口的。而且，开口越大，弹簧压力 p_t 越大。因此，实际保证切换完成的压力还应更大一些。

4. 其他性能

1）许用压力，与其他阀相似。

2）流量压差特性，与其他换向阀，比如说电磁换向阀相似。

12.2.2　三端口卸荷开启型液压逻辑元件

1. SUN 公司的 LOFC 型液压逻辑元件（见图 12-13）

外控型。

许用压力：35MPa。

流量：200L/min。

内泄漏：小于 0.6mL/min。

面积比：1.8。

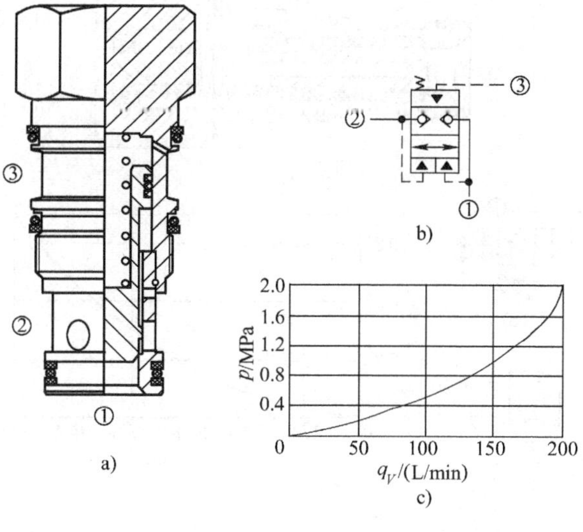

图 12-13　SUN 公司的 LOFC 型液压逻辑元件

a）剖面图　b）图形符号　c）压差流量特性

控制腔容积：1.1mL。

弹簧预紧压力：0.35MPa。

2. PK公司的20SLC1-A型液压逻辑元件（见图12-14）

外控型。

进口许用压力：24MPa。

测定流量：303L/min。

弹簧预紧压力：0.17～1.03MPa，5档。

内泄漏：小于0.33mL/min。

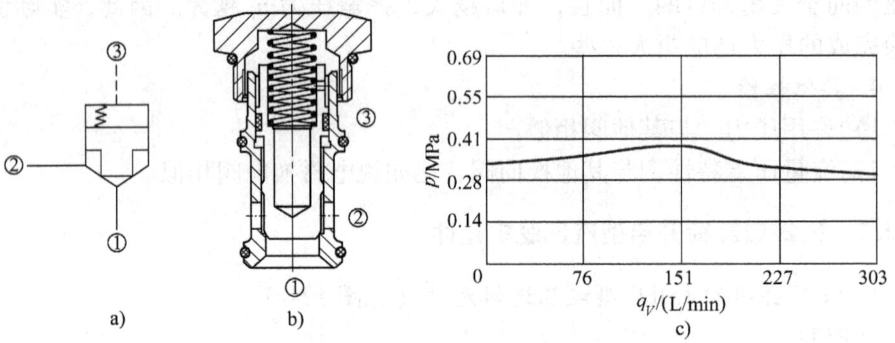

图12-14 PK公司的20SLC1-A型液压逻辑元件

a）图形符号 b）剖面图 c）压差流量特性

3. HF公司的EP10-S38型液压逻辑元件（见图12-15）

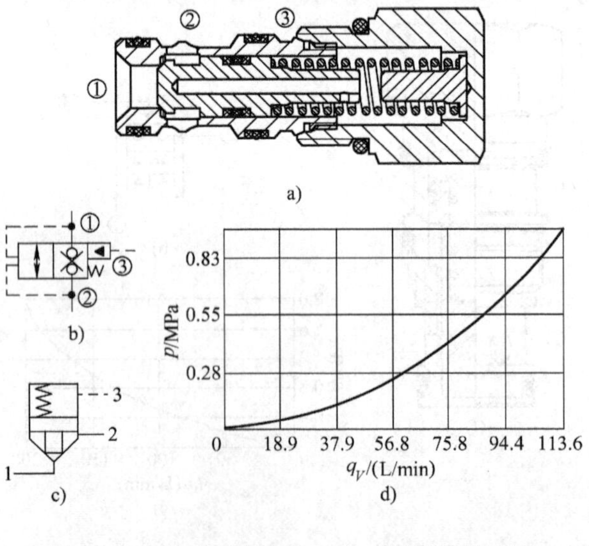

图12-15 HF公司的EP10-S38型液压逻辑元件

a）剖面图 b）图形符号1 c）图形符号2 d）压差流量特性

外控型。
许用压力：35MPa。
流量：见图 12-15c。
内泄漏：压差 24MPa 时，0.2mL/min。
面积比：1:2。
弹簧预紧压力：0.55MPa，1.1MPa。

4. PK 公司的 16SLC1-B 型液压逻辑元件（见图 12-16）

内节流孔端面口型。
许用压力：24MPa。
测定流量：189L/min。
弹簧预紧压力：0.17～1.03MPa，5 档，不可调。
内泄漏：小于 0.33mL/min。

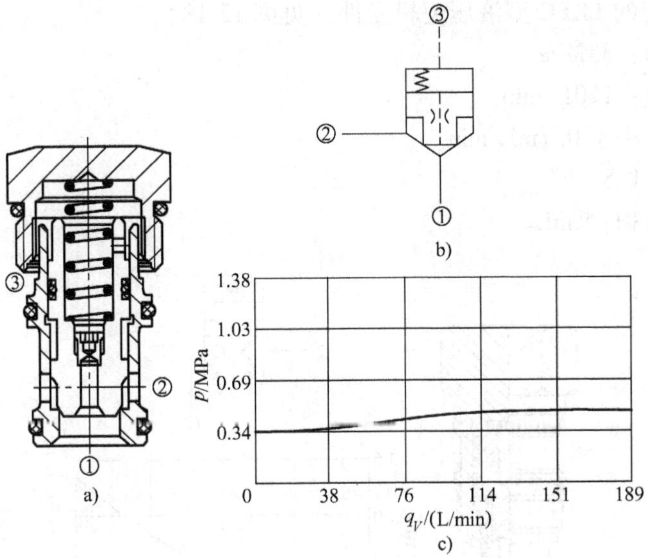

图 12-16　PK 公司的 16SLC1-B 型液压逻辑元件
a）剖面图　b）图形符号　c）压差流量特性

5. PK 公司的 16SLC1-C 型液压逻辑元件（图 12-17）

内节流孔侧面口型。
名义流量：189L/min。
弹簧预紧压力：0.17～1.03MPa，5 档。
内泄漏：小于 0.33mL/min。

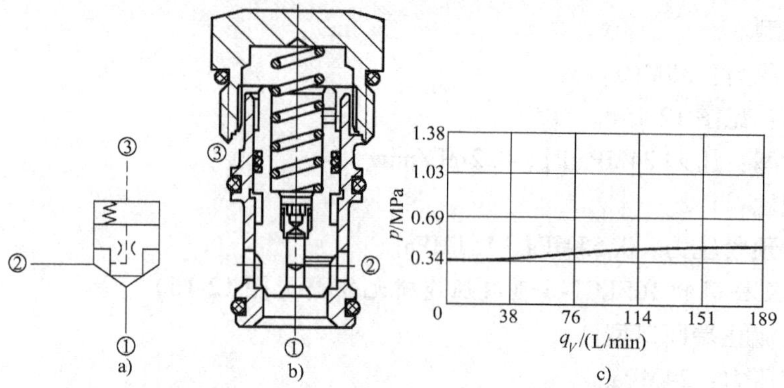

图 12-17 PK 公司的 16SLC1-C 型液压逻辑元件

a）图形符号 b）剖面图 c）压差流量特性

12.2.3 三端口加压开启型液压逻辑元件

SUN 公司的 LKFC 型液压逻辑元件（见图 12-18）：

许用压力：35MPa。

名义流量：120L/min。

内泄漏：小于 0.7mL/min。

面积比：1.8。

控制腔容积：1mL。

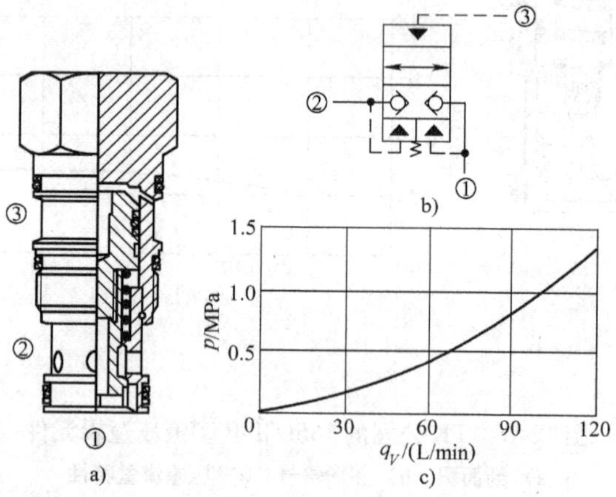

图 12-18 SUN 公司的 LKFC 型液压逻辑元件

a）剖面图 b）图形符号 c）压差流量特性

12.2.4 四端口型液压逻辑元件

1. SUN 公司的 DOFS 型液压逻辑元件（见图 12-19）

常开型。关闭压力不受通口①和②压力影响。端口③卸荷，开启时可以做到无压力冲击。

许用压力：35MPa。

名义流量：120L/min。

关闭压力：至少 2.8MPa。

内泄漏：少于 0.3mL/min。

控制腔容积：0.33mL。

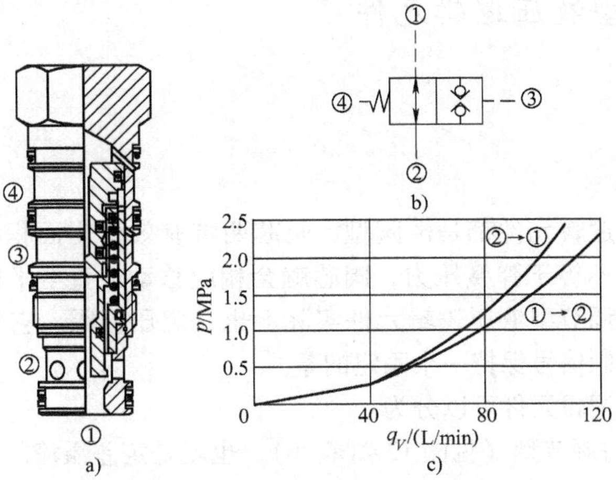

图 12-19　SUN 公司的 DOFS 型液压逻辑元件

a）剖面图　b）图形符号　c）压差流量特性

2. SUN 公司的 DKFS 型液压逻辑元件（见图 12-20）

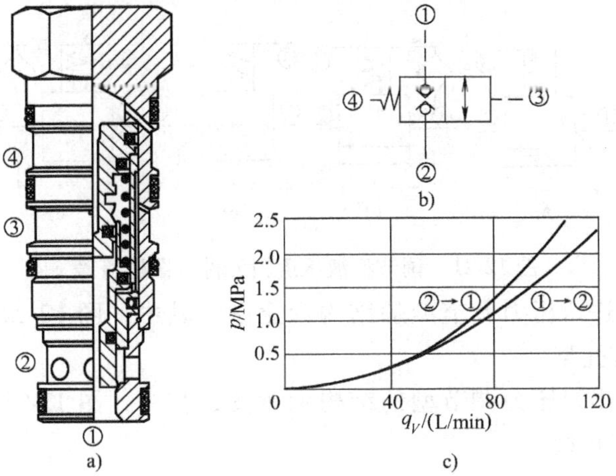

图 12-20　SUN 公司的 DKFS 型液压逻辑元件

a）剖面图　b）图形符号　c）压差流量特性

常闭型。控制压力不受端口①和②压力影响。如果端口③控制压力较低，关闭时可以做到无压力冲击。

许用压力：35MPa。

名义流量：120L/min。

最低开启压力：2.8MPa。

关闭压力：1MPa。

12.3 调节型液压逻辑元件

12.3.1 概述

1. 功能与类型

调节型液压逻辑元件都是滑阀型，阀芯两端有效作用面积相同。因此，只要两端的压力差不等于弹簧压力，阀芯就会相应移动，直至平衡，或到极限位置为止。所以，调节型液压逻辑元件实际上也是定压差阀。它努力要使进口或出口的压力与控制信号保持一个固定的差。

调节型液压逻辑元件可以分为：

1）进口压力调节型（见图12-21a、b），也就是定差溢流阀。

2）出口压力调节型（见图12-21c、d），也就是定差减压阀。

从控制形式来看，调节型也可分为两种类型：外控型（pilot to close）（见图12-21a、c）和内节流孔型（vent to open）（见图12-21b、d），后者的阀芯中带节流孔。

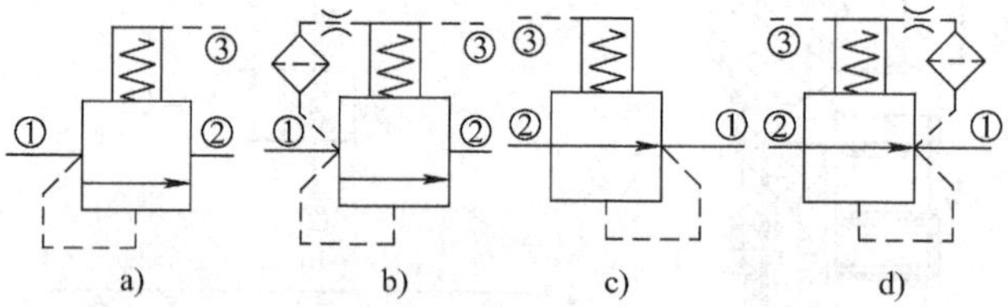

图12-21 调节型液压逻辑元件的图形符号

图12-22是进口压力调节型的结构示意图，其中，图12-22a是外控型，图12-22b是内节流孔型。

图12-23是出口压力调节型的结构示意图，其中，图12-23a是外控型，图12-23b是内节流孔型。

2. 应用举例——压力控制

（1）组成大流量溢流阀 使用一个进口压力调节型的液压逻辑元件V1（见图12-24），配以一个小流量的溢流阀V2作为先导阀，可组成一个大流量的二级溢流阀。

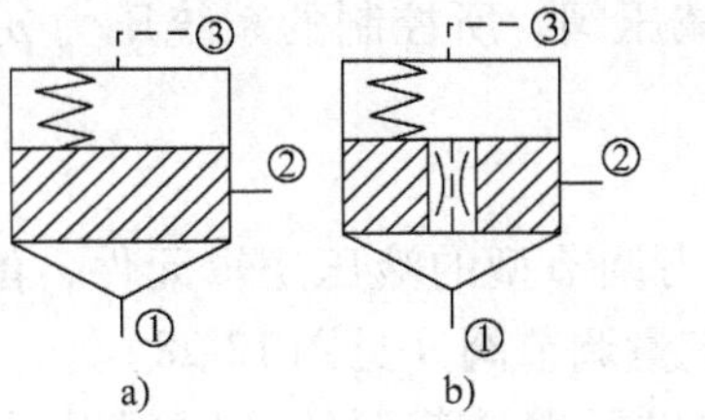

图 12-22　进口压力调节型的结构示意图
a）外控型　b）内节流孔型

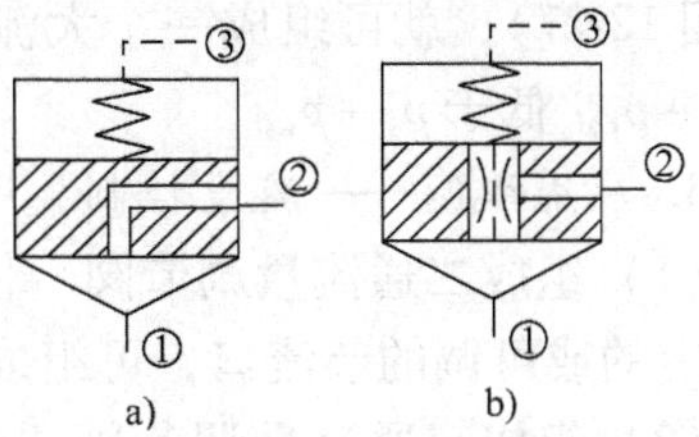

图 12-23　出口压力调节型的结构示意图
a）外控型　b）内节流孔型

需要一个辅助的先导油源 C，通过一个固定的节流孔来为液压逻辑元件的控制腔建立压力。这个节流孔要足够大，使通过的流量能显著超过液压逻辑元件的内泄漏，液压逻辑元件有足够的响应速度；但也不能太大，要使通过的流量还在先导溢流阀的工作区域内，调压偏差不致过大。

如果使用内节流孔型的液压逻辑元件（见图 12-25），就不需要辅助的先导油源。液压逻辑元件进口的压力油通过内节流孔流入控制腔，就可建立压力。

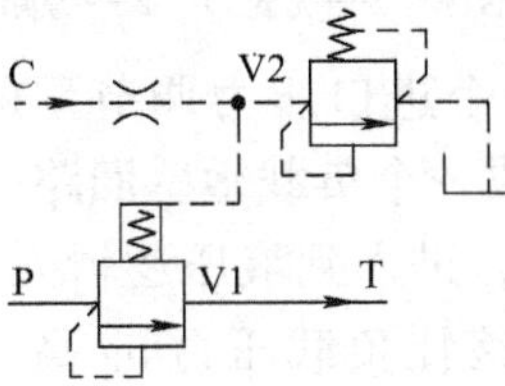

图 12-24　大流量溢流阀（PK）

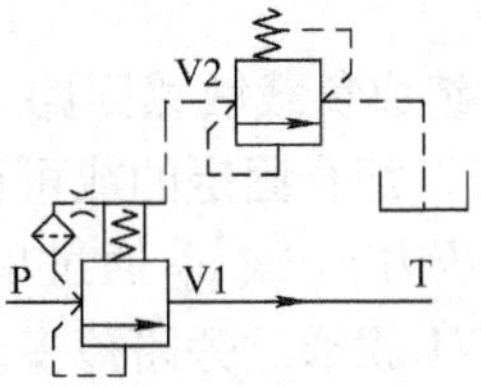

图 12-25　不需要辅助油源的大流量溢流阀（PK）

（2）组成大流量减压阀　使用一个出口压力调节型的液压逻辑元件 V1（见图 12-26），配以一个小流量的溢流阀 V2 作为先导阀，可组成一个大流量的减压阀。

（3）组成大流量溢流减压阀　在适当组合时，一个元件也可以实现多个功能。

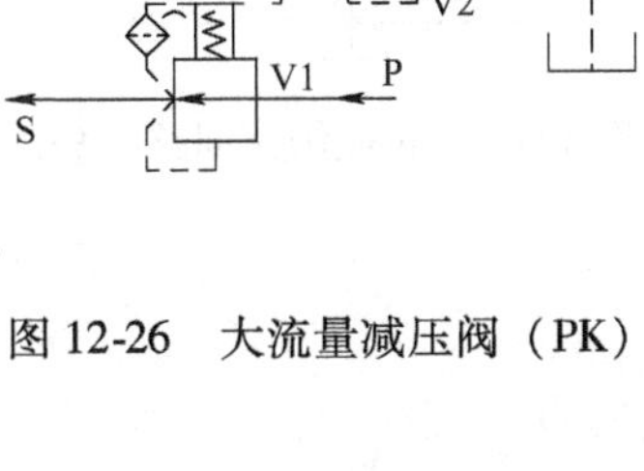

图 12-26　大流量减压阀（PK）

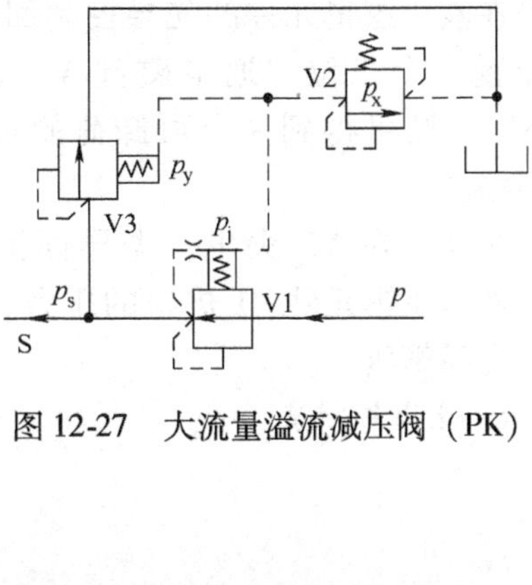

图 12-27　大流量溢流减压阀（PK）

如果在图12-26的基础上再增加一个进口压力调节型的液压逻辑元件V3（见图12-27），就可组成一个大流量的溢流减压阀。所控制的系统压力 p_s 将高于 p_x+p_j，低于 p_x+p_y。

3. 应用举例——流量控制

（1）组成二通流量调节阀　使用出口压力调节型的液压逻辑元件，配合一个固定的或可调的节流口，可组成一个二通流量调节阀（见图12-28）。

（2）组成三通流量调节阀　使用一个进口压力调节型的液压逻辑元件V1（见图12-29），配合一个固定的或可调的节流口V2，可组成一个三通流量调节阀。V3起减振阻尼作用。

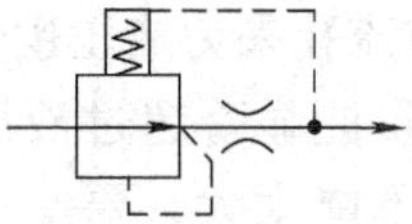

图12-28　二通流量调节阀（PK）

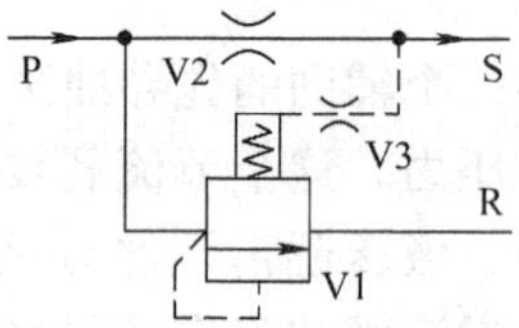

图12-29　三通流量调节阀（PK）

P—油源　S—优先口　R—旁路口

（3）组成负载敏感回路　图12-30中，使用一个进口压力调节型的液压逻辑元件V1，配合固定的或可调的节流口J1、J2组成一个负载敏感回路。

负载压力 p_A 或 p_B 通过单向阀D1、D2选择后，进入到液压逻辑元件V1的弹簧腔。V1就通过旁路掉多余的油，努力使 p_P 始终比负载压力 p_L 高一个给定值（V1的弹簧压力）。这样，进入驱动器的流量 q_{VA}、q_{VB} 就可以基本不受负载影响，保持恒定。

V2用于限制最高负载压力。

节流口J3起减振阻尼作用。

节流口J4可以避免，在 p_A、p_B 腔压力已经下降后，p_L 腔继续保持高压。

（4）组成可卸荷的负载敏感回路　如果在液压逻辑元件的先导控制回路中，再配置一个二位二通电磁阀V3（见图12-31），则可得到一个可卸荷的负载敏感回路。

这样，在V3失电，先导回路卸荷时，液压逻辑元件V1进口的压力 p 就降到只有弹簧压力。

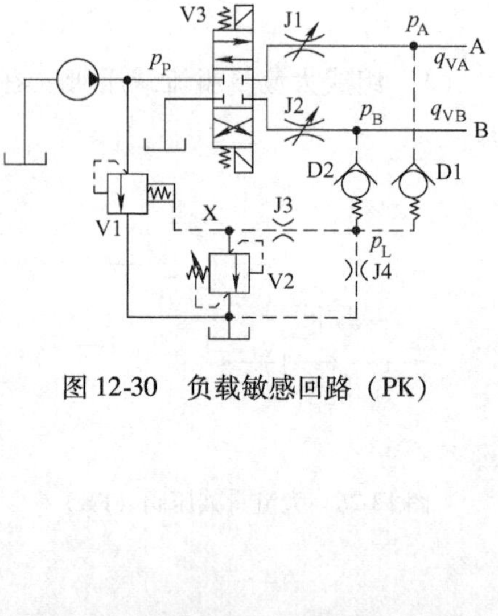

图12-30　负载敏感回路（PK）

4. 性能与测试

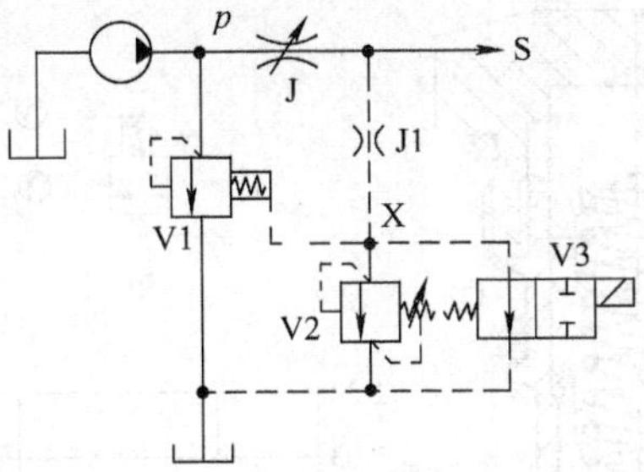

图 12-31　可卸荷的负载敏感回路（PK）

因为，调节型液压逻辑元件实际上就是定压差阀，所以，性能与测试都可以参照定压差阀（见 6.4 节）。

12.3.2　进口压力调节型液压逻辑元件

1. SUN 公司的 LRFC 型液压逻辑元件（见图 12-32）

许用压力：35MPa。

流量：120L/min。

弹簧预紧压力：0.35～1.4MPa，4 档。

2. PK 公司的 16SLC2-A 型液压逻辑元件（见图 12-33）

许用压力：24MPa。

测定流量：189L/min。

弹簧预紧压力：从 0.17MPa～1.03MPa，5 档，不可调。

内泄漏：小于 82mL/min。

3. PK 公司的 R06F3 型液压逻辑元件（图 12-34）

内节流孔型。

许用压力：42MPa。

测定流量：400L/min。从曲线看，通过该流量的压降大于 2MPa。

名义流量（压差 0.7MPa）：270L/min。

弹簧预紧压力：从 0.1MPa～2MPa，5 档。

内泄漏：小于 90mL/min。

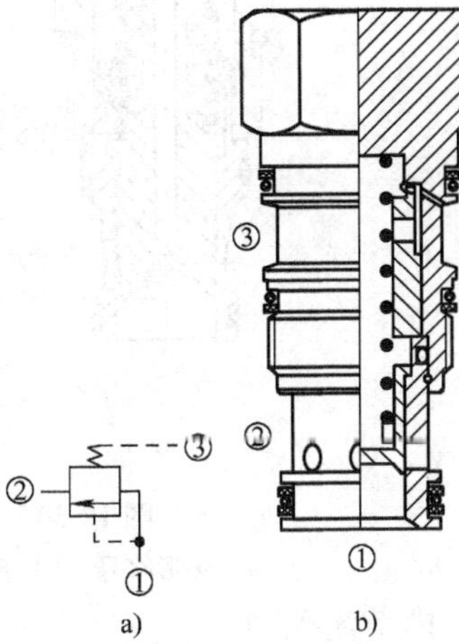

图 12-32　SUN 公司的 LRFC 型液压逻辑元件

a）图形符号　b）剖面图

从压差流量曲线看，当通过流量增大时，压差最初大多下降了，不知是何缘故。

4. HF 公司的 EV10-S34 型液压逻辑元件（见图 12-35）

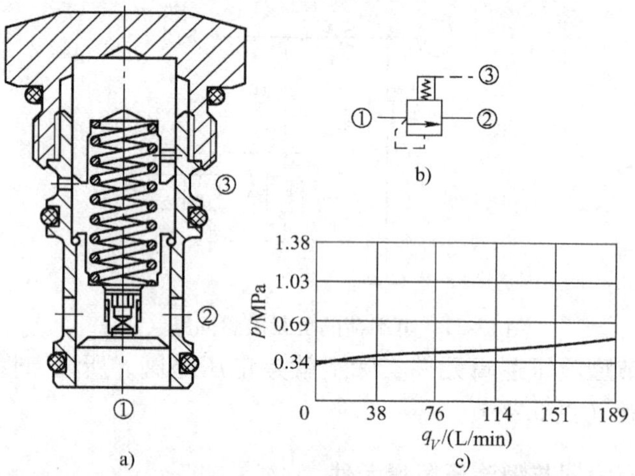

图 12-33 PK 公司的 16SLC2-A 型液压逻辑元件

a）剖面图 b）图形符号 c）压差流量特性

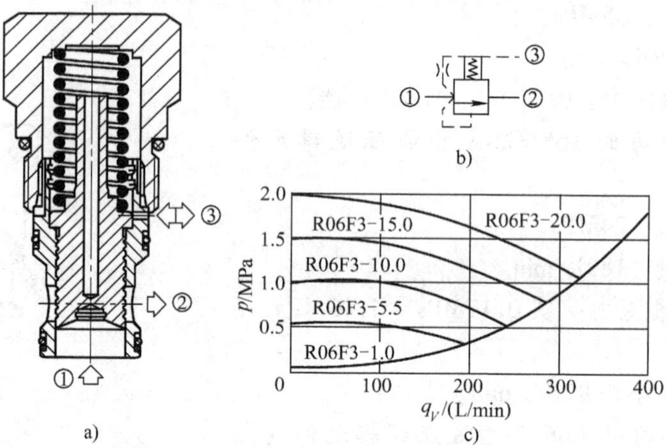

图 12-34 PK 公司的 R06F3 型液压逻辑元件

a）图形符号 b）剖面图 c）不同弹簧预紧压力的压差流量特性

内节流孔型。

许用压力：34.5MPa。

流量：见压差流量特性曲线。

内泄漏：最大 164mL/min。

弹簧预紧压力：0.07～1.1MPa，5 档。

5. PK 公司的 16SLC2-B 型液压逻辑元件（见图 12-36）

许用压力：24MPa。

测定流量：189L/min。

弹簧预紧压力：从 0.17～1.03MPa，5 档，不可调。

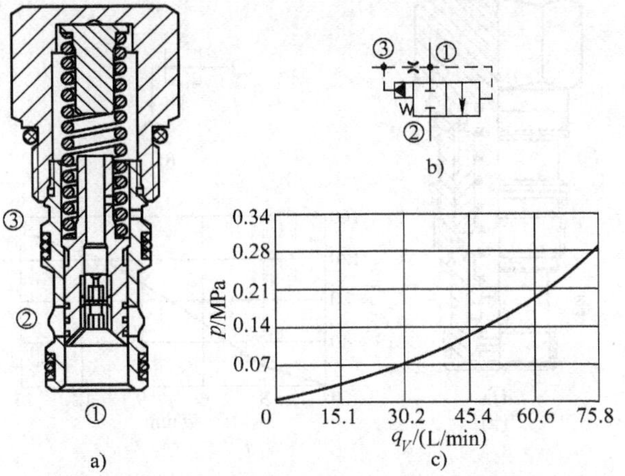

图 12-35　HF 公司的 EV10-S34 型液压逻辑元件

a）剖面图　b）图形符号　c）全开时的压差流量特性

内泄漏：小于 82mL/min。

结构与 16SLC2-A 型（见图 12-33）完全相同，仅阀芯带节流孔而已。

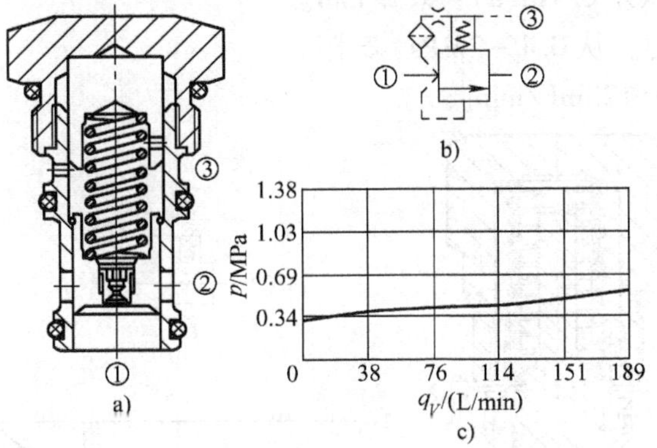

图 12-36　PK 公司的 16SLC2-B 型液压逻辑元件

a）剖面图　b）图形符号　c）压差流量特性

12.3.3　出口压力调节型液压逻辑元件

1. SUN 公司的 LPFC 型液压逻辑元件（见图 12-37）

许用压力：35MPa。

名义流量：120L/min。

内泄漏：小于 25mL/min。

弹簧预紧压力：0.35～1.4MPa，4 档。

2. HF 公司的 R06H3 型液压逻辑元件（见图 12-38）

进口许用压力：42MPa。

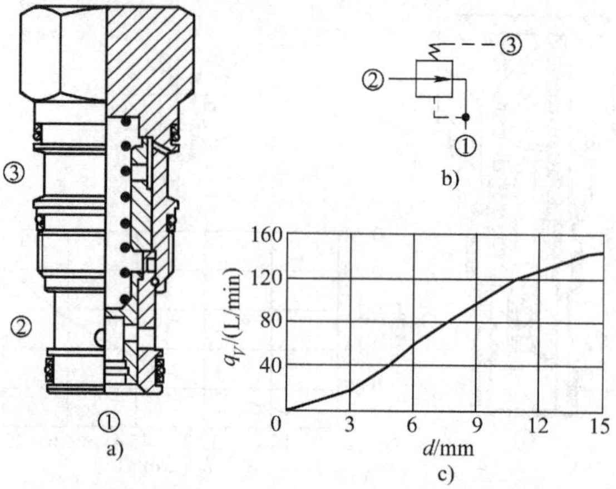

图 12-37 SUN 公司的 LPFC 型液压逻辑元件
a）剖面图 b）图形符号 c）1.4MPa 弹簧预紧压力时的节流孔直径-流量特性

测定流量：160L/min。从图 12-38c 看，通过这个测定流量的压降为 2MPa。

名义流量（压差 0.7MPa）：90L/min。

弹簧预紧压力：从 0.1 ~2MPa，5 档。

内泄漏：小于 125mL/min。

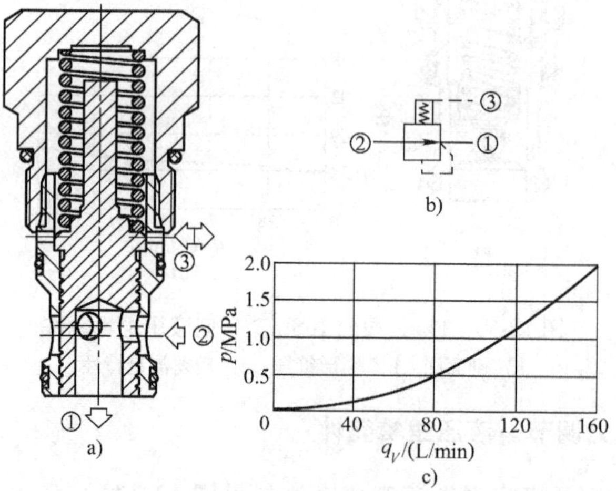

图 12-38 HF 公司的 R06H3 型液压逻辑元件
a）剖面图 b）图形符号 c）压差流量特性

3. PK 公司的 16SLC3-A 型液压逻辑元件（见图 12-39）

进口许用压力：24MPa。

测定流量：189L/min。从图 12-39c 看，通过流量 189L/min 时的压降要远大于 2MPa。

弹簧预紧压力：从 0.17 ~ 1.03MPa，5 档。

内泄漏：小于 82mL/min。

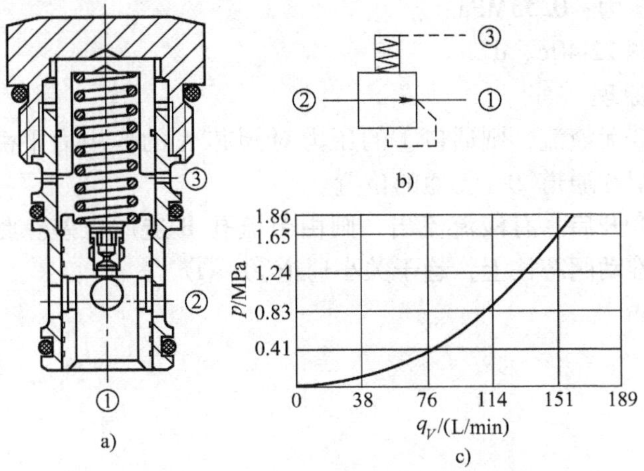

图 12-39　PK 公司的 16SLC3-A 型液压逻辑元件

a）剖面图　b）图形符号　c）压差流量特性

4. HF 公司的 ER10-S30 型液压逻辑元件（见图 12-40）

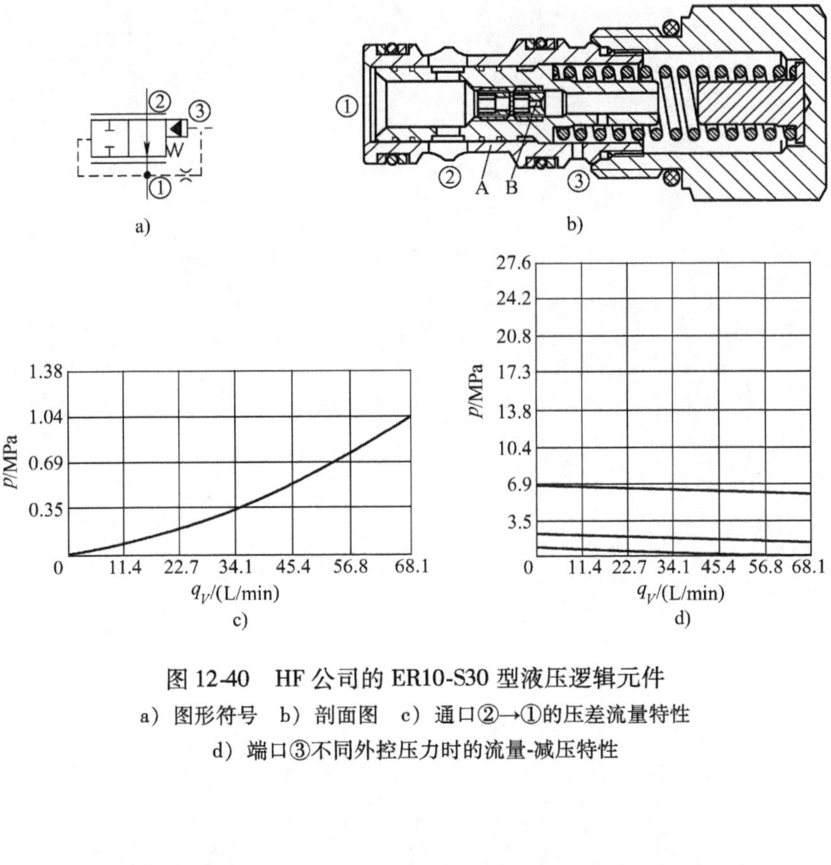

图 12-40　HF 公司的 ER10-S30 型液压逻辑元件

a）图形符号　b）剖面图　c）通口②→①的压差流量特性

d）端口③不同外控压力时的流量-减压特性

（1）特性

许用压力：35MPa。耐压试验压力：39MPa。

弹簧预紧压力：0.55MPa。

流量：见图 12-40c、d。

（2）工作原理

如果端口③无液流，则通口①的压力对阀芯 A 的作用力平衡。由于弹簧预紧力，阀芯停留在通道②→①通的位置。

如果端口③开启，有液流流出，则由节流孔 B 造成压差。此压差大于弹簧预紧压力时，推动阀芯往上，趋于关小通道②→①。

第 13 章　气控换向阀

13.1　概述

13.1.1　功能与应用

气控换向阀（air operated directional valve）——由压缩空气控制的换向阀，可用于直接控制中小流量的执行器，或用作先导阀切换更大的液控换向阀或者逻辑元件。

在要求防爆的场合，气控阀比电磁阀安全。

13.1.2　类型

市场可购的气控换向阀有二通型和三通型。

13.1.3　性能与测试

气控换向阀的重要性能：一是气控切换压力，二是主通道的压差流量特性。其测试可以参考液控换向阀和电磁换向阀。

13.2　二通常闭型气控换向阀

1. PK 公司的 GA02 型气控换向阀（见图 13-1）

许用压力：21MPa。

测定流量：45L/min。

气控压力：0.5 ~0.86MPa。

内泄漏：0.33mL/min。

带有应急手动操作。

2. SUN 公司的 DAAP-＊CN 型气控换向阀（见图 13-2）

许用压力，所有端口：35MPa。

流量：1L/min。适宜用在先导级。

气控切换压力：0.15MPa + 0.01p_1，p_1 为通口①的压力。气控压力范围：0.15 ~0.5MPa。

内泄漏：压差 35MPa 时，0.6mL/min。

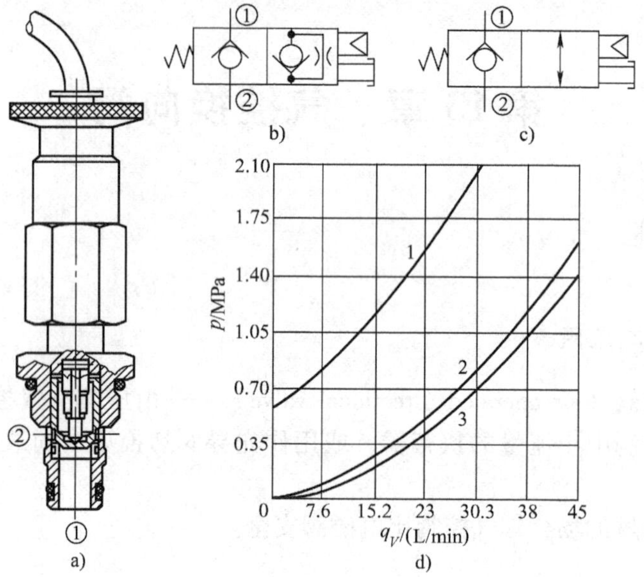

图 13-1 PK 公司的 GA0201 型气控换向阀

a）剖面图 b）01 型图形符号 c）05 型图形符号 d）压差流量特性

1—卸压，01、05 型①→② 2—加压，05 型①→② 3—加压，01、05 型②→①

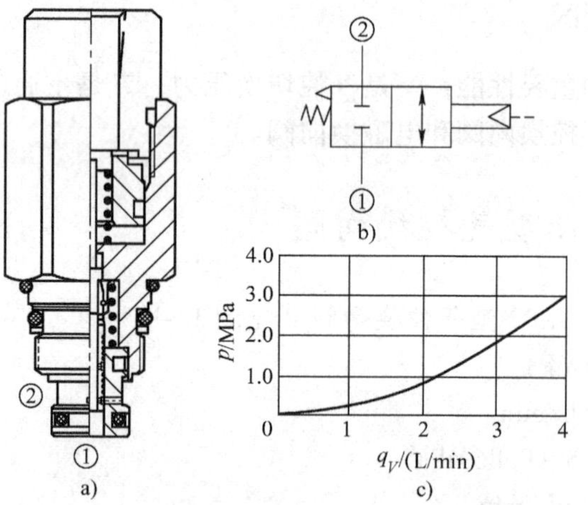

图 13-2 SUN 公司的 DAAP- * CN 型气控换向阀

a）剖面图 b）图形符号 c）压差流量特性

13.3 二通常开型气控换向阀

SUN 公司的 DAAP- * HN 型气控换向阀（见图 13-3）：

许用压力，所有端口：35MPa。

流量：1L/min。适宜用在先导级。

气控切换压力：0.15MPa + 0.01p_1，p_1 为通口①的压力。气控压力范围：0.15 ~0.5MPa。

内泄漏：压差 35MPa 时，0.6mL/min。

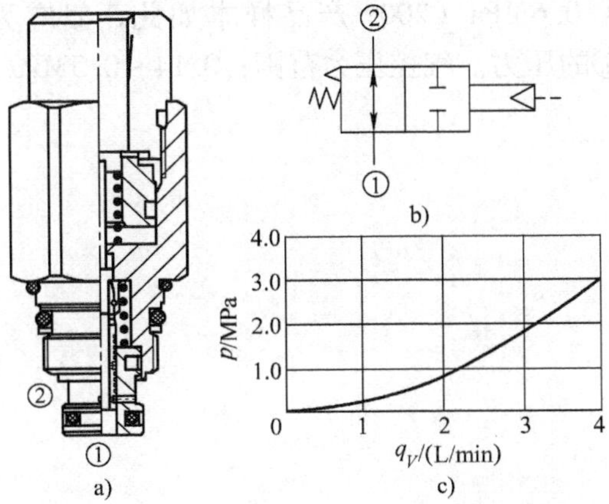

图 13-3　SUN 公司的 DAAP- * HN 型气控换向阀

a）剖面图　b）图形符号　c）压差流量特性

13.4　三通型气控换向阀

SUN 公司的 DBAP- * HN 型气控换向阀（见图 13-4）：

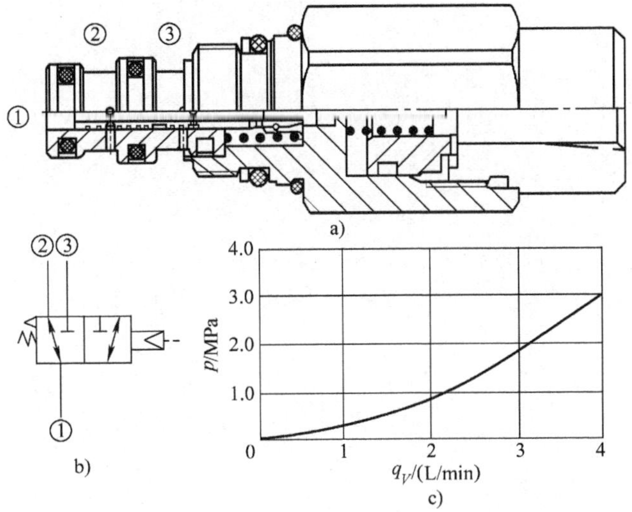

图 13-4　SUN 公司的 DBAP- * HN 型气控换向阀

a）剖面图　b）图形符号　c）压差流量特性

四端口型。

许用压力：控制口——3.5MPa，其余端口——35MPa。

流量：1L/min。适宜用在先导级。

内泄漏：压差35MPa时，0.6mL/min。

气控切换压力：0.6MPa（2009产品样本如此，似应为0.1——作者）+ $0.01p_1$，p_1为通口①的压力。气控压力范围：0.14～0.5MPa。

第 14 章　手动换向阀

14.1　概述

14.1.1　功能

手动换向阀（manually operated directional valve）与其他换向阀相同，用于实现液压通道的连通、切断和换向，只是手动控制而已。

14.1.2　类型

手动换向阀（见图 14-1）从机能看，可以分为二位型（图 a ~ f）和三位型（图 g、h）。

从通口数分，有二通型（图 a、b）、三通型（图 c）、四通型（图 d ~ h）。

从操作方式看，有推力式（图 a）、拉力式（图 b）、推或拉式（图 h）和回转式（图 f、g）。

从复位方式看，有弹簧复位型（图 a、b、h）和可卡住型（图 c ~ e）。

大多是直动型，也有先导型（见 14.2 节 3.）。

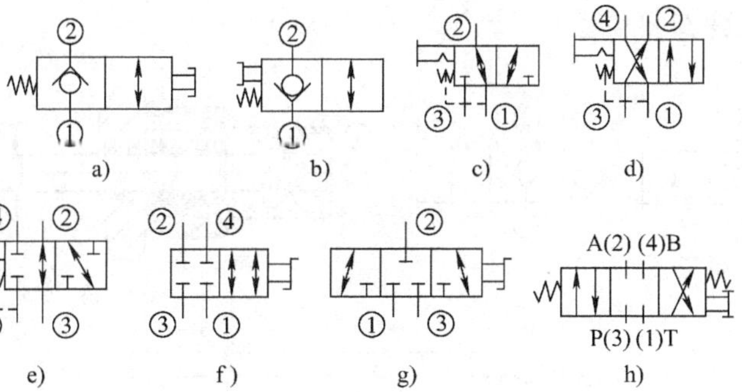

图 14-1　各种手动换向阀的图形符号

14.1.3　应用

既然是手动控制操作，大多数情况下，动作应该不频繁。常常被用作应急手动，例如在电控系统失灵时。

14.1.4 性能

1. 压差流量特性

因为手动换向阀是开关阀，因此在开通时就相当于一个固定液阻。一条通道的压差流量曲线就是一条抛物线。但由于可能有多条通道，而各通道的液阻可能不同，所以压差流量特性曲线也可能各不相同，即一个阀有多条压差流量特性曲线。

其测量回路与测量方法可参考电磁换向阀（第九章）。

2. 手动操作特性

操作是否省力。如果静压力不平衡，在高压时操作可能会比较困难。有的阀采取了相应的平衡措施。

3. 停留在某一工位

根据实际应用工况，有的需要自动复位，有的需要能卡住，停留在某一工位。

4. 其他性能

许用压力。内泄漏。

14.2 二位二通型手动换向阀

1. PK 公司的 DL101 型手动换向阀（见图 14-2）

拉力式、弹簧复位型。

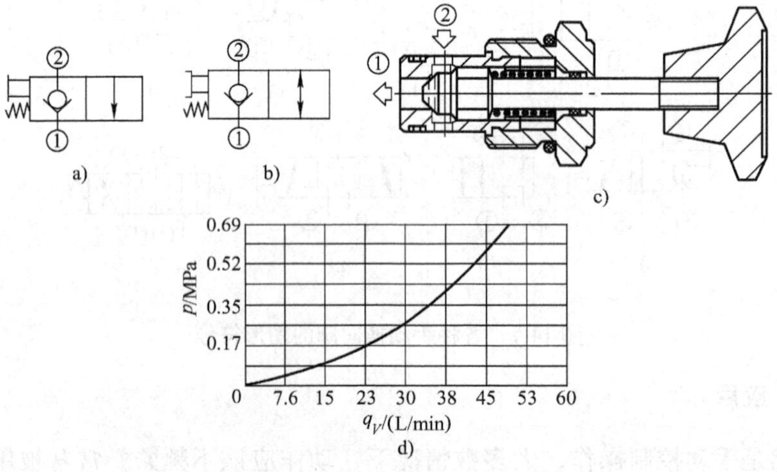

图 14-2 PK 公司的 DL101 型手动换向阀

a）图形符号 1 b）图形符号 2 c）剖面图 d）压差流量特性

通口②的许用压力：24MPa。

通口①通常接油箱，工作压力不超过弹簧压力 1.73MPa。

名义流量：48.8L/min，从压差流量特性曲线（见图 14-2）可以看出，此时压差约为 0.7MPa。

内泄漏：小于 0.4mL/min。

座阀结构。

也可以看作一个手动单向阀。

在拉钮未拉时，是一个普通单向阀。从通口②到通口①不通。从通口①到通口②可以通，如果压差 $p_1-p_2>1.73$MPa 的话。

拉动拉钮后，通道开启，可以双向流动。

图 14-2a 的图形符号是原版产品样本提供的，用图 14-2b 的图形符号也许更准确地反映该阀的实际机能。

2. HF 公司的 MV08-22 型手动换向阀（见图 14-3）

推力式。弹簧复位。

许用压力：20.7MPa。

内泄漏：0.15mL/min。

通口①通常通油箱。

也可以看作一个手动单向阀。

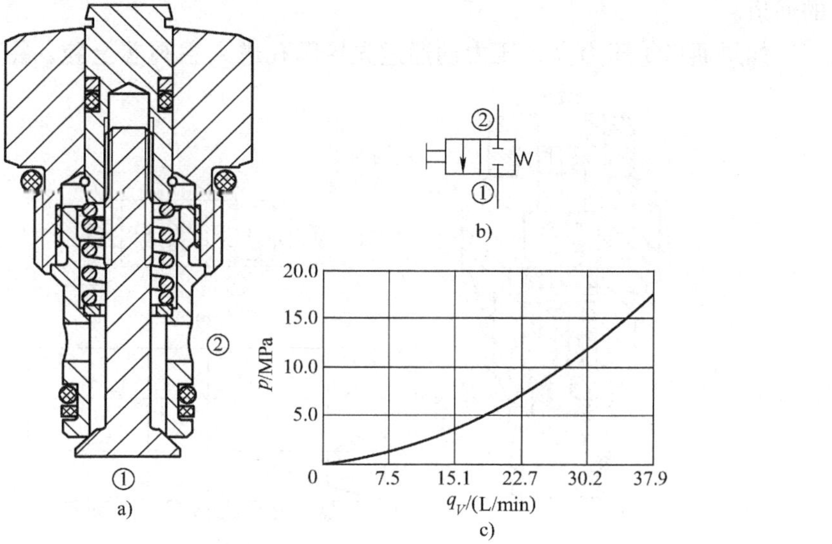

图 14-3　HF 公司的 MV08-22 型手动换向阀

a）剖面图　b）图形符号　c）通口②→①全开时的压差流量特性

d）图形符号

在推钮未推时：通口①和通口②之间不通。

推动推钮后，通道开启，可以双向流动。

流量：15.1L/min。从压差流量特性曲线可以看出，此时的压差只有0.25MPa。不知为何，取得如此保守。

通口②的静压力对推钮-阀芯组件总的作用面积是往上的，因此压推钮的力随通口②的压力增加而增加。当通口②的压力达到20.7MPa时，需要的按压力达到约440N，相当普通成年男子体重的三分之二，对用手指来操作，这是一个很大的力了。另外，通口①对阀芯的静压力也会增加按压力。因此，只能用在很不希望使用的应急场合。也被用作手动溢流阀。

3. PK公司的GM0212型手动换向阀（见图14-4）

推钮、先导差动式。内腔结构和工作原理与先导差动式电磁开关阀相同。

（1）特性

许用压力：35MPa。

测定流量：45L/min。

内泄漏：压差21MPa时，0.33L/min。

（2）工作原理　在推压钮未被推压时，先导阀芯被先导弹簧抬起，先导阀孔开启，主阀芯上腔与通口①相通。

如果通口②压力高，作用在主阀芯的下端面，推开主阀芯，开启到通口①的通道。

如果通口①压力高，压力油通过先导阀孔进入主阀芯上腔，往下压主阀芯，

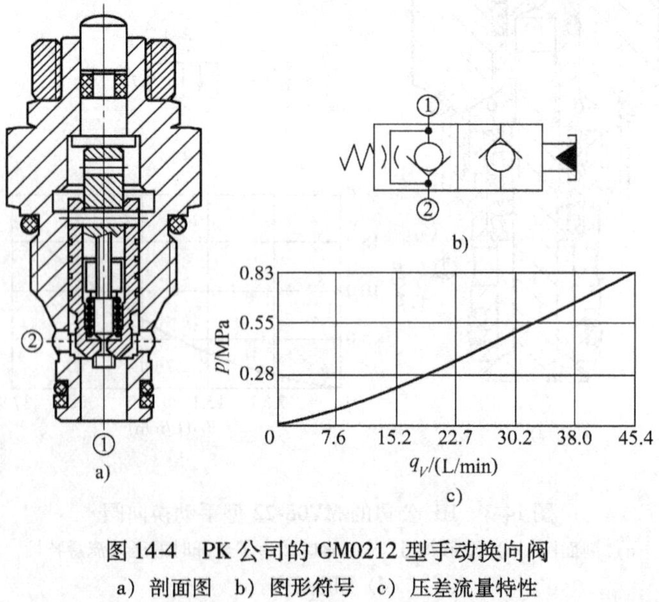

图14-4　PK公司的GM0212型手动换向阀

a）剖面图　b）图形符号　c）压差流量特性

关闭主通道。但是由于主阀芯侧面有一很小的节流孔连通主阀芯上腔和通口②，因此，有少量液流会流到通口②。

在推钮被推下后，如一个单向阀，通口①到②通，通口②到①不通。

（3）特点

操纵此阀，既可以直接压推钮，也可通过另选的螺杆旋压装置操纵，见9.11节。

从该阀的压差流量特性曲线（见图14-4c）可以看出，压降随流量的增加几乎呈线性增长，而非抛物线形增长，这应该是由于先导型所带来的特性：流量较小时，通道没有完全开启，随着流量增加，开口也逐渐增大。

4. HF公司的MP08-34型手动换向阀（见图14-5）

拉力式。弹簧复位。旋转卡住机构可选。

三端口二通型。弹簧腔单独回油。

通口②、③的许用压力：24MPa。耐压试验压力：35MPa。

端口①的许用压力：1.4MPa。

流量：见图14-5c。

内泄漏：小于82mL/min。

操作力：71~90N。

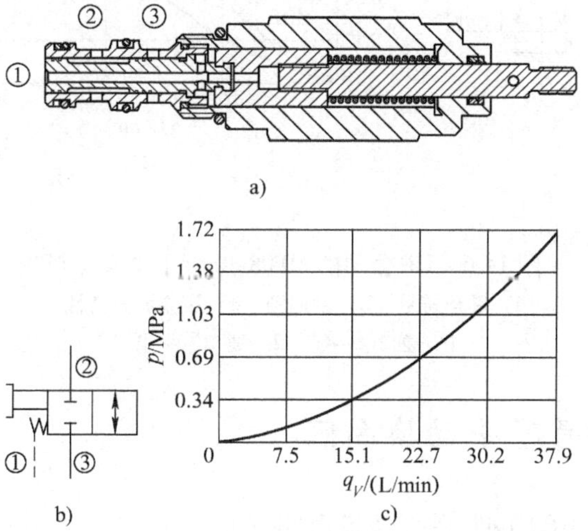

图14-5　HF公司的MP08-34型手动换向阀
a）剖面图　b）图形符号　c）通口③→②的压差流量特性

14.3　二位三通型手动换向阀

HF公司的MP08-30型手动换向阀（图14-6）：

拉力式。弹簧复位。也可以通过旋转 90°来卡在工作位置上见 9.11 节。

通口①与弹簧腔相通，通常应接油箱，许用压力：1.4MPa。

其他各通口许用压力：24MPa。耐压试验压力 35MPa，为许用压力的 146%。

流量：见压差流量特性曲线见图 14-6c。

内泄漏：0.82mL/min。

从剖面图看，阀芯端部开槽不对称。此件与该公司的电磁阀 SV08-30 的阀芯相同。据介绍，在 SV08-30 的阀芯上开不对称槽的原因是：弹簧较弱，若从通口①→②出现流动，会自动关闭，就好像结合了一个单向阀。在此，应该是弹簧预紧压力较大，所以允许从通口①→②的流动。

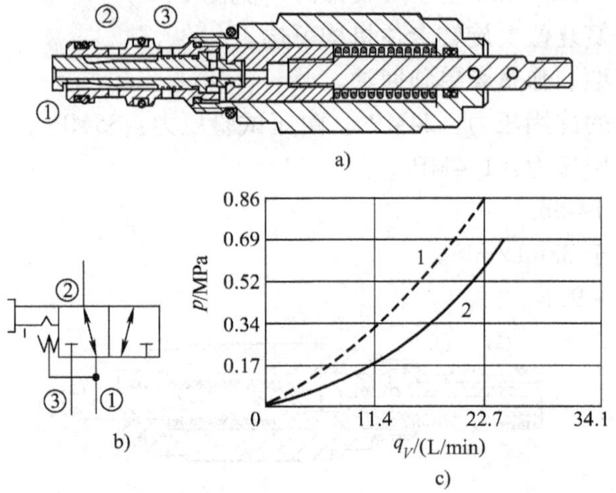

图 14-6 HF 公司的 MP08-30 型手动换向阀

a）图形符号 b）剖面图 c）压差流量特性

1—通口②→① 2—通口③→②

14.4 二位四通型手动换向阀

1. HF 公司的 MR10-41 型手动换向阀（见图 14-7）

回转式。顺时针旋转 90°，可以从静止位置切换到工作位置。靠摩擦力停留，无复位弹簧。

许用压力：24MPa。

内泄漏：在 24MPa 时，小于 164mL/min。

流量：见压差流量特性曲线。

2. HF 公司的 MP10-42 型手动换向阀（见图 14-8）

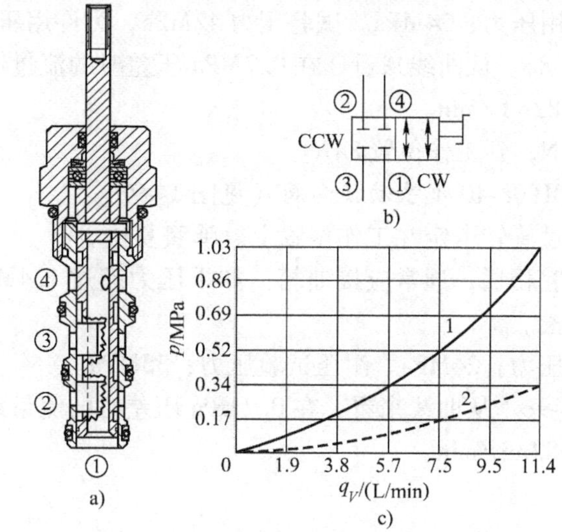

图 14-7　HF 公司的 MR10-41 型手动换向阀

a）剖面图　b）图形符号　c）压差流量特性

1—通口③→②　2—通口④→①　CW—顺时针旋转　CCW—逆时针旋转

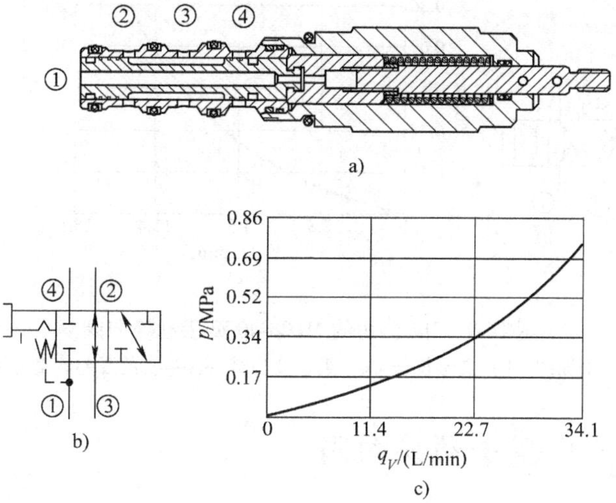

图 14-8　HF 公司的 MP10-42 型手动换向阀

a）剖面图　b）图形符号　c）通口③→②或④的压差流量特性

拉钮式。弹簧复位。可通过旋转卡定在工作位置上。

弹簧腔与通口①相通，通常应接油箱，许用压力 1.24MPa。

其他各通口许用压力：24MPa。试验压力 42MPa，为许用压力的 175%。

流量：见图 14-8c。从曲线来看，在 0.7MPa 压差时的流量约为 34L/min。

内泄漏：小于 82mL/min。

拉力：开始 71N，到工作位置 84N。

3. HF 公司的 MP08-40 型手动换向阀（见图 14-9）

拉力式。可通过旋转卡定在工作位置上。弹簧复位。

通口①与弹簧腔相通，通常应接油箱。如果压力超过 1.4MPa，会克服弹簧压力，把阀芯往上推。

其他通口许用压力：24MPa。耐压试验压力：35MPa。

流量：见图 14-9c。从曲线来看，在 0.7MPa 压差时的流量约为 12L/min。

内泄漏：最大 82mL/min。

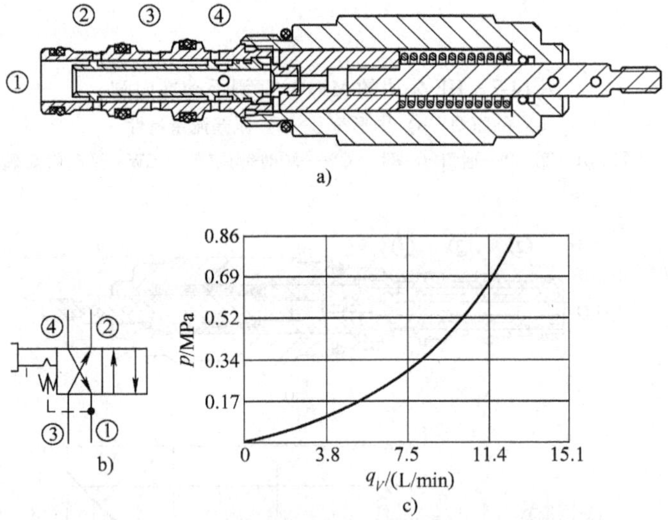

图 14-9 HF 公司的 MP08-40 型手动换向阀

a）剖面图 b）图形符号 c）通口③→②→④→①的压差流量特性

14.5 三位三通型手动换向阀

HF 公司的 MR10-37A 型手动换向阀（见图 14-10）：

旋转式。标准型不带复位弹簧。

许用压力：24MPa。

流量：见压差流量特性曲线。

内泄漏：在 24MPa 时，最大 164mL/min。

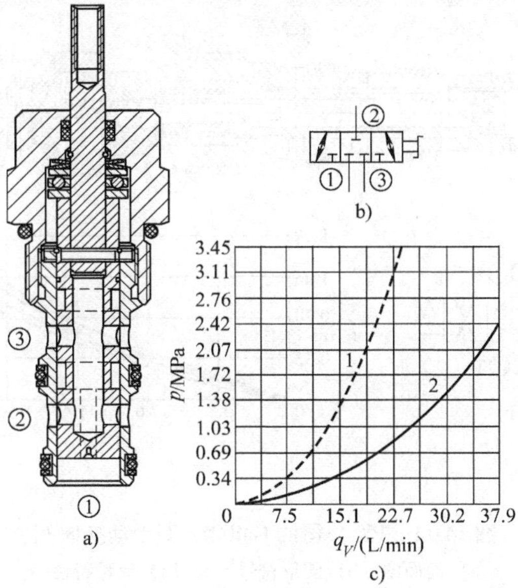

图 14-10　HF 公司的 MR10-37A 型手动换向阀

a）剖面图　b）图形符号　c）压差流量特性

1—通口②→①　2—通口②→③

14.6　三位四通型手动换向阀

1. PK 公司的 GM0251 型手动换向阀（见图 14-11）

推拉式。弹簧自动对中。

许用压力：通口①——3.5MPa，其余通口——35MPa。

测定流量：17L/min。因为各个连通情况的压差流量特性曲线都不相同，所以很难根据某个压差来定名义流量。从图 14-11c 可以看出，在 17L/min 时，不管根据哪条曲线，压差都超过了 0.7MPa。

最大操作力：49N。

2. HF 公司的 MR10-47A 型手动换向阀（见图 14-12）

旋转式。有多种操作机构可选。

靠摩擦力自锁。弹簧复位机构可选。

各通口的许用压力：24MPa。

流量：见图 14-12c。

内泄漏：在 24MPa 时，最大 164mL/min。

PK、HF 公司都还提供具有其他中位机能的三位四通阀手动换向阀。

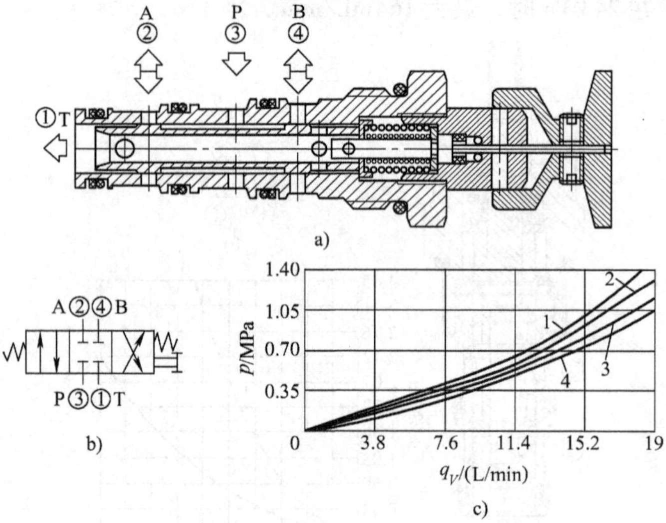

图 14-11 PK 公司的 GM0251 型手动换向阀

a）剖面图 b）图形符号 c）压差流量特性

1—A→T 2—B→T 3—P→B 4—P→A

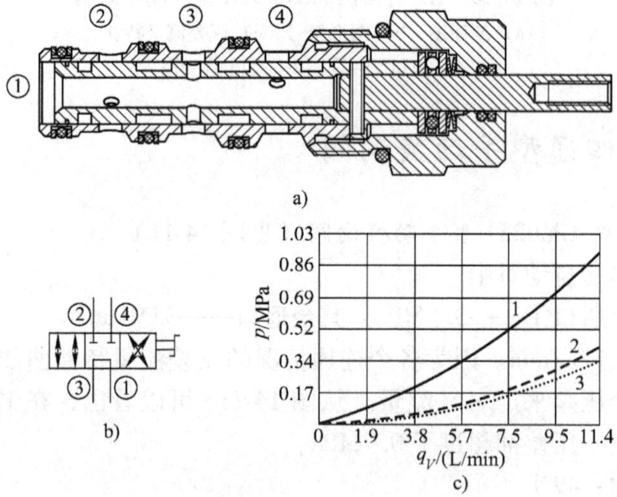

图 14-12 HF 公司的 MR10-47A 型手动换向阀

a）剖面图 b）图形符号 c）压差流量特性

1—通口③→②或④ 2—通口③→① 3—通口②或④→①

第 15 章　流量压力阀的调节及保护元件

15.1　概述

溢流阀、减压阀、平衡阀、流量调节阀等一般都需要调节。通过调节开口的大小，控制开启压力、安全压力、流量等，从而控制执行器的最大负载和运动速度等。改动调节参数，有些是允许的，根据工作环境有些改动，甚至是必须的，但有些改动则会影响主机正常工作，甚至导致机毁人亡。

主机系统出厂时，各种调节参数一般都设定在安全状态或最佳状态，而且一般调节机构都有防振动措施，保证调定值不因为运输、机器运行振动而造成工作点改变。

主机设备操作人员常倾向于速度更快一些，力量更大一些。如有可能，有时就会自己动手改动调节参数，也可能会由于不懂机器的工作原理而误调。

因此，在追查事故原因，确定法律责任时，就要判定：究竟是主机出厂时调节不对，还是之后变动了？谁变动了？是无意还是有意的调节？是否超越了他的权限？

法律上还会根据改动时必须要使用的工具数量、工具类型、需要的时间来判断。改动使用的工具数量越多、越特殊，要花的时间越多就越是有意的，承担的责任就越大。

因此，调节元件的保护措施万万不可忽视。

1. *改动调节参数的权限*

改动调节参数的权限，一般可以分为以下等级：

1）主机操作人员。权限最低。

2）主机使用单位的维修人员。通常都经过培训，对主机结构有一定的了解，权限可以高一些。但发生事故时，会有责任在何方——用户单位还是制造单位，站在哪方利益的问题，因此权限也是相当有限的。

3）主机制造单位的维修人员。他们对主机的了解应该比用户单位多，承担的责任也大，因此权限也更高一些。

4）主机制造单位的设计调试工程师。他们对机器了解得更多，承担的责任也更大。他们必须对设备进行超载试验，了解机器损坏的极限，因此改动权限当然也最高。

2. *调节机构的类型*

阀的调节机构一般都要有防振动措施，保证调定值不因为机器运行时的振动而发生改变。这是对阀生产厂最基本的要求。

根据调节的难易程度，调节及保护元件大致可分成以下几个类型：

1）手轮调节型。

2）要使用工具才可改动型。

3）改动会留下痕迹型。

4）不可改动型。

15.2 手轮调节型调节及保护元件

1. HF 公司的 B 型调节及保护元件（见图 15-1）

这是在该公司的基本型 A 型（见图 15-3）的基础上，把锁紧螺母换为锁紧手轮，并加一调节手轮。

这种调节方式最为方便。除了体力弱小的儿童，谁都能调，而且事后不留痕迹。因此，在系统设计上一定要保证，不管调为什么状态，系统都不会出事故。必要的话，用漆标记初始位置，在旁边悬挂调节说明与限制。

2. SUN 公司的 H 型调节及保护元件（见图 15-2）

这种调节手轮上带有刻度。调节方便程度同 HF 公司的 B 型。但由于带有刻度，可重复性强，如果每次把调定值记录下，就便于检查是否改动了。

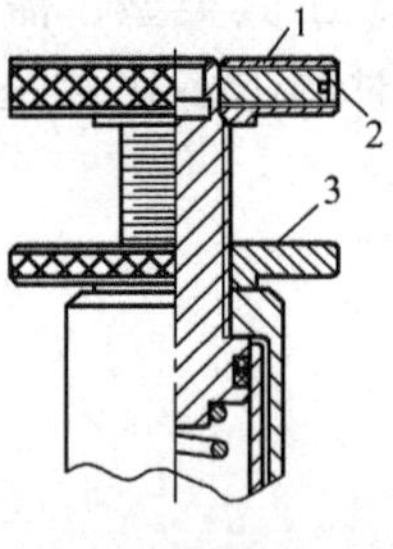

图 15-1 HF 公司的 B 型调节及保护元件
1—调节手轮 2—手轮固定螺钉 3—锁紧手轮

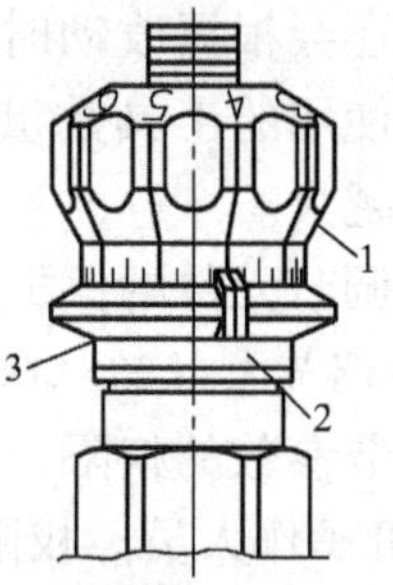

图 15-2 SUN 公司的 H 型调节及保护元件
1—带刻度手轮 2—零位标记 3—锁紧环

15.3 使用工具型调节及保护元件

1. HF 公司的 A 型调节及保护元件（见图 15-3）

这是调节的基本型，被普遍采用。由于带有锁紧螺母，可以防一般振动，要改动需要两件工具，因此避免了无意改动。

2. HF 公司的 C 型调节及保护元件（见图 15-4）

C 型调节及保护元件是在 A 型的基础上增加了一个保护套，可以保护调节螺钉，少受腐蚀，避免杂物堵塞调节内六角孔。同时，增大了改动的工作量。要改动的话，还需要多一把六角扳手。

3. HF 公司的 H 型调节及保护元件（见图 15-5）

调节螺母在调节保护盖之下。只有使用工具，打开调节保护盖之后，才能改变调节参数。

注意，调节螺母必须要有防振措施。

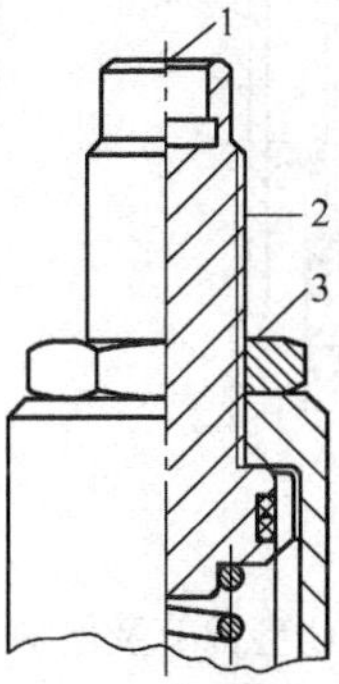

图 15-3　HF 公司的 A 型调节及保护元件

1—调节内六角孔　2—调节螺钉　3—锁紧螺母

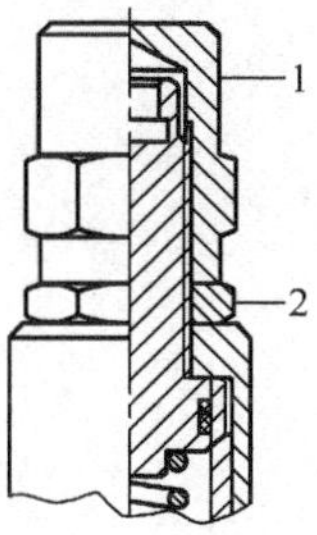

图 15-4　HF 公司的 C 型调节及保护元件

1—保护套

2—锁紧螺母

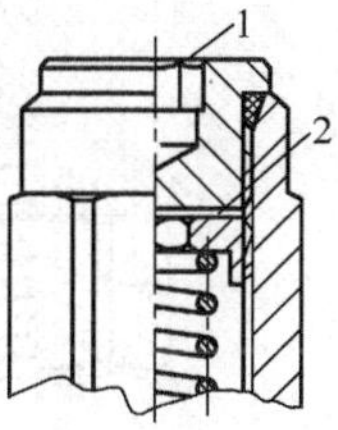

图 15-5　HF 公司的 H 型调节及保护元件

1—调节保护盖

2—调节螺母

15.4　留痕迹型调节及保护元件

1. SUN 公司的钥匙锁（key lock）型调节及保护元件（见图 15-6）

这种保护要用钥匙打开才能改动，强行破坏就会留下痕迹。

2. HF 公司的 L 型调节及保护元件（见图 15-7）

这种类型是在该公司 C 型调节保护元件（见图 15-4）的基础上，钻两个用于铅封钢丝的小孔。在调试完成以后，用钢丝把保护套和阀体穿在一起，然后加上带有特殊印记的铅封。

注意，钢丝一定是要防锈的，还要定期检查，在没有完全锈断前更换，以避免发生事故后责任难以认定的问题。

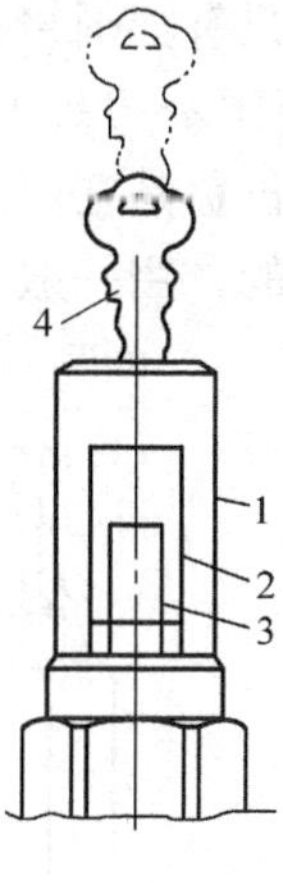

图 15-6　SUN 公司的钥匙锁型调节及保护元件

1—带锁保护套　2—锁紧螺母　3—调节螺钉　4—钥匙

3. SUN公司的C型调节及保护元件（见图15-8）

这种类型在调节完成后，用一光滑的圆筒形保护套（金属的或塑料的）把调节螺钉和锁紧螺母全部罩住。由于它与阀体外圆是过盈配合，因此使用一般工具无法正常打开，只能破坏。

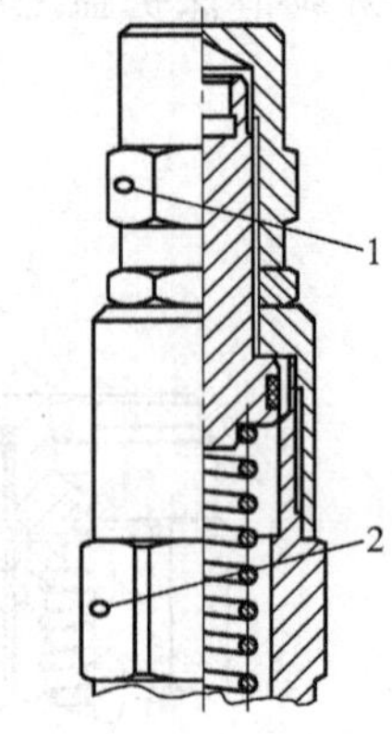

图15-7 HF公司的L型调节及保护元件
1—带孔保护套 2—阀体上小孔

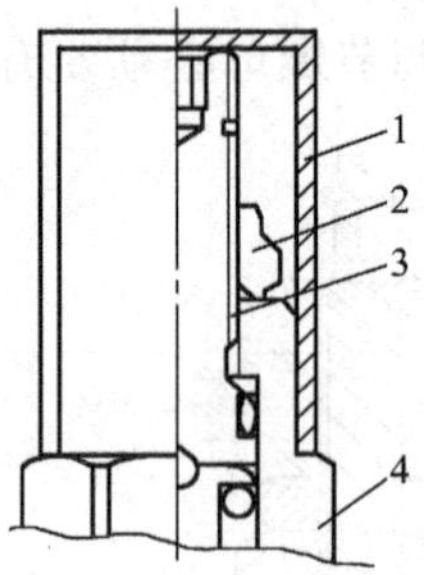

图15-8 SUN公司的C型调节及保护元件
1—保护套 2—锁紧螺母
3—调节螺钉 4—阀体

4. ih公司的G型调节及保护元件（见图15-9）

类似SUN公司的C型。保护套是高强度耐久塑料制成的，上部是圆柱形，下部是圆锥形，内部有一六角形孔与锁紧螺母过盈配合。一旦压上，就不能再取下。只有把围绕锁紧螺母部分的保护套全部损毁去除，才可能改动设定值。

5. HF公司的F型调节及保护元件（见图15-10）

保护盖是在出厂前完成调节后，利用特殊工具拧紧的。保护盖露出部分是圆柱形的，用一般工具无法拧松，如用带齿的钳子强力拧松的话，就会留下痕迹。

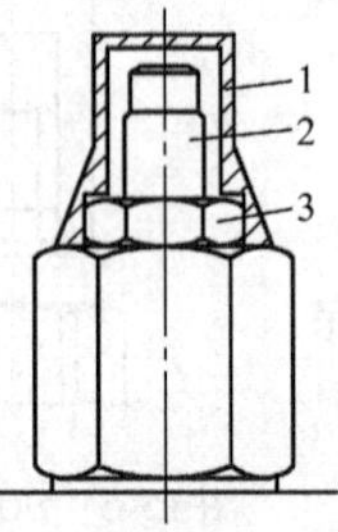

图15-9 ih公司的G型调节及保护元件
1—塑料保护套 2—调节螺钉 3—锁紧螺母

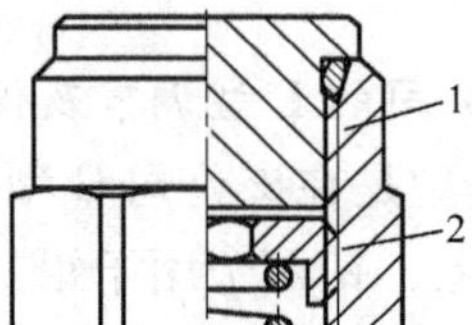

图15-10 HF公司的F型调节及保护元件
1—调节保护盖 2—调节螺母

15.5　不可改动型调节及保护元件

1. ST 公司的 Y 型调节及保护元件（见图 15-11）

这种调节及保护元件对调节螺钉的长度有限制。在调节完成后，把钢珠砸入调节内六角孔中。钢珠是硬化处理过的，用一般钻头钻不动。这样就几乎不可能再改动了。

钢珠的外径比配合处略大，这样，砸入后也起到了固定螺纹、防振松的作用。

根据经验，在砸入钢珠时，会把调节螺钉略微往下推，导致原调定值增加。

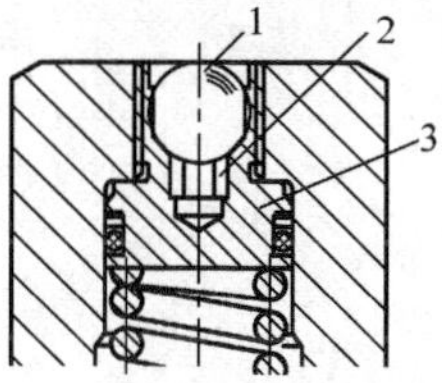

图 15-11　ST 公司的 Y 型调节及保护元件

1—钢珠　2—调节内六角孔　3—调节螺钉

第 16 章　螺纹插装阀集成块设计与制作

本章介绍根据用户需求设计制作专用集成块（CMB-custom manifold block）的典型方法和实例。

集成块的制作大致可分为以下几个阶段：

1）定义要求。

2）设计块体。

3）制造块体。

4）装配与测试集成块。

16.1　对集成块的要求

集成块不管是自己设计还是交给其他部门或其他企业设计，最重要的就是明确要求，不然得不到好的结果。

对集成块的要求可以从两方面表述：液压回路图和空间布局方面的要求。

16.1.1　液压回路图

确定液压回路图的大致过程如下：

1. 初定系统液压回路图

初定系统的液压回路图有很多途径。例如：根据主机对功能的要求设计；根据已有的或类似的液压回路图，做些改进，等等。

2. 根据系统液压回路图选择控制阀

螺纹插装阀的互换性差，更换生产厂商不易。因此，在刚开始选阀型时要慎重，要多请几家供货商报价，不仅根据价格也要看性能、质量、售后服务、信誉等，确定两三家，作为进一步考察对象。

国际知名生产厂商的产品样本上提供的数据虽然一般是真实可以达到的，但是那仅是在给定的测试条件下得到的。实际工况变化多端，因此一般要留有余地。

螺纹插装式的电磁换向阀，特别是三通及以上的，可通过的流量较小。在需要时，也可采用板式的电磁换向阀。

这个阶段最终要生成一个详细的元件表：阀的种类、型号、许用压力、工作流量、生产厂商、供货商、数量等。

3. 管道连接做试验

一旦做成集成块，回路就几乎无法变动了。所以，在研发新回路时，可以先用单阀块，或根据条件，部分采用叠加阀，用管道连接来试验，以检验设计的液压回路方案。

由于许多细节问题在回路方案设计时可能未考虑到，或根本不可能考虑到，如负载在运动过程中的变化情况等，而且液压阀的许多非线性的综合效应，即使计算机仿真也是很难预测的，因此只有实际试验测试。

在这一过程中，检验待用的螺纹插装阀的性能是否能满足该系统具体应用的要求，比较不同的产品，同时加深对系统特性的了解，从而最终确定系统的液压回路图。

4. 根据系统的液压回路图确定集成块的范围

不仅阀可以结合在集成块里，蓄能器、压力表、过滤器等都可以与集成块结合在一起（见图 16-1），从而减少连接管道，提高系统组装效率。

所有元件集中在一个集成块中，固然有其优点：节省了互相连通的进出口，减少了泄漏可能性，方便维修更换，但是若由此导致集成块体积过大、过重，必须钻许多细长连通孔，给加工带来困难，大大提高了成本，则应考虑适当细分。

图 16-1　蓄能器与集成块结合在一起（HF）

5. 生成集成块的液压回路图

综合以上多方面的因素，从系统的液压回路图中生成集成块的液压回路图。图上要标注如下项目：

1）各流道通过的最大流量、允许压差。

2）各连接段的最高工作压力。

3）各进出油口的最高工作压力等工况参数。

这些参数为设计集成块确定边界条件。

6. 安排测压点

测压点越多，检修排除故障越方便，但制造成本也可能增高。

测压接头一般带有 M14×1.5 或 G1/4 的管螺纹。如果连接孔（工艺孔）采用相同螺纹的螺塞接头，在需要时就可以方便地更换为测压接头。

16.1.2 空间布局

应该画一四方体的集成块外形草图，在上面标注对集成块的空间布局方面的要求，即形成空间图。

1. 安装面

要确定集成块在主机上的安装方式和安装面。

集成块既可以独立安装，也可以考虑安装在泵出口、液压缸或液压马达的进出口。

2. 进出口位置

一般根据主机的总体布局，从方便布管及维修出发，确定进出口的理想位置。

3. 集成块块体整体尺寸

了解空间限制，标注块体本身及组装后各方向上允许的最大尺寸。

4. 维修工接近位置

标注检修工接近位置，以便设计时安排各元件，便于以后检修更换。

16.2 集成块体的设计

集成块体设计的水平可以从以下几方面衡量：

1）满足顾客或主机通过液压回路图和空间图所表述的要求。

2）主流道有足够通径，尽可能短，转折少，压力损失在系统允许范围内。

3）连接孔（工艺孔）少，特别是细长孔少。这样，加工方便，加工时间短。

4）给装卸扳手留下必要的空间，便于安装修理。

5）元件安排紧凑、块体体积小、重量轻。在满足以上各要求的前提下，块体越小，说明设计水平越高。特别对于行走机械而言，空间、载重量有限，修理不便，这一因素就显得尤为重要。

集成块的散热主要是靠油液流动。因此，在这里一般可以不担心散热问题。

16.2.1 块体材料

1. 安全壁厚

在集成块内布置阀孔前，先要确定孔间的最小安全壁厚，要考虑下述因素：

（1）所用材料的抗拉强度与屈服强度　集成块在工作中，所有阀孔受压后，不仅不能破裂，也不能发生永久变形。

因为常用材料的屈服强度一般大于其抗拉强度的 50%，所以可以推断，如果 4 倍许用压力未使集成块发生破裂的话，那么，在 2 倍许用压力的静态作用力下，材料也不会发生屈服，也即还在弹性变形范围内。

估算原理与公式见附录 B 液压估算。

（2）弹性变形　集成块中的阀孔受到压力时会发生弹性变形，阀孔胀大。这个变形量必须在密封圈允许的范围内，否则会发生泄漏，损坏密封圈。

（3）材质均匀度　所使用的材料材质是否均匀，是否各处都能达到相同的抗拉强度和弹性模量，特别是使用浇注材料时。否则，要增大安全壁厚。

（4）加工准确度　即孔加工时的定位准确度、钻孔跑偏可能性，特别是钻细长孔的跑偏程度。设计时的安全壁厚要据此相应增大。

2. 铝材

铝合金重量轻，机加工，特别是钻深孔，去毛刺都比钢材容易，耐蚀性也比普通钢材强。因此，在欧美，工作压力在 21MPa 以下的集成块一般都使用铝合金，例如：

1）AlMgSi1，性能近似 6061-T6。屈服强度 270MPa、抗拉强度 305MPa、延伸率 12%、抗剪强度 205MPa、持久强度 95MPa、硬度 95HBW、弹性模量 70GPa，虽强度不算很高，但韧性好。由于含铜少，所以耐蚀性较一些高强度铝合金好。

2）AlCuMg2F44（DIN3. 1355，USA2024）。屈服强度 290MPa、抗拉强度 440MPa、延伸率 13%、硬度 110HBW。强度高，但价格较贵。

3）AlCuSiMn（DIN3. 1255，USA2014）。屈服强度 370MPa、抗拉强度 435MPa。

在液压压力 21MPa、孔径 25mm 时，材料的抗拉强度取 300MPa，理论计算出来的最小壁厚为 3. 4mm。作者按此原则设计的集成块加工上万件，使用十多年来从未出现过破裂或松动问题。由此也可见，这类铝合金是可以放心使用的。

铝材在高动态的环境下疲劳寿命不够。SUN 公司曾对其用 AlMgSi1 生产的集成块进行了持久试验，结果如表 16-1 所示。

表 16-1　铝制阀块持久试验结果

压力变化范围	寿　命
0 ~ 14MPa	2000 万次未损坏
0 ~ 18MPa	350 万次后损坏
0 ~ 20. 7MPa	100 万次后损坏
0 ~ 24. 5MPa	50 万次后损坏

尽管许用压力为 21MPa 的阀块，其破裂压力必须超过 84MPa，但 SUN 公司还是不推荐在 21MPa 以上使用铝集成块。

3. 钢材

许多公司使用低碳锻钢制造许用压力21MPa以上的块体，一般为35钢。特殊需要时，也用高级冷轧不锈钢。

4. 铸铁

优质球墨铸铁，力学性能好，可加工性远优于锻钢。例如：

1）连铸铸铁 SG65-45-12（类似 GGG-40）：屈服强度 >305MPa，抗拉强度 >440MPa，延伸率 >12%，剪切强度395MPa，持久强度205MPa，硬度170～200HBW，弹性模量166GMPa。

SUN公司使用该材料制造许用压力达35MPa的集成块，试验耐压70MPa，破裂压力140MPa。

2）球墨铸铁 EN-GJS-400-15C（类似 GGG-40，EN-JS1072（0.7040））：屈服强度 >250MPa，抗拉强度 >390MPa，延伸率 $A>14\%$。采用金属型浇注，由于冷却速度比砂型快，可以形成细小的晶体和更密的组织结构，密度 7.3kg/dm^3，比钢轻7%～8%。

该材料通过特殊处理，形成优良的铁素体结构，加工性能明显改善，可以使用与加工铝差不多的刀具，转速与进给量相同。因为球墨铸铁含石墨，有自润滑性，断屑性能好，切削力显著下降，去毛刺也比钢材容易。

德国 Power-Hydraulik 公司使用该材料制造工作压力达35MPa的集成块已有10年历史。

3）德国 Gontermann-Peipers 公司在2009年研发出一种新型的可延伸的连铸球墨铸铁 COPAG C 500F。该材料屈服强度 >385MPa，抗拉强度 >500MPa，延伸率 $A>19\%$，硬度170～230HBW。

该材料通过特殊的冶金措施和热处理，形成了大量的铁素体结构，达到的力学性能超过了EN1563的要求。由于铁素体的含量高，加工性能比普通铸铁高20%，刀具寿命延长一倍以上。

Power-Hydraulik 公司使用该材料制造了上千块工作压力达42MPa的集成块，没有任何问题。

因为采用普通铸造工艺，实心块大于200mm×200mm，内部容易出现砂眼，所以国内目前使用铸铁生产集成块的还很少。

16.2.2 设计前的准备工作

1. 加工能力调研

（1）斜孔　明确能否加工斜孔，是单向斜孔，还是双向斜孔，因为斜孔具有如下优点：

1）减少工艺孔（见图16-2），也就减少了工艺孔堵头，减少了可能外泄漏的部位。

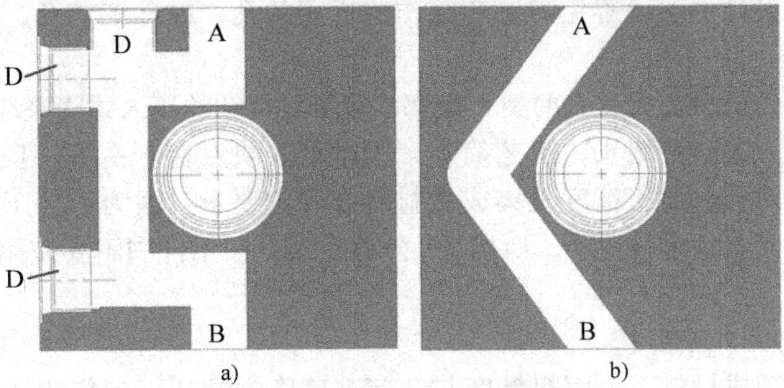

图 16-2　采用斜孔的优点示意图（Sun）
a）采用直孔连接　b）斜孔连接
A、B—待连通孔　D—工艺堵头

2）转折少，流通阻力小。

3）可以减小集成块尺寸，从而提高可加工性。

在图 16-3 的例子中，图 16-3a 为全部直孔，集成块体积为 $2049cm^3$，要用 17 个堵头。但若采用斜孔，如图 16-3b 所示，体积可以缩小到 $1049cm^3$，只要两个堵头。

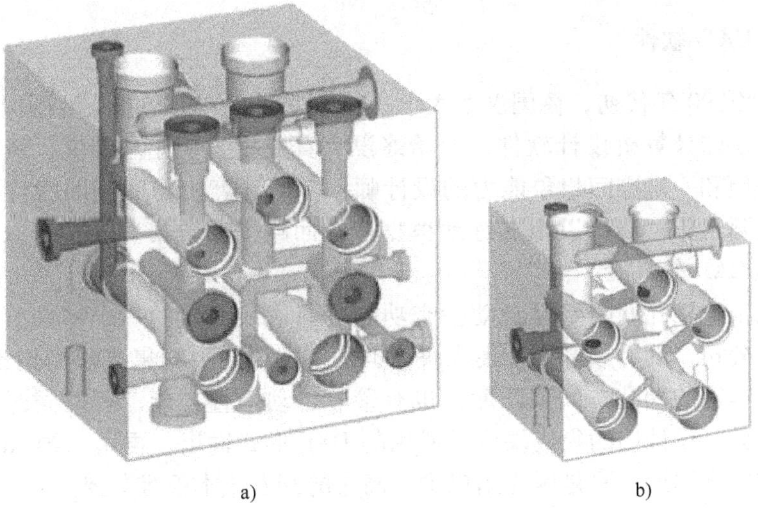

图 16-3　采用直孔和斜孔的集成块比较（SUN）
a）仅用直孔　b）采用斜孔

（2）加工准确度　了解是手工划线，钻床钻孔，还是加工中心加工；加工中心的精度如何。

2. 堵头

集成块设计中不可避免需要有纯作连通用的孔，或称工艺孔，其端口必须封闭。

封闭端口的堵头大致有两类：螺塞，或不可拆卸的压入式膨胀堵头。

使用压入式膨胀堵头，工艺简单，成本低。缺点在于：①一旦压入，不能再打开；②对孔的加工精度及集成块材料有一定要求。因为一旦压入式膨胀堵头在压力下飞出就十分危险，所以 ET 公司建议，在铝件中不要使用 12mm 以上的膨胀堵头。

3. 集成块常用尺寸

外购的现成材料，表面粗糙度与几何准确度常常达不到集成块的要求，需要再加工。例如，各面都铣去 2mm，这样购进的 250mm × 200mm 的材料，可用的就只有 246mm × 196mm。

市场现成的轧制材料，有固定的尺寸分档。如果设计师在设计集成块时不考虑这个因素，外形尺寸取整数 250mm × 200mm，就需要采购大一档的材料，就会带来很大浪费。所以，制造集成块的企业应该根据供货情况，确定一个集成块常用尺寸表，指导设计师选用。如果是锻制材料，供货商可以根据要求，提供任意尺寸的毛坯，则可以不考虑这个因素。但如果有一个集成块常用尺寸表，就可以预先备一些料，这样可以缩短一些生产周期。

16.2.3 CAD 软件

20 世纪 90 年代初，德国汉堡大学一位教授就开始研究能从液压回路图自动生成集成块的计算机设计软件，但始终没有真正投入使用。其实，具有一些实践工作经历和一定空间想象能力的设计师，使用计算机辅助制图软件 CAD，经过一年实际工作，就可以很熟练地根据液压回路图布置集成块。所以，真正实用的还是 CAD 软件。

阀孔及连接孔间的壁厚自动检查功能是集成块设计的一个特殊要求。荷兰有一家小公司，既为顾客设计集成块，也出售螺纹插装阀集成块专用设计软件。该软件有丰富的阀孔、阀型图库，也有壁厚自动检查功能，可以同时进行二维和三维设计。设计出的集成块可以通用的 DXF 形式输出，再由二维 AutoCAD 读入，生成二维图形。只是因为用户少，高昂的开发成本很难分摊。

在作者所参观过的几个德国和英国液压公司中，集成块设计师都使用通用的三维 CAD 软件直接设计集成块：大型软件如 NX、CATIA，中型软件有 Solidworks、Solidedge、VEST、Pro/E、AutoCAD 等。

通用软件的缺点是，设计师必须自己建立阀孔、阀型的图库（有些阀供货商也提供其产品的图形文件），更欠缺的是没有壁厚自动检查功能。因为用户少，开发成本难以回收，大软件公司都不愿为此投资。只能设计师自己小心，在关键处一一检查。好在这些通用软件都有计算显示指定元素间的距离的功能。

国内也有企业已经全部采用了三维通用软件直接设计集成块。

选用集成块设计软件时，既要考虑能否和现有的设计软件接口，不能移植时怎么办，又要考虑能否自动生成数控加工中心所需要的程序或负组装表（NBOM-negative bill of material）。因为这样不但降低了工作量，而且出错的可能也少了。

16.2.4　设计步骤

基本设计过程与设计普通板式阀集成块有些相似。但是，普通板式阀集成块中只有固定板式阀的螺钉孔和连通孔，而螺纹插装阀集成块内，因为要安装螺纹插装阀，孔型则复杂得多，每个孔至少有5个台阶，多者达13个以上，因此在块内的连通情况较板式阀复杂得多，对设计师的空间想象能力的要求也高得多。有条件的话，设计师可以考虑采用双显示屏。这样，可以同时从多个角度去观察，或一个屏幕显示回路图，另一个屏幕显示集成块，以便于检查对照。

设计过程大致如下：

1. 消化理解集成块液压回路图

1）根据集成块液压回路图，检查部件表中各阀的型号是否一致，是否合理。

2）确定主通道。例如，用粗线标注主通道，细线标注非主要通道。因为，在集成块中，主通道要有适当的孔径，应尽可能短，尽可能少的转折，以减少压差。

要注意，流量大的通道不一定是主通道。例如，安全溢流阀的进出通道。一般而言，溢流阀的出口通道可以细一些，让压力逐步降低，有助于减少噪声。但通道过细，背压过高的话，会影响安全阀的实际控制压力。

必要时，根据主通道改画，或重画回路图，以逻辑方式安排各元件，相连通的元件适当靠近，尽量放在一个区域里。

3）在液压回路图上标出各阀孔的代号。

4）在液压回路图上标出用户要求的进出油口的型号规格。

5）在液压回路图上标出各阀的连接口（台阶）。

6）用彩笔以同一种颜色标注与同一个节点相连的所有通道。

2. 准备各元件的图形

准备各元件的阀孔图、外形图、扳手空间等。或从现有的图库中调出，或从供货商处收集，或自己画。

3. 布置元件

1）初定集成块的尺寸，宜大些。

2）初定进出口的位置。

3）先定主油路各阀的位置，再定辅助油路上各阀的位置。

4）加辅助连接通道。

5）为减少误差链带来的误差迭加，整个集成块应确定一个尺寸基准点，从而确定基准面。所有尺寸尽可能从基准面出发标注。

6）集成块一般都是正六面体，便于加工定位测量。但在特殊情况下，为了减少连接工艺孔，也可破例（参见图16-10c）。

7）总重超过10kg的集成块，还应安排吊装螺栓孔。

要注意以下几点：

1）可以利用底孔做连通孔。由于普通钻头都有118°的钻尖，故标注钻孔深度要明确，是从块体表面到钻头轴肩处，还是到钻尖。

2）产品样本上一般都给出阀孔尺寸和连接通道的位置（见图16-4a）。不是集成块表面，而是沉孔面A，是设计、加工和检验的基准面。它决定了阀的拧入深度，即阀孔的轴向尺寸。

3）尺寸B不一定是0.5mm，可以根据需要加大，只是要为内六角扳手留出足够的高度。

4）角度C是密封圈的导入角。导入面D和密封区E要平整、光滑。如果不光滑或被破坏的话，会损伤密封圈。

5）底孔直径H也可以略小于给出的尺寸，因为成形钻可以保证必要的直径和深度。只是，成形钻通常不带钻尖，因此预钻底孔还是需要的。必要时，可以另钻一个更小的孔J，作为连通孔。

6）通道①和②与阀孔相交。如有可能，尽量从相交孔的中心通过，如F。否则，应移到比较外边，如G，让小孔的中心线在大孔之外。

交切孔、不同心孔可以增大通流面积，布置更紧凑，减少整个集成块的体积，如图16-5a中孔A。

7）要避免不通孔，如图16-5b中孔A。因为这样的孔，对减少流通阻力无益，徒然增加加工工时。更不好的是，不通孔内的切屑不易被清除，留下了隐患。

从减少流通阻力来说，钻肩只要略过相交孔的中心线就够了，如图16-5c所示，这样清除切屑也容易。只是在钻第二个孔，钻到相交处时，钻头受到不均匀的力，寿命可能短些，特别是钻头较细时更加明显。如从这一点考虑，则可以让一个孔的钻肩，超过另一个孔，如图16-5d所示的孔A。加工时，先钻A孔，再钻B孔。

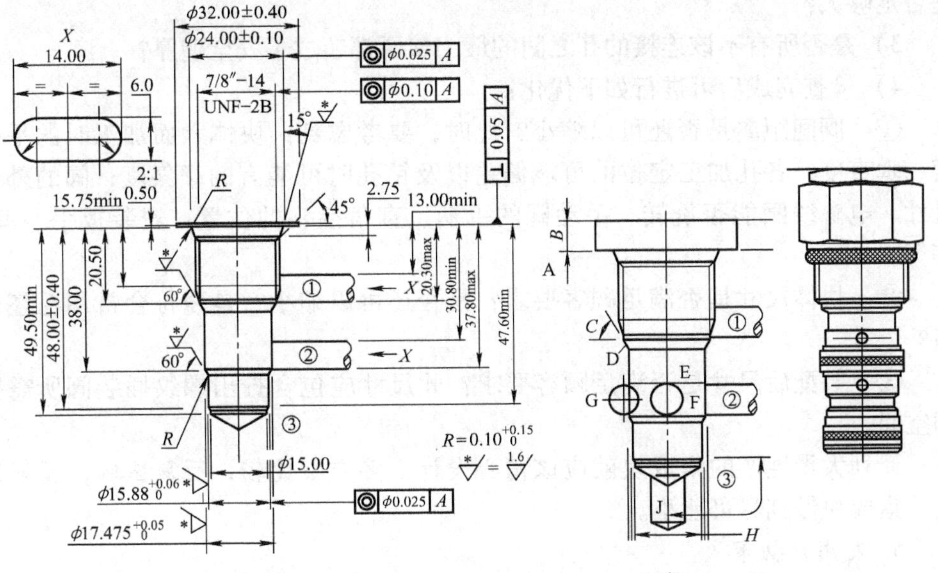

图 16-4　流道布置示意图

a）阀孔剖面图　b）设计注意点

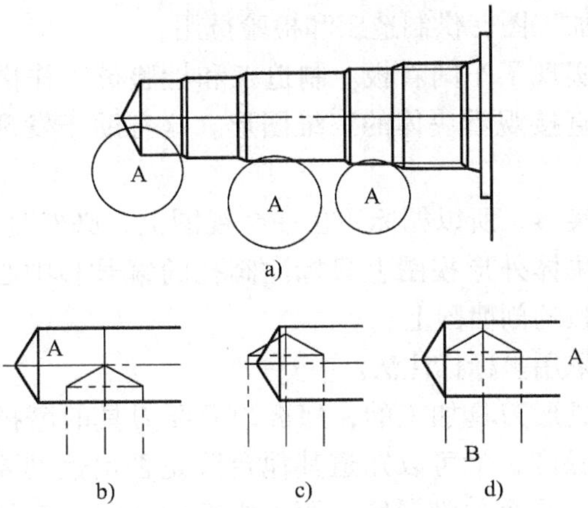

图 16-5　相交孔示意图（SUN）

8）加工时，为避免偏斜，可先钻小孔，再钻大孔，因为直径大的钻头刚性高，不易偏。有条件的可使用铣刀代替钻头，也不易偏。

4. 反复检查与优化

在所有阀孔、油口、连接通道都安排进块体后，要进行如下的检查：

1）是否所有的液压元件都已经安排在块体上了？

2）是否所有该连接的孔（台阶）都连接了？连接上的是否连对？连通面积

是否足够大？

3）是否所有不该连接的孔之间的最小壁厚都超过了安全壁厚？

4）检查完成后可进行如下优化：

① 阀间距离是否还可以缩小？此时，要考虑到：块体六面加工时的平行度、垂直度；各孔加工定位的可能偏差以及钻孔时可能有的倾斜度；阀的外形尺寸、电磁线圈能否旋转、手动阀的手柄、直角接头的位置；安装扳手空间，等等。

② 块体尺寸是否满足顾客要求？是否还可以缩小？是否符合常用毛坯规格？

③ 装配后尺寸是否满足顾客要求？此尺寸应包含拧出螺纹插装阀所需要的空间。

计划大量生产的集成块就应该精心设计，多方案比较，反复试验，反复优化，集成块做到尽可能小。

5. 发用户初审

块体设计完成后，一般应生成装配了所有阀及连接接头的二维外形图，附必要的外形尺寸和装配尺寸，发给用户签字确认。

6. 生成块体加工图

生成块体二维加工图，供制造工和检验员用。

有些企业已经实现了车间看板。制造工和检验员工作岗位上配有连网的计算机显示屏，可以直接观看块体的三维图形。这有助于发现错误。因为三维毕竟比二维图形象。

由于阀孔尺寸甚多，所以如标注在一个视图上，必然是杂乱，也不便检查，所以可以考虑，在块体外形视图上只标注阀孔的编号和中心尺寸。所有阀孔的尺寸另外标注在单独的剖面图上。

孔中心尺寸可采用坐标标注法。

如果阀孔是用成形刀具加工的，那么，只要刀具的磨损还未超限，那就只要检查一个台阶的深度，就可以知道其他台阶是否也达到要求了。所以，在阀孔剖面图上可以只标几个关键深度，而不详细标注每一个尺寸。这样，可以突出检验重点。另外，再单独准备成形刀具检查图样，即所谓二级图样。

块体加工时安装定位平面间的垂直度要特别注意。

块体的表面粗糙度，对螺纹插装阀来说，理论上要求不高。因为它不是密封圈接触的面，除非要安装板式阀的区域。但表面粗糙度值低，不易锈蚀，以后表面处理效果也会好些，所以很多生产厂商还是磨一下。

除了几何尺寸外，设计师在图样上还应规定，需要在块体上标注的记号：各阀孔各油口代号、集成块代号、制造日期（或批号）、检验员代号等。流量阀或压力阀还应标注设定值，这样在装配，特别是检修更换时，就不易搞错。

要规定标注在集成块上的位置、大小和深度。如果标注是用钢印敲压出来的，注意不要选在块体壁薄的位置。

为了便于程序员编制加工中心的程序，有时还应生成阀孔表。

7. 生成集成块装配图

一般需要生成二维集成块装配图，供装配工、检验员、维修工等用。要有装配注意事项，比如安装扭矩，以及其他检验、包装等信息。

应附零件表。

16.3 集成块体的制作

16.3.1 加工过程和刀具

螺纹插装阀装入孔的形状较复杂：至少 5 台阶，多则十几台阶，各台阶的同心度一般要求小于 0.02mm，对安装面的垂直度 0.05mm，孔径偏差 0.05mm，表面粗糙度 1.6 ~3.2μm。因此，一般都采用成形钻和成形铰。可以向阀供货商购买，也可按产品说明书上给定的尺寸磨制。

加工顺序（见图 16-6）一般为：

1）顶尖定心，此工序并非必要，但一般可比直接钻孔能获得更高的定位精度，也可用作校核加工程序。

2）钻底孔。

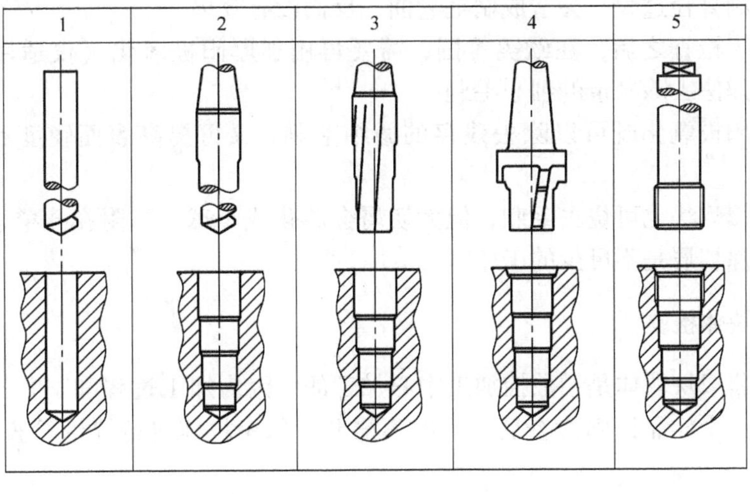

图 16-6　阀孔加工顺序（PK）

1—钻底孔　2—钻成形孔　3—成形铰　4—锪沉孔　5—攻螺纹或铣螺纹

3）钻成形孔。

4）成形铰。

5）锪沉孔，有些成形钻可锪沉孔。

6）攻螺纹或铣螺纹。

这些孔的定位精度用手工划线，钻铰深度用普通钻床是较难保证的，且效率也很低。现在不仅在欧美，在国内也普遍采用数控加工中心制作集成块块体。

16.3.2 数控加工中心程序

有些计算机辅助制造软件 CAM 可以从三维图形文件自动生成数控加工中心的程序。这时，特别要注意，从三维图自动生成的二维加工图，不能手工修改，以避免不一致。

由于有很多相交孔，尽可能安排先钻小孔，再钻大孔。

块体装夹时，总是依靠块体表面定位的。而阀孔的轴向尺寸都是从沉孔表面开始的。要注意两者间的不一致。

16.3.3 去毛刺

即使在人工费昂贵的欧洲工厂，集成块体在加工后一般也是先由工作认真的老工人逐一检查，用压缩空气辅助工具，手工清除残留的切屑。

图 16-7 展示了一些去除阀孔内毛刺的毛刷。要注意，毛刷去除毛刺，用的是刷毛的尖端。因此，毛刷直径比阀孔直径大三四毫米时，才能取得最好的效果，但毛刷直径过大，会造成刷毛卷曲，反而没有效果。

在人工检查之后，在欧美等国，需要再用加厚阳极氧化（仅适用于铝材）和瓦斯爆炸法去除剩余的细小毛刺。

加厚阳极氧化既可以除去残存的微细毛刺，又可提高表面硬度和耐磨性、耐蚀性。

瓦斯爆炸法也可烧去毛刺，但大切屑会熔化成小球，黏附在孔壁上。因此，人工预清除切屑是不可少的工序。

16.3.4 块体检验

如果集成块块体是用数控加工中心加工的，因为加工过程和工艺比较稳定，因此在第一个样品详细检查后，一般不需要对每个块体进行详细检查，只要抽检即可。

由于阀孔台阶很多，且有锥形台阶，不易测量，因此仅检查加工孔的第一个深度。往往用重点检查铰刀磨损的方法来代替检查孔。

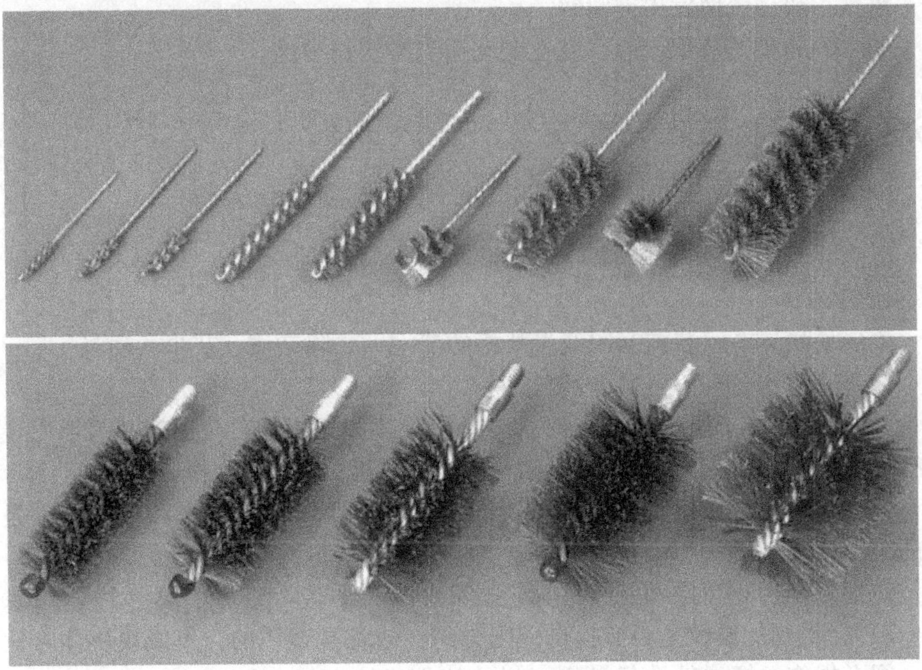

图 16-7　一些手工去毛刺的毛刷

如果采用成形钻、成形铰加工阀孔，那么随着刀具的磨损，加工出来的阀孔有变小的趋势。有一个简易的方法，就是把一个螺纹插装阀的全部密封圈拆除，作为检验量规。如果这个裸阀不能用手指轻松地完全拧到底，就说明阀孔的加工有问题。

16.3.5　标注

块体上应该有钢印或刻字，包括各阀孔各油口代号、集成块代号、阀的设定值、块体制造日期（或批号）、块体检验员代号等。

刻字要有一定的深度，在表面处理和油漆后还能看得出来。

16.3.6　表面处理

铝材一般都采用表面阳极氧化（anodizing）。处理得好的氧化铝层，性能接近陶瓷，具有较好的耐磨性、耐蚀性，提高了表面硬度，表面 30～50μm 氧化铝层的硬度可达 450～480HV，可涂装，无毒。

由于这个过程是在酸液中进行的，故可顺带腐蚀掉机加工残余的细小毛刺，还可根据需要染上一定的颜色。

钢材采用镀锌或镀镍，以提供附加的防锈保护。

铸铁一般用表面发黑或镀锌。

如果不是马上装配，阀孔内也要有适当的防锈措施。

16.4 集成块装配与测试

16.4.1 组装

1. 清洗

集成块块体在组装前必须经过严格的清洗，去除杂质、灰尘、油腻。

2. 安装扭矩

紧固螺纹插装阀和连接接头时，一定要使用扭矩扳手，按照产品说明书上规定的扭矩安装。太松，在受到振动时可能松动脱落；太紧，会损坏集成块块体。

紧固扭矩还受其他因素的影响：润滑程度、块体加工表面质量，特别是加工的尺寸精度和形状和位置位偏差。要注意观察分析。

在把螺纹插装阀拧入集成块前，还需要做两件事：

1）检查阀的螺纹是否有损伤。因为阀一般都是钢质的，集成块块体常比阀软，阀上损伤的螺纹就会像丝锥一样，从集成块上切下细细的切屑。这对液压系统是致命的。

2）螺纹插装阀的密封圈上必须涂上润滑脂。因为，密封圈装入集成块时，都要被压缩，且摩擦力很大，很容易因损伤或发生扭转而失效（见图16-8）。

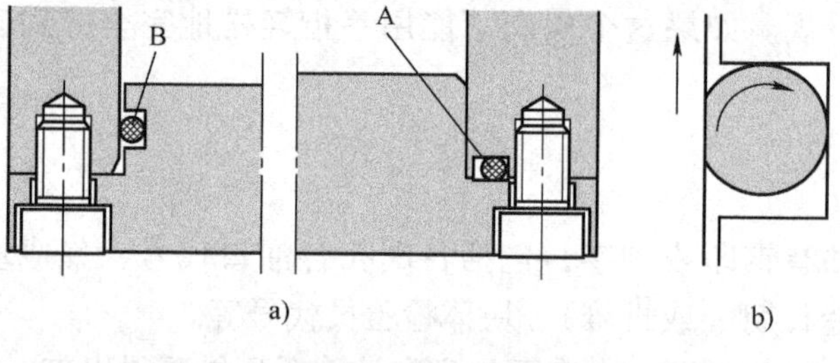

图16-8 密封圈在安装时发生变形

a）安装密封圈 b）密封圈发生扭转

A—受压缩力 B—受扭转力

在一批集成块安装初始，为了确定各阀孔加工正确与否，每个阀在拧入后还应再拧出来检查一下，检查密封圈是否都正常。

16.4.2 测试

1. 样品性能试验

集成块组装完毕以后，样品应该进行耐压（破裂）试验、持久试验，以及流量压差特性和其他控制特性测试，再装到系统上加载试用，优化。

整个集成块的动态响应特性是否满足系统要求，只有此时才能最后确定。

2. 批量生产时的出厂试验

1）应该 100% 通油试验。

2）调定或测试所需要的流量和压力。

3）检查所有阀的功能。

3. 清洗

利用测试过程进行最后的清洗，以冲走可能混入的污染物。

螺纹插装阀供货商大多既供应阀，也为顾客设计制造组装专用集成块。用户还是必须非常了解自己系统的需要，在回路试验、样品集成块测试时把住关。只有进行多工况、带负载、超压试验，才能得到一个最佳的集成块方案。

16.5　几个集成块实例

以下是三个集成块实例，未改动的生产图，让读者了解国外图样的情况。

1. 单缸控制集成块

图 16-9a 所示的液压系统控制两组单作用液压缸，按预设定的速度上升，靠自重下降，最大输入流量可达 70L/min，输出流量 0～30L/min，压力至 21MPa。根据经验，分析液压缸的位置和允许安装集成块的空间，最后确定分成三个集成块。

图 16-9b 所示的主集成块含 7 个螺纹插装阀（ST 公司）。仅有 3 个连通孔（见图 16-9c），其中 2 个孔 MR 和 MP1 作为测压点。铝合金阀块 135mm×135mm×60mm，连阀占用空间 241mm×225mm×60mm（图 16-9d、e）。

安装空间要求这个集成块的厚度限制在 80mm 以下，长和宽方向所允许的空间也极其有限，包括其他一些功能要求，都是用普通的管式和板式阀难以实现的。

2. 双缸控制集成块

图 16-10a 所示的液压回路使用比例流量阀和比例溢流阀，可以控制两组单作用液压缸，独立或并行工作，按给定的速度上升，靠自重下降，限速，可调。最大输入流量可达 60L/min。两路输出流量分别为 0～22L/min。压力至 21MPa。

主集成块中含 10 个螺纹插装阀（见图 16-10b），多为 HF 公司产品。比例流量阀作既为开关阀，控制执行器的升停，也作为调速阀控制执行器的上升速度。比例溢流阀，既用于限制最大工作压力，也作下降阀用。

铝合金阀块 140mm×140mm×80mm，连阀占用空间 280mm×230mm×80mm（图 16-10c、d）。

3. 三缸控制集成块

前二例皆为电控。图16-11所示集成块系为配合手动阀而设计，可以控制两

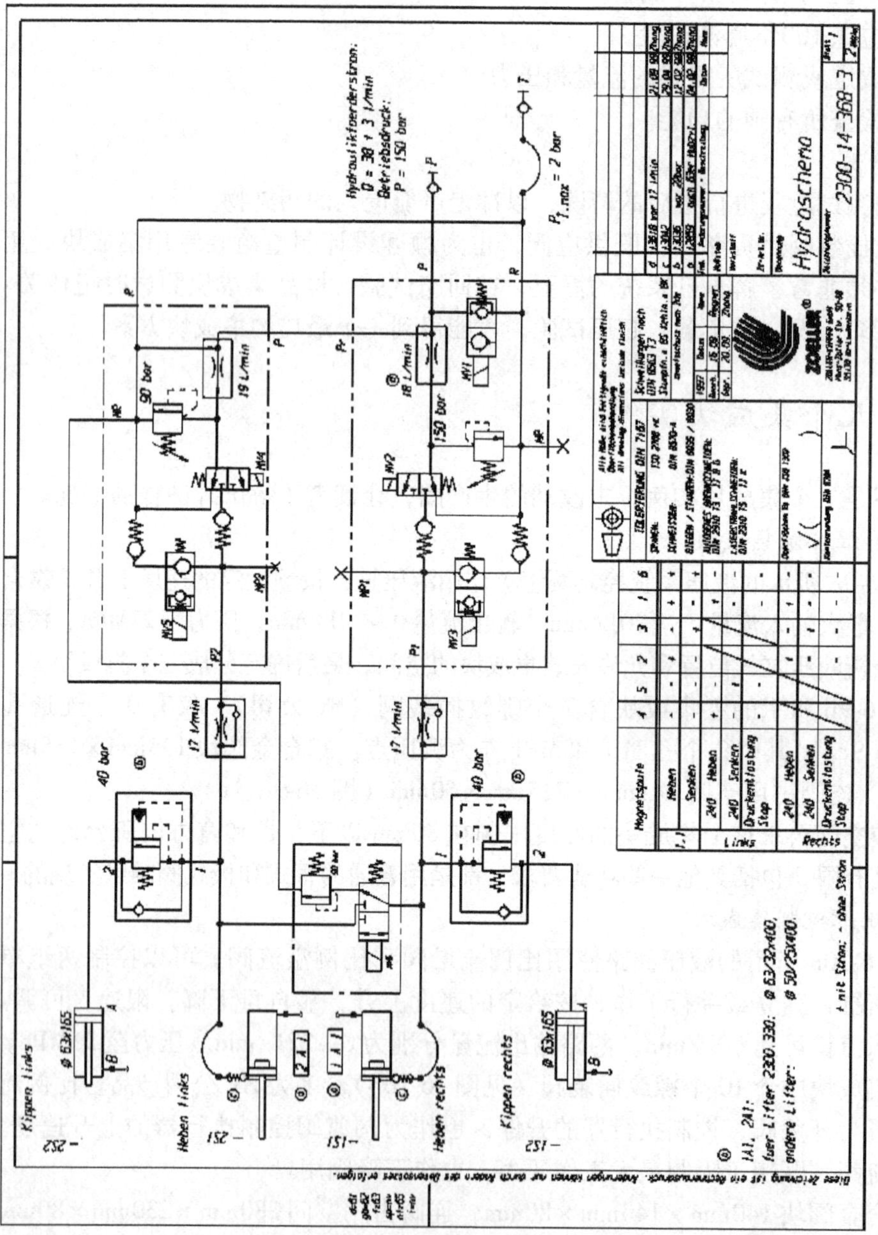

a)

图 16-9 单缸控制集成块（德 Zoeller-Kipper）

a) 系统回路图

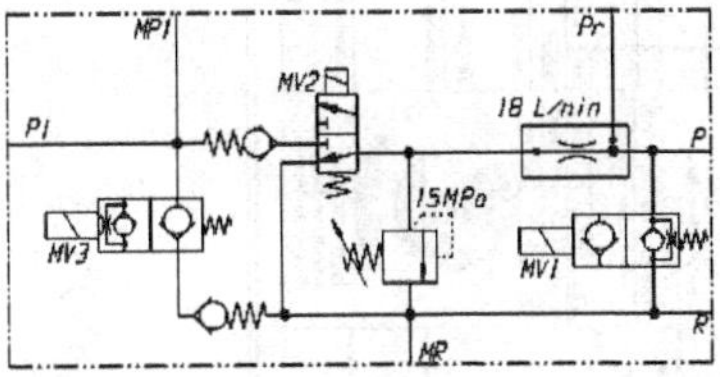

b)

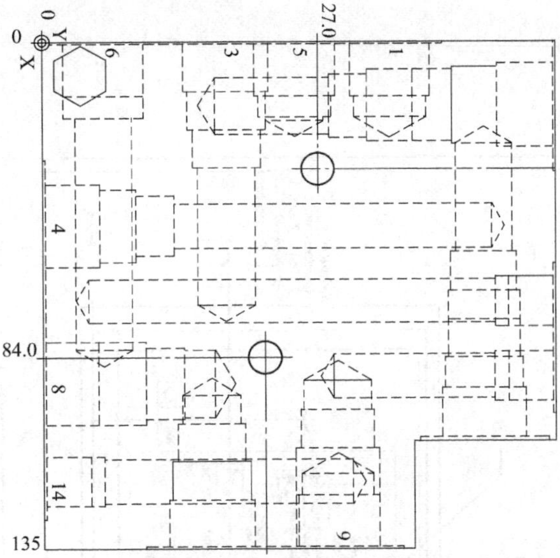

c)

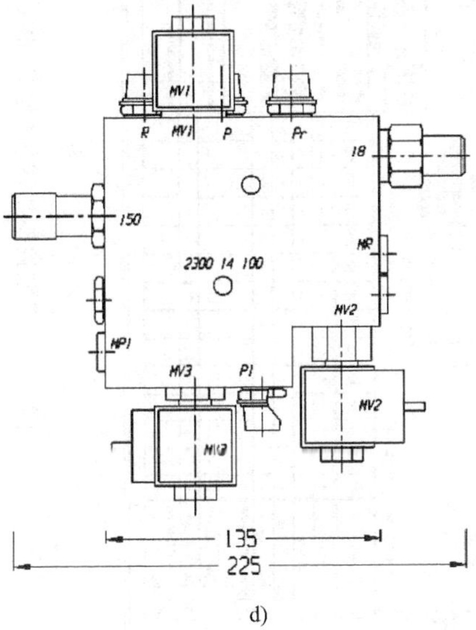

d)

e)

图 16-9　（续）

b）集成块液压回路图　c）集成块块体图　d）集成块装配图　e）装配后实物

组半双作用液压缸，分别按预设定的速度和压力升出和收回。最大输入流量可达 40L/min，压力至 21MPa。14 个螺纹插装阀，使用 SUN 和 ST 等公司的产品。铝合金阀块 90mm × 90mm × 198mm。连阀占用空间 90mm × 186mm × 288mm。

4 个与手动阀连接的接口间距与手动阀的出口间距相同，因此可以用短直管连接。比使用管式阀大大缩小了占用空间，缩短了组装时间，特别是在主机装配线上的组装时间。同时，减少了可能泄漏的部位数，降低了管道与接头引起

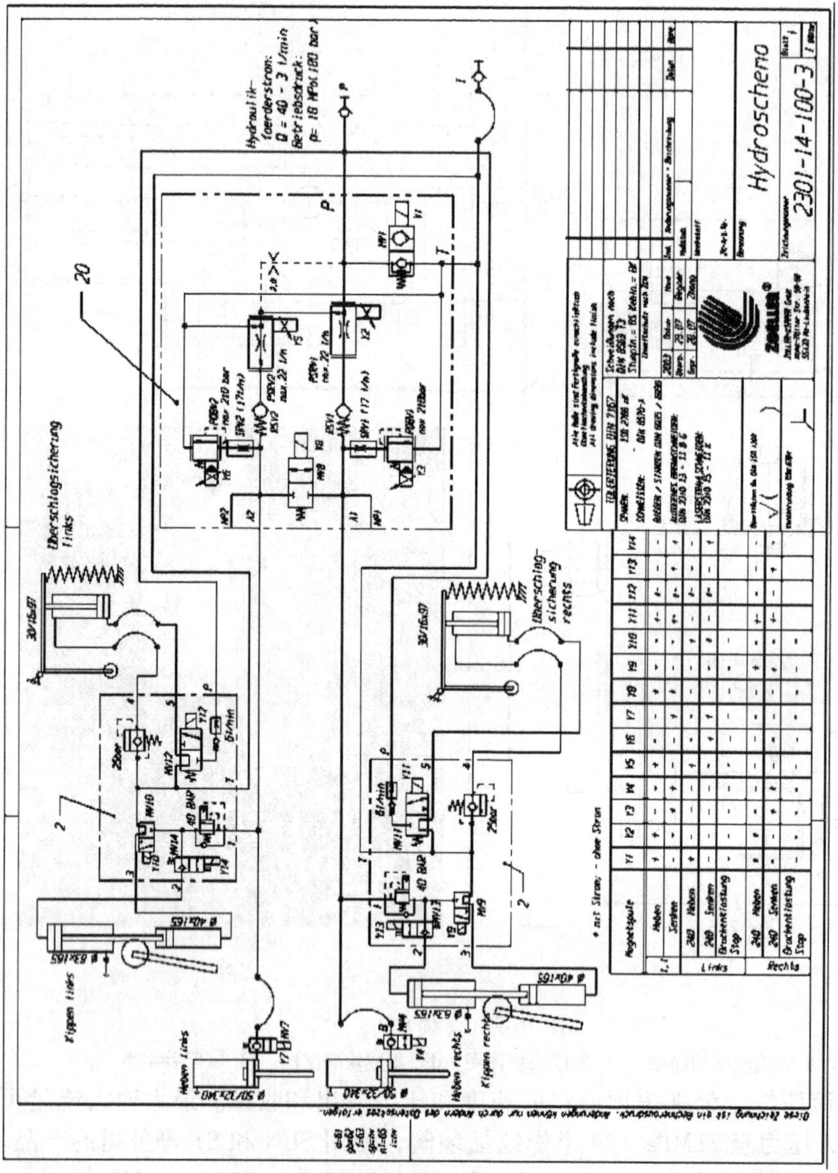

a)

图 16-10 双缸控制集成块（德 Zoeller-Kipper）

a) 系统回路图

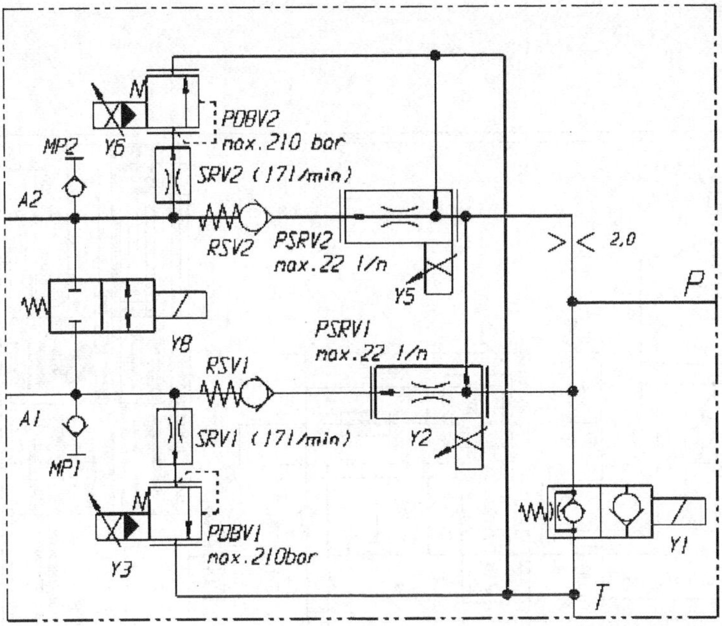

b)

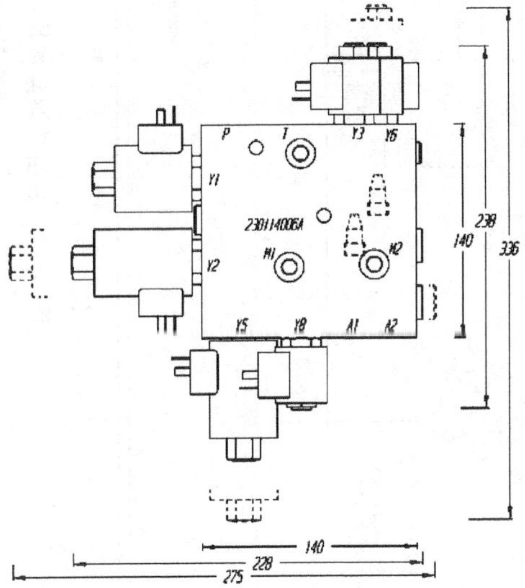

c)

d)

图 16-10　（续）

b）集成块回路图　c）集成块装配图　d）装配后实物

的压力损失。为便于整块更换，降低了对现场维修人员的技术水平要求，缩短主机停工期。

装配后的集成块照片见图 1-24。使用集成块前后的系统对比见图 1-3 和图 1-25。

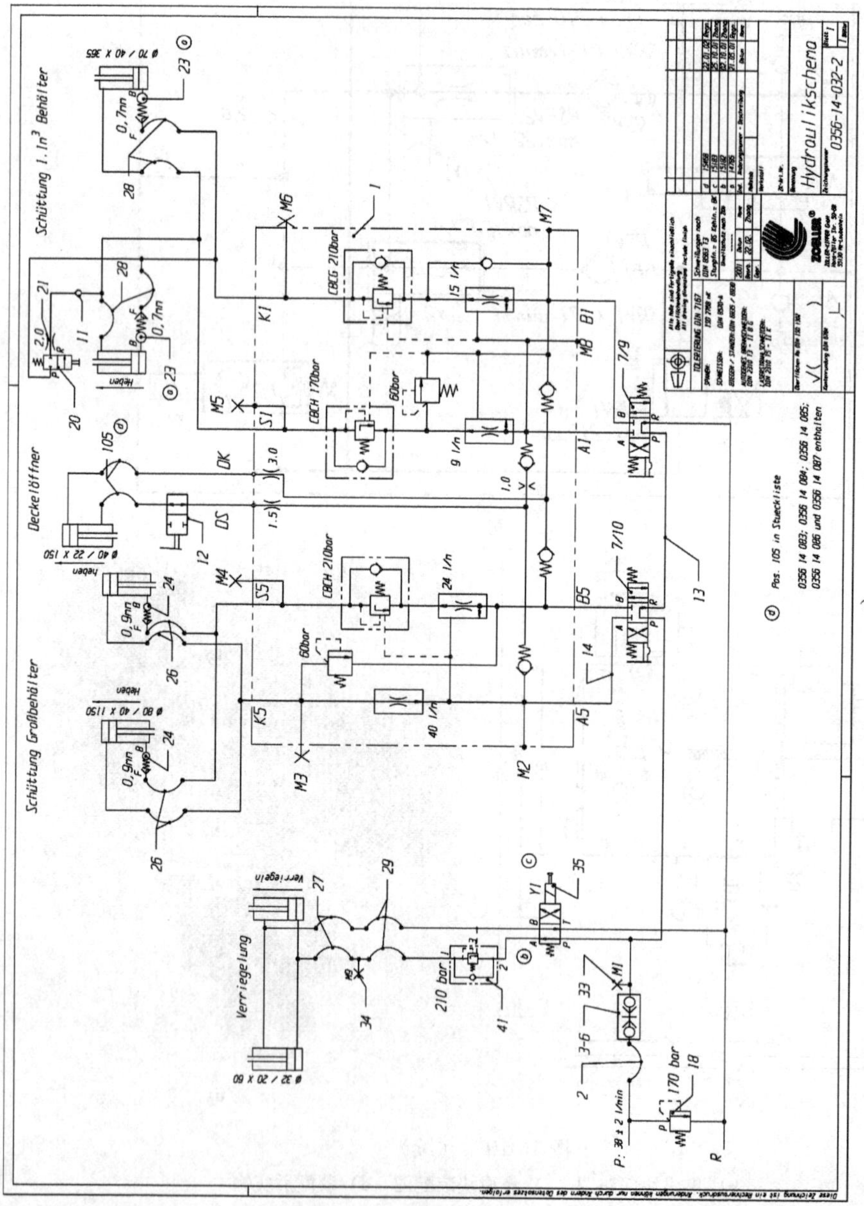

a)

图 16-11　三缸控制集成块(德 Zoeller-Kipper)

a)系统液压回路图

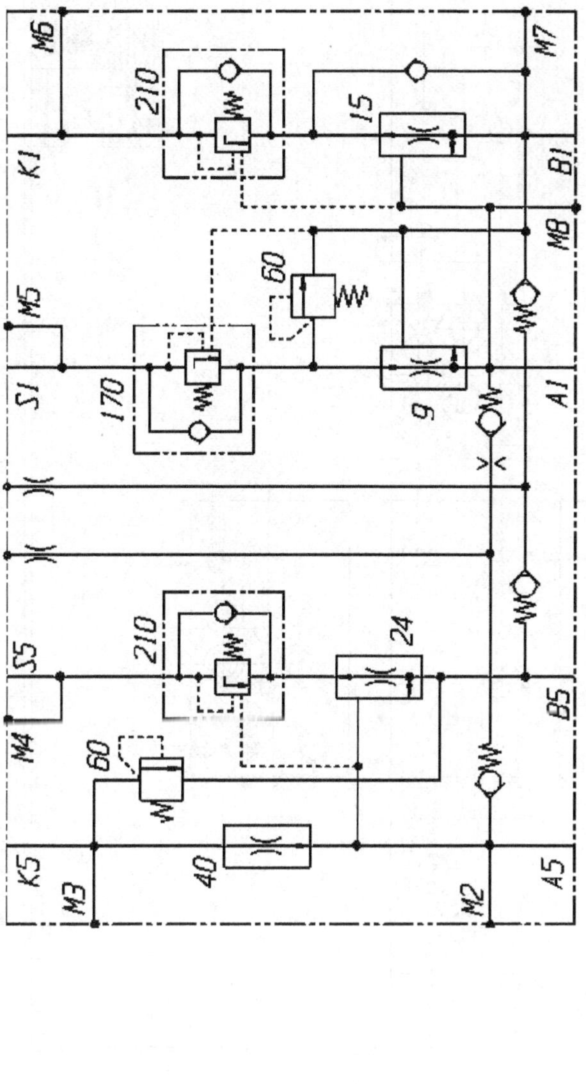

b)

图 16-11　（续）

b）集成块液压回路图

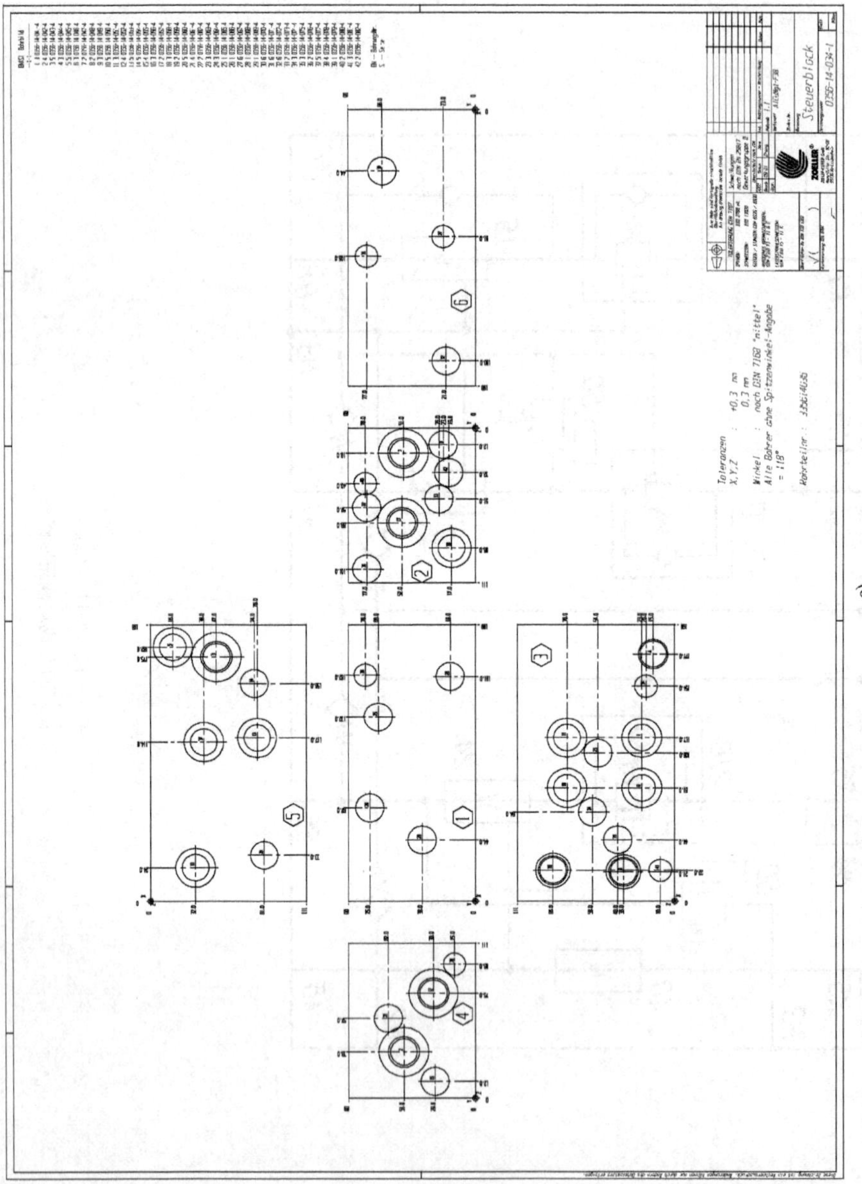

c)

图 16-11 （续）

c) 集成块块体加工图

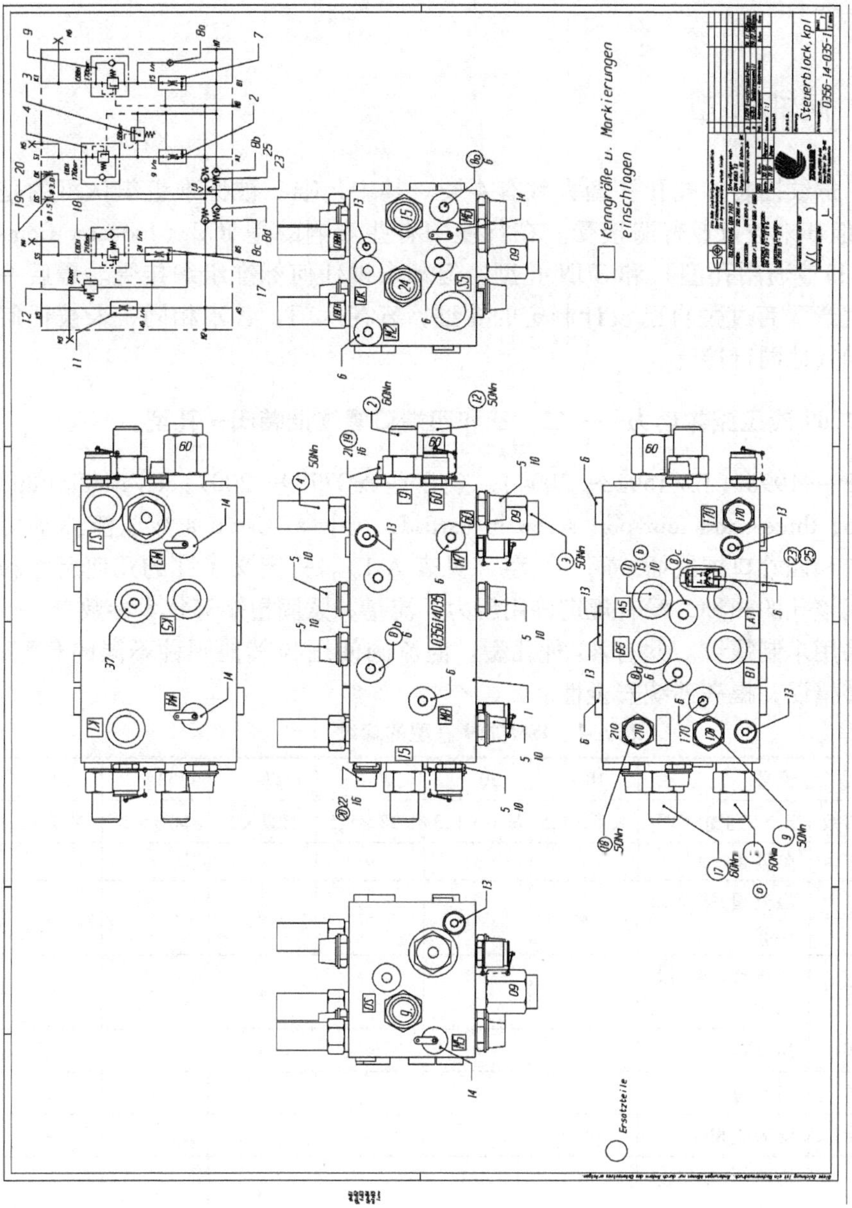

d)

图 16-11 （续）

d) 集成块装配图

附　　录

附录 A　阀孔孔型

目前，螺纹插装阀阀孔孔型大致有 4 类。其中，唯一被标准组织认可的是 ISO7789，但却未被行业普遍接受。在行业中有些影响的是 ICC（Industry Common Cavity 行业通用孔型）和 SUN 孔型，但却未被任何标准组织接受。最后一类是一些生产厂商过去自已设计制定的孔型，五花八门，各不相同，未被任何标准组织和其他同行接受。

A.1　ISO7789 液压流体动力——二、三和四端口螺纹插装阀—孔型

ISO7789—1998（JB/T5963—2004），现在是 ISO7789—2007：Hydraulic fluid power - Two，three- and four-port screw-in cartridge valves -Cavities 液压流体动力——二、三和四端口螺纹插装阀—孔型（见表 A-1）。只定义了孔的几何尺寸和螺纹、使用该孔的阀种，没有规定许用压力、流量、紧固扭矩等技术参数。

全部采用米制螺纹。共有 43 种孔型。溢流阀使用与其他阀种不同的孔型，以避免安装错误，提高系统安全性。

表 A-1　ISO7789 孔型的螺纹

代号 2	代号 1		18 -	20 -	22 -	27 -	33 -	42 -
	端口数	用途	M18 ×1,5	M20 ×1,5	M22 ×1,5	M27 ×2	M33 ×2	M42 ×2
-01	2	除溢流阀外	*	*	*	*	*	*
-02	2	溢流阀，端口①→②	*	*	*	*	*	*
-03	2	溢流阀，端口②→①		*	*	*	*	*
-04	3	所有阀		*	*	*	*	*
-05	4	所有阀		*	*	*	*	*
-06	2+1	除溢流阀外			*	*	*	*
-07	2+1	溢流阀，端口①→②			*	*	*	*
-08	2+1	溢流阀，端口②→①			*	*	*	*
-09	3+1	所有阀			*	*	*	*

A.2　ICC 阀孔孔型

ICC（Industry Common Cavity，行业通用孔型）使用 UNF 和 UN 螺纹（见表 A-2），孔型较少。获得了一些公司的支持，如 HF、ST、ih 等。各生产商的 08、10、16、20 孔型总的来说相似，但有些局部还有差异，个别在互换时会导致漏油。一些生产商提出的所谓 ICC-12 孔型，则各不相同。

未区分溢流阀和其他阀种。许用压力差别很大。

表 A-2　市场可见的一些 ICC 孔型代号

端口数	紧固螺纹					
	7/16-20 UNF-2B	3/4-16 UNF-2B	7/8-14 UNF-2B	1-1/16-12 UN-2B	1-5/16-12 UNF-2B	1-5/8-12 UNF-2B
2	04-2	08-2	10-2	12-2	16-2	20-2
		09-2				
3	04-3	08-3	10-3	12-3L	16-3	
			10-3s		16-3s	20-3s
			11-3			
4		08-4	10-4	12-4	16-4	
				12-4L		

A.3　SUN 阀孔孔型

共 26 种孔型（见表 A-3）。

表 A-3　SUN 孔型的代号

孔型代号	0	1	2	3	4
端口数	M16×1，5	M20×1，5	1″-14UNS-2B	M36×2	M48×2
2	T-8A				
	T-162DP	T-13A	T-5A		
	T-162A	T-10A	T-3A	T-16A	T-18A
3	T-9A	T-11A	T-2A	T-17A	T-19A
	T-163A				
4		T-21A	T-22A	T-23A	T-24A
		T-31A	T-32A	T-33A	T-34A
6		T-61A	T-62A	T-63A	T-64A

SUN 孔型的特点如下：

1）紧固螺纹在阀中部。因为螺纹插装阀是阶梯形的，上面一级总比下面的要大一些。紧固螺纹在阀中部，这就意味着，整个阀可以做得更大。这样，与同螺纹直径的阀相比流量高（见图 A-1）。

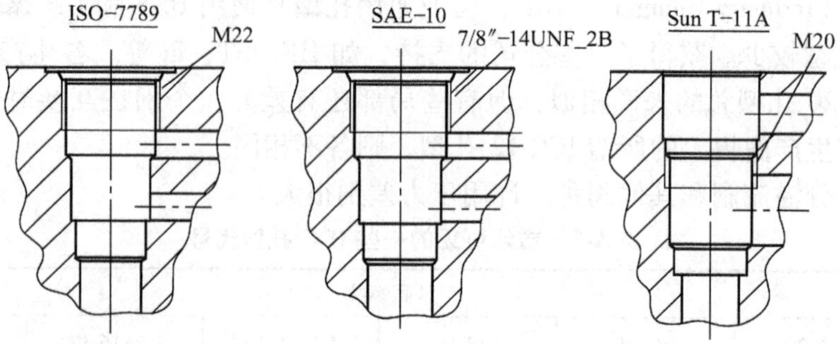

图 A-1　孔型对比

2）阀体由上下两段组成。相互之间，以前由钢丝卡圈，现采用塑料卡圈连接，允许有一些浮动，可以适应阀孔加工时可能出现的各孔间同轴度偏差。

3）螺纹和定位肩紧挨着，而且是在集成块深处，因此允许较高的紧固力矩，而不担心引起阀体变形或损坏集成块。

4）因为采用中置螺纹，设计师在应用斜孔设计时更为灵活。

附录 B　液压估算

本书所附光盘中有一液压估算表格——液压估算 . xls，是从一般大学液压教科书中常见的一些公式转化而来的，以便读者在实际工作中估算，有一个定量的感性认识。这是很有益的，避免了完全盲目瞎摸。公式应用前提、适用场合与条件及公式推导请见液压教科书。但因为应用前提、适用场合与条件不一定能完全满足，所以只是估算，仅供参考而已，还是要以最后测试为准。

表格中红色数字为原始数据，可改动。蓝色数字为计算结果。

1. 小孔节流

（1）通过薄壁小圆孔的流量　假定薄壁小孔条件满足，即孔长小于小孔半径，孔前直径大于小孔直径的 7 倍，等等，则通过的流量

$$q_V = C\pi\ (d^2/4)\ \sqrt{(2\Delta p/\rho)}$$

式中　q_V——流量；

C——流量系数；

d——小孔直径；

Δp——压差；

ρ——液体密度。

如取 q_V 的单位为 L/min；d 的单位为 mm；Δp 的单位为 MPa；ρ 的单位为

kg/m^3。则有

$$q_V = 6 \times 10^4 C\pi\ (d^2/10^6)\ \sqrt{(10^6 \Delta p/8\rho)}$$

流量系数 C 在 0.2～0.8 之间，取决于液流是否完全收缩，以及雷诺数等，一般取 0.6。

（2）通过薄刃口的流量

$$q_V = CA\ \sqrt{2\Delta p/\rho}$$

式中 q_V——流量；

C——流量系数；

A——薄刃口面积；

Δp——压差；

ρ——液体密度。

如取 q_V 的单位为 L/min；A 的单位为 mm^2；Δp 的单位为 MPa；ρ 的单位为 kg/m^3。则有

$$q_V = 6 \times 10^4 C\ (A/10^6)\ \sqrt{(2 \times 10^6 \Delta p/\rho)}$$

流量系数 C 从 0.2～0.8，取决于液流是否完全收缩，以及雷诺数。一般常取 0.6。

（3）通过细长圆孔的流量　假定细长孔的条件满足，即小孔长度大于孔半径的 8 倍，假定为层流，则通过的流量

$$q_V = \pi r^4 \Delta p/\ (8 v\rho l)$$

式中 q_V——流量；

r——孔半径；

Δp——压差；

v　液体运动粘度；

ρ——液体密度；

l——孔长度。

如取 q_V 的单位为 L/min；r 的单位为 mm；Δp 的单位为 MPa；v 的单位为 mm^2/s；ρ 的单位为 kg/m^3；l 的单位为 mm。则有

$$q_V = 6 \times 10^4 \pi r^4 \Delta p/\ (8 v\rho l/1000)$$

（4）弓形扇形面积计算　在比例阀节流时，液流通过的开口有时是弓形或扇形的，所以附此计算。

图 B-1 中，扇形面积

$$A_1 = \alpha r^2/2$$

式中 α——圆心角（rad）；

r——半径。

弓形面积

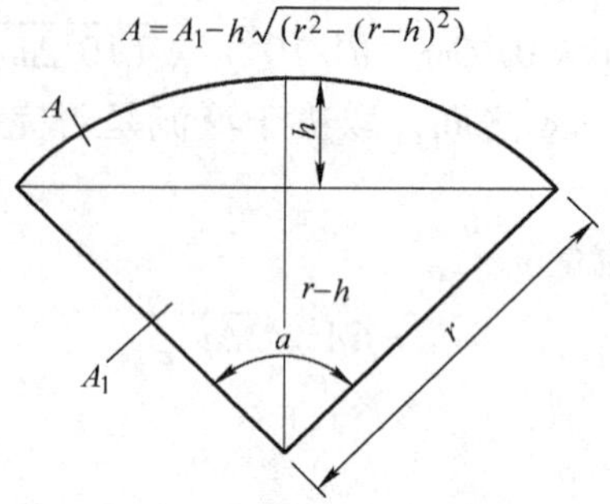

图 B-1 弓形扇形面积计算

2. 管道压降

1）光滑圆管的压降可按以下步骤估算

$$u=4q_V/\pi d^2$$

式中 u——平均流速；

q_V——流量；

d——管道内径。

如取 u 的单位为 m/s；q_V 的单位为 L/min；d 的单位为 mm。则有

$$u=4\ (q_V/6\times10^4)\ /\ (\pi d^2/10^6)$$

$$Re=du/v$$

式中 Re——雷诺数；

v——液体运动粘度。取 v 的单位为 mm^2/s，则有

$$Re=1000du/v$$

2）如果 $Re<2300$，是层流，则流量系数为

$$\lambda=75/Re$$

3）如果 $3000<Re<100000$，是紊流，则有流量系数

$$\lambda=0.32/Re^{0.25}$$

从而得压降

$$\Delta p=\lambda l\rho u^2/\ (2d)$$

式中 l——管长；

ρ——液体密度。

如取 Δp 的单位为 MPa；l 的单位为 m；ρ 的单位为 kg/m^3；u 的单位为 m/s；d 的单位为 mm。则有

$$\Delta p=\lambda l\rho u^2/\ (2d/10^9)$$

如果是紊流的话，压降明显增大，所以一般在选管径时，都尽可能使流动为层流。

在很多液压教科书中还列出了 $Re>10^5$ 的情况。其实，这在液压技术中一般不会出现。如果有的话，就属于很失败的设计。

3. 滑阀泄漏

滑阀泄漏假定为层流，一般可按圆环形间隙泄漏估算，则泄漏量为

$$q_V=\pi dh^3\Delta p/(12v\rho l)$$

式中　d——滑阀直径；

h——间隙；

Δp——压差；

v——液体运动粘度；

ρ——液体密度；

l——间隙密封长度。

如取 q_V 的单位为 mL/min；d 的单位为 mm；h 的单位为 mm；Δp 的单位为 MPa；v 的单位为 mm^2/s；ρ 的单位为 kg/m^3；l 的单位为 mm。则有

$$q_V=6\times10^{10}\pi dh^3\Delta p/(12v\rho l)$$

4. 滑阀开口流量

假定滑阀开口可以按薄刃口处理，则通过的流量

$$q_V=C\pi dx\sqrt{(2\Delta p/\rho)}$$

式中　q_V——流量；

C——流量系数；

d——阀芯直径；

x——开口宽度；

Δp——压差；

ρ——液体密度。

如取 Q 的单位为 L/min；d 的单位为 mm；x 的单位为 mm；Δp 的单位为 MPa；ρ 的单位为 kg/m^3。则有

$$q_V=6\times10^4C\pi(dx/10^6)\sqrt{(2\times10^6\Delta p/\rho)}$$

5. 滑阀稳态液动力

1）假定滑阀稳态液动力公式的条件满足，可以按动量变化估算，则有

$$Fy=\rho q_V u\cos\alpha=\rho q_V^2\cos\alpha/A=\rho q_V^2\cos\alpha/(x\pi d)$$

式中　F_y——稳态液动力；

q_V——通过开口的流量；

u——液体通过开口时的速度；

A——开口面积；

α——射流角；

x——开口宽度；

d——阀芯直径。

如取 F_y 的单位为 N；q_V 的单位为 L/min；α 的单位为（°）；x 和 d 的单位均为 mm。则有

$$F_y = \rho \left(q_V/6\times10^4\right)^2 \cos\left(\alpha\pi/180°\right) / \left(x\pi d/10^6\right)$$

从而可以粗定，当静压力平衡时，F_y 为克服液动力推动滑阀阀芯所需的电磁力或手动力。

2）假如该阀芯是通过液压先导推动的，则需要推算出该液动力折算到整个滑阀端面的压力（液动压力）

$$p_y = 4F_y / \left(\pi d^2\right)$$

如取 p_y 的单位为 MPa；d 的单位为 mm。

则有

$$p_y = 4F_y / \left[\pi \left(d/1000\right)^2/10^6\right]$$

3）作为检验，需要了解该流量通过此开口的压降。假定可用薄刃口流量公式，则压降

$$\Delta p = q_V^2\rho / \left[C^2A^2/2\right]$$

如取 Δp 的单位为 MPa；q_V 的单位为 L/min；A 的单位为 mm^2。则有

$$\Delta p = \left(q_V/6\times10^4\right)^2\rho / \left[C^2\left(A/10^6\right)^2/2\times10^6\right]$$

6. 滑阀阀芯移动摩擦力

滑阀阀芯在充满液体的阀体内移动，粘性摩擦力在理想状况时，一般可按下式估算，

$$F_n = \pi d l v \rho u / h$$

式中 F_n——粘性摩擦力；

d——阀芯直径；

l——阀芯接触液体部分的长度；

v——液体运动粘度；

ρ——液体密度；

u——阀芯移动速度；

h——间隙。

如取 F_n 的单位为 N；d、l、h 的单位均为 mm；v 的单位为 mm^2/s；ρ 的单位为 kg/m^3；u 的单位为 mm/s。则有

$$F_n = 10^{-12}\pi d l v \rho u / h$$

7. 锥阀通流

假定通过锥阀开口处的流量可按薄刃口估算，则通过的流量

$$q_V = C\pi d h \tan\alpha \sqrt{(2\Delta p/\rho)}$$

式中 q_V——流量；

C——流量系数；
d——锥阀开口处直径；
h——开口量；
α——锥角；
Δp——压差；
ρ——液体密度。

如取 q_V 的单位为 L/min；d、h 的单位均为 mm；α 的单位为（°）；Δp 的单位为 MPa；ρ 的单位为 kg/m³。则有

$$q_V = 6\times10^4 C\ (\pi dh\tan\ (\alpha\pi/180°)\ /10^6)\ \sqrt{(2\times10^6\Delta p/\rho)}$$

8. 集成块最小壁厚

确定集成块内孔间的最小壁厚，可以从下述方面考虑。

（1）所用材料的抗拉强度与屈服强度　在阀孔内的液压力作用于集成块体，受力情况简化为图 B-2。在两孔相邻的壁间受到的静态拉应力 T_j 最大，可以粗略地按下式估算

$$T_j = p\ (D+d)\ /\ (2b)$$

式中　p——最高静态液压力；
D、d——孔径；
b——壁厚。

按破裂试验压力为许用压力的 4 倍考虑，即最高静态拉应力不超过材料抗拉强度的四分之一，则应

$$T_j = p\ (D+d)\ /\ (2b)\ \leqslant R_m/4$$

式中　R_m——材料抗拉强度。

可以得到最小壁厚

$$b = 2p\ (D+d)\ /R_m$$

如取 p 的单位为 MPa；R_m 的单位为 MPa；D、d、b 的单位为 mm。则有

$$b = 2\times10^6 p\ (D+d)\ /\ (10^6 R_m)$$

（2）弹性变形　根据材料力学，材料在受到的拉应力不超过屈服强度时的弹性变形，可以粗略地按下式估算

$$k = T_j/E\times100\%$$

式中　k——相对变形量；
T_j——拉应力；
E——弹性模量。

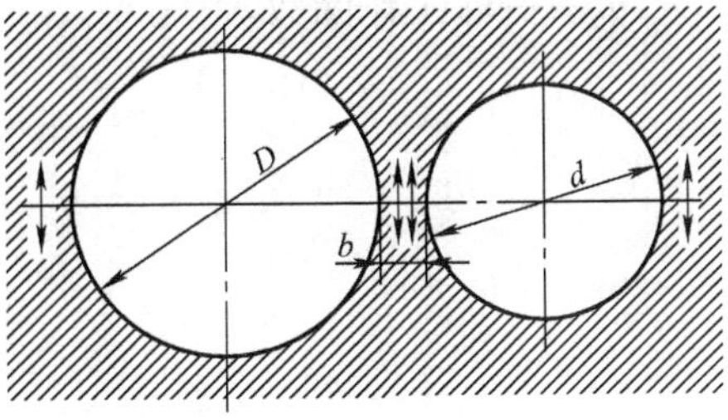

图 B-2　集成块受力估算示意图

薄壁圆筒受到的拉应力可以粗略地按下式估算

$$T_j = pD/\ (2b)$$

式中 p——最高静态液压力；

D——孔径；

b——壁厚。

所以，弹性变形量

$$\Delta D = pD^2 / (2bE)$$

如取 p、E 的单位为 MPa；D、b 的单位为 mm；ΔD 的单位为 μm。则有

$$\Delta D = 1000pD^2 / (2bE)$$

铝的弹性模量 E 为 7×10^4MPa，若静压力为20MPa，筒径为25mm，壁厚为4mm，则弹性变形约为22μm。而一般密封圈许用间隙为50～100μm。应该没问题。

钢的弹性模量 2×10^5MPa，铸铁约为 10^6MPa。情况优于铝。

实际上，集成块中孔壁的受力情况一般都优于薄壁圆筒。

9. 弹簧力估算

弹簧力可粗略地按下式估算

$$F_1 = S_1 G d^4 S / [8D^3 (L_0 - n_0 d)]$$

式中 S_1——压缩量（mm^2）；

F_1——在压缩量 S_1 时的弹簧力（N）；

G——材料切变模量，一般弹簧钢可粗略地取为 8×10^4MPa；

d——弹簧钢丝直径（mm）；

S——圈与圈之间的中心距（mm）；

D——弹簧中径（mm）；

L_0——原始长度（mm）；

n_0——非工作圈数。

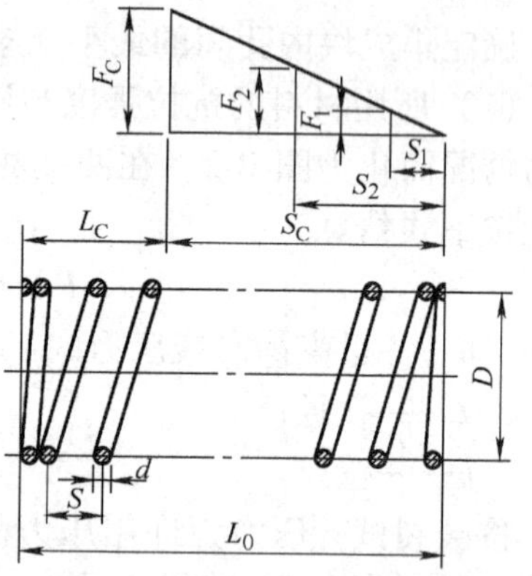

图 B-3 弹簧压缩量与弹簧力

S_1、S_2—压缩量 S_C—最大压缩量 F_1、F_2、F_C—在压缩量 S_1、S_2、S_C 时的弹簧力 d—弹簧钢丝直径 S—圈与圈之间的中心距 D—弹簧中径 L_0—原始长度 L_C—弹簧最短长度

后　记

亲爱的读者，阅读至此，累了吧，如此枯燥、乏味、无趣、干巴巴的东西！不好意思，让您受累了。抱歉得很，修行不到家，还写不出一本“趣味液压技术”之类的书。不过，也许这本书回答了您的一些问题，帮您理清了一些思路，您因此曾经感到过一丝快感？如是，那我就很欣慰了。而且，如果您的问题不是比读此书之前少了，而是更多了，那就对了。那说明：一，您确实从本书中得到了一些新的东西；二，您动脑筋思考了。

几十年来，液压技术经过大量科研技术人员的钻研创新，已经极其丰富了。笔者学习液压三十年，所知也不过沧海一粟，更何况这本泛泛而谈的入门书呢。很多地方没有展开分析。例如：

——许多阀的特性曲线的成因；

——当多个阀组成一个系统时，它们的特性的相互影响作用；

——许多高集成度阀，不能归入现有任何一类，等等。

这本书不过是为您进一步认识液压阀提供了一条途径，一个出发的平台，提供了一些新的认识角度、观察方法。

书不可能穷尽知识。人们对技术改善的追求也永远不会停止。

尽管螺纹插装阀在 20 世纪 80 年代就已经形成了基本完整的型谱，但几十年来还是不断在向前发展。实际需求就是推动技术发展的原动力。不断有新产品出现，例如，ih 公司在它 2007 年产品样本中推出了 15 种新产品，HF 公司在 2008 年的产品样本中推出了 21 种新产品，SUN 公司在 2009 年推出了 35 种新产品。

这些新产品，或是工作持久性提高了，或是性能改善了，或是更紧凑了。还出现了许多新的品种，根本无法纳入我们现有分类的框架中去。

以上所说的仅是螺纹插装阀技术的发展趋势。关于阀的研发趋势，德国亚琛工业大学流体传动与控制研究所（IFAS）所长穆伦霍夫（H. Murrenhoff）教授在 2002 年曾著文《阀研发的趋势》作了概括（见所附光盘“作者已发表过的部分文章”）。

德国亚琛工业大学液压气压传动与控制研究所（IFAS 前身）所长巴克（Wolfgang Backé）教授是一位终身为推进流体传动与控制技术发展而勤奋努力并作出了巨大贡献的世界流体技术泰斗。他在 80 寿辰时著书《从流体技术 1955 年到 2009 年的研发历史说起》，对流体技术的研发在更大尺度上作了概括和展望（参见所附光盘“作者已发表过的部分文章”）。

固定设备的液压传动已经开始部分地受到电气传动与控制的排挤，因为电能一般都可直接获得，而使用液压能还需要一次转换。使用电驱动没有液压油泄漏污染的危险。在关注环保的今天，这越来越受到人们的重视。

但是目前，由于行走机械的动力基本还都是来自于内燃机，不管是用电能还是液压能，都需要经过一次转换，所以从传动的经济性和节能的角度看，电驱动还未显示出明显的优点。

燃料电池和常温超导体技术曾一度被寄予厚望。燃料电池可以直接把燃料的化学能转化为电能。常温超导体材料允许大大提高电流强度，从而提高磁场能量密度，大大减小电磁执行器的体积和质量。

如果，有朝一日，燃料电池和常温超导体技术或其他新技术能够进入实用阶段，能被应用到行走设备中，那么液压技术在行走设备中的优势也许就会受到有力的挑战，到那时，螺纹插装阀的应用也许会随着整个液压技术的消退而走下坡路，但眼下还看不到这方面的迹象。而像液压这样一种经过多年发展，十分成熟而且被普遍应用的技术，被取代的过程至少要延续 10 ~ 20 年。在这几十年中，液压技术本身又会出现多少创新！

张海平

参 考 文 献

[1] Lu Yongxiang. Entwicklung vorgesteuerter Proportionalventile mit 2-Wege-Einbauventil als Stellglied und mit geräteinterner Rückführung [D]. Aachen: TH Aachen, 1981: 69-74.

[2] 路甬祥，胡大纮. 电液比例控制技术 [M]. 北京：机械工业出版社，1988：206-208.

[3] 吴根茂，等. 新编实用电液比例技术 [M]. 杭州：浙江大学出版社，2006.

[4] Backé W. Grundlagen der Ölhydraulik [M]. 7Auflage. Aachen: Shanker Verlag, 1988.

[5] Murrenhoff. Grundlagen der Ölhydraulik [M]. 5Auflage. Aachen: Shanker Verlag, 2007.

[6] Wolfgang Backé. Aus der Entwicklungsgeschichte der Fluidtechnik 1955-2009 [M]. Aachen: Shaker Verlag, 2009.

[7] International Standards Organization (ISO). ISO 1219-1: 2006 Fluid power systems and components-Graphic symbols and circuit diagrams-Part 1: Graphic symbols for conventional use and data-processing applications [S]. Berne: ISO-International Standards for Organization, 2006.

[8] International Standards Organization (ISO). ISO 6403: 1988 Hydraulic fluid power-Valve controlling flow and pressure-Test methods [S]. Berne: ISO-International Standards for Organization, 1988.

[9] 全国液压气动标准化技术委员会. GB/T8104-1987（2004 确认）流量控制阀试验方法 [S]. 北京：中国标准出版社，1987.

[10] 全国液压气动标准化技术委员会. GB/T8105-1987（2004 确认）压力控制阀试验方法 [S]. 北京：中国标准出版社，1987.

[11] 全国液压气动标准化技术委员会. GB/T8106-1987（2004 确认）方向控制阀试验方法 [S]. 北京：中国标准出版社，1987.

[12] 全国液压气动标准化技术委员会. GB/T8107-1987（2004 确认）液压阀 压差-流量特性试验方法 [S]. 北京：中国标准出版社，1987.

[13] International Standards Organization (ISO). ISO 5598: 1985 Fluid power systems and components-Vocabulary [S]. Berne: ISO-International Standards for Organization, 1985.

[14] International Standards Organization (ISO). ISO 5598: 2008 Fluid power systems and components-Vocabulary [S]. Berne: ISO-International Standards for Organization, 2008.

[15] 全国液压气动标准化技术委员会. GB/T 17446—1998（2004 确认）流体传动系统及元件 术语 [S]. 北京：中国标准出版社，1998.

[16] International Standards Organization (ISO). ISO 7789: 1998 Hydraulic fluid power-Two, three-and four-port screw-in cartridge valves—Cavities [S]. Berne: ISO-International Standards for Organization, 1998.

[17] International Standards Organization (ISO). ISO 7789: 2007 Hydraulic fluid power-Two, three-and four-port screw-in cartridge valves—Cavities [S]. Berne: ISO-International Standards for Organization, 2007.

参考文献

[1] [illegible] Hydraulic and pneumatic [illegible] [M]. [illegible]
[2] [illegible]
[3] [illegible]
[4] [illegible] Fluid Power [illegible] [M]. [illegible], 1998.
[5] International Standardization [illegible] [M]. [illegible] Group, 2007.
[6] [illegible] ISO 5599 [illegible]. [illegible]

[9] [illegible] GB/T 786.1—2009 [illegible] [S]. [illegible], 2009.
[10] [illegible] GB/T 3766—2001 [illegible] [S]. [illegible], 2001.
[11] [illegible] GB/T 7932—2003 [illegible] [S]. [illegible]
[12] [illegible]
[13] International Standards Organization. ISO 4414: 1998 Pneumatic fluid power—General rules relating to systems [S]. Beijing: ISO International Standards for Graphics Inc., 1998.

[15] [illegible] GB/T 17446—2012 [illegible] [S]. [illegible], 2012.
[16] International Standards Organization. ISO 10771-1: 2002 Hydraulic fluid power—Fatigue pressure testing of metal pressure-containing envelopes—Part 1: Test method [S]. Beijing: ISO International Standards for Graphics Inc., 2002.
[17] International Standards Organization. ISO 8778: 2003 Pneumatic fluid power—Standard reference atmosphere [S]. Beijing: ISO International Standards for Graphics Inc., 2003.

职业教育智能网联汽车技术创新与应用系列教材

智能汽车传感器技术

主　编　李　荣　刘助春
副主编　陈　标　吴小妮
参　编　余　谦　唐　伦　张峰玉

机 械 工 业 出 版 社

本书内容按智能汽车的四种常用传感器来展开，包括超声波雷达的装配与调试、毫米波雷达的装配与调试、激光雷达的装配与调试、视觉传感器的装配与调试，同时还对汽车常用的车况传感器进行了介绍。

对每种传感器讲解均是以实际车型的典型工作任务为载体，辅以通俗易懂的理论知识，结合车辆原厂资料，图文并茂。

本书可作为职业院校智能网联汽车技术专业及相关专业的教材，也可作为企业员工参考用书。

为了便于读者自主学习、提高学习效率，本书配备了二维码视频资源，可通过手机扫码观看。本书配套超星网络课堂，可满足教师的网络教学需求。

本书还配有任务工单、电子课件、试卷及答案等，凡使用本书作为教材的教师可登录机械工业出版社教育服务网（www.cmpedu.com）注册后免费下载。咨询电话：010-88379375。

图书在版编目（CIP）数据

智能汽车传感器技术/李荣，刘助春主编. —北京：机械工业出版社，2022.7（2024.8 重印）

职业教育智能网联汽车技术创新与应用系列教材

ISBN 978-7-111-71119-3

Ⅰ.①智… Ⅱ.①李…②刘… Ⅲ.①智能控制-汽车-传感器-职业教育-教材 Ⅳ.①U463.6

中国版本图书馆 CIP 数据核字（2022）第 114720 号

机械工业出版社（北京市百万庄大街 22 号 邮政编码 100037）
策划编辑：葛晓慧 责任编辑：葛晓慧
责任校对：张亚楠 王 延 封面设计：王 旭
责任印制：刘 媛
涿州市般润文化传播有限公司印刷
2024 年 8 月第 1 版第 4 次印刷
184mm×260mm · 10.5 印张 · 253 千字
标准书号：ISBN 978-7-111-71119-3
定价：44.80 元

电话服务
客服电话：010-88361066
010-88379833
010-68326294

网络服务
机 工 官 网：www.cmpbook.com
机 工 官 博：weibo.com/cmp1952
金 书 网：www.golden-book.com
机工教育服务网：www.cmpedu.com